课堂实录

3ds Max / VRay 建筑设计实战课堂实录

苟亚妮 / 编著

清华大学出版社
北京

内容简介

本书定位于3ds Max2012与VRay进行建筑效果图设计与制作。由专业设计师及教学专家倾力奉献，内容涵盖效果图赏析、常识，3ds Max+VRay基础知识、建模、材质、灯光、渲染以及后期处理，案例包括室外建筑小品的制作、别墅模型的创建、住宅小区效果图的制作以及夜景高层效果图的制作等，案例全部来源于工作一线与教学实践，全书以课堂实录的形式进行内容编排，专为教学及自学量身定做，在附带的DVD光盘中包含了书中相关案例的素材文件、源文件和多媒体视频教学文件。

本书非常适合使用3ds Max2012与VRay制作建筑效果图的初中级读者自学使用，特别定制的视频教学让你在家享受专业级课堂式培训，也可以作为相关院校的教材和培训资料使用。

图书在版编目(CIP)数据

3ds Max/VRay建筑设计实战课堂实录 / 苟亚妮编著. —北京：清华大学出版社，2014
（课堂实录）
ISBN 978-7-302-31707-4

Ⅰ. ①3… Ⅱ. ①苟… Ⅲ. ①建筑设计—计算机辅助设计—三维动画软件—教材 Ⅳ. ①TU201.4

中国版本图书馆CIP数据核字(2013)第048701号

责任编辑：陈绿春
封面设计：潘国文
责任校对：胡伟民
责任印制：杨　艳

出版发行：清华大学出版社
网　　址：http://www.tup.com.cn，http://www.wqbook.com
地　　址：北京清华大学学研大厦A座　　**邮　　编**：100084
社 总 机：010-62770175　　**邮　　购**：010-62786544
投稿与读者服务：010-62776969，c-service@tup.tsinghua.edu.cn
质 量 反 馈：010-62772015，zhiliang@tup.tsinghua.edu.cn
印 刷 者：清华大学印刷厂
装 订 者：北京市密云县京文制本装订厂
经　　销：全国新华书店
开　　本：188mm×260mm　　**印　张**：18　　**字　　数**：520千字
（附DVD1张）
版　　次：2014年3月第1版　　**印　　次**：2014年3月第1次印刷
印　　数：1～4000
定　　价：49.00元

产品编号：045982-01

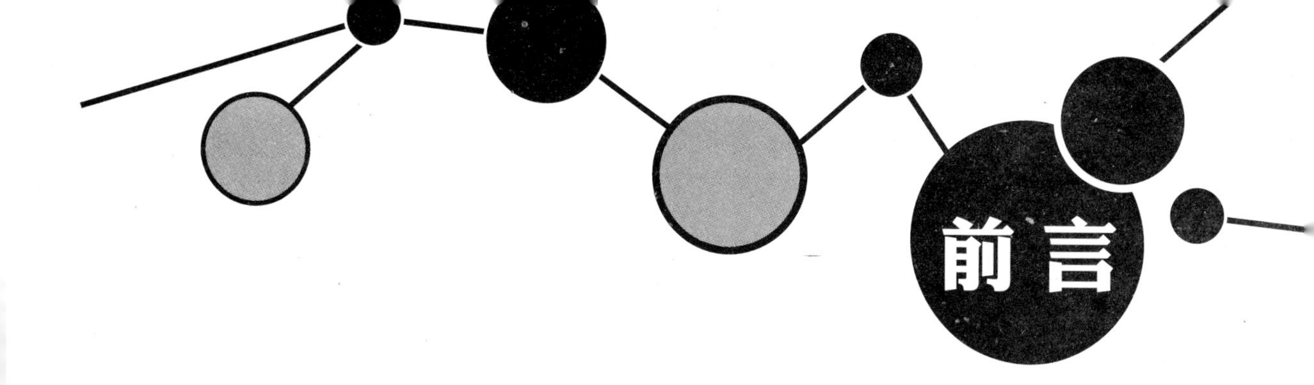

3ds Max是众多三维设计软件中最实用也是最强大的设计软件，它集合了建模技术、材质编辑、动画设计、渲染输出等方面于一体，成为三维模型创建及动画制作软件的主流。本书采用完全案例的编写形式，读者可以从中学习到实用技术，并由此而受到技术和创意方面的启发。书中详细介绍了3ds Max2012在效果方面的基本操作，基本建模，材质的表现，灯光的应用、VRay渲染的过程以及后期处理等。

本书主要内容：

第1课介绍建筑效果图赏析，包括建筑效果图的作用、画面构图和形式美的应用、恰当处理配景和渲染环境、建筑效果图的制作流程。

第2课介绍建筑效果图常识，包括建筑图纸的识别、效果图的制作标准、效果图的美学要求。

第3课讲解效果图制作基本技术，包括3ds Max的工作界面、自定义视图布局、设置右键菜单、单位的设置、复制对象、阵列对象、对齐对象、捕捉的使用。

第4课介绍常用建模命令及相应实例制作，包括车削：装饰柱、倒角：装饰框、弯曲：跷跷板、锥化：吸顶灯、编辑多边形：咖啡杯的制作、布尔：储物架的制作、FFD：抱枕的制作、放样：罗马柱的制作、挤出：字体。

第5课介绍室外材质的表现，包括认识材质编辑器、标准材质、复合材质、材质的基本参数、室外材质表现实例。

第6课讲述室外建筑小品的制作，包括阳台、欧式路灯、草坪灯、木座椅、遮阳伞、花坛、喷泉池。

第7课讲述室外效果图灯光的应用，包括灯光的类型、灯光的使用原则、常见的灯光设置方法、VRay灯光、VRay渲染室外日景效果。

第8课介绍别墅模型的创建，包括别墅材质的制作、相机及灯光的设置、别墅效果图的渲染输出、后期处理。

第9课介绍住宅小区效果图的制作，包括住宅小区模型的创建、住宅小区材质的制作、相机及灯光的设置、住宅小区效果图的渲染输出。

第10课介绍夜景高层效果图的制作，包括夜景高层模型的创建、夜景高层材质的制作、相机及灯光的设置、夜景高层效果图的渲染输出。

本书具有以下特点。

1．专业设计师及教学专家倾力奉献。从制作理论入手，案例全部来源于工作一线与教学实践。

2．专为教学及自学量身定做。以课堂实录的形式进行内容编排，包含了57个相关视频教学文件。

3．超大容量光盘。本书配备了DVD光盘，包含了案例的多媒体语音教学文件，使学习更加轻松、方便。

4．完善的知识体系设计。涵盖了效果图赏析、常识，3ds Max制作基本技术、建模、材质、灯光、渲染以及后期处理。

本书由苟亚妮编著。参加编写的还包括：郑爱华、郑爱连、郑福丁、郑福木、郑桂华、郑桂英、郑海红、郑开利、郑玉英、郑庆臣、郑珍庆、潘瑞兴、林金浪、刘爱华、刘强、刘志珍、马双、唐红连、谢良鹏、郑元君。

作者

目录

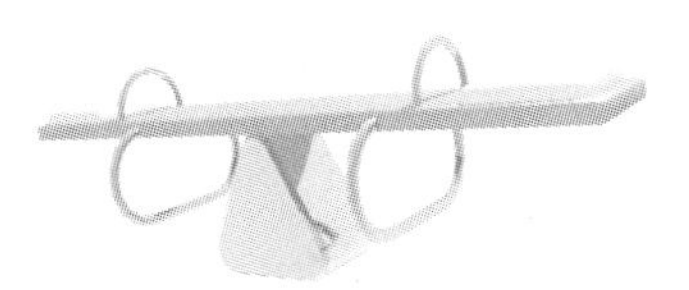

第4课　常用建模命令及相应实例制作

第5课　室外材质的表现

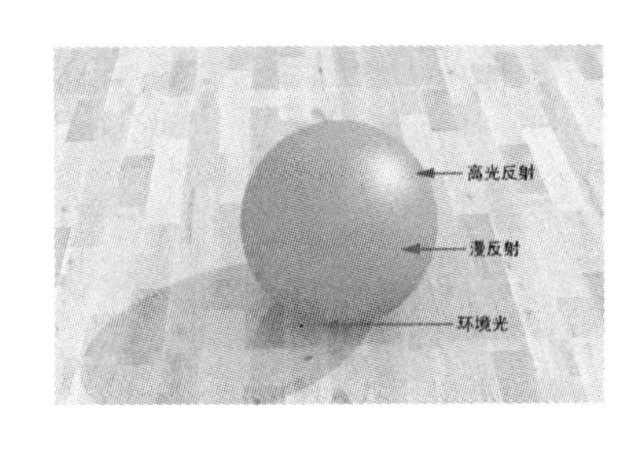

第6课 室外建筑小品的制作

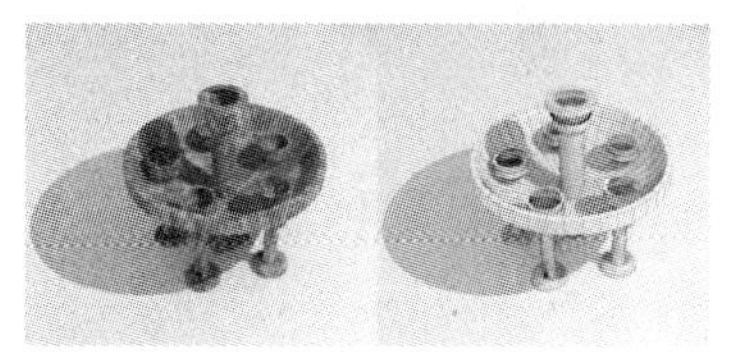

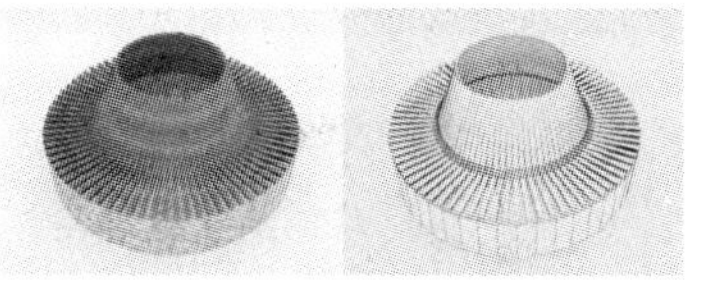

第7课 室外效果图灯光的应用

第8课 别墅效果图的制作

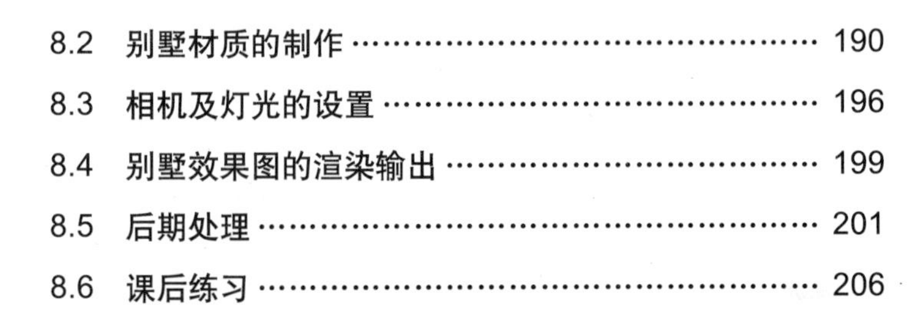

第9课 住宅小区效果图的制作

第10课 夜景高层效果图的制作

第1课 建筑效果图赏析

本课内容：

- 建筑效果图的作用
- 画面构图和形式美的应用
- 恰当处理配景和渲染环境
- 建筑效果图的制作流程

1.1 建筑效果图的作用

建筑效果图是建筑、装潢业的产物，当设计师设计出施工图纸后，对于具有建筑知识的专业人员来说可以通过施工图了解建筑、装潢设计完工后的大体效果，但对于不具有专业知识的一般人员来说，了解建筑就需要一个比施工图更加形象直观的方式。效果图就是施工图的实物图像展现形式，如图1.1所示。

图1.1　室外建筑效果图

1.1.1　优秀效果图分析

效果图简单地讲就是把环境景观建筑用写实的手法通过图形的方式进行传递。所谓效果图就是在建筑、装饰施工之前，通过施工图纸，把施工后的实际效果用真实和直观的视图表现出来，让大家能够一目了然地看到施工后的实际效果。

这张室外效果图中的别墅具典型的现代别墅特征：平坦的屋顶、外露的建筑梁柱、充满现代感和时尚感的特异窗户造型及简洁大方的块面设计等，如图1.2所示。

图1.2　别墅效果图

这幅鸟瞰效果图，用高视点透视法从高处某一点俯视地面起伏绘制成的立体图。从高处鸟瞰制图区，比平面图更有真实感。视线与水平线有一定的俯角，图上各要素一般都根据透视投影规则来描绘，其特点为近大远小，近明远暗，是一张体现一个或多个物体的形状、结构、空间、材质、色彩、环境以及物体间各种关系的图片，如图1.3所示。

图1.3　鸟瞰效果图

这幅民居建筑效果图中的主体物居民楼是最常见的建筑形式，在这幅效果图中，通过黄昏的阳光照射的小区来表现小区的温馨、静谧与和谐，如图1.4所示。

图1.4　民居效果图

这幅办公楼效果图表现了一座充满现代感的大型综合办公楼。通过楼体充满现代感的造型以及大片的玻璃幕墙，表现出了这座办公楼的时尚与沉稳，如图1.5所示。

图1.5 办公室效果图

这座办公楼外观简约大方、沉稳大气，且造型独特。效果图主体建筑物光影关系处理得当，画面构图合理，如图1.6所示。

图1.6 办公楼效果图

这幅小区的建筑效果图其色彩的搭配合理美观。楼体采用暖色调的鹅黄色以及植物的绿色，这使整幅效果图呈现出一种温暖温馨又生机勃勃的感觉，如图1.7所示。

图1.7 小区效果图

这幅建筑效果图在构图上使用了对称的构图方法。但在统一中又有变化，使整幅图有活力和生机，不显呆板，如图1.8所示。

图1.8 对称构图效果图

这幅效果图是特种明显的现代主义风格的建筑，它以简洁的造型和利落的线条塑造出充满现代感和时尚感的建筑，如图1.9所示。

图1.9 现代主义风格建筑

这幅效果图的构图采用了稳固的三角形构图，结构合理。黄昏时的光影效果把握得很好，如图1.10所示。

图1.10 三角形构图效果图

这幅效果图景物层次鲜明，具有渐变景深效果，表现的手法能更好地突出主体建筑物的特点，符合建筑主体的文化内涵，如图1.11所示。

图1.11 渐变景深效果图

1.1.2 效果图的风格表现

1．地中海建筑风格

闲适、浪漫却不乏宁静是地中海风格建筑所蕴含生活方式的精髓所在。地中海风格建筑，原来是特指沿欧洲地中海北岸沿线的建筑，特别是西班牙、葡萄牙、法国、意大利、希腊这些国家南部沿海地区的住宅。这些地中海沿岸的建筑和当地乡村风格的建筑相结合，产生了诸如法国普罗旺斯、意大利托斯卡纳等地区的经典建筑风格。后来这种建筑风格融入欧洲其他地区的建筑特点后，逐渐演变成一种豪宅的符号。长长的廊道，延伸至尽头然后垂直拐弯；半圆形高大的拱门，或数个连接或垂直交接；墙面通过穿凿或半穿凿形成镂空的景致。这是地中海建筑中最常见的3个元素。闲适、浪漫却不乏宁静是地中海风格建筑所蕴含的生活方式的精髓所在，如图1.12所示。

图1.12 地中海建筑风格

2．意大利建筑风格

意大利建筑在建筑技术、规模和类型以及建筑艺术手法上都有很大的发展，无论在建筑空间、建筑构件还是建筑外形装饰上，都体现一种次序、一种规律和一种统一的空间概念。意大利建筑的细节的处理上特别细腻精巧，又贴近自然的脉动，使其拥有永恒的生命力。其中铁艺是意大利建筑的一个亮点，阳台和窗间都有铸铁花饰，既保持了罗马建筑特色，又升华了建筑作为住宅的韵味感。尖顶、石柱、浮雕……彰显着意大利建筑风格古老、雄伟的历史感，如图1.13所示。

图1.13 意大利建筑风格

3．法式建筑风格

法式建筑往往不求简单的协调，而是崇尚冲突之美，呈现出浪漫典雅风格。法式建筑讲究点缀在自然中，并不在乎占地面积的大小，而是追求色彩和内在的联系，让人感到有很大的活动空间。

不过，有时也有意呈现建筑与周围环境的冲突。因此，法式建筑往往不求简单的协调，而是崇尚冲突之美。概括而言，法式建筑线条鲜明，凹凸有致，尤其是外观造型独特，大量采用斜坡面，颜色稳重大气，呈现出一种华贵，如图1.14所示。

图1.14 法式建筑风格

4．英式建筑风格

英式建筑空间灵活适用、流动自然，蓝、灰、绿富有艺术的配色处理赋予建筑动态的韵律与美感。英国的建筑大多保持着红砖在外，斜顶在上，屋顶为深灰色。也有墙面涂成白色的，是那种很暗的白或者可以叫作“灰色”。房子一般是由砖、木和钢材等材料构成，很少看见钢筋混凝土的建筑。淡绿的草场、深绿的树林、金黄的麦地，点缀着尖顶的教堂和红顶的小楼，构成了英国乡村最基本的图案，如图1.15所示。

图1.15 英式建筑风格

5．德国建筑风格

德国现代建筑简朴明快，色彩庄重，重视质量和功能，在现代世界建筑上占有重要地位。不对称的平面、粗重的花岗岩、高坡度的楼顶、厚实的砖石墙、窄小的窗口、半圆形的拱卷、轻盈剔透的飞扶壁、彩色玻璃镶嵌的修长花窗都是德国风情的建筑元素，还有造型柔和、运用曲线曲面、追求动态、喜好华丽的装饰和雕刻的建筑特点主要用于教堂和宫殿建筑。德式建筑风格是最历久弥新的，即使经历百年，这种建筑风格也不会被历史所淘汰，反而会随着岁月的积累变得更加珍贵，如图 1.16 所示。

图1.16 德国建筑风格

6．北美建筑风格

北美建筑风格实际上是一种混合风格，不像欧洲建筑风格是一步步逐渐发展演变而来的，它在同一时期接受了许多种成熟的建筑风格，相互之间又有融合和影响，具有注重建筑细节、有古典情怀、外观简洁大方、融合多种风情于一体的鲜明特点。在北美建筑中，既有私密性强的个体居住单位，又有恢弘大气的整体社区气氛。而街区概念的形成，不仅满足了居住的需要，更要满足一个阶层心灵归属、文化认同、邻里回归的需要，如图1.17所示。

图1.17 北美建筑风格

7．新古典主义建筑

新古典主义建筑作品超越了“欧陆风”的生硬与“现代简约”的粗糙，设计更趋精细，品位更加典雅细腻。新古典主义是古典与现代的结合物，它的精华来自古典主义，但不是仿古，更不是复古，而是追求神似。新古典主义的最早渊源是文艺复兴运动及其在建筑世界的反映和延续。这个意义上的新古典主义提倡建筑要复兴古希腊和古罗马的建筑艺术装饰，在格式上与古典主义风格相仿，追求构图规整和经典而传统的建筑符号，如图1.18所示。

图1.18　新古典主义建筑

8．新中式建筑风格

中国传统的建筑主张“天人合一、浑然一体”，居住讲究“静”和“净”，环境的平和和建筑的含蓄。无论是写意的江南庭院，还是独立组团的四合院，都追求人与环境的和谐共生：讲究居住环境的稳定、安全和归属感。新中式建筑通过现代材料和手法修改了传统建筑中的各个元素，并在此基础上进行必要的演化和抽象化，外貌上看不到传统建筑的原来模样，但在整体风格上，仍然保留着中式住宅的神韵和精髓。空间结构上有意遵循了传统住宅的布局格式，延续了传统住宅一贯采用的覆瓦坡屋顶，但不遵循守旧，根据各地特色吸收了当地的建筑色彩及建筑风格，能自成特色，如图1.19所示。

图1.19　新中式建筑风格

9．现代主义建筑

现代主义建筑，以简洁的造型和线条塑造鲜明的建筑表情。现代主义建筑思潮产生于19世纪后期，成熟于20世纪20年代，在50~60年代风行于全世界。现代主义建筑是20世纪中叶在西方建筑界居主导地位的一种建筑，这种建筑的代表人物主张建筑师摆脱传统建筑形式的束缚，大胆创造适应于工业化社会的条件和要求的崭新的建筑，具有鲜明的理性主义和激进主义色彩，又称现代派建筑。通过高耸的建筑外立面和带有强烈金属质感的建筑材料堆积出居住者的炫富感，以国际流行的色调和非对称性的手法，彰显都市感和现代感。竖线条的色彩分割和纯粹抽象的集合风格，凝练硬朗，营造挺拔的社区形象。波浪形态的建筑布局高低跌宕，简单轻松，舒适自然。强调时代感是它最大的特点，如图1.20所示。

图1.20　现代主义建筑

1.1.3 效果图在实际工作中的作用

通过计算机三维图像技术帮助设计师将抽象的设计数据转化为逼真和极具视觉感染力的影像产品，使设计师与其客户间通过直观视觉体验进行有效沟通。将设计师的想象通过效果图、动画、多媒体和虚拟现实等技术转化为可视化的产品。拥有制作、修改方便，制作周期较短等特点。室外效果图应用于建筑三维动画、房地产三维动画、城市漫游、市政道路桥梁三维展示、喷泉水景动画和影视三维广告等前沿数码科技。它为设计师与客户之间搭建了灵感与想象的平台，如图1.21所示。

图1.21 室外效果图

1.2 画面构图和形式美的应用

1.2.1 构图

构图从广义上讲，是指形象或符号对空间占有的状况。因此理应包括一切立体和平面的造型，但立体的造型由于视角的可变，使其空间占有状况如果用固定的方法阐述，就显得不够全面，所以通常在解释构图各个方面的问题时，总以平面为主。狭义上讲：构图是艺术家为了表现一定的思想、意境和情感，在一定的空间范围内，运用审美的原则安排和处理形象、符号的位置关系，使其组成有说服力的艺术整体。

中国画论里称之为"经营位置"、"章法"、"布局"等，都是指构图。其中"布局"这个提法比较妥当。因为"构图"略含平面的意思，而"布局"的"局"则是泛指一定范围内的一个整体，"布"就是对这个整体的安排和布置。因此，构图必须要从整个局面出发，最终也是企求达到整个局面符合表达意图的协调统一。构图法则概括地说，就是变化统一。即在统一中求变化，在变化中求统一，如图1.22所示。

图1.22 构图示例

1.2.2 形式美

形式美指构成事物的物质材料的自然属性（色彩、形状、线条和声音等）及其组合规律（如整齐一律、节奏与韵律等）所呈现出来的审美特性。形式美是一种具有相对独立性的审美对象。

它与美的形式之间有质的区别。美的形式是体现合规律性、目的性的本质内容的那种自由的感性形式，也就是显示人的本质力量的感性形式。形式美与美的形式之间的重大区别表现在：首先，它们所体现的内容不同。美的形式所体现的是它所表现的那种事物本身的美的内容，是确定的、个别的、特定的、具体的，并且美的形式与其内容的关系是对立统一，不可分离的。而形式美则不然，形式美所体现的是形式本身所包容的内容，它与美的形式所要表现的那种事物美的内容是相脱离的，而单独呈现出形式所蕴有的朦胧、宽泛的意味。其次，形式美和美的形式存在方式不同。美的形式是美的有机统一体不可缺少的组成部分，是美的感性外观形态，而不是独立的审美对象。形式美是独立存在的审美对象，具有独立的审美特性，如图1.23所示。

图1.23　形式美示例

1.3 恰当处理配景和渲染环境

配景在效果图中起着重要的作用。在三维电脑效果图中除重点表现的建筑物是画面的主体之外，还有大量的配景要素。建筑物是画的主体，但它不是孤立存在的，须安置在协调的配景之中，才能使一幅建筑画渐臻完善。所谓配景要素就是指突出衬托建筑物效果的环境部分。三维电脑效果图配景是根据建筑物设计所要求的地理环境和特定的环境而定。常见的配景有：树木丛林，人物车辆，道路地面，花圃草坪，天空水面等。也常根据设计的整体布局或地域条件，设置些广告、路灯、雕塑等。配景可以显示建筑物的尺寸，要想判断建筑物的体量和大小，需要有一个比较的标准，人就是这个最好的标准，因为人的身高在1.6~1.8米之间，有了人的身高的参照，也就显示了建筑物的体量和大小。配景可以调整建筑物的平衡，可以起到引导视线的作用，能把观察者的视线引向画面的重点部位。配景又有利于表现建筑物的性格和时代特点。利用配景又可以表现出建筑物的环境气氛，从而加强建筑物的真实感。利用配景还可以有助于表现出空间效果，利用配景本身的透视变化及配景的虚实和冷暖可以加强画面的层次和纵深感！这些都是为了创造一个真实的环境，增强画面的气氛，这些配景在效果图中起着多方面的作用，能充分表达画面的气氛与效果！如图1.24所示。

环境的渲染其实就是通过光影艺术表现把设计图纸通过光的性能描绘出来，以增强效果图的立体感和层次感。一张效果图如果没有光影关系的存在，则这张图纸就会变黑或者很呆板，就像一个平面一样。一张好的效果图就是通过不同颜色和不同强度的光线照射到材质表面产生的效果。而材质的反射能力以及颜色将会影响到整个效果图的逼真感。

图1.24　渲染示例

1.4 建筑效果图的制作流程

建筑效果图的制作不同于家装效果图的制作，对建筑设计效果图制作的过程及方法有了全面的认识和了解后将会更容易，建筑效果图的制作大体需要分析图纸、三维建模制作、渲染输出文件和后期处理等几个步骤。

1.分析图纸

分析图纸的过程中要删除一些不必要的标注，还有不需要使用的图线。要弄明白图纸的各个构建之间的关系，比如侧立面，正立面，屋顶等图，如图1.25所示。

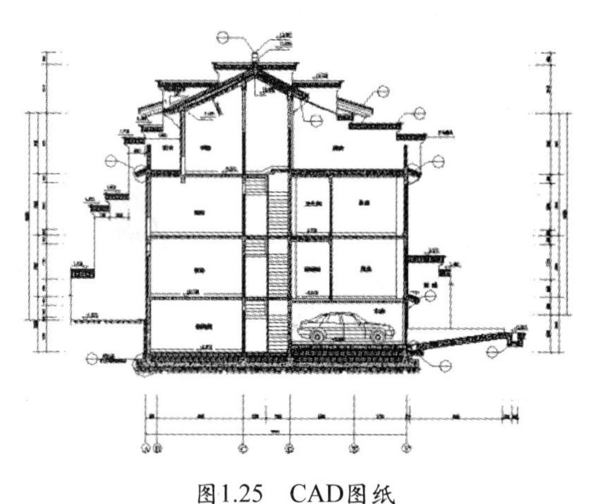

图1.25　CAD图纸

2.三维建模

用3ds Max首先为主体建筑物和房间内的各种家具建模，亦可用作一些细化的小型物体的建模工作，如：室内的一些小摆设、表面不规则的或不要求精确尺寸的物体，它们只需视觉上能达到和谐，这样可大大缩短建模时间，如图1.26所示。

图1.26　三维建模

3.调制材质

材质是室外效果图制作中的精彩部分，好的材质可以使模型更加逼真，不但能够正确地表现设计师在材料方面的设计意图，还能为效果图增色，如图1.27所示。

图1.27　效果图的材质调制

4.设置灯光

灯光能够模拟光线对建筑的照明效果，可以模拟出早晨、中午、黄昏以及夜晚的光照效果，好的灯光设置能够增强效果图的感染力，如图1.28所示。

图1.28　夜景效果图

5.渲染输出

利用专业的效果图渲染软件VR，进行材质和灯光的设定、渲染直至输出，如图1.29所示。

图1.29 渲染输出

6.后期处理

对渲染结果做进一步加工，利用Photoshop等图形处理软件，对上面的渲染结果进行修饰，如建筑场景中树木、车船等的添加，以及进一步强调整体气氛效果，如色彩、比例等，如图1.30所示。

图1.30 后期处理

1.5 课后练习

通过网络等手段收集优秀室外效果图，了解效果图的艺术表现形式。

第2课 建筑效果图常识

本课内容：

- 建筑图纸的识别
- 效果图的制作标准
- 效果图的美学要求

2.1 建筑图纸的识别

图纸是效果图制作的直接依据，图纸通常使用CAD等软件绘制，这些图纸文件可以直接导入到3ds Max中，这极大地方便了效果图制作。建筑设计工程中主要涉及以下几种图纸，针对不同的功能发挥特定的作用。

2.1.1 建筑立面图

它主要表现建筑的外貌形状，反映屋面、门窗、阳台、雨篷和台阶等的形式和位置，建筑垂直方向各部分高度，建筑的艺术造型效果和外部装饰做法等。根据建筑型体的复杂程度，建筑立面图的数量也有所不同。一般分为正立面、背立面和侧立面，也可按建筑的朝向分为南立面、北立面、东立面和西立面，还可以按轴线编号来命名立面图名称，这对平面形状复杂的建筑尤为适宜。在施工中，建筑立面图主要是作为建筑外部装修的依据，如图2.1所示。

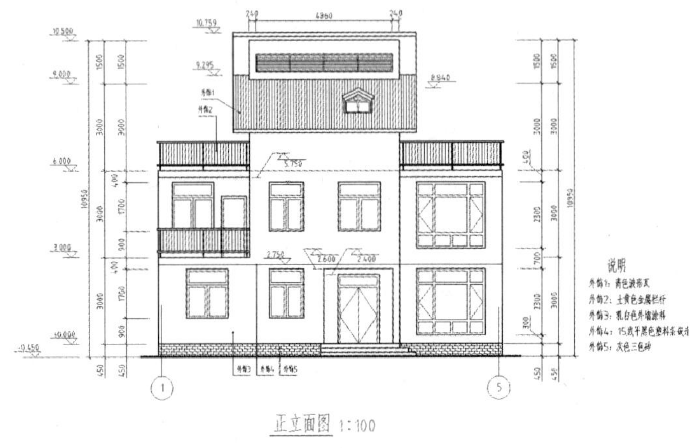

图2.1　建筑立面图

2.1.2 建筑剖面图

沿建筑宽度方向剖切后得到的剖面图称为横剖面图；沿建筑长度方向剖切后得到的剖面图称为纵剖面图；将建筑的局部剖切后得到的剖面图称为局部剖面图。建筑剖面图主要表示建筑在垂直方向的内部布置情况，反映建筑的结构形式、分层情况、材料做法、构造关系及建筑竖向部分的高度尺寸等，如图2.2所示。

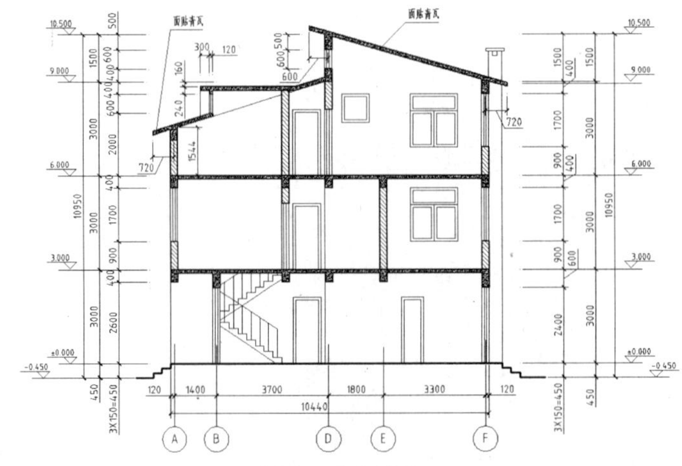

图2.2　建筑剖图面

2.1.3 建筑平面图

它表示建筑的平面形式、大小尺寸、房间布置、建筑人口、门厅及楼梯布置的情况，表明墙、柱的位置、厚度和所用材料以及门窗的类型、位置等情况。主要图纸有首层平面图、二层或标准层平面图、顶层平面图和屋顶平面图等。其中屋顶平面图是在房屋的上方，向下作屋顶外形的水平正投影而得到的平面图，如图2.3所示。

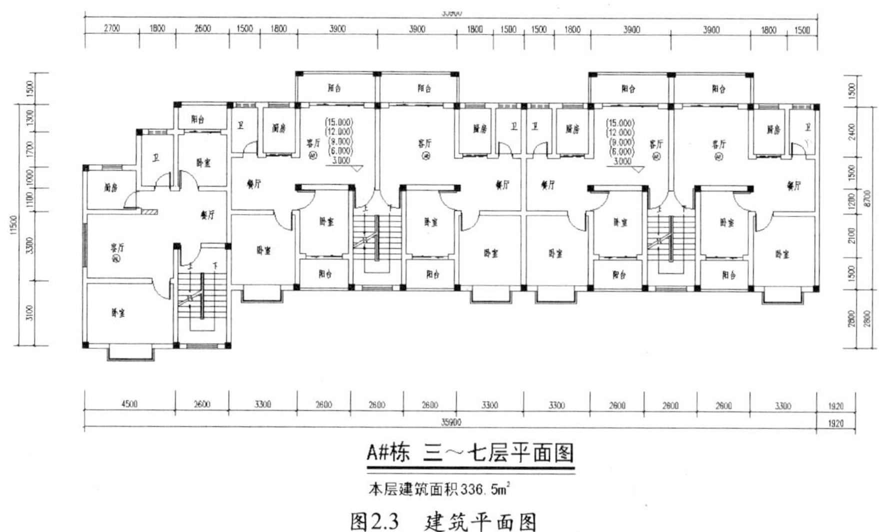

图2.3 建筑平面图

2.1.4 建筑总平面图

建筑总平面图是表明一项建设工程总体布置情况的图纸。它是在建设基地的地形图上，把已有的、新建的和拟建的建筑物、构筑物以及道路、绿化等按与地形图同样比例绘制出来的平面图。主要表明新建平面形状、层数、室内外地面标高，新建道路、绿化、场地排水和管线的布置情况，并表明原有建筑、道路、绿化等和新建筑的相互关系以及环境保护方面的要求等。由于建设工程的性质、规模及所在基地的地形、地貌的不同，建筑总平面图所包括的内容有的较为简单，有的则比较复杂，必要时还可分项绘出竖向布置图、管线综合布置图及绿化布置图等，如图2.4所示。

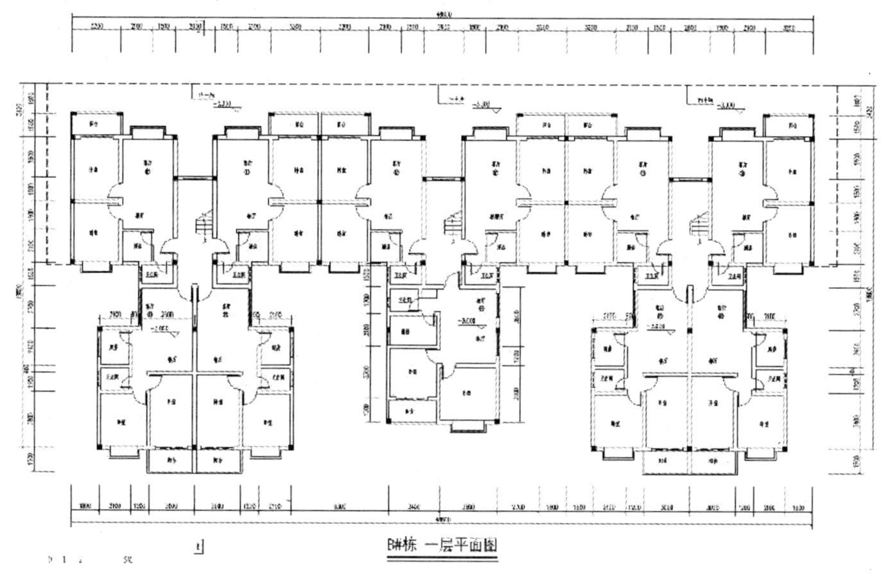

图2.4 建筑总平面图

2.1.5 建筑工程施工图

具有图纸齐全、表达准确、要求具体的特点。它是设计工作的最后成果，是进行工程施工、编制施工图预算和施工组织设计的依据，也是进行施工技术管理的重要技术文件。一套完整的建筑工程施工图，一般包括建筑施工图、结构施工图、给排水、采暖通风施工图及电气施工图等专业图纸，也可将给排水、采暖通风和电气施工图合在一起统称设备施工图，如图2.5所示。

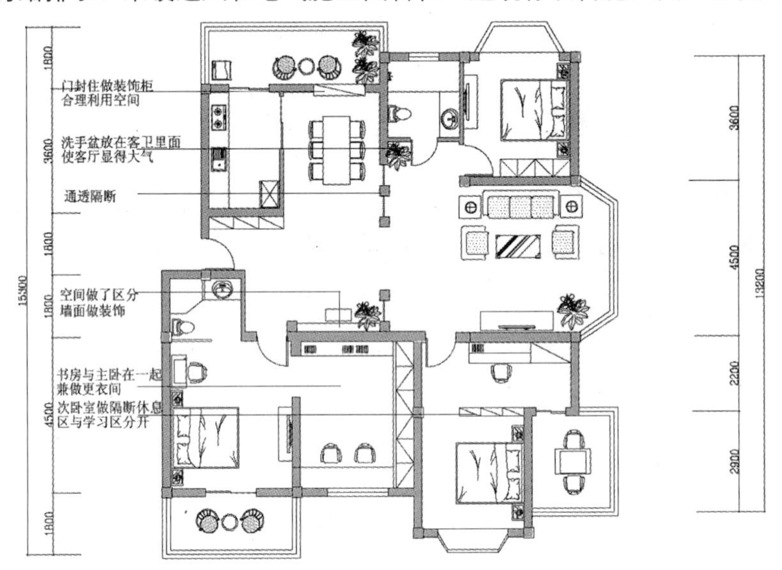

图2.5　建筑工程施工图

2.1.6 建筑施工图

简称“建施”。它一般由设计部门的建筑专业人员进行设计绘图。建筑施工图主要反映一个工程的总体布局，表明建筑物的外部形状、内部布置情况以及建筑构造、装修、材料、施工要求等，用来作为施工定位放线、内外装饰做法的依据，同时也是结构施工图和设备施工图的依据。建筑施工图包括设备说明和建筑总平面图、建筑平面图、立体图、剖面图等基本图纸以及墙身剖面图、楼梯、门窗、台阶、散水、浴厕等详图和材料做法说明等，如图2.6所示。

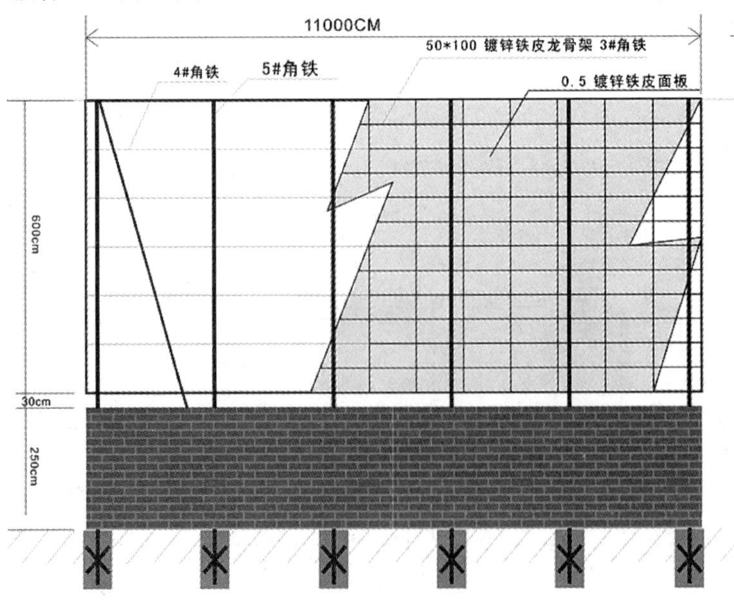

图2.6　建筑施工图

2.1.7 建筑工程图

建筑工程图是以投影原理为基础，按国家规定的制图标准，把已经建成或尚未建成的建筑工程的形状、大小等准确地表达在平面上的图样，并同时表明工程所用的材料以及生产、安装等的要求。它是工程项目建设的技术依据和重要的技术资料。建筑工程图包括方案设计图、各类施工图和工程竣工图。由于工程建设各个阶段的任务要求不同，各类图纸所表达的内容、深度和方式也有差别。方案设计图主要是为征求建设单位的意见和供有关领导部门审批服务；施工图是施工单位组织施工的依据；竣工图是工程完工后按实际建造情况绘制的图样，作为技术档案保存起来，以便需要的时候随时查阅，如图2.7所示。

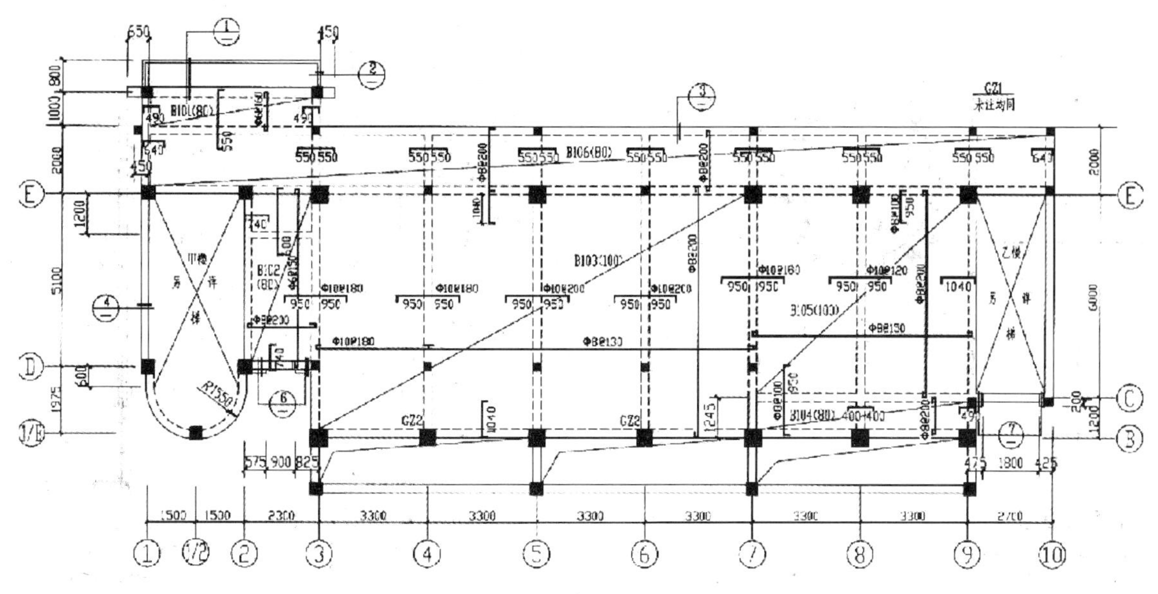

图2.7 建筑工程图

2.2 效果图的制作标准

室外建筑效果图的制作，因各部分制作方法不同，其制作标准也各不相同，在这里我们把效果图的制作标准分为以下几部分来介绍。

2.2.1 建模

对于一张效果图的工作量来说，建模的工作量无疑是很大的，而且建模也是相当费神的。在建模之前首先要熟悉建筑方案和建筑图纸对层高、层数和材质等有个大致的了解，如图2.8所示。

图2.8 建模

2.2.2 灯光

光的设置方法会根据每个人的布光习惯不同而有很大的差别，这也是灯光布置难于掌握的原因之一。将灯光设置得太多、太亮，使整个场景一览无余，亮得没有了一点层次和变化，使渲染图显得更加生硬。灯光的设置不要有随意性，应事前规划。初学者都有随意摆放灯光的习惯，致使成功率非常低，大部分时间要在此耗费掉。根据自己对灯光的设想有目的地去布置每一盏灯，明确每一盏灯的控制对象是灯光布置中的首要因素，使每盏灯尽量负担少的光照任务，虽然这会增加灯光的数量，使场景渲染变慢，但为了得到逼真的效果，这是十分必要的。在布光上应做到每盏灯都有切实的效果，对那些效果微弱，可有可无的灯光要删除，不要滥用排除和衰减，这会加大对灯光控制的难度。使用效率高、可控强和表现效果好的光照模拟体系是灯光布置的目标，如图2.9所示。

图2.9　灯光

2.2.3 摄像机

摄像机对于整个制图流程有着统观全局的重要意义，摄像机将自始至终地影响对场景的构建和调整。摄像机在制图过程中的重要作用有以下3点。

1．摄像机定义构图

创建场景对象、布置灯光、调整材质，目的就是为了让电脑绘制一张平面图，需要所有场景元素在二维平面的投影效果，而这张图的内容是由摄像机来决定的，此时摄像机代表观众的眼睛，通过对摄像机的调整来决定视图中建筑物的位置和尺寸，摄像机决定构图，决定用户的创作意图。

2．摄像机对建模的影响

要根据摄像机的位置来创建那些能被像机看到的对象。这种做法无需将场景内容全部创建出来，从而使场景复杂程度降低了许多，最终效果却不改变。可以说摄像机会影响场景对象的数量及创建方法。

3．灯光的设置要以摄像机为基础

在灯光调整中已经阐述过，灯光布置的角度是最重要的因素，这里的角度不仅仅单指灯光与场景对象间的角度，而是代表灯光、场景对象和摄像机三者之间的角度，三者中有一个因素发生变动则最终结果就会相应改变。这说明在灯光设置前应先定义摄像机与场景对象的相对位置，再根据摄像机视图内容来进行灯光的设置。

综上所述，无论是从建模角度还是从灯光设置角度，摄像机都应首先被设置，这是规范制图的开始，如图2.10所示。

图2.10　摄像机

2.2.4 后期

渲好一张图后就要考虑如何真实地体现建筑的环境，同时也让自己的图有足够的画味。给画面添加人物时，要注意人的透视关系，近景的人不要太多，背影人要多一些，人的动作不要太夸张。物多时要注意人的走向，可在入口处多加些人。注意人的着装别冬夏混淆，地的质感可在Photoshop里贴一张照片，在边角处植一些灌木。树和灯也要注意透视关系，尤其阴影最好独立成一个半透明层，同时别忘了检查一下阴影和光源的关系。所有的配景都应该分类成层，便于管理。配景的色彩也要统一，注意远近的彩度区别以及空气感的体现，如图2.11所示。

图2.11 后期

2.3 效果图的美学要求

目前很多从事建筑表现图制作的人员只是一味地强调软件的技法和工具命令，而忽略了最终提高自己制作水平的是自身的思维方式和美学理论基础，因此在进入正式的案例学习之前，有必要让大家对美学理论基础有一定的了解，而在建筑表现图中所运用到的就是形式美和构图美。

2.3.1 形式美

效果图是绘画艺术形式的一种，欣赏或创作一张效果图，避免不了去关注画面。一般人认为“画面”是研究物象的自然属性和存在状态，随着表现的深入，“画面”的观念逐渐被淡化，物象的形象渐趋加重。但现代绘画的发展却是把“画面”作为绘画的一种目的。画面的结构的构成意识也越来越被设计师看重。形式美是一种具有相对独立性的审美对象。它与美的形式之间有质的区别。美的形式是体现合规律性、合目的性的本质内容的那种自由的感性形式，也就是显示人的本质力量的感性形式，如图2.12所示。

形式美的构成因素一般划分为两大部分：一部分是构成形式美的感性质料，一部分是构成形式美的感性质料之间的组合规律，或称构成规律、形式美法则。构成形式美的感性质料主要是色彩、形状、线条、声音等。形式美的法则有以下几种。

图2.12 形式美

和谐：和谐包含谐调之意。它是在满足功能要求的前提下，使各种室内物体的形、色、光、质等组合得到谐调，成为一个非常和谐统一的整体。

均衡：均衡是依中轴线、中心点不等形而等量的形体、构件、色彩相配置。均衡和对称形式相比较，有活泼、生动、和谐、优美之韵味。

呼应：呼应属于均衡的形式美，是各种艺术常用的手法，呼应也有“相应对称”、“相对对称”之说，一般运用形象对应、虚实气势等手法求得呼应的艺术效果。

层次：色彩从冷到暖，明度从亮到暗，纹理从复杂到简单，造型从大到小、从方到圆，构图从聚到散，质地的单一到多样等，都可以看成富有层次的变化。层次变化可以取得极其丰富的视角效果。

延续：延续是指连续伸延。延续手法运用在空间之中，使空间获得扩张感或导向作用，甚至可以加深人们对环境中重点景物的印象。

独特：独特也称特异。独特是突破原有规律，标新立异引人注目。在室内设计中特别推崇有突破的想象力，以创造个性和特色。

简洁：简洁或称简练。指室内环境中没有华丽的装修设计和多余的附加物。以少而精的原则，把室内装饰减少到最小程度。

色调：色彩是构成造型艺术设计的重要因素之一。不同颜色能引起人视觉上不同的色彩感觉。在室内设计中，可选用各类色调构成，色调有很多种，一般可归纳为“同一色调，同类色调，邻近色调，对比色调”等，在使用时可根据环境不同灵活运用。

2.3.2 构图美

一幅精美的建筑效果图，除了建筑设计上应有的因素以外，艺术效果也占了很大的比重。要想制作出精美的效果图，必须明确效果图的构图要求。对于建筑效果图来说，基本上遵循平衡、统一、比例、节奏、对比等构图原则。

画面的结构是物象结构在画面上优化整合的结果，它不同于物象结构，也不是物象简单地在画面上的安排和局部的联系，它是物与“画”完全的融合，形成画面意义和设计师所要表达意思的画面基础，是一种全新的结构体系。它包含着画面肌理的运用；画面物象在画面上形成的节奏韵律；黑白灰色块之间的对比协调以及画面最后达到的平衡等。现代画面物象语言表达形态已由以往的构图意识向构成意识转变，更注重画面的节奏；画面以明暗为主的塑造形式向黑白灰色块的对比发展，更注重画面冲突中的平衡；画面由强调物象比例准确向肌理基础上追求的特征演变，如图2.13所示。

图2.13 构图美

2.4 课后练习

1.通过网络等手段收集不同的图纸，使用CAD等软件进行简单操作。

2.学习一些美术基本知识，为后面的效果图制作做准备。

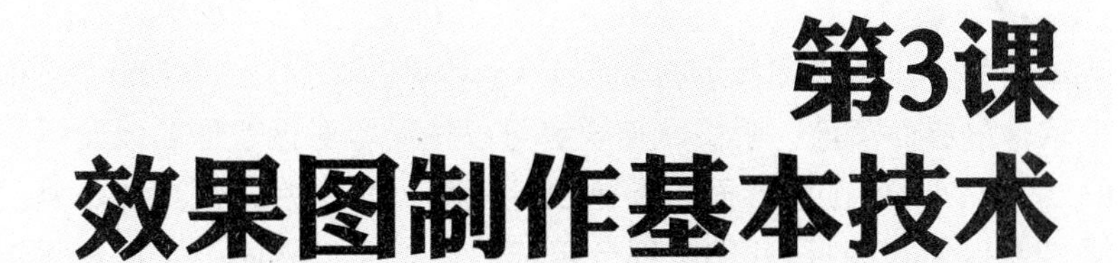

第3课 效果图制作基本技术

本课内容：

- 3ds Max的工作界面
- 自定义视图布局
- 设置右键菜单
- 单位的设置
- 复制对象
- 阵列对象
- 对齐对象
- 捕捉的使用

3.1 3ds Max的工作界面

当用户在计算机上安装了3ds Max软件后，在桌面上可看到3ds Max的启动图标，双击该图标运行3ds Max，稍等片刻后，3ds Max的工作界面将映入用户的眼帘。整个软件的界面简洁、明快，初学者可以快速地对该软件加以熟悉。

3ds Max的工作界面主要是由标题栏、菜单栏、工具栏、视图区、命令面板、状态栏、动画控制区和视图控制区8个部分组成的。在整个界面中，用户可以方便地找到软件的全部命令选项和工具按钮。了解工作界面中各命令选项和工具按钮的摆放位置。这对于在3ds Max中高效地进行编辑与创作工作，是很有帮助的，如图3.1所示。

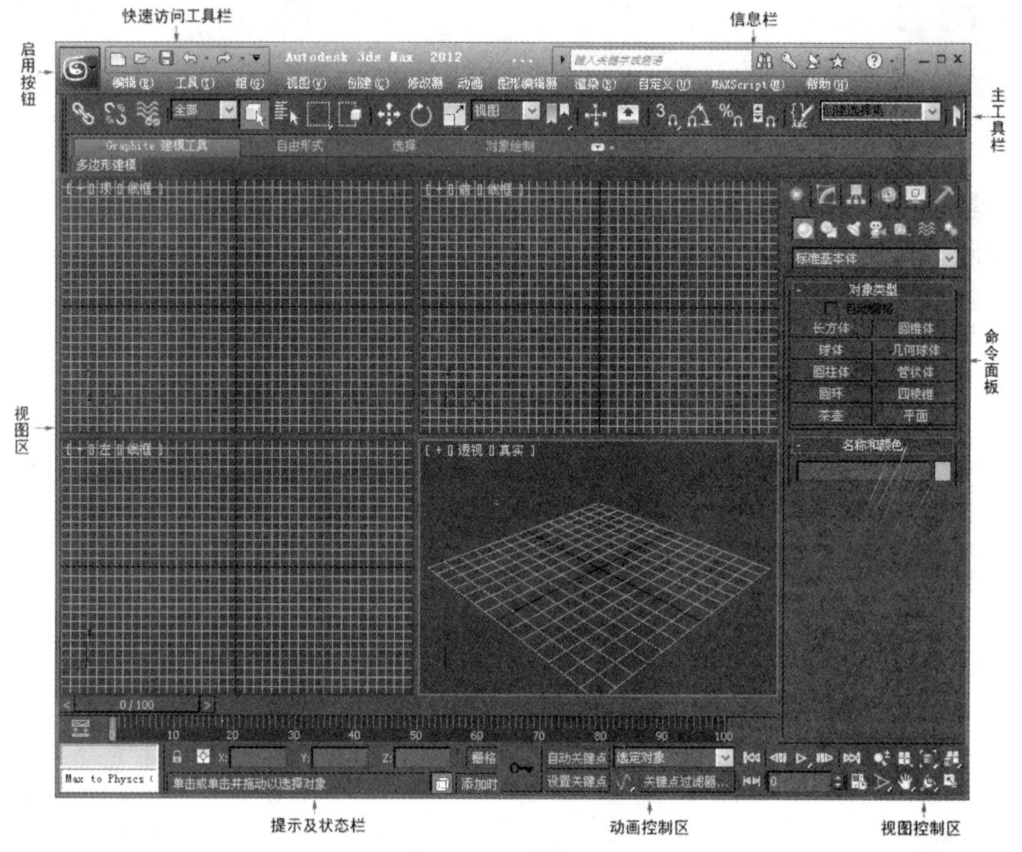

图3.1 默认工作界面

（1）标题栏。

3ds Max同基于Windows操作平台的其他应用程序一样，其标题栏排列在工作界面的最上面，主要用来显示3ds Max的软件版本号以及当前工作文档的名称。

（2）菜单栏。

3ds Max的菜单栏位于工作界面上端标题栏的下方。在菜单栏中的许多命令都可以在工作界面中的主工具栏、命令面板或者右击弹出的快捷菜单中方便地找到。菜单中的命令项目如果带有省略号（…），表示会弹出相应的对话框，带有小箭头标识的项目表示还有次一级的菜单，有快捷按键的命令右侧标有快捷键的按键组合，大多数命令在工具栏、命令面板或者右击弹出的快捷菜单中都能方便地找到，不必进入菜单进行选择。

（3）工具栏。

在菜单栏的下方就是主工具栏，主工具栏由一组带有图案的命令按钮组成。从外观上来看，可以直接从按钮的图案标识上区分其功能。这些工具都是3ds Max常用的工具。灵活使用主工具栏中的各命令按钮，可以使3ds Max中的操作更为便捷。

浮动工具栏在默认的情况下是隐藏的，在主工具栏空白处单击鼠标右键，在弹出的菜单中选择相应的命令，可以打开浮动工具栏，如图3.2所示。

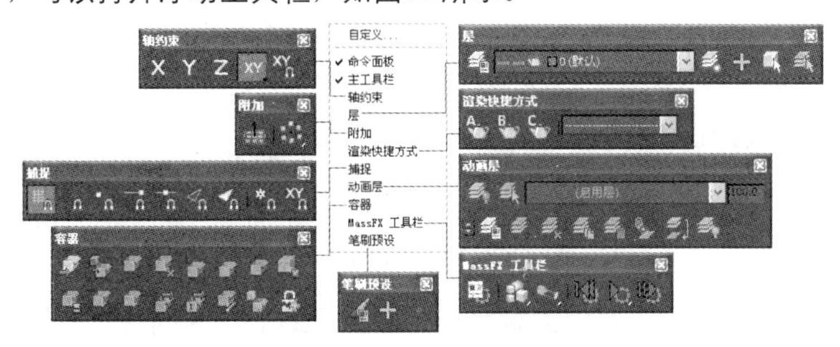

图3.2　浮动工具栏

（4）视图区。

在3ds Max的整个工作界面中，视图占据了大部分的界面空间，因为它是3ds Max中主要的工作区域。在系统默认状态下，视图区被划分为4个面积相等的工作视图，分别为：“顶”视图、“前”视图、“左”视图和“透视”视图。在视图区中单击某个视图，即表示该视图为当前工作视图，同时该视图四周的边框会显示为黄色。

视图的划分及视图显示方式，并不是一成不变的，用户可根据观察对象的需要随时改变视图的大小或者视图的显示方式。要改变视图显示方式，可以在视图左上角视图名称处单击鼠标右键，在弹出的菜单中选择视图选项，便可选择所需要的视图显示方式。

（5）命令面板。

3ds Max的工作界面右侧为命令面板。在命令面板内包含了3ds Max中对象的建立和编辑，以及动画设置等方面的命令。命令面板是3ds Max中使用频率较高的工作区域，绝大多数场景对象的创建都将在这里编辑完成。因此熟练地掌握命令面板中的工具和命令是学习3ds Max的核心内容。

（6）状态栏。

在3ds Max的工作界面中，信息提示栏主要提示一些命令使用、当前状态的信息，如：选中一个工具后，在提示栏中会出现它的使用方法等。

（7）动画控制区。

动画控制区域中的命令按钮主要用来完成定义场景动画的关键帧、控制动画的播放、动画帧的选择以及时间控制等多项任务。

（8）视图控制区。

视图控制区域的命令按钮主要用于调控视图的显示效果，使用户能够更好地对所编辑的场景对象进行观察。视图控制区共包含8个命令按钮，随着用户选择视图的不同，一些按钮的功能和形态也会发生变化。因此熟练地使用视图控制工具可以提高制作效果图的效率。

3.2 自定义视图布局

在3ds Max中，默认情况下，工作界面中的4个视图是同样大的，用户可以根据自己的个人爱好和工作习惯设置自己的视图布局，本节通过一个实例来介绍如何自定义视图布局。

01 在桌面上双击图标，打开3ds Max 2012中文版应用程序。

02 在视图区中选择任意视图左上角的【一般视图】选项，单击鼠标右键，在弹出的菜单中选择【配置视口】命令，如图3.3所示。

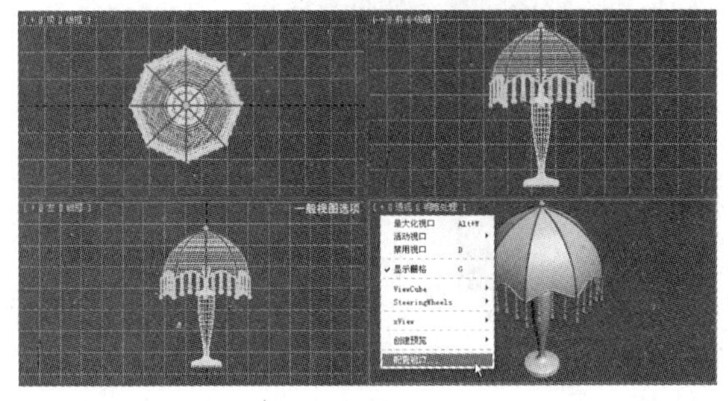

图3.3 右键菜单

03 弹出【视口配置】对话框，进入【布局】选项卡，选择一个自己喜欢的视图布局，然后单击 确定 按钮关闭对话框，如图3.4所示。

04 修改后的视图布局，如图3.5所示。

05 也可以将鼠标放在两个视图的分界处，当光标变为双向箭头时，拖动鼠标调整视图的大小。

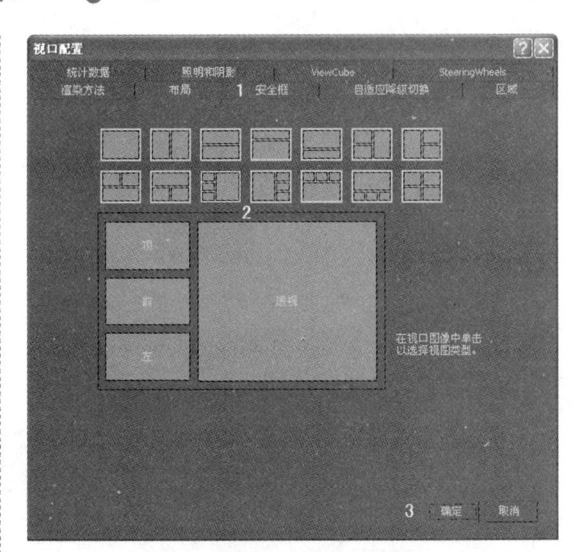

图3.4 【视口配置】对话框

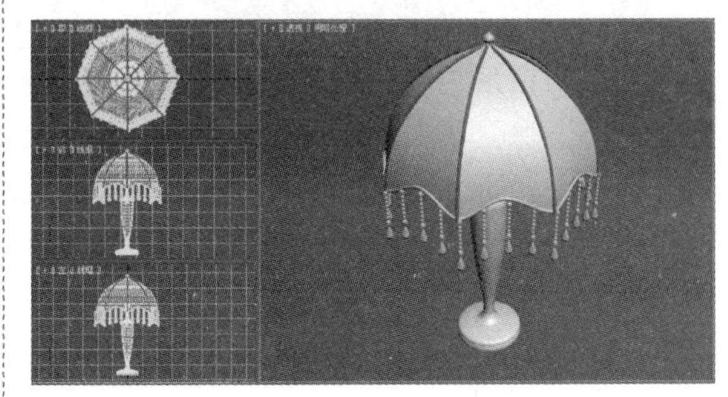

图3.5 修改视图布局后的效果

3.3 设置右键菜单

读者是不是常因为软件的右键菜单太臃肿而烦恼呢？读者是不是希望能扩展右键菜单的功能，让操作变得更加快捷？在视图中单击鼠标右键弹出的菜单就是右键菜单，右键菜单使用户能够快速找到需要的命令，从而提高工作效率。本节就简单地介绍一下如何添加和删除右键菜单中的命令。

01 在桌面上双击图标，打开3ds Max 2012中文版应用程序。

02 执行菜单栏中的【自定义/自定义用户界面】命令，在弹出的【自定义用户界面】对话框中进入【四元菜单】选项卡，在操作下拉列表框中选择【阵列】选项，按住鼠标左键拖动到右侧的列表框中，关闭对话框，如图3.6所示。

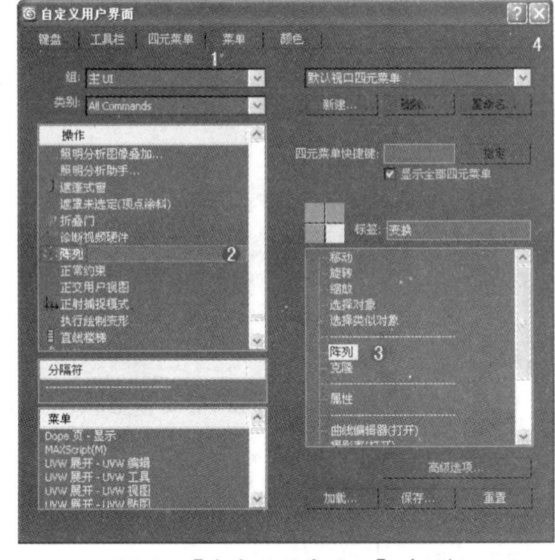

图3.6 【自定义用户界面】对话框

03 在视图中单击鼠标右键，【阵列】命令就出现在右键菜单中了，如图3.7所示。

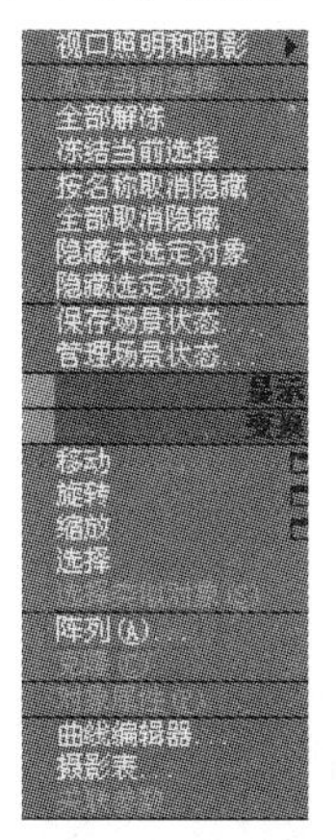

图3.7 右键菜单设置后的效果

04 如果想删除右键菜单中的某个命令，在【自定义用户】界面对话框右侧列表的这个命令上，单击鼠标右键，在弹出的菜单中选择【删除菜单项】选项，就可将其删除，如图3.8所示。

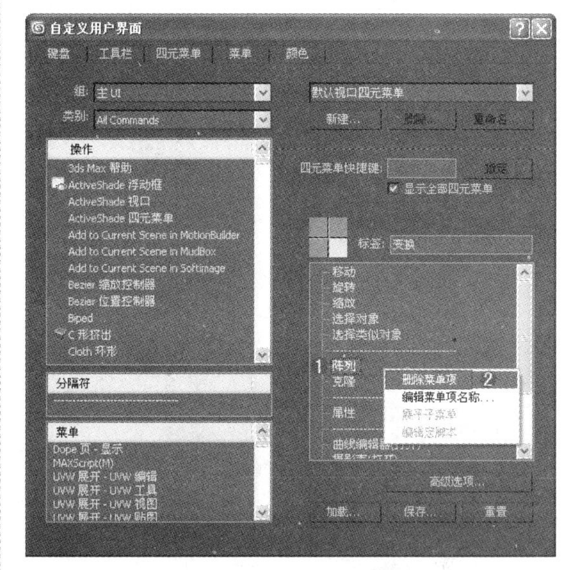

图3.8 删除右键菜单项

3.4 单位的设置

设置场景的单位在使用3ds Max制作效果图中非常重要，确定了场景的单位后，就可以按实际尺寸精确创建对象，并对灯光的使用和场景的合并等产生影响。

01 在桌面上双击图标，打开3ds Max 2012中文版应用程序。

02 执行菜单栏中的【自定义/单位设置】命令，此时将弹出【单位设置】对话框，如图3.9所示。

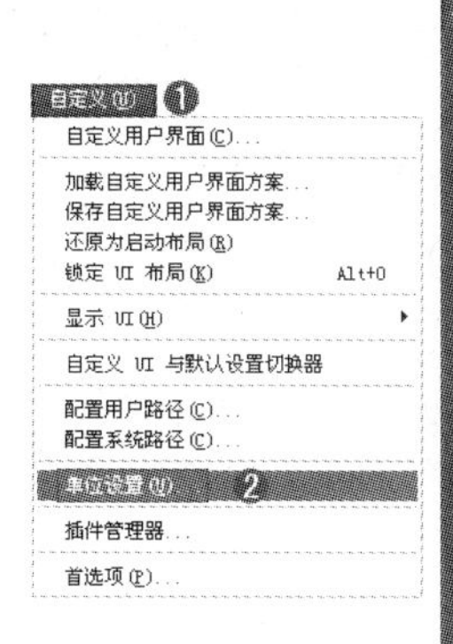

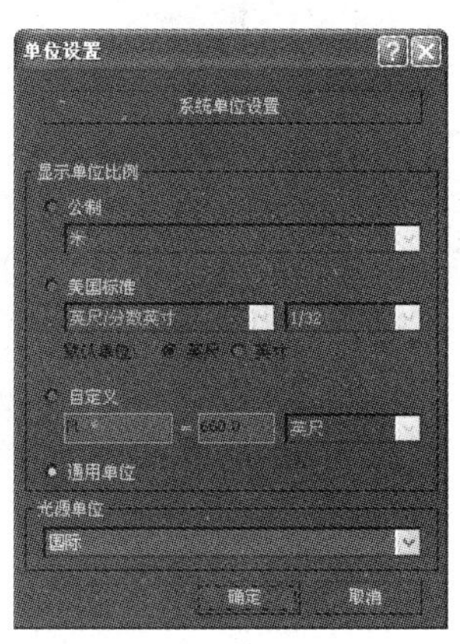

图3.9 打开【单位设置】对话框

03 在对话框中单击【系统单位设置】按钮，在【系统单位设置】对话框中设置系统【单位】为【毫米】，单击 确定 按钮关闭对话框，如图3.10所示。

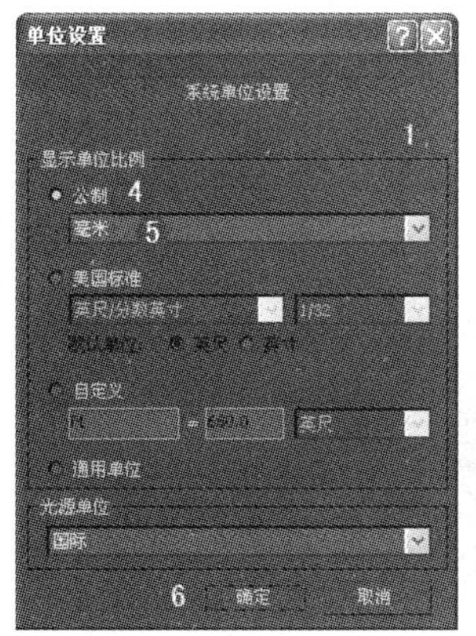

图3.10 系统单位设置

04 此时，场景的单位便已经设置为【毫米】了，在提示栏的网格尺寸后面也出现了单位mm，如图3.11所示。

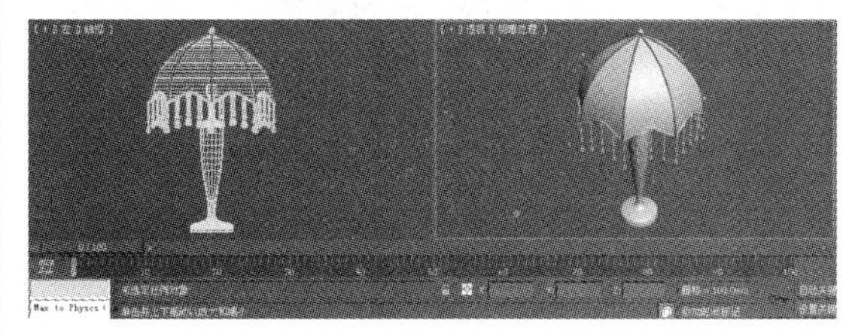

图3.11 单位显示

3.5 复制对象

复制操作可以快速创建多个相同的对象。在3ds Max中，可以实现复制的命令有多个，我们通过制作实例来学习这几种复制方式。

01 在桌面上双击图标，打开3ds Max 2012中文版应用程序。单击快速访问工具栏中的按钮，打开随书光盘相关章节中的“复制对象.max”文件，如图3.12所示。

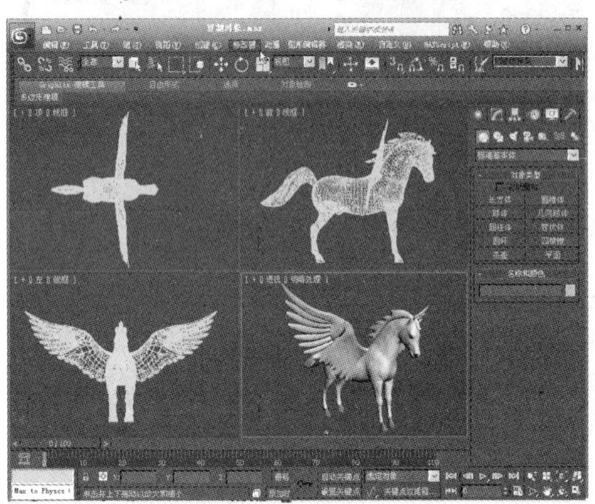

图3.12 打开文件

02 单击工具栏中的按钮，选择需要复制的对象，按住Shift键，在顶视图中按住鼠标左键并沿X轴方向拖动，移至合适位置时释放鼠标，在弹出的【克隆选项】对话框中选择【实例】选项，单击确定按钮，便复制了一个对象，如图3.13所示。

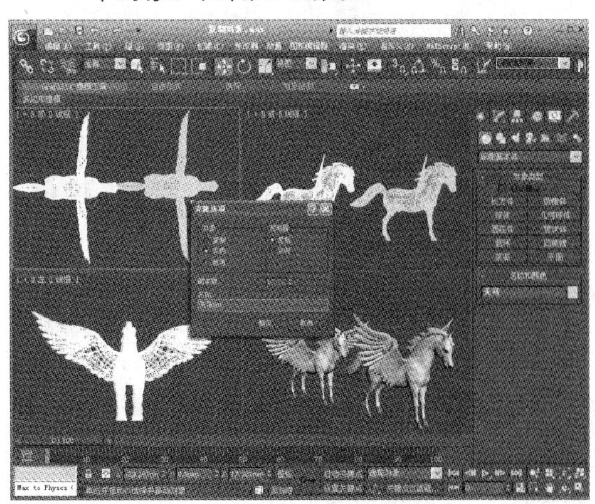

图3.13 复制对象

03 单击工具栏中的按钮，框选两匹“天马”，按住Shift键，在顶视图中按住鼠标左键并沿Z轴方向旋转一定角度，释放鼠标。在弹出的【克隆选项】对话框中选择【实例】选项，然后单击确定按钮，完成复制，如图3.14所示。

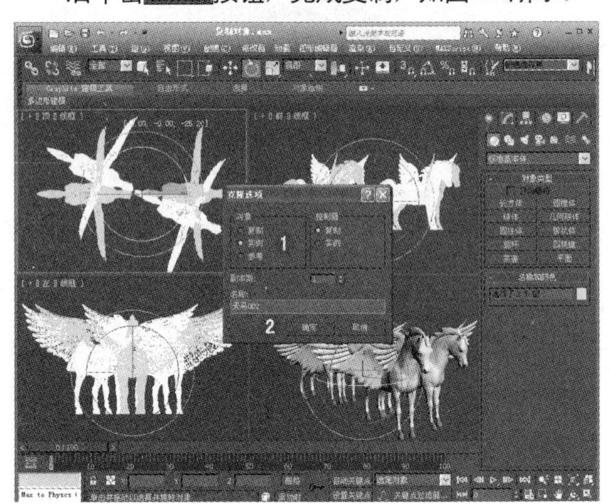

图3.14 旋转复制

04 激活按钮，在视图中调整“天马”的位置，如图3.15所示。

图3.15 造型的位置

05 在视图中选中所有“天马”，单击工具栏中的按钮，在弹出的对话框中选择X轴进行实例复制，单击确定按钮关闭对话框，如图3.16所示。

06 在视图中调整造型的位置，如图3.17所示。

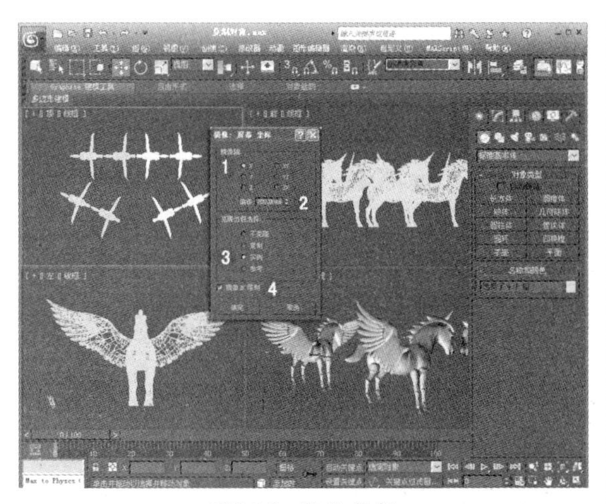

图3.16 镜像复制

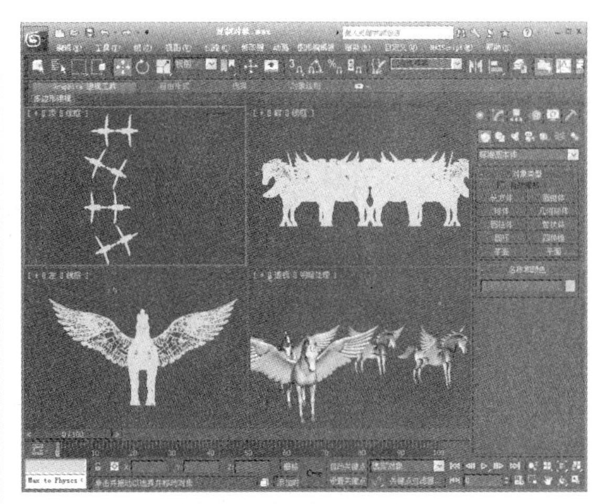

图3.17 造型的位置

3.6 阵列对象

【阵列】命令可以快速复制多个对象，并且可以均匀地排列复制对象的位置和角度。本节通过一个实例来介绍这个命令的使用方法。

01 在桌面上双击图标，打开3ds Max 2012中文版应用程序。单击快速访问工具栏中的按钮，打开随书光盘相关章节中的“阵列对象.max”文件，如图3.18所示。

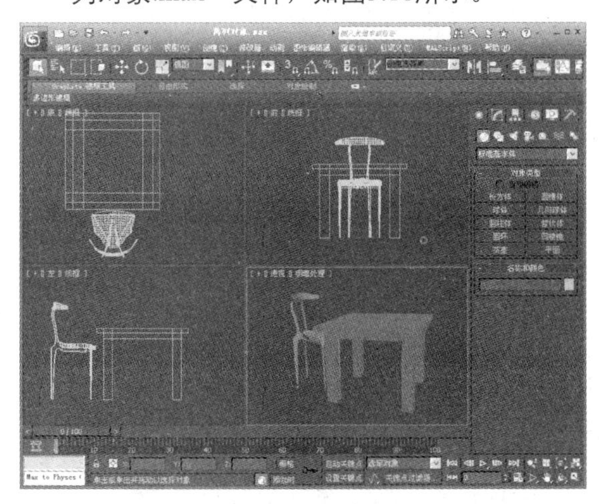

图3.18 打开文件

02 在视图中选中“椅子”，单击命令面板中的按钮，单击 仅影响轴 按钮，在顶视图中将轴心移动到桌子的中间，如图3.19所示。

03 关闭 仅影响轴 按钮，单击菜单栏中的 工具(T) 菜单，在弹出的菜单中选择【阵列】命令，如图3.20所示。

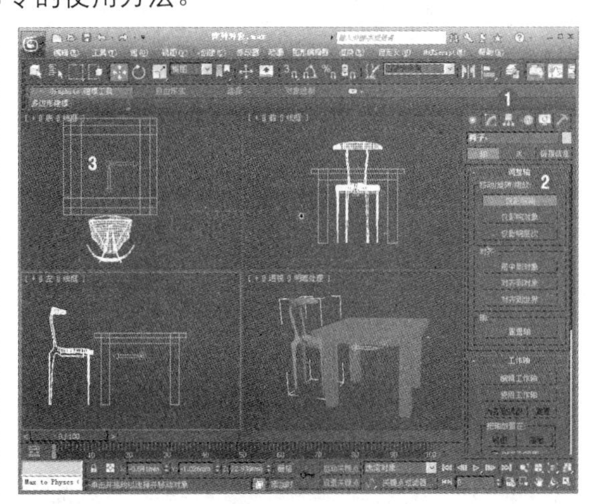

图3.19 改变轴心

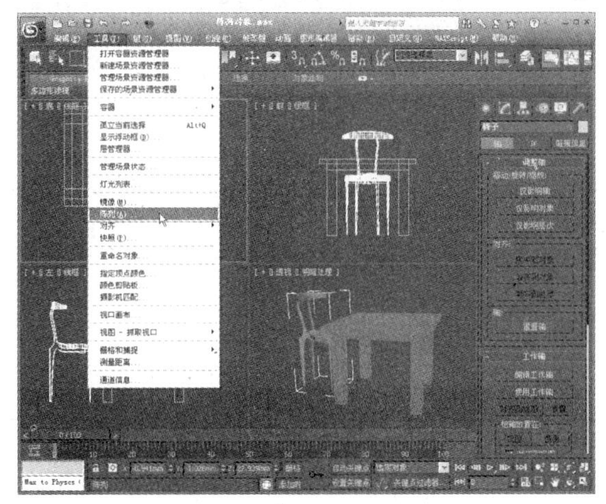

图3.20 选择【阵列】命令

04 在弹出的【阵列】对话框中设置如下参数，如图3.21所示。

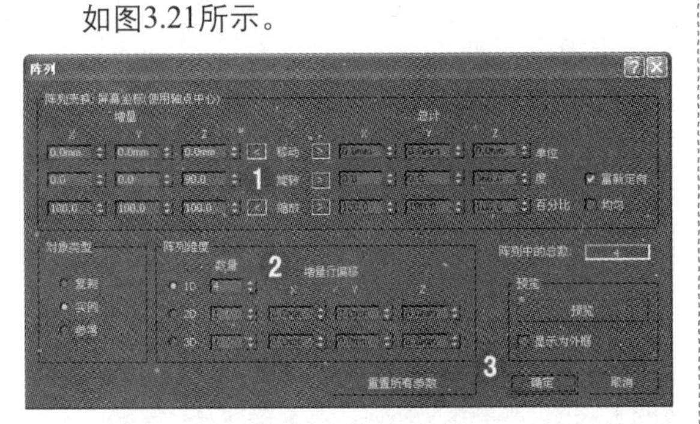

图3.21 参数设置

05 阵列后的椅子效果如图3.22所示。

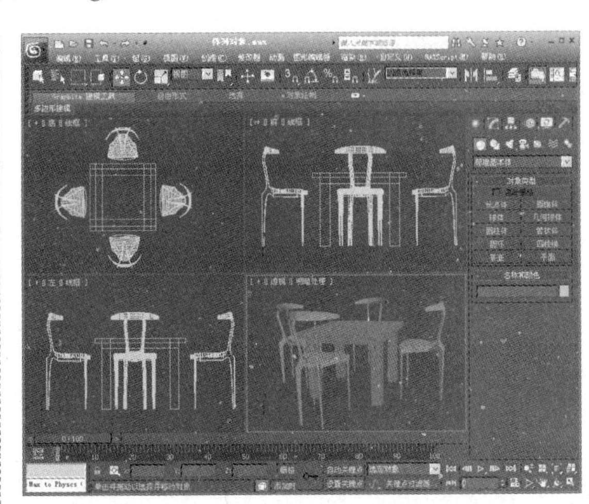

图3.22 阵列后的效果

3.7 对齐对象

【对齐】命令可以快速地将两个对象按照要求进行对齐，熟练地使用这个工具可以提高工作效率。

01 在桌面上双击图标，打开3ds Max 2012中文版应用程序。单击快速访问工具栏中的按钮，打开随书光盘相关章节中的“对齐操作.max”文件，如图3.23所示。

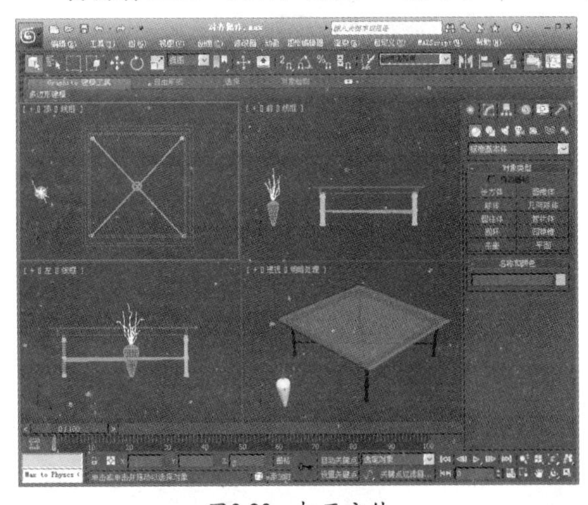

图3.23 打开文件

02 在视图中选中“花瓶”并激活【对齐】按钮，当鼠标变成对齐光标后单击“茶几”，在弹出的【对齐当前选择】对话框中设置参数，并执行两次对齐操作，如图3.24所示。

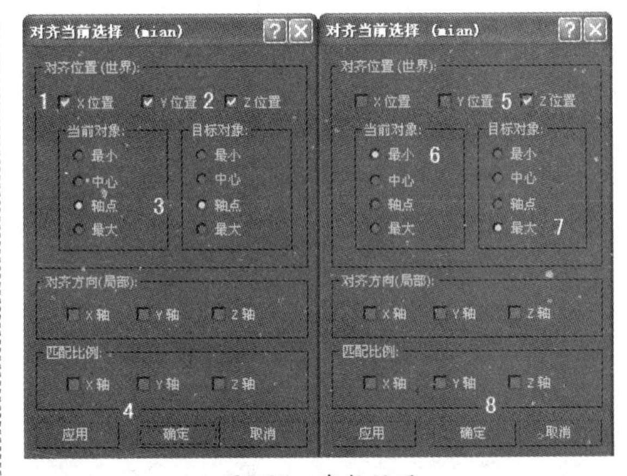

图3.24 参数设置

03 对齐后的效果如图3.25所示。

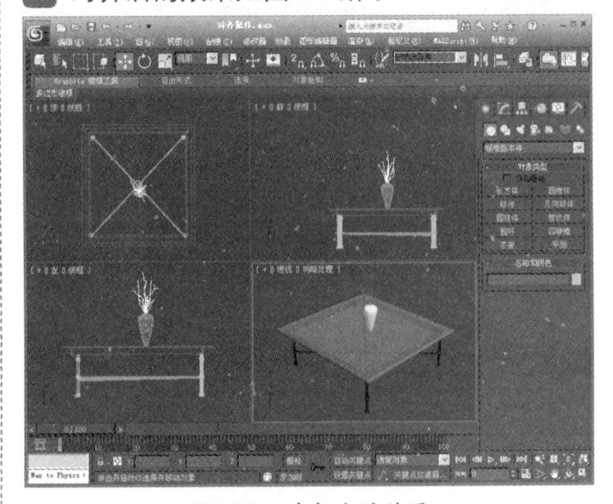

图3.25 对齐后的效果

3.8 捕捉的使用

【捕捉】功能的应用是建模过程中的一大利器，熟练地使用【捕捉】功能，可以快速准确地定位，对建模过程有很大的帮助。

01 在桌面上双击图标，打开3ds Max 2012中文版应用程序。单击快速访问工具栏中的按钮，打开随书光盘中“第3课”/“模型”目录下“对齐操作.max”文件，如图3.26所示。

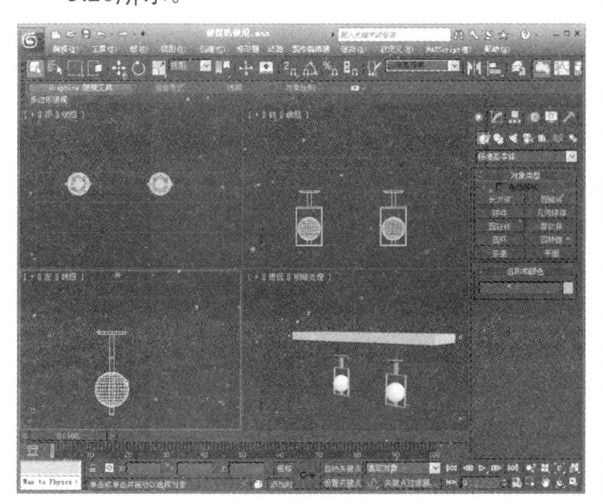

图3.26 打开文件

02 激活左视图，单击按钮，将左视图最大化显示。用鼠标左键长按工具栏的按钮，在弹出的下拉菜单中选择【2.5维捕捉】按钮，在弹出的【栅格和捕捉设置】对话框中设置其参数，如图3.27所示。

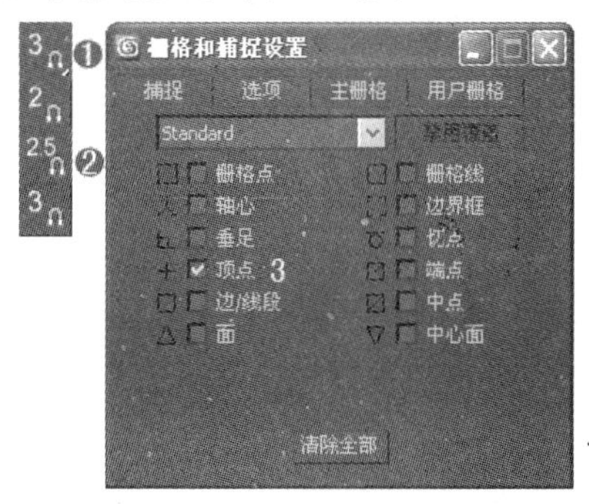

图3.27 【栅格和捕捉设置】对话框

03 在视图中选中“灯”，激活按钮，选择“灯”顶部中间的点，移动造型，如图3.28所示。

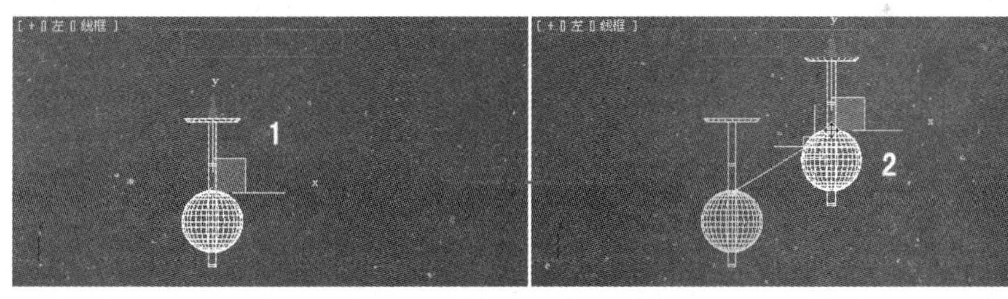

图3.28 用捕捉来调整造型的位置

04 用同样的方法移动另一个“灯”，操作完成后，效果如图3.29所示。

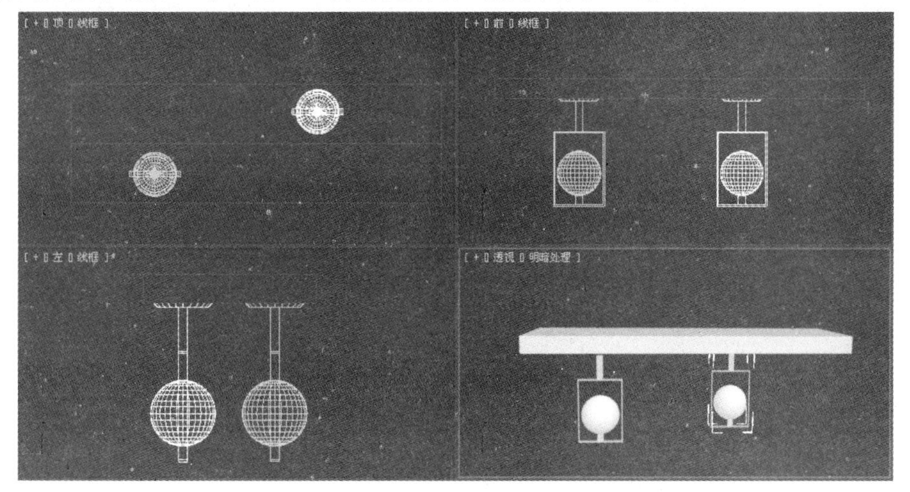

图3.29 造型的位置

05 在顶视图中选中“灯”，激活按钮，沿着Y轴向上移动，移动后“灯”的位置如图3.30所示。

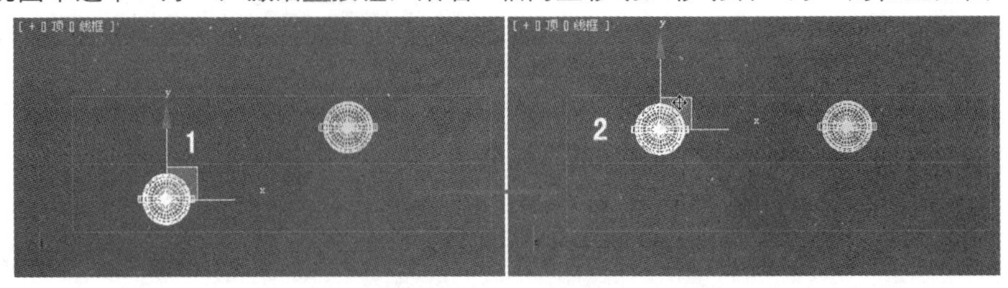

图3.30 造型的位置

06 按照上述的方法，将“灯”移动到中间的位置，效果如图3.31所示。

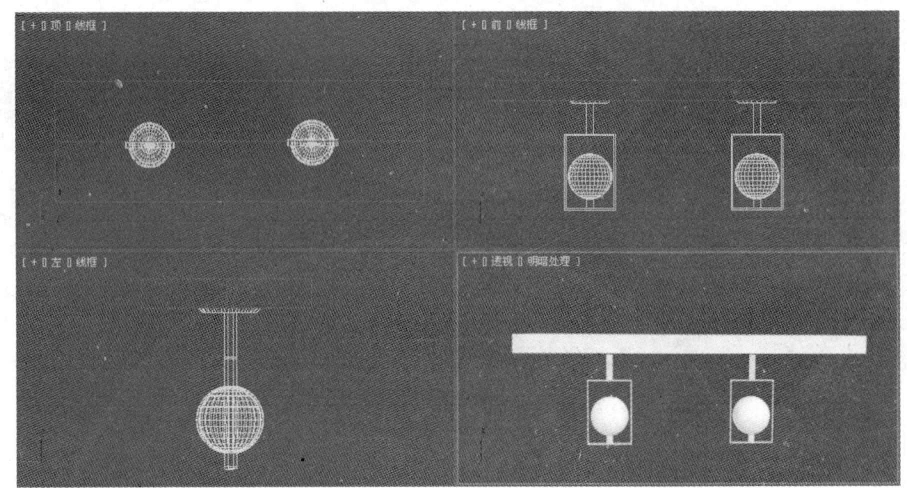

图3.31 造型的位置

3.9 课后练习

通过复制几个“单人沙发”来学习【移动复制】、【旋转复制】的具体操作。“单人沙发”复制后的参考效果如图3.32所示。

原始物体

复制后的效果

图3.32 参考效果

第4课 常用建模命令及相应实例制作

本课内容：

- 车削：装饰柱
- 倒角：装饰框
- 弯曲：跷跷板
- 锥化：吸顶灯
- 编辑多边形：咖啡杯的制作
- 布尔：储物架的制作
- FFD：抱枕的制作
- 放样：罗马柱的制作
- 挤出：字体
- 倒角：木门
- 噪波：山体

- 晶格：篮球场
- 编辑多边形：烟囱
- 置换：河道
- 布尔：花坛
- 超级布尔：古凳

4.1 车削：装饰柱

【车削】命令可以将截面沿着一个轴向旋转一定的角度，从而生成一个造型，如图4.1所示。这个命令在创建柱体类造型时非常方便。本节通过一个创建装饰柱的实例介绍这个命令的使用。

图4.1 【车削】命令

01 在桌面上双击图标，打开3ds Max 2012中文版应用程序。

02 在菜单栏中选择【自定义】/【单位设置】命令，在弹出的【单位设置】对话框中将【单位】设置为【毫米】，如图4.2所示。

03 单击 矩形 按钮，在前视图中绘制一个大小为80mm×100mm的参考矩形，然后单击 线 按钮，在前视图中创建一条开放的曲线，并将其命名为“底柱”，如图4.3所示。

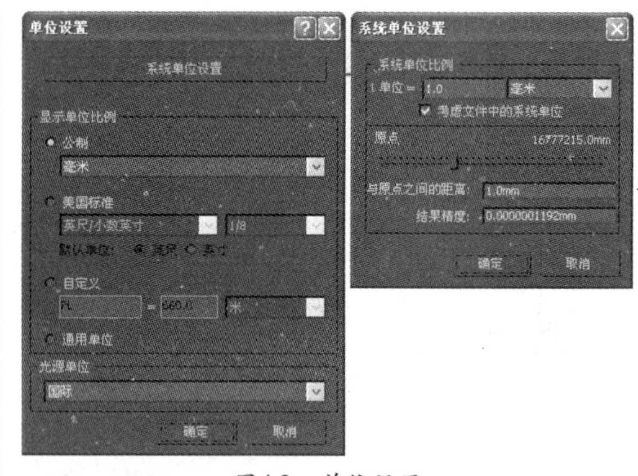

图4.2 单位设置

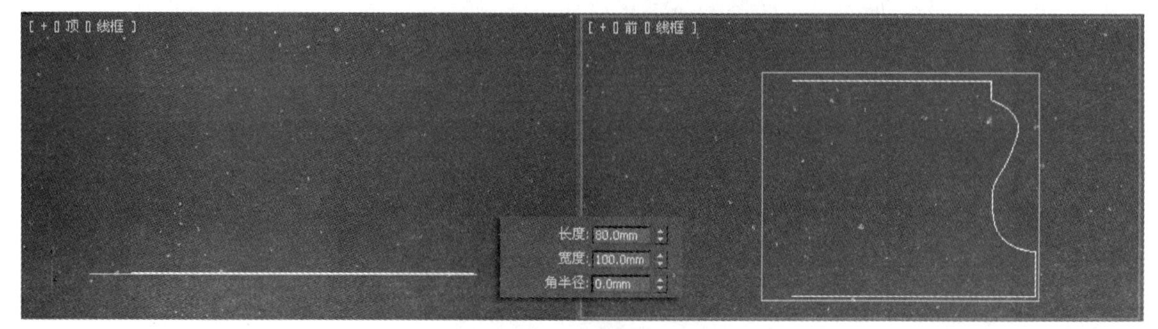

图4.3 绘制的曲线

04 在视图中选中“底柱”，单击【修改】按钮，在修改器列表中选择【车削】命令，如图4.4所示。

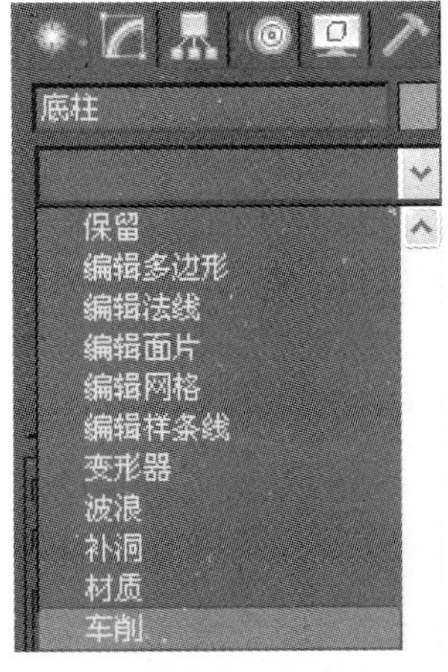

图4.4 【车削】命令

05 在【参数】卷展栏中设置其参数，如图4.5所示。

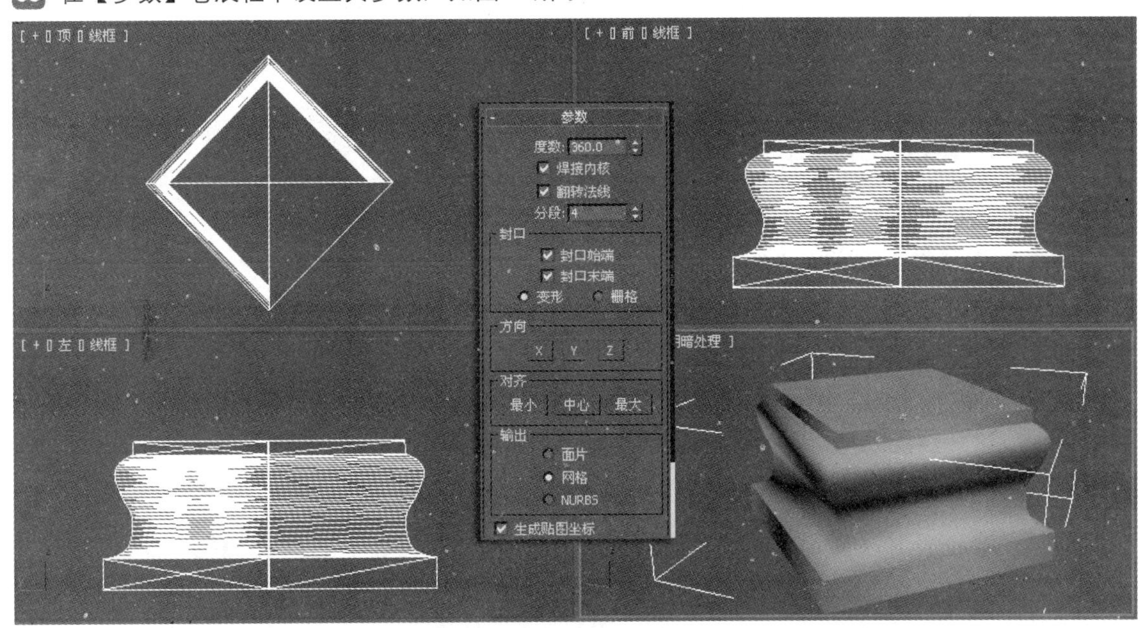

图4.5 参数设置

06 单击 矩形 按钮，在左视图中绘制一个大小为430mm×100mm的参考矩形，然后单击 线 按钮，在左视图中绘制一条闭合的曲线，如图4.6所示。

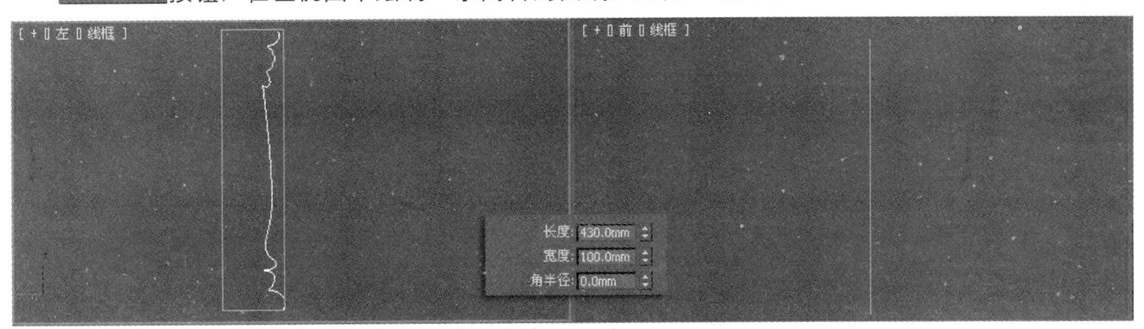

图4.6 绘制的曲线

07 在修改器列表中选择【车削】命令，设置其参数，如图4.7所示。

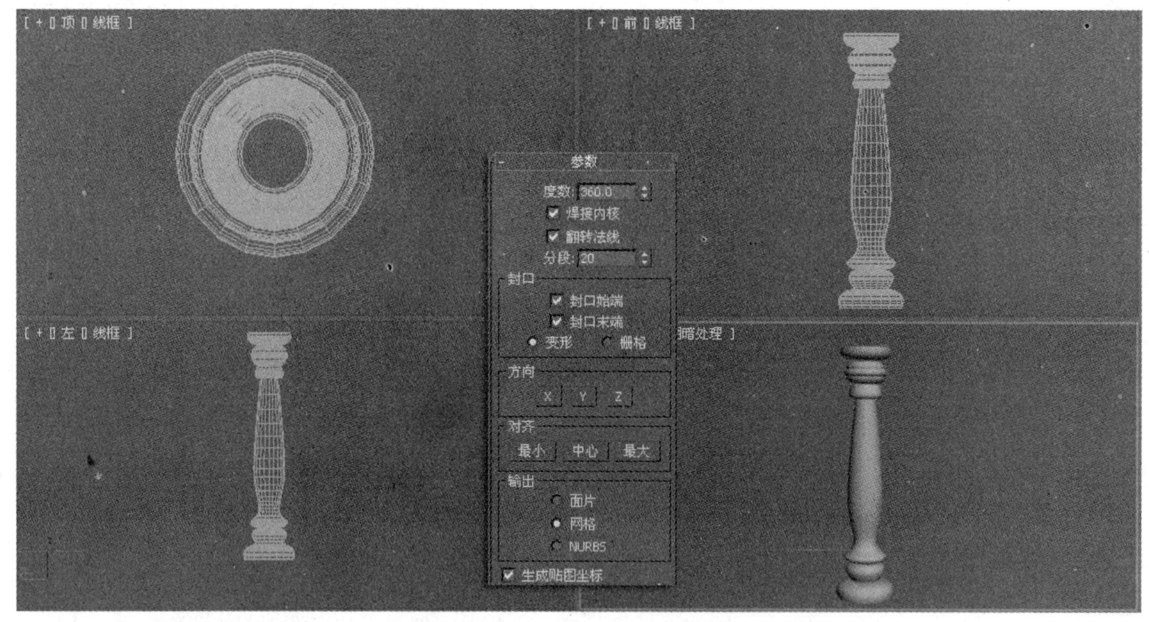

图4.7　车削后的造型

08 按照上述的方法，在前视图中绘制参考矩形和闭合的曲线，并设置其参数，如图4.8所示。

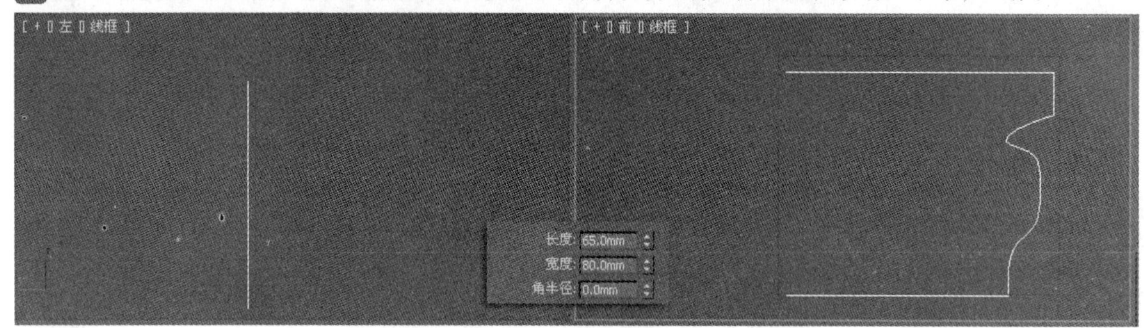

图4.8　绘制的曲线

09 在修改器列表中选择【车削】命令，将其命名为“顶”，并设置其参数，如图4.9所示。

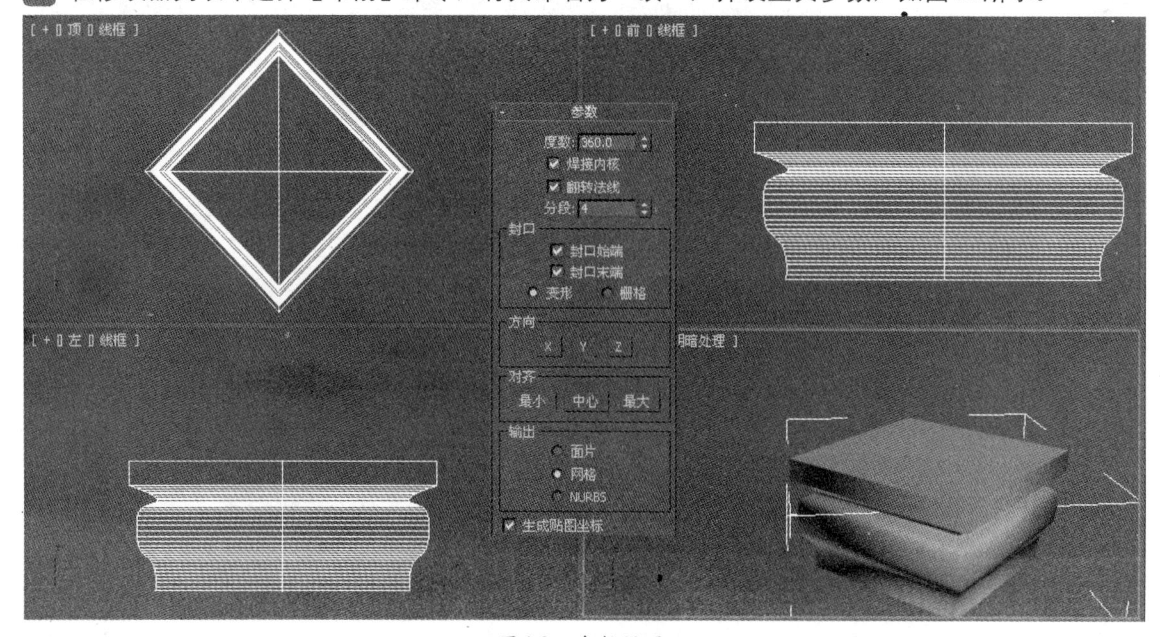

图4.9　参数设置

10 至此，“装饰柱”模型已经全部制作完成了，效果如图4.10所示。

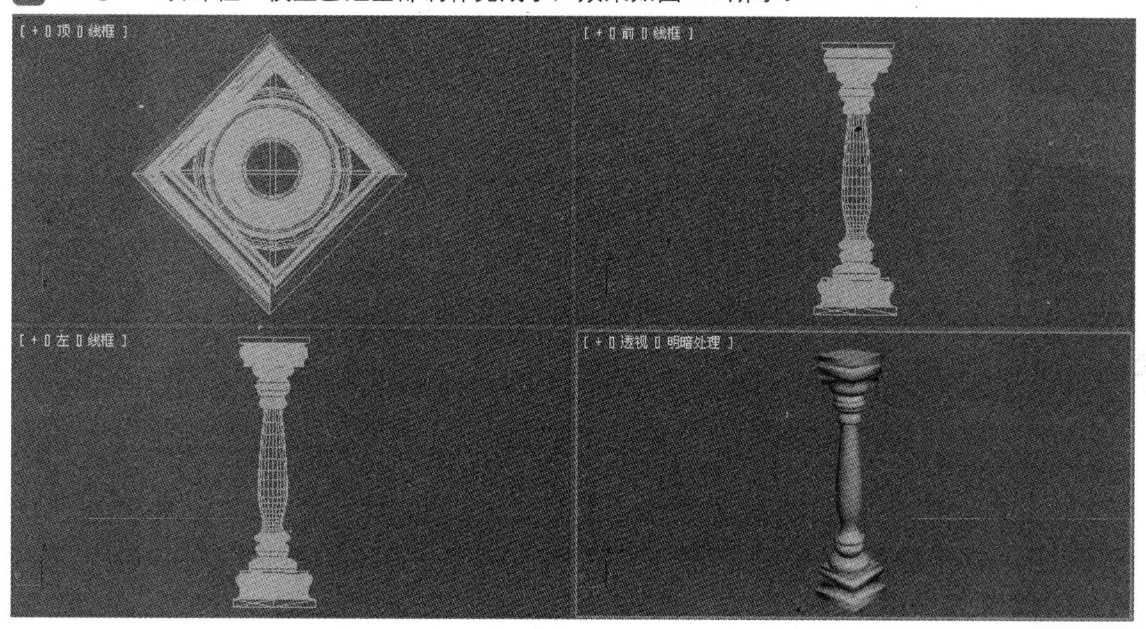

图4.10　模型效果

11 在快速访问工具栏中单击【保存】按钮，将文件进行保存。

4.2 倒角：装饰框

【倒角】命令可以将截面拉出一个厚度，与【挤出】命令相比，【倒角】命令可以一次设置三个层面的高度，并且可以设置拉出面的轮廓大小，如图4.11所示。本节通过制作装饰框的实例来介绍这个命令的使用方法。

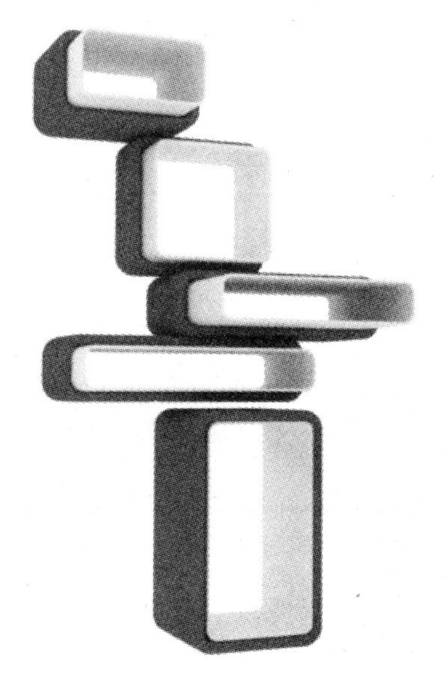

图4.11　【倒角】命令

01 在桌面上双击图标，打开3ds Max 2012中文版应用程序。

02 在菜单栏中选择【自定义】/【单位设置】命令，在弹出的【单位设置】对话框中将【单位】设置为【毫米】，如图4.12所示。

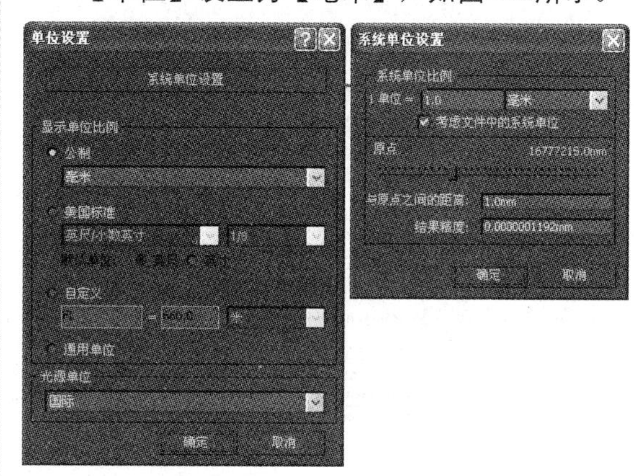

图4.12　单位设置

03 单击 矩形 按钮，在前视图中绘制一个矩形，并将其命名为“内框”，设置参数如图4.13所示。

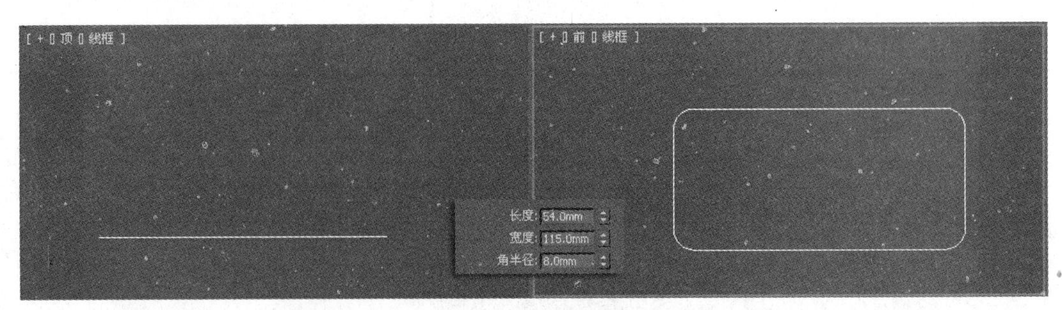

图4.13　绘制的矩形

04 选中“内框”，单击鼠标右键，在弹出的菜单中选择【转换为可编辑样条线】命令，如图4.14所示。

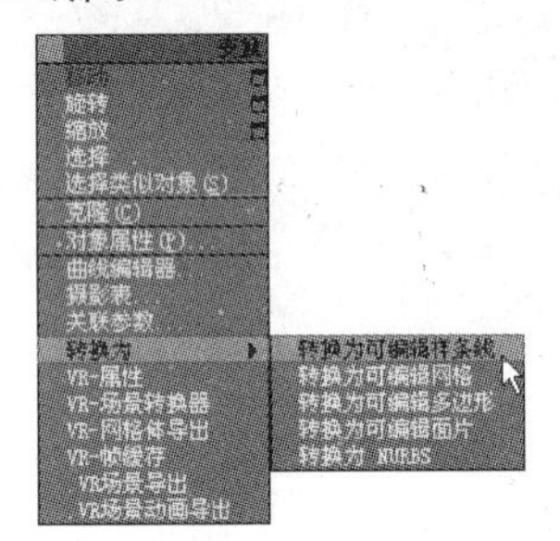

图4.14　选择【转换为可编辑样条线】命令

05 在修改器堆栈中激活【样条线】子对象，如图4.15所示。

图4.15　修改器堆栈

06 在【几何体】卷展栏中单击 轮廓 按钮，设置【轮廓】值为-4mm，如图4.16所示。

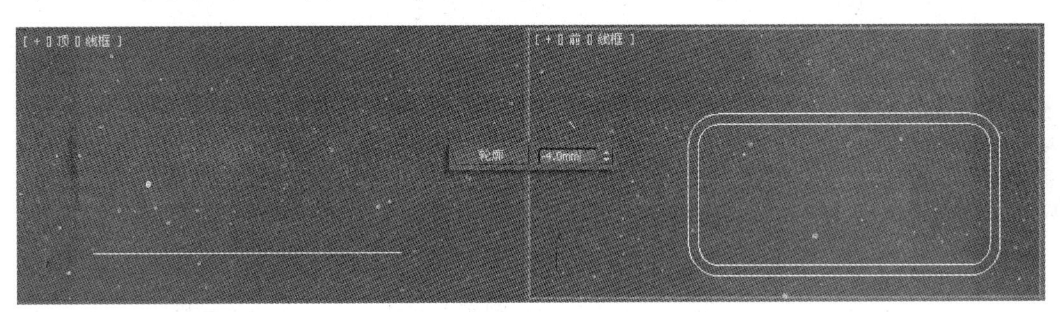

图4.16　轮廓

07 在修改器列表中选择【倒角】命令，设置其参数，如图4.17所示。

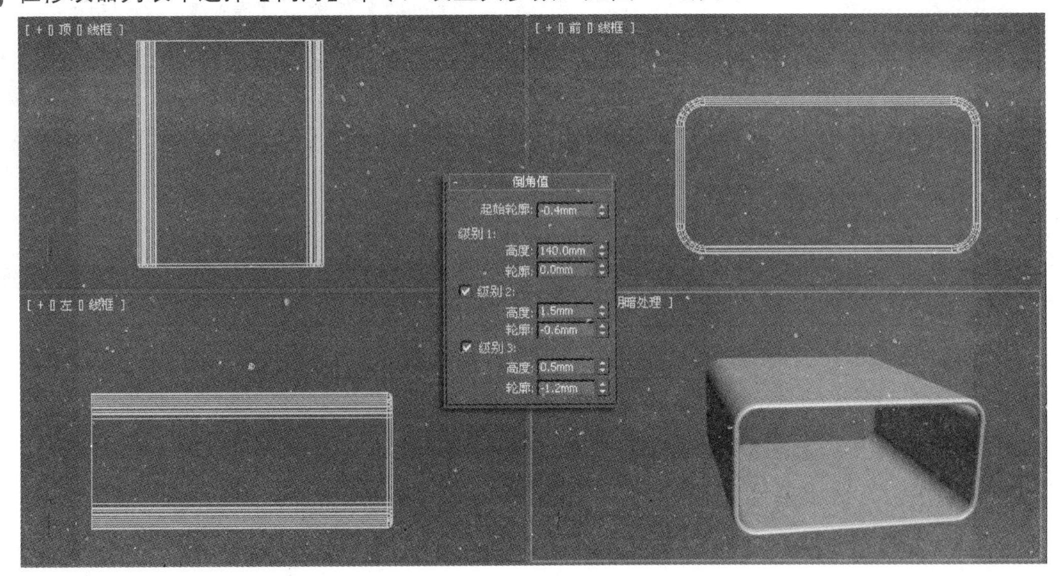

图4.17　倒角

08 单击 矩形 按钮，在前视图中绘制一个大小为62mm×123mm的矩形，并将其命名为“外框”，设置参数如图4.18所示。

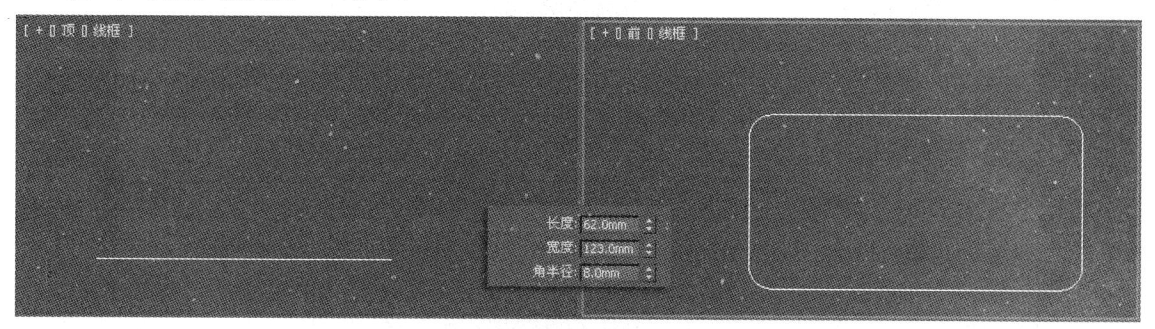

图4.18　绘制矩形

09 按照上述的方法，将“外框”转换为可编辑样条线，激活【样条线】子对象，然后在【几何体】卷展栏中设置【轮廓】值为-10mm，如图4.19所示。

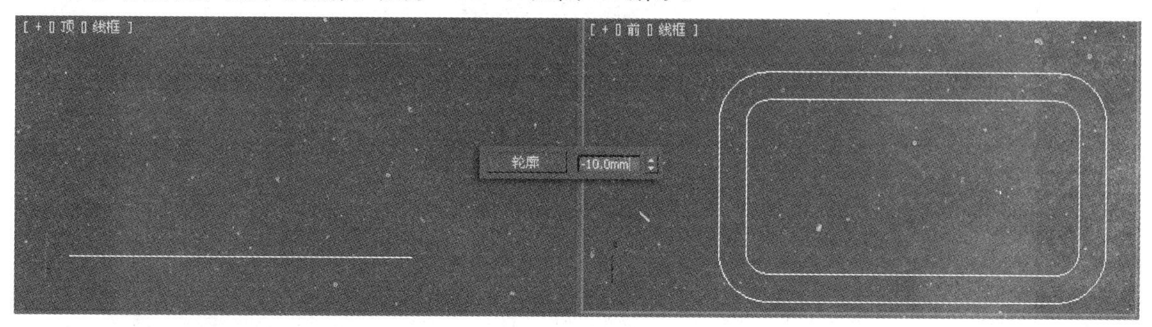

图4.19　轮廓

10 在修改器列表中选择【倒角】命令，设置其参数，如图4.20所示。

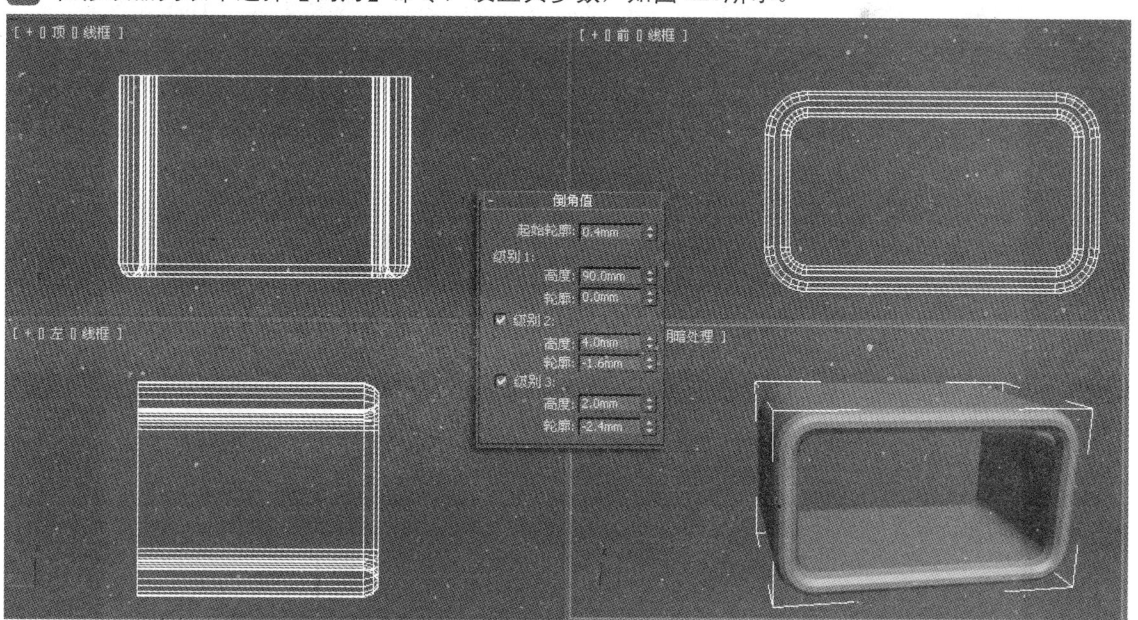

图4.20　倒角

11 在视图中调整“内框”和“外框”的位置，效果如图4.21所示。

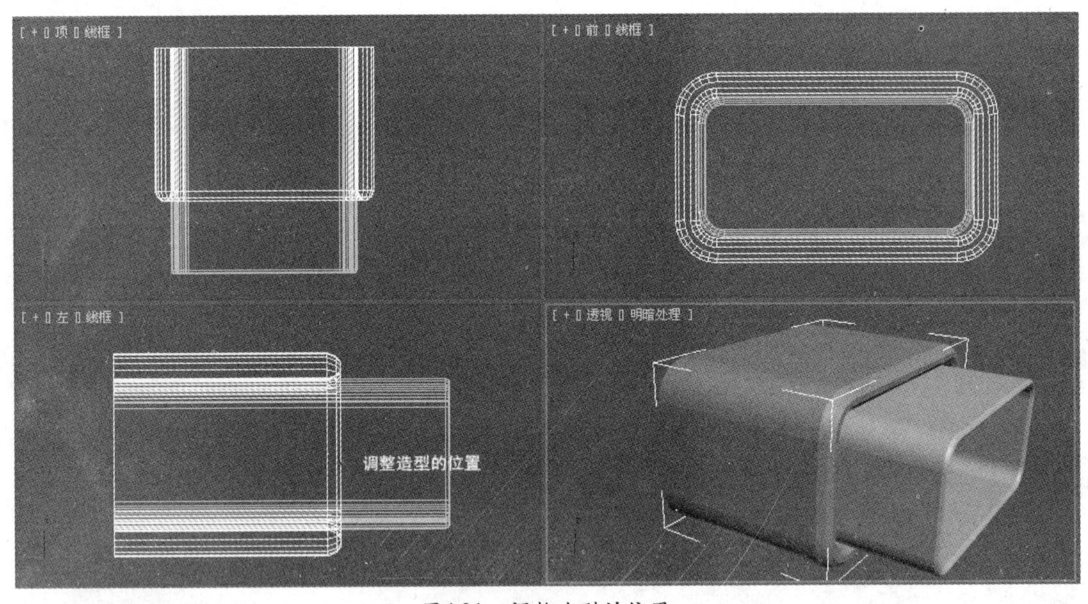

图4.21 调整造型的位置

12 按照上述的方法，绘制一个矩形，然后设置【轮廓】值，命名为“内框A”，设置其参数，如图4.22所示。

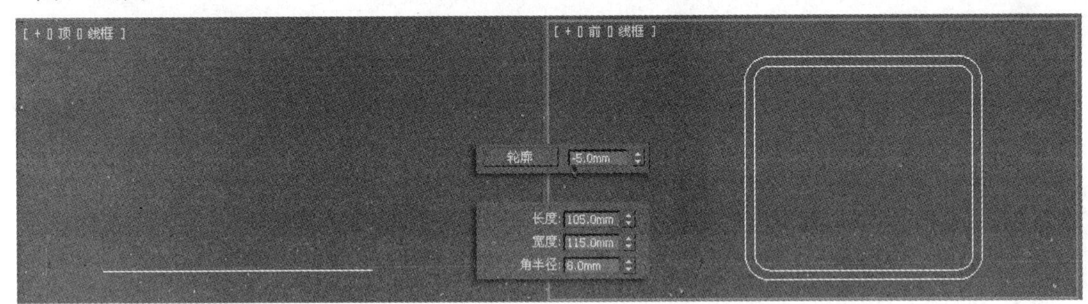

图4.22 轮廓

13 在修改器列表中选择【倒角】命令，设置其参数，如图4.23所示。

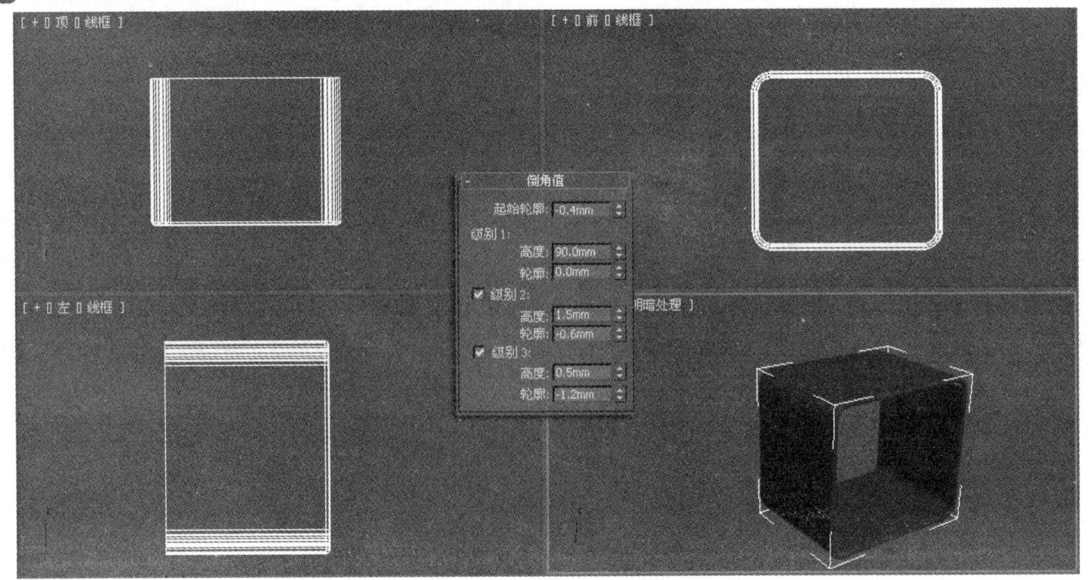

图4.23 倒角

14 按照上述的方法，在前视图中绘制矩形并设置【轮廓】值，具体参数设置如图4.24所示。

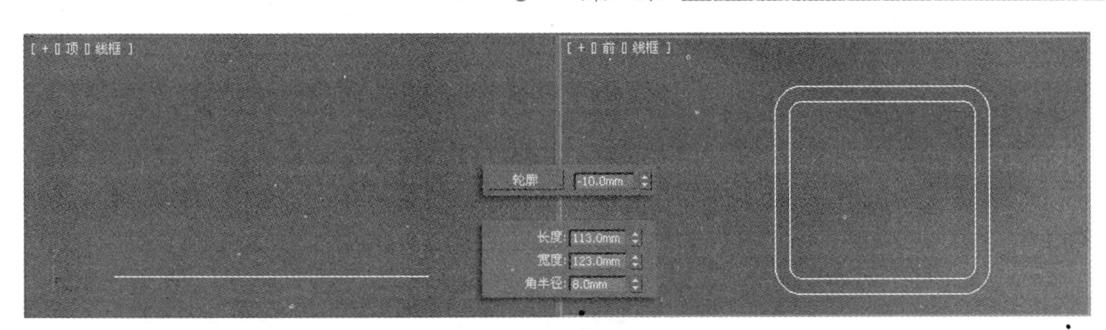

图4.24 轮廓

15 在修改器列表中选择【倒角】命令，设置其参数如图4.25所示。

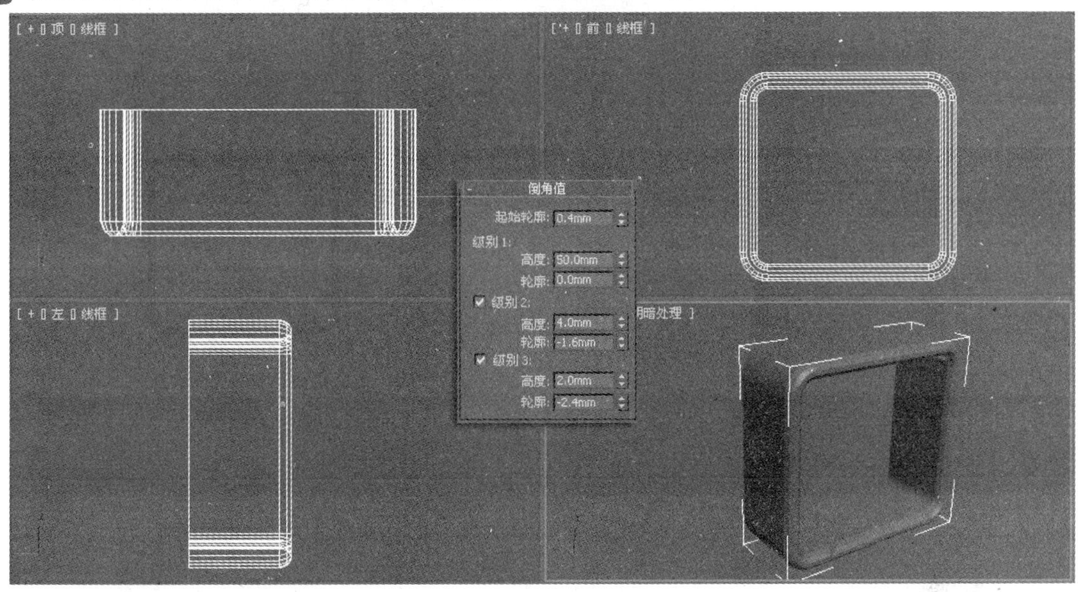

图4.25 倒角

16 在视图中调整造型的位置，如图4.26所示。

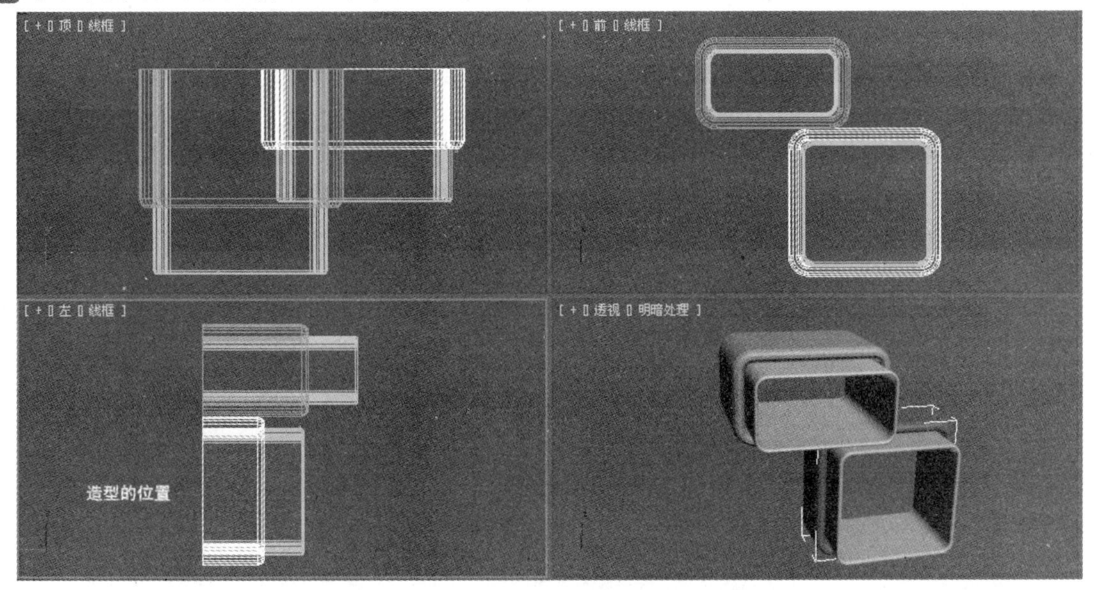

图4.26 调整造型的位置

17 按照上述的方法，在前视图中绘制矩形，然后设置【轮廓】值，命名为“内框B”，接着在修改器列表中选择【倒角】命令，设置具体参数，如图4.27所示。

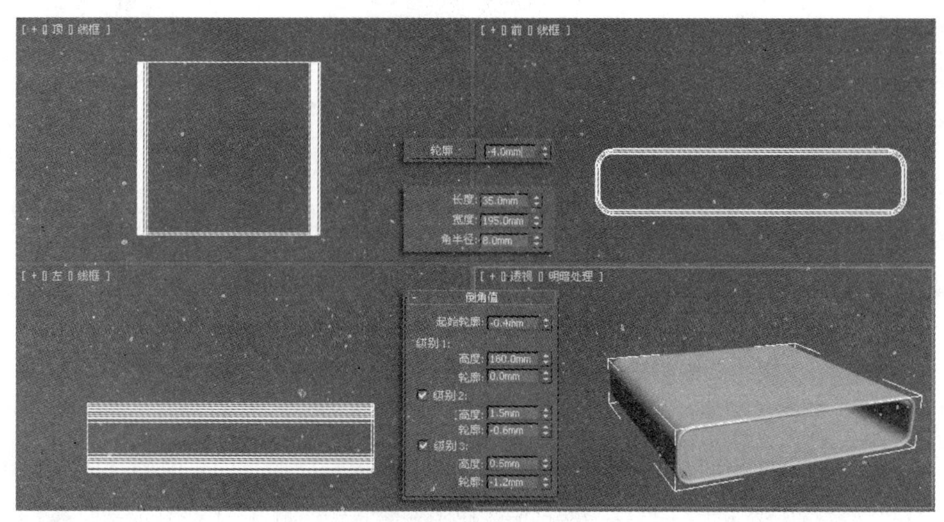

图4.27　倒角

18 按照同样的方法，绘制矩形后设置【轮廓】值，命名为“外框B”，然后在修改器列表中选择【倒角】命令，设置其参数，如图4.28所示。

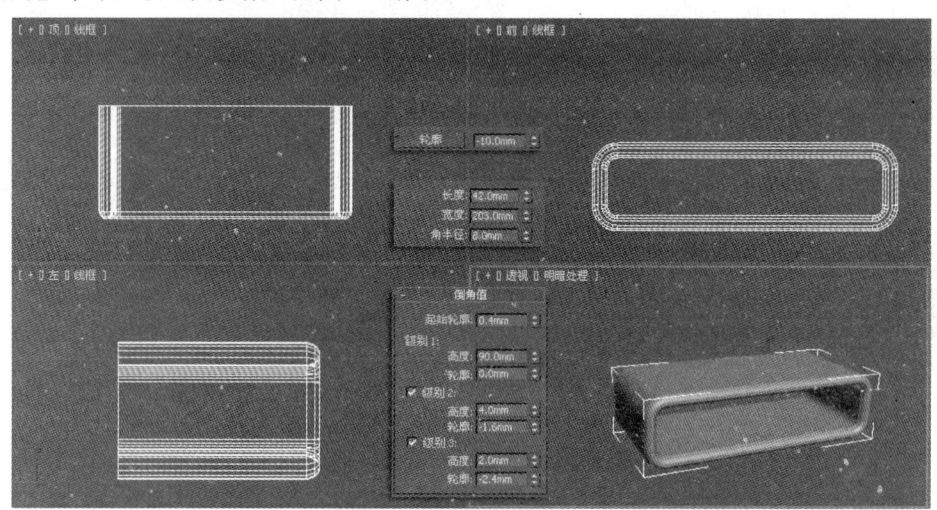

图4.28　倒角

19 在视图中调整造型的位置，效果如图4.29所示。

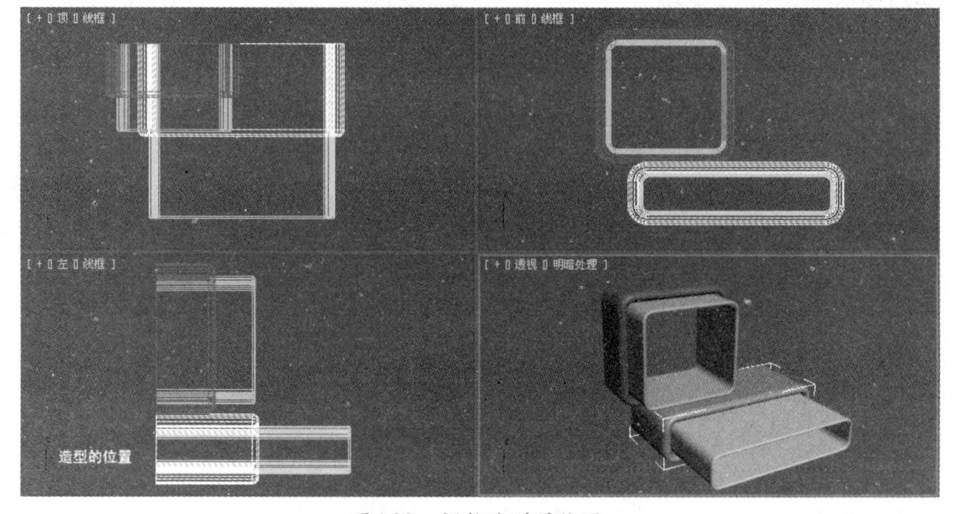

图4.29　调整造型的位置

20 按照上述的方法，在前视图中绘制矩形，然后设置【轮廓】值，命名为“内框C”，接着在修改器列表中选择【倒角】命令，设置具体参数，如图4.30所示。

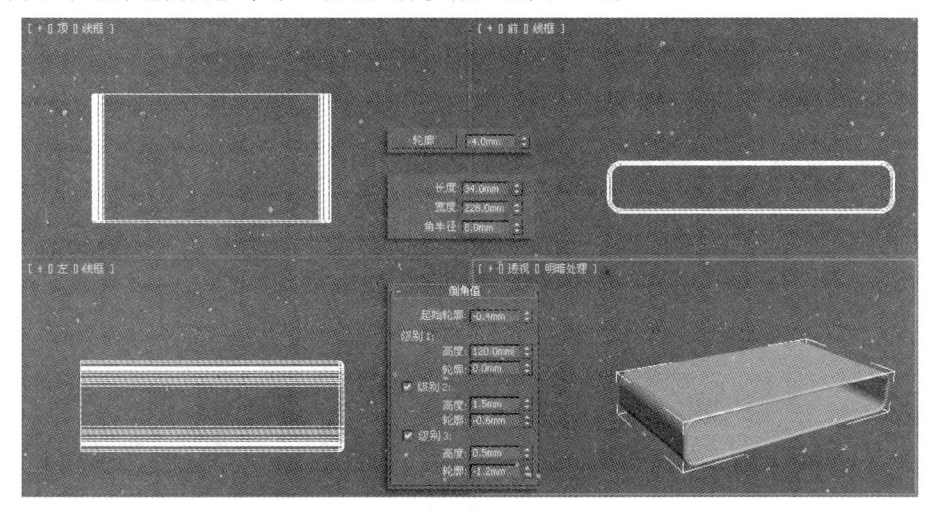

图4.30　倒角

21 按照同样的方法，制作“外框C”，设置具体参数，如图4.31所示。

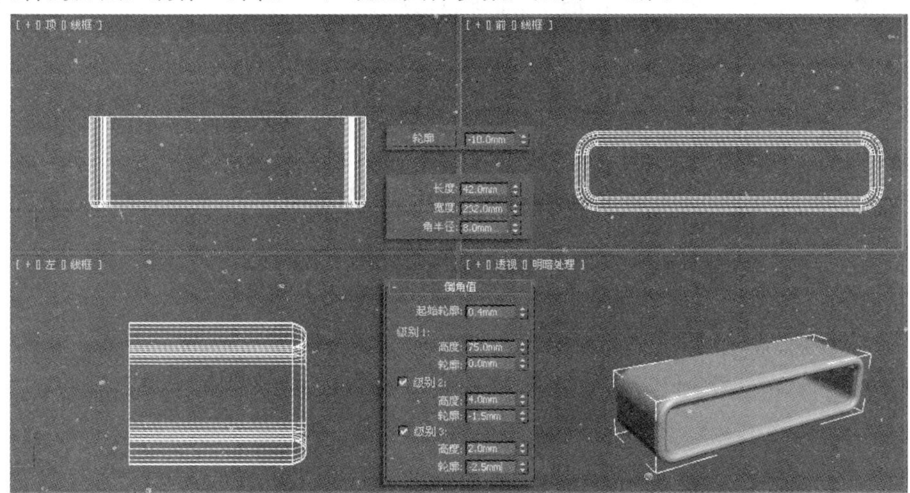

图4.31　倒角

22 在视图中调整造型的位置，效果如图4.32所示。

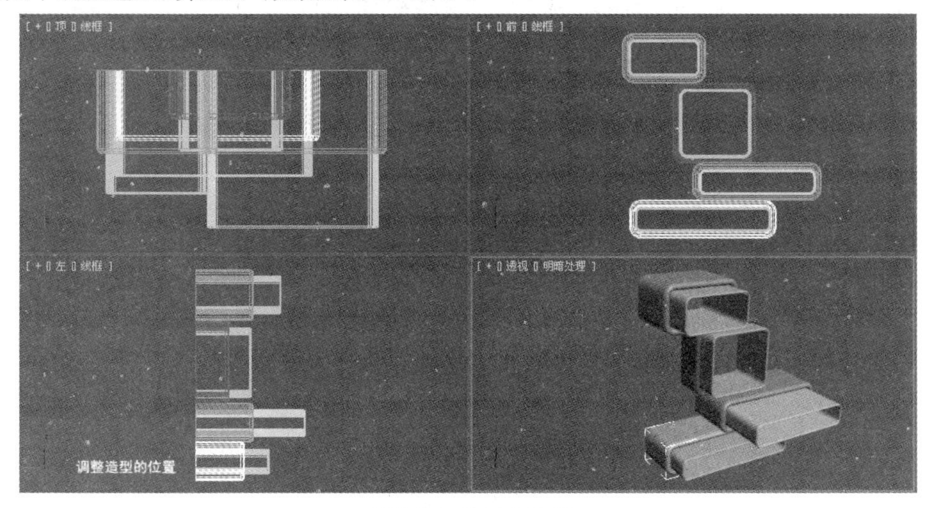

图4.32　造型的位置

23 按照上述的方法，在前视图中绘制矩形并设置【轮廓】值，命名为“内框D”，然后在修改器列表中选择【倒角】命令，设置具体参数，如图4.33所示。

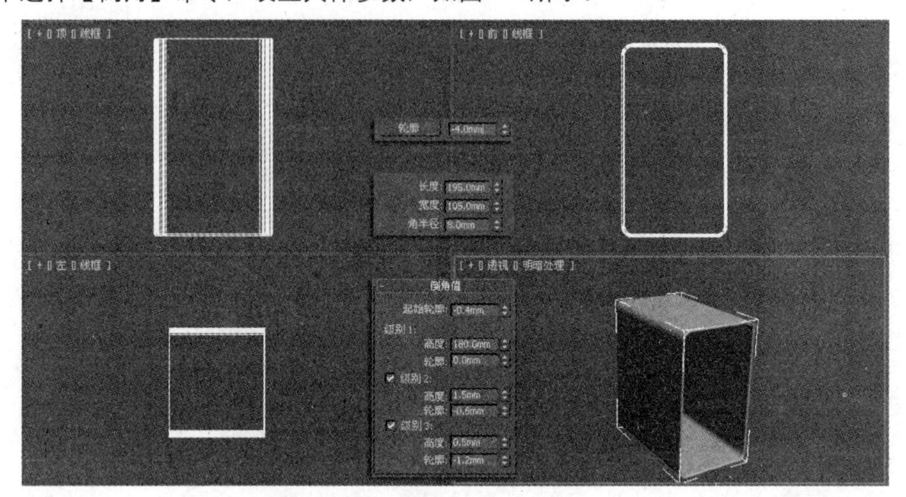

图4.33 倒角

24 按照同样的方法，绘制矩形并设置【轮廓】值，命名为“外框D”，然后在修改器列表中选择【倒角】命令，设置具体参数，如图4.34所示。

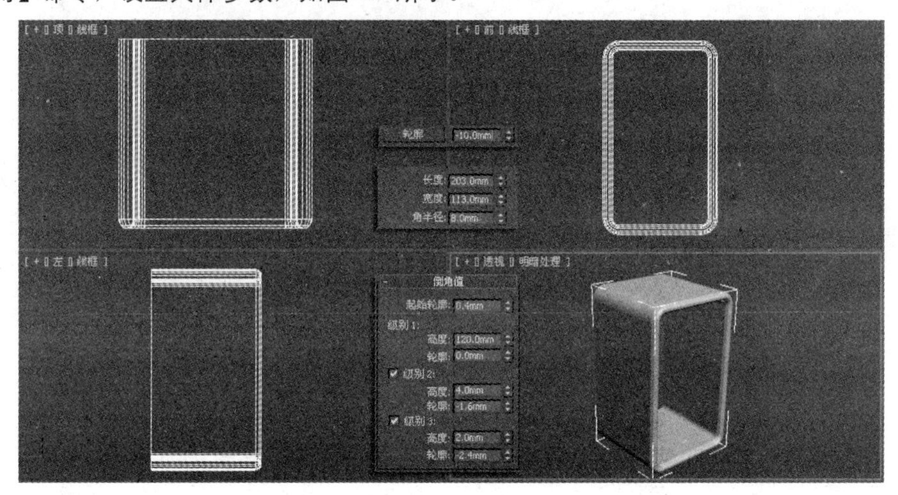

图4.34 倒角

25 至此，“装饰框”的模型已经全部制作完成，效果如图4.35所示。

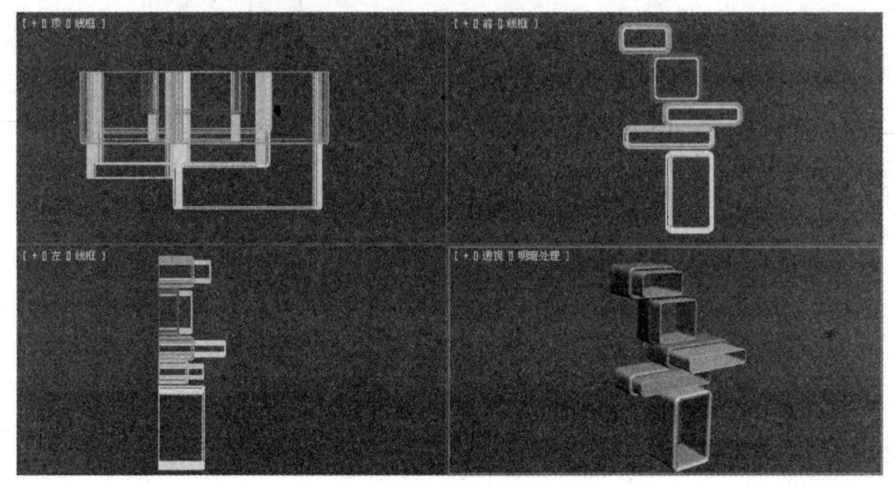

图4.35 模型效果

26 在快速访问工具栏中单击【保存】按钮，将文件进行保存。

4.3 弯曲：跷跷板

【弯曲】命令可以将几何体弯曲一定的角度，本例通过制作跷跷板来学习【弯曲】命令的使用，效果如图4.35所示。

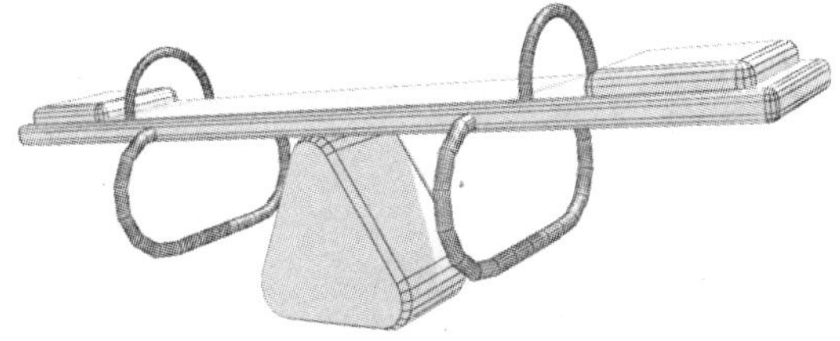

图4.36 弯曲命令

01 在桌面上双击图标，打开3ds Max 2012中文版应用程序。

02 在菜单栏中选择【自定义】/【单位设置】命令，在弹出的【单位设置】对话框中将【单位】设置为【毫米】，如图4.37所示。

03 单击 多边形 按钮，在前视图中绘制一个多边形，命名为“支架”，参数设置如图4.38所示。

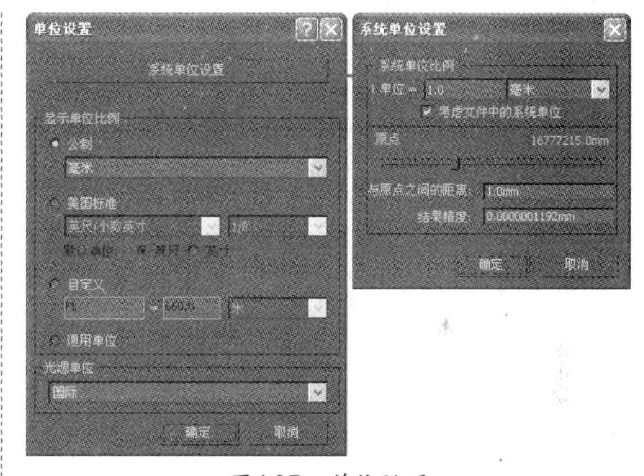

图4.37 单位设置

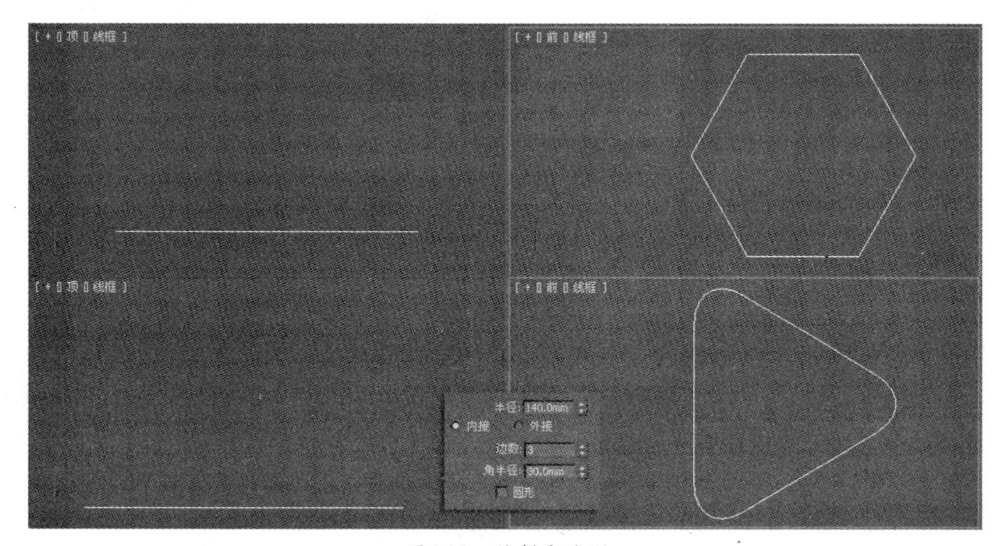

图4.38 绘制多边形

04 在工具栏中激活【旋转】按钮，然后单击鼠标右键，在弹出的【旋转变换输入】对话框中设置参数，如图4.39所示。

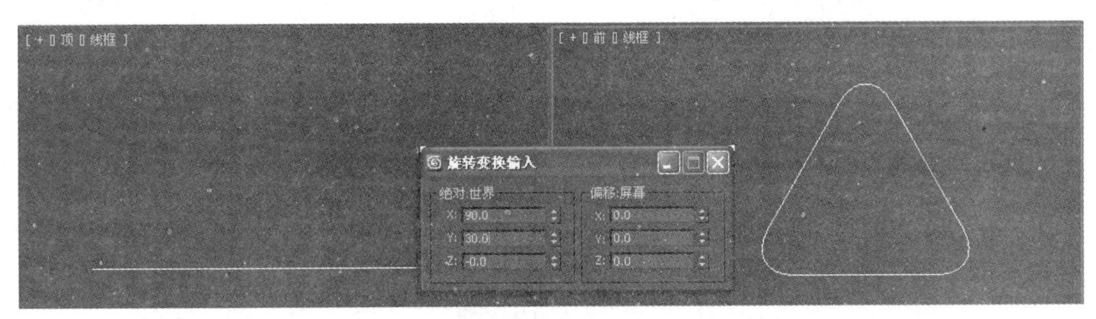

图4.39　旋转

05 在修改器列表中选择【倒角】命令，设置其参数，如图4.40所示。

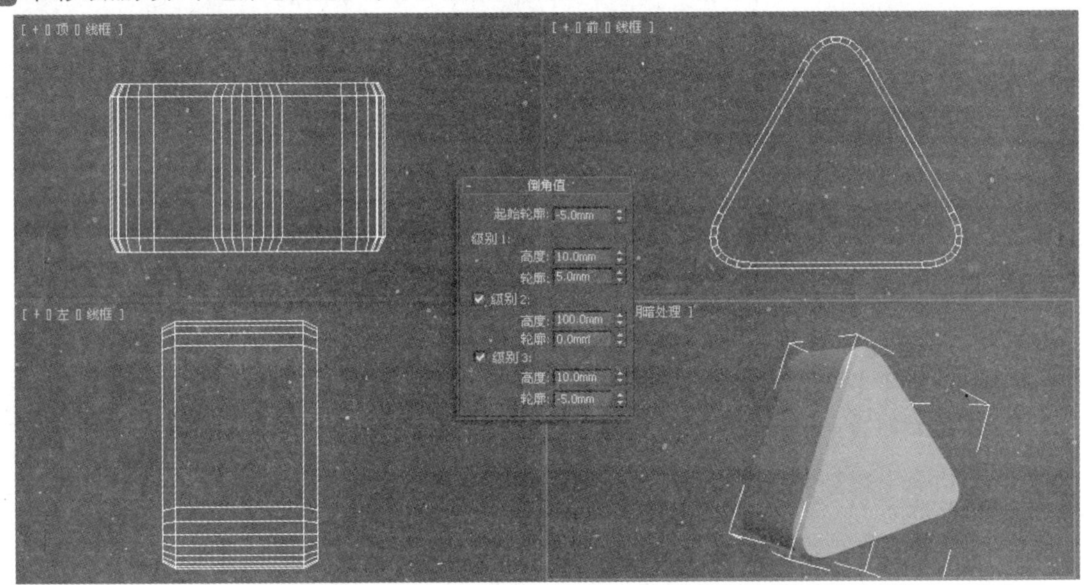

图4.40　倒角

06 单击创建命令面板上的【标准基本体】下拉列表框，在弹出的下拉式列表中选择【扩展基本体】选项，在【扩展基本体】创建命令面板中单击 切角长方体 按钮，如图4.41所示。

07 在顶视图中创建一个切角长方体，并将其命名为“跷跷板”，设置其参数，如图4.42所示。

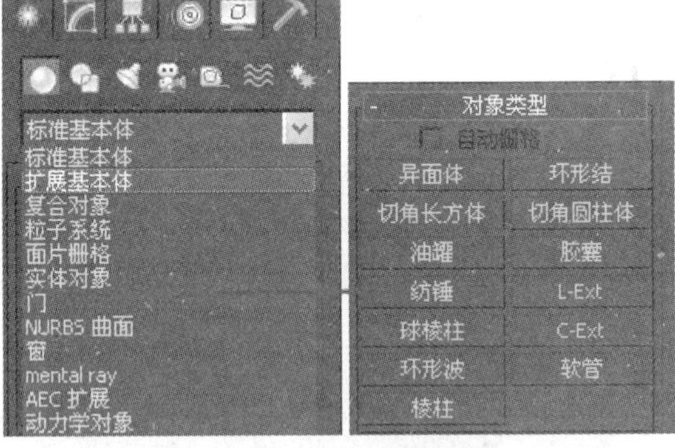

图4.41　切角长方体

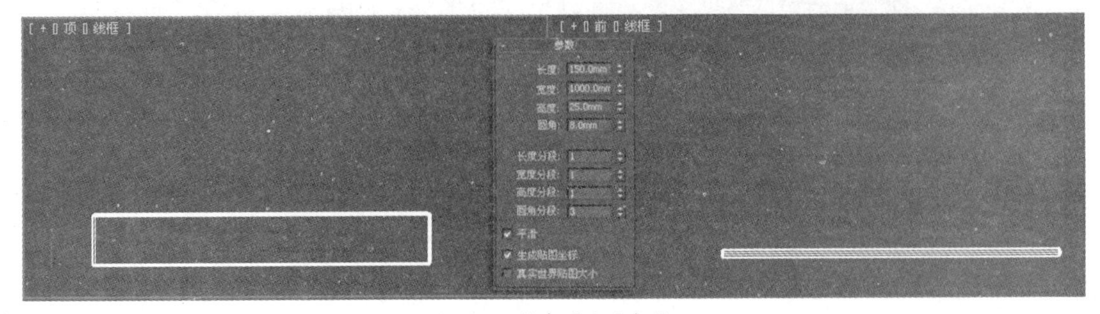

图4.42　创建“跷跷板”

08 在视图中调整“跷跷板”的位置，如图4.43所示。

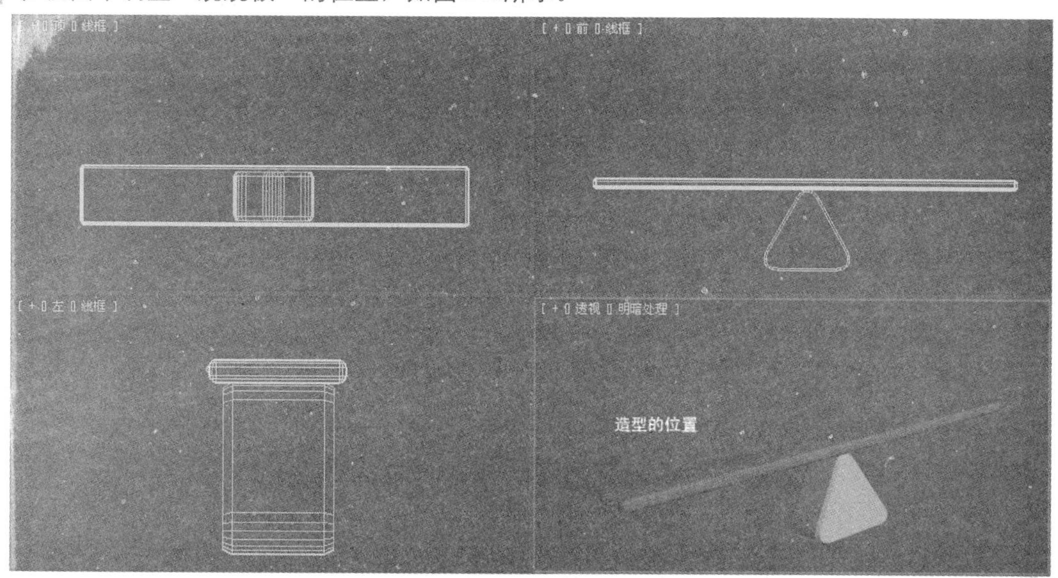

图4.43 调整造型的位置

09 单击 切角长方体 按钮，在顶视图中创建一个切角长方体，并将其命名为“跷板座”，并设置其参数，如图4.44所示。

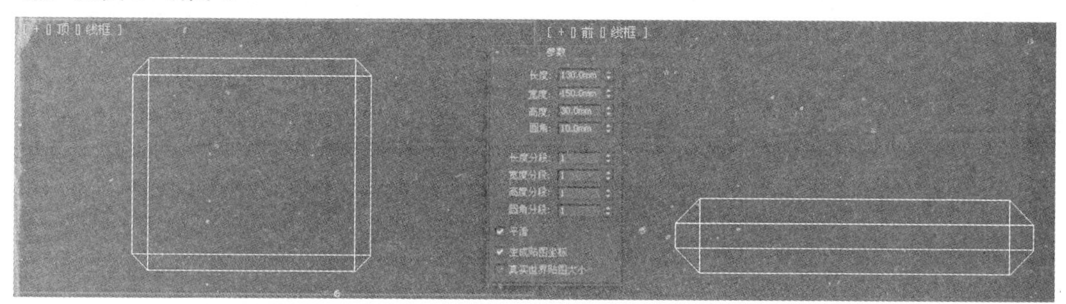

图4.44 跷板座

10 按Shift键并使用“移动工具”沿着X轴向右拖动以复制一个“跷板座”，调整造型的位置，如图4.45所示。

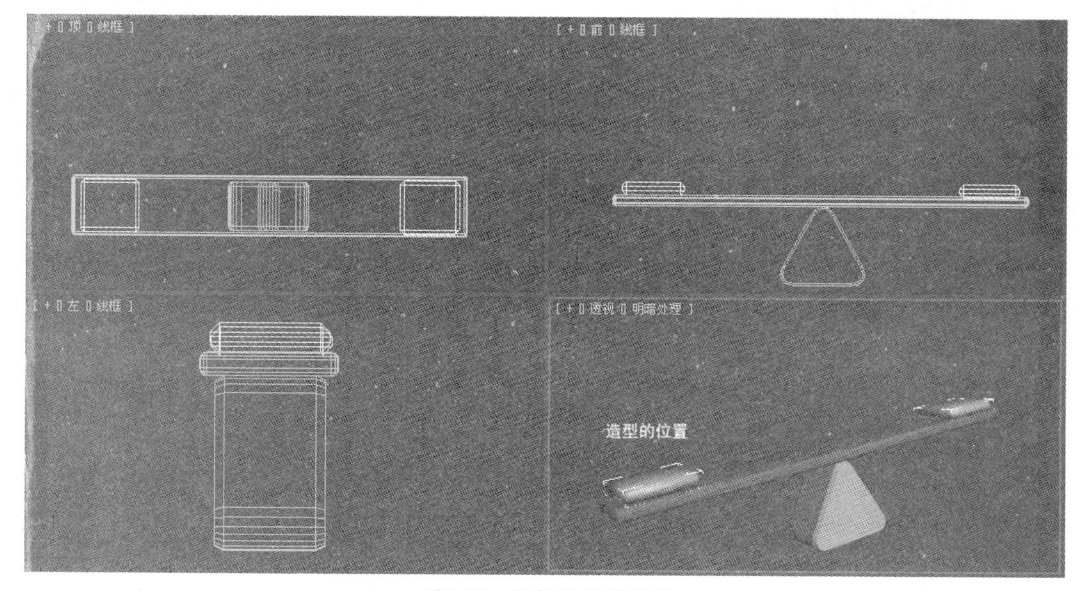

图4.45 调整造型的位置

11 单击 圆柱体 按钮，在顶视图中创建一个圆柱体，并将其命名为“扶手”，并设置其参数，如图4.46所示。

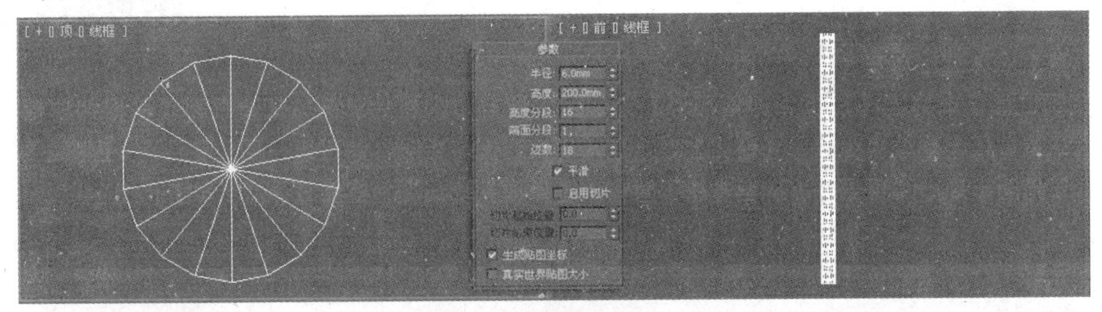

图4.46　创建圆柱体

12 在修改器列表中选择【弯曲】命令，设置其参数，如图4.47所示。

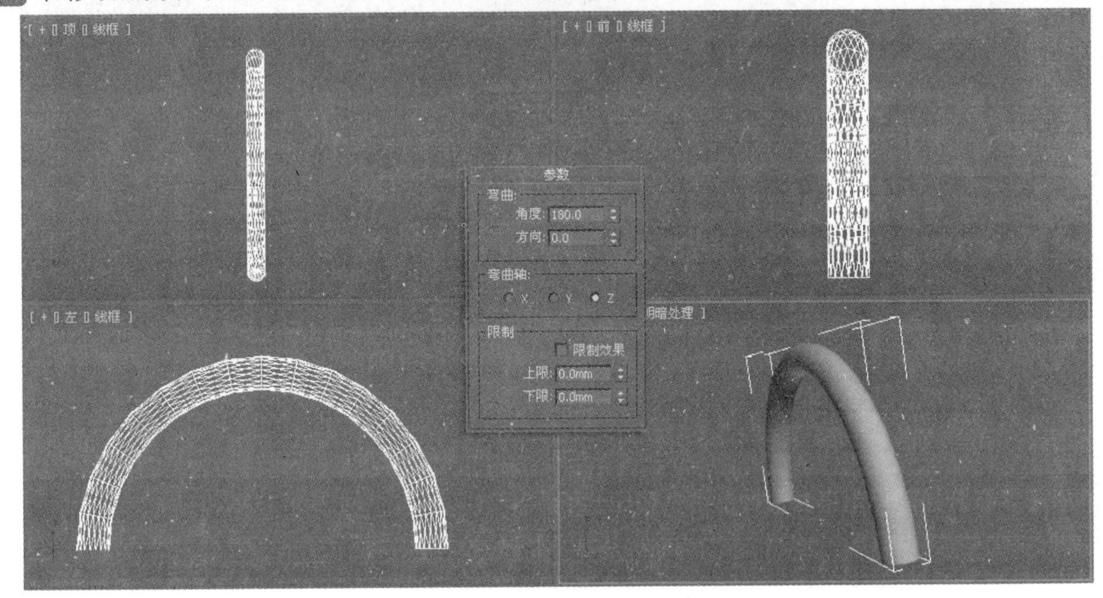

图4.47　弯曲

13 按Shift键并使用“移动工具”沿着X轴向右复制一个“扶手”，效果如图4.48所示。

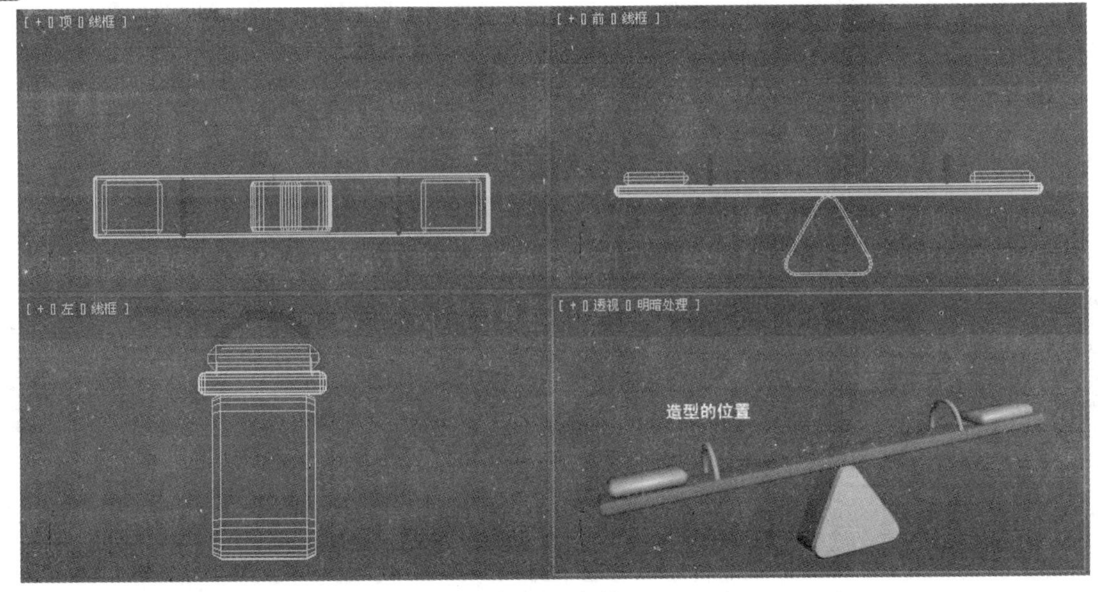

图4.48　复制

14 单击 圆柱体 按钮，在前视图中创建一个圆柱体，并将其命名为“足蹬”，设置具体参数如图4.49所示。

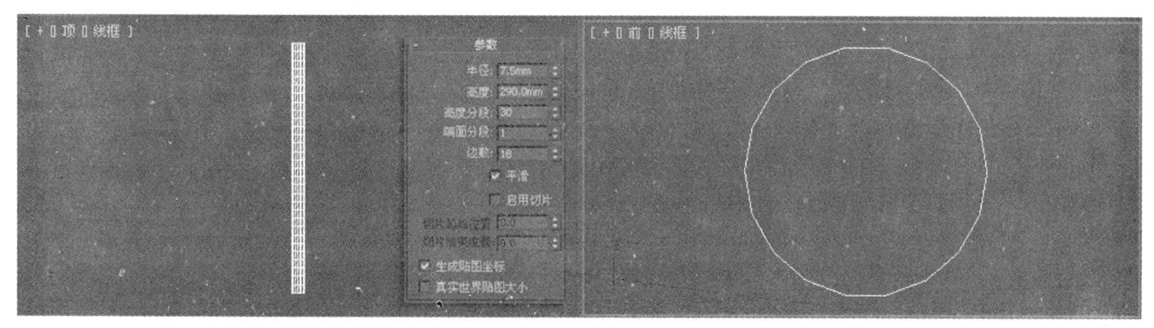

图4.49　创建圆柱体

15 在修改器列表中选择【弯曲】命令，在修改器堆栈中激活【中心】子对象，然后在视图中调整“中心”的位置，如图4.50所示。

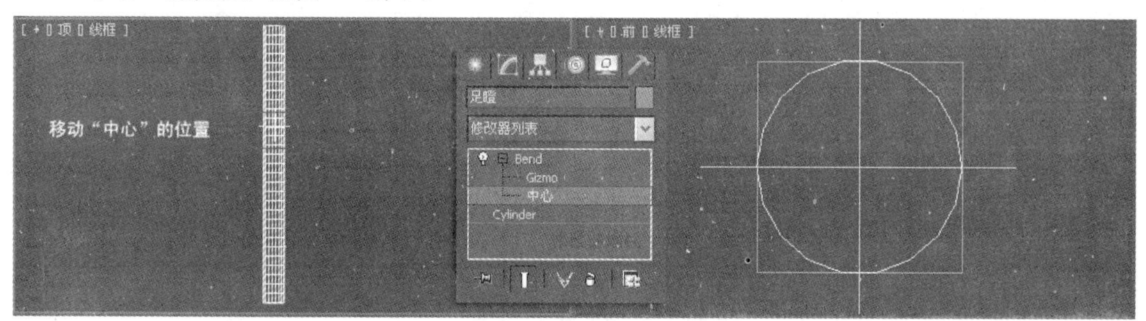

图4.50　移动“中心”的位置

16 在【参数】卷展栏中设置具体参数，如图4.51所示。

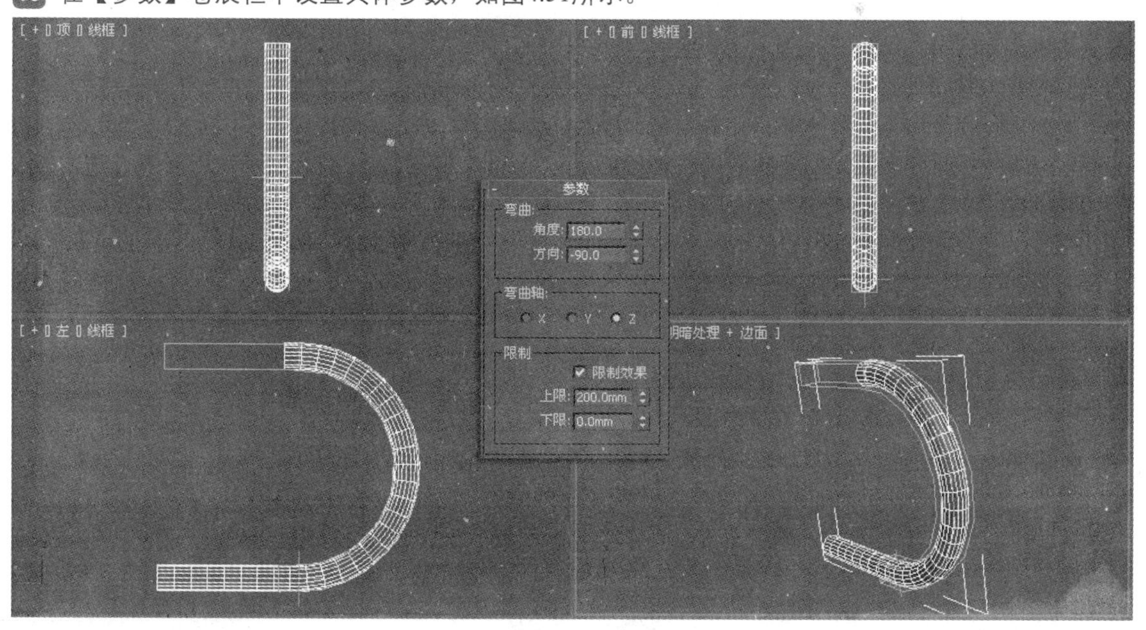

图4.51　弯曲

17 在视图中选中“足蹬”，然后单击工具栏中【镜像】按钮，设置其参数，如图4.52所示。

18 在菜单栏中选择【组】/【成组】命令，将镜像后的“足蹬”群组在一起，命名为“足蹬”。

19 在工具栏中激活【角度与捕捉切换】按钮，然后单击鼠标右键，在弹出的【栅格和捕捉设置】对话框中设置其参数，如图4.53所示。

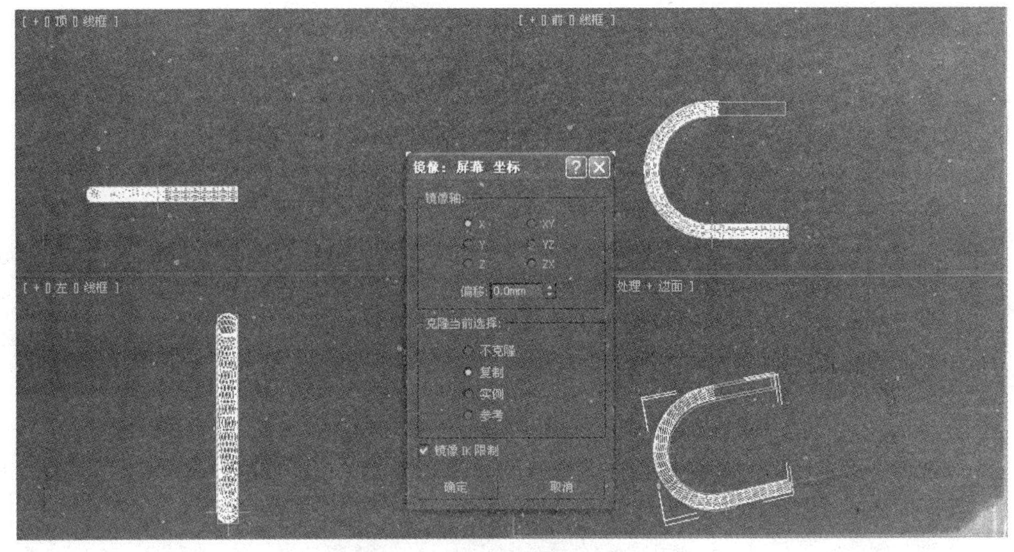

图4.52 镜像

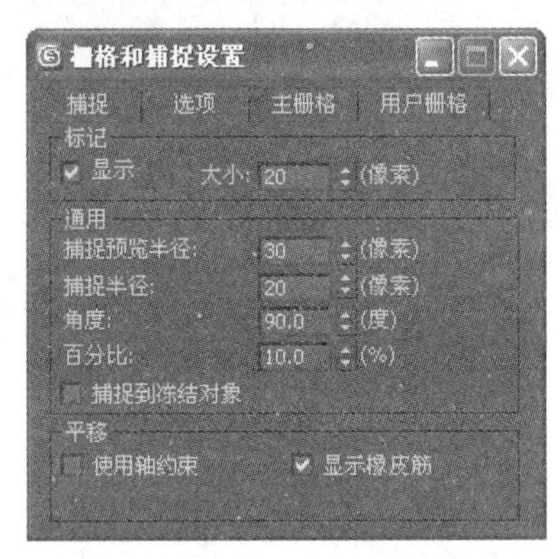

图4.53 【栅格和捕捉设置】对话框

20 在工具栏中激活【旋转】工具，然后在视图中旋转“足蹬”，效果如图4.54所示。

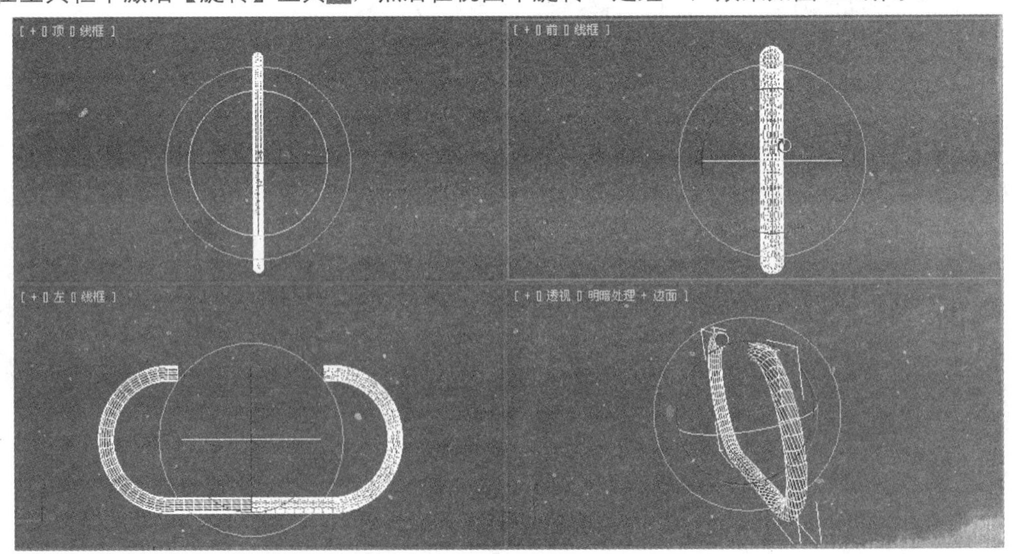

图4.54 旋转

21 在视图中调整造型的位置，效果如图4.55所示。

22 至此，“跷跷板”的模型已经全部制作完成。在快速访问工具栏中单击【保存】按钮，将文件进行保存。

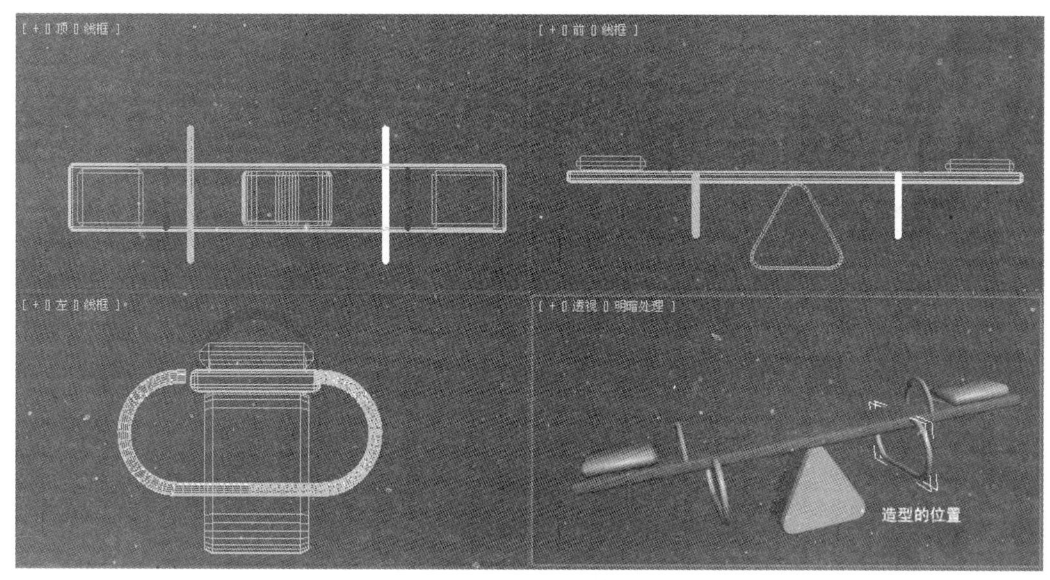

图4.55 调整造型的位置

4.4 锥化：吸顶灯

【锥化】命令可以缩放对象顶端，本节通过制作吸顶灯的实例介绍这个命令的使用方法，如图4.56所示。

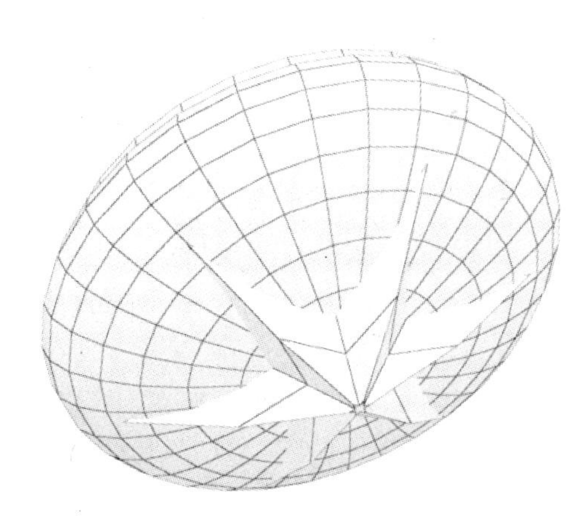

图4.56 【锥化】命令

01 在桌面上双击图标，打开3ds Max 2012中文版应用程序。

02 在菜单栏中选择【自定义】/【单位设置】命令，在弹出的【单位设置】对话框中将【单位】设置为【毫米】，如图4.57所示。

03 单击 球体 按钮，在顶视图中创建一个球体，命名为“灯罩”，设置其参数如图4.58所示。

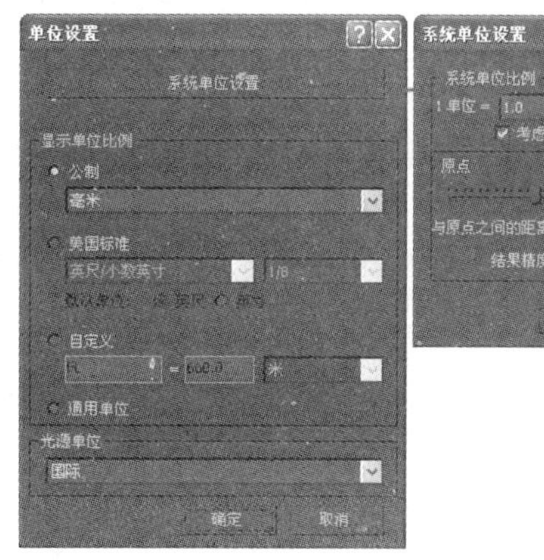

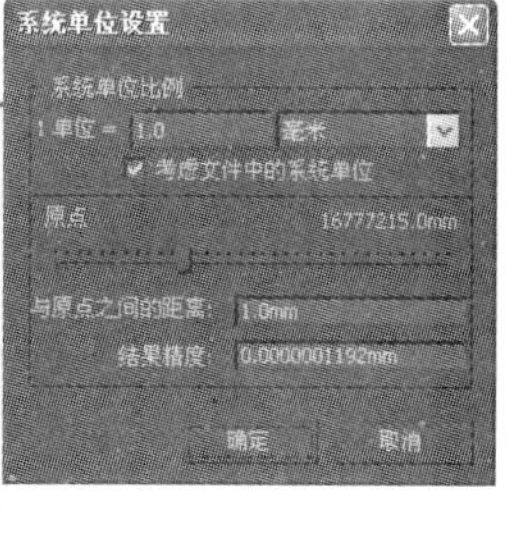

图4.57 单位设置

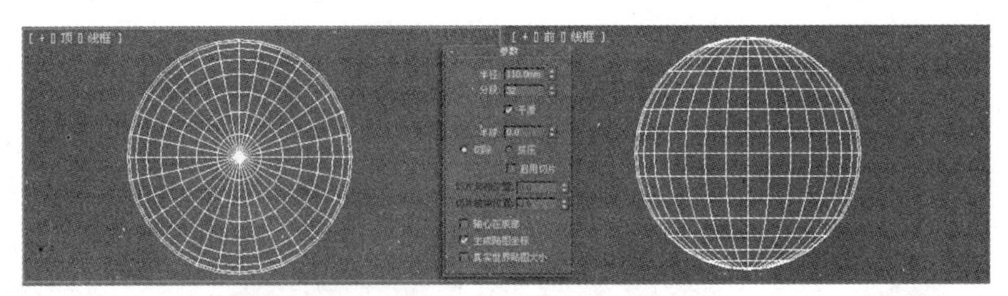

图4.58 创建球体

04 在视图中选中“灯罩”，然后单击鼠标右键，在弹出的快捷菜单中选择【转换为】/【转换为可编辑多边形】命令，如图4.59所示。

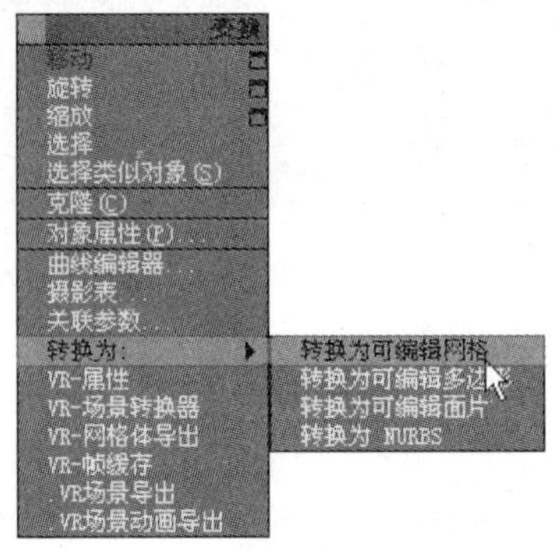

图4.59 转换为可编辑多边形

05 单击【修改】按钮，激活【多边形】子对象，在前视图中选中图4.60所示的多边形。

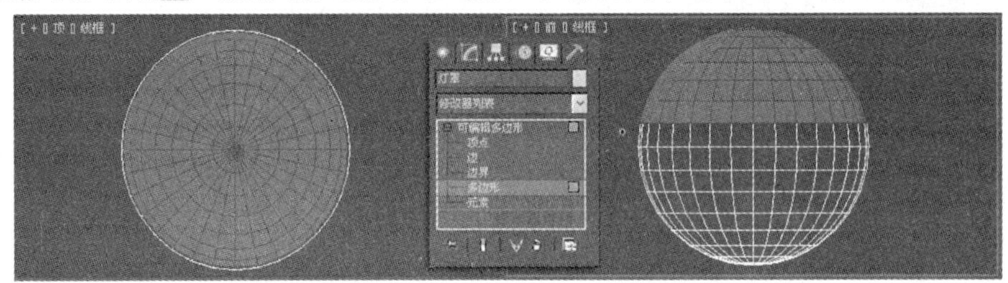

图4.60 选择多边形

06 按Delete键删除选中的多边形，效果如图4.61所示。

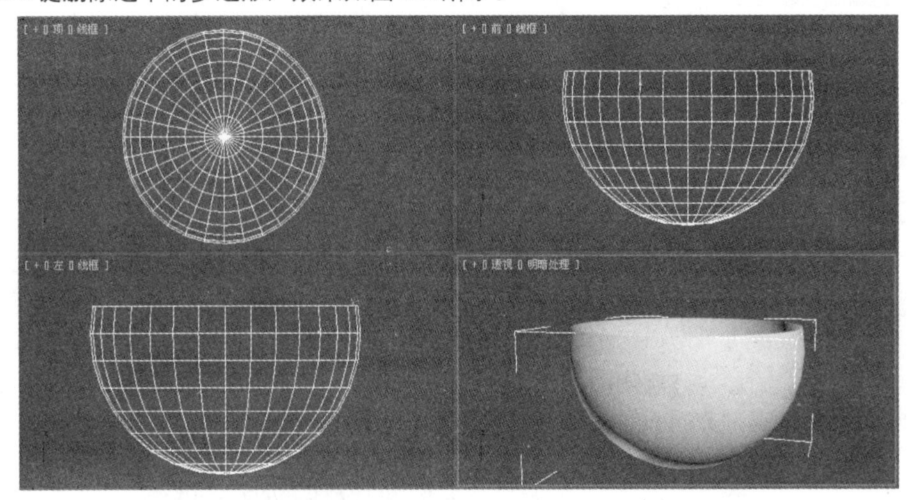

图4.61 删除多边形

07 在视图中选中“灯罩”，然后在工具栏中单击【缩放】工具，沿着Y轴向下缩放，如图4.62所示。

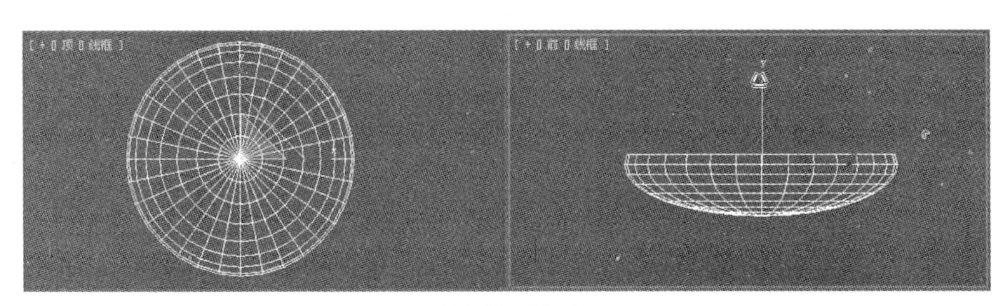

图4.62　缩放

08 激活【边界】子对象，然后在视图中选中图4.63所示的物体。

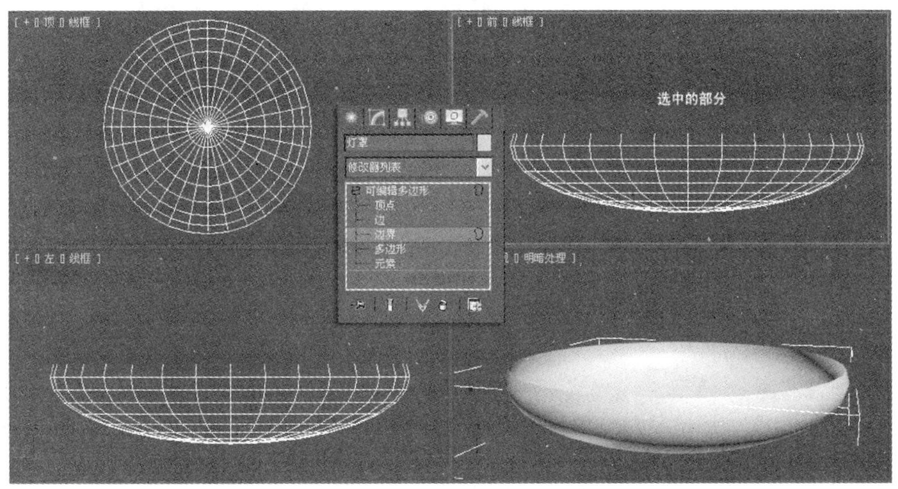

图4.63　选择边界

09 激活前视图，按住Shift键并使用移动工具，沿着Y轴向上拖动，如图4.64所示。

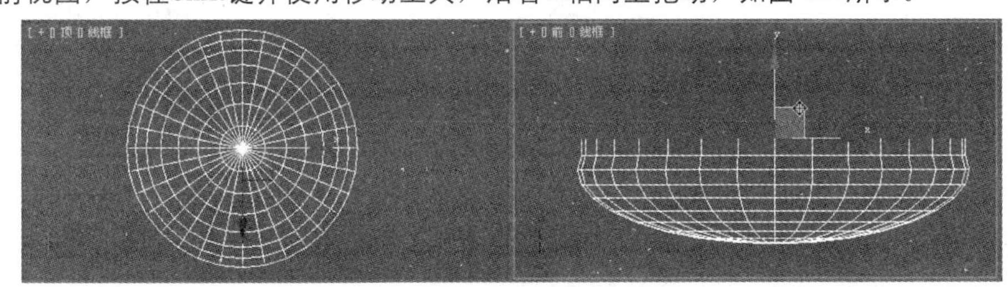

图4.64　边界

10 确认“灯罩”还处于选中的状态，在修改器列表中选择【壳】命令，设置具体参数，如图4.65所示。

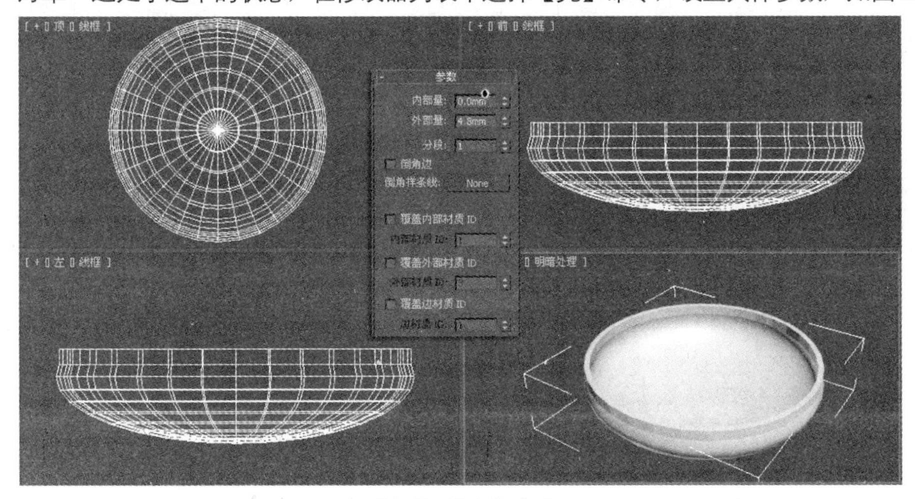

图4.65　【壳】命令

11 单击 星形 按钮，在顶视图中创建一个星形，命名为“装饰”，设置具体参数，如图4.66所示。

12 确认“装饰”还处于选中的状态，在修改器列表中选择【挤出】命令，设置具体参数，如图4.67所示。

13 在修改器列表中选择【锥化】命令，设置具体参数，如图4.68所示。

14 在工具栏中单击【镜像】按钮，将“装饰”镜像调整轴的方向，如图4.69所示。

15 至此，“吸顶灯”的模型已经全部制作完成，模型效果如图4.70所示。

16 在快速访问工具栏中单击【保存】按钮，将文件进行保存。

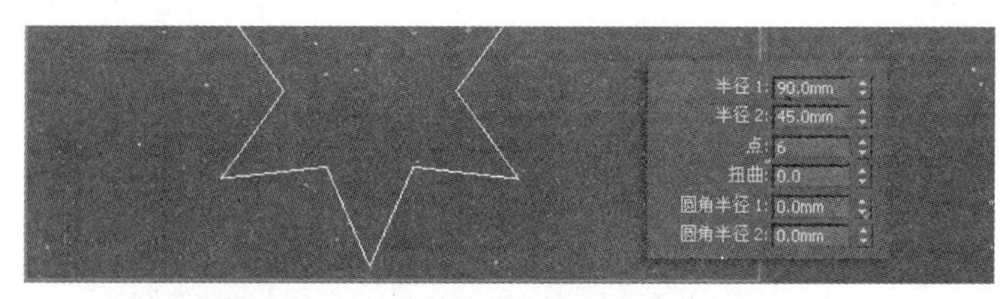

图4.66　创建星形

图4.67　挤出

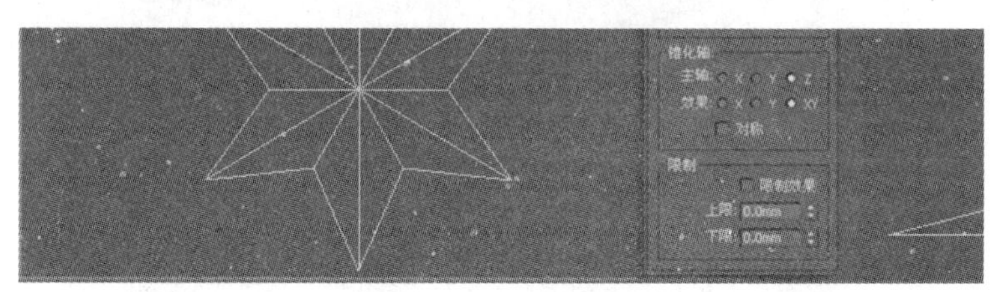
图4.68　锥化参数

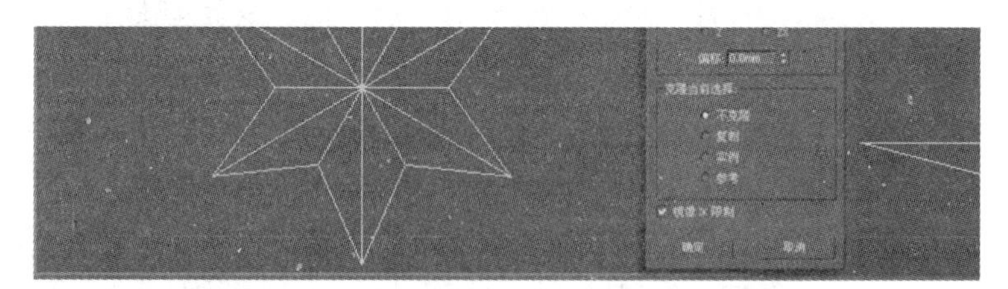
图4.69　镜像

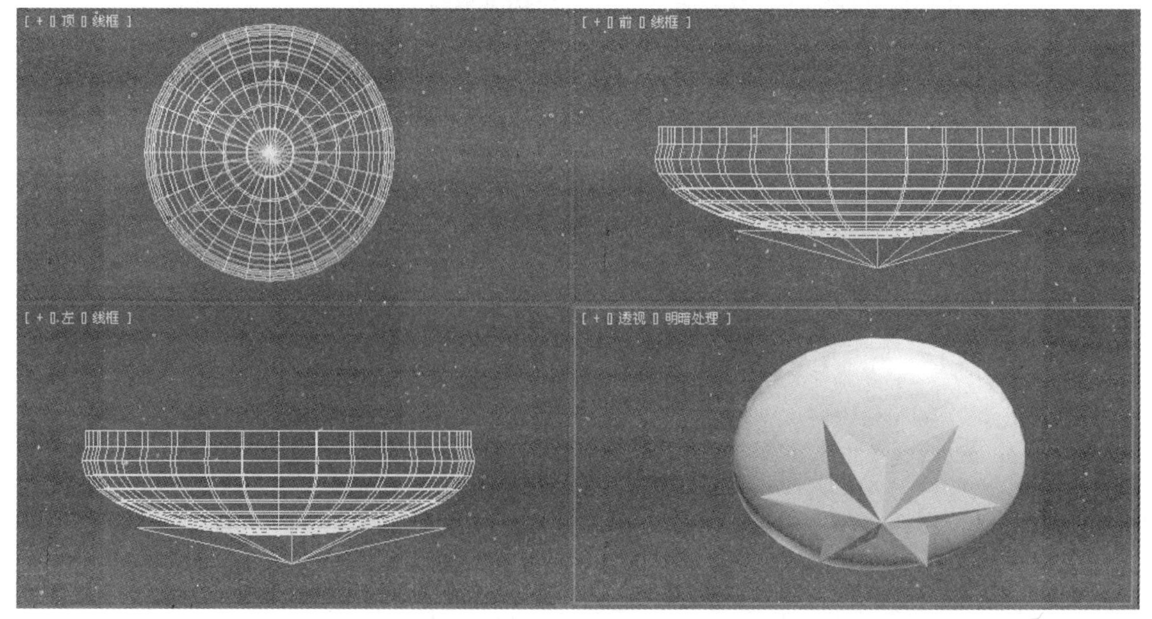
图4.70　模型效果

4.5 编辑多边形：咖啡杯的制作

【编辑多边形】命令可以将几何体转换为可编辑多边形，并且提供了5个级别的子对象，可以在子对象基础上进行操作。编辑多边形命令常用于制作较为复杂的造型，如角色模型等，本节通过制作一个咖啡杯的实例来介绍这个命令的使用方法，如图4.71所示。

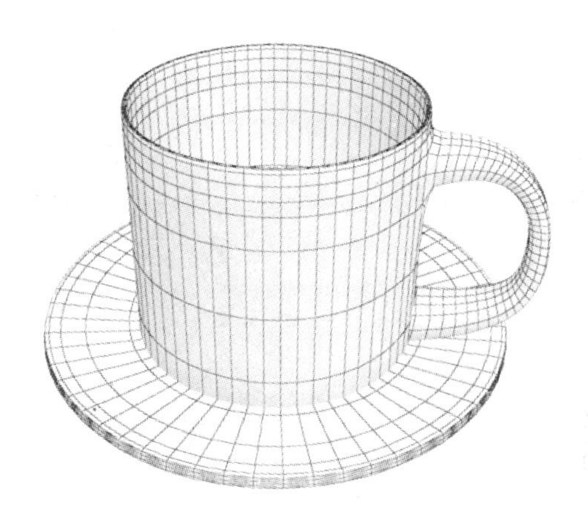

图4.71　编辑多边形

01 在桌面上双击图标，打开3ds Max 2012中文版应用程序。

02 在菜单栏中选择【自定义】/【单位设置】命令，在弹出的【单位设置】对话框中将【单位】设置为【毫米】，如图4.72所示。

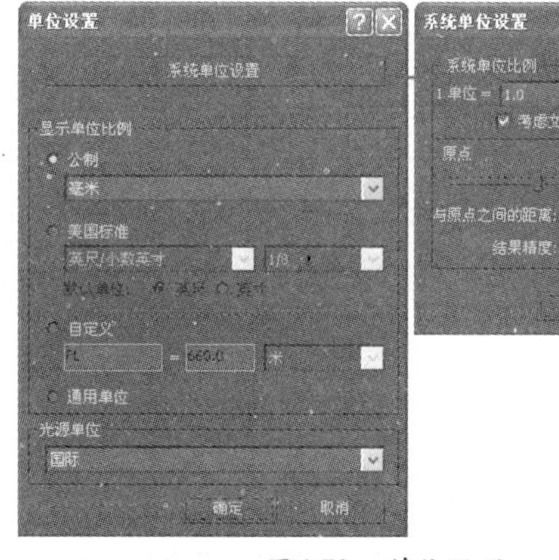

图4.72　单位设置

03 单击 圆柱体 按钮，在顶视图中创建一个大小为35mm×3mm的圆柱体，命名为“碟”，如图4.73所示。

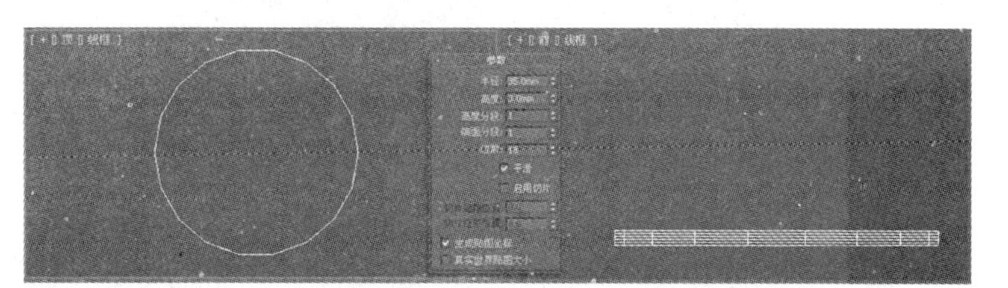

图4.73　创建圆柱体

04 在视图中选中“碟”，然后在修改器列表中选择【编辑多边形】命令，在修改器堆栈中激活【多边形】子物体层级，选中其上表面，如图4.74所示。

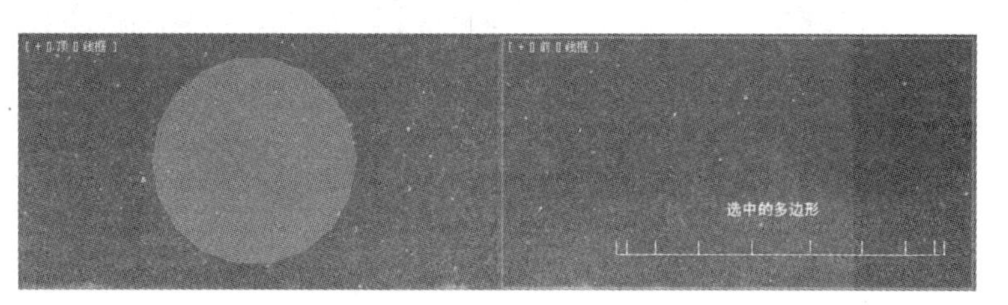

图4.74　选中的多边形

05 在修改面板中的【编辑多边形】卷展栏下单击【倒角】右侧的▣按钮，在弹出的对话框中设置参数，如图4.75所示。

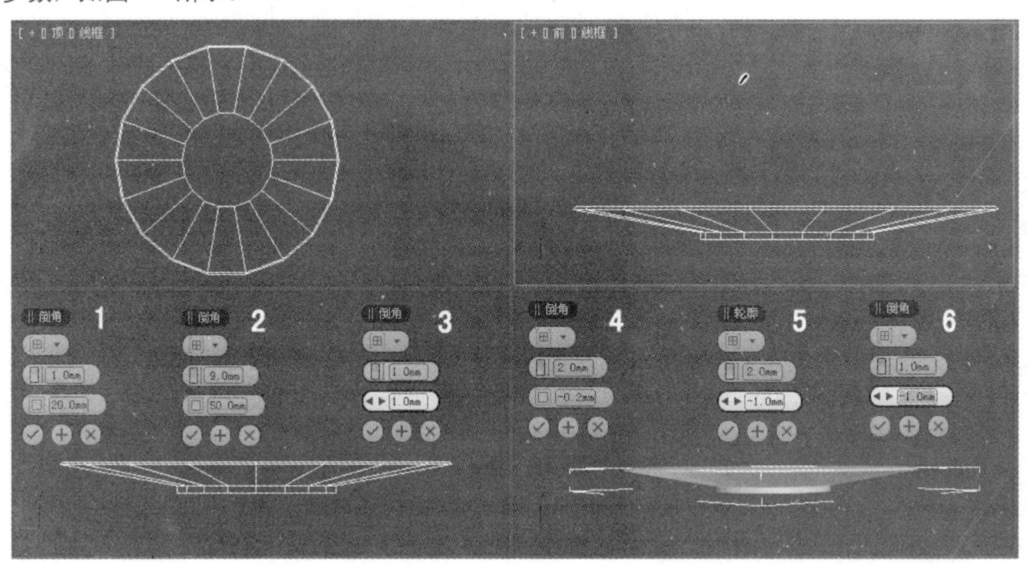

图4.75　参数设置

06 在视图中选中图4.77所示的多边形，然后在【编辑多边形】卷展栏中单击【倒角】后的▣按钮，设置具体参数，如图4.76所示。

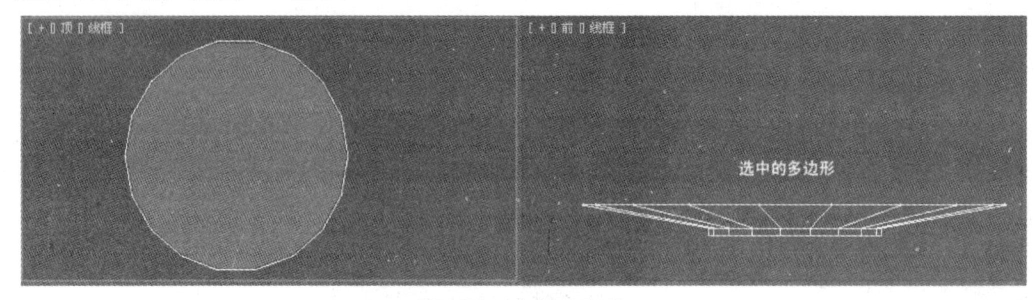

图4.76　选中多边形

07 继续在前面的多边形上进行新的操作。在【编辑多边形】卷展栏中单击【倒角】后的▣按钮，在弹出的面板中选择【组法线】，设置具体参数，如图4.77所示。

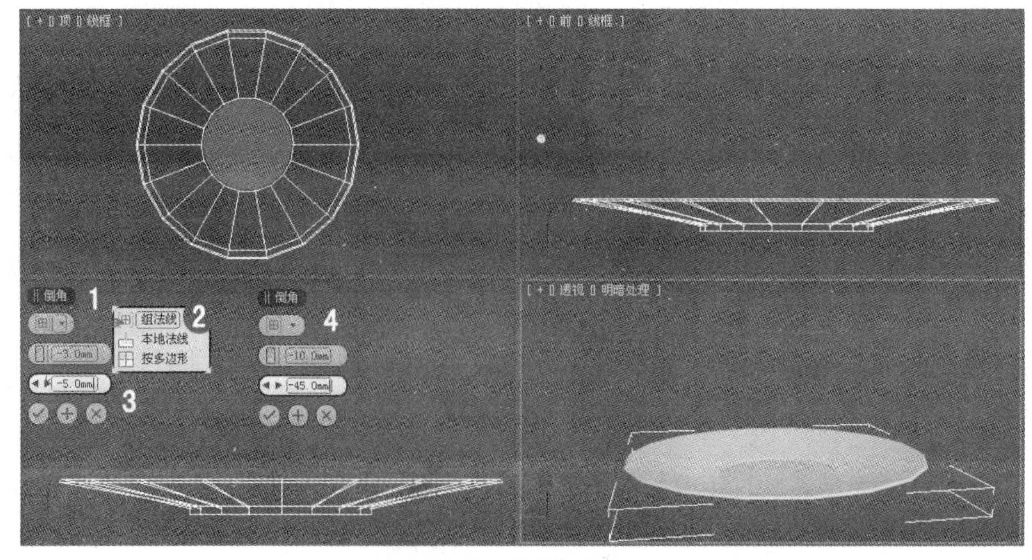

图4.77　创建的造型

08 单击 圆柱体 按钮，在顶视图中再创建一个圆柱体，命名为“杯子”，设置具体参数，如图4.78所示。

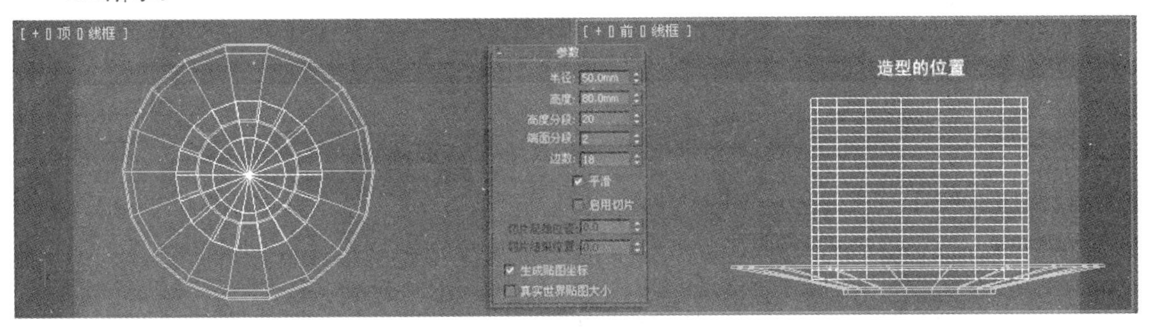

图4.78 创建的造型

09 单击 线 按钮，在前视图中绘制一条曲线，命名为“样条线”，在视图中调整其顶点，并调整造型的位置，如图4.79所示。

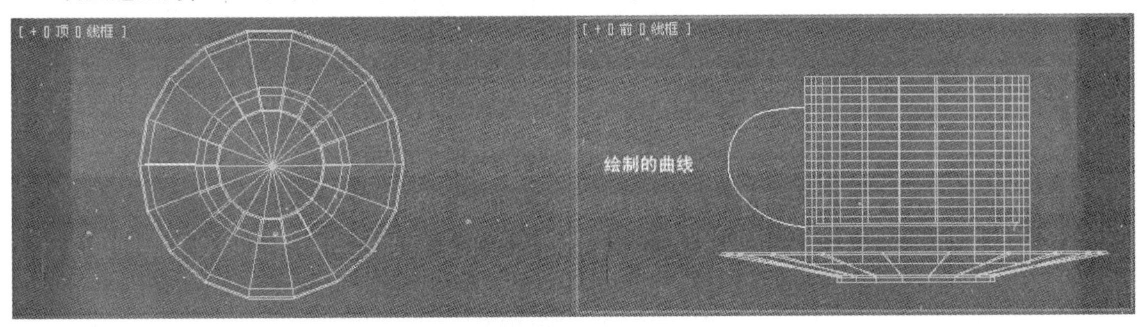

图4.79 绘制的曲线

10 确认“杯子”还处于选中的状态，然后在视图中选中图4.80所示的顶点。

图4.80 选中的顶点

11 激活工具栏中【缩放】工具，锁定X轴和Y轴进行缩放，如图4.81所示。

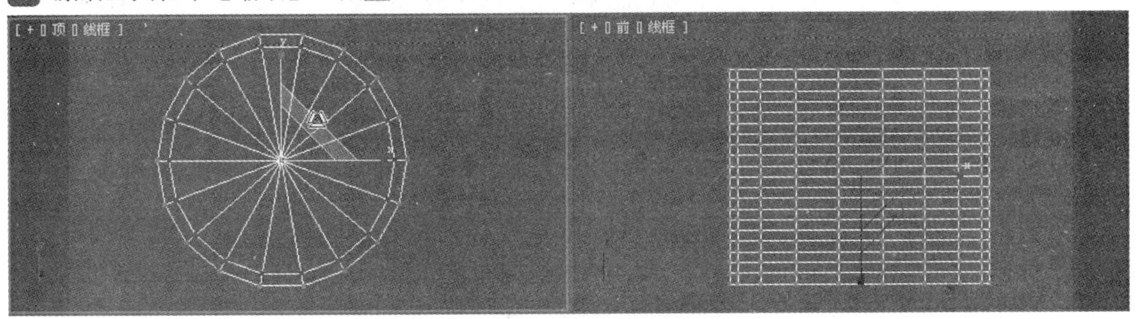

图4.81 缩放

12 在修改器堆栈中激活【多边形】子对象，在视图中选中图4.82所示的多边形。

13 在【编辑几何体】卷展栏下单击【挤出】右侧的□按钮，设置挤出【高度】为-63mm，如图4.83所示。

14 激活【多边形】样条线，选中图4.84所示的多边形。

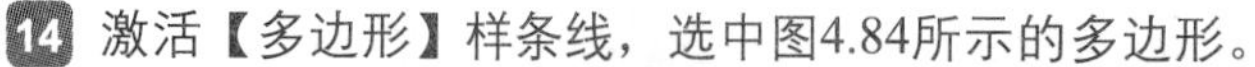

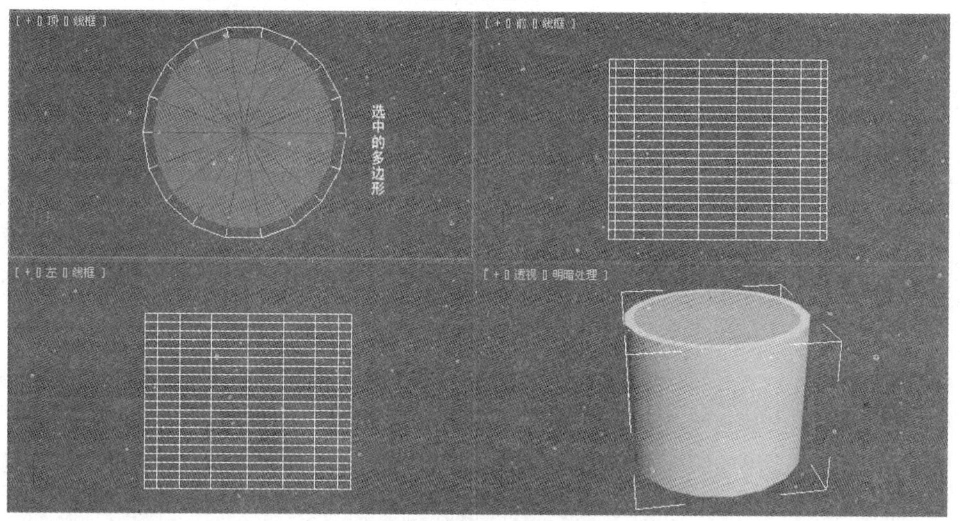

图4.82　选中的多边形

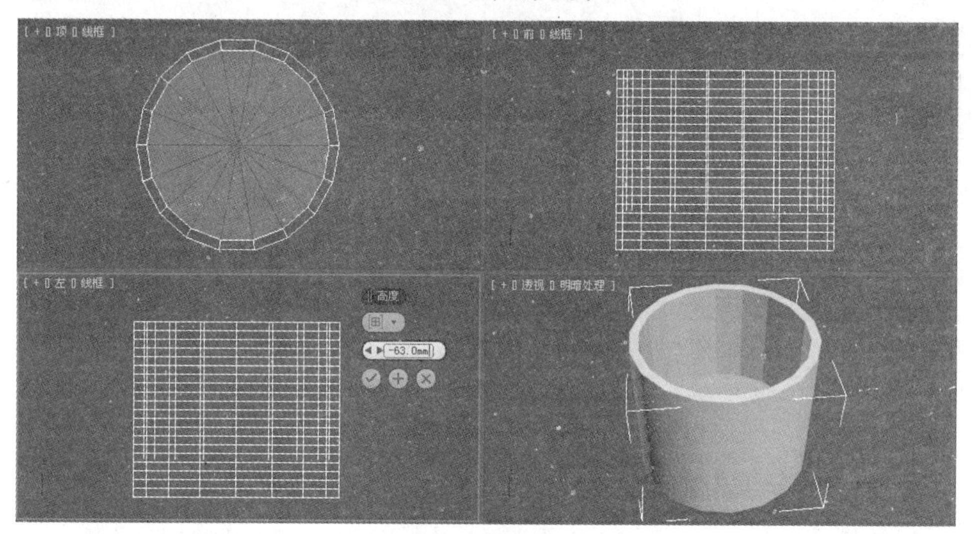

图4.83　创建的造型

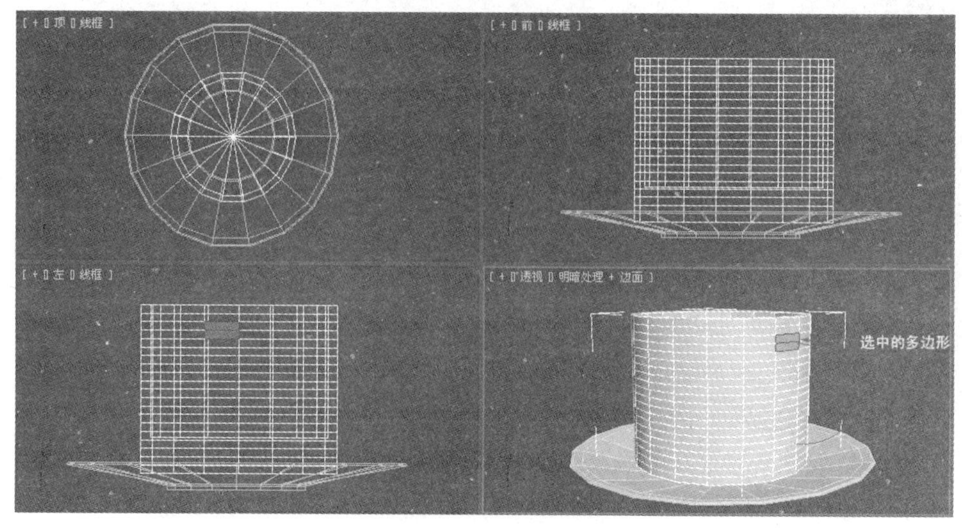

图4.84　选中多边形

15 在【编辑多边形】卷展栏下单击 沿样条线挤出 右侧的【设置】按钮，如图4.85所示。

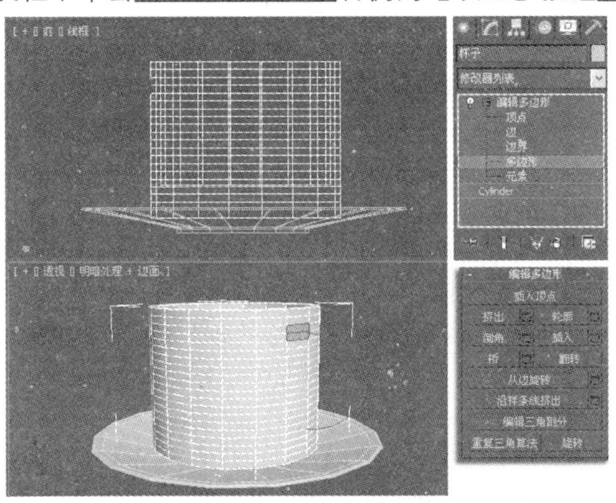

图4.85 设置参数

16 在弹出的面板中选择【拾取样条线】，设置分段为15，然后单击【拾取样条线】按钮，如图4.86所示。

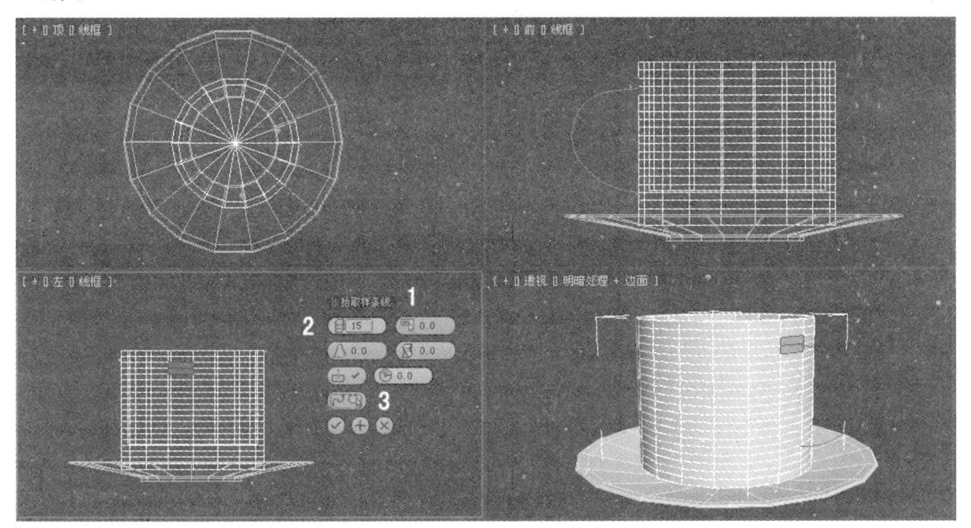

图4.86 参数设置

17 单击【拾取样条线】按钮后，在前视图中拾取“样条线”，效果如图4.87所示。

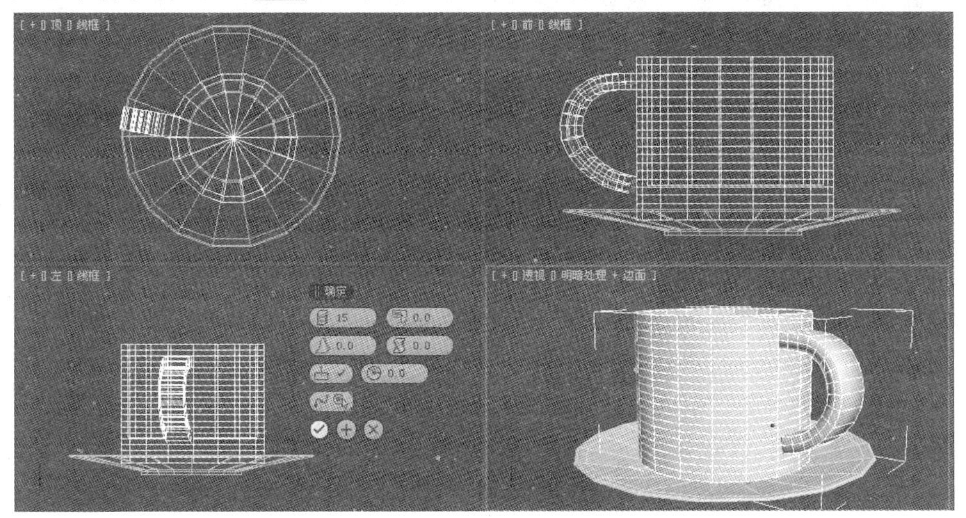

图4.87 拾取样条线

18 在视图中选中“碟”和“杯子”，然后在修改器列表中选择【网格平滑】命令，使用默认参数即可，效果如图4.88所示。

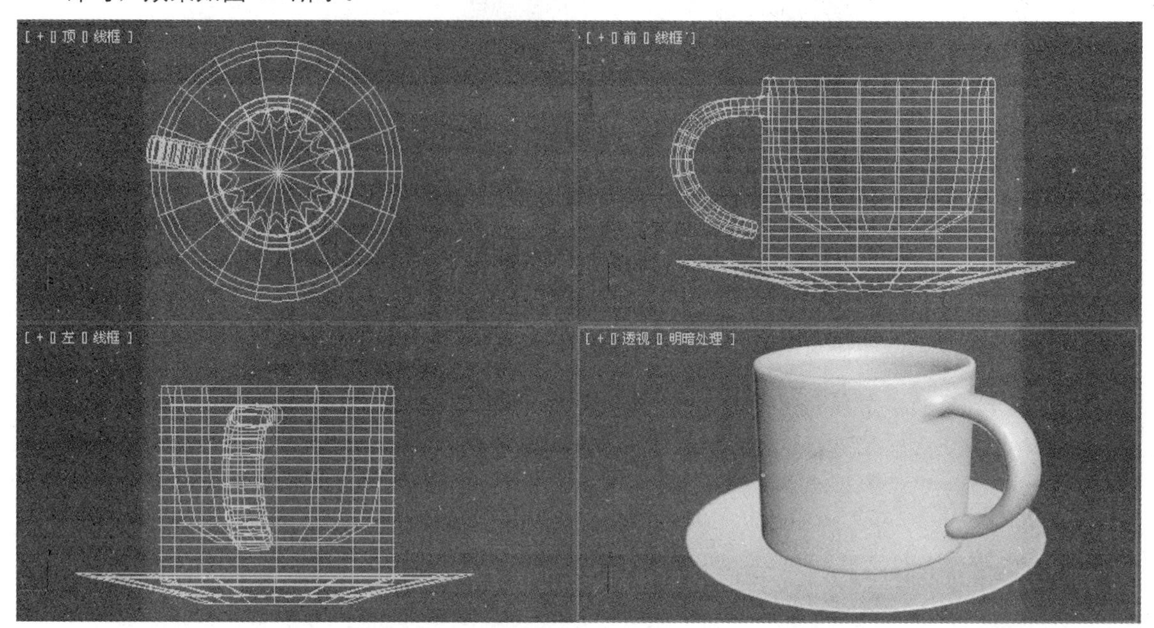

图4.88　网格平滑

19 至此，咖啡杯的模型已经全部制作完成。在快速访问工具栏中单击【保存】按钮，将文件进行保存。

4.6 布尔：储物架的制作

布尔运算是一种数学运算，可以计算交集、并集、差集等，在3ds Max中引入布尔运算，可以对模型进行相应的操作，如图4.89所示，本例通过制作储物架的实例来学习布尔命令的使用。

图4.89　布尔运算

01 在桌面上双击图标，打开3ds Max 2012中文版应用程序。

02 在菜单栏中选择【自定义】/【单位设置】命令，在弹出的【单位设置】对话框中将【单位】设置为【毫米】，如图4.90所示。

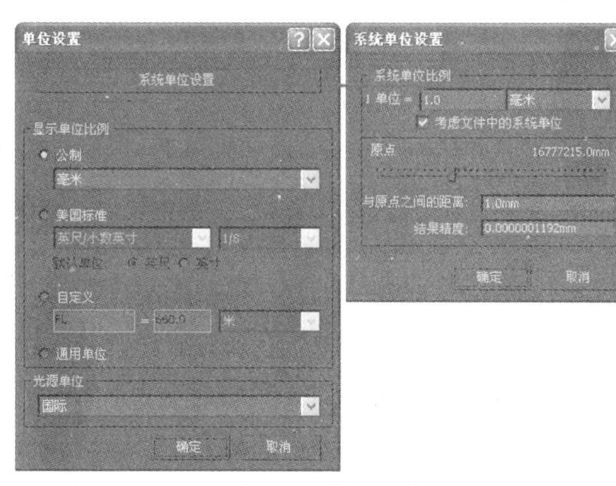

图4.90 单位设置

03 单击 长方体 按钮，在左视图中创建一个长方体，设置具体参数，如图4.91所示。

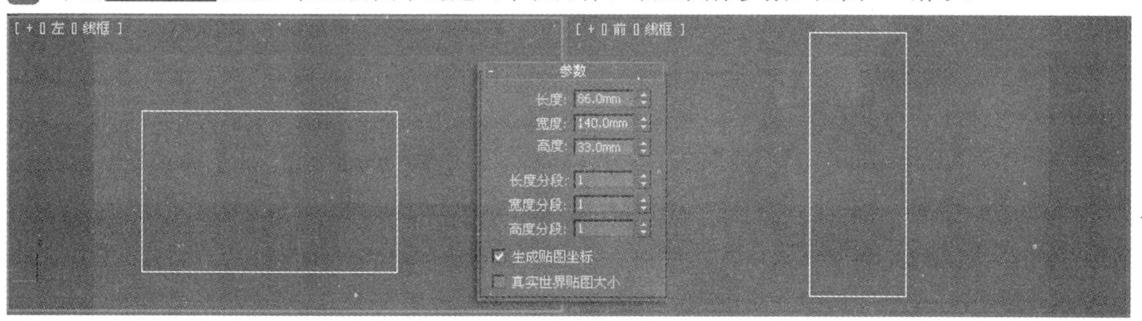

图4.91 创建长方体

04 按照上述的方法，在左视图中创建8个长方体，设置具体参数，如图4.92所示。

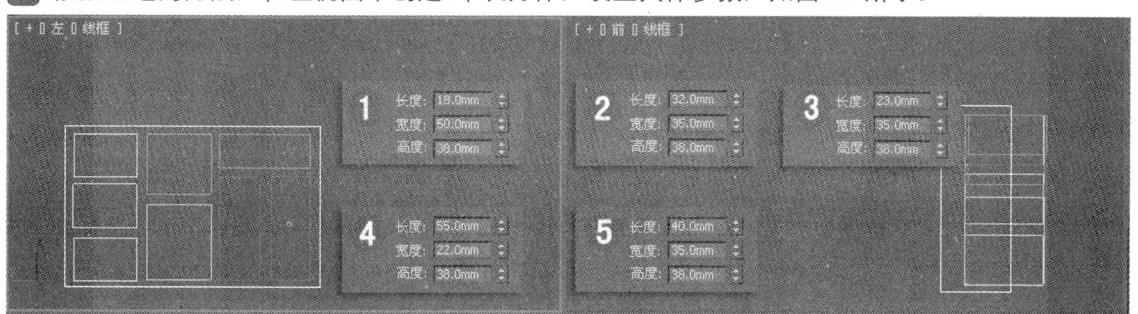

图4.92 创建长方体

05 在视图中选中长方体，将其转换为可编辑多边形，然后在【编辑几何体】卷展栏中单击 附加 按钮，将创建的8个长方体附加在一起，如图4.93所示。

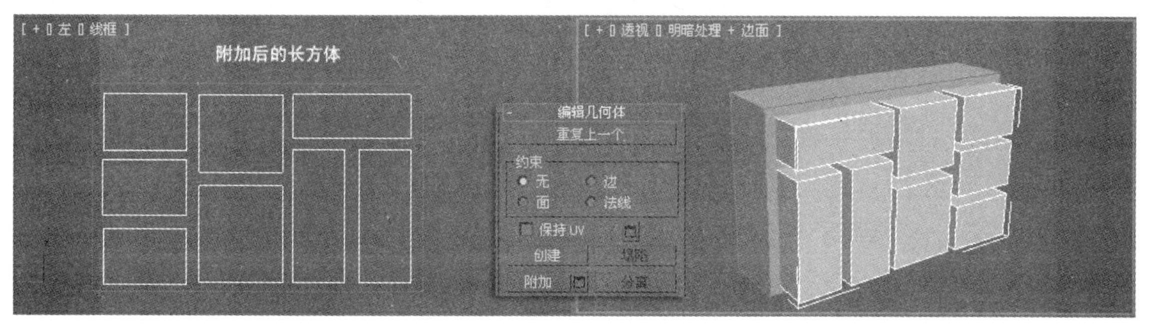

图4.93 附加

06 在视图中选中图4.94所示的长方体，并调整各长方体的位置。

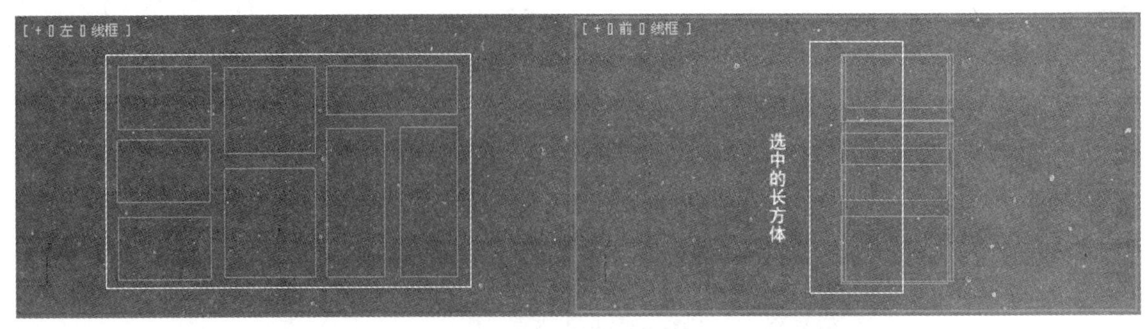

图4.94　选中长方体

07 在创建面板中【标准基本体】下拉列表下选择【复合对象】选项，如图4.95所示。

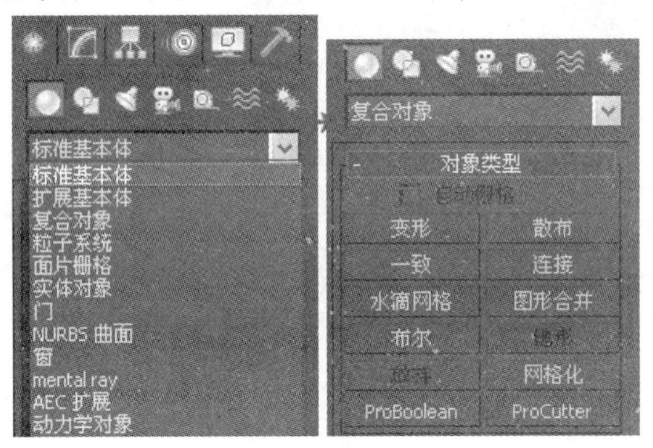

图4.95　复合对象

08 在【复合对象】中单击【超级布尔】按钮 ProBoolean ，然后在【拾取布尔对象】对话框中单击 开始拾取 按钮，如图4.96所示。

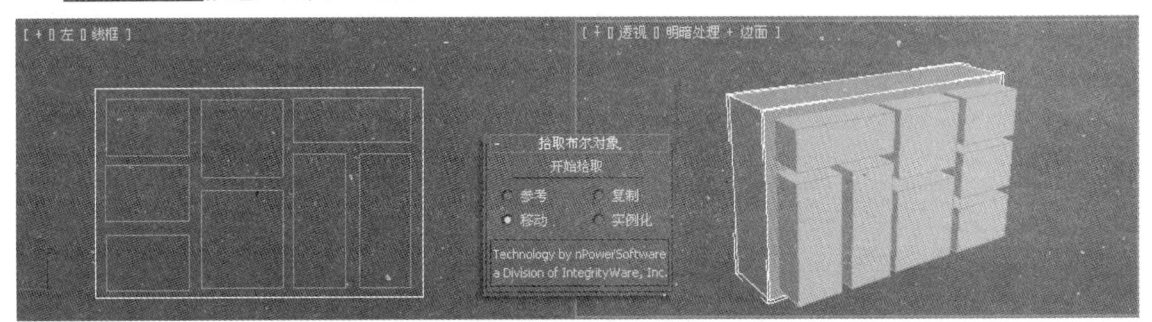

图4.96　【拾取布尔对象】卷展栏

09 在【参数】卷展栏中选择【差集】单选项，如图4.97所示。

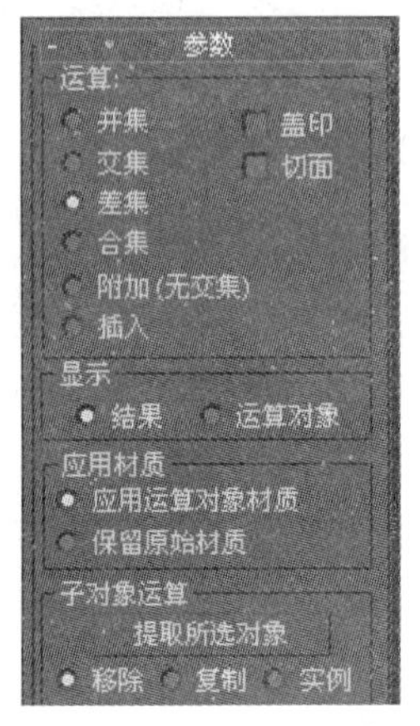

图4.97　【参数】卷展栏

10 单击 开始拾取 按钮后，在视图中拾取附加后的长方体，拾取后的效果如图4.98所示。

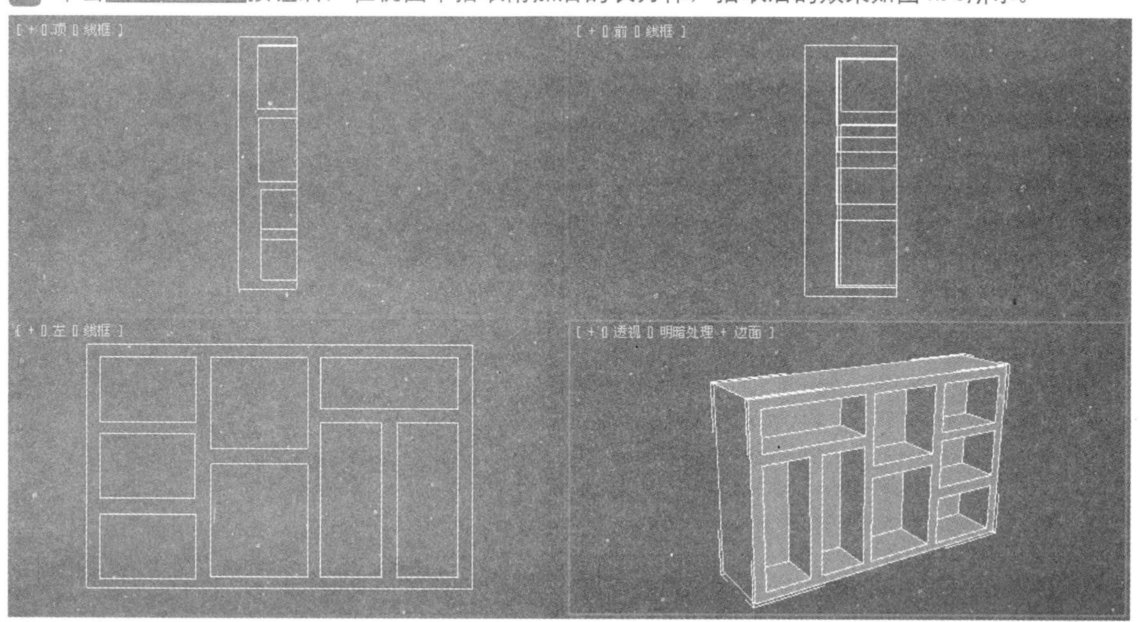

图4.98 拾取后的效果

11 至此，“储物架”的模型已经全部制作完成。在快速访问工具栏中单击【保存】按钮，将文件进行保存。

4.7 FFD：抱枕的制作

FFD修改器使用晶格框包围选中几何体。通过调整晶格的控制点，可以改变封闭几何体的形状。本例通过制作抱枕造型，学习FFD变形命令的使用，主要是对控制点的调整，抱枕效果如图4.99所示。

图4.99 抱枕

01 在桌面上双击图标，打开3ds Max 2012中文版应用程序。

02 在菜单栏中选择【自定义】/【单位设置】命令，在弹出的【单位设置】对话框中将【单位】设置为【毫米】，如图4.100所示。

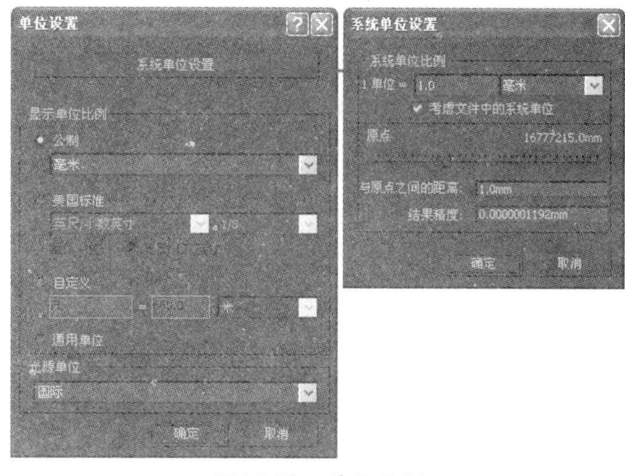

图4.100 单位设置

03 在几何体创建面板中【标准基本体】下拉列表下选择【扩展基本体】选项，然后单击 切角长方体 按钮，在顶视图中创建一个切角长方体，命名为“抱枕”，设置具体参数，如图4.101所示。

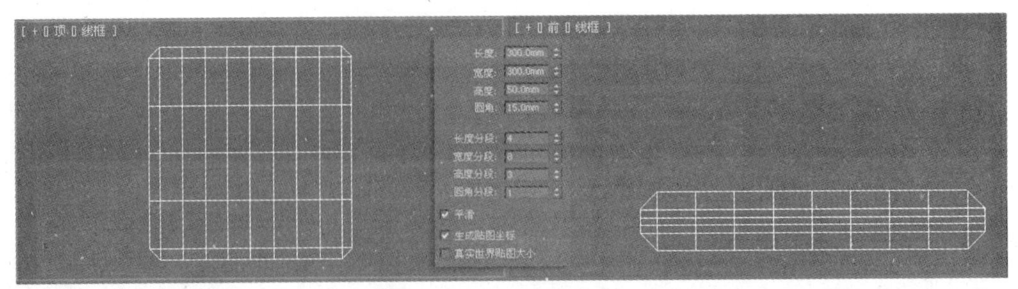

图4.101　创建“抱枕”

04 在视图中选中“抱枕”，在修改器列表中选择【FFD4×4×4】命令，如图4.102所示。

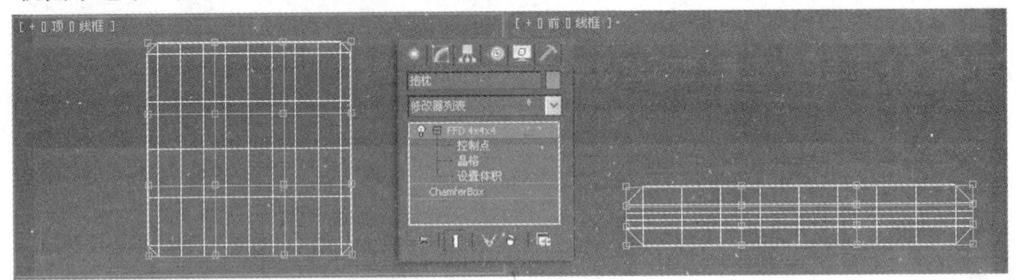

图4.102　【FFD4×4×4】命令

05 在修改器堆栈中激活【控制点】子对象，在顶视图中选中图4.103所示的控制点。

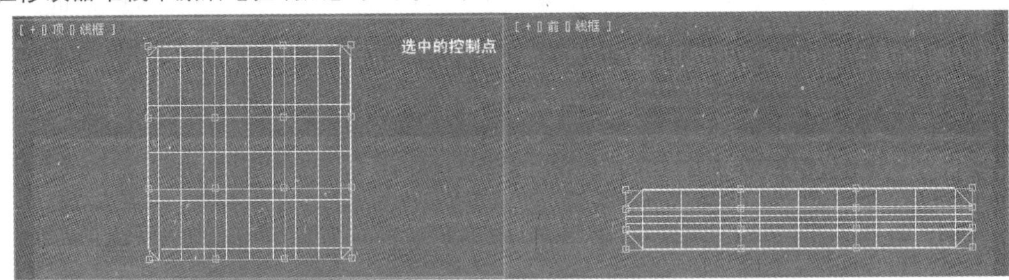

图4.103　选中控制点

06 选中图4.104所示的控制点，激活工具栏中【缩放】工具，在左视图中沿着Y轴进行缩放。

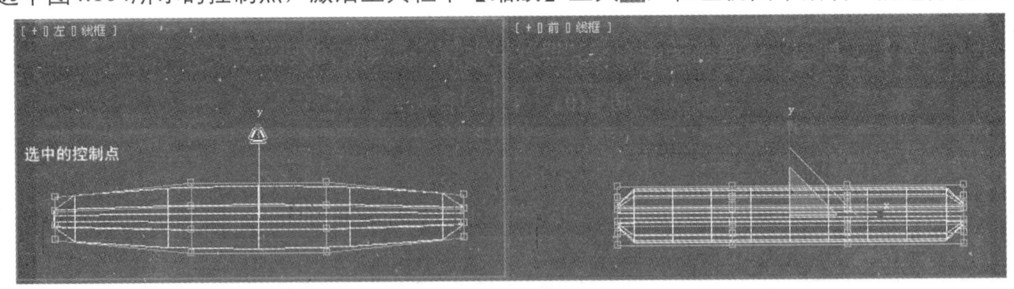

图4.104　选中的控制点

07 在顶视图中选中图4.105所示的控制点。

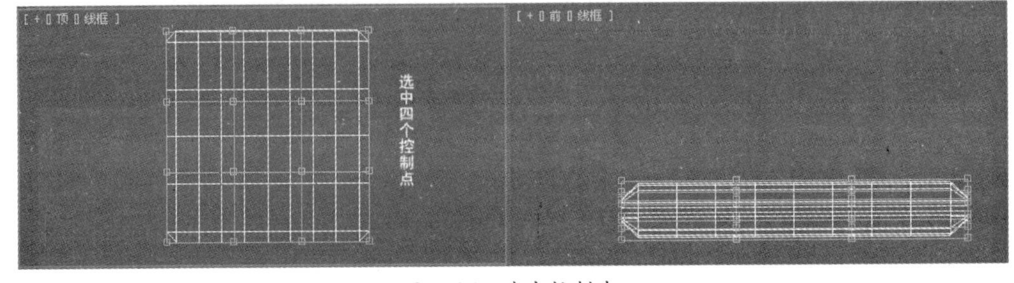

图4.105　选中控制点

08 激活【缩放】工具，在左视图中沿着Y轴进行缩放，并调整控制点的位置，如图4.106所示。

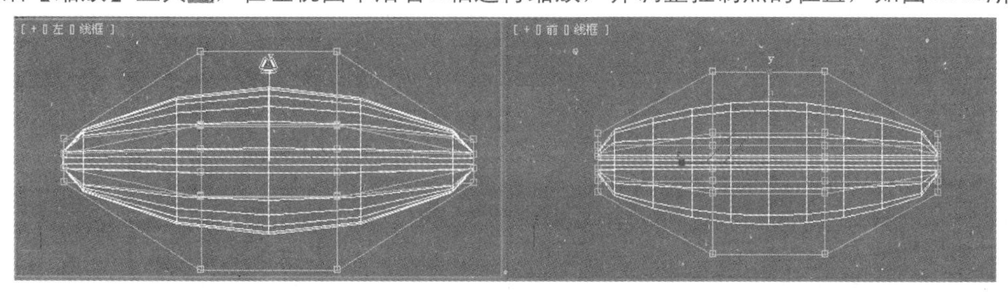

图4.106 缩放

09 在顶视图中选中图4.107所示的控制点。

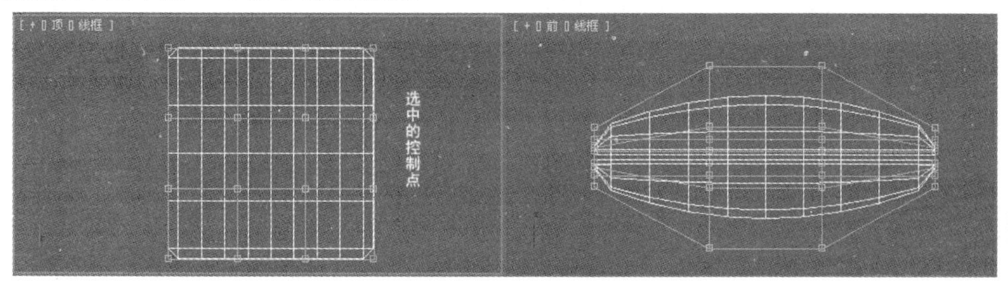

图4.107 选中的控制点

10 激活【缩放】工具，在顶视图中沿着X轴进行缩放，如图4.108所示。

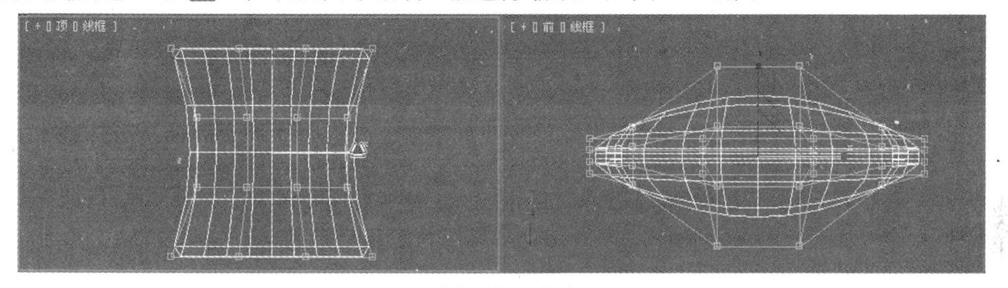

图4.108 缩放

11 在顶视图中选中图4.109示的控制点。

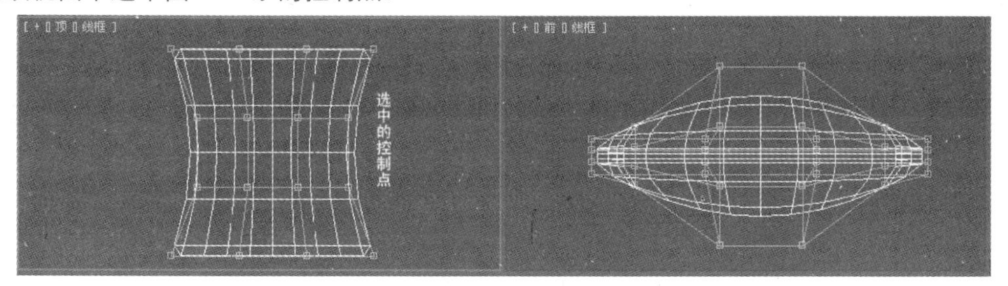

图4.109 选中的控制点

12 激活【缩放】工具，沿着Y轴进行缩放，如图4.110所示。

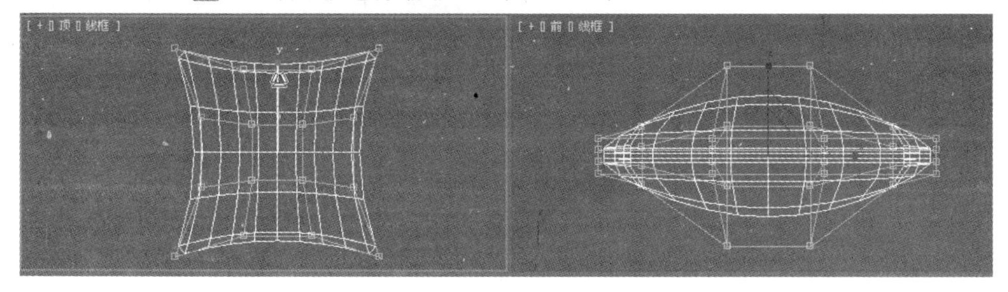

图4.110 缩放

13 至此，抱枕已经全部制作完成，模型最终效果如图4.111所示。

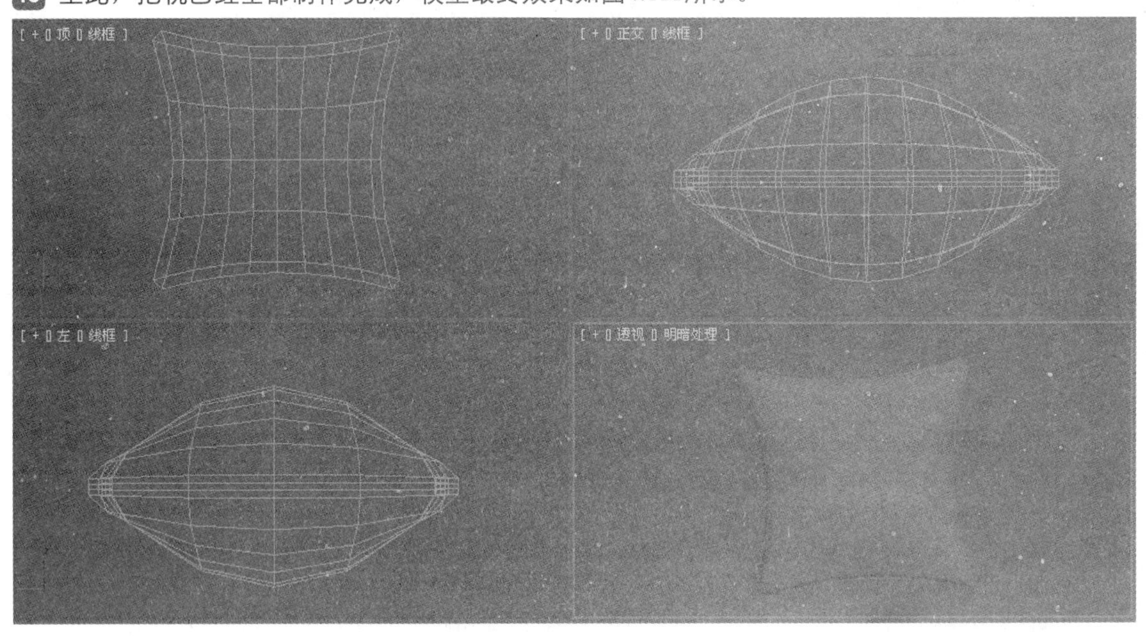

图4.111 模型效果

14 在快速访问工具栏中单击【保存】按钮，将文件进行保存。

4.8 放样：罗马柱的制作

本例介绍通过【放样】命令制作罗马柱，在制作过程中注意路径参数的设置。本例最终的制作效果如图4.112所示。

图4.112 罗马柱

01 在桌面上双击图标，打开3ds Max 2012中文版应用程序。

02 在菜单栏中选择【自定义】/【单位设置】命令，在弹出的【单位设置】对话框中将【单位】设置为【毫米】，如图4.113所示。

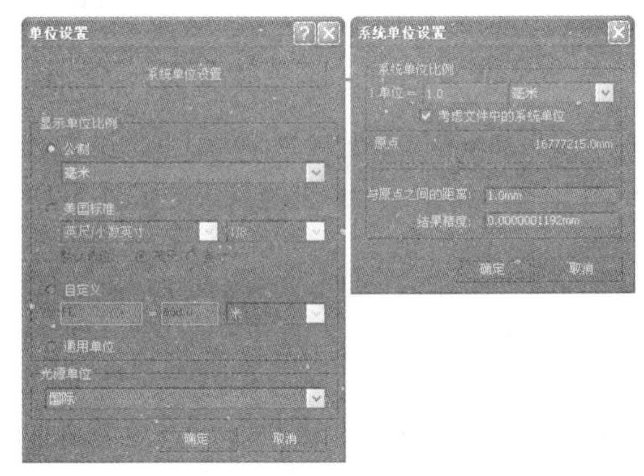

图4.113 单位设置

03 在图形创建面板中单击 圆 按钮，在顶视图中创建一个圆，命名为“截面A”，设置具体参数，如图4.114所示。

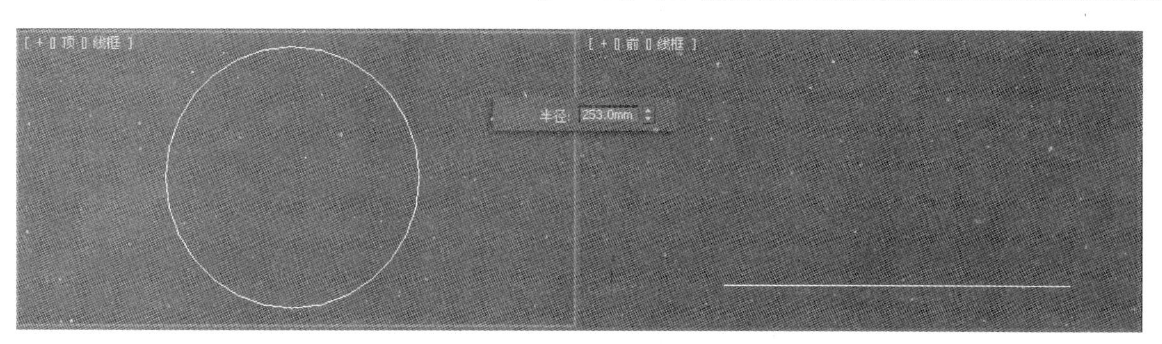

图4.114 创建圆

04 单击 星形 按钮，在顶视图中绘制一个星形，然后修改星形的参数，使之变圆滑，如图4.115所示。

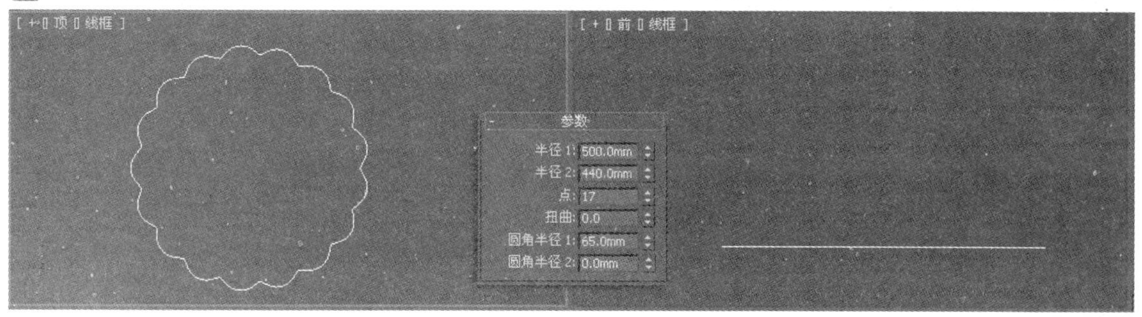

图4.115 绘制星形

05 单击 线 按钮，然后按住Shift键，绘制一条线，如图4.116所示。

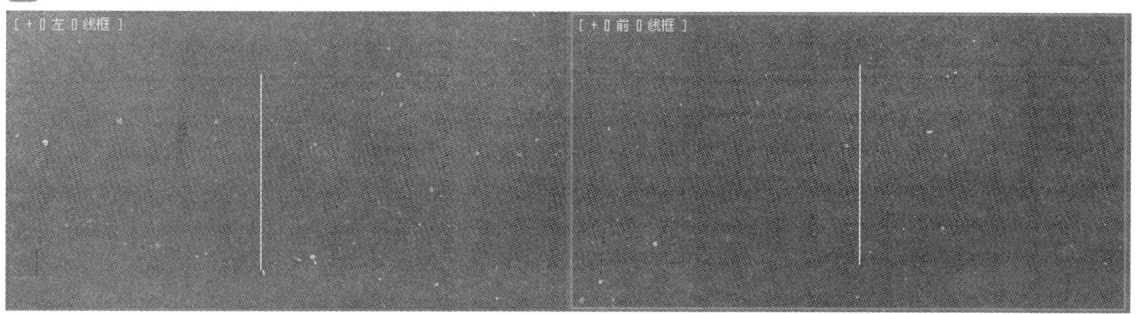

图4.116 绘制直线

06 在几何体创建面板中【标准基本体】下拉列表中选择【复合对象】选项，如图4.117所示。

07 在视图中选中“路径”，然后单击复合对象下的【放样】按钮。在【路径参数】卷展栏中将【路径】设置为10，然后在【创建方法】卷展栏中单击 获取图形 按钮，如图4.118所示。

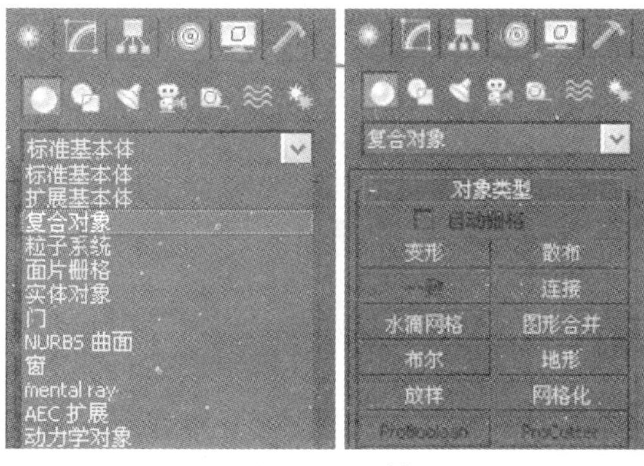

图4.117 放样

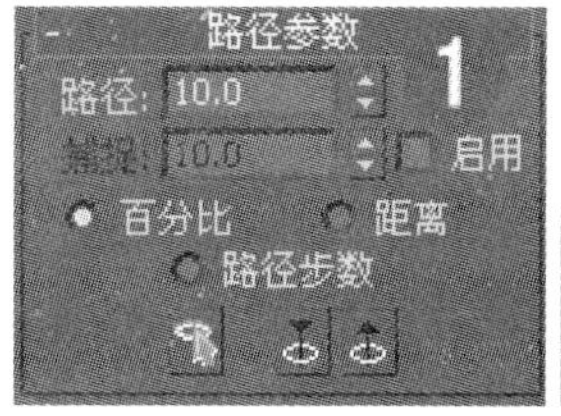

图4.118 参数设置

08 单击 获取图形 按钮后，在顶视图中单击拾取“截面A”，拾取截面后的效果如图4.119所示。

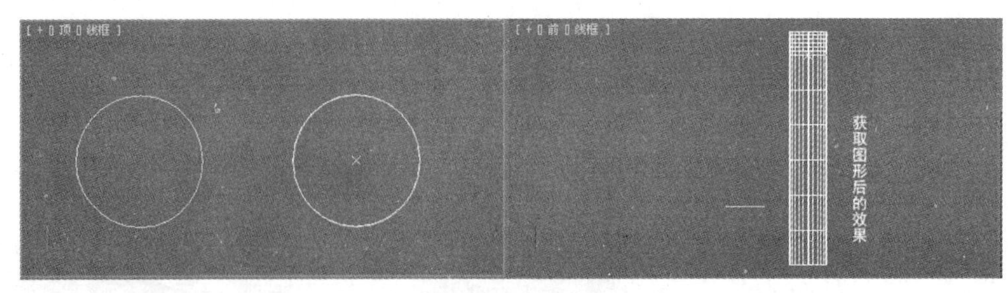

图4.119　获取图形

09 在【路径参数】卷展栏中将【路径】设置为50，然后在【创建方法】卷展栏中单击 获取图形 按钮，在顶视图中拾取“截面B”，拾取后的效果如图4.120所示。

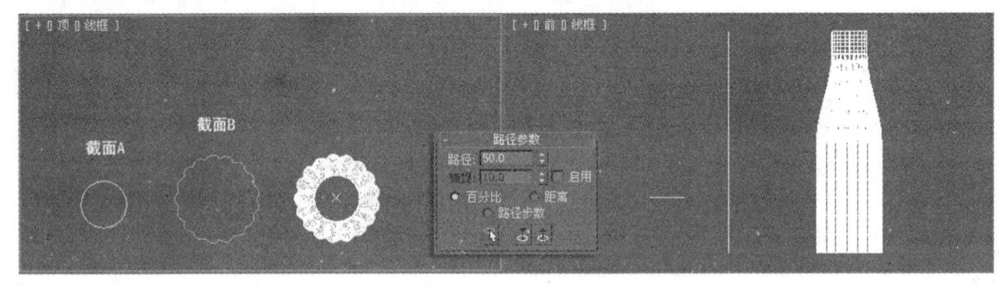

图4.120　获取图形

10 按照上述的方法，在【路径参数】卷展栏中将【路径】设置为90，然后在【创建方法】卷展栏中单击 获取图形 按钮，在视图中拾取“截面A”，拾取后的效果如图4.121所示。

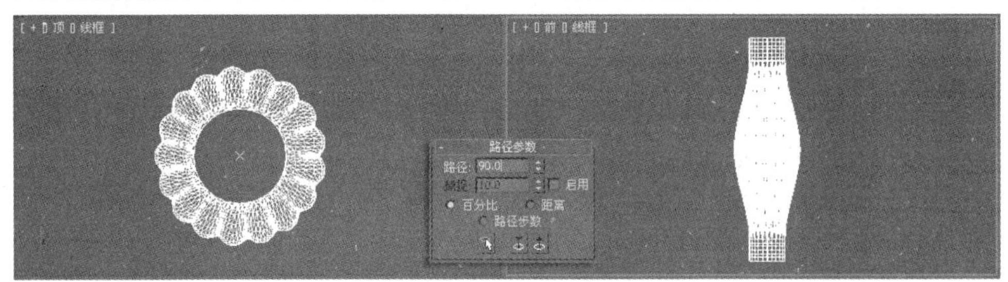

图4.121　获取图形

11 至此，“罗马柱”的模型已经全部制作完成，最终效果如图4.122所示。

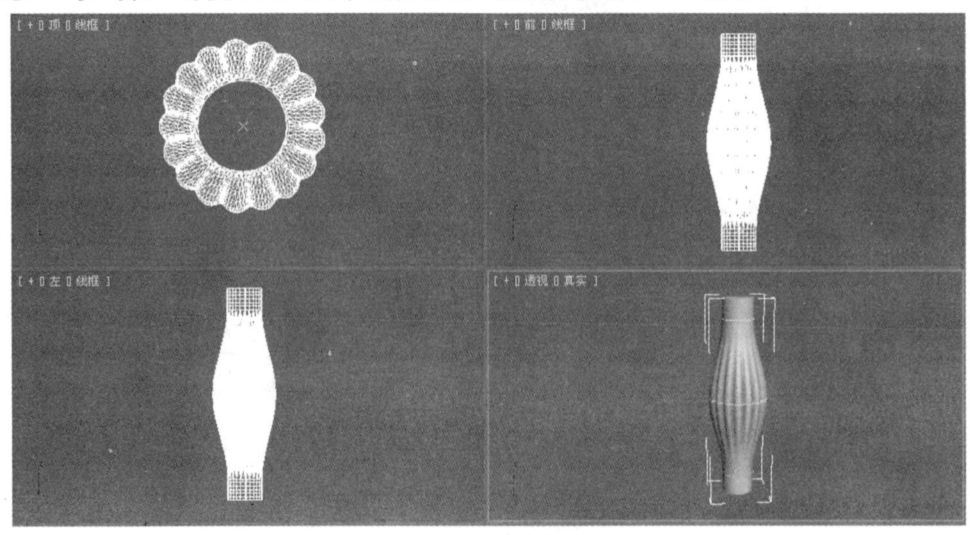

图4.122　模型效果

12 在快速访问工具栏中单击【保存】按钮，将文件进行保存。

4.9 挤出：字体

本例通过制作字体为例，学习将二维线形用【挤出】命令来制作立体字，实例效果如图4.123所示。

图4.123 挤出字体

01 在桌面上双击图标，打开3ds Max 2012中文版应用程序。

02 在菜单栏中选择【自定义】/【单位设置】命令，在弹出的【单位设置】对话框中将【单位】设置为【毫米】，如图4.124所示。

03 在图形创建面板中单击 文本 按钮，在【参数】卷展栏中输入文本“火蛾影像”并设置其参数，如图4.125所示。

04 在【参数】卷展栏中选中“火蛾影像”文本，单击鼠标左键，在前视图中创建文本，如图4.126所示。

05 确认“火蛾影像”文本还处于选中的状态，在修改器列表中选择【挤出】命令，设置具体参数，如图4.127所示。

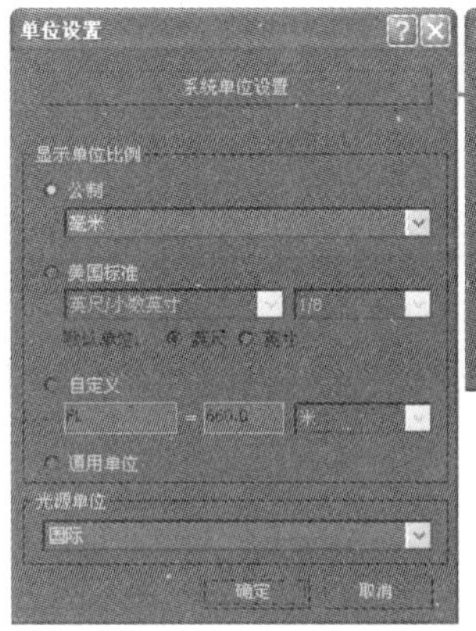

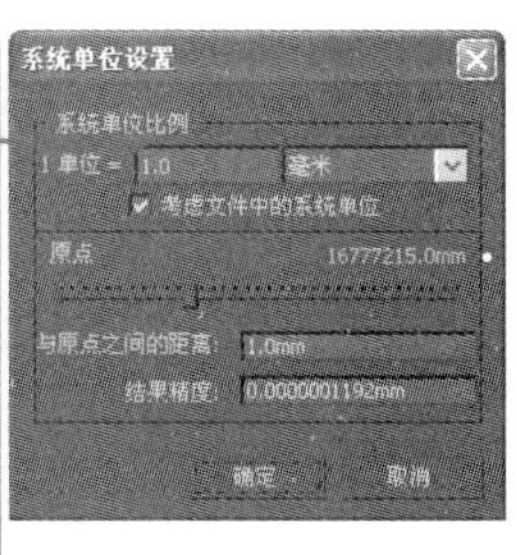

图4.124 单位设置

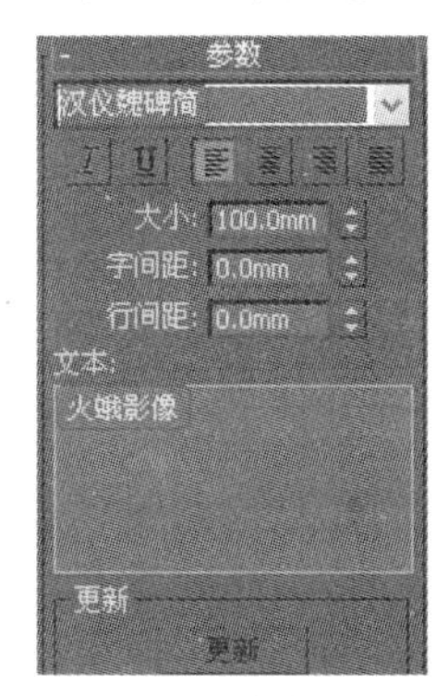

图4.125 参数设置

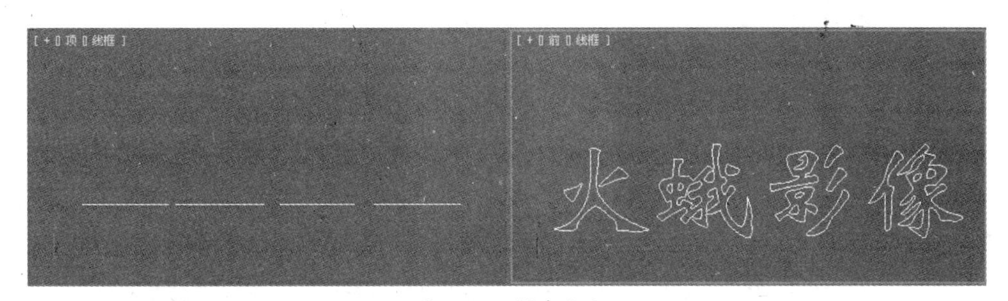

图4.126 创建文本

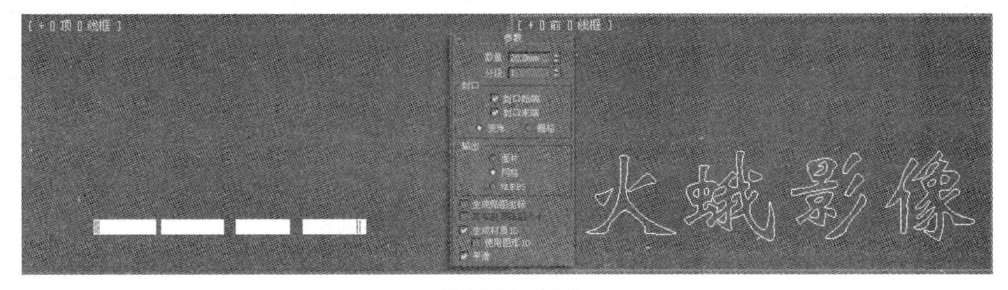

图4.127 挤出

06 至此，“火蛾影像”文本已经全部制作完成，模型的最终效果如图4.128所示。

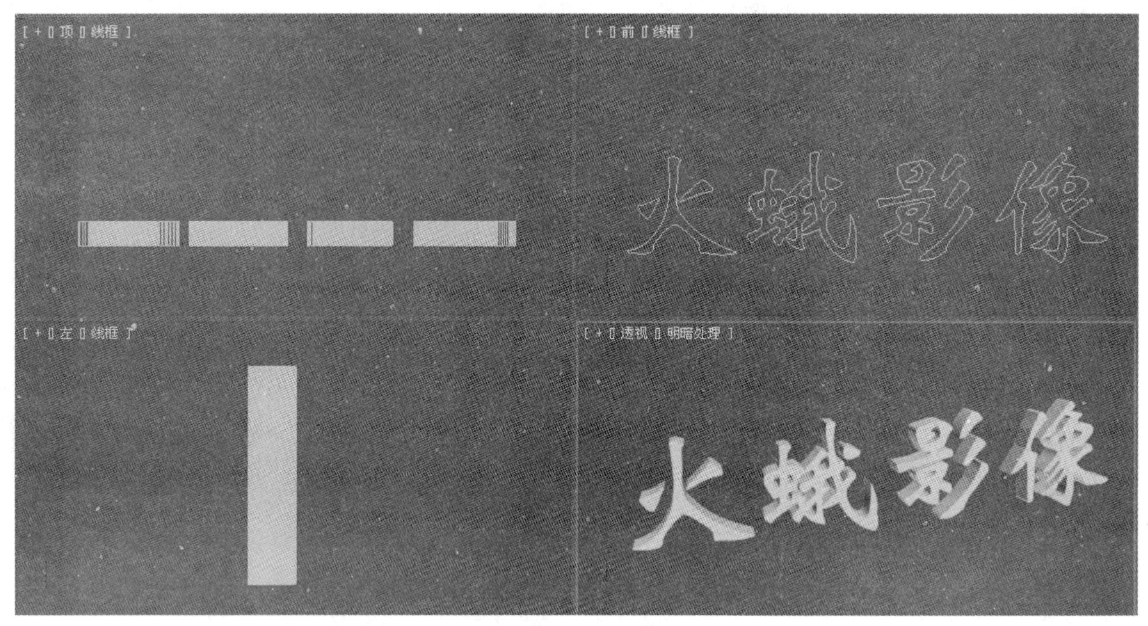

图4.128　最终效果

07 在快速访问工具栏中单击【保存】按钮，将文件进行保存。

4.10 倒角：木门

本例通过制作木门的造型来学习在创建场景中经常用到的【倒角】命令，使木门造型更加逼真，效果如图4.129所示。

图4.129　木门

01 在桌面上双击图标，打开3ds Max 2012中文版应用程序。

02 在菜单栏中选择【自定义】/【单位设置】命令，在弹出的【单位设置】对话框中将【单位】设置为【毫米】，如图4.130所示。

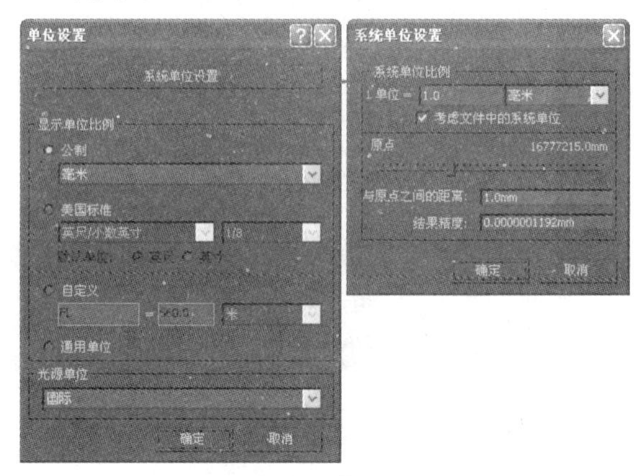

图4.130　单位设置

03 单击 矩形 按钮，在前视图中绘制两个矩形，设置其参数，如图4.131所示。

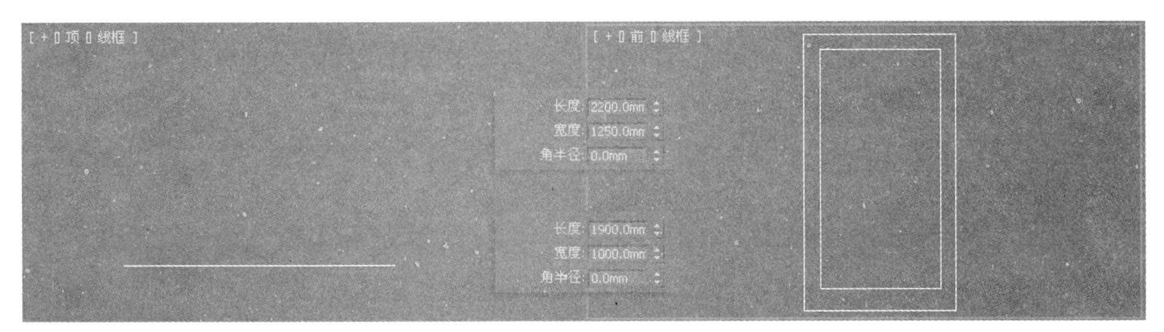

图4.131 绘制矩形

04 在视图中选中任一矩形，单击鼠标右键，在弹出的快捷菜单中选择【转换为】/【转换为可编辑样条线】命令，如图4.132所示。

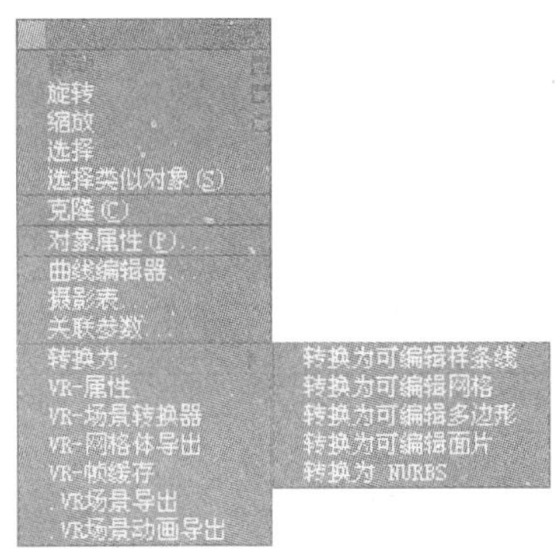

图4.132 转换为可编辑样条线

05 在【几何体】卷展栏中单击 附加 按钮，将绘制的两个矩形附加在一起，命名为“门框”，如图4.133所示。

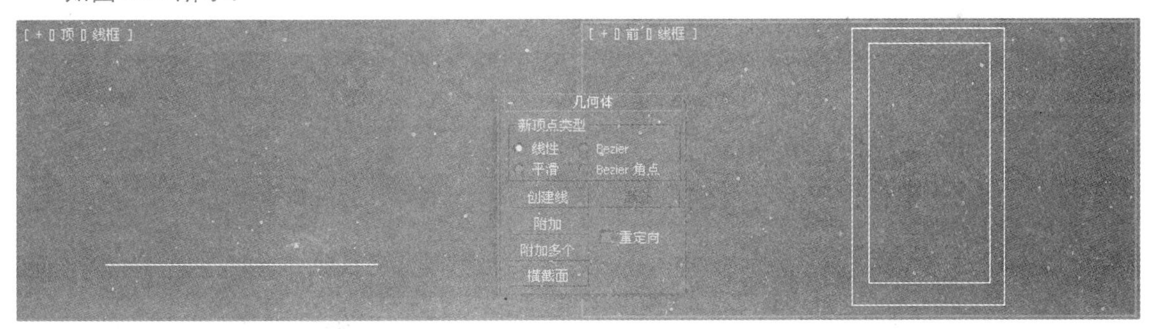

图4.133 附加

06 为附加在一起的矩形添加【倒角】命令，在【倒角值】卷展栏中设置具体参数，如图4.134所示。

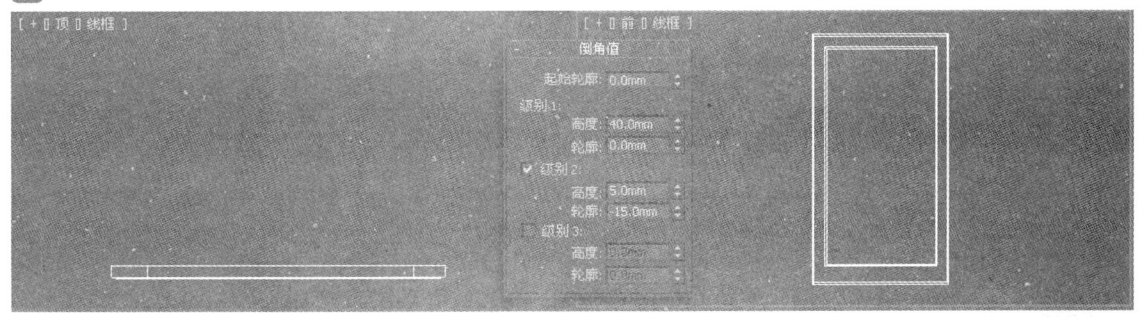

图4.134 倒角

07 单击 矩形 按钮，在前视图中绘制一个大小为1900mm×1000mm的矩形，命名为“门”，然后在修改器列表中选择【挤出】命令，设置其参数，如图4.135示。

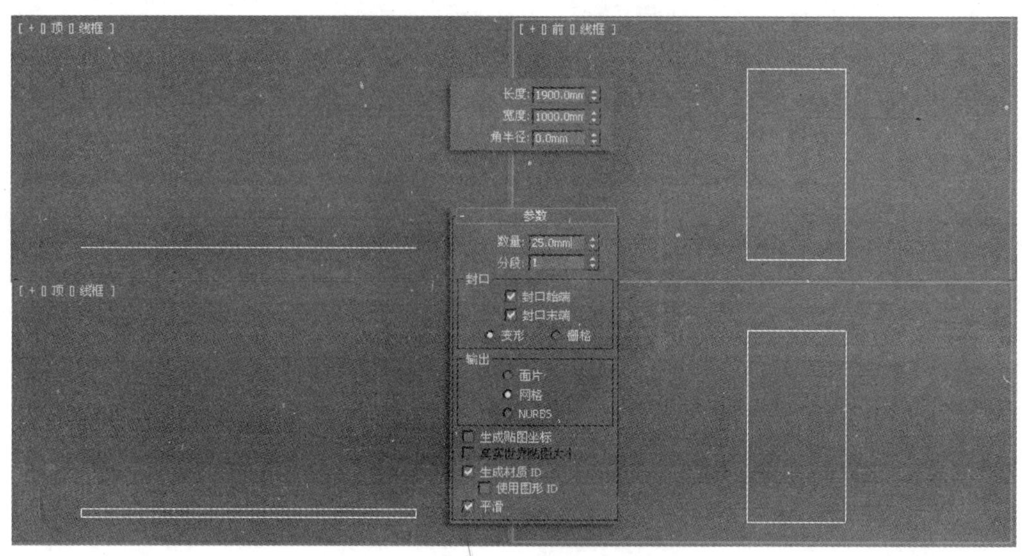

图4.135　挤出

08 在视图中调整造型的位置，如图4.136所示。

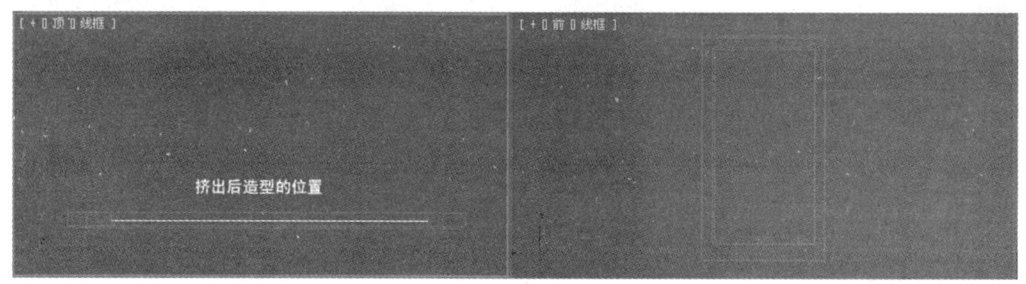

图4.136　调整造型的位置

09 在前视图中绘制4个矩形，分别为1000mm×700mm、850mm×550mm、500mm×700mm、350mm×550mm，并调整造型的位置，如图4.137所示。

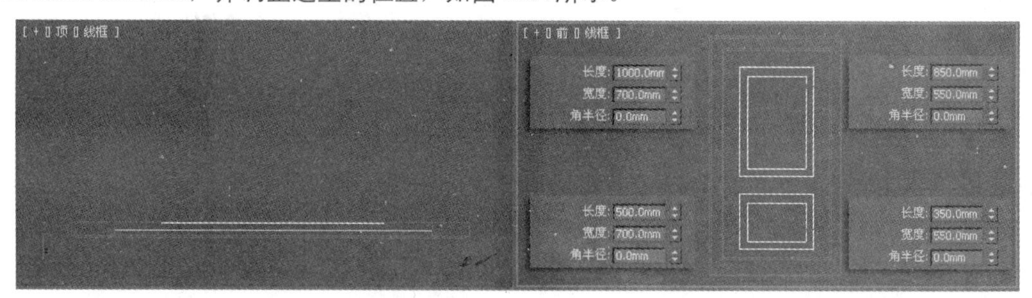

图4.137　绘制矩形

10 用同样放方法将绘制的矩形附加在一起，然后在修改器列表中选择【倒角】命令，设置倒角值后的效果如图4.138所示。

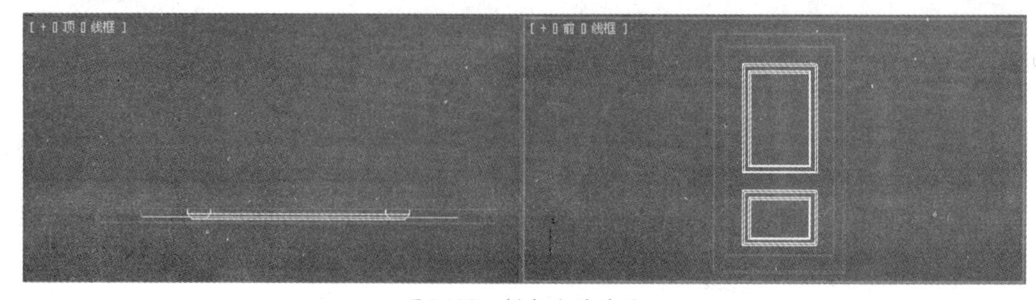

图4.138　倒角后的效果

11 按照同样的方法在前视图中绘制把手部分，然后添加【倒角】命令，并在视图中调整造型的位置，效果如图4.139示。

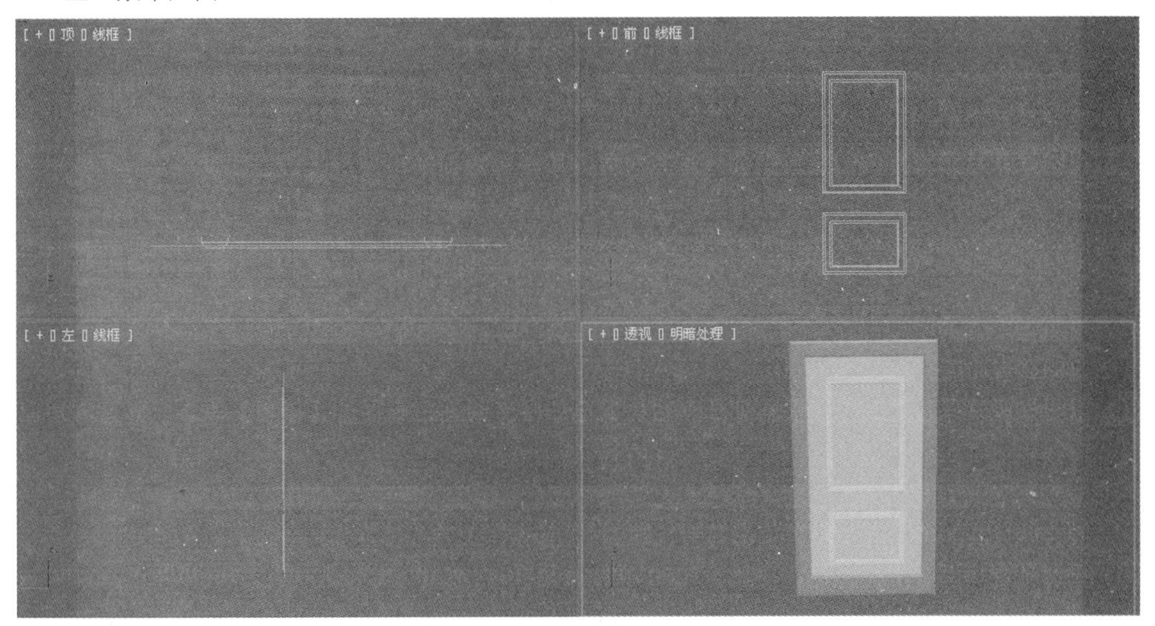

图4.139 木门

12 至此，“木门”的模型已经全部制作完成。在快速访问工具栏中单击【保存】按钮，将文件进行保存。

4.11 噪波：山体

本例通过制作山体造型来学习【噪波】命令的使用，以及在使用过程中要注意的问题，制作后的山体效果如图4.140所示。

图4.140 山体

01 在桌面上双击图标，打开3ds Max 2012中文版应用程序。

02 在菜单栏中选择【自定义】/【单位设置】命令，在弹出的【单位设置】对话框中将【单位】设置为【毫米】，如图4.141所示。

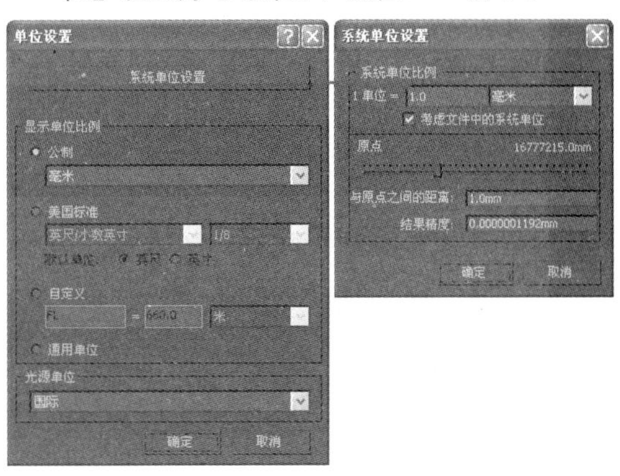

图4.141 单位设置

03 在几何体创建面板中单击 平面 按钮，在顶视图中创建一个平面，命名为“山体”，设置其参数，如图4.142所示。

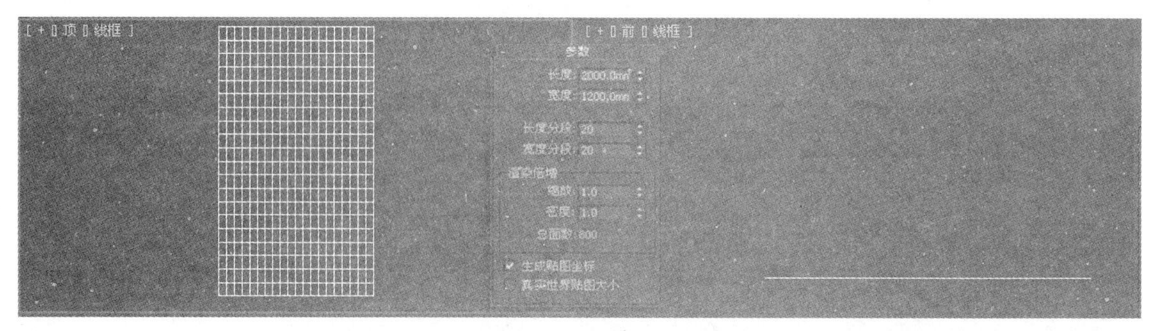

图4.142 创建平面

04 在视图中选中“山体”，然后在修改器列表中选择【噪波】命令，将【种子】设置为2，【比例】设置为240，勾选【分形】选项，设置【迭代次数】为3，调整【强度】选项组下的Z轴为300，效果如图4.143所示。

05 至此，“山体”已经全部制作完成。在快速访问工具栏中单击【保存】按钮，将文件进行保存。

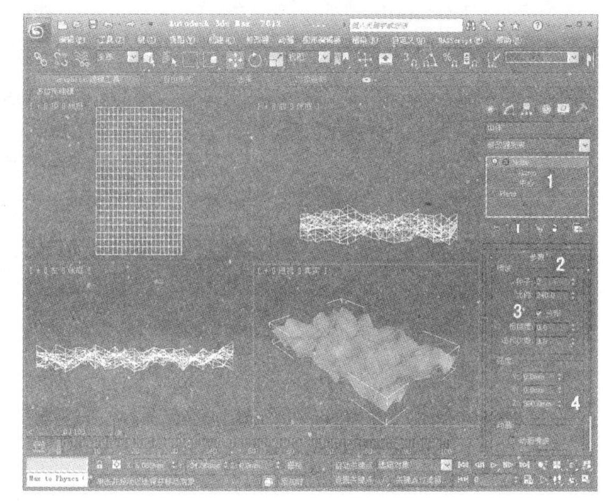

图4.143 噪波

4.12 晶格：篮球场

本例通过制作篮球场，学习【晶格】命令的使用，通过修改参数得到不同的造型，实例效果如图4.144所示。

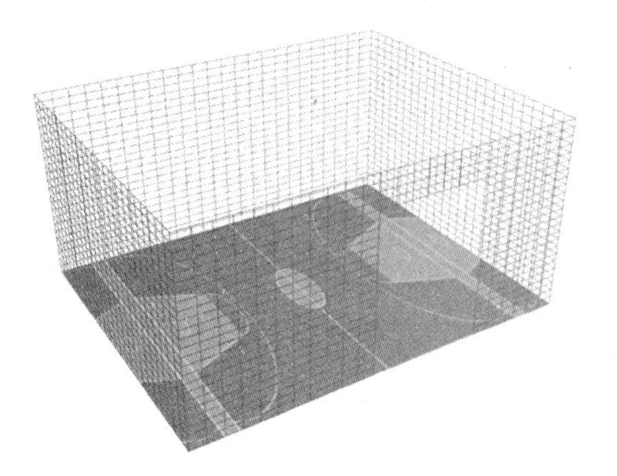

图4.144 篮球场

01 在桌面上双击图标，打开3ds Max 2012中文版应用程序。

02 在菜单栏中选择【自定义】/【单位设置】命令，在弹出的【单位设置】对话框中将【单位】设置为【毫米】，如图4.145所示。

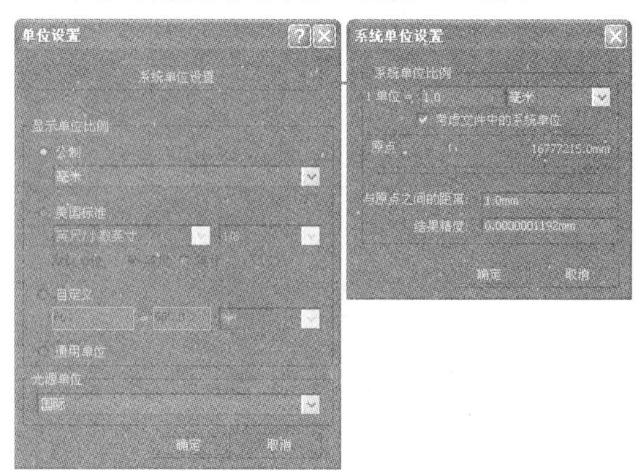

图4.145 单位设置

03 单击 长方体 按钮，在顶视图中创建一个大小为15000mm×12000×720mm的长方体，命名为“篮球场”，如图4.146所示。

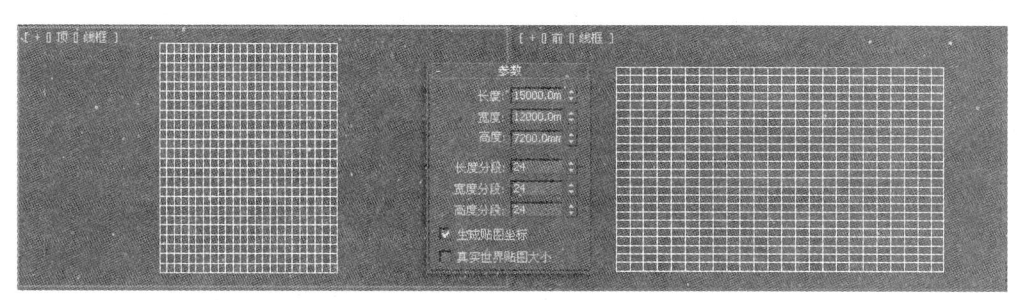

图4.146　创建长方体

提示

物体的分段数决定了篮球场的支架和节点数量，在制作前应该对造型有充分的认识，从而合理地设置分段数量。

04 确认“篮球场”处于选中的状态，单击鼠标右键，选择【转换为可编辑多边形】命令，如图4.147所示。

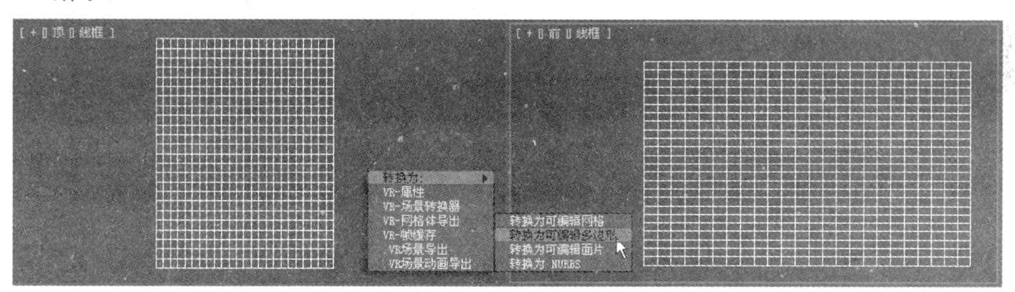

图4.147　转换为可编辑多边形

05 在修改器堆栈中激活【多边形】子对象，选择顶部的多边形，此时选择的多边形呈红色显示，如图4.148所示。

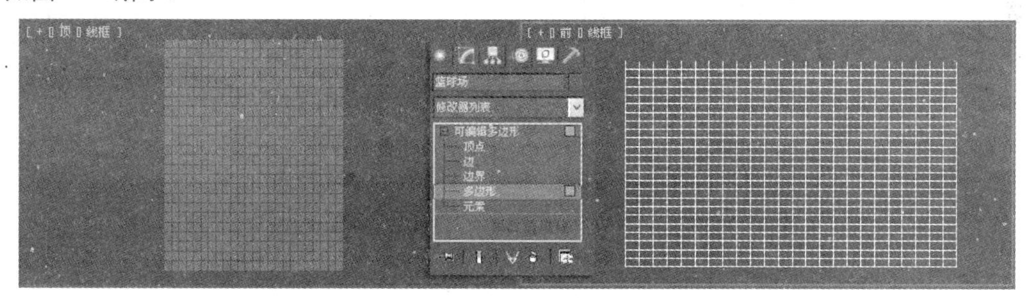

图4.148　选中的多边形

06 按下Delete键将选中的多边形删除。

07 在视图中选中底面的多边形，然后在【编辑多边形】卷展栏中单击 分离 按钮，将底面分离，如图4.149所示。

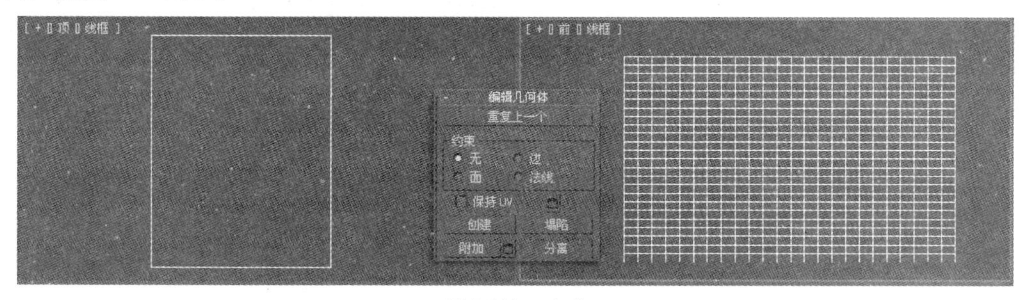

图4.149　分离

08 在弹出的【分离】对话框中直接单击【确定】按钮即可，如图4.150所示。

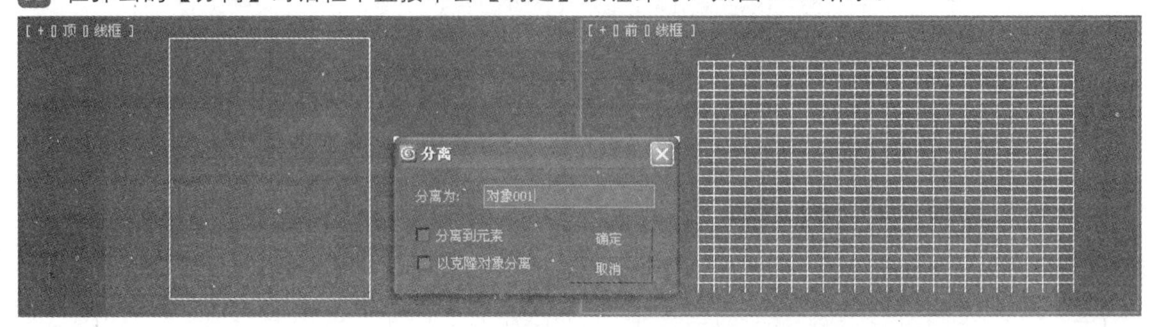

图4.150 分离

09 在左视图中选中部分多边形，此时选择的多边形呈红色显示，如图4.151所示。

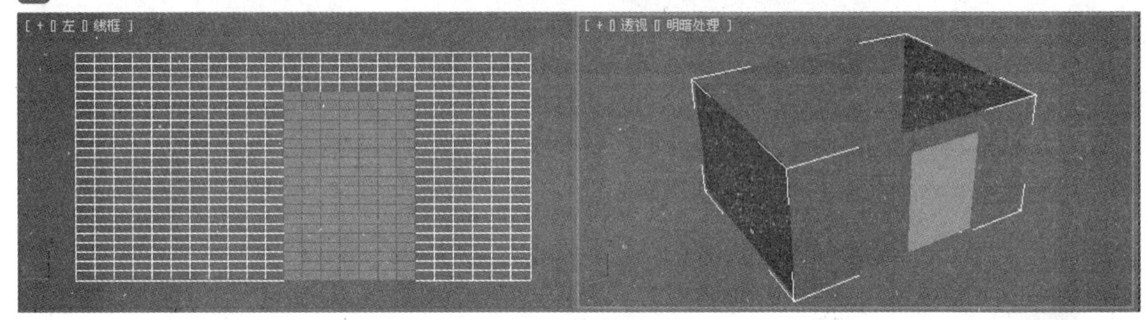

图4.151 选中的多边形

10 按Delete键将其删除，删除后的效果如图4.152所示。

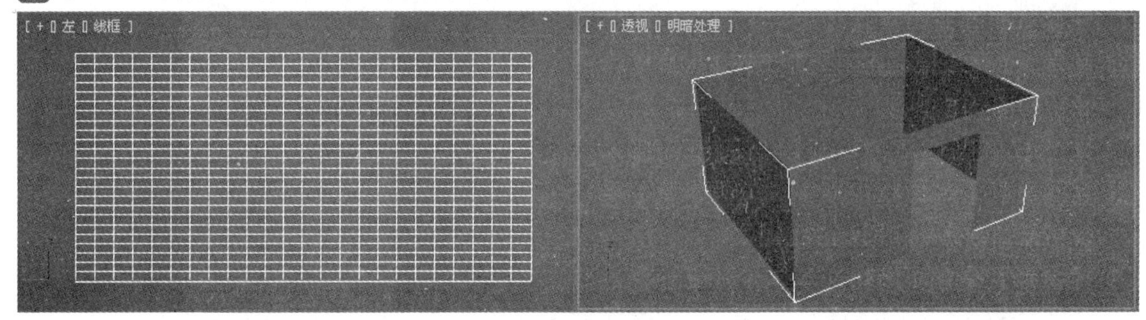

图4.152 删除多边形

11 在视图中选中“篮球场”，然后在修改器列表中选择【晶格】命令，设置其参数，如图4.153所示。

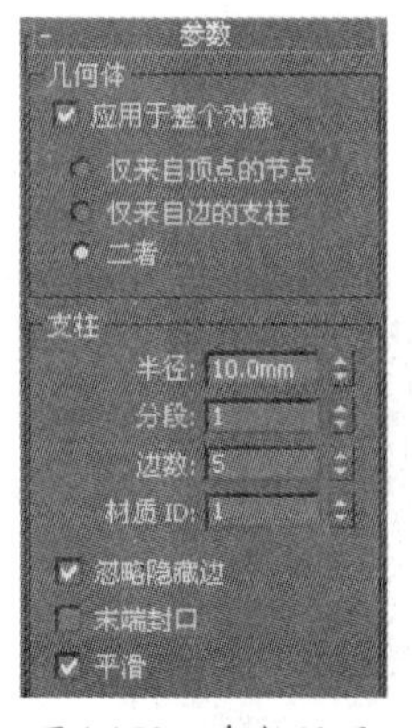

图4.153 参数设置

12 至此，“篮球场”的建模已经全部制作完成，最终效果如图4.154所示。

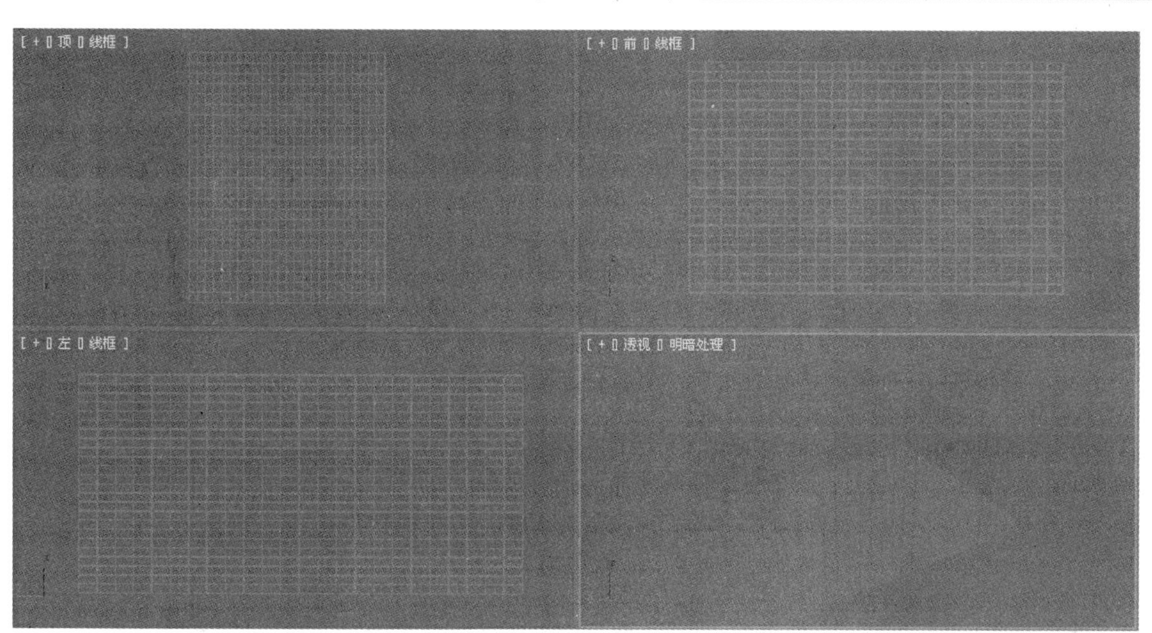

图4.154 最终效果

13 在快速访问工具栏中单击【保存】按钮，将文件进行保存。

4.13 编辑多边形：烟囱

本例以制作烟囱为例，学习【编辑多边形】命令的使用方法和技巧，实例效果如图4.155所示。

图4.155 烟囱

01 在桌面上双击图标，打开3ds Max 2012中文版应用程序。

02 在菜单栏中选择【自定义】/【单位设置】命令，在弹出的【单位设置】对话框中将【单位】设置为【毫米】，如图4.156所示。

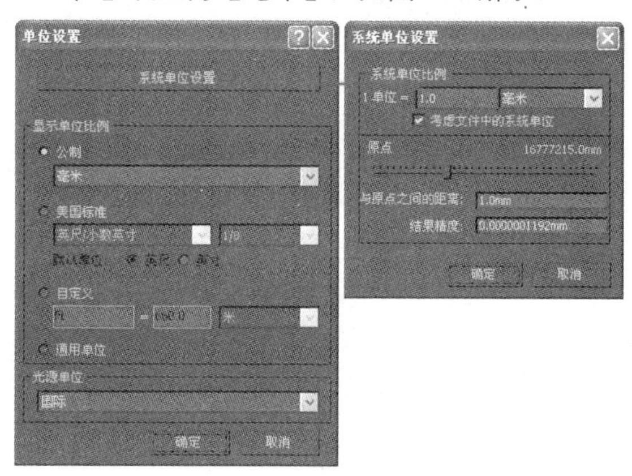

图4.156 单位设置

03 单击 长方体 按钮，在顶视图中创建一个大小为100mm×45mm×180mm 的长方体，命名为“烟囱”，如图4.157所示。

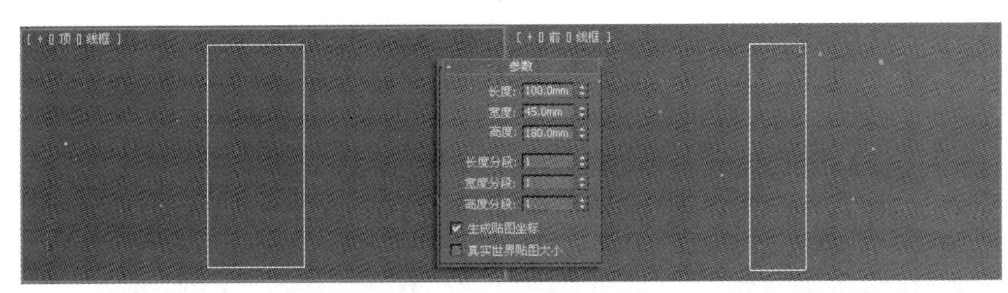

图4.157 创建长方体

04 在视图中选中“烟囱”，单击鼠标右键，选择快捷菜单中的【转换为】/【转换为可编辑多边形】命令。在修改器堆栈中激活【多边形】子对象，然后在视图中选中图4.158所示的多边形。

图4.158 选中的多边形

05 在【编辑多边形】卷展栏中单击 倒角 按钮，设置具体参数，如图4.159所示。

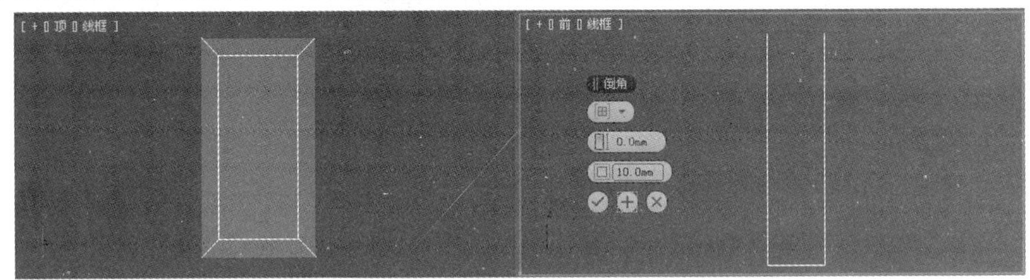

图4.159 倒角

06 倒角完成后，在【编辑多边形】卷展栏中单击 挤出 按钮，设置其参数，如图4.160所示。

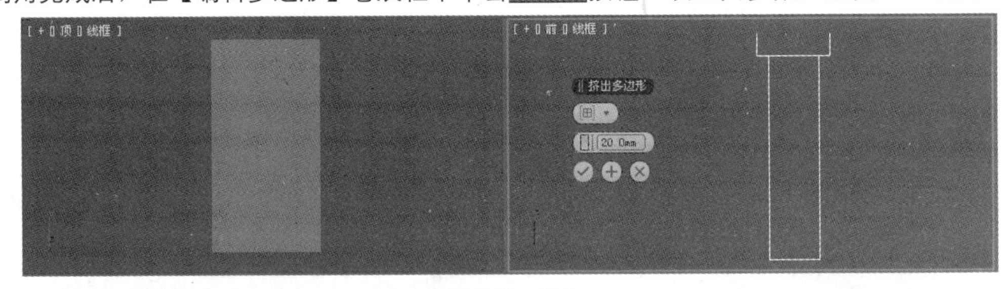

图4.160 挤出

07 挤出完成后，在【编辑多边形】卷展栏中单击 倒角 按钮，设置具体参数，如图4.161所示。

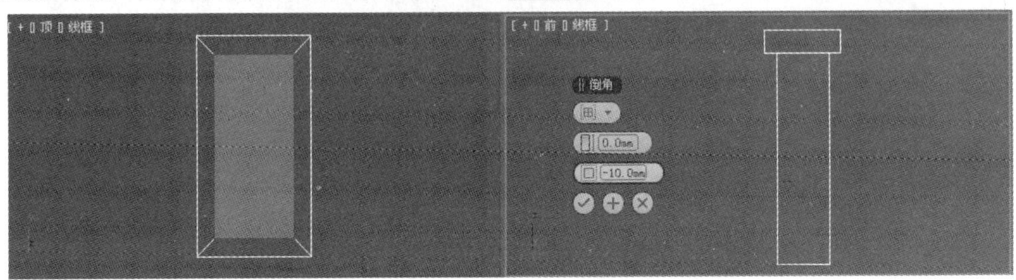

图4.161 倒角

08 倒角完成后，在【编辑多边形】卷展栏中单击 挤出 按钮，设置其参数，如图4.162所示。

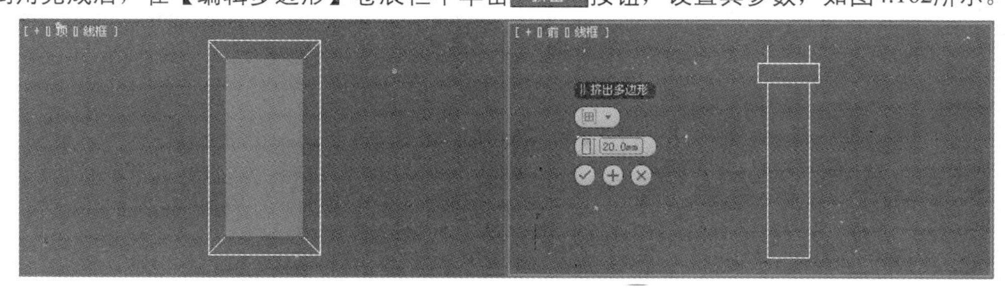

图4.162 挤出

09 挤出完成后，在【编辑多边形】卷展栏中单击 倒角 按钮，设置其参数，如图4.163所示。

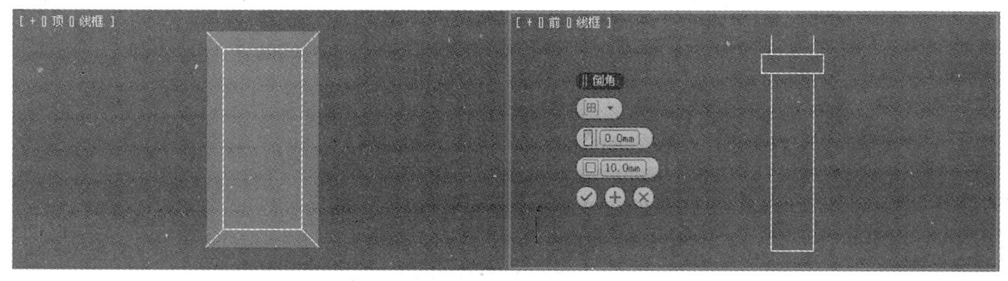

图4.163 倒角

10 倒角完成后，在【编辑多边形】卷展栏中再次单击 挤出 按钮，设置其参数，如图4.164所示。

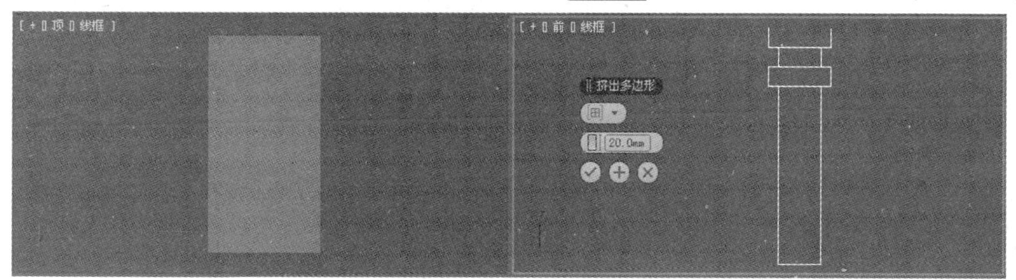

图4.164 挤出

11 经过多次倒角和挤出操作后，“烟囱”的造型如图4.165所示。

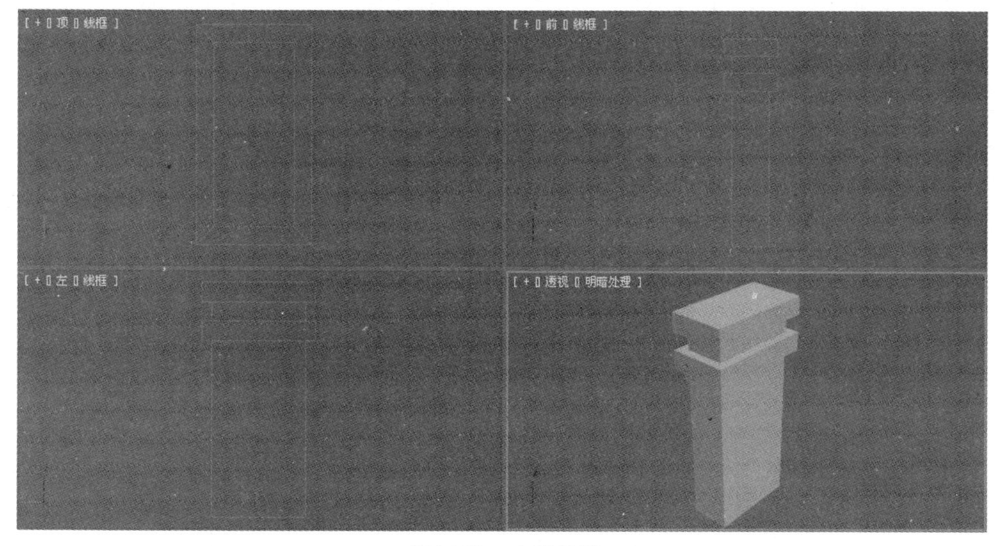

图4.165 造型效果

12 在几何体创建面板中单击 管状体 按钮，然后在顶视图中创建一个管状体，命名为“烟囱A”，设置其参数，如图4.166所示。

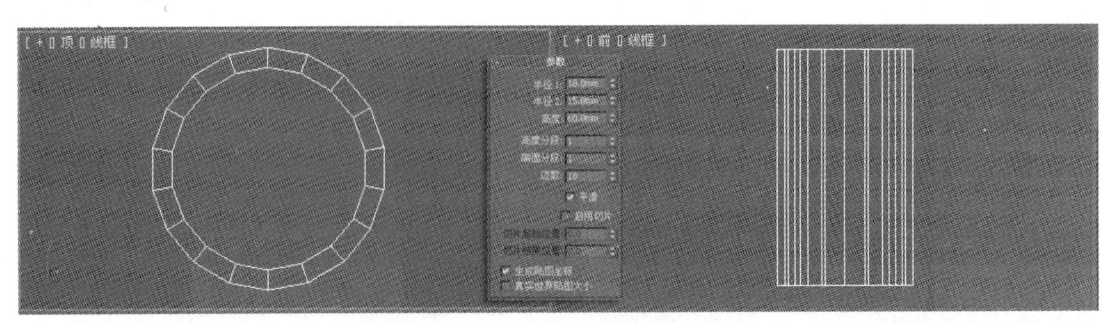

图4.166　创建“烟囱A”

13 在几何体创建面板中单击 管状体 按钮，然后在顶视图中创建一个管状体，命名为“烟囱B”，设置其参数，如图4.167所示。

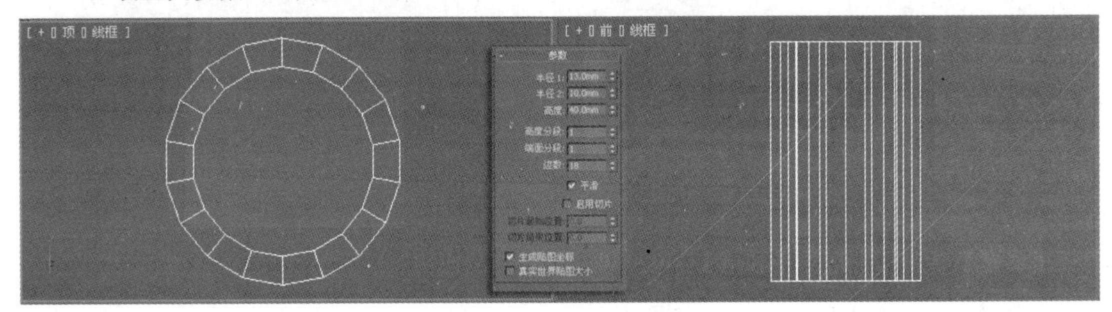

图4.167　创建“烟囱B”

14 在视图中调整造型的位置，效果如图4.168所示。

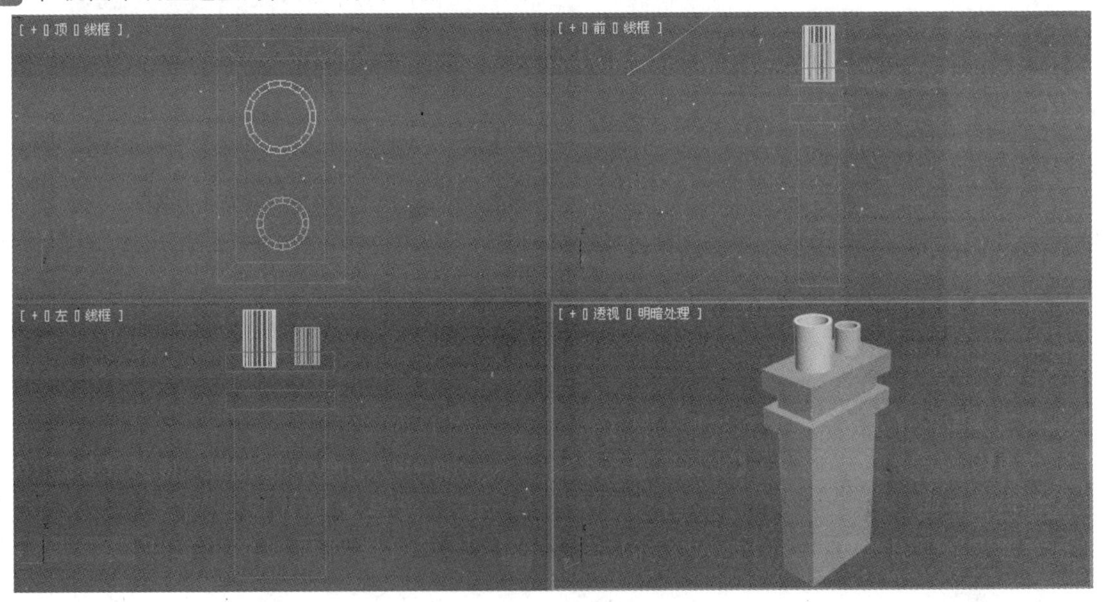

图4.168　模型效果

15 至此，“烟囱”模型已经全部制作完成。在快速访问工具栏中单击【保存】按钮，将文件进行保存。

4.14 置换：河道

本例以制作河道为例，学习【置换】命令的使用，实例效果如图4.169所示。

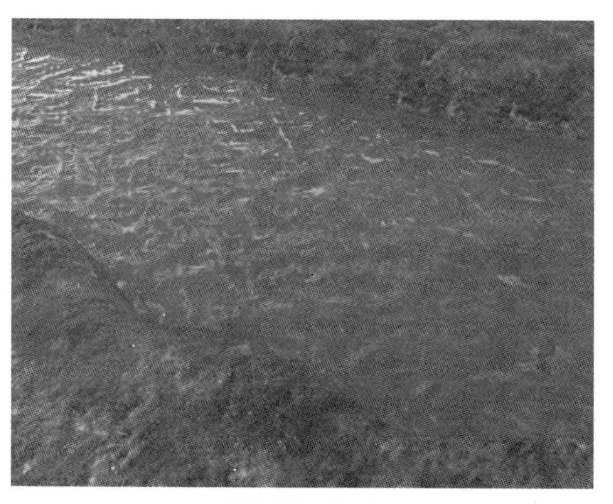

图4.169 河道

01 在桌面上双击图标，打开3ds Max 2012中文版应用程序。

02 在菜单栏中选择【自定义】/【单位设置】命令，在弹出的【单位设置】对话框中将【单位】设置为【毫米】，如图4.170所示。

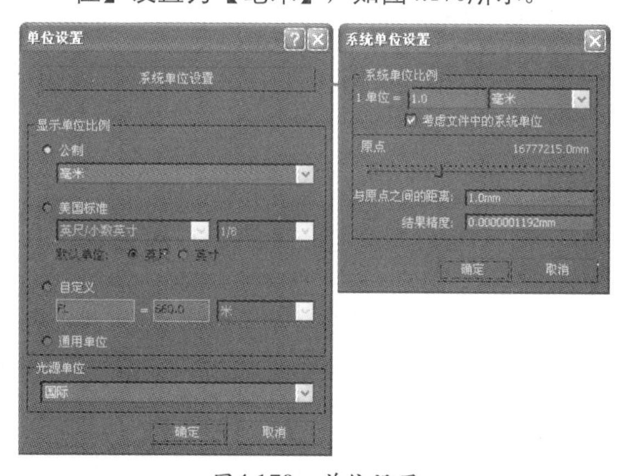

图4.170 单位设置

03 在几何体创建面板中单击 平面 按钮，然后在顶视图中创建一个大小为1800mm×700mm的平面，设置其参数，如图4.171所示。

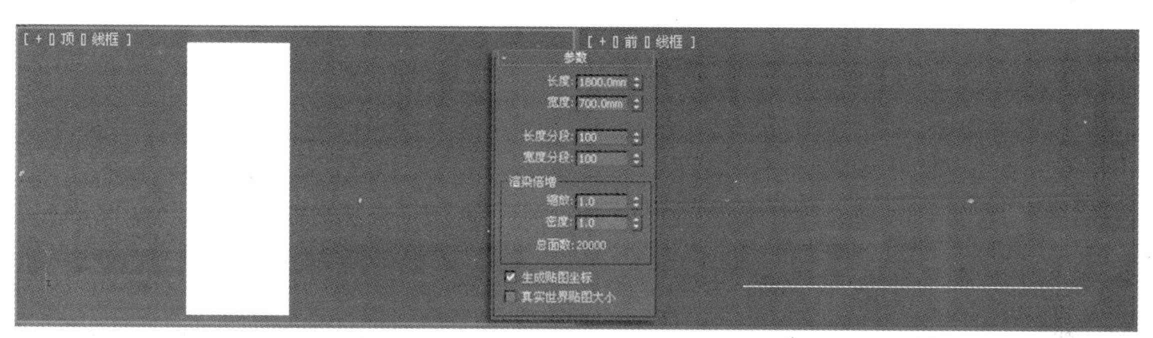

图4.171 创建平面

04 在修改器列表中选择【置换】命令，在【参数】卷展栏中单击【位图】下方的 无 按钮，在弹出的【选择置换图像】对话框中选择随书光盘“Maps”/“河道.jpg”位图文件，如图4.172所示。

05 在【参数】卷展栏下设置【强度】为65mm，如图4.173所示。

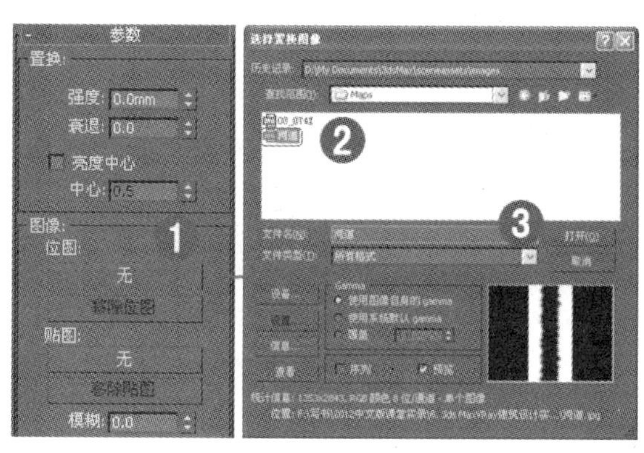

图4.172 选择置换图像

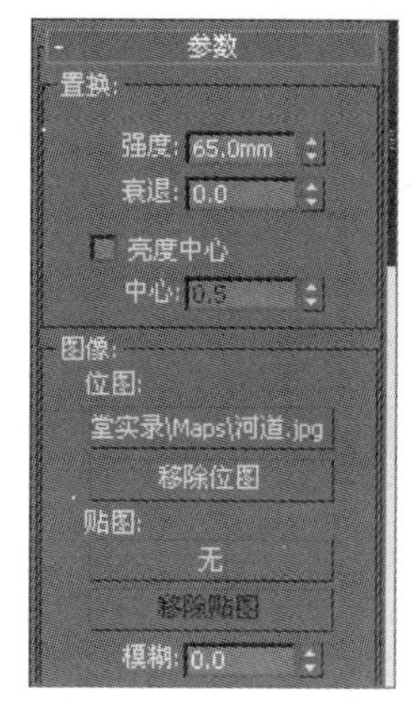

图4.173 参数设置

06 至此，“河道”已经全部制作完成，模型最终效果如图4.174所示。

07 在快速访问工具栏中单击【保存】按钮，将文件进行保存。

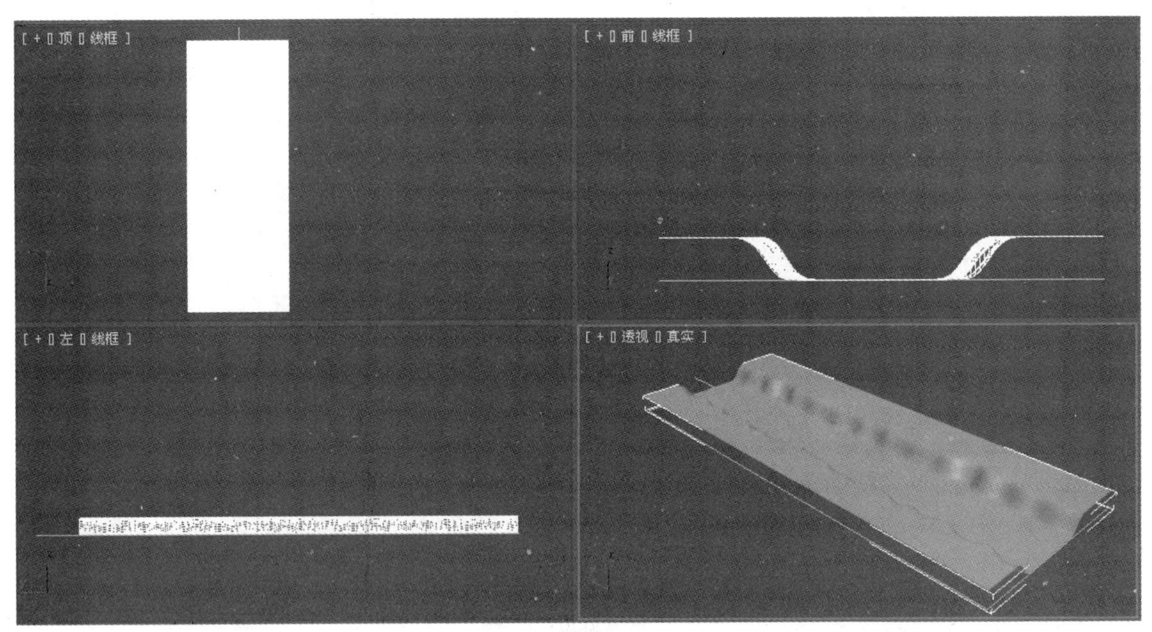

图4.174　模型效果

4.15 布尔：花坛

本节通过制作花坛来学习【布尔】命令的使用，花坛的效果如图4.175所示。

图4.175　花坛

01 在桌面上双击图标，打开3ds Max 2012中文版应用程序。

02 在菜单栏中选择【自定义】/【单位设置】命令，在弹出的【单位设置】对话框中将【单位】设置为【毫米】，如图4.176所示。

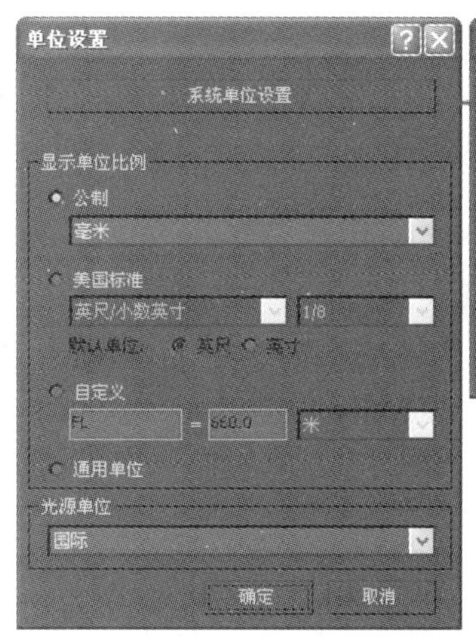

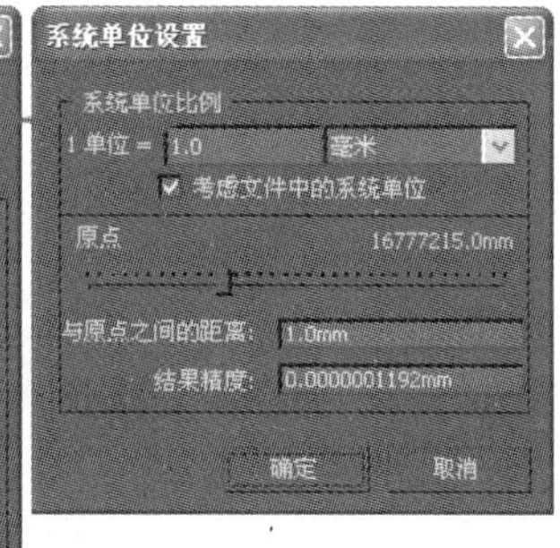

图4.176　单位设置

03 单击 星形 按钮，在顶视图中绘制一个星形，命名为“花坛”，设置具体参数，如图4.177所示。

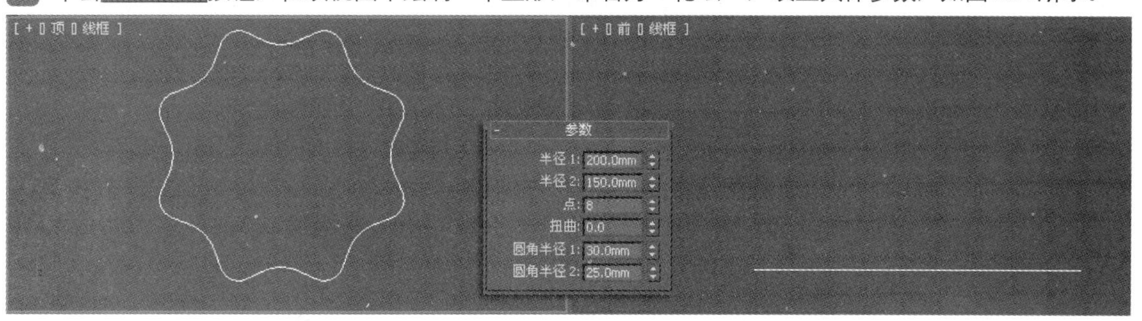

图4.177　创建“花坛”

04 在视图中选中“花坛”，然后在修改器列表中选择【倒角】命令，设置其参数，如图4.178所示。

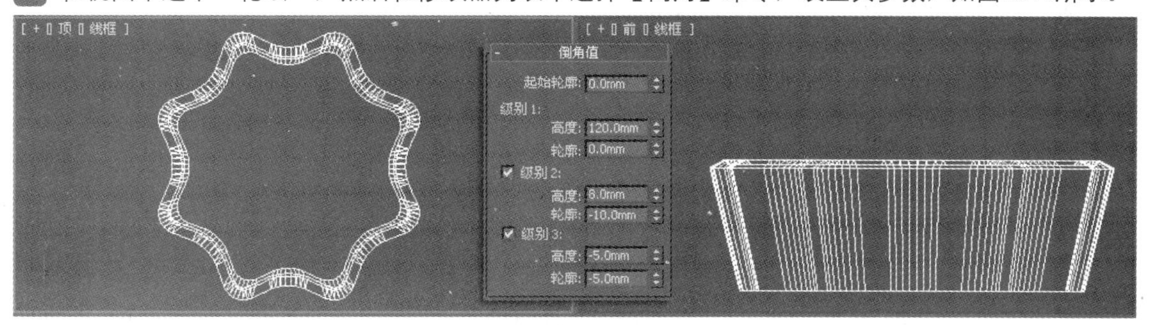

图4.178　倒角

05 为“花坛”施加【倒角】命令后，在修改器列表中选择【锥化】命令，设置其参数，如图4.179所示。

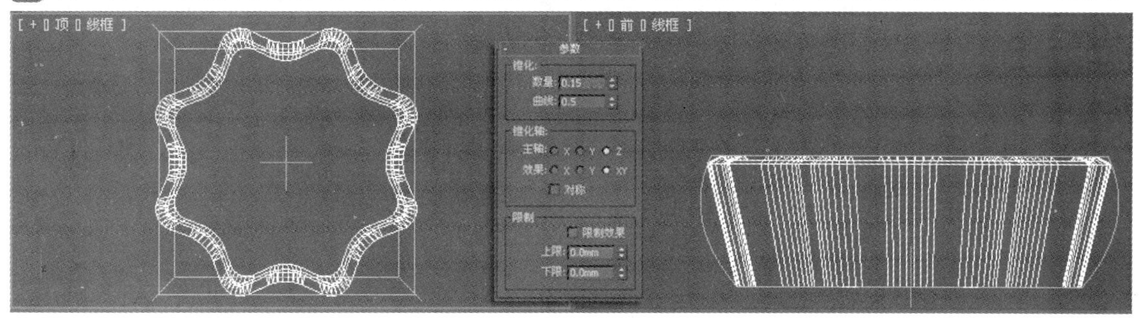

图4.179　锥化

06 单击 圆柱体 按钮，在顶视图中创建一个圆柱体，设置其参数，如图4.180所示。

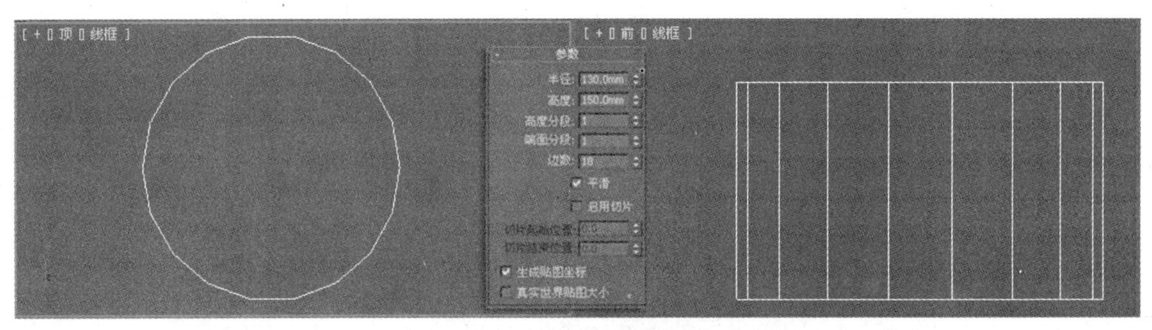

图4.180　创建圆柱体

07 在视图中调整造型的位置，效果如图4.181所示。

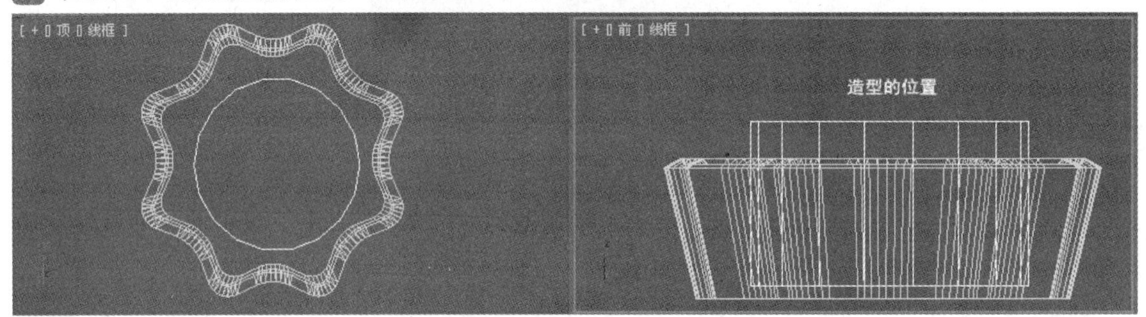

图4.181　调整造型的位置

08 在创建面板中【标准基本体】下拉列表中选择【复合对象】选项，如图4.182所示。

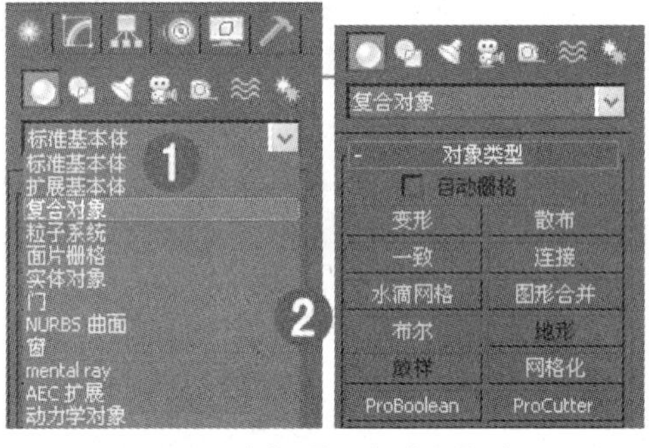

图4.182　选择【复合对象】选项

09 在视图中选中“花坛”，然后单击 布尔 按钮，如图4.183所示。

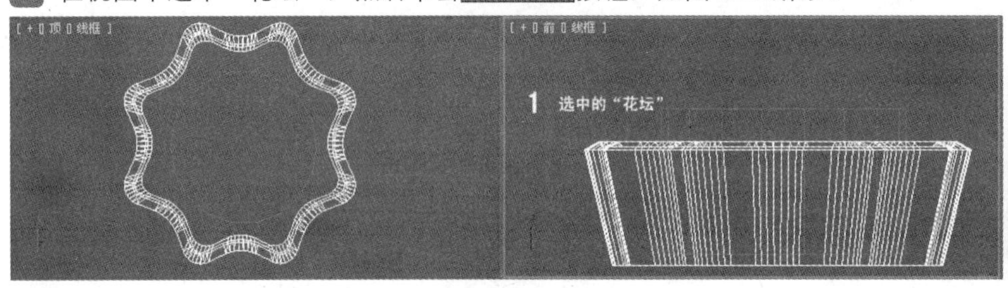

图4.183　布尔

10 在【拾取布尔】卷展栏中单击 拾取操作对象 B 按钮，如图4.184所示。

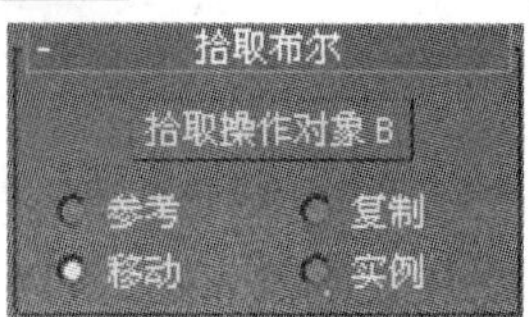

图4.184　参数设置

11 拾取布尔后的造型如图4.185所示。

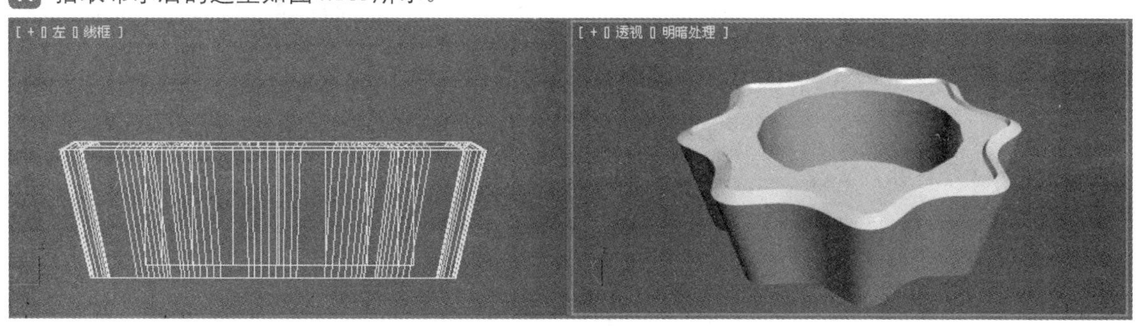

图4.185 模型效果

提示

如果多次执行【布尔】命令，得到的造型经常会出现错误或者一些乱线，所以最好将想要【布尔】掉的物体附加为一体并一次执行完成。

12 至此，“花坛”已经全部制作完成。在快速访问工具栏中单击（保存）按钮，将文件进行保存。

4.16 超级布尔：古凳

本例学习【超级布尔】命令，与前面学习的【布尔】命令相似，但它不需要将执行的物体附加在一起，最终的效果也不会出现错误的效果与乱线，效果如图4.186所示。

01 在桌面上双击图标，打开3ds Max 2012中文版应用程序。

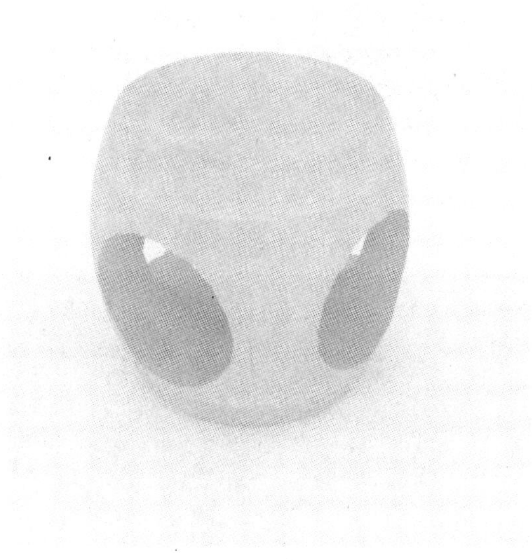

图4.186 古凳

02 在菜单栏中选择【自定义】/【单位设置】命令，在弹出的【单位设置】对话框中将【单位】设置为【毫米】，如图4.187所示。

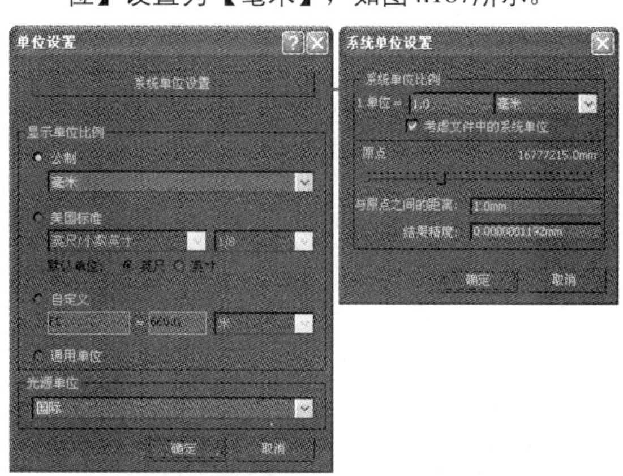

图4.187 单位设置

03 单击 圆柱体 按钮，在顶视图中创建一个400mm×700mm的圆柱体，命名为“古凳”，设置其参数，如图4.188所示。

04 在修改器列表中选择【锥化】命令，在修改器堆栈中激活【中心】子物体层级，调整它的位置，如图4.189所示。

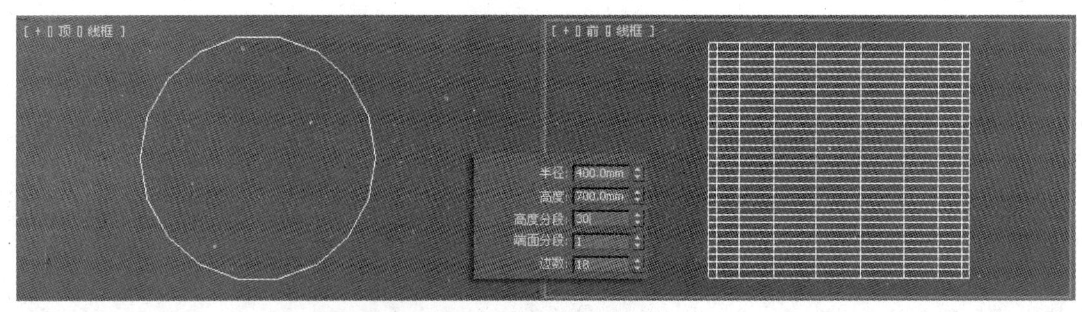

图4.188　创建圆柱体

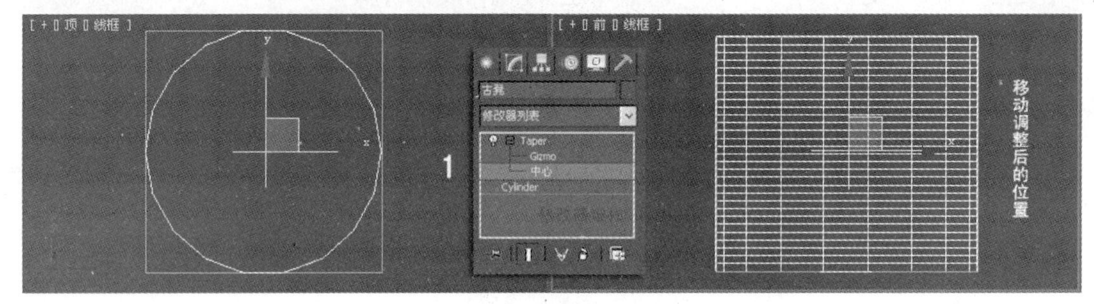

图4.189　调整位置

05 在【参数】卷展栏中设置其参数，如图4.190所示。

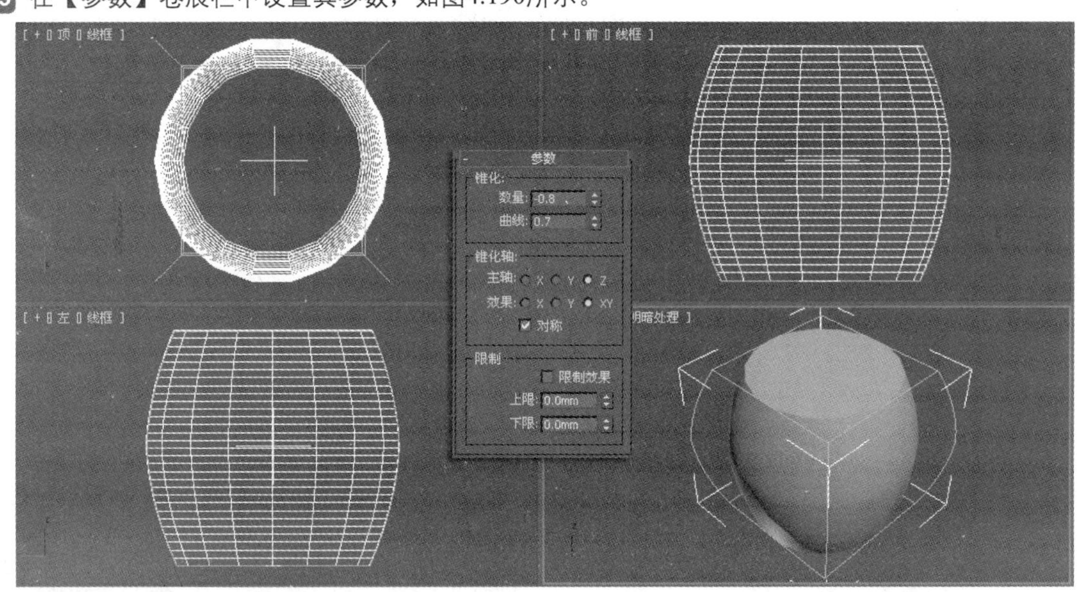

图4.190　参数设置

06 单击 圆柱体 按钮，在前视图中创建一个大小为200mm×1000的圆柱体，如图4.191所示。

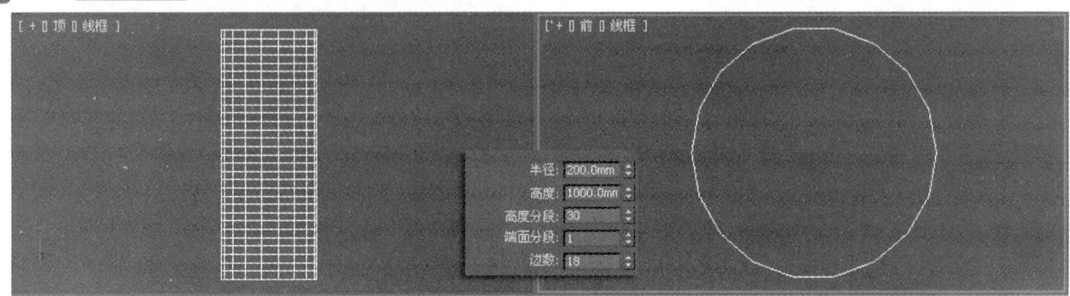

图4.191　创建圆柱体

07 在视图中调整该造型的位置，如图4.192所示。

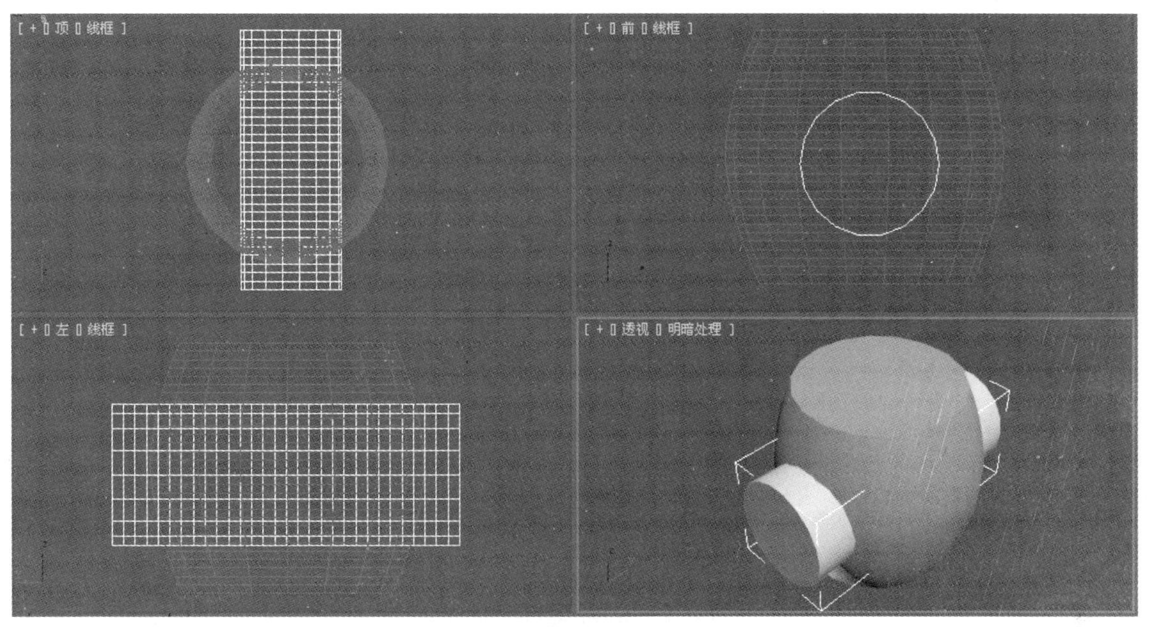

图4.192 调整造型的位置

08 激活工具栏中【角度捕捉切换】按钮，然后单击鼠标右键，在弹出的【栅格和捕捉设置】对话框中设置参数，如图4.193所示。

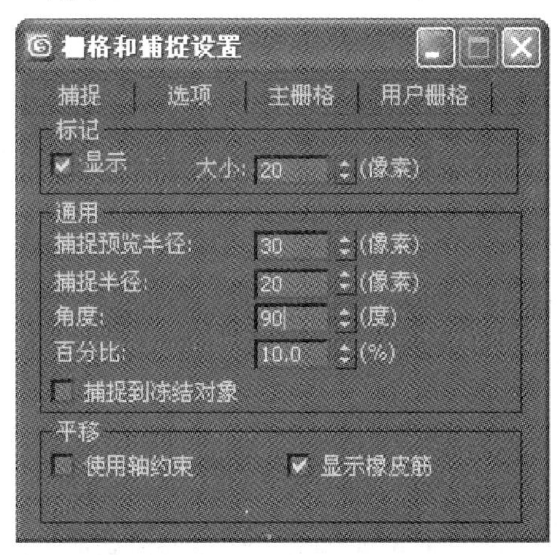

图4.193 参数设置

09 单击按钮进入层级面板，在【调整轴】卷展栏中，单击 仅影响轴 按钮，然后在【对齐】组中单击 居中到对象 按钮，如图4.194所示。

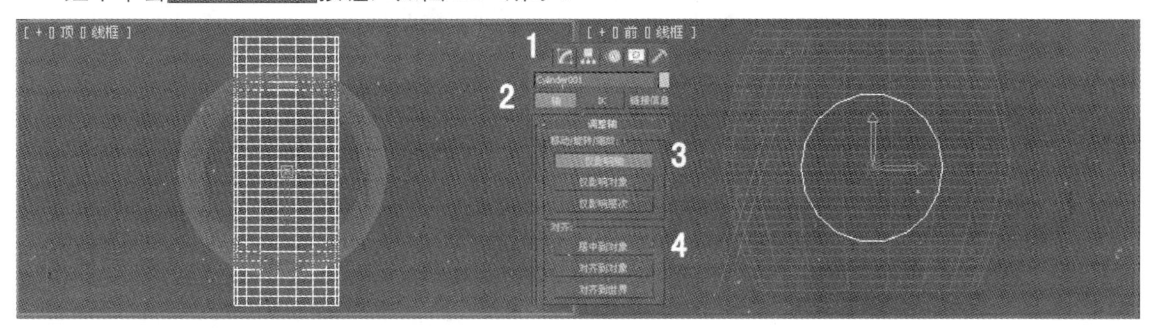

图4.194 调整轴

10 按住Shift+旋转键，在顶视图中旋转此造型并将其复制一个，并在视图中调整造型的位置，如图4.195所示。

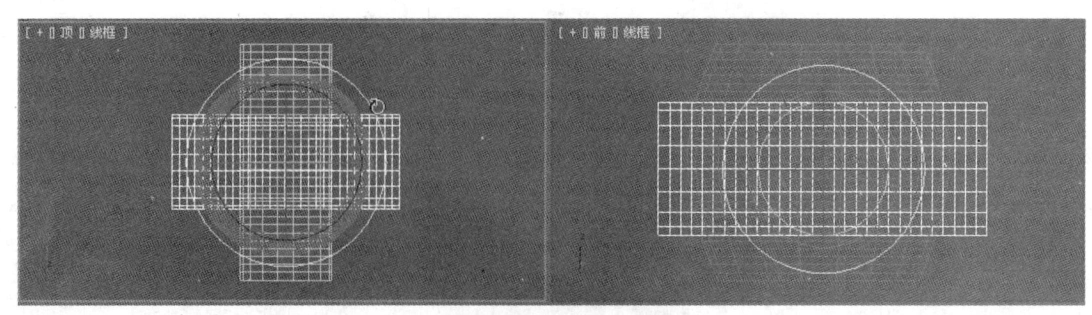

图4.195 旋转并复制

11 在弹出的【克隆选项】对话框中设置参数，如图4.196所示。

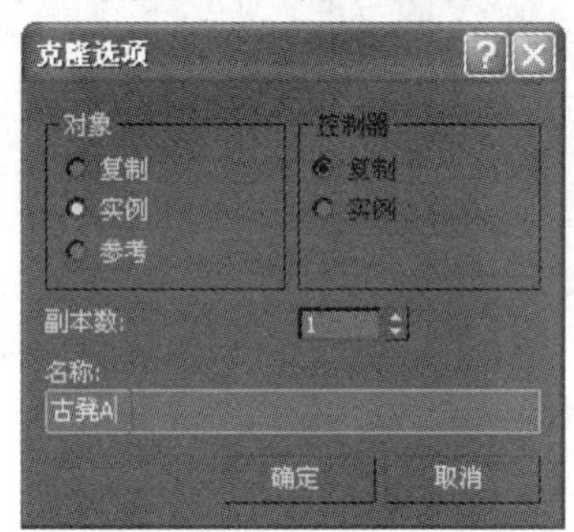

图4.196 旋转并复制

12 旋转并复制后的效果，如图4.197所示。

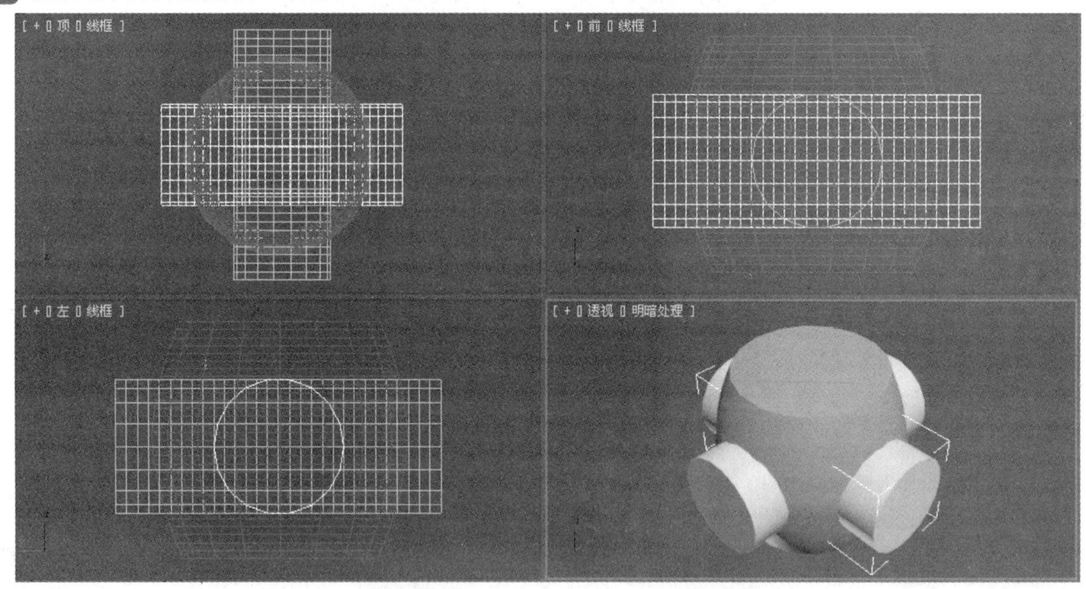

图4.197 造型效果

13 在视图中选中“古凳”，在几何体创建面板中【标准基本体】下拉列表中选择【复合对象】选项，单击【超级布尔】按钮 ProBoolean ，如图4.198所示。

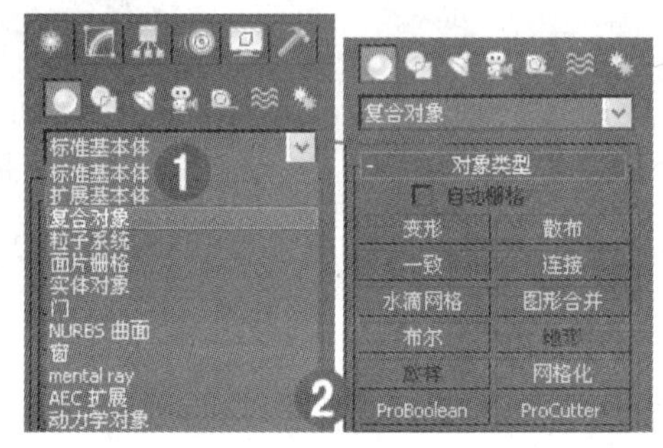

图4.198 超级布尔

14 确认“古凳”还处于选中的状态，在【拾取布尔对象】卷展栏中单击 开始拾取 按钮，然后在视图中单击“古凳A”，拾取后的效果如图4.199所示。

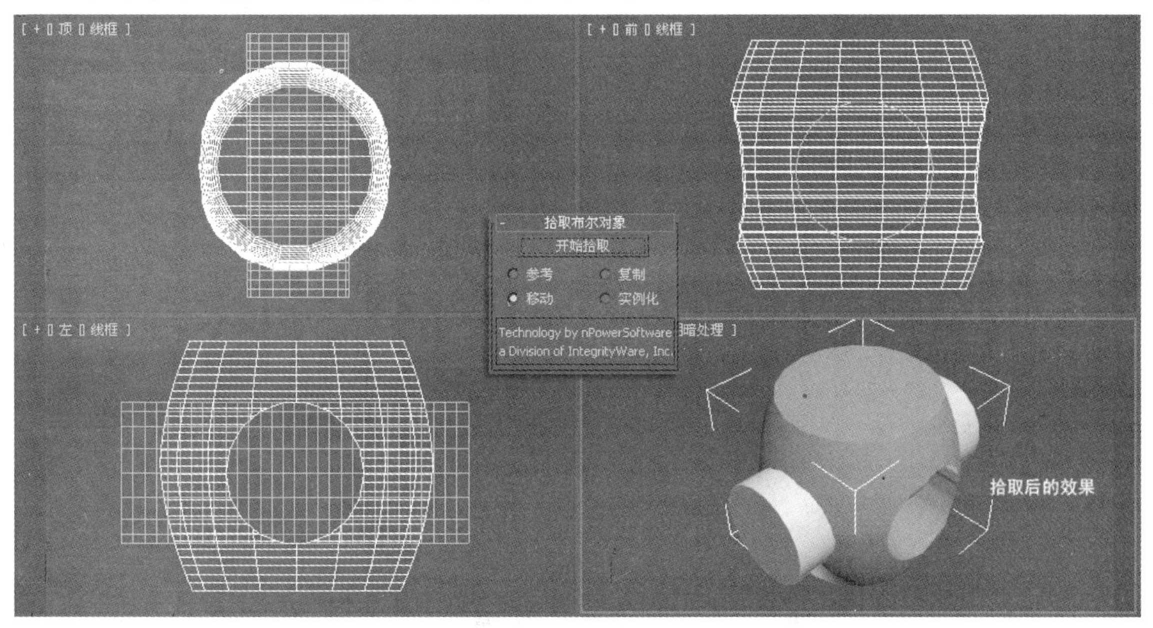

图4.199　拾取后的效果

15 按照同样的方法，拾取“古凳B”，最终效果如图4.200所示。

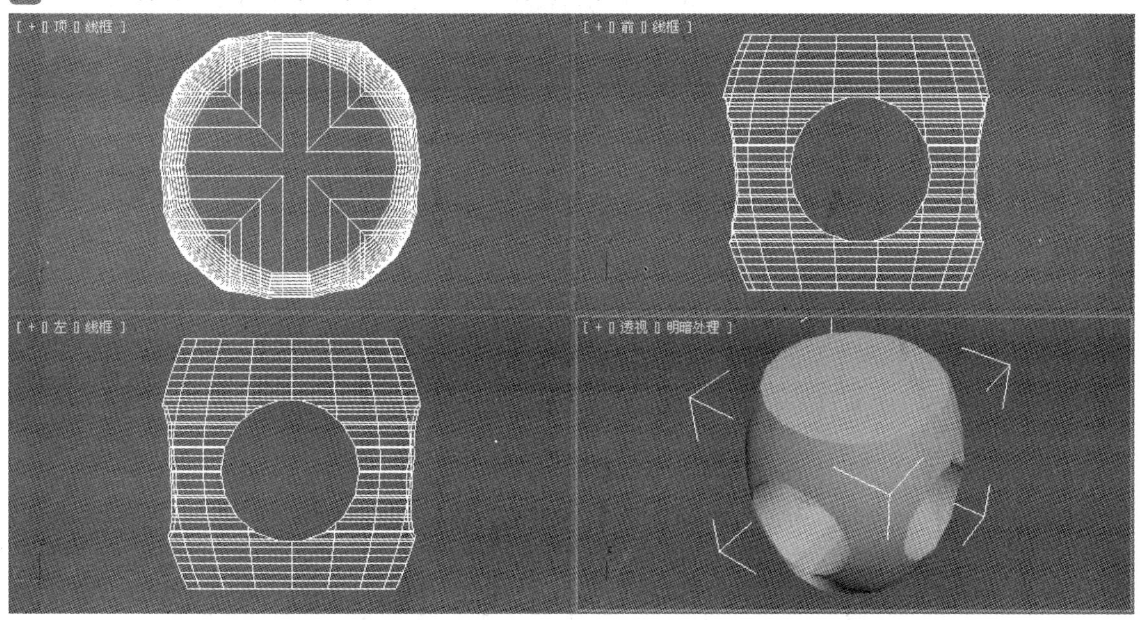

图4.200　拾取后的效果

提示

【ProBoolean】（超级布尔）命令的出现，替代了布尔运算命令中需要将多个参与布尔的物体附加为一体的步骤，从而可以更快速、准确地进行效果图的制作。

16 至此，“古凳”模型已经全部制作完成。在快速访问工具栏中单击【保存】按钮，将文件进行保存。

4.17 课后练习

通过制作弧形钢结构的造型来继续学习【晶格】命令的使用，首先创建长方体并设置分段数，然后在修改器列表中添加一个【晶格】命令，接下来添加一个【锥化】命令，将【数量】设置为-0.95，将【曲线】设置为-0.8，其参考效果如图4.201所示。

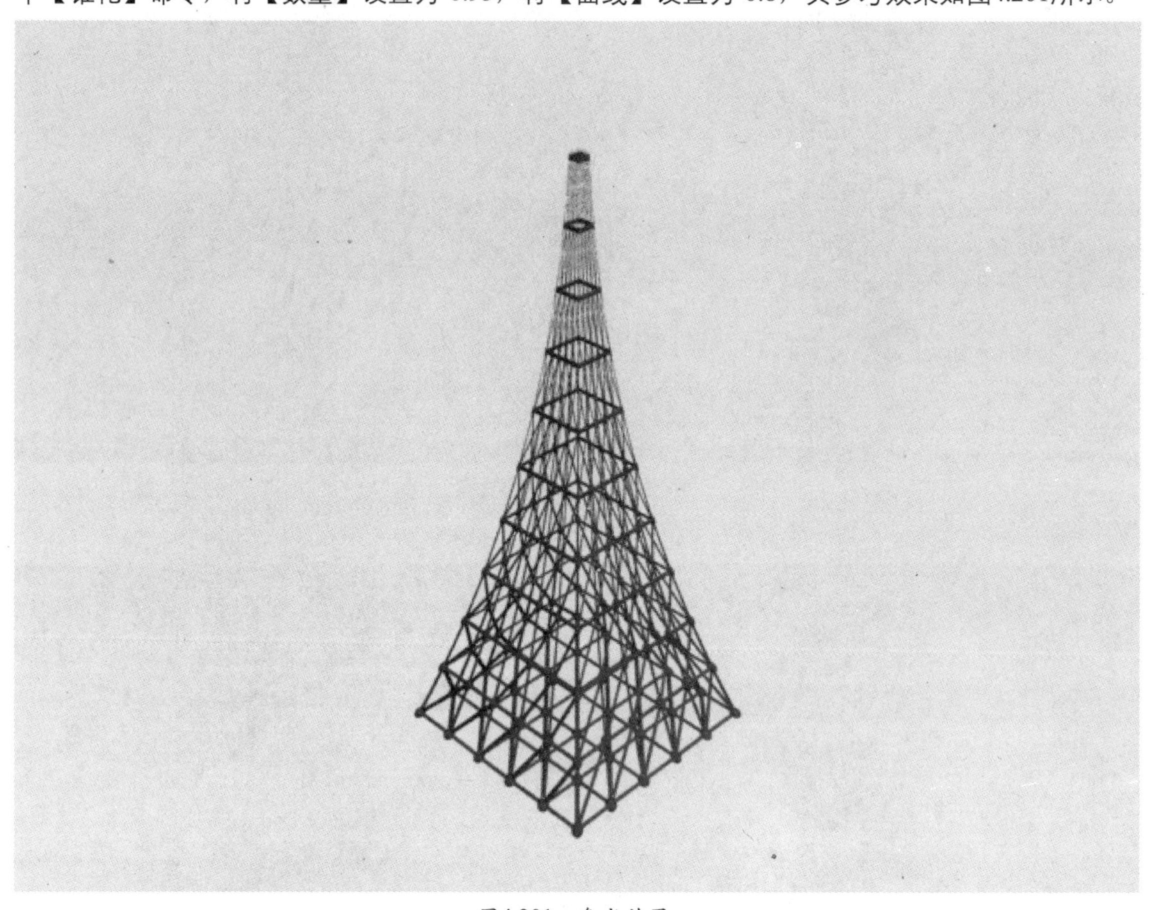

图4.201　参考效果

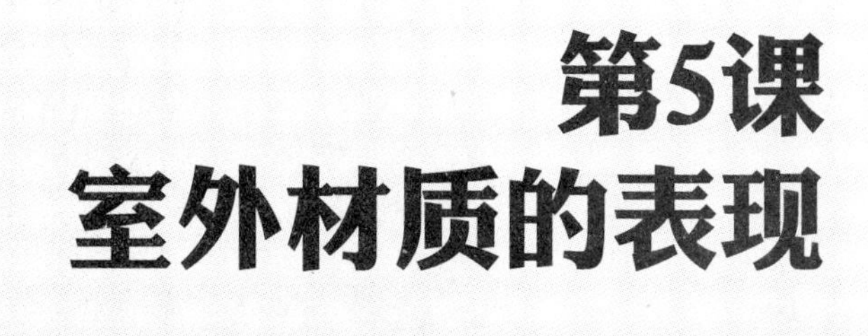

第5课 室外材质的表现

本课内容：

- 认识材质编辑器
- 标准材质
- 多维／子材质
- 材质的基本参数
- 室外材质的表现

在室外效果图的制作中，我们用“材质”来模拟真实材料的视觉效果。如果让三维物体与真实建筑具有完全相同的视觉效果，必须通过赋材质的方式，才可以实现此目的。

调制材质的标准是以现实世界中的物体为依据，真实地表现出物体材质的属性。比如，物体的基本色彩、内部对光的阻碍能力和表面光滑度等，特别需要注意的是渲染器的使用，如果用VRay进行渲染，最好将默认的标准材质指定为【VRayMtl】材质。

5.1 认识材质编辑器

【材质编辑器】是调制材质的主要工具。本例通过对【材质编辑器】的介绍，加深对【材质编辑器】的认识和了解。

01 在桌面上双击图标，打开3ds Max 2012中文版应用程序。

02 单击工具栏中【材质编辑器】按钮，打开【材质编辑器】窗口，如图5.1所示。

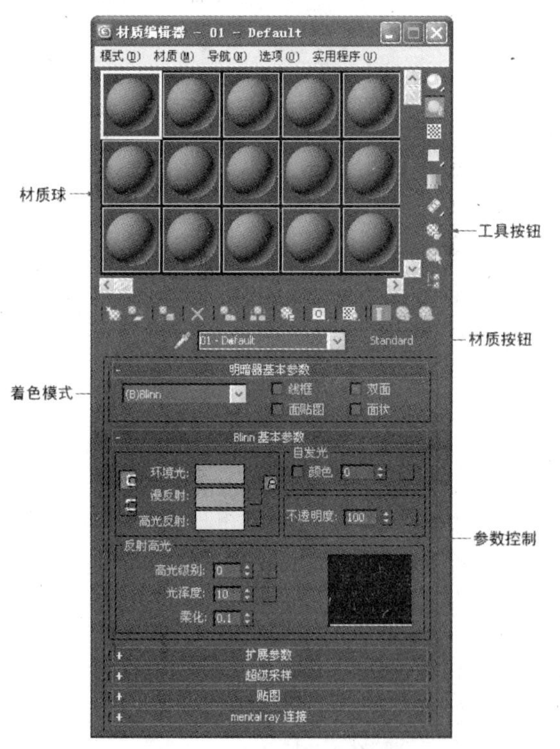

图5.1 【材质编辑器】窗口

03 单击【标准】按钮 Standard ，打开【材质/贴图浏览器】窗口，如图5.2所示。

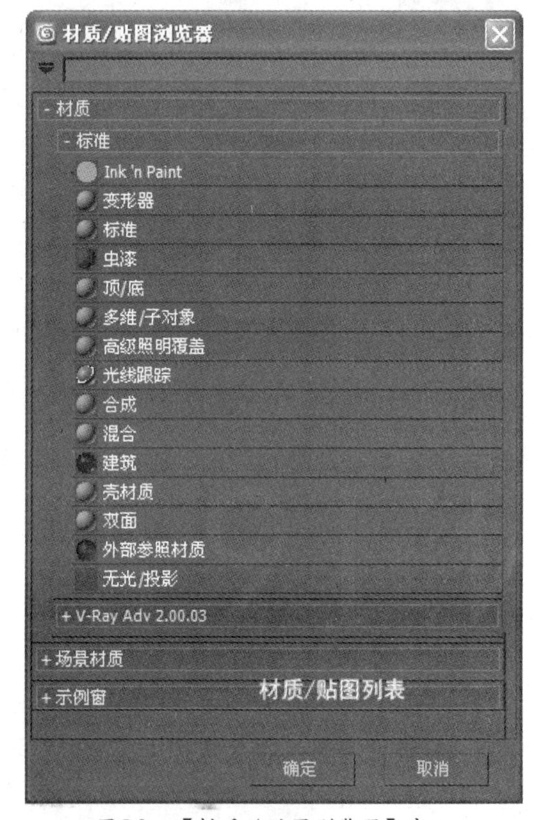

图5.2 【材质/贴图浏览器】窗口

04 按F10键，打开【渲染设置】对话框，在【指定渲染器】卷展栏中单击【选择渲染器…】按钮，在弹出的【选择渲染器】对话框中选择【VRay Adv 2.00.03】，单击 确定 按钮，如图5.3所示。

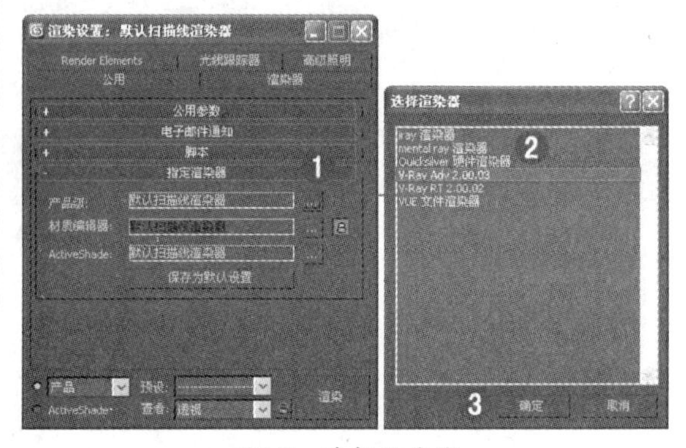

图5.3 选择渲染器

05 再次打开【材质编辑器】窗口，单击【标准】按钮 Standard ，在打开的【材质/贴图浏览器】窗口中，选择【VRayMtl】材质，如图5.4所示。

提示

VRay是外挂3ds Max下的渲染器插件。在调制材质的时候，主要以【VRayMtl】材质为主，就必须要在调制材质之前，先在【渲染场景】对话框中将VRay指定为当前的渲染器，否则在【材质/贴图浏览器】对话框中不会出现【VRayMtl】材质。

图5.4 选择【VRayMtl】材质

5.2 标准材质

3ds Max包含了多种不同的材质类型，如【标准材质】、【多维/子对象材质】、【混合材质】、【建筑材质】等，不同的材质可以实现不同的模拟效果。在材质编辑器中单击 Standard 按钮，在弹出的【材质/贴图浏览器】中可以找到这些材质类型，如图5.5所示。

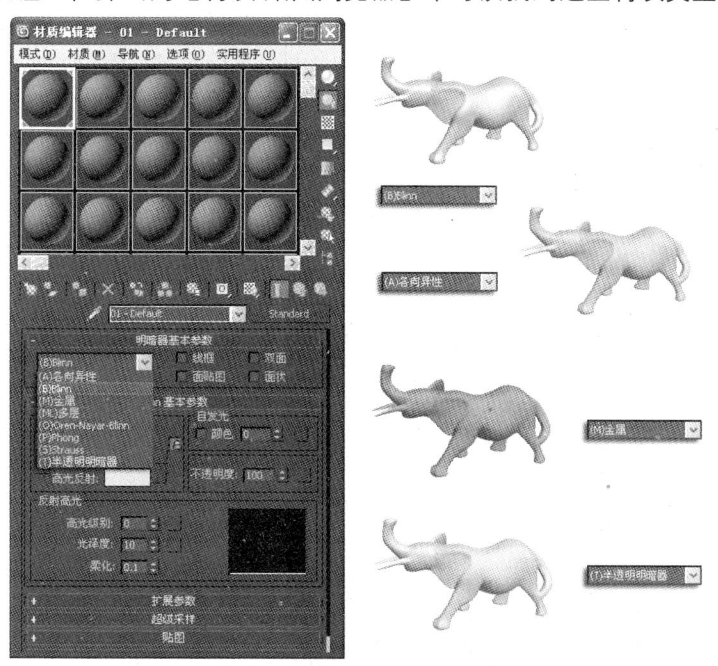

图5.5 着色方式

5.3 复合材质

标准材质是材质的基础，复合材质则是标准材质的综合应用。不同的复合材质通过不同的方式将多个标准材质复合到一起，实现了不同的材质效果。

5.3.1 多维/子对象材质

【Multi/Sub-Object】多维/子对象材质是由多个标准材质或是其它材质类型组成，这种材质是根据模型ID号的设置将不同材质赋予模型的各面片上，从而达到给一个对象赋予多个材质的目的，如图5.6所示。

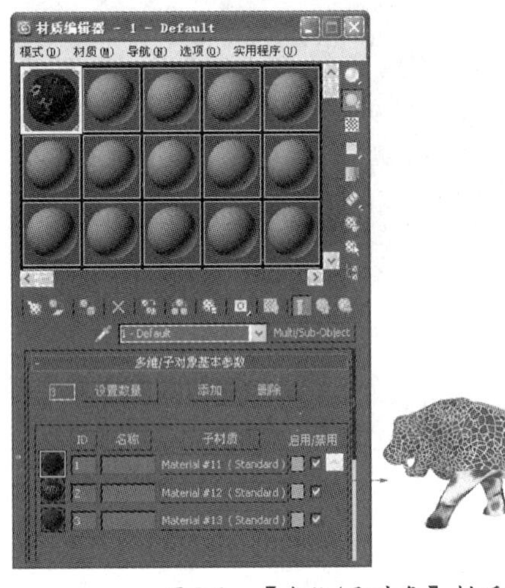

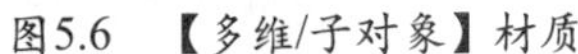
图5.6 【多维/子对象】材质

5.3.2 混合材质

【混合材质】可以将两个的材质融合到一起，因此具有更加丰富的表现力，这种材质可以实现墙皮脱落、油漆斑驳等效果，如图5.7所示。同时，【混合材质】还是制作材质动画的首选材质。

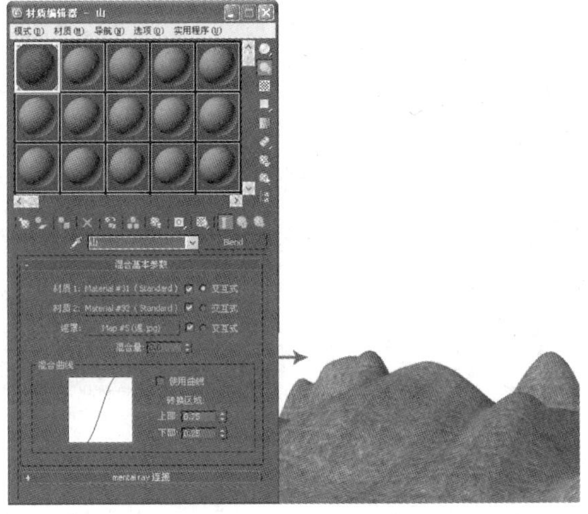

图5.7 【混合材质】

5.3.3 建筑材质

【建筑材质】是一种基于物理属性设置的材质，其参数设置较为真实地模拟了材质的物理属性，这种材质在使用光度学灯光和光能传递时能取得更好的材质表现效果。建筑材质提供了多种材质模板，在使用时只需选择相应的模板，而不需要做更多的参数设置，如图5.8所示。

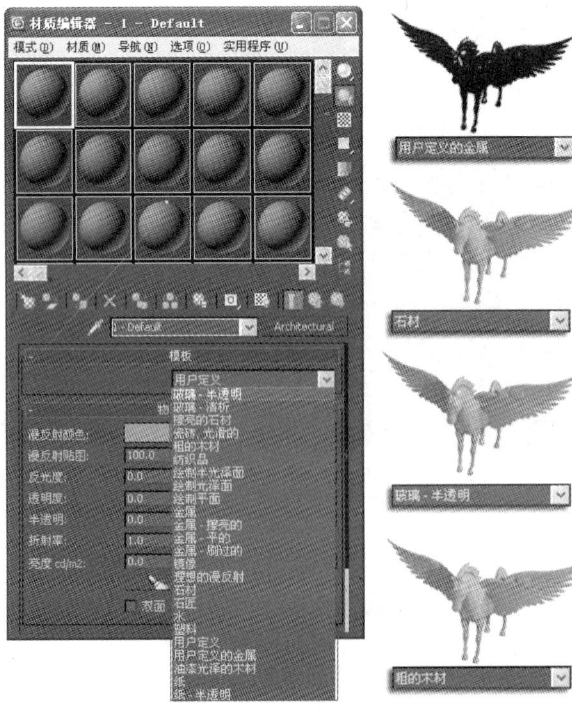

图5.8 【建筑材质】的模板

5.4 材质的基本参数

虽然3ds Max的材质有多种类型，但是材质的基本属性是相同的。材质基本属性大体可以总结为颜色属性和光感属性两部分，颜色属性主要包括材质本身的颜色、高光反射颜色和环境光色；光感属性则包括透明、反射和自发光等。

1. 颜色。

材质的颜色包括环境光颜色、漫反射颜色和高光反射颜色三部分，它们的作用如图5.9所示。

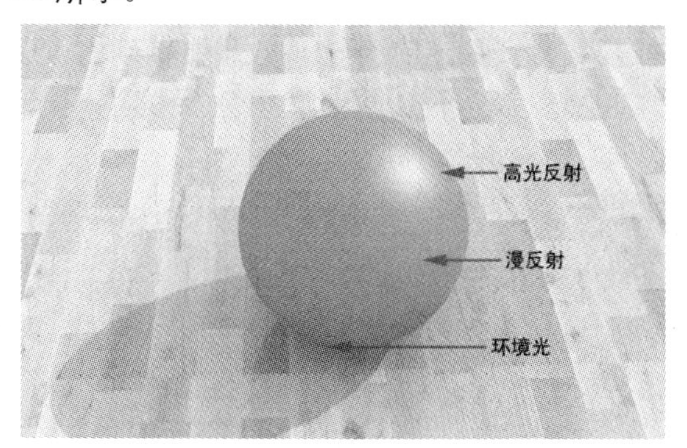

图5.9 材质的颜色

【颜色锁定】按钮：激活这个按钮，锁定相邻的两种颜色，使它们具有相同的颜色值。

【环境光】：指定光源直接照射下，材质表现出来的颜色，【环境光】代表对象固有的颜色，对材质外表的影响最大。

【漫反射】：指定材质阴影部分的颜色，比【环境光】区域颜色要暗，并且应具有环境的反射颜色，所以说环境光的颜色并非黑色而是与【环境光】区域或周围环境区域相协调的颜色。

【高光反射】：指定材质高光部分的颜色，【高光反射】对材质的影响直接与材质的反光范围和强度有关，不具有反光特性的材质将不会形成高光。

2. 反射高光

反射高光是指物体对光线的反射方式和强度，这是由明暗器决定的，不同明暗器对应当的反射高光界面也有所不同。

Blinn、Oren-Nayar-Blinn和Phong明暗器都具有圆形高光，并且共享相同的高光控件，如图5.10所示。Blinn和Oren-Nayar-Blinn高光有时比Phong高光更柔和、更平滑。

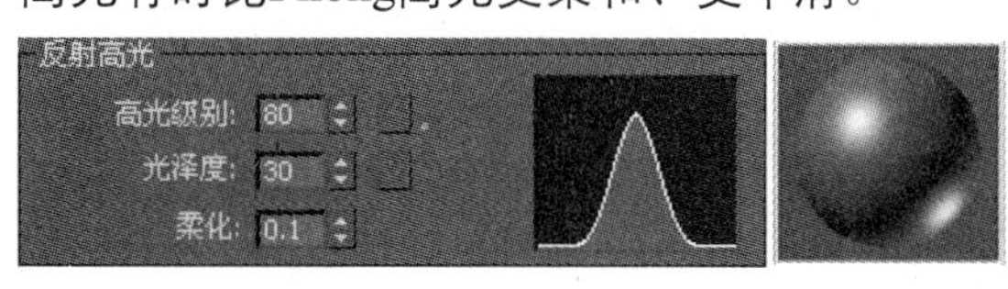

图5.10 【反射高光】参数栏

【反射高光】：影响反射高光的强度。随着该值的增大，高光将越来越亮。默认设置为5。单击【贴图】按钮可将贴图指定给高光度组件，这个按钮是一个快捷键。也可以在【贴图】卷展栏中指定高光级别贴图。

【高光级别】：影响反射高光的大小。随着该值增大，高光将越来越小，材质将变得越来越亮。默认设置为25。单击【贴图】按钮可将贴图指定给光泽度组件。

【光泽度】：柔化反射高光的效果。当"高光级别"很高，而"光泽度"很低时，表面上会出现剧烈的背光效果。增加"柔化"的值可以减轻这种效果。

【柔化】：该曲线显示调整"高光级别"和"光泽度"值的效果。如果降低"光泽度"，曲线将变宽；如果增加"高光级别"，曲线将变高。

3. 自发光

【自发光】可以使用漫反射颜色替换曲面上的任何阴影，从而创建白炽效果。阴影可以完全被漫反射颜色替换，从而产生自发光效果。需要注意的是，自发光并不是材质发出光线，因此不能照亮周围的场景，只能提高自身的亮度。

【自发光】有两种设置方式，一种是直接设置自发光参数，参数越大，亮度越高，如图5.11所示。

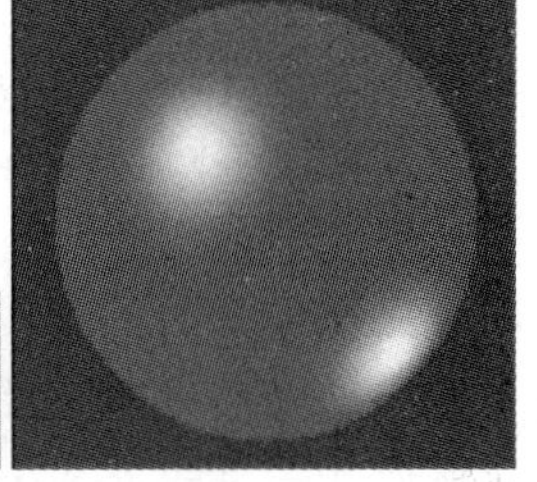

图5.11 【自发光】设置

【自发光】的另外一种设置方式是首先选择【颜色】复选项，然后出现【颜色】选择块，单击选择一种颜色后，材质就会发出这种颜色的光，如图5.12所示。

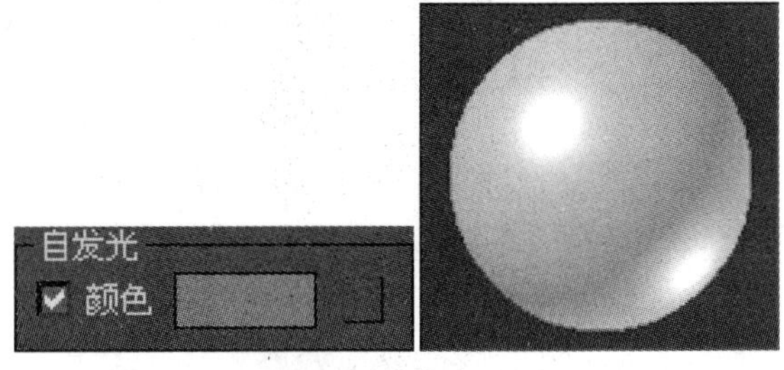

图5.12 自发光设置

4．不透明度。

【不透明度】控制材质是不透明、半透明还是透明。物理上生成半透明效果更精确的方法是使用半透明明暗器。不透明度的设置非常简单，100代表完全不透明，0代表完全透明。在设置透明度时可以打开▩按钮，这样更有利于观察透明效果，如图5.13所示。

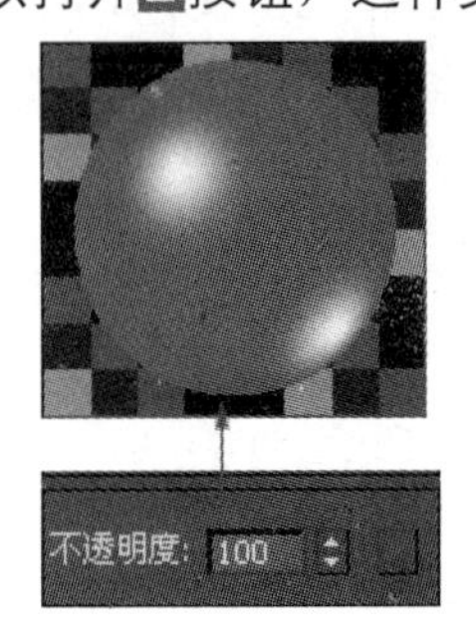

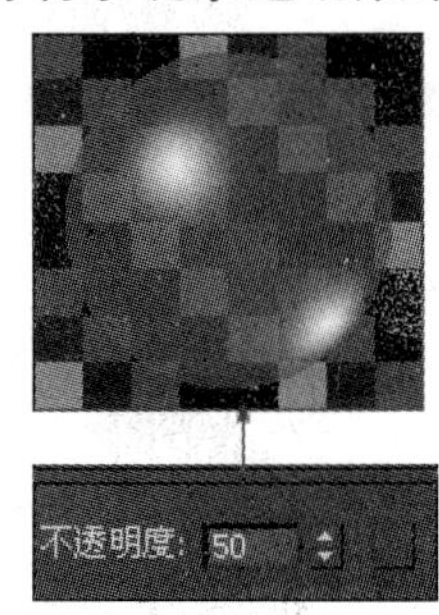

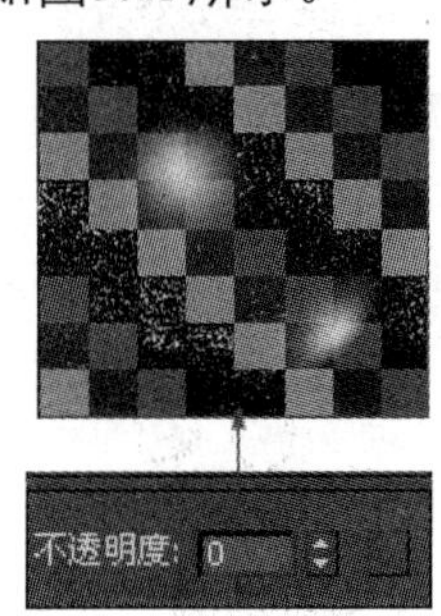

图5.13 不同透明度的效果

【扩展参数】卷展栏对于“标准”材质的所有着色类型来说都是相同的。它具有与透明度和反射相关的控件，还有【线框】模式的选项。【扩展参数】卷展栏如图5.14所示。

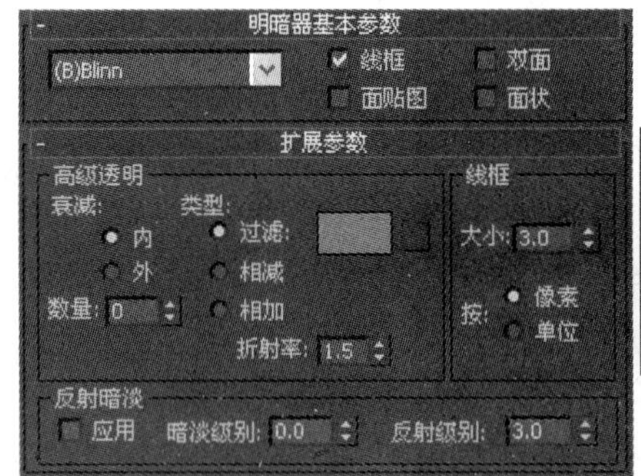

图5.14 【扩展参数】卷展栏

5．高级透明

【高级透明】控件影响透明材质的不透明度衰减。对于半透明明暗器，这些控件不会出现。它们被【基本参数】卷展栏上的【半透明度】控件所代替。

【内】：当法线的角度接近0度时，透明度加强，当法线的角度接近90度时，透明度减弱。向内衰减呈现中空对象的外观，例如玻璃球或者玻璃瓶。

【外】：当法线的角度接近90度时，透明度加强，当法线的角度接近0度时，透明度减弱。向外衰减呈现实心对象的外观，例如浑浊的玻璃球。

【数量】：指定最外或最内的不透明度的数量。

【类型】：选择如何应用不透明度。

【折射率】：设置折射贴图和光线跟踪所使用的折射率（IOR）。IOR用来控制材质对透射灯光的折射程度。左侧1.0是空气的折射率，这表示透明对象后的对象不会产生扭曲。折射率为1.5，后面的对象就会发生严重扭曲，就像玻璃球一样。对于略低于1.0的IOR，对象沿其边缘反射，如从水面下看到的气泡。默认设置为1.0。

6．线框

在3ds Max中可以使用材质制作线框和网格物体，如排球网、金属框等，制作线框材质需要在【明暗器基本参数】卷展栏选择【线框】选项，线框的粗细则需要在【扩展参数】卷展栏中调整。

【大小】：设置线框模式中线框的大小。可以按像素或当前单位进行设置。

【内】：选择度量线框的方式。

【像素】：（默认设置）用像素度量线框。对于像素选项来说，不管线框的几何尺寸多大，以及对象的位置是近还是远，线框都是有相同的外观厚度。

【单位】：用3ds Max单位度量线框。根据单位，线框在远处变得较细，在近处变得较粗，如同在几何体中经过建模一样。

7．反射暗淡

【反射暗淡】控件使阴影中的反射贴图显得暗淡。

【应用】：启用该选项以使用反射暗淡。禁用该选项后，反射贴图材质就不会因为直接灯光的存在或不存在而受到影响。默认设置为禁用状态。

【Dim Level】：阴影中的暗淡量。该值为0.0时，反射贴图在阴影中为全黑。该值为0.5时，反射贴图为半暗淡。该值为1.0时，反射贴图没有经过暗淡处理，材质看起来好像禁用【应用】一样。默认设置为0.0。

【暗淡级别】：影响不在阴影中的反射强度。“反射级别”值与反射明亮区域的照明级别相乘，用以补偿暗淡。在大多数情况下，默认值为3.0会使明亮区域的反射保持在与禁用反射暗淡时相同的级别上。

【贴图】卷展栏中，不同的明暗器对应不同的贴图通道类型，Blinn明暗器对应的【贴图】卷展栏如图5.15所示。贴图就是图像，使用贴图通常是为了改善材质的外观和真实感。贴图可以实现很多材质效果，如纹理、反射、折射以及其他的一些效果。

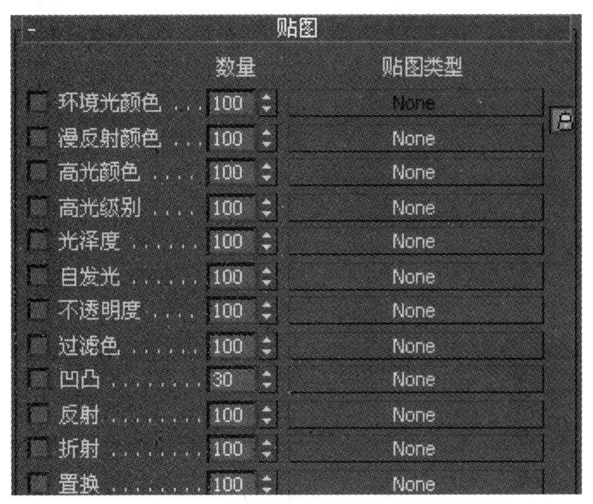

图5.15 【贴图】卷展栏

【贴图】卷展栏包含每个贴图类型的宽按钮。单击此按钮可选择位图文件，或者程序性贴图。选择位图之后，它的名称和类型会出现在按钮上。使用按钮左边的复选框，禁用或启用贴图效果。当禁用复选项时，不计算贴图，在渲染时没有效果。

【数量】：决定该贴图影响材质的数量，这个值为100% 时漫反射贴图是完全不透光的，会遮住材质漫反射颜色；为 50% 时，它为半透明，将显示材质漫反射颜色。

不同的明暗器对应不同的贴图通道类型，综合所有的默认明暗器，【Maps】卷展栏中共有17个贴图通道是可用的，每一个贴图通道的作用都是不同的，可以实现不同的材质效果。

【环境光颜色】：选择贴图后可以将贴图颜色映射到材质的环境光颜色。默认情况下，漫反射贴图也映射环境光组件，因此很少对漫反射和环境光组件使用不同的贴图。如果要应用单独的环境光贴图，则可以单击【贴图】按钮后面的【锁定】按钮，解除锁定。除非环境光的级别大于黑色的默认值，否则环境光颜色贴图在视口或渲染中不可见。

【漫反射颜色】：漫反射颜色贴图的颜色将替换材质的漫反射颜色设置。这是最常用的贴图种类。

【高光颜色】：高光颜色贴图的图像只出现在反射高光区域中。

【高光级别】：高光级别贴图基于贴图图像的强度来改变反射高光的强度。贴图中的白色像素产生全部反射高光。黑色像素将完全移除反射高光，设置为中间值则相应减少反射高光。

【光泽度】：用户可以选择影响反射高光显示位置的位图文件或程序贴图。光泽度贴图决定曲面的哪些区域更具有光泽，哪些区域不太有光泽，具体情况取决于贴图中颜色的强度。贴图中的黑色像素将产生全面的光泽。白色像素将完全消除光泽，中间值会减少高光的大小。

【自发光】：自发光贴图使对象的部分出现发光。贴图的白色区域渲染为完全自发光。不使用自发光渲染黑色区域。灰色区域渲染为部分自发光，具体情况取决于灰度值。

【不透明度】：不透明度贴图生成部分透明的对象。贴图的浅色（较高的值）区域渲染为不透明；深色区域渲染为透明；两者之间的值渲染为半透明。

【过滤色】：过滤色贴图能够使材质透射出贴图的颜色，过滤或透射颜色是通过透明或半透明材质透射的颜色。

【凹凸】：可以选择一个位图文件或者程序贴图用于凹凸贴图。凹凸贴图使对象的表面看起来凹凸不平或呈现不规则形状。用凹凸贴图材质渲染对象时，贴图较明亮的区域看上去被提升，而较暗的区域看上去被降低。

【反射】：反射贴图的常规用法是在不反射的表面上加一点反射。默认情况下，反射贴图的强度是100%，与其他贴图一样。然而，对很多种表面，降低强度会产生最真实的效果。例如，一个磨光的桌面，主要会显出木纹，而反射是次要的。

【折射】：折射贴图类似于反射贴图。它将贴图贴在表面上，这样图像看起来就像透过表面所看到的一样。使用程序贴图可以实现透明效果。

【置换】：置换贴图可以使曲面的几何体产生改变。它的效果与使用【置换】修改器相类似。

5.5 室外材质表现实例

在建筑效果图的制作中，所用到的材质种类较多，如地板、墙纸、窗户以及各式各样的家具材质等；还有水面、草坪等。本节通过几个具体实例介绍这些常见材质的制作方法。标准材质是3ds Max材质的基础，掌握了标准材质的应用便可以触类旁通，进而掌握其他材质的应用。

5.5.1 木纹材质

木纹材质是效果图制作中常见材质，其主要特点是光滑的表面和自然地纹理，本例主要介绍这种材质的设置要点，木纹材质的最终效果如图5.16所示。

图5.16 木纹材质

01 在桌面上双击图标，打开3ds Max 2012中文版应用程序。单击快速访问工具栏中的按钮，打开随书光盘“模型”目录下“木纹材质.max”文件，如图5.17所示。

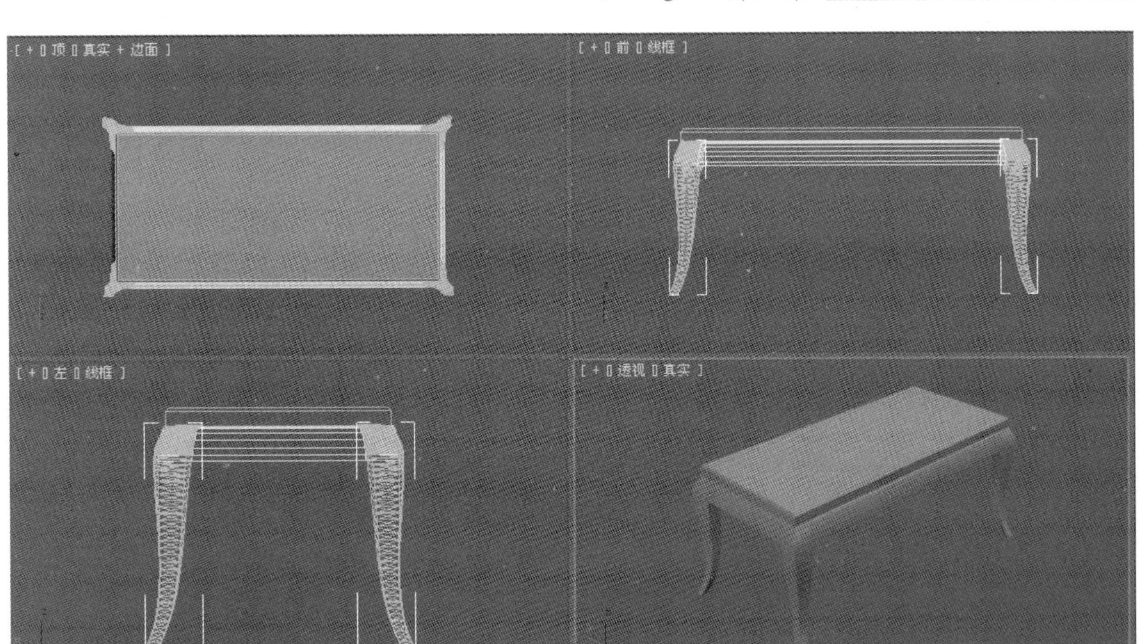

图5.17 打开场景文件

02 单击【材质编辑器】按钮，选择一个空白材质示例球，然后单击【标准】按钮 Standard ，在弹出的【材质 / 贴图浏览器】对话框中选择【VRayMtl】材质，如图5.18所示。

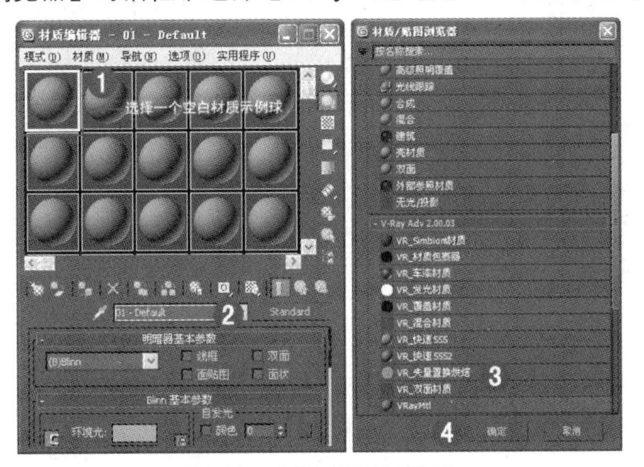

图5.18 选择【VRayMtl】

03 单击【贴图】卷展栏中【漫反射】选项后的 None 按钮，在弹出的【材质 / 贴图浏览器】对话框中选择【位图】，如图5.19所示。

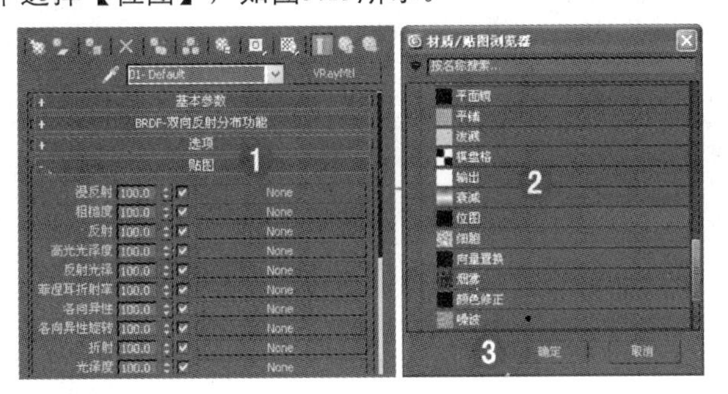

图5.19 选择【位图】

04 在弹出的【选择位图图像文件】对话框中选择随书光盘“Maps”文件夹下“105.jpg”位图文件，如图5.20所示。

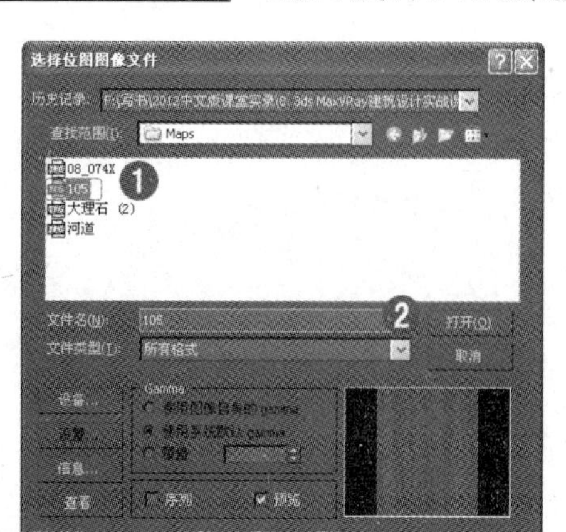

图5.20　选择位图图像文件

05 按住Shift键，然后在【贴图】卷展栏下按住【漫反射】选项后的 Map #5 (105.JPG) 按钮，拖动鼠标左键将其复制到【凹凸】选项下，并设置其参数，如图5.21所示。

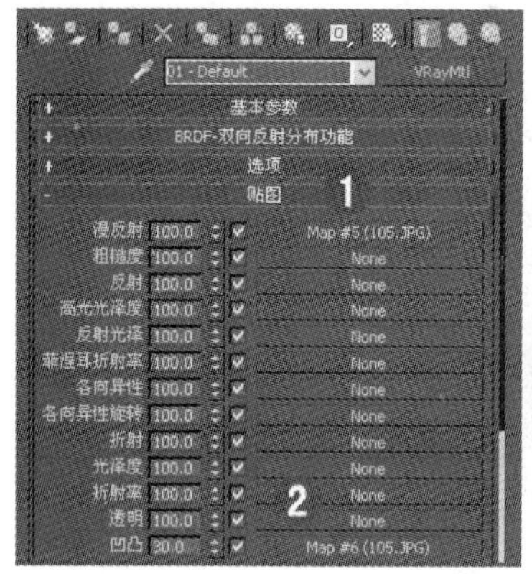

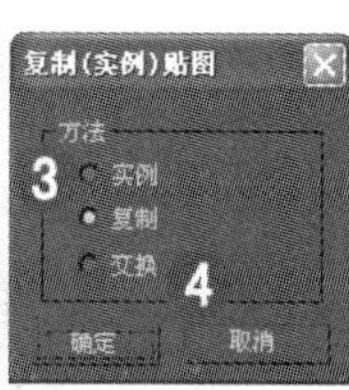

图5.21　凹凸

06 在【贴图】卷展栏下单击【反射】选项后的 None 按钮，在弹出的【材质/贴图浏览器】对话框中选择【衰减】材质，如图5.22所示。

图5.22　衰减

07 在【衰减参数】卷展栏中设置其参数，如图5.23所示。

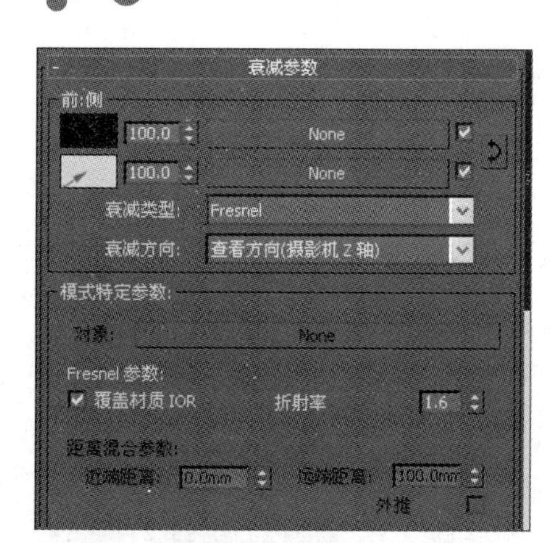

图5.23　参数设置

08 单击材质工具栏中【将材质指定给选定对象】按钮，将设置完成的材质赋予选定对象，如图5.24所示。

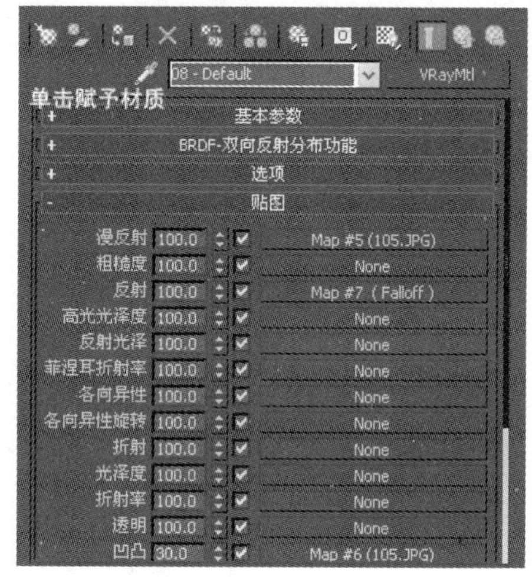

图5.24　赋予材质

09 在视图中选中“茶几”，在修改器列表中选择【UVW贴图】命令，设置其参数，如图5.25所示。

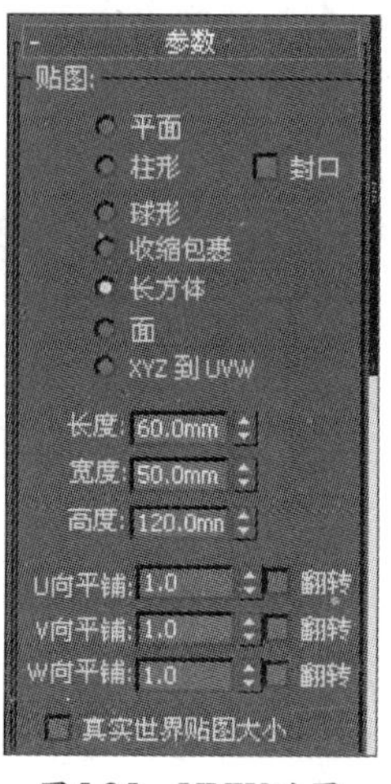

图5.25　UVW贴图

10 至此，木纹材质已经全部制作完成，最终效果如图5.26所示。

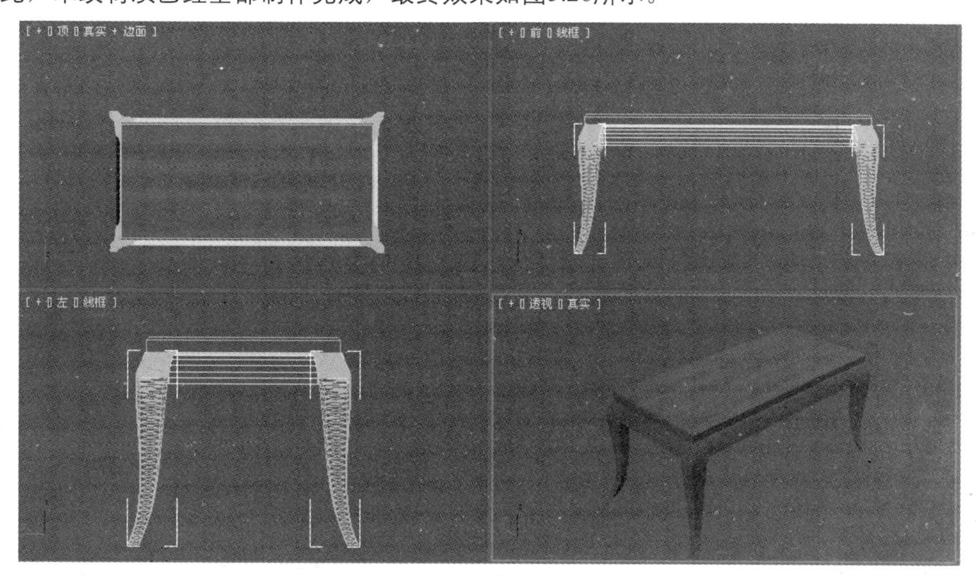

图5.26 最终效果

11 在快速访问工具栏中单击【保存】按钮，将文件进行保存。

5.5.2 清玻璃材质

清玻璃是指最常见的透明玻璃，这是在效果图的制作中最常见的一种玻璃材质，本例通过调制灯罩的材质过程，详细地讲述【清玻璃】材质的调制方法与技巧，【清玻璃】的材质效果如图5.27所示。

图5.27 【清玻璃】材质

01 在桌面上双击图标，打开3ds Max 2012中文版应用程序。单击快速访问工具栏中的按钮，打开随书光盘“模型”目录下“清玻璃材质.max”文件，如图5.28所示。

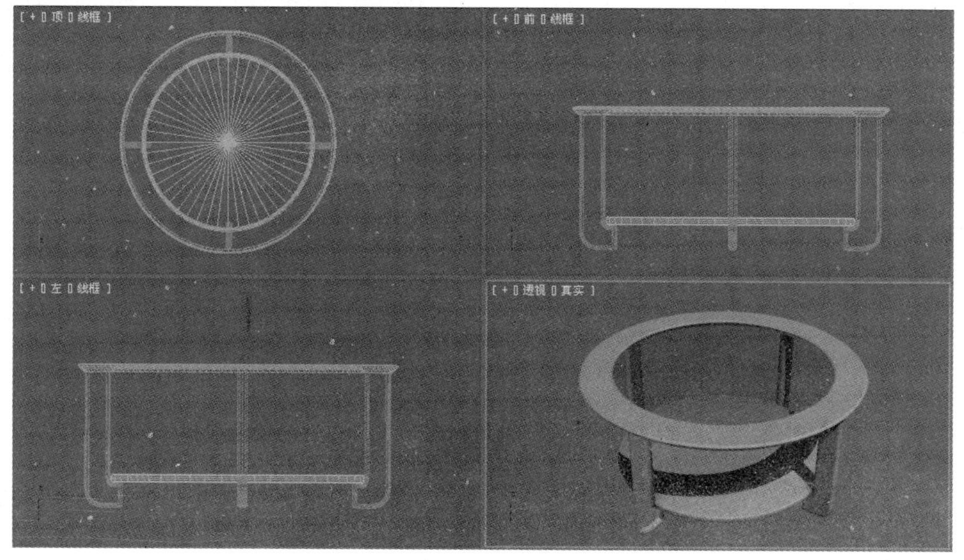

图5.28 打开文件

02 单击【材质编辑器】按钮，选择一个空白材质示例球，然后单击【标准】按钮 Standard ，在弹出的【材质/贴图浏览器】对话框中选择【VRayMtl】材质，如图5.29所示。

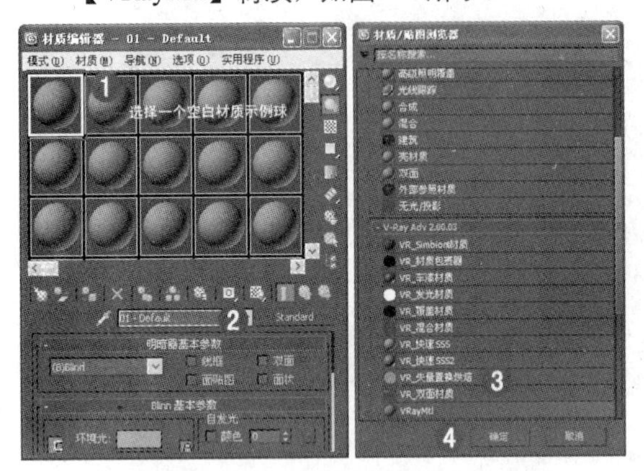

图5.29　【VRayMtl】

03 在【贴图】卷展栏中单击【漫反射】选项后的 None 按钮，在弹出的【材质/贴图浏览器】对话框中选择【位图】，如图5.30所示。

图5.30　位图

04 在弹出的【选择位图图像文件】对话框中，选择随书光盘“Maps”目录下“093.jpg”位图文件，如图5.31所示。

图5.31　选择位图图像文件

05 在【漫反射】选项后单击 Map #8 (093.JPG) 按钮，将贴图复制到【凹凸】选项下，设置其参数，如图5.32所示。

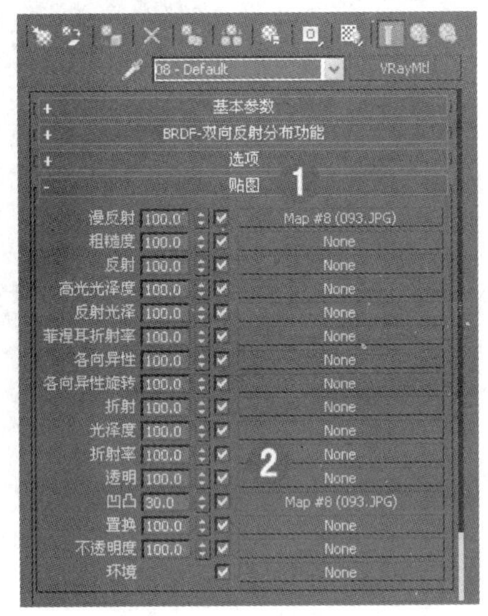

图5.32　参数设置

06 在【贴图】卷展栏中单击【反射】选项后的 None 按钮，在弹出的【材质/贴图浏览器】对话框中选择【衰减】材质，如图5.33所示。

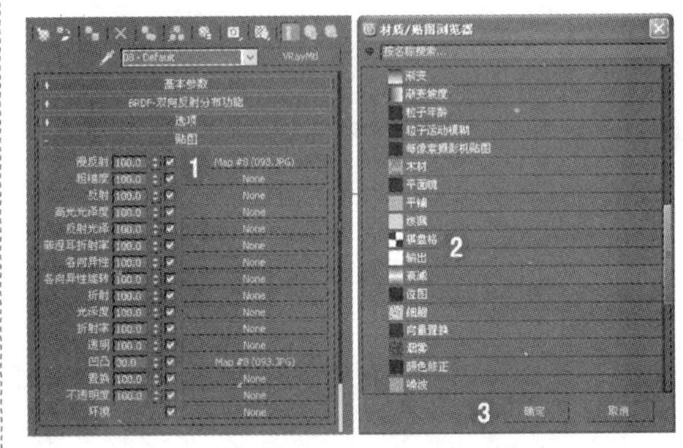

图5.33　衰减

07 在【衰减参数】卷展栏中设置其参数，如图5.34所示。

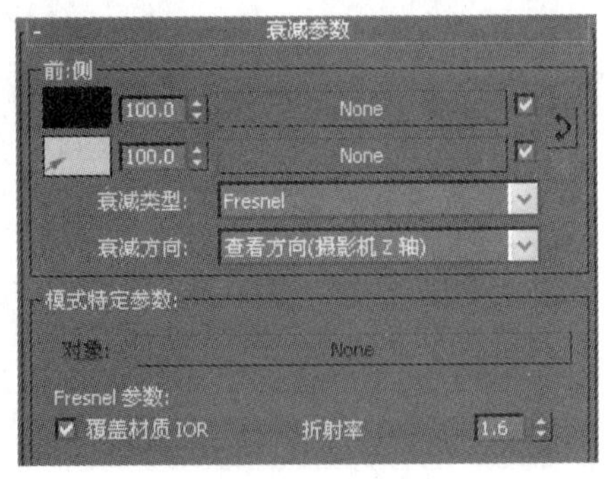

图5.34　参数设置

08 在视图中选中图5.35所示的物体，然后单击材质工具栏中【将材质指定给选定对象】按钮，将设置完成的材质赋予选定对象。

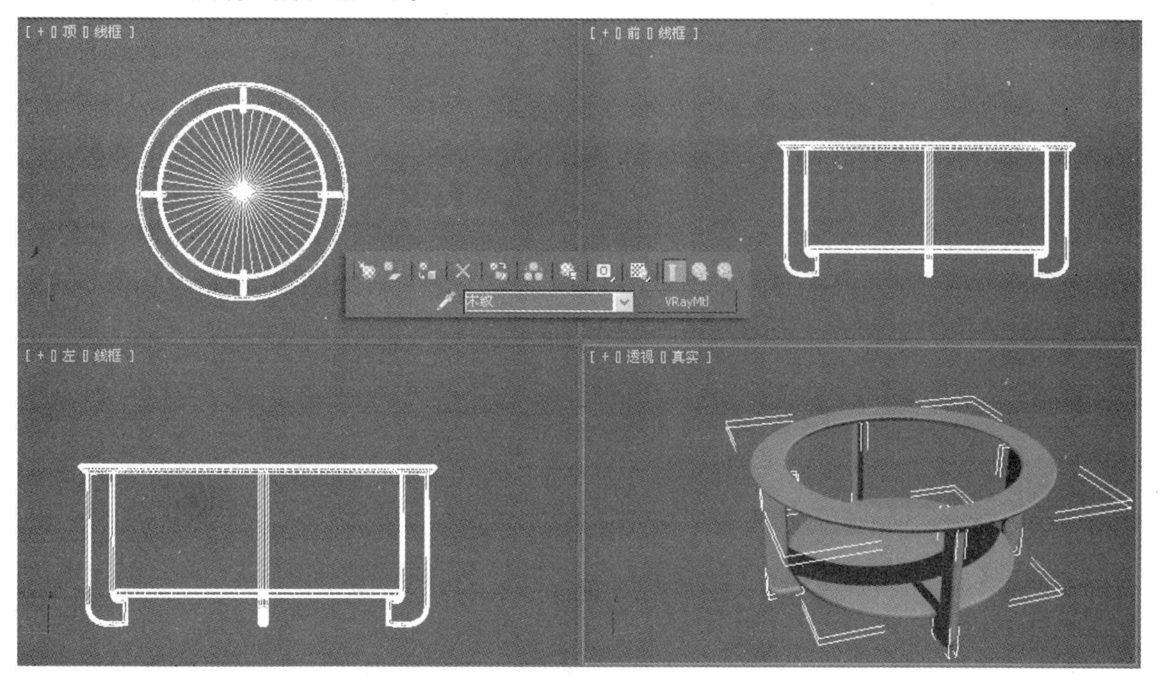

图5.35　赋予材质

09 在修改器列表中选择【UVW贴图】命令，设置其参数，如图5.36所示。

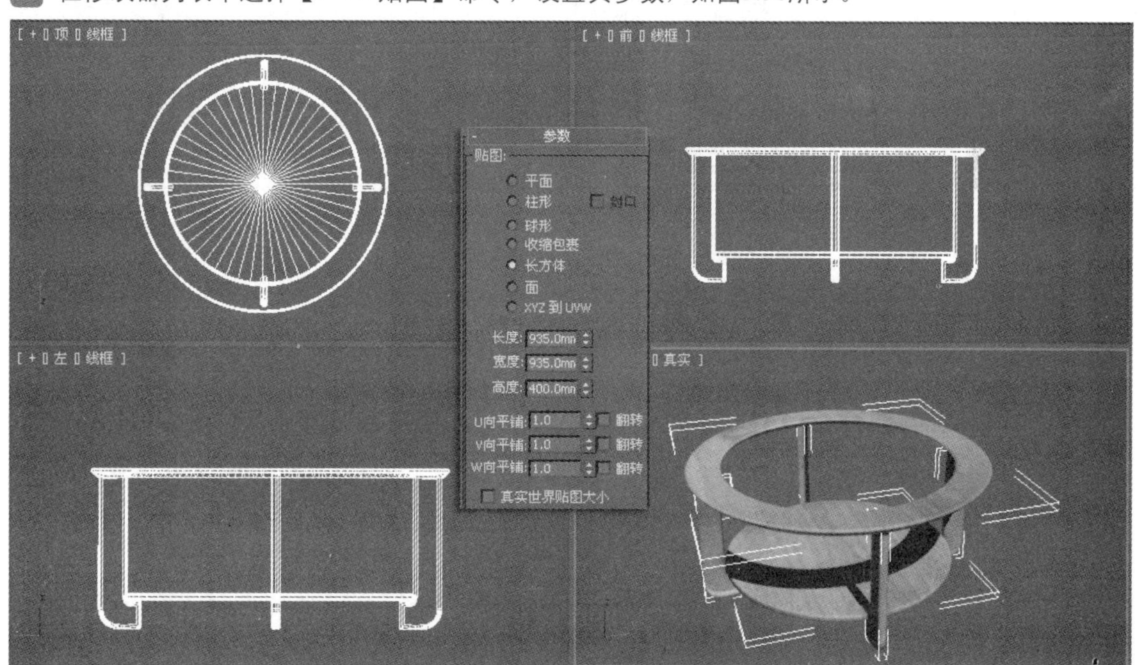

图5.36　UVW贴图

10 选择一个新的材质示例球，将材质指定为【VRayMtl】材质，命名为“玻璃”，设置其参数，如图5.37所示。

11 在【贴图】卷展栏下单击【反射】选项后的 None 按钮，在弹出的【材质/贴图浏览器】中选择【衰减】材质，如图5.38所示。

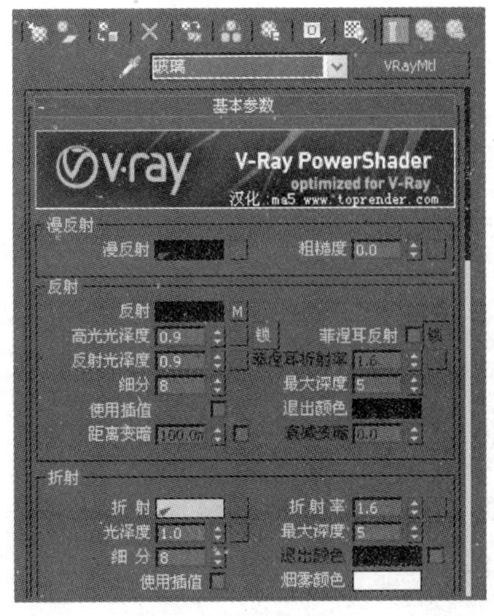

图5.37　参数设置

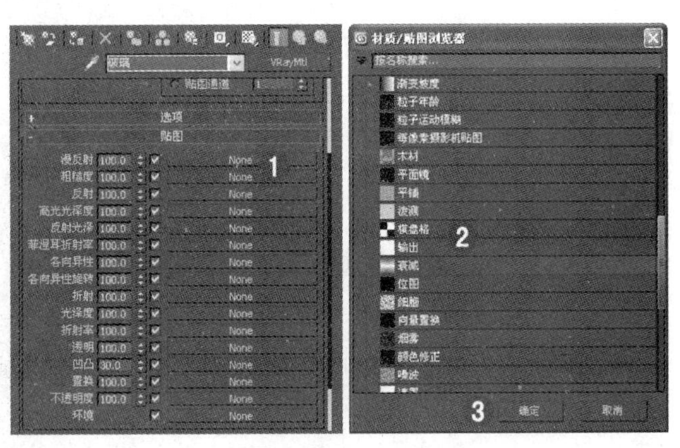

图5.38　衰减

12 在【衰减参数】卷展栏中设置其参数，如图5.39所示。

13 在【贴图】卷展栏下单击【环境】选项后的 None 按钮，在弹出的【材质/贴图浏览器】对话框中选择【VR-HDRI】材质，如图5.40所示。

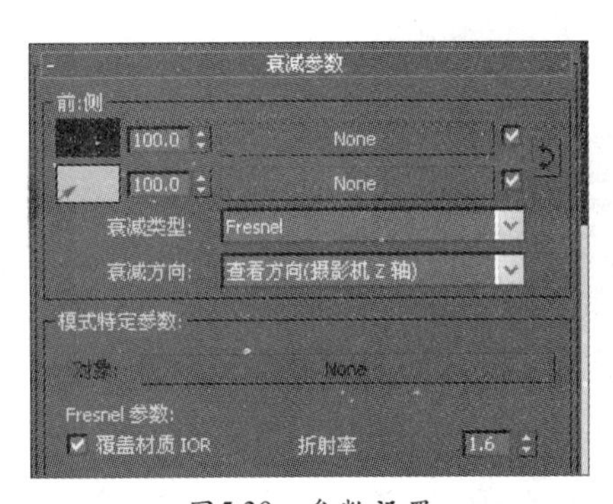

图5.39　参数设置

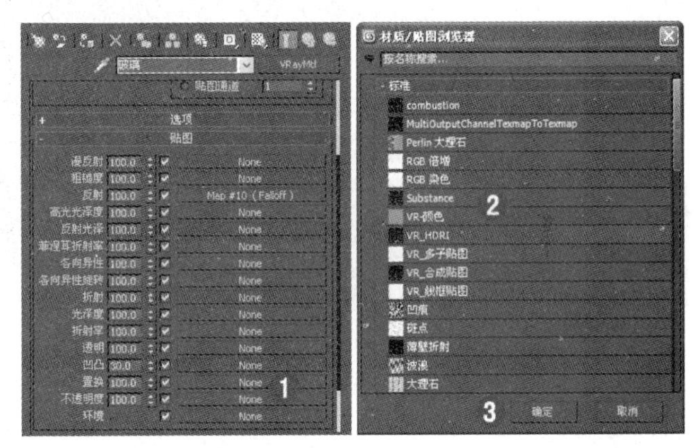

图5.40　VR-HDRI

14 在【参数】卷展栏中单击 浏览 按钮，在弹出的【Choose HDR image】对话框中，选择随书光盘“Maps”目录下“kitchen_probe.hdr”文件，如图5.41所示。

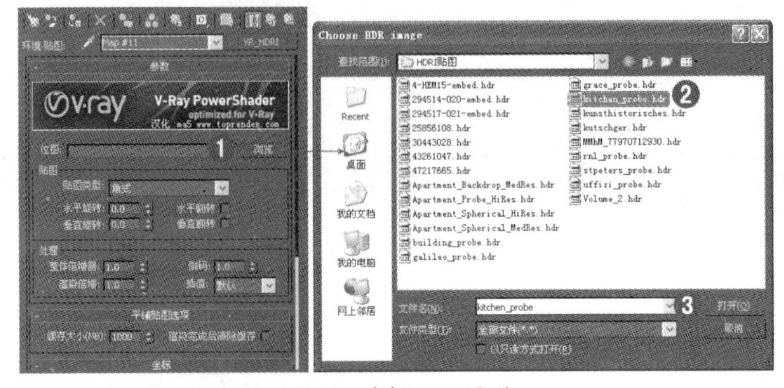

图5.41　选择HDRI文件

15 单击材质工具栏中【将材质指定给选定对象】按钮，将设置完成的材质赋予选定对象。

16 至此材质已经全部制作完成，最终效果如图5.42所示。

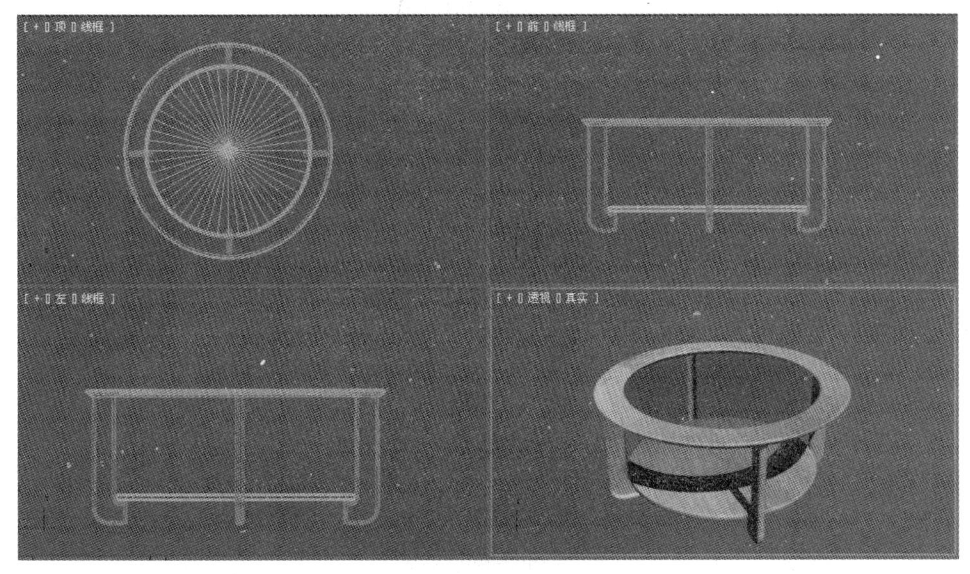

图5.42 最终效果

17 在快速访问工具栏中单击【保存】按钮，将文件进行保存。

5.5.3 大理石材质

本例通过为花坛调制大理石材质，讲述了大理石材质的调制方法与技巧，效果如图5.43所示。

图5.43 大理石材质

01 在桌面上双击图标，打开3ds Max 2012中文版应用程序。单击快速访问工具栏中的按钮，打开随书光盘“模型”目录下“大理石材质.max”文件，如图5.44所示。

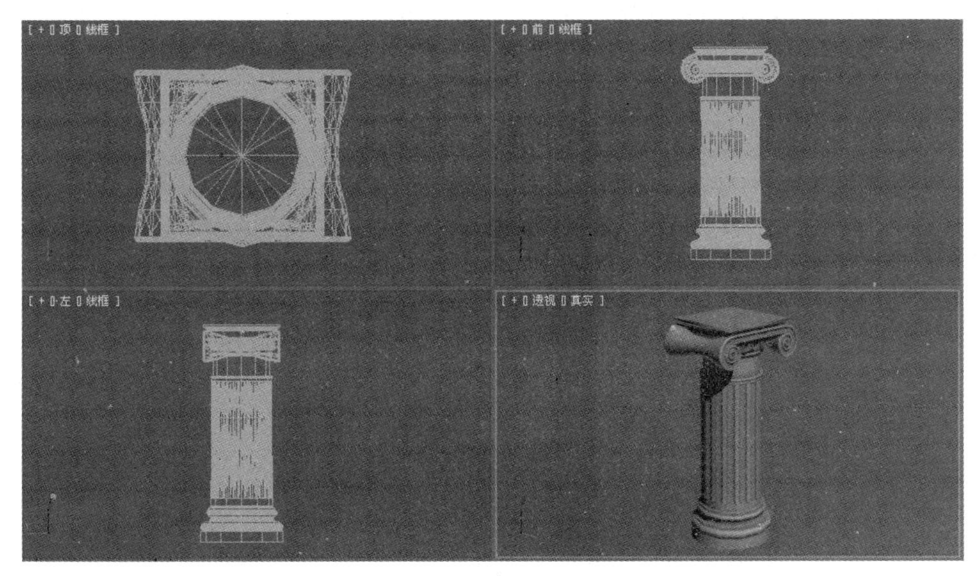

图5.44 打开文件

02 单击【材质编辑器】按钮，选择一个空白材质示例球，然后单击【标准】按钮 Standard ，在弹出的【材质/贴图浏览器】对话框中选择【VRayMtl】材质，如图5.45所示。

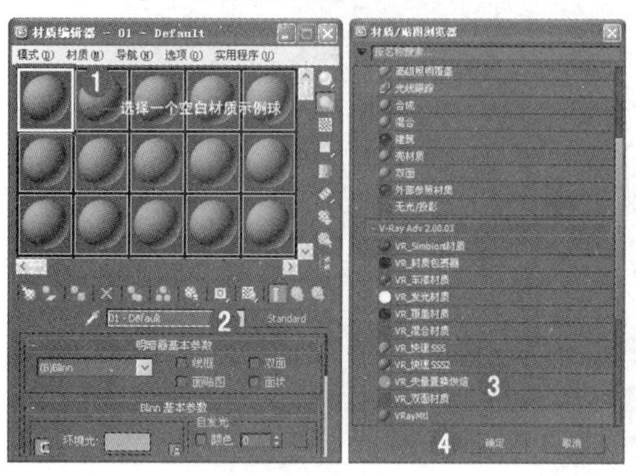

图5.45 选择【VRayMtl】

03 在【贴图】卷展栏中单击【漫反射】选项后的 None 按钮，在弹出的【材质/贴图浏览器】对话框中选择【位图】，如图5.46所示。

图5.46 选择【位图】

04 在弹出的【选择位图图像文件】对话框中选择随书光盘“Maps”文件夹下“大理石（2）.jpg”位图文件，如图5.47所示。

图5.47 选择位图图像文件

05 在【贴图】卷展栏下单击【反射】选项后的 None 按钮，在弹出的【材质/贴图浏览器】对话框中选择【衰减】材质，将【反射值】设置为30%，如图5.48所示。

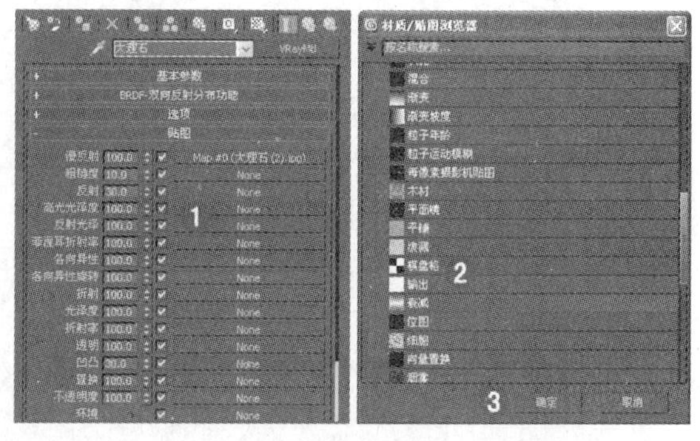

图5.48 衰减

06 在【衰减参数】卷展栏中设置其参数，如图5.49所示。

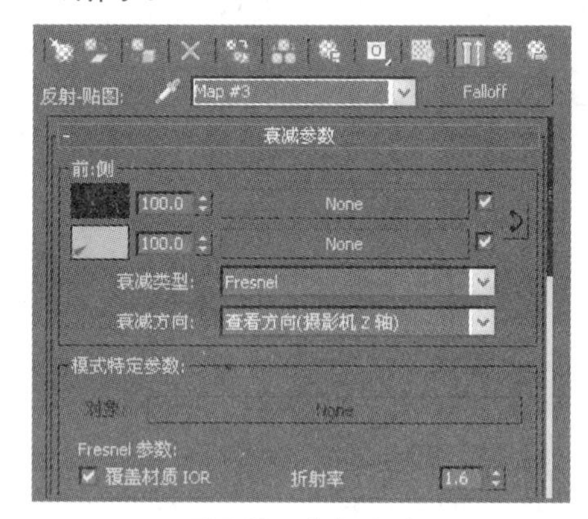

图5.49 参数设置

07 单击材质工具栏中【将材质指定给选定对象】按钮，将设置完成的材质赋予选定对象。

08 在视图中选中“罗马柱”，然后在修改器列表中选择【UVW贴图】命令，设置其参数，如图5.50所示。

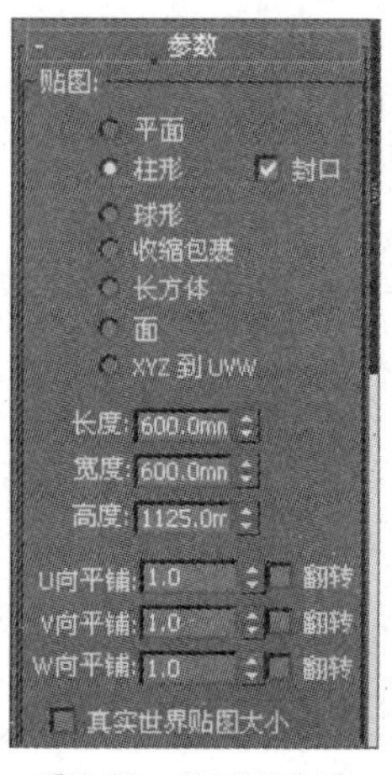

图5.50 UVW贴图

09 至此，大理石材质已经全部制作完成，最终效果如图5.51所示。

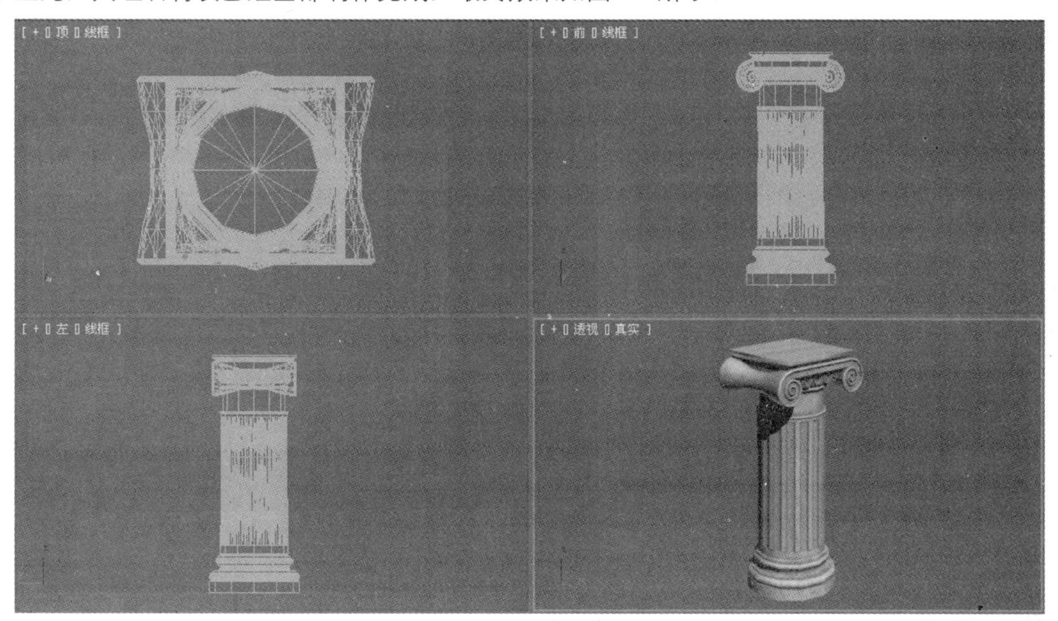

图5.51 最终效果

10 在快速访问工具栏中单击【保存】按钮，将文件进行保存。

5.5.4 砖墙材质

本例通过调制墙上面的砖墙材质，学习砖墙材质的调制方法，如图5.52所示。

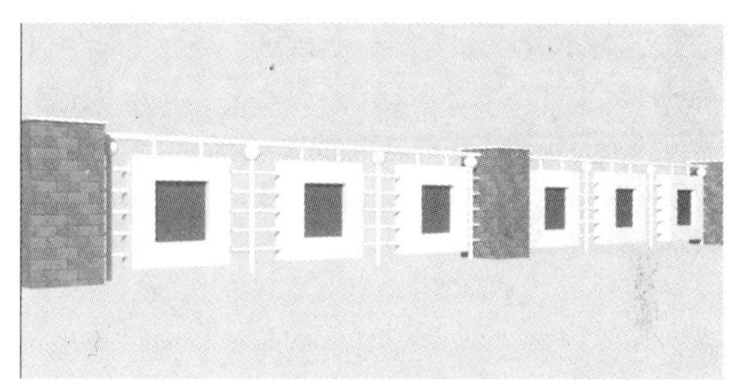

图5.52 砖墙材质

01 在桌面上双击图标，打开3ds Max 2012中文版应用程序。单击快速访问工具栏中的按钮，打开随书光盘“模型”目录下“砖墙材质.max”文件，如图5.53所示。

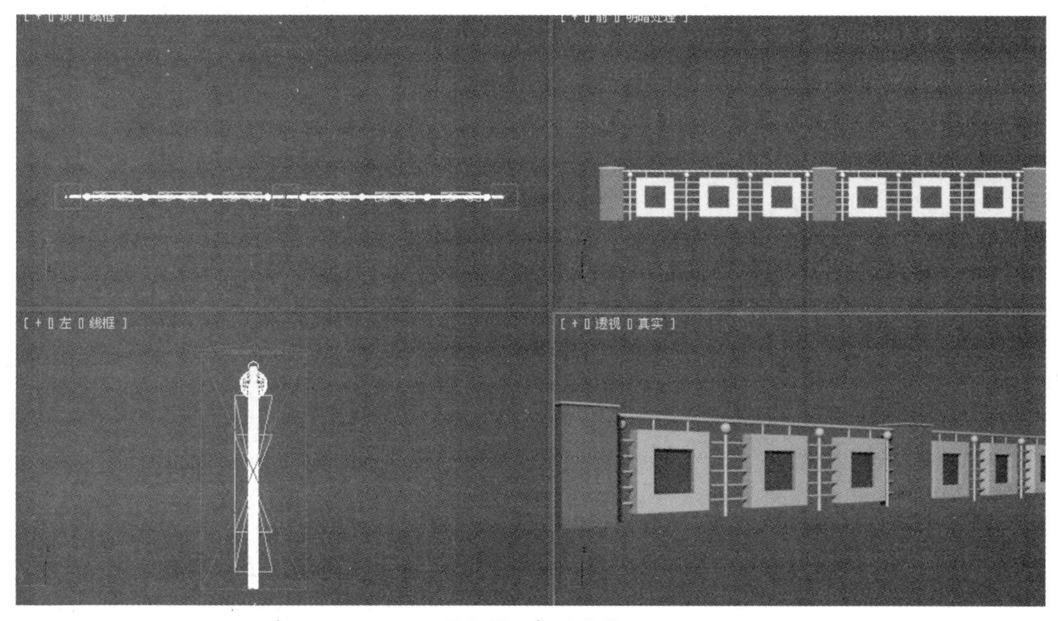

图5.53 打开文件

02 选择一个新的材质示例球，将其指定为【VRayMtl】材质，命名为“砖墙”，然后在视图中选中图5.54所示的石柱。

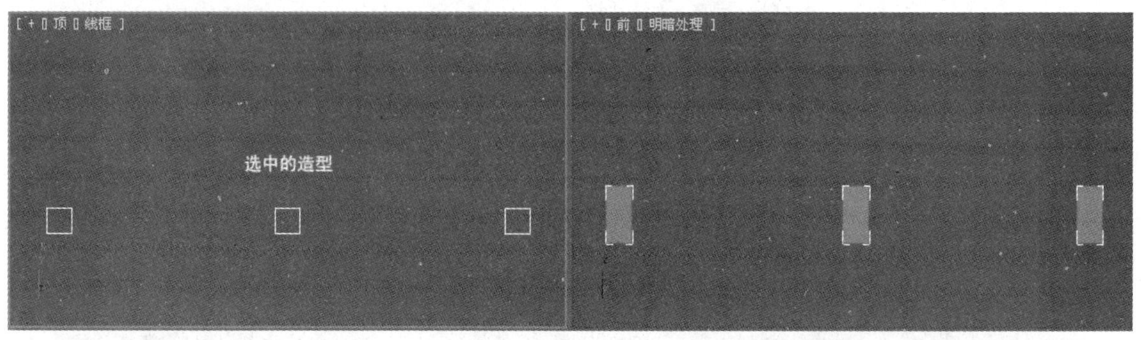

图5.54　选中的造型

03 在【贴图】卷展栏下单击【漫反射】选项后的 None 按钮，在弹出的【材质/贴图浏览器】对话框中选择【位图】，如图5.55所示。

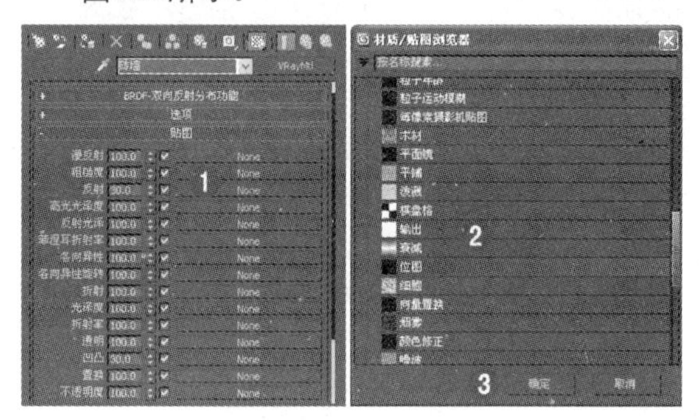

图5.55　选择【位图】

04 在弹出的【选择位图图像文件】对话框中，选择随书光盘“Maps”目录下“砖墙.jpg”位图文件，如图5.56所示。

图5.56　选择位图图像文件

05 单击材质工具栏中【将材质指定给选定对象】按钮，将设置完成的材质赋予选定对象。

06 在修改器列表中选择【UVW贴图】命令，设置其参数，如图5.57所示。

图5.57　UVW贴图

07 在视图中选中“内墙”，如图5.58所示。

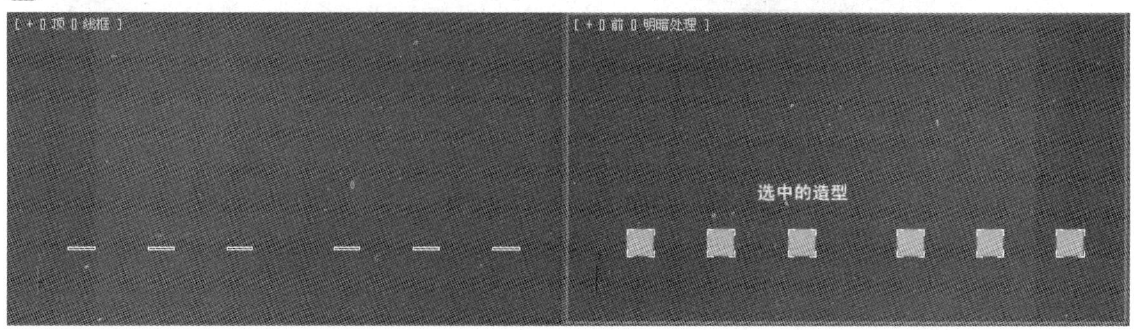

图5.58　选中的造型

08 选择一个新的材质示例球，命名为“内墙”，设置其参数，如图5.59所示。

09 单击材质工具栏中【将材质指定给选定对象）】按钮，将设置完成的材质赋予选定对象。

10 在视图中选中“栏杆”、“外墙”和“顶”，如图5.60所示。

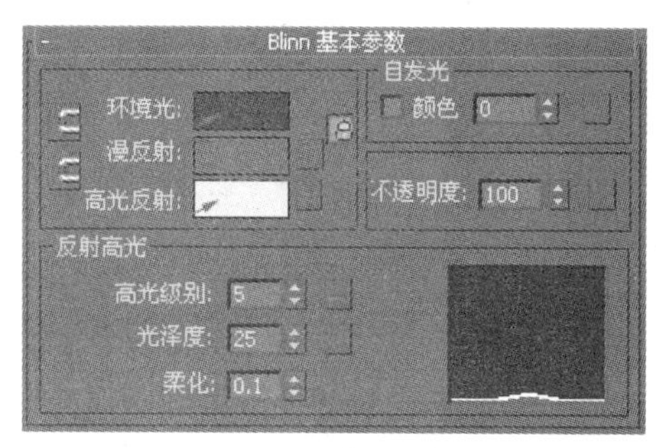

图5.59 参数设置

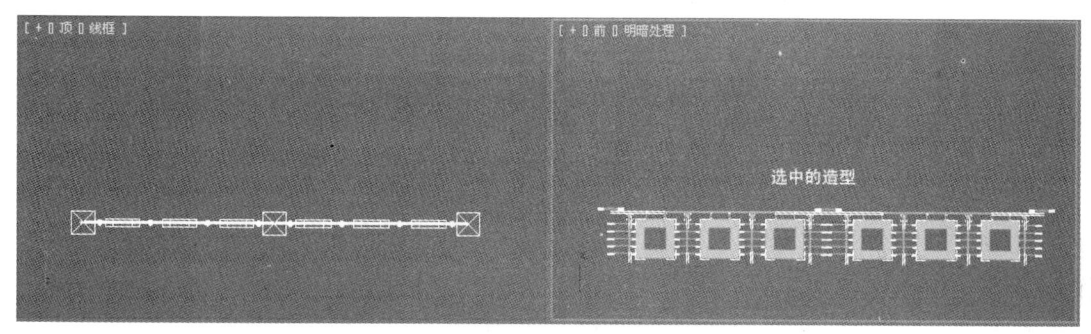

图5.60 选中的造型

11 选择一个新的材质示例球，命名为“墙”，设置其参数，如图5.61所示。

12 至此，砖墙材质已经全部制作完成，最终效果如图5.62所示。

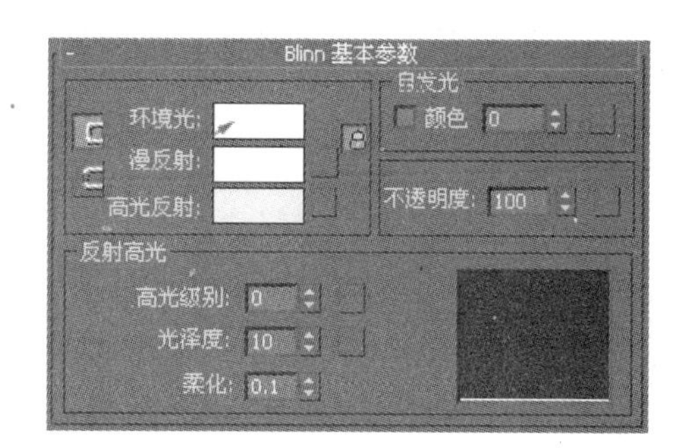

图5.61 参数设置

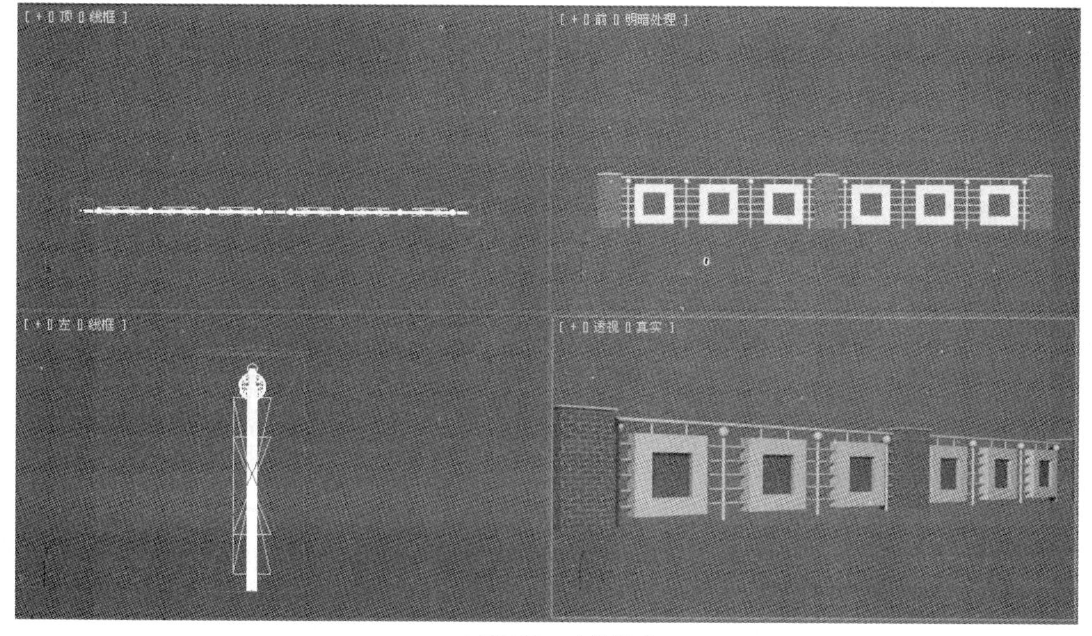

图5.62 砖墙材质

13 在快速访问工具栏中单击【保存】按钮，将文件进行保存。

5.5.5 瓦顶材质

本例通过给房顶赋予材质来学习瓦顶材质的调制，赋予材质后的效果如图5.63所示。

01 在桌面上双击图标，打开3ds Max 2012中文版应用程序。单击快速访问工具栏中的按钮，打开随书光盘“模型”目录下“砖墙材质.max”文件，如图5.64所示。

图5.63 瓦顶材质

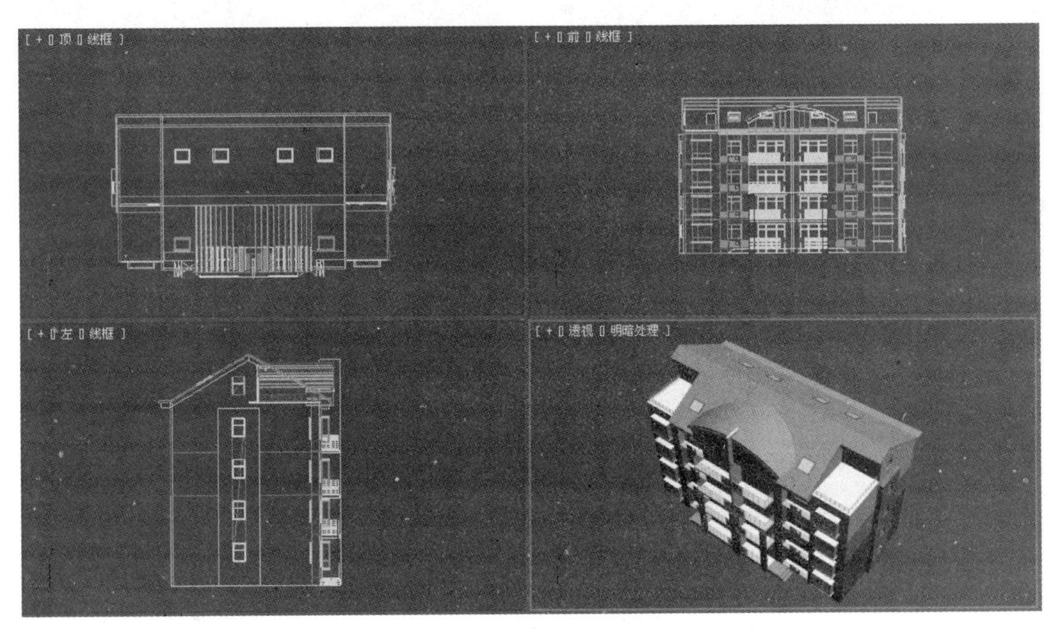

图5.64 打开文件

02 选择一个新的材质示例球，命名为“瓦顶”，然后在视图中选中“屋顶”，如图5.65所示。

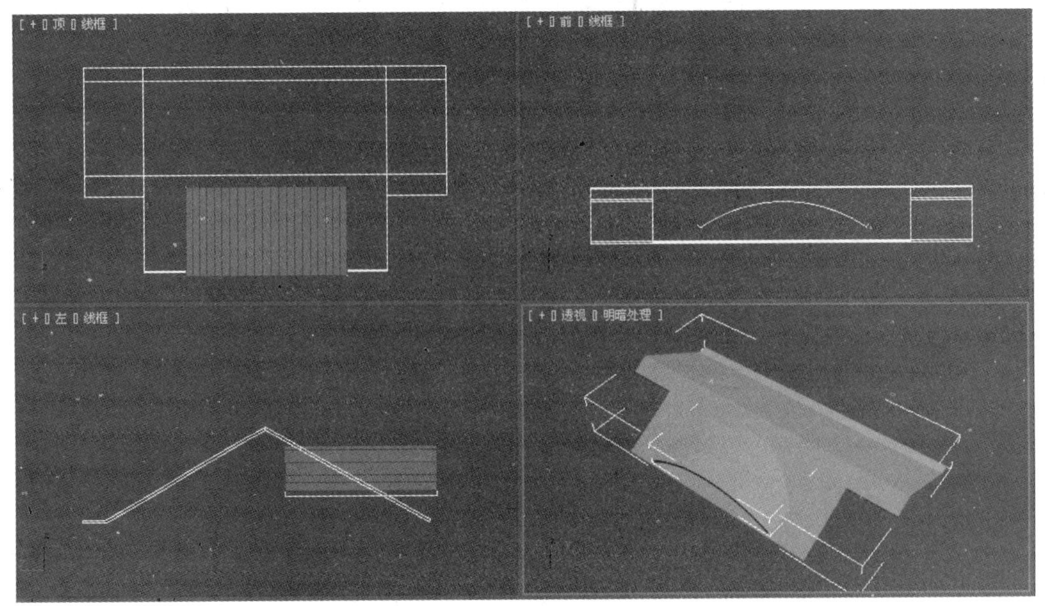

图5.65 选中物体

03 在【贴图】卷展栏中单击【漫反射颜色】选项后的 None 按钮，在弹出的【材质 / 贴图浏览器】对话框中选择【位图】，如图5.66所示。

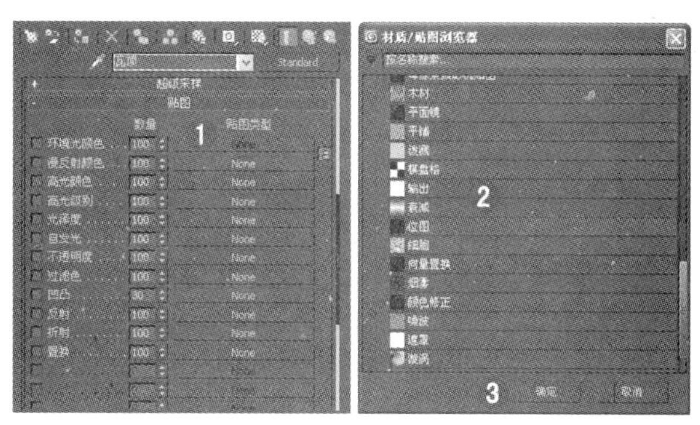

图5.66 选择【位图】

04 在弹出的【选择位图图像文件】对话框中，选择随书光盘“Maps”目录下“瓦12.jpg”位图文件，如图5.67所示。

05 将添加的贴图复制到【凹凸】选项上，如图5.68所示。

06 在视图中选中“屋顶”，然后在修改器列表中选择【UVW贴图】命令，设置其参数，如图5.69所示。

图5.67 选择位图图像文件

图5.68 复制

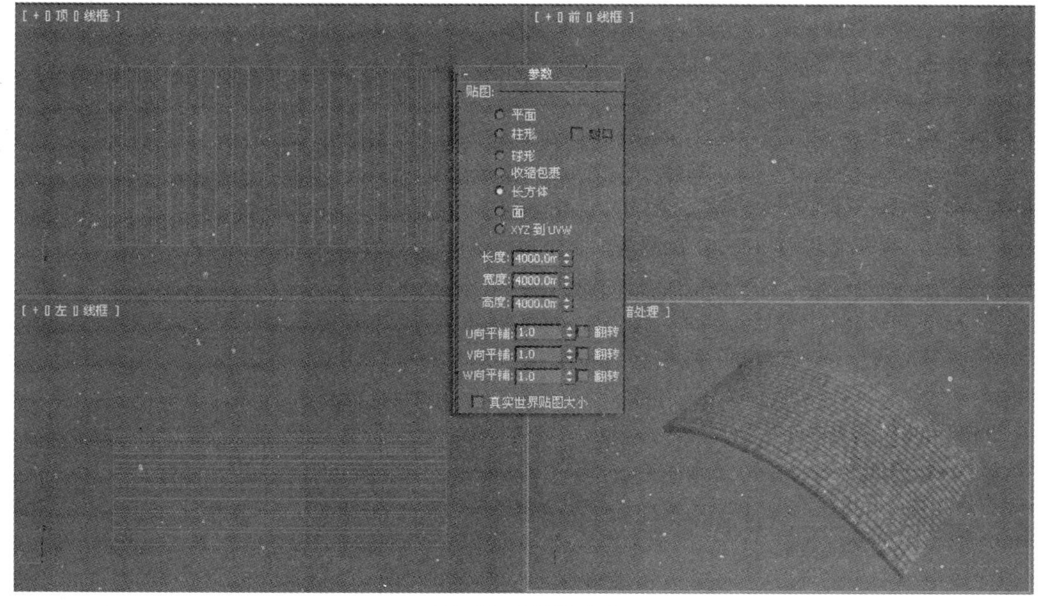

图5.69 UVW贴图

07 在视图中选中“屋顶01”，然后在修改器列表下选择【UVW贴图】命令，如图5.70所示。

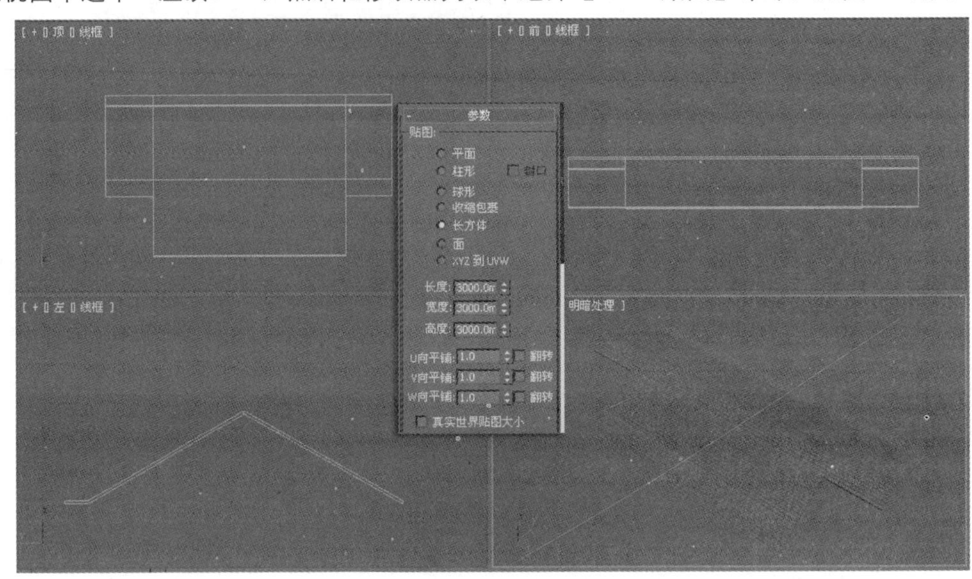

图5.70 UVW贴图

08 至此，瓦顶材质已经全部制作完成，最终效果如图5.71所示。

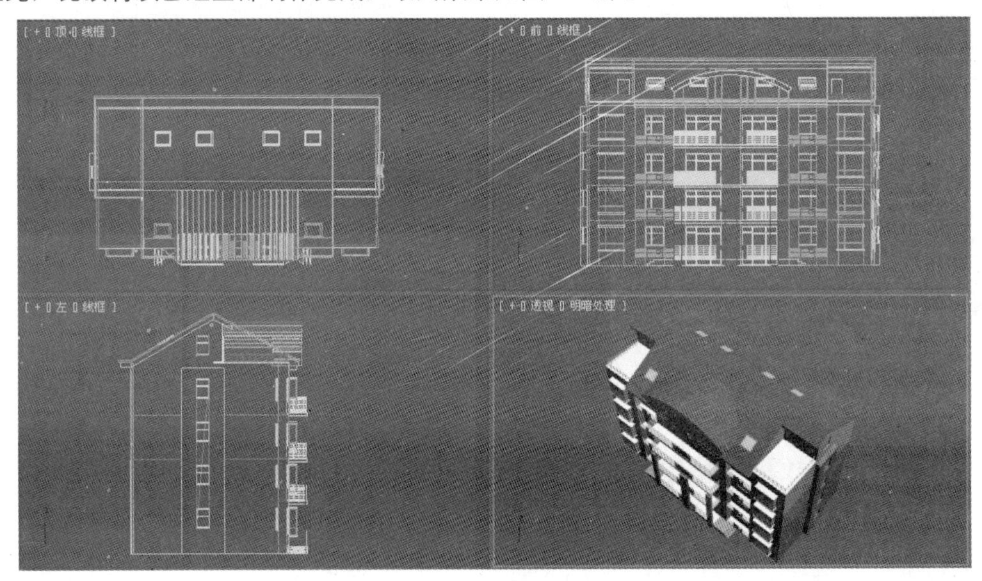

图5.71 最终效果

09 在快速访问工具栏中单击【保存】按钮，将文件进行保存。

5.5.6 水材质

本例通过为场景中的水池调制水材质，详细地讲述了水材质的调制方法，实例效果如图5.72所示。

图5.72 水材质

01 在桌面上双击图标，打开3ds Max 2012中文版应用程序。单击快速访问工具栏中的按钮，打开随书光盘“模型”目录下“砖墙材质.max”文件，如图5.73所示。

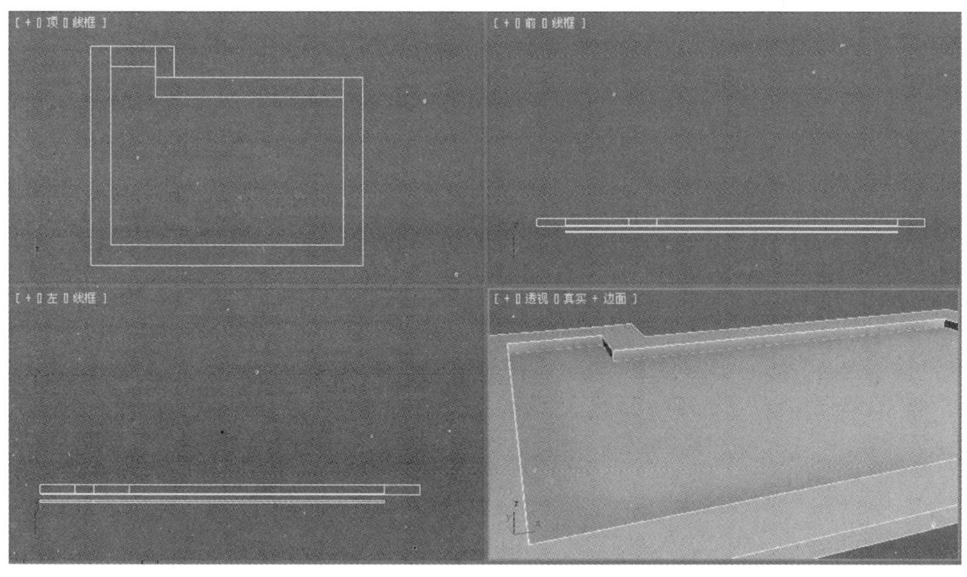

图5.73 打开文件

02 选择一个新的材质示例球，命名为“水”，将其指定为【VRayMtl】材质，设置其参数，如图5.74所示。

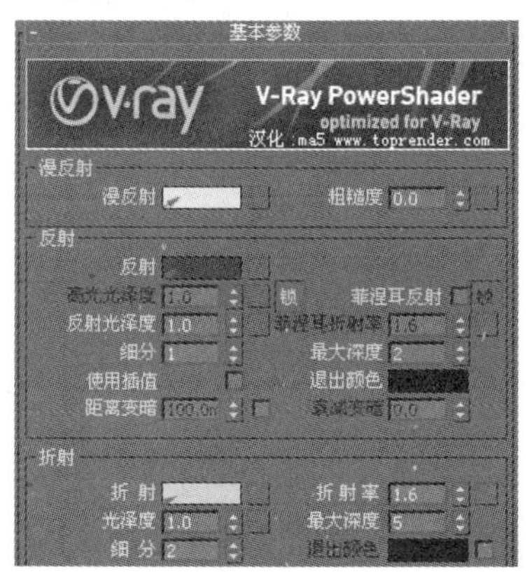

图5.74 参数设置

03 在【贴图】卷展栏下单击【凹凸】选项后的 None 按钮，在弹出的【材质/贴图浏览器】对话框中选择【噪波】材质，如图5.75所示。

04 在【噪波参数】卷展栏中，设置其参数，如图5.76所示。

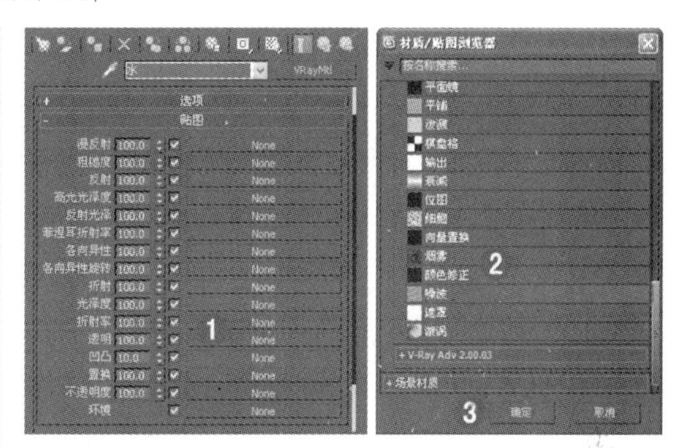

图5.75 噪波

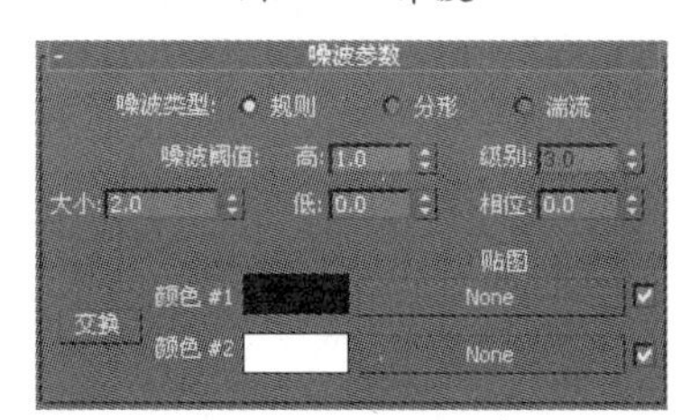

图5.76 参数设置

05 在视图中选中“水”，然后单击材质工具栏中【将材质指定给选定对象】按钮，将设置完成的材质赋予选定对象，如图5.77所示。

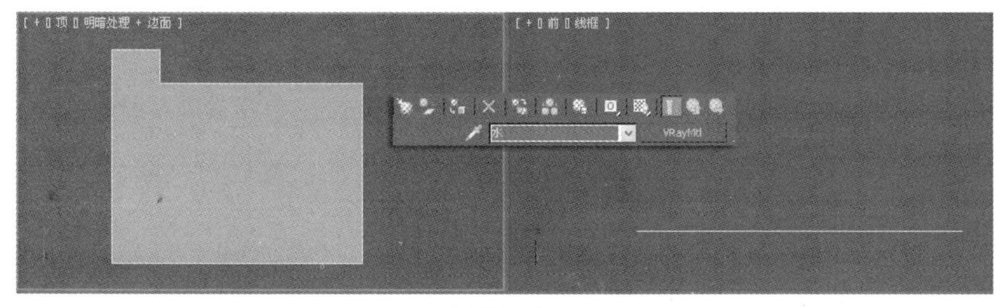

图5.77 水面

06 选择一个新的材质示例球，命名为“底”，然后在【贴图】卷展栏下单击【漫反射颜色】选项后的 None 按钮，在弹出的【材质/贴图浏览器】对话框中选择【位图】，如图5.78所示。

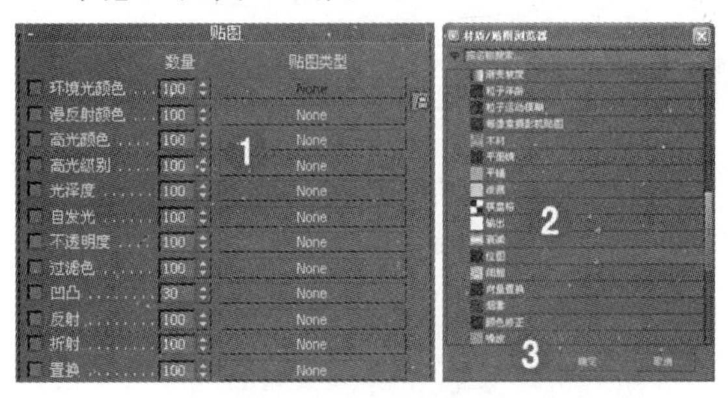

图5.78 选择位图

07 在弹出的【选择位图图像文件】对话框中，选择随书光盘“Maps”目录下“231417.jpg”位图文件，如图5.79所示。

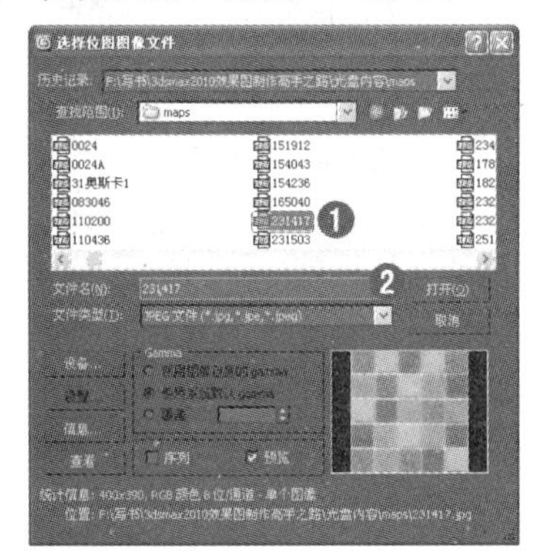

图5.79 选择位图图像文件

08 在视图中选中“底面”，单击材质工具栏中【将材质指定给选定对象】按钮，将设置完成的材质赋予选定对象，如图5.80所示。

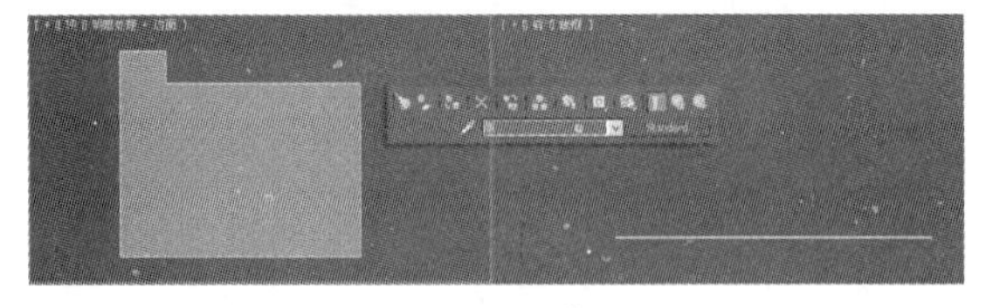

图5.80 底

09 确认“底面”还处于选中的状态，在修改器列表中选择【UVW贴图】命令，设置其参数，如图5.81所示。

10 选择一个新的材质示例球，命名为“水池”，然后在【贴图】卷展栏下单击【漫反射颜色】选项后的 None 按钮，在弹出的【材质/贴图浏览器】对话框中选择【位图】，如图5.82所示。

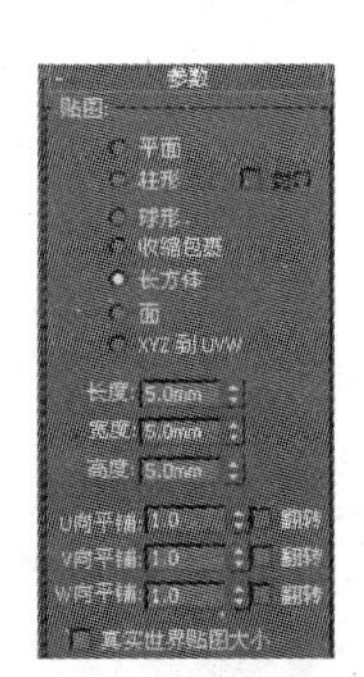

图5.81 UVW贴图

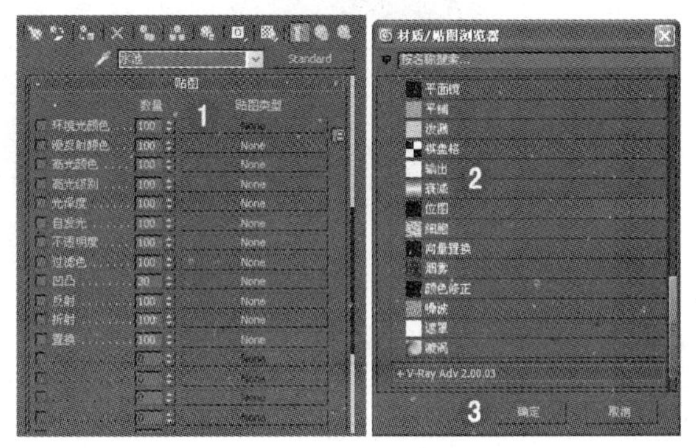

图5.82 选择【位图】

11 在弹出的【选择位图图像文件】对话框中，选择随书光盘“Maps”目录下“砖1.jpg”位图文件，如图5.83所示。

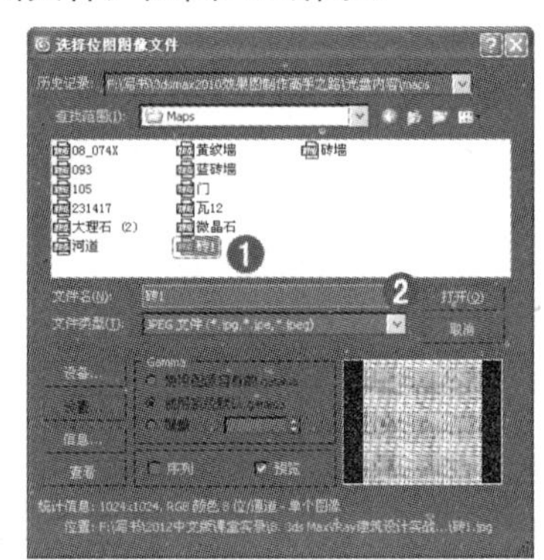

图5.83 选择位图图像文件

12 在视图中选中“水池”，然后在修改器列表中选择【UVW贴图】命令，设置其参数，如图5.84所示。

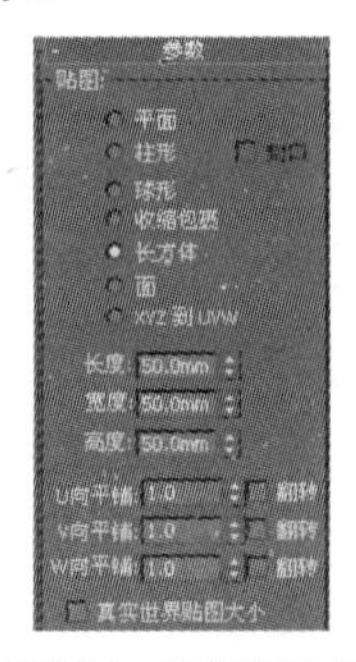

图5.84 UVW贴图

13 在视图中选中“水池”， 单击材质工具栏中【将材质指定给选定对象】按钮，将设置完成的材质赋予选定对象。

14 至此，水材质已经全部制作完成，最终效果如图5.85所示。

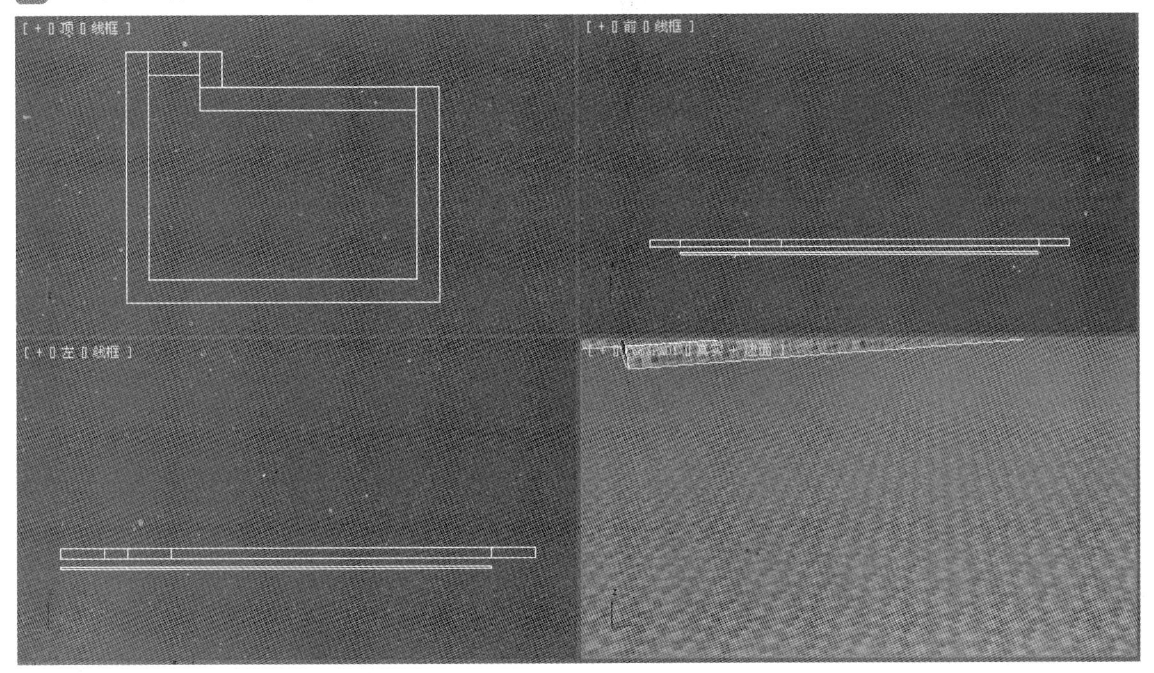

图5.85 水材质

15 在快速访问工具栏中单击【保存】按钮，将文件进行保存。

5.5.7 不锈钢材质

本例通过调制防盗网的不锈钢材质，介绍调制不锈钢材质的方法和技巧，实例效果如图5.86所示。

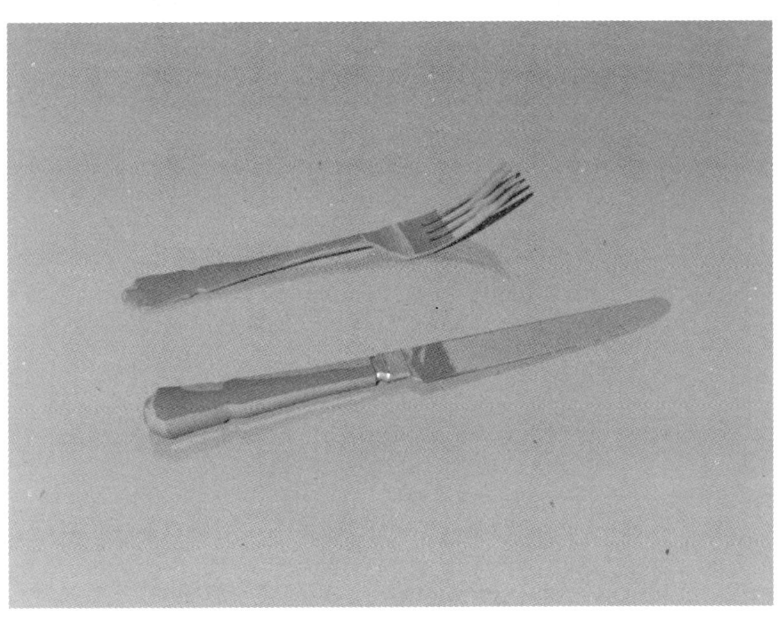

图5.86 不锈钢材质

01 在桌面上双击图标，打开3ds Max 2012中文版应用程序。单击快速访问工具栏中的按钮，打开随书光盘“模型”目录下“不锈钢材质.max”文件，如图5.87所示。

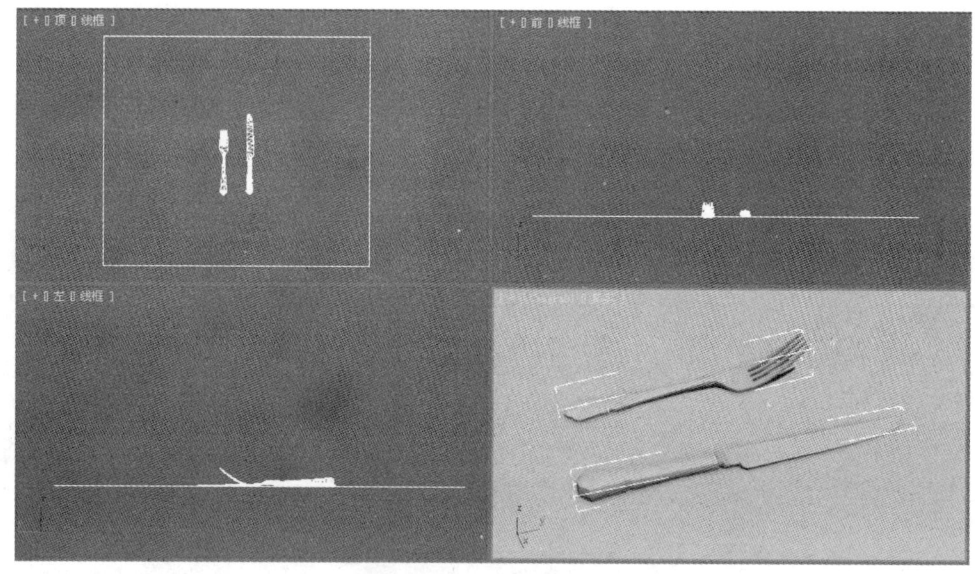

图5.87　打开文件

02 选择一个新的材质示例球，命名为“不锈钢”，设置其参数，如图5.88所示。

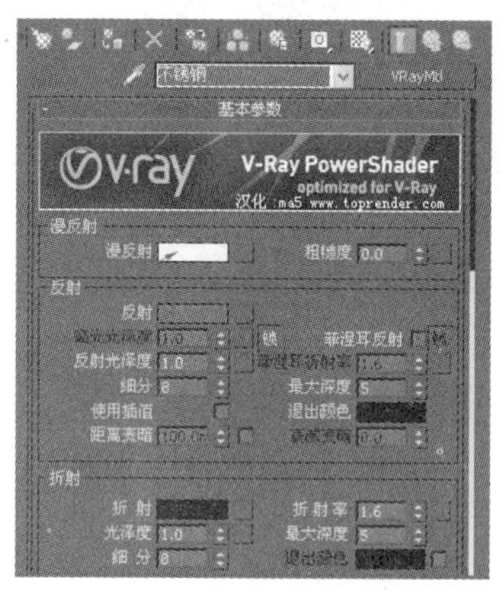

图5.88　参数设置

03 在【贴图】卷展栏下单击【环境】选项后的 None 按钮，在弹出的【材质/贴图浏览器】对话框中选择【VR-HDRI】材质，如图5.89所示。

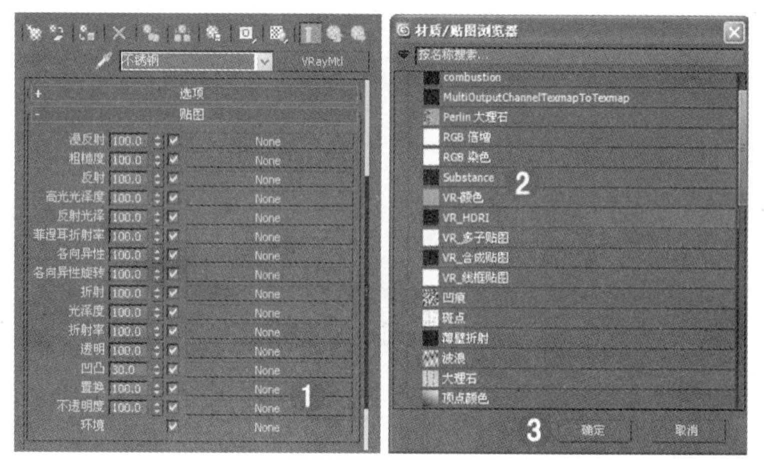

图5.89　VR.HDRI

04 在【参数】卷展栏中单击 浏览 按钮，在弹出的【Choose HDR image】对话框中，选择随书光盘“Maps”目录下“Apartment_Probe_HiRes.hdr”位图文件，如图5.90所示。

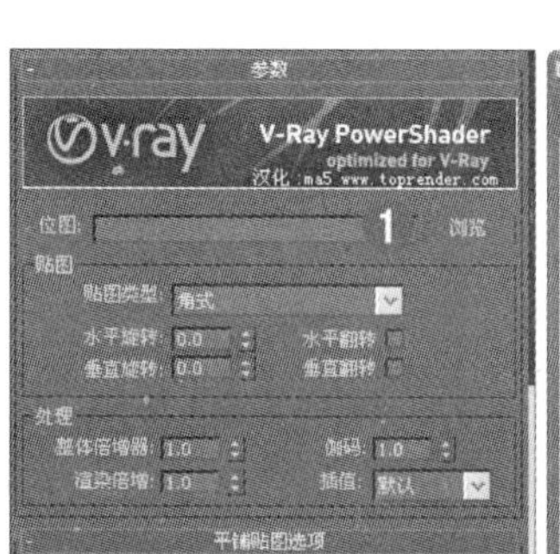
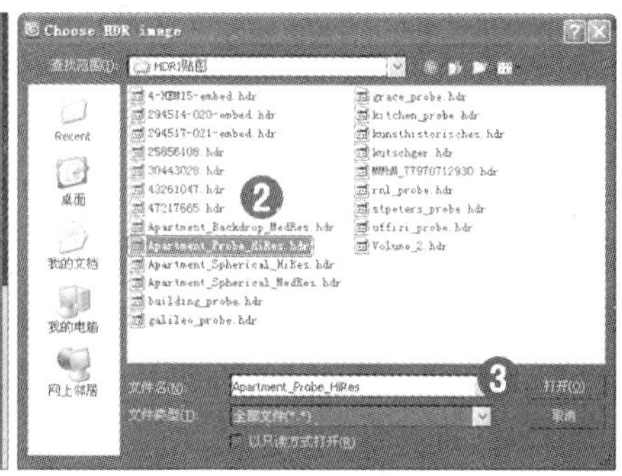

图5.90 选择HDRI贴图

05 在视图中选中“刀叉”，单击材质工具栏中【将材质指定给选定对象】按钮，将设置完成的材质赋予选定对象，如图5.91所示。

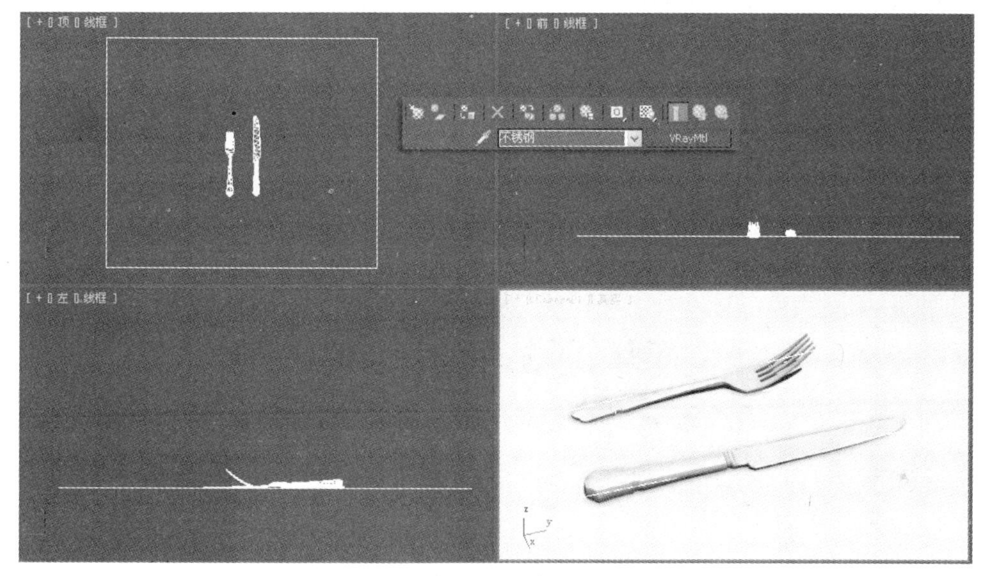

图5.91 赋予材质

06 至此，“不锈钢材质已经全部制作完成。在快速访问工具栏中单击【保存】按钮，将文件进行保存。

5.5.8 透空贴图

本例通过调制透空贴图的方法模拟真实蝴蝶的效果，实例效果如图5.92所示。

图5.92 透空贴图

01 在桌面上双击图标，打开3ds Max 2012中文版应用程序。

02 在菜单栏中选择【自定义】/【单位设置】命令，在弹出的【单位设置】对话框中将【单位】设置为【毫米】，如图5.93所示。

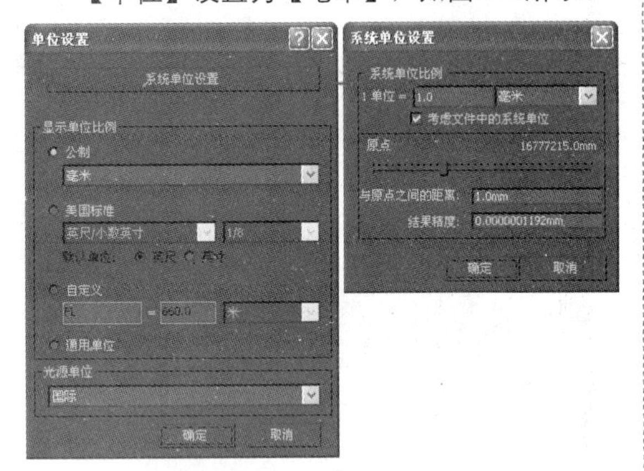

图5.93 单位设置

03 单击 平面 按钮，在顶视图中创建一个大小为60mm×3mm的平面，命名为“蝴蝶左”，如图5.94所示。

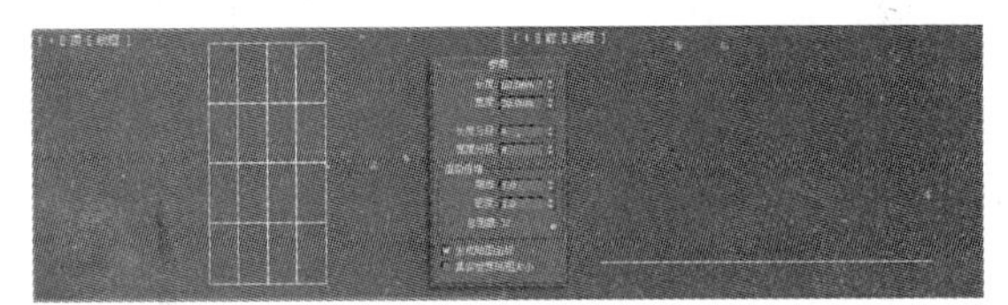

图5.94 创建平面

04 选择一个新的材质示例球，将其命名为“左”，然后在【贴图】卷展栏下单击【漫反射颜色】选项后的 None 按钮，在弹出的【材质/贴图浏览器】对话框中选择【位图】，如图5.95所示。

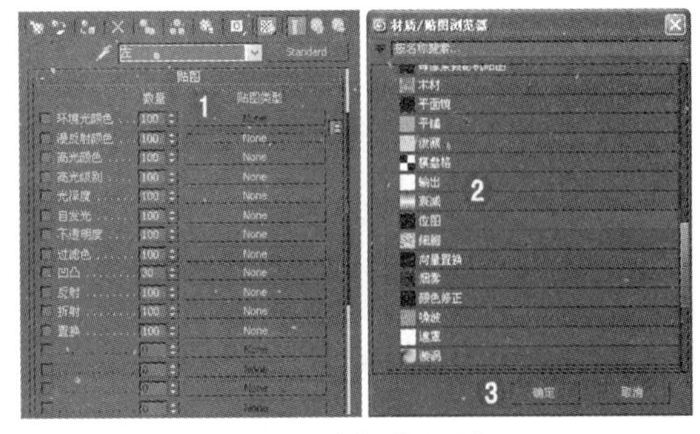

图5.95 选择【位图】

05 在弹出的【选择位图图像文件】对话框中，选择随书光盘“Maps”目录下“蓝色左面.jpg”位图文件，如图5.96所示。

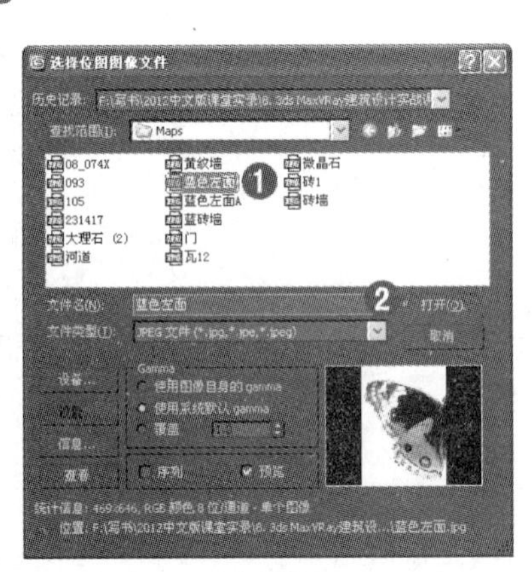

图5.96 选择位图图像文件

06 在【贴图】卷展栏中单击【不透明度】选项后的 None 按钮，在弹出的【材质/贴图浏览器】对话框中选择【位图】，如图5.97所示。

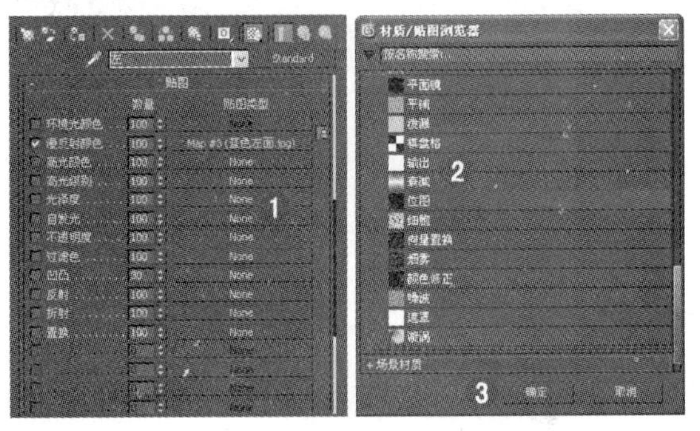

图5.97 选择【位图】

07 在弹出的【选择位图图像文件】对话框中，选择随书光盘“Maps”目录下“蓝色左面A.jpg”位图文件，如图5.98所示。

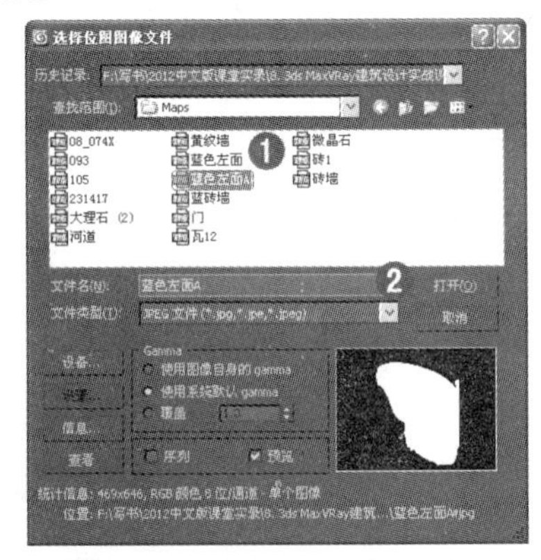

图5.98 选择位图图像文件

08 在视图中选中“蝴蝶左”，单击材质工具栏中【将材质指定给选定对象】按钮，将设置完成的材质赋予选定对象。

09 按住Shift键+移动工具，将“蝴蝶左”复制一个。然后选择一个新的材质示例球，命名为“右”，在【贴图】卷展栏下单击【漫反射颜色】选项后的 None 按钮，在弹出的【材质/贴图浏览器】对话框中选择【位图】，如图5.99所示。

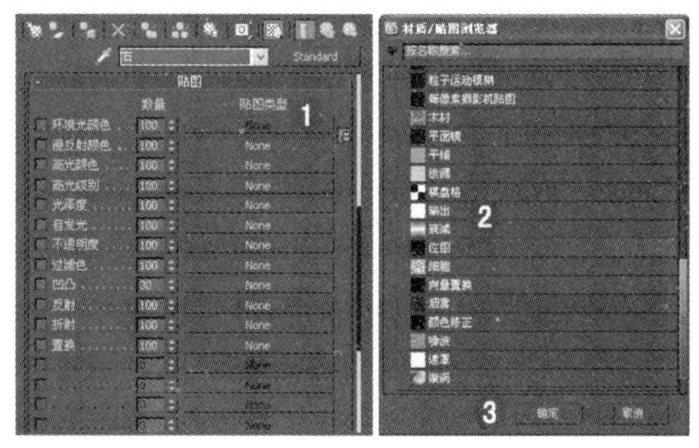

图5.99 选择【位图】

10 在弹出的【选择位图图像文件】对话框中，选择随书光盘“Maps”目录下“蓝色右面.jpg”位图文件，如图5.100所示。

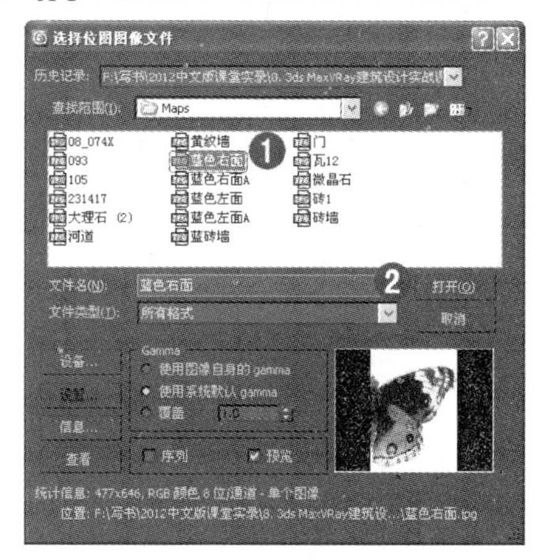

图5.100 选择位图图像文件

11 在【贴图】卷展栏中单击【不透明度】选项后的 None 按钮，在弹出的【材质/贴图浏览器】对话框中选择【位图】，如图5.101所示。

12 在弹出的【选择位图图像文件】对话框中，选择随书光盘“Maps”目录下“蓝色右面A.jpg”位图文件，如图5.102所示。

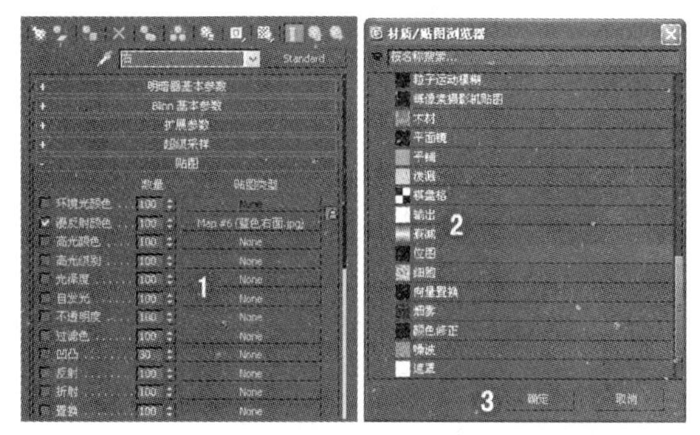

图5.101 选择【位图】

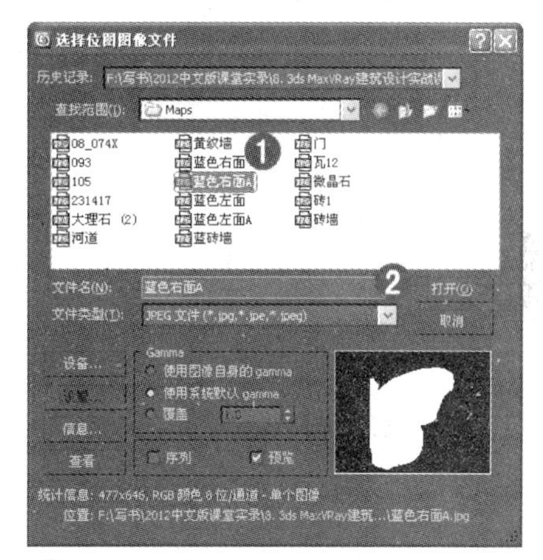

图5.102 选择位图图像文件

13 在【明暗器基本参数】卷展栏下勾选【双面】复选框，如图5.103所示。

图5.103 双面

14 在视图中选中“蝴蝶右”，单击材质工具栏中【将材质指定给选定对象】按钮，将设置完成的材质赋予选定对象。

15 按照上述的方法，将“蝴蝶左”赋予双面材质。至此，透空贴图已经全部制作完成，在视图中调整“蝴蝶”的造型位置，最终效果如图5.104所示。

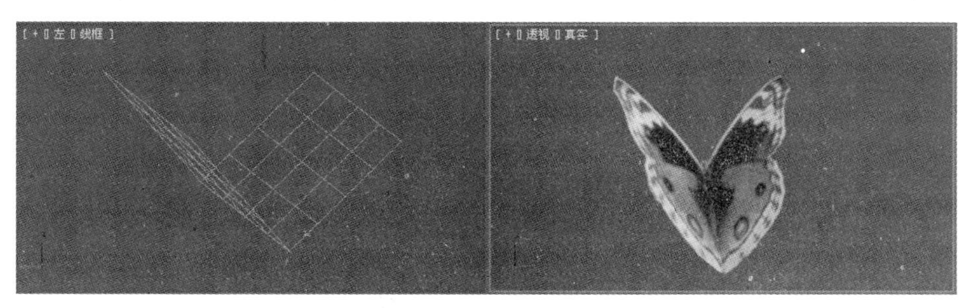

图5.104 最终效果

16 在快速访问工具栏中单击【保存】按钮，将文件进行保存。

5.6 课后练习

本课介绍了材质的基本知识，材质编辑器是设置材质的工具，所有材质都是在这里设置完成，因此本课首先介绍了材质编辑器的使用。3ds Max提供了多种可以选择的材质类型，这些材质可以在不同的情况先实现不同的材质效果。根据前面介绍的材质类型，制作山体材质，使用混合贴图，再添加一张贴图作为遮罩，参考效果如图5.105所示。

图5.105　参考效果

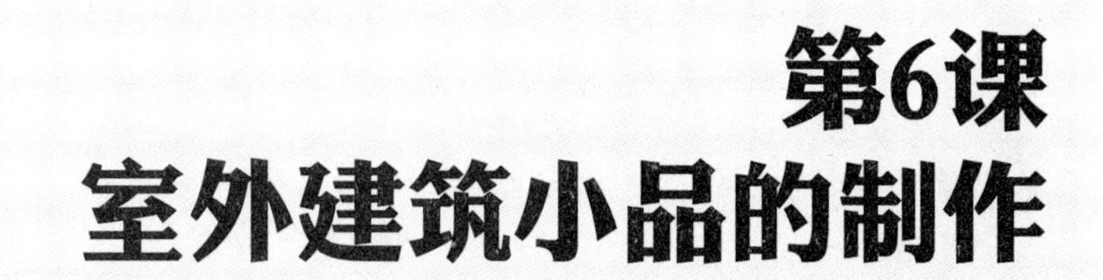

第6课 室外建筑小品的制作

本课内容：

- 阳台
- 欧式路灯
- 草坪灯
- 木座椅
- 遮阳伞
- 花坛
- 喷泉池

6.1 阳台

本例主要介绍了阳台模型的整个制作过程。阳台最终完成效果如图6.1所示。

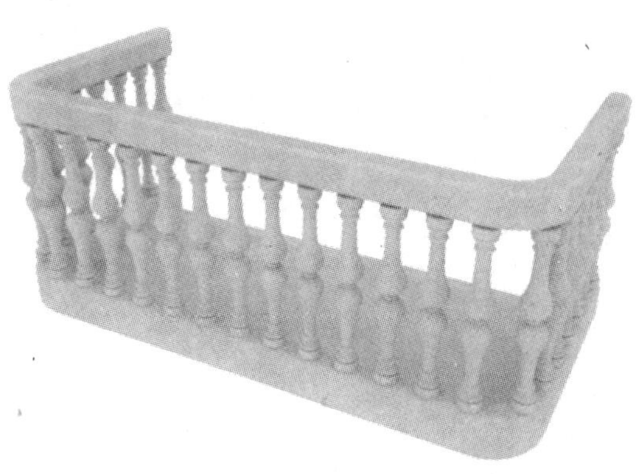
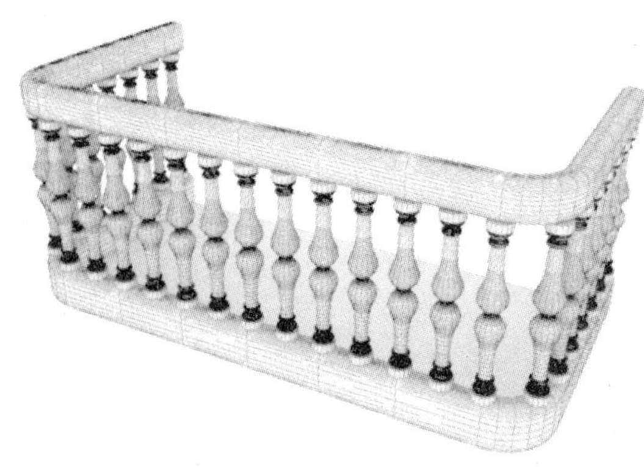

图6.1　阳台效果

01 在桌面上双击图标，打开3ds Max 2012中文版应用程序。

02 在菜单栏中选择【自定义】/【单位设置】命令，在弹出的【单位设置】对话框中将【单位】设置为【毫米】，如图6.2所示。

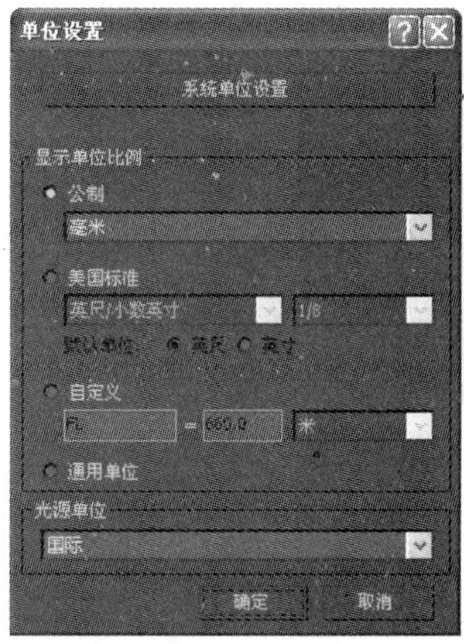

图6.2　单位设置

03 单击 矩形 按钮，在顶视图中绘制一个大小为900mm×1900mm的矩形，并将其命名为“地面”，如图6.3所示。

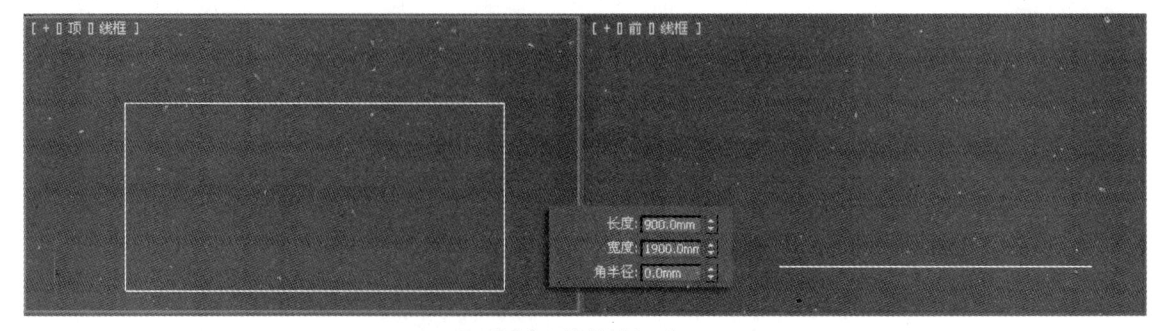

图6.3　绘制的矩形

04 在视图中选中“地面”，然后单击鼠标右键，在弹出的快捷菜单中选择【转换为】/【转换为可编辑样条线】命令，如图6.4所示。

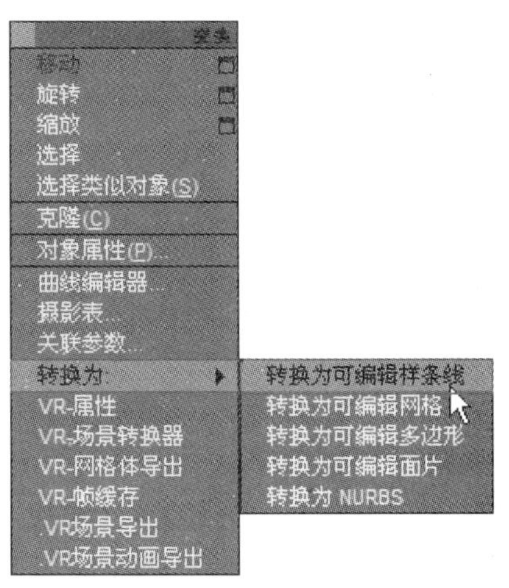

图6.4 转换为可编辑样条线

05 在修改器堆栈中激活【顶点】子对象，如图6.5所示。

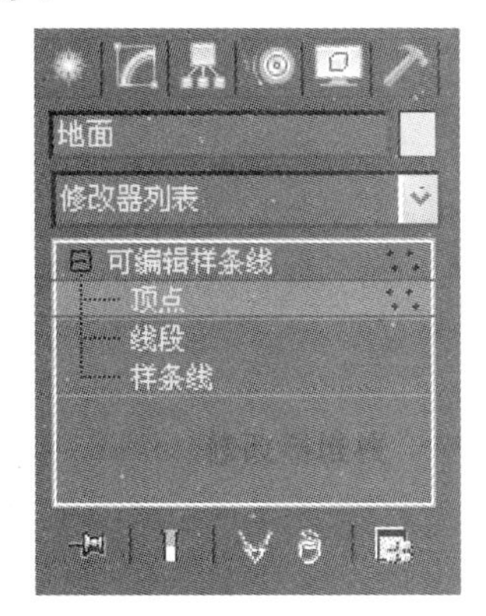

图6.5 修改器堆栈

06 在视图中选中图6.6所示的顶点。

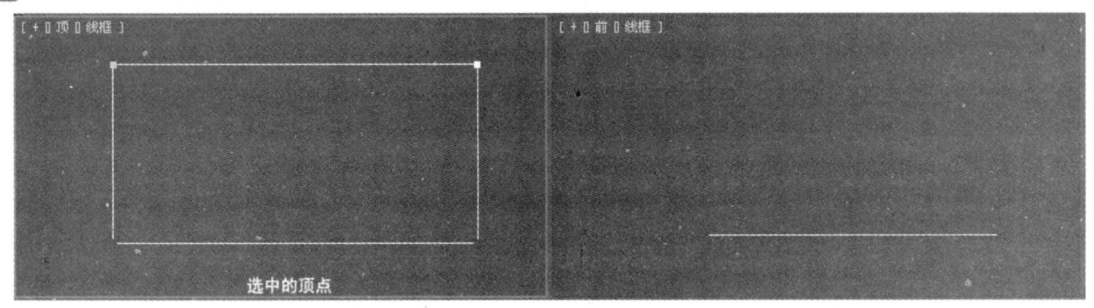

图6.6 选中的顶点

07 在【几何体】卷展栏中单击 圆角 按钮，设置圆角值为150mm，如图6.7所示。

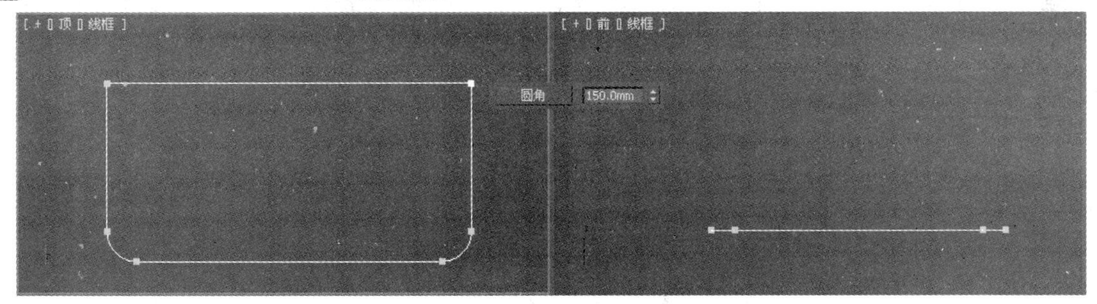

图6.7 圆角后的效果

08 在修改器列表中选择【挤出】命令，设置其参数，如图6.8所示。

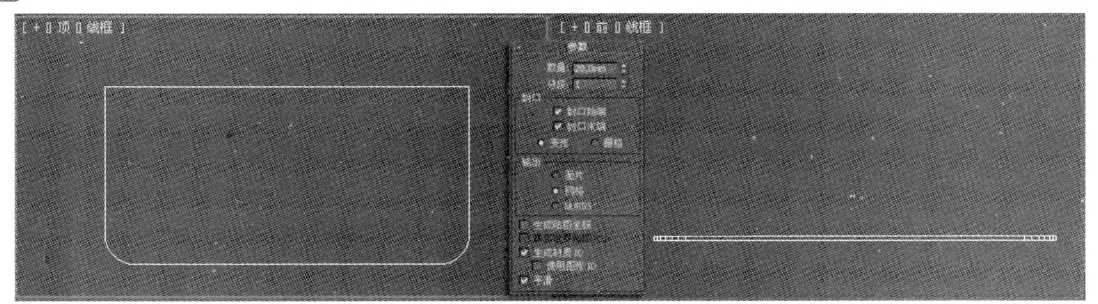

图6.8 挤出

09 接下来开始绘制路径。在顶视图中绘制一个大小为900mm×1900mm的矩形，将其转换为可编辑样条线，在修改器堆栈中激活【顶点】子对象，设置圆角值为150mm，然后激活【线段】子对象，在视图中选中图6.9所示的线段。

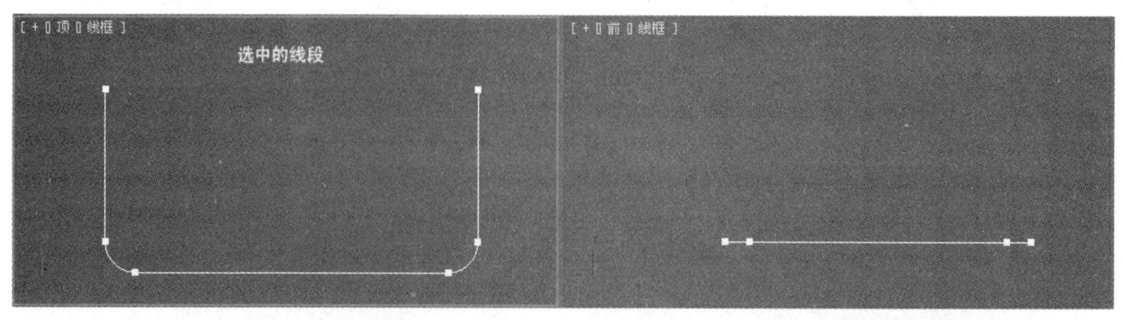

图6.9　选中的线段

10 按Delete键，将选中的线段删除，并将删除后的样条线命名为“路径A”，如图6.10所示。

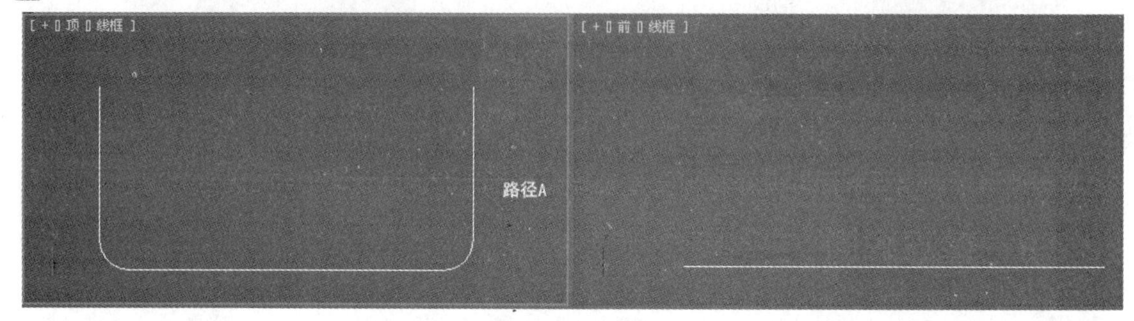

图6.10　绘制路径

11 单击 矩形 按钮，在顶视图中绘制一个大小为160mm×80mm的矩形，设置角半径为25mm，并将其命名为“截面A”，如图6.11所示。

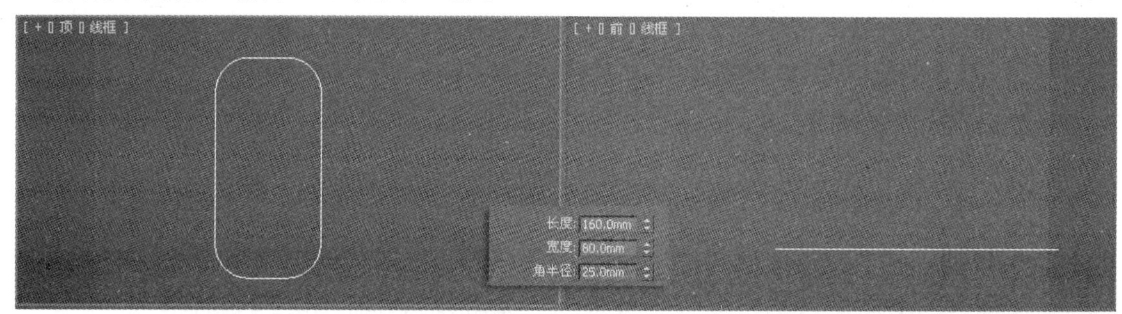

图6.11　绘制截面

12 在视图中选中“路径A”，然后在创建面板中【标准基本体】下拉框列表中选择【复合对象】选项，如图6.12所示。

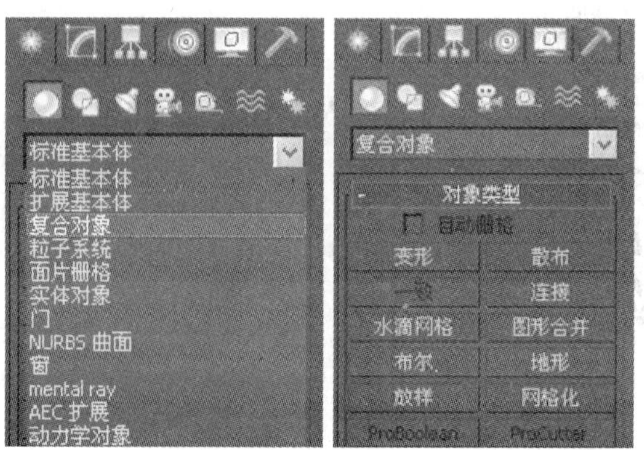

图6.12　选择放样

13 确认“路径A”还处于选中的状态，在【创建方法】卷展栏中单击 获取图形 按钮，并将获取图形后的模型命名为“护栏底”，效果如图6.13所示。

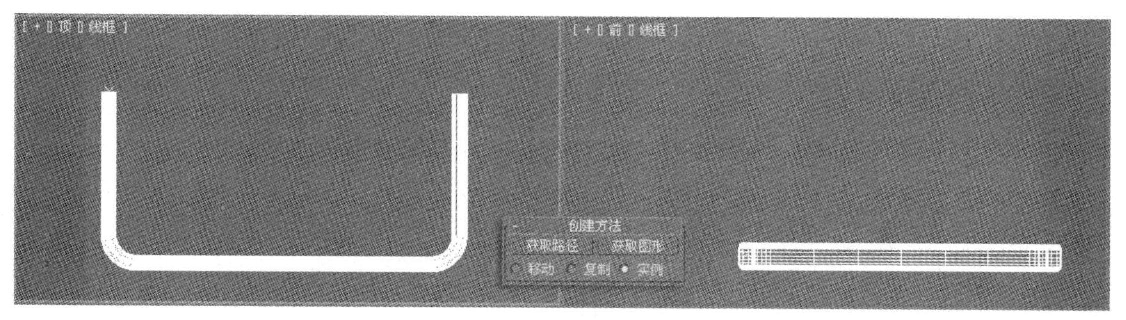

图6.13 获取图形后的效果

14 在视图中调整“地面”和“护栏底”，效果如图6.14所示。

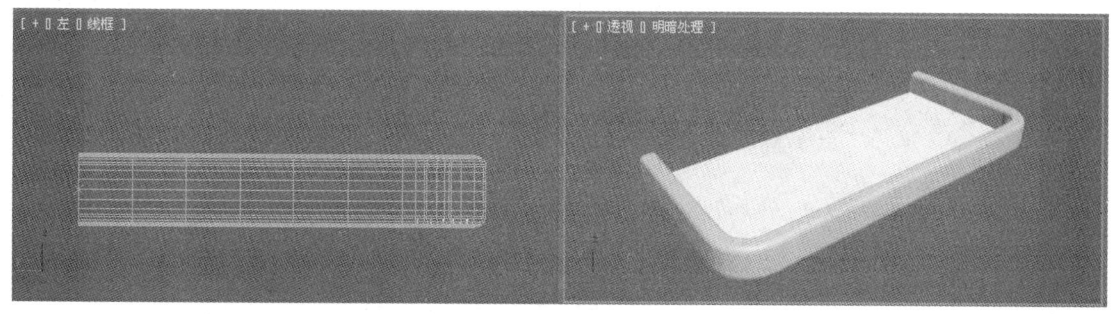

图6.14 调整造型的位置

15 在视图中选中“路径A”，按住Shift键，同时用“移动工具”将其复制一个，命名为“路径B”。

16 单击 矩形 按钮，在顶视图中创建一个大小为120mm×80mm的矩形，设置角半径为25mm，命名为“截面B”，如图6.15所示。

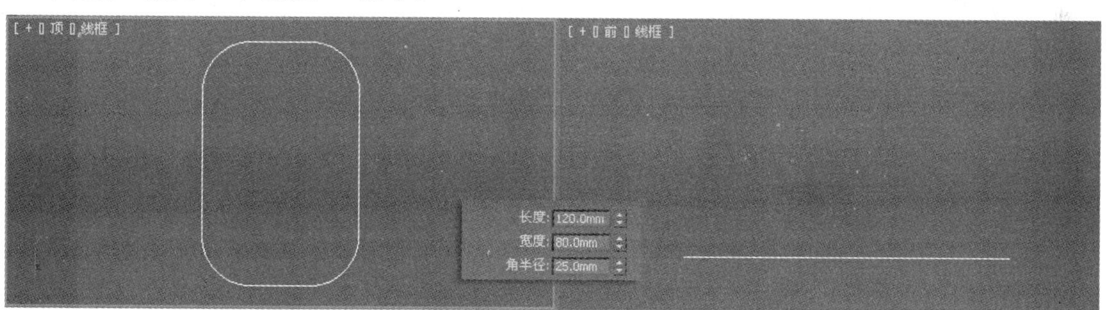

图6.15 绘制截面

17 在视图中选中“路径B”，然后在几何体创建面板中【标准基本体】下拉列表中选择【复合对象】选项，接下来单击 放样 按钮，然后在【创建方法】卷展栏中单击 获取图形 按钮，如图6.16所示。

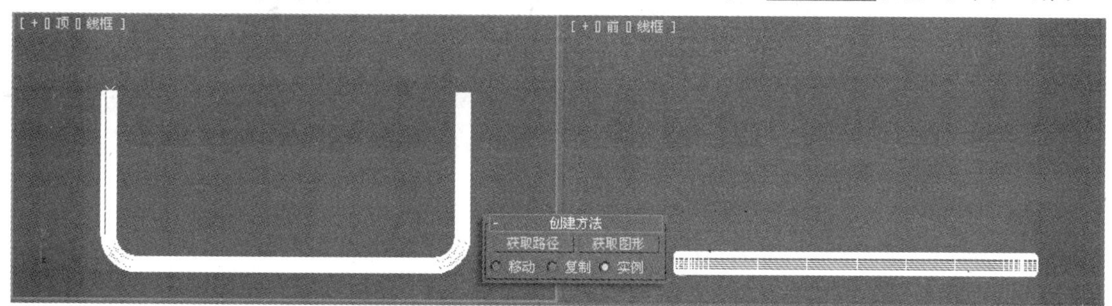

图6.16 获取图形

18 单击 矩形 按钮，在前视图中绘制一个大小为570mm×85mm的参考矩形，然后单击 线 按钮，在前视图中绘制一条曲线，将其命名为“柱子”，如图6.17所示。

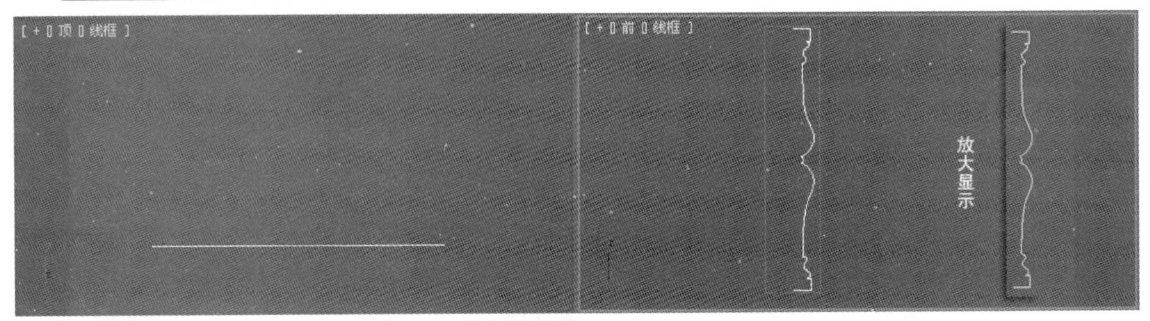

图6.17　绘制曲线

19 在视图中选中“柱子”，然后在修改器列表下选择【车削】命令，设置其参数，如图6.18所示。

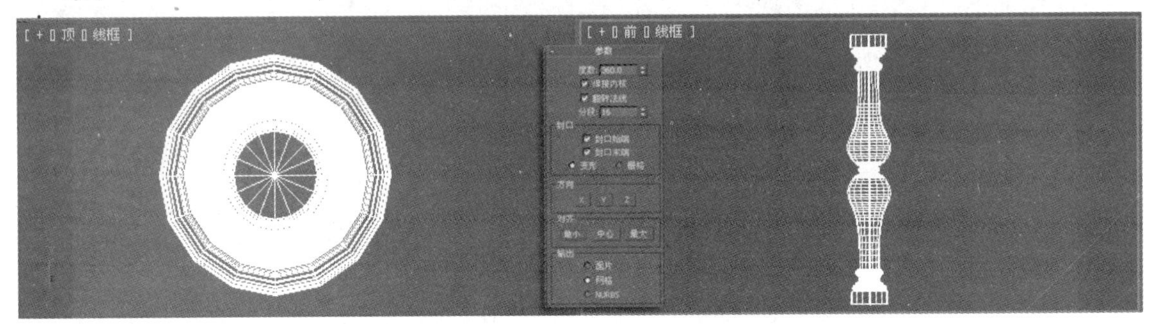

图6.18　车削

20 按住Shift键，再用“移动工具”将“柱子”复制12个，效果如图6.19所示。

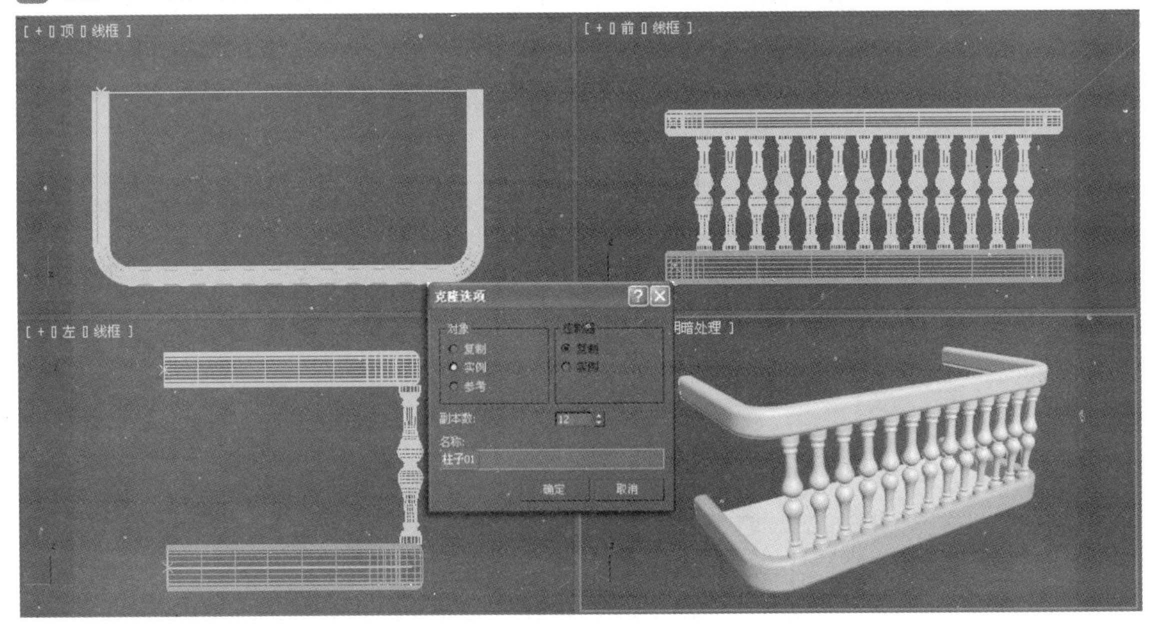

图6.19　复制

21 按照上述的方法，将“柱子”再复制6个，然后将柱子移动至护栏的左边，调整位置后的效果如图6.20所示。

22 按照同样的方法，将护栏左边的“柱子”复制到护栏的右边，复制后的效果如图6.21所示。

23 至此，“阳台”已经创建完成，模型的最终效果如图6.22所示。

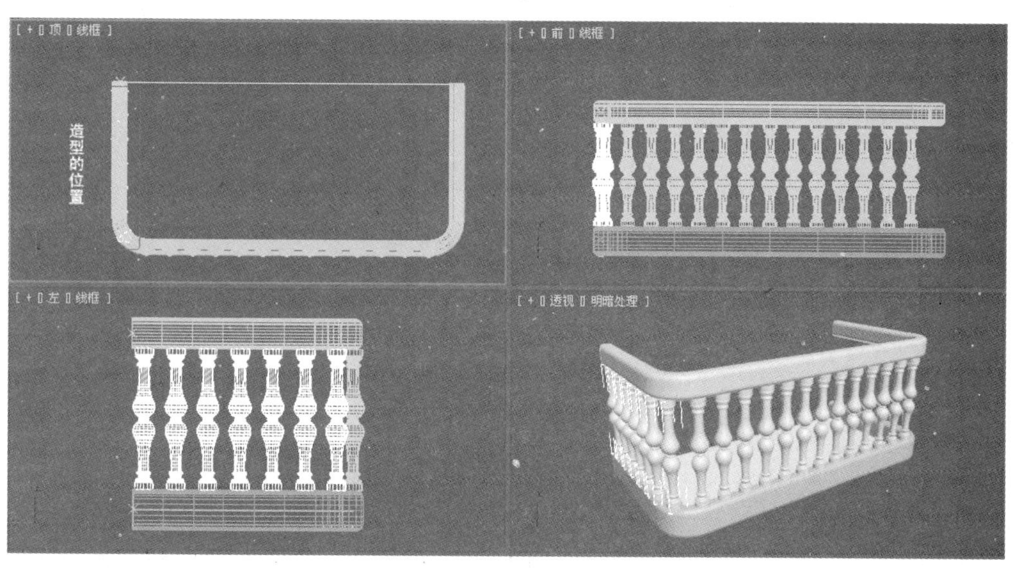

图6.20 复制

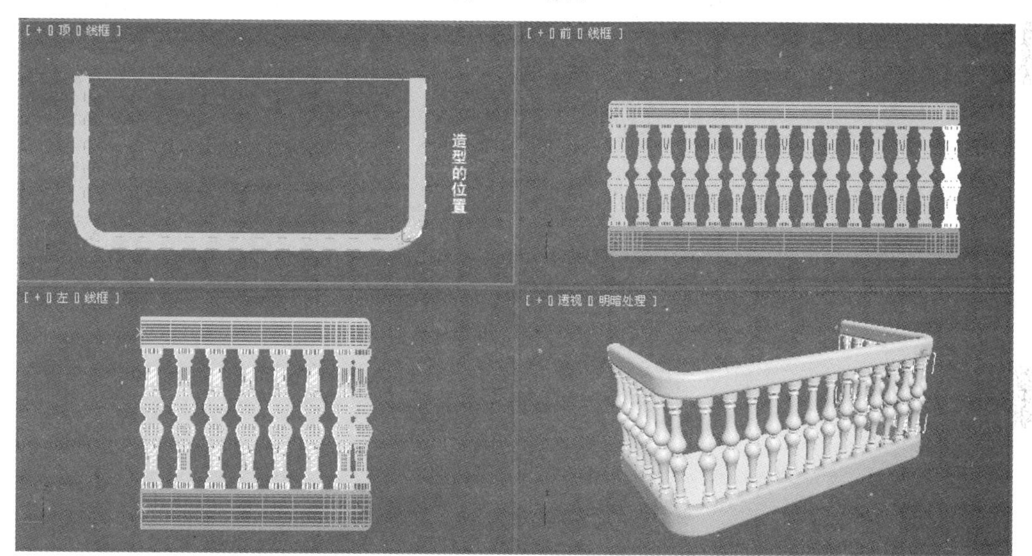

图6.21 复制

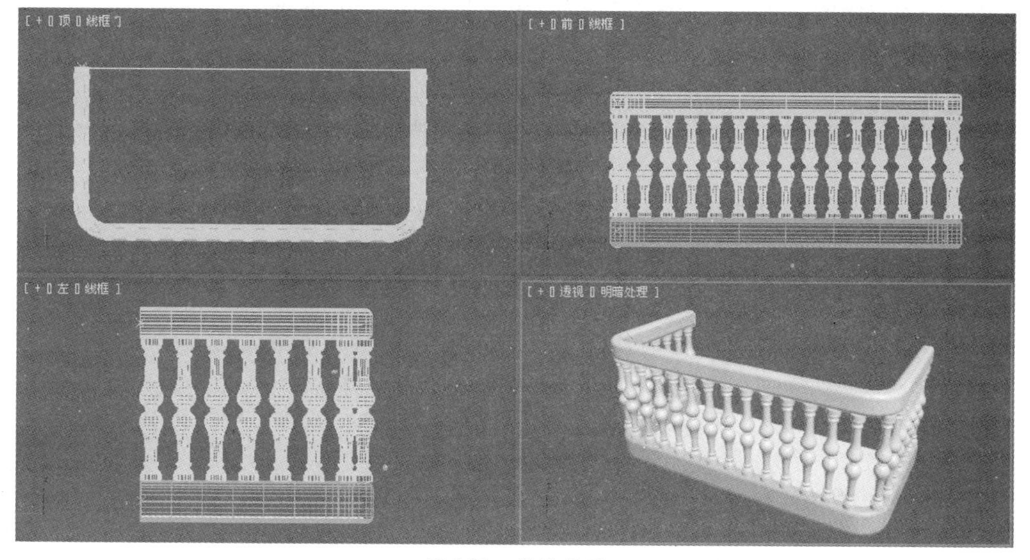

图6.22 最终效果

24 在快速访问工具栏中单击【保存】按钮，将文件进行保存。

6.2 欧式路灯

通过运用【车削】、【缩放】等命令，学习欧式路灯的创建方法，模型效果如图6.23所示。

01 在桌面上双击图标，打开3ds Max 2012中文版应用程序。

02 在菜单栏中选择【自定义】/【单位设置】命令，在弹出的【单位设置】对话框中将【单位】设置为【毫米】，如图6.24所示。

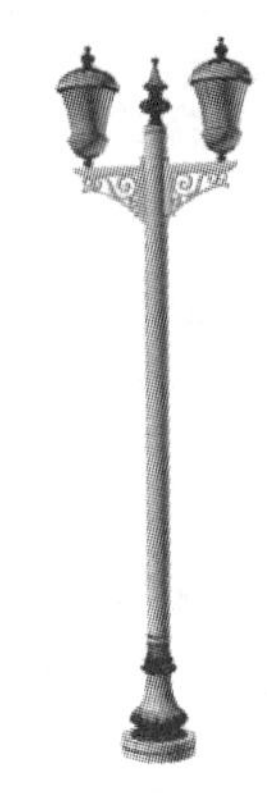
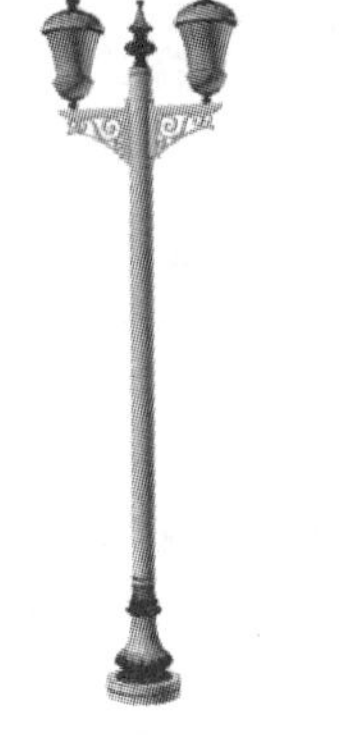

图6.23　欧式路灯

图6.24　单位设置

03 单击 矩形 按钮，在前视图中绘制一个大小为510mm×350mm的参考矩形，然后单击 线 按钮，参考这个矩形在前视图中绘制一条曲线，命名为“底”，如图6.25所示。

图6.25　绘制的曲线

04 确认“底”还处于选中的状态，在修改器列表中选择【车削】命令，如图6.26所示。

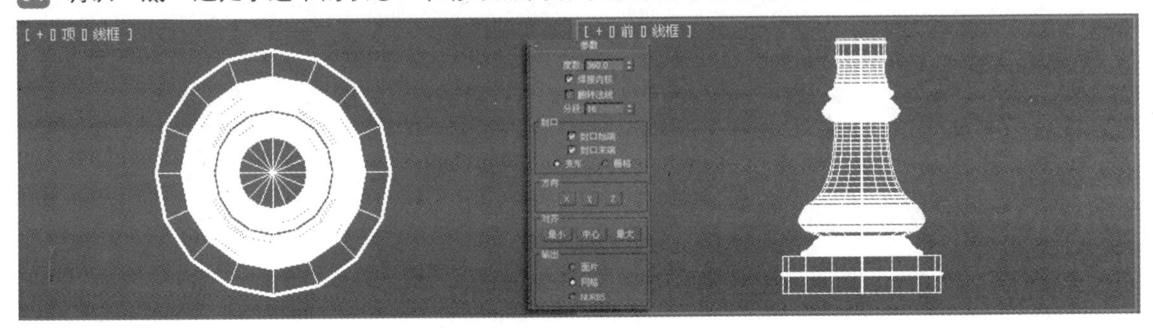

图6.26　车削

05 单击 圆柱体 按钮，在顶视图中创建一个圆柱体，设置其参数，如图6.27所示。

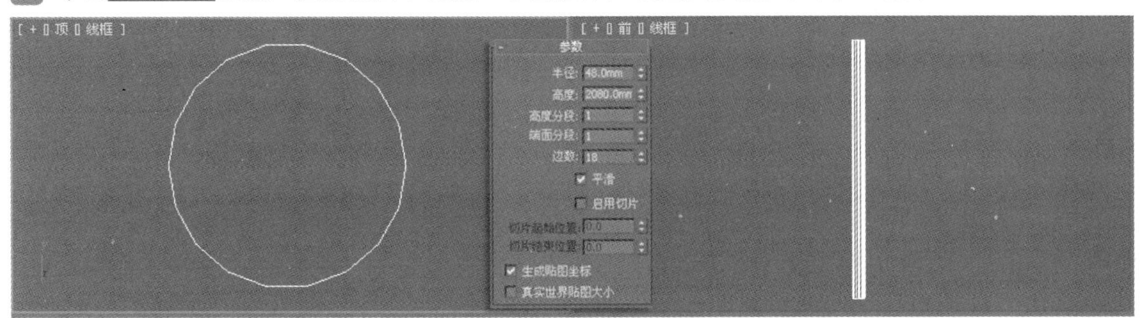

图6.27 参数设置

06 单击 矩形 按钮，在前视图中创建一个大小为280mm×330mm的参考矩形，然后单击 线 按钮，在前视图中绘制一条曲线，如图6.28所示。

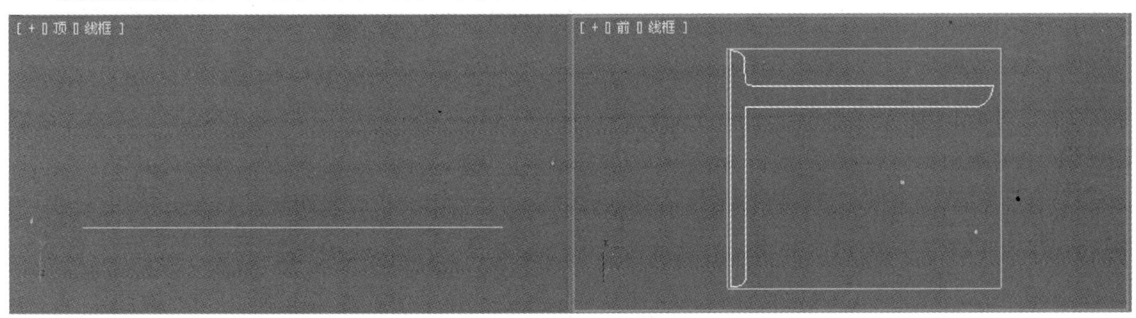

图6.28 绘制曲线

07 在视图中选中“装饰架”，然后在修改器列表中选择【挤出】命令，设置其参数，并将其命名为“装饰架”，如图6.29所示。

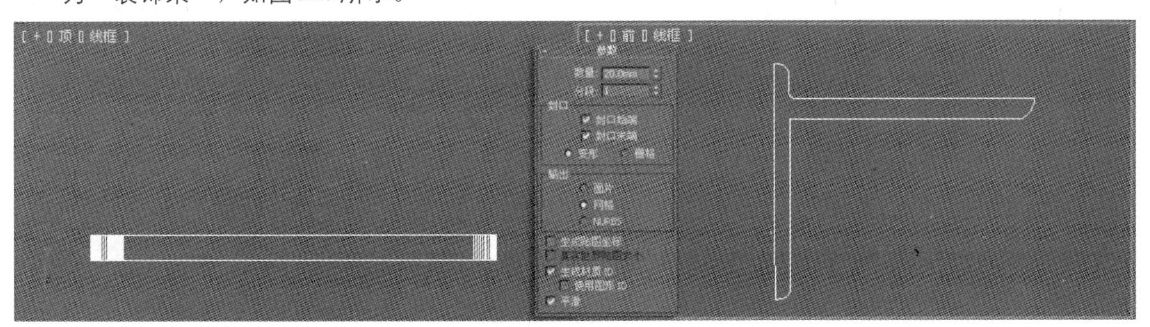

图6.29 挤出

08 单击 矩形 按钮，在前视图中绘制一个大小为190mm×290mm的参考矩形，然后单击 线 按钮，在前视图中绘制一条曲线，命名为“装饰架A”，然后在修改器列表中选择【挤出】命令，设置挤出值为20mm，如图6.30所示。

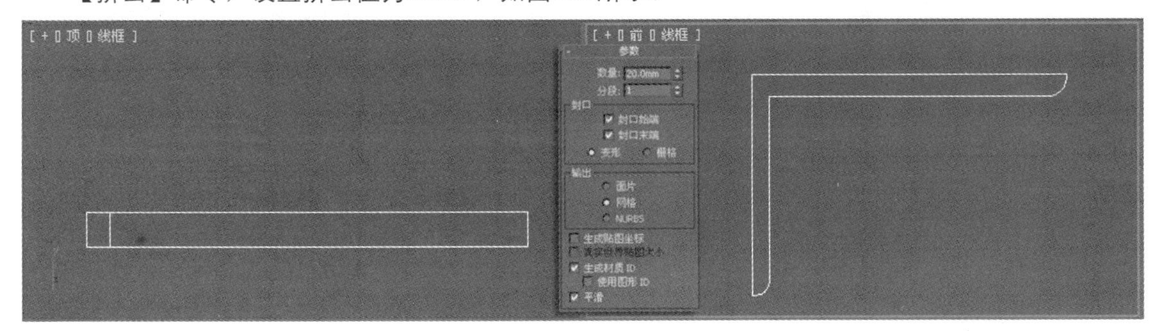

图6.30 挤出

09 单击 矩形 按钮，在前视图中绘制一个大小为140mm×220mm的参考矩形，然后单击 线 按钮，在前视图中绘制一条闭合的曲线，命名为“装饰架B”，如图6.31所示。

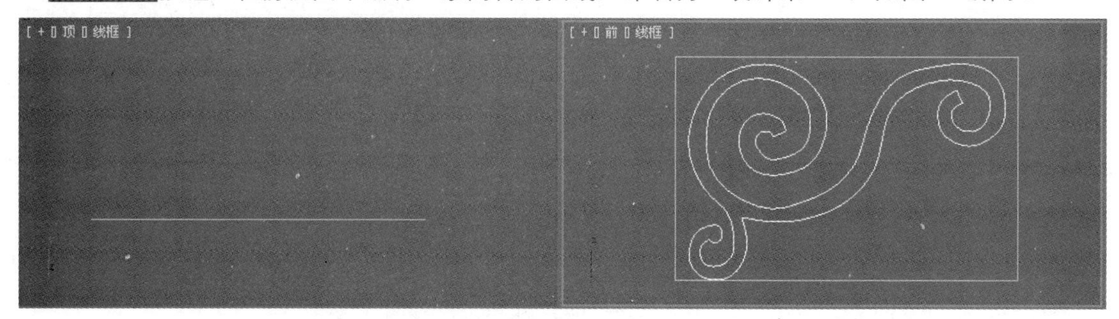

图6.31 绘制闭合曲线

10 在修改器列表中选择【挤出】命令，设置其参数，如图6.32所示。

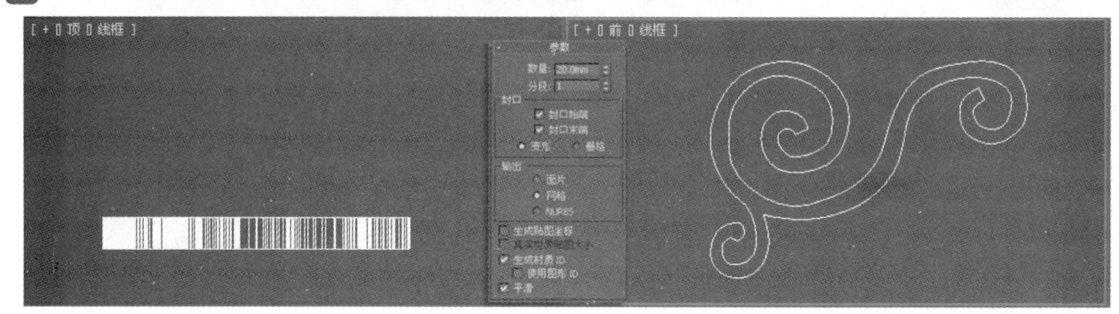

图6.32 挤出

11 单击 圆环 按钮，在前视图中绘制一个圆环，命名为“装饰架C”，然后在修改器列表中选择【挤出】命令，设置其参数，如图6.33所示。

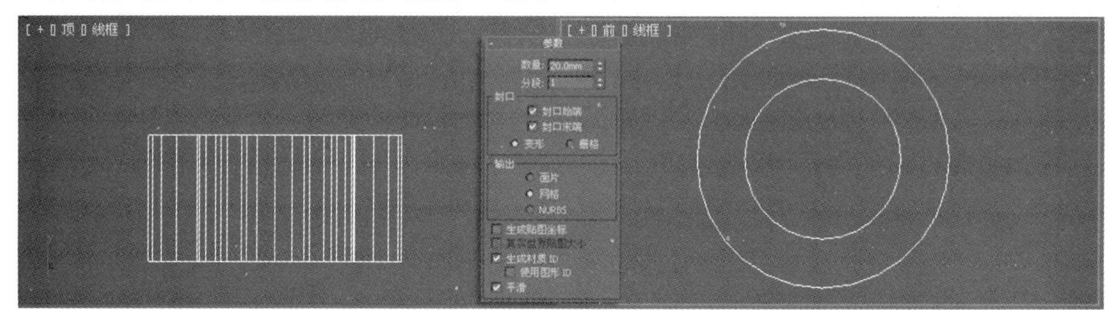

图6.33 挤出

12 按照上述的方法，绘制一个大小为140mm×260mm的参考矩形，然后单击 线 按钮，在前视图中绘制一条闭合的曲线，然后设置挤出值为20mm，命名为“装饰架D”，如图6.34所示。

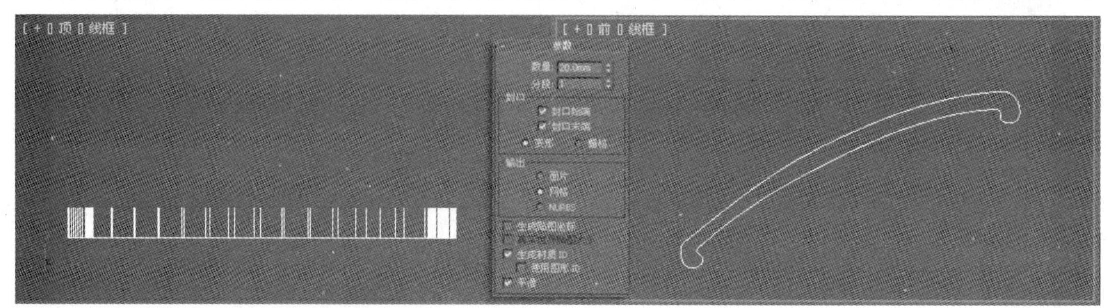

图6.34 挤出

13 单击 圆柱体 按钮，在左视图中创建一个圆柱体，命名为“装饰架E”，设置其参数，如图6.35所示。

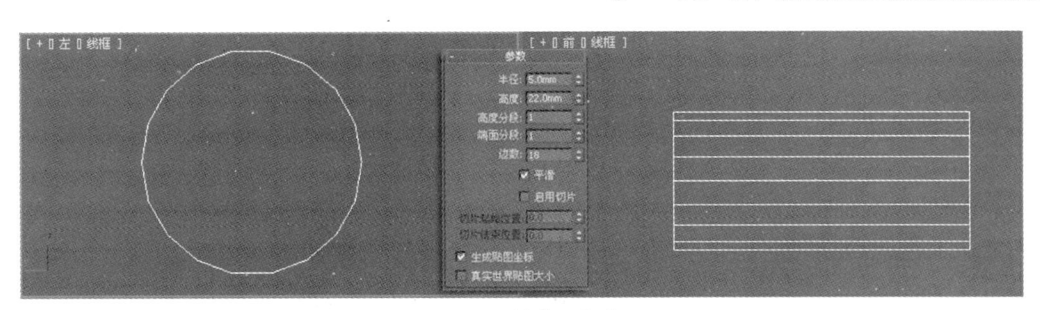

图6.35　创建圆柱体

14 按住Shift键，再用“移动工具”将“装饰架E”复制一个，并在视图中调整造型的位置，效果如图6.36所示。

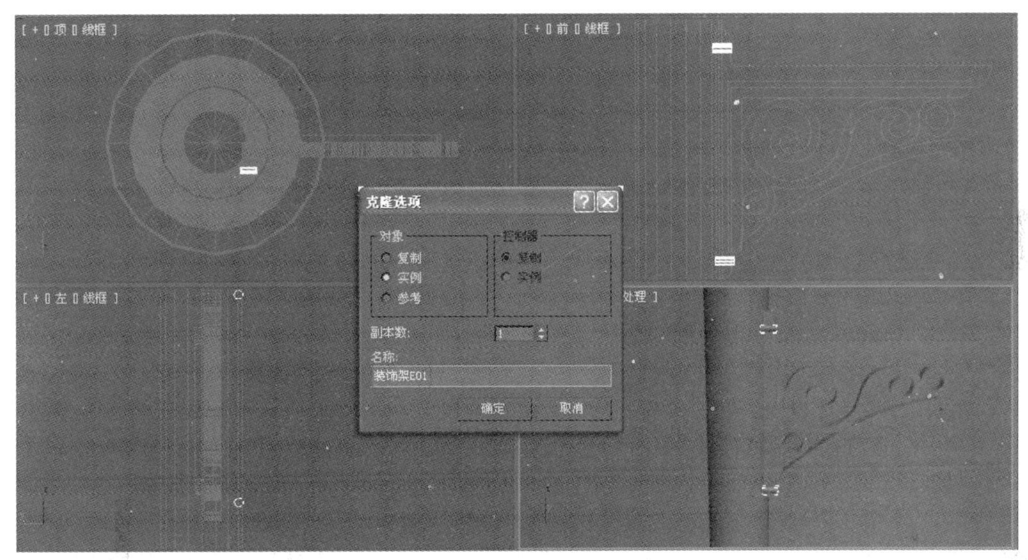

图6.36　复制

15 单击 矩形 按钮，在前视图中绘制一个大小为135mm×190mm的参考矩形，然后单击 线 按钮，在前视图中绘制一条曲线，命名为“灯”，如图6.37所示。

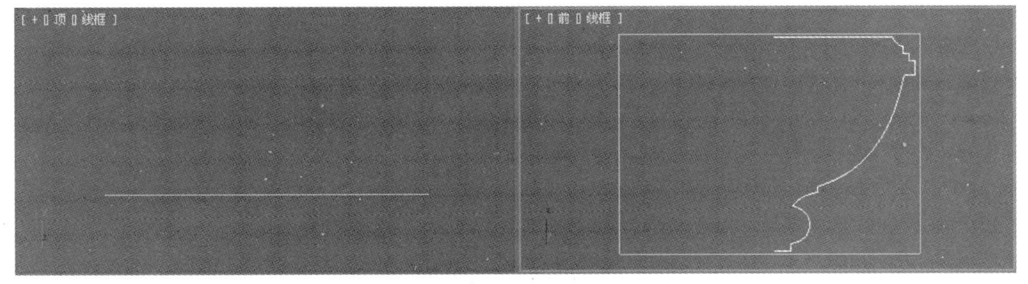

图6.37　绘制曲线

16 在修改器列表中选择【车削】命令，设置其参数如图6.38所示。

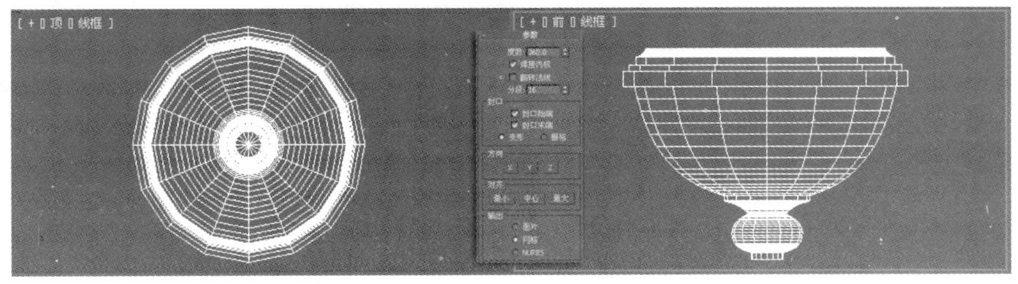

图6.38　车削

17 单击 矩形 按钮，在前视图中绘制一个大小为18mm×230mm的参考矩形，然后单击 线 按钮，在前视图中绘制一条曲线，命名为“灯A”，如图6.39所示。

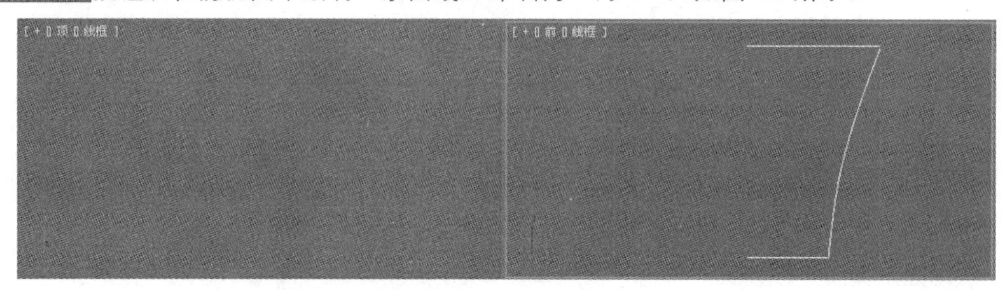

图6.39 绘制曲线

18 在视图中选中“灯A”，然后在修改器列表中选择【车削】命令，设置具体参数，如图6.40所示。

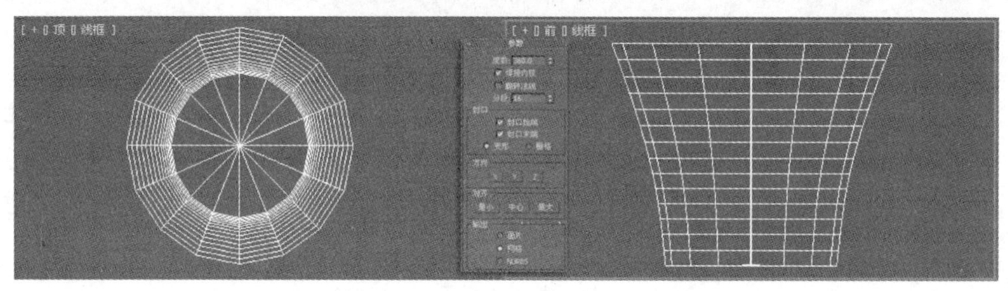

图6.40 车削

19 单击 线 按钮，在前视图中沿着“灯A”的左边，绘制一条闭合的曲线，命名为“灯架”，效果如图6.41所示。

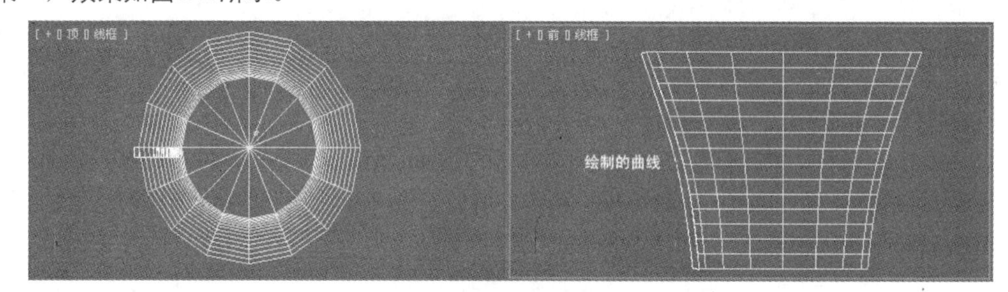

图6.41 绘制闭合曲线

20 在视图中选中“灯架”，然后在修改器列表中选择【挤出】命令，设置其参数，如图6.42所示。

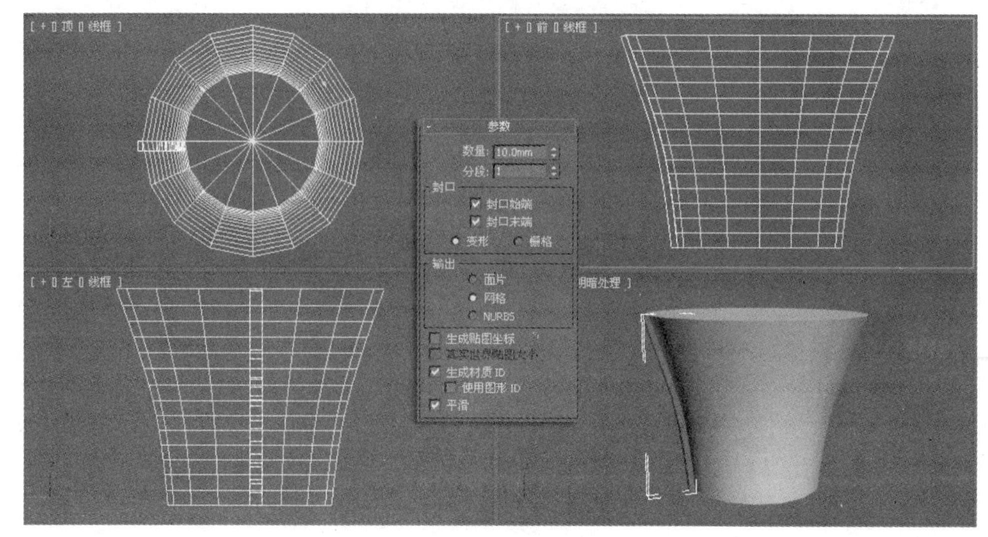

图6.42 挤出

21 在视图中选中“灯架”，然后单击工具栏中【镜像】按钮，将“灯架”进行镜像，设置其参数，如图6.43所示。

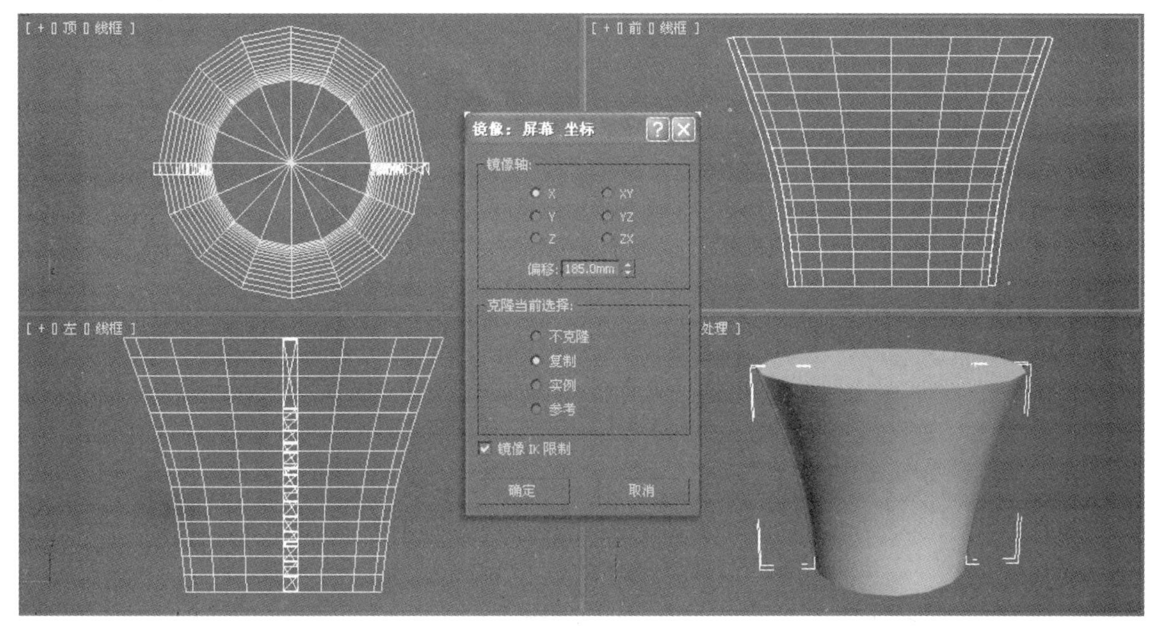

图6.43　镜像

22 激活工具栏中【角度捕捉切换】按钮，然后单击鼠标右键，在弹出的【栅格和捕捉设置】对话框中，将【角度】设置为90，如图6.44所示。

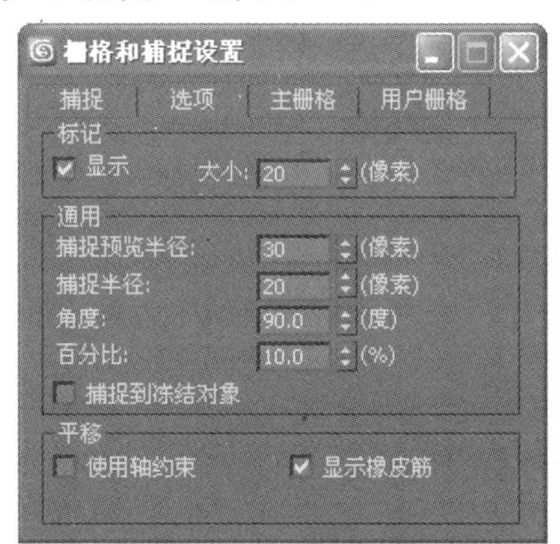

图6.44　角度捕捉设置

23 在视图中选中图6.45所示的物体。

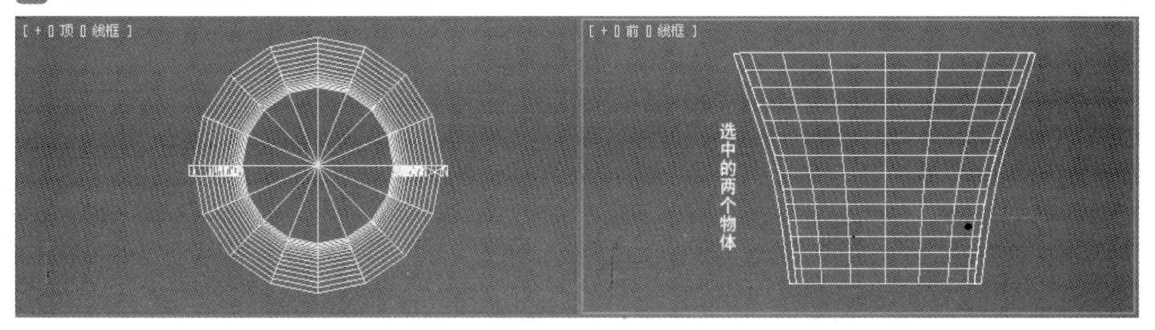

图6.45　选中的物体

24 按住Shift键，同时使用“旋转工具”将“灯架”旋转复制一个，如图6.46所示。

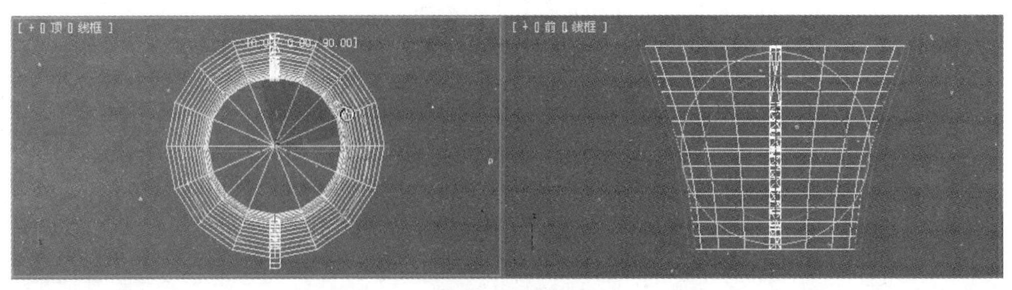

图6.46　旋转复制

25 单击矩形按钮，在前视图中绘制一个大小为200mm×290mm的矩形，然后单击线按钮，在顶视图中绘制一条曲线，命名为“灯A”，如图6.47所示。

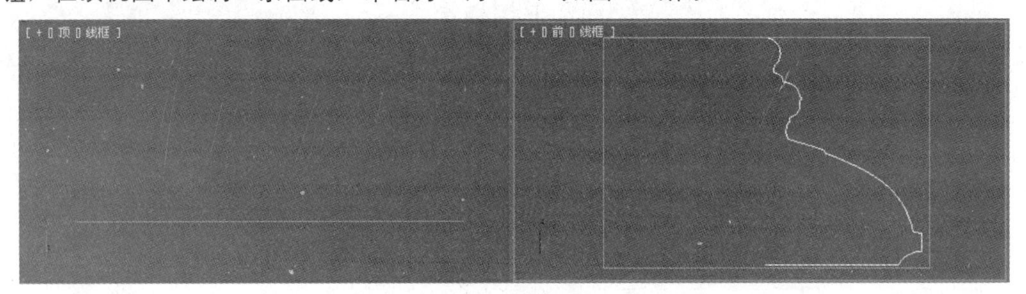

图6.47　绘制曲线

26 确认“灯A”还处于选中的状态，在修改器列表中选择【车削】命令，设置参数，如图6.48所示。

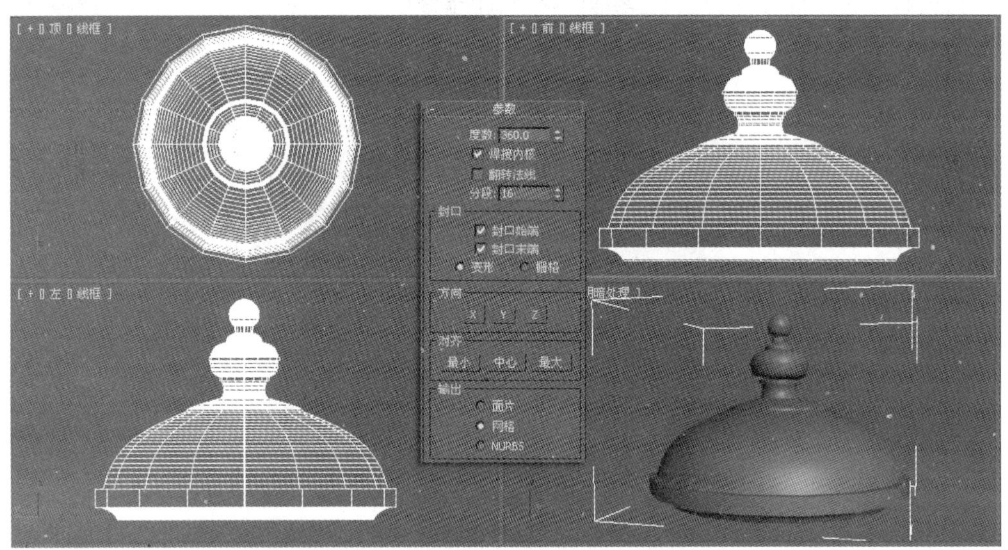

图6.48　车削

27 单击矩形按钮，在前视图中绘制一个大小为330mm×150mm的参考矩形，然后单击线按钮，在前视图中绘制一条曲线，命名为“顶”，如图6.49所示。

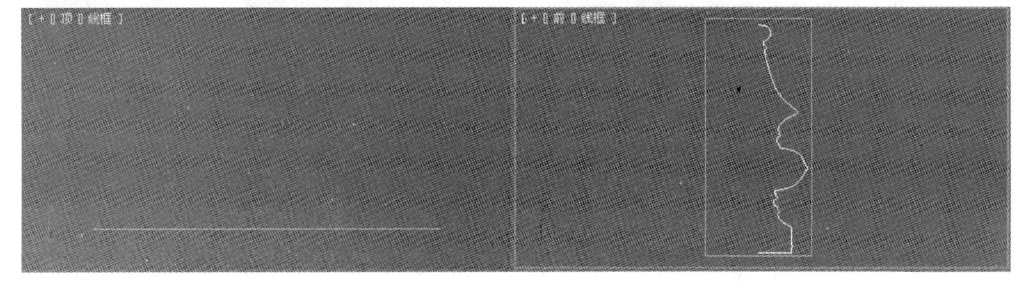

图6.49　绘制曲线

28 在视图中选中“顶”，然后在修改器列表中选择【车削】命令，设置其参数，如图6.50所示。

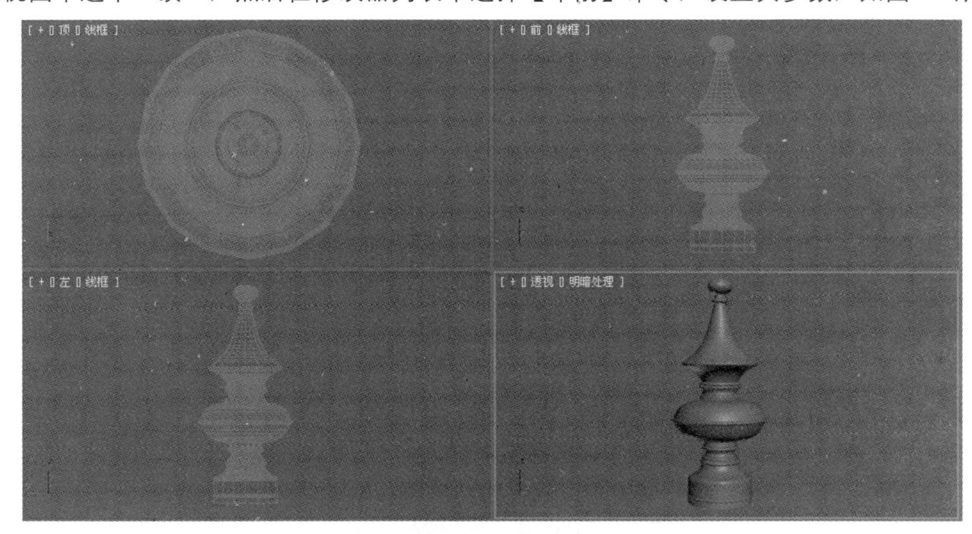

图6.50 车削

29 至此，“欧式路灯”已经全部制作完成。模型的最终效果如图6.51所示。

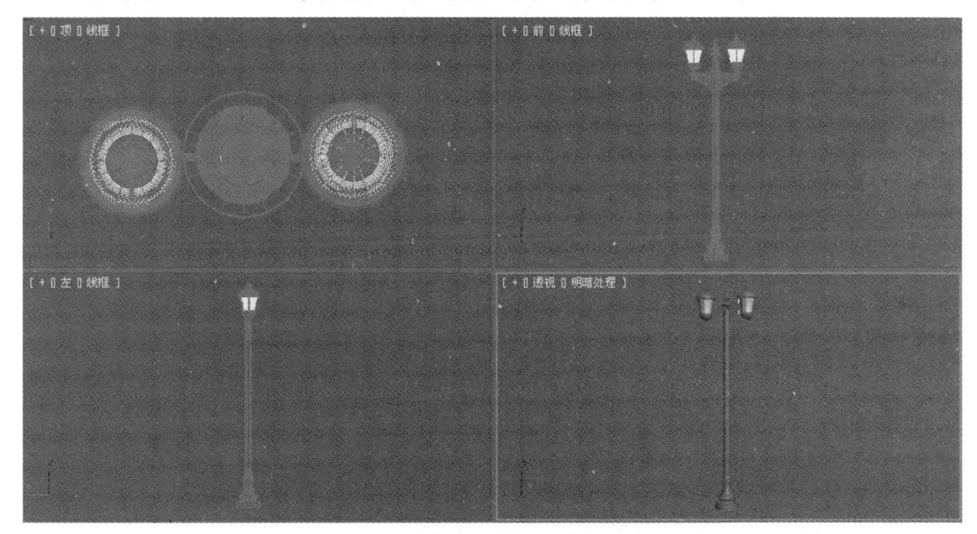

图6.51 模型效果

30 在快速访问工具栏中单击【保存】按钮，将文件进行保存。

6.3 草坪灯

本例通过对圆柱体、圆锥体和线等运用【车削】等命令来学习草坪灯的制作。草坪灯效果如图6.52所示。

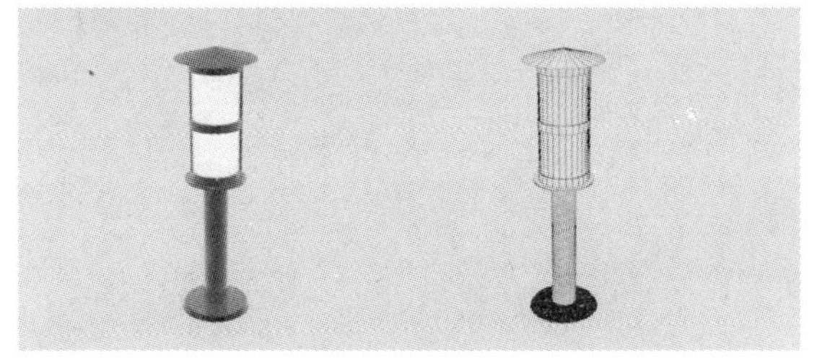

图6.52 草坪灯

01 在桌面上双击图标，打开3ds Max 2012中文版应用程序。

02 在菜单栏中选择【自定义】/【单位设置】命令，在弹出的【单位设置】对话框中将【单位】设置为【毫米】，如图6.53所示。

03 单击 矩形 按钮，在前视图中绘制一个大小为17mm×190mm的参考矩形，然后单击 线 按钮，在前视图中绘制一条曲线，命名为“底”，如图6.54所示。

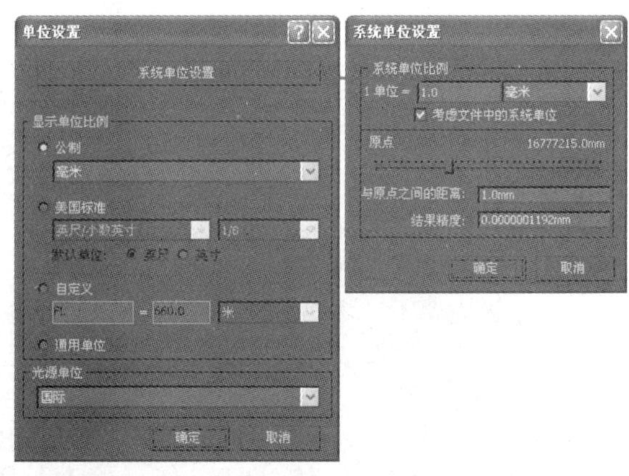

图6.53 单位设置

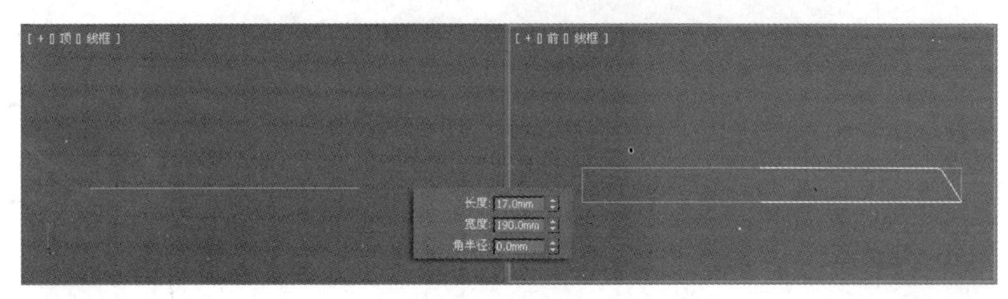

图6.54 绘制曲线

04 将参考矩形删除。在视图中选中“底”，然后在修改器列表中选择【车削】命令，设置其参数，如图6.55所示。

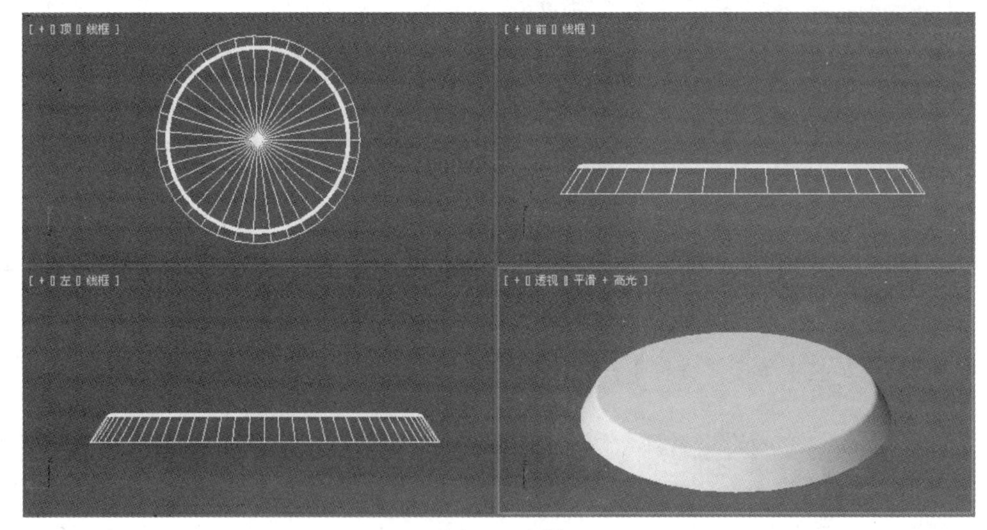

图6.55 车削

05 单击 圆柱体 按钮，在顶视图中创建一个圆柱体，命名为“灯柱”，设置其参数，如图6.56所示。

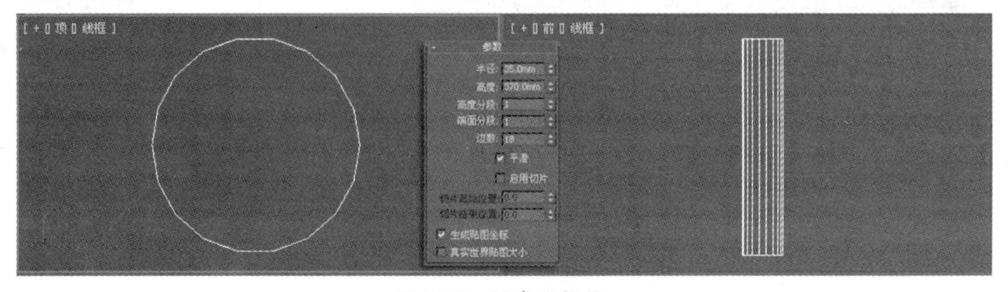

图6.56 创建圆柱体

06 确认“灯柱”还处于选中的状态，单击鼠标右键，在弹出的快捷菜单中选择【转换为】/【转换为可编辑多边形】命令，如图6.57所示。

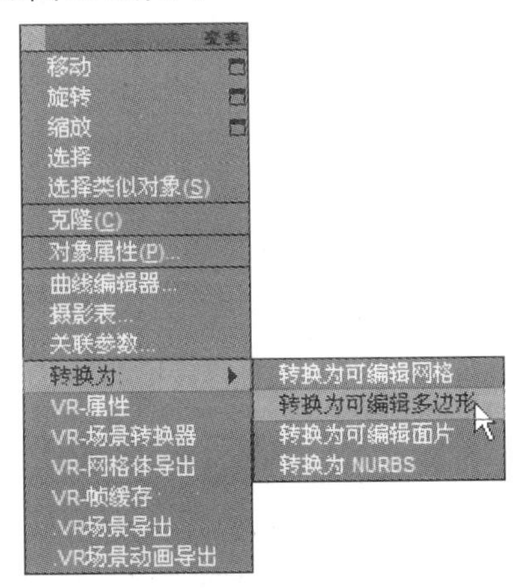

图6.57 转换为可编辑多边形

07 在修改器堆栈中激活【多边形】子对象，然后在视图中选中图6.58所示的多边形。

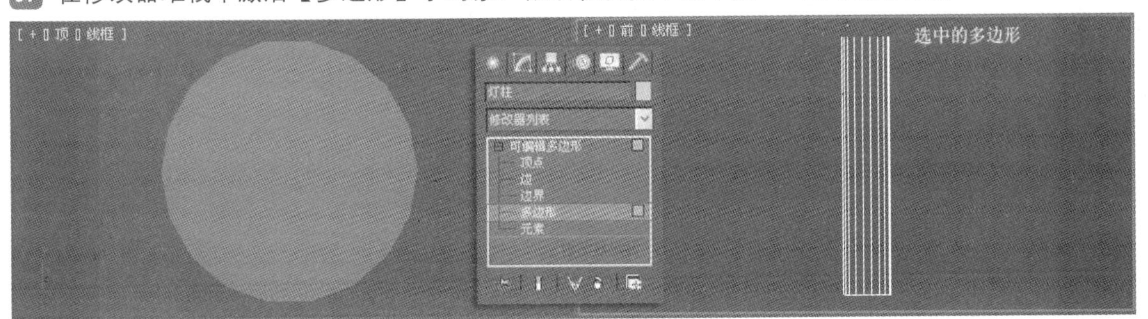

图6.58 选中多边形

08 在【编辑多边形】卷展栏中单击 倒角 按钮，设置其参数，如图6.59所示。

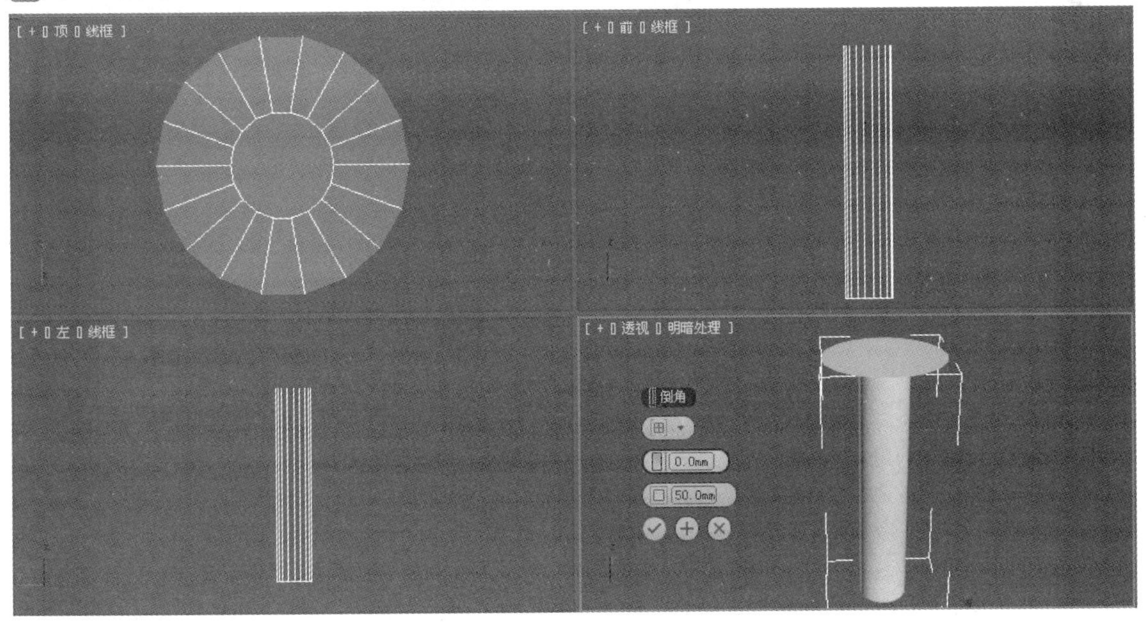

图6.59 倒角

09 在【编辑多边形】卷展栏中单击 挤出 按钮，设置其参数，如图6.60所示。

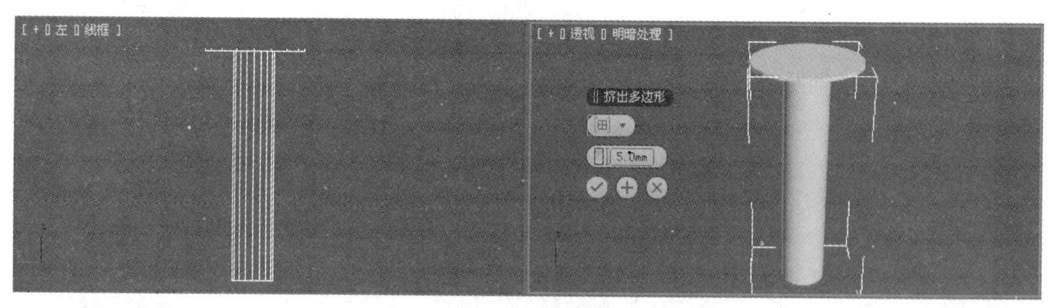

图6.60 挤出

10 单击 管状体 按钮，在顶视图中创建一个管状体，命名为“装饰”，设置其参数，如图6.61所示。

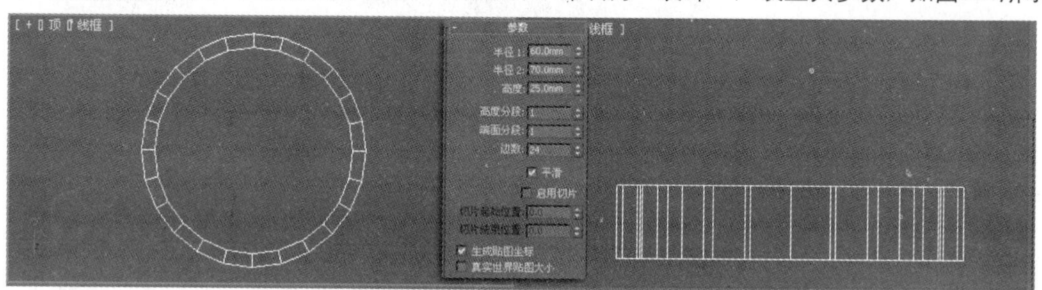

图6.61 创建管状体

11 在视图中调整造型的位置，效果如图6.62所示。

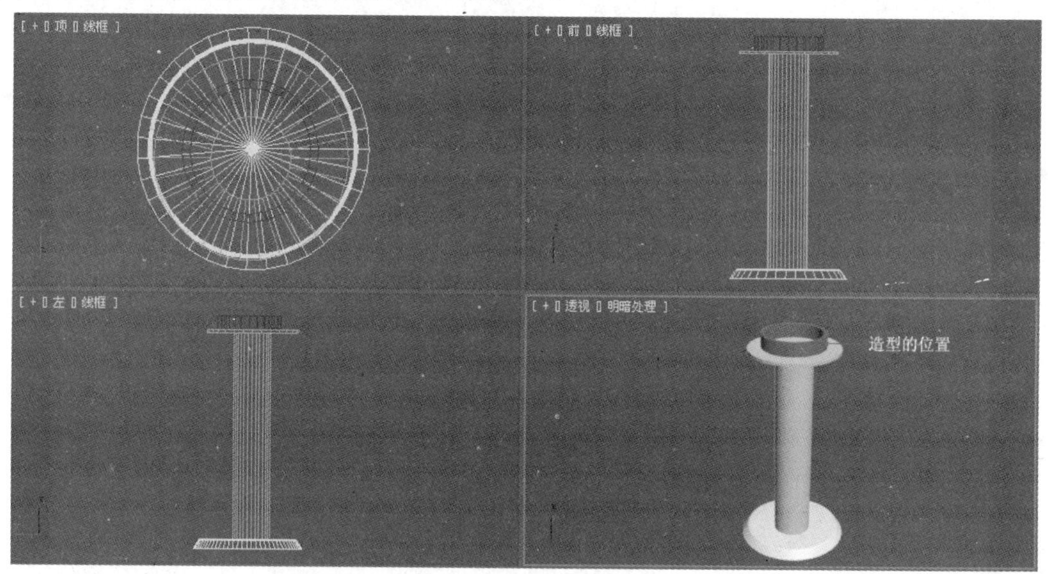

图6.62 调整造型的位置

12 单击 管状体 按钮，在顶视图中创建一个管状体，命名为“灯管”，设置其参数，如图6.63所示。

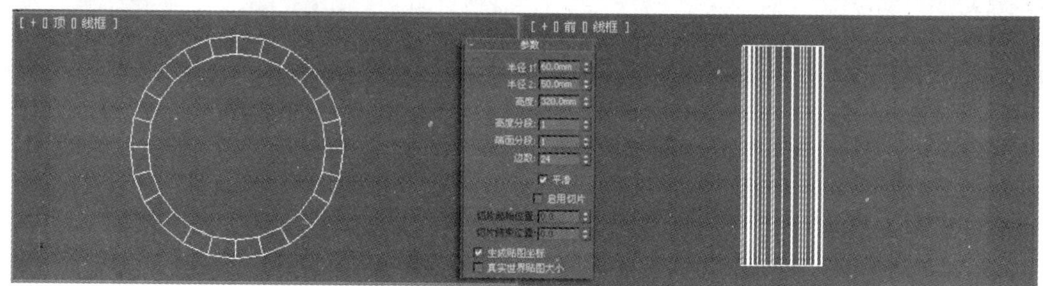

图6.63 创建管状体

13 在视图中选中“装饰”，按住Shift键，同时使用“移动工具”将“装饰”复制2个，效果如图

6.64所示。

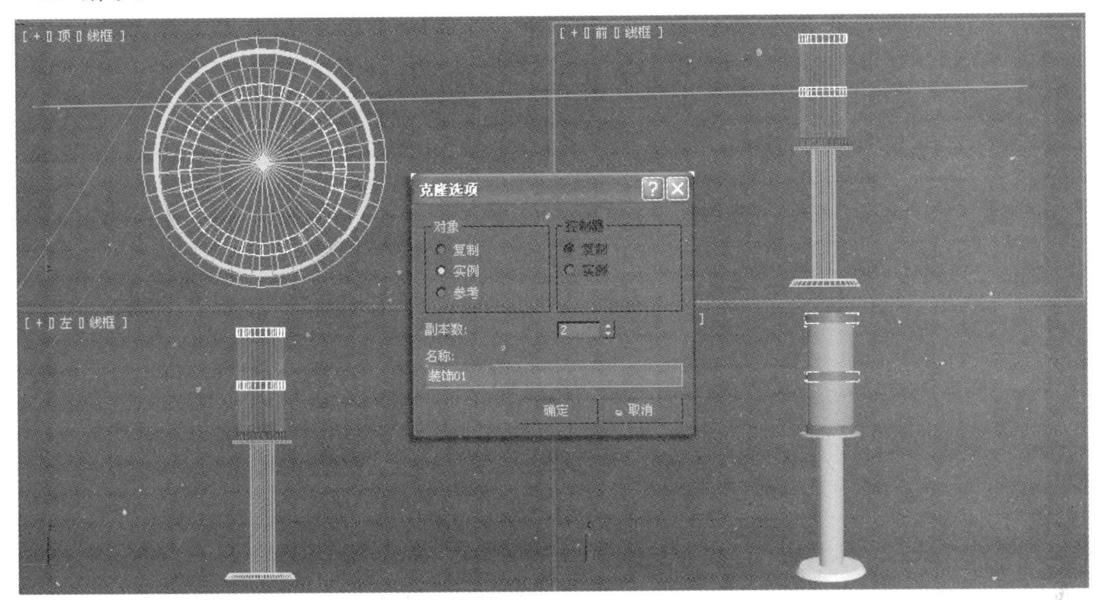

图6.64　复制

14 单击 圆柱体 按钮，在顶视图中创建一个圆柱体，命名为“支架”，设置其参数，如图6.65所示。

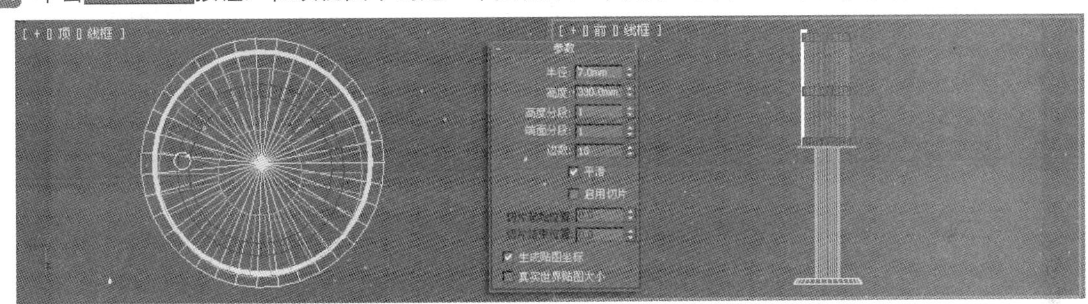

图6.65　创建圆柱体

15 在视图中选中“支架”，然后按住Shift键，使用“移动工具”将“支架”复制一个，如图6.66所示。

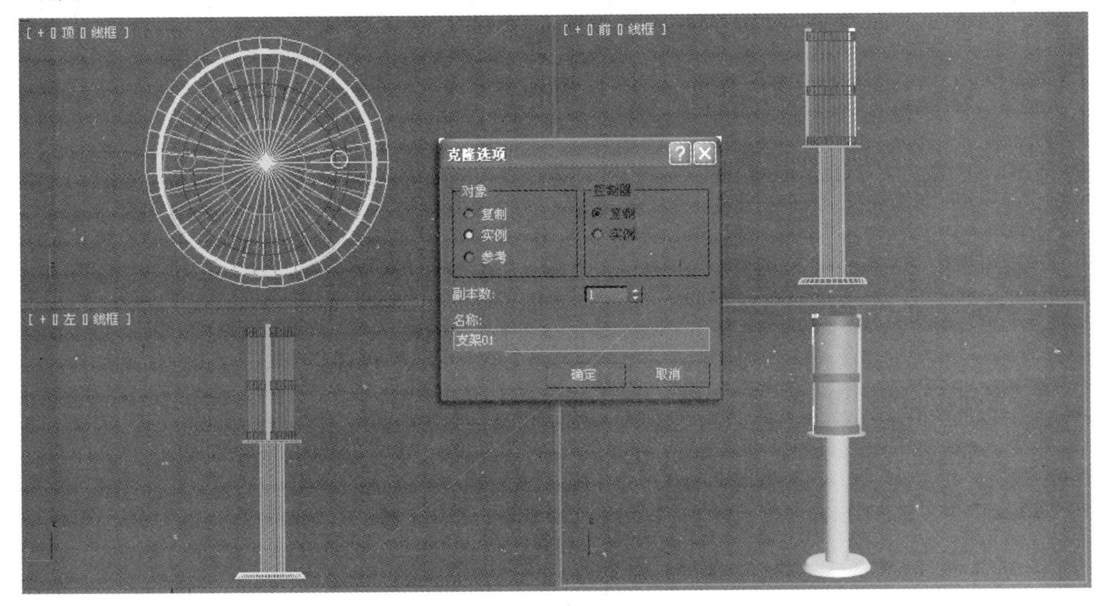

图6.66　复制

16 单击 圆锥体 按钮，在顶视图中创建一个圆锥体，命名为“顶”，设置其参数，如图6.67所示。

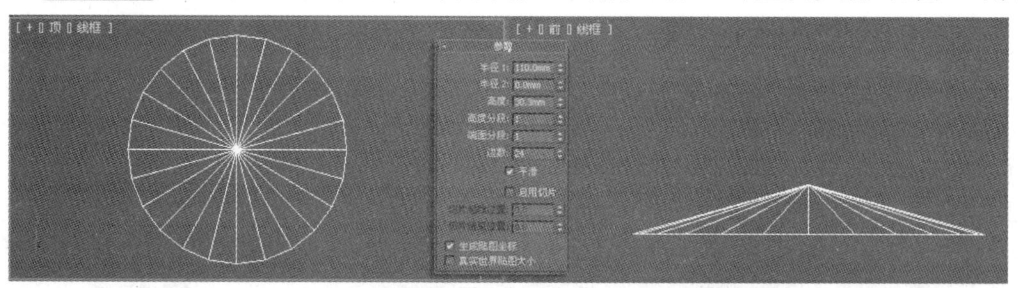

图6.67 创建圆锥体

17 在视图中调整各造型的位置，效果如图6.68所示。

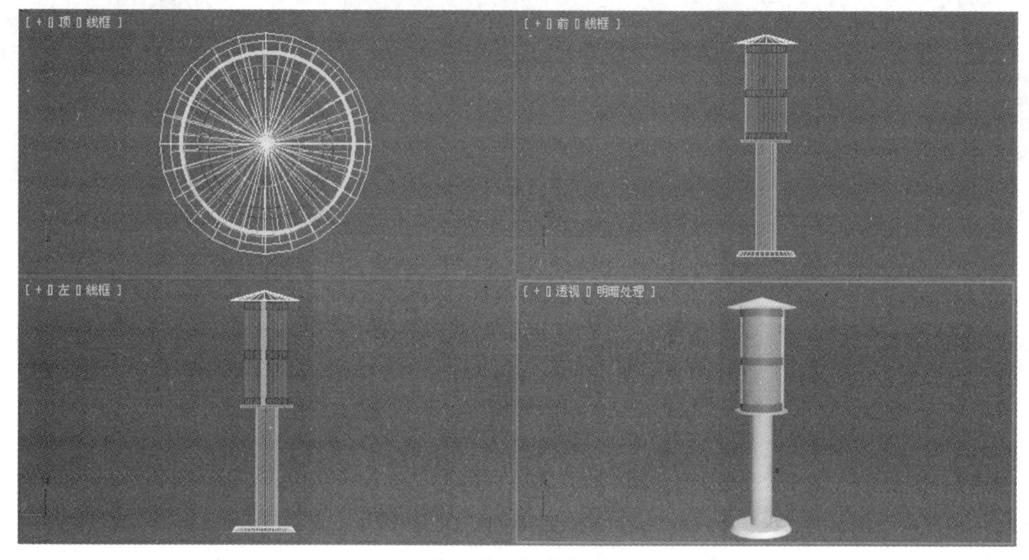

图6.68 造型效果

18 至此，“草坪灯”的模型已经全部制作完成。在快速访问工具栏中单击【保存】按钮，将文件进行保存。

6.4 木座椅

本例主要介绍木座椅的创建方法，主要针对前面学习的创建造型的方法进行简单的综合运用。木座椅效果如图6.69所示。

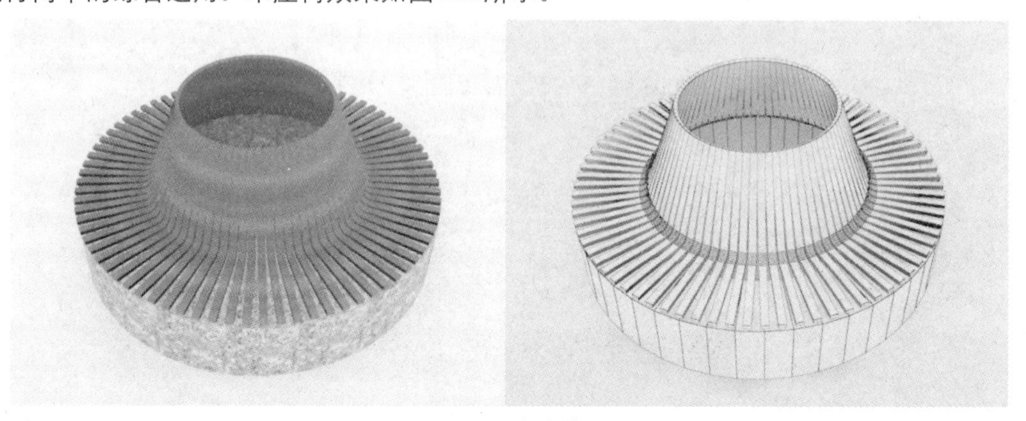

图6.69 木座椅

01 在桌面上双击图标，打开3ds Max 2012中文版应用程序。

02 在菜单栏中选择【自定义】/【单位设置】命令，在弹出的【单位设置】对话框中将【单位】设置为【毫米】，如图6.70所示。

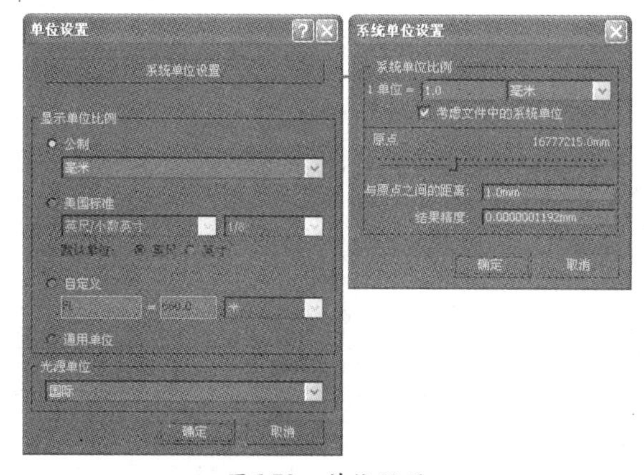

图6.70　单位设置

03 单击 管状体 按钮，在顶视图中创建一个管状体，命名为“底”，设置其参数如图6.71所示。

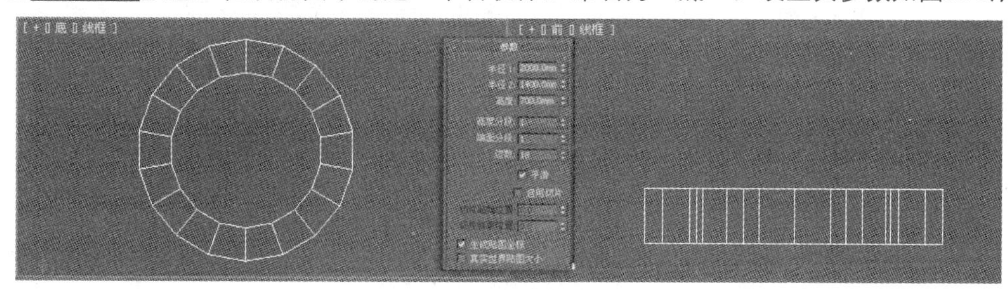

图6.71　创建管状体

04 单击 矩形 按钮，在前视图中创建一个大小为145mm×1375mm的参考矩形，然后单击 线 按钮，在前视图中绘制一条线，将其转换为可编辑样条线，在【几何体】卷展栏中设置【轮廓】值为50mm，如图6.72所示。

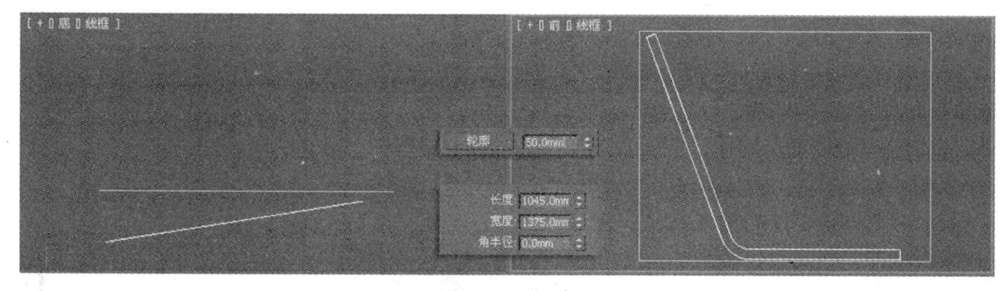

图6.72　轮廓

05 将绘制的曲线命名为“木条”，然后在修改器列表中选择【挤出】命令，设置其参数，如图6.73所示。

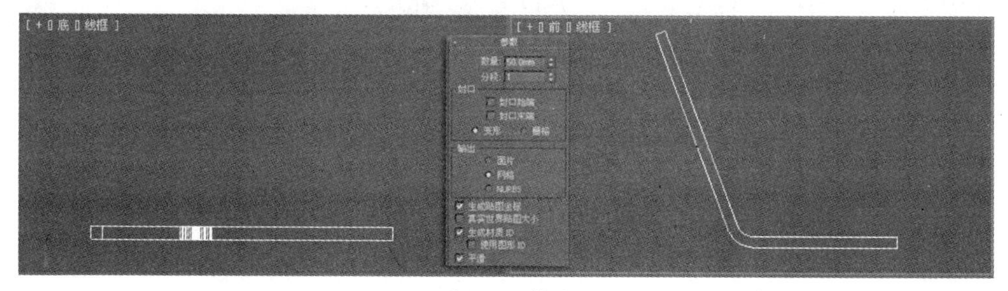

图6.73　挤出

06 单击【层级】按钮，然后在【调整轴】窗口中单击仅影响轴按钮，接着单击居中到对象按钮，如图6.74所示。

07 激活工具栏中【移动】工具，将坐标轴移动到“底”的中心，如图6.75所示。

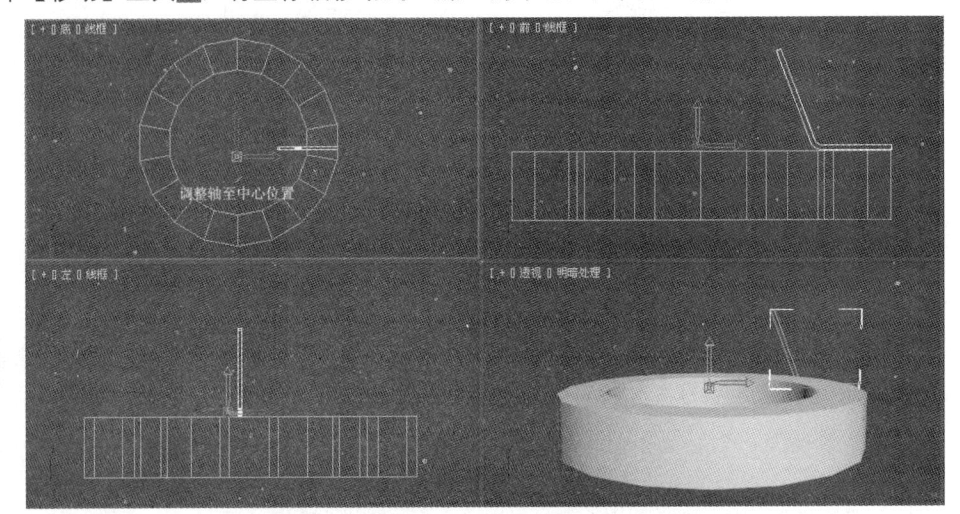

图6.74 调整轴

图6.75 调整轴

08 在菜单栏中选择【阵列】命令，在弹出的【阵列】对话框中设置参数，如图6.76所示。

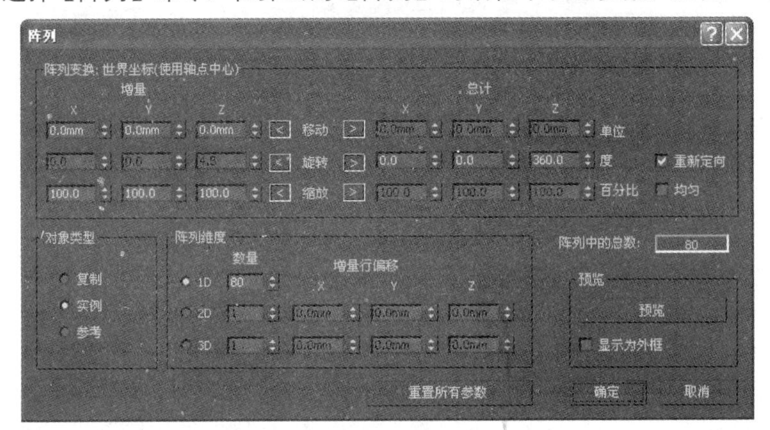

图6.76 设置参数

09 阵列后造型的效果如图6.77所示。

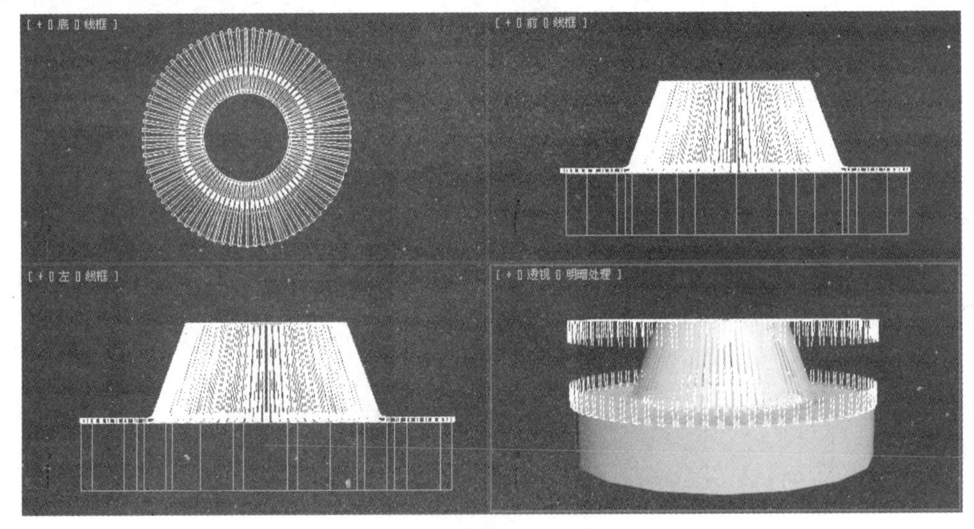

图6.77 阵列后的效果

10 至此，“木座椅”的模型已经全部制作完成，模型效果如图6.78所示。

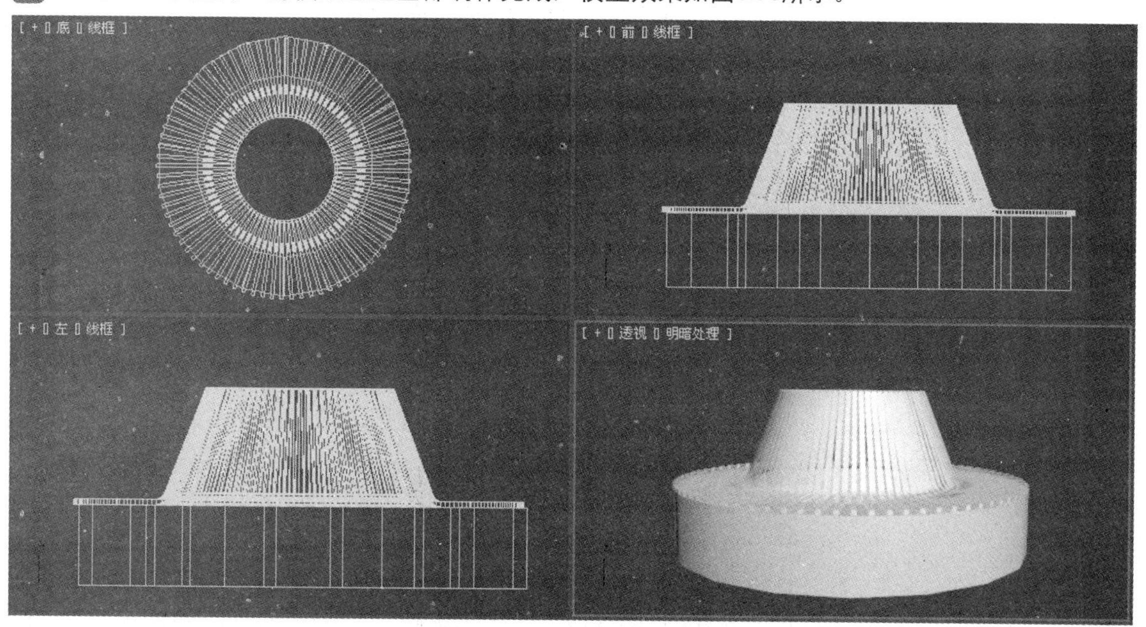

图6.78 模型效果

11 在快速访问工具栏中单击【保存】按钮，将文件进行保存。

6.5 遮阳伞

通过运用【挤出】和【锥化】等命令，学习遮阳伞的创建方法，模型效果如图6.79所示。

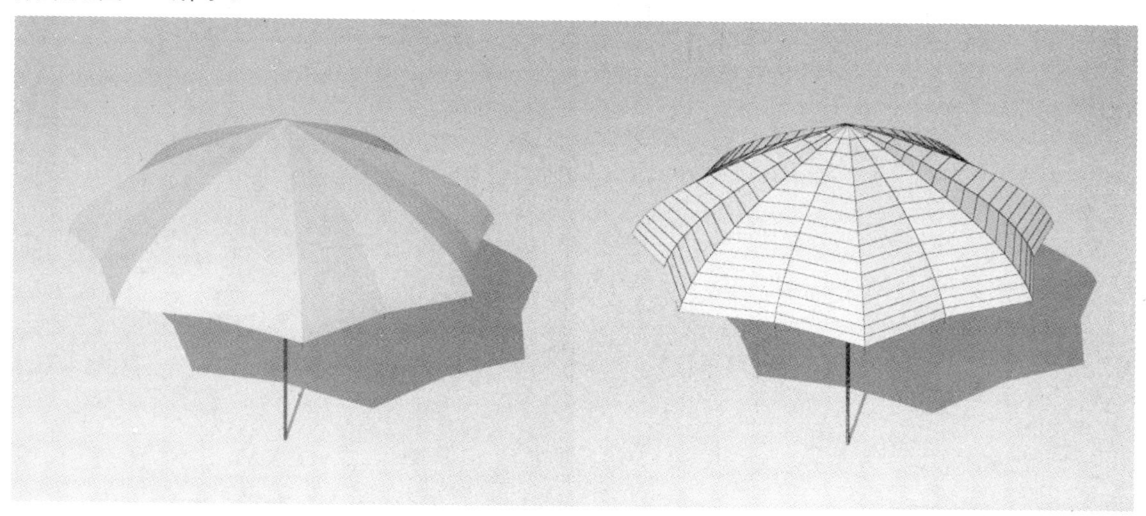

图6.79 遮阳伞

01 在桌面上双击图标，打开3ds Max 2012中文版应用程序。

02 在菜单栏中单击【自定义】/【单位设置】命令，在弹出的【单位设置】对话框中将【单位】设置为【毫米】，如图6.80所示。

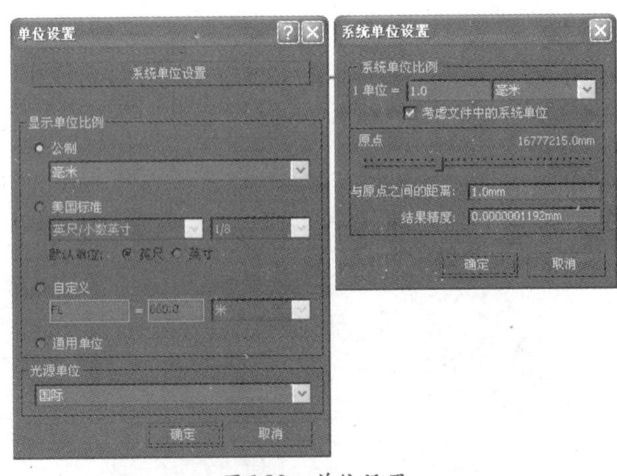

图6.80　单位设置

03 单击 星形 按钮，在顶视图中创建一个大小为3250mm×2850mm的星形，命名为“伞”，如图6.81所示。

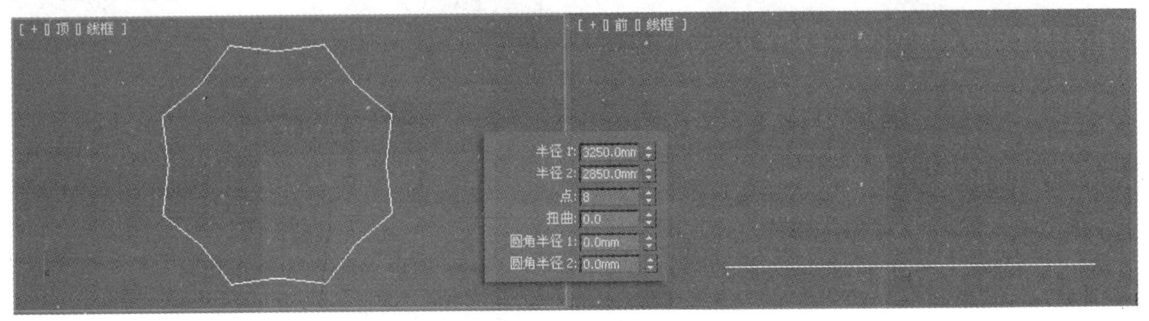

图6.81　　创建星形

04 确认“伞”还处于选中的状态，在修改器列表中选择【挤出】命令，设置其参数，如图6.82所示。

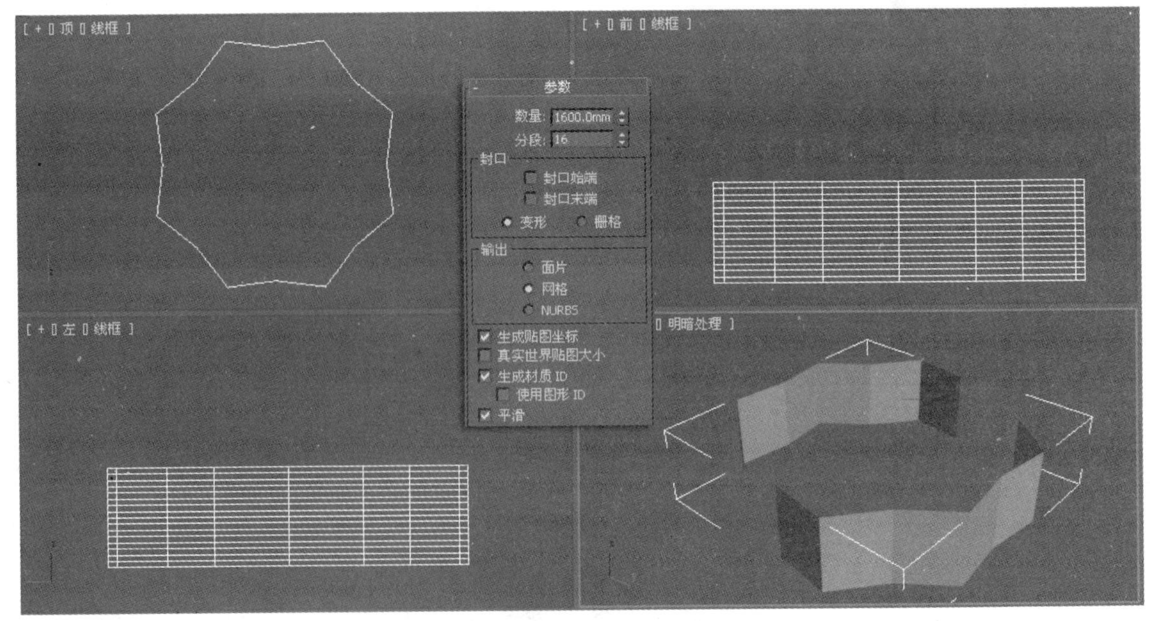

图6.82　挤出

05 在修改器列表中选择【锥化】命令，设置其参数，如图6.83所示。

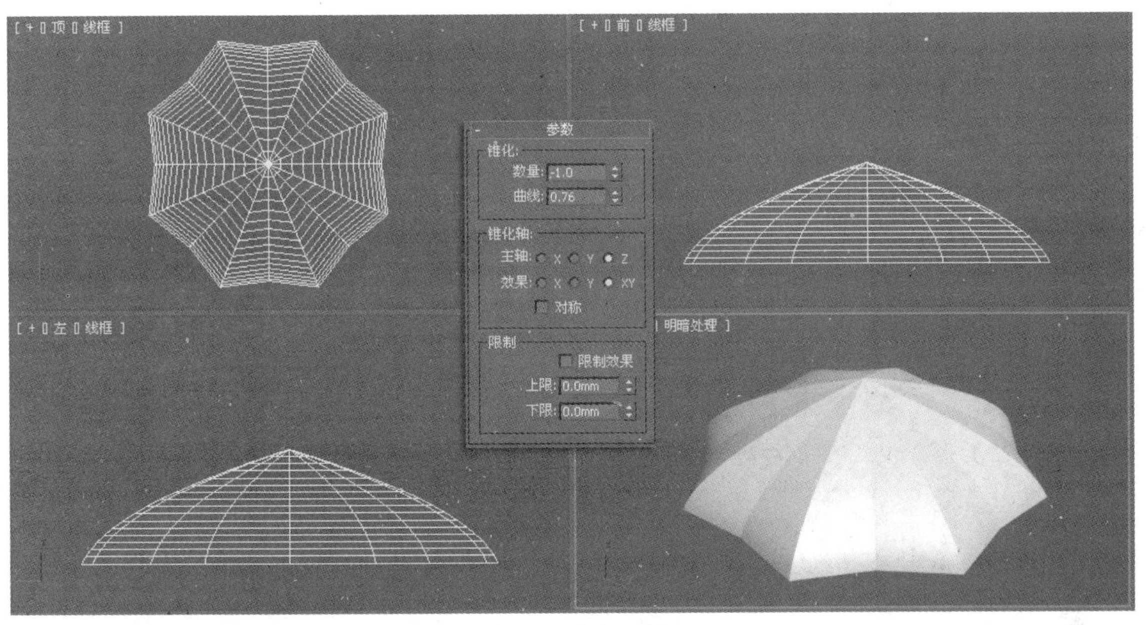

图6.83 参数设置

06 在修改器列表中选择【编辑多边形】命令，如图6.84所示。

07 在修改器堆栈中激活【边】子对象，如图6.85所示。

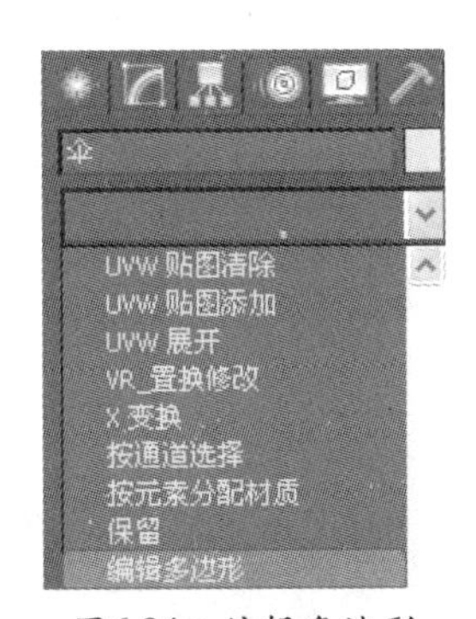

图6.84 编辑多边形

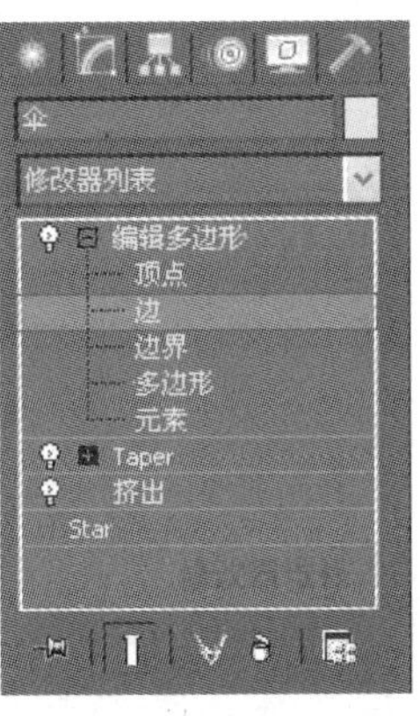

图6.85 修改器堆栈

08 在视图中选中图6.86所示的边。

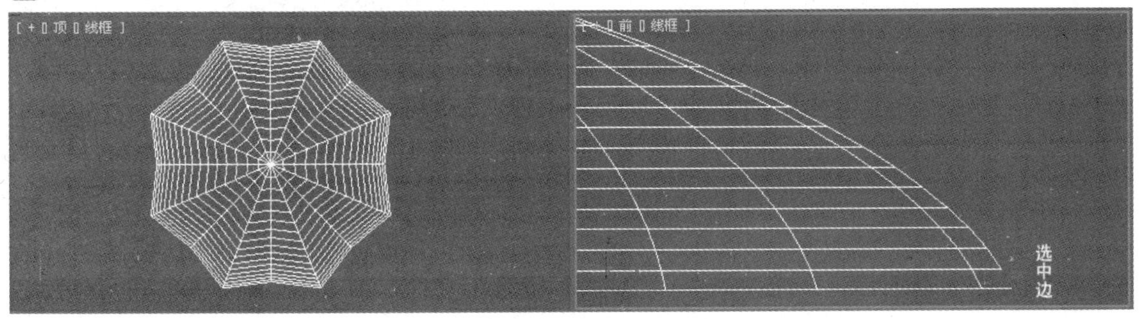

图6.86 选中边

09 在【选择】卷展栏中单击 循环 按钮，如图6.87所示。

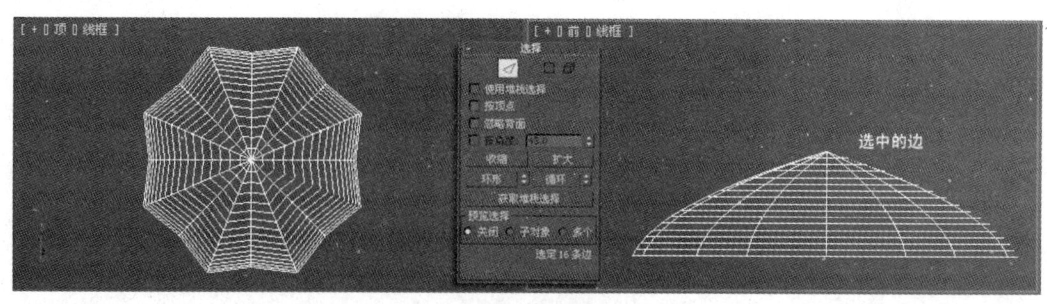

图6.87　选中的边

10 在【选择】卷展栏中单击 环形 按钮，选择环形后边的效果如图6.88所示。

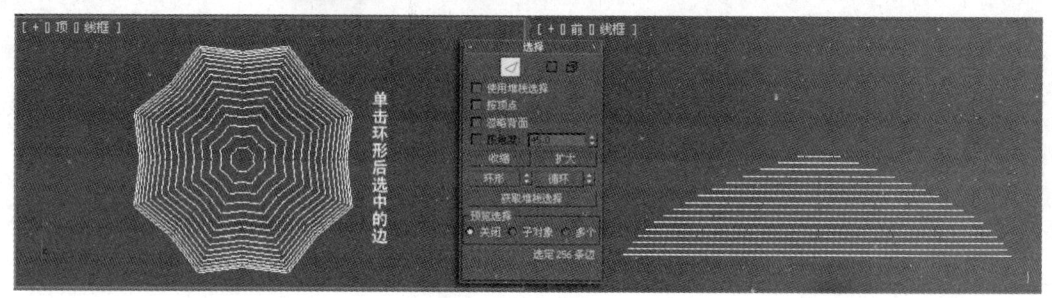

图6.88　选中的边

11 在【编辑边】卷展栏中单击 创建图形 后的□按钮，如图6.89所示。

图6.89　【编辑边】卷展栏

12 在弹出的【创建图形】对话框中单击 确定 按钮，如图6.90所示。

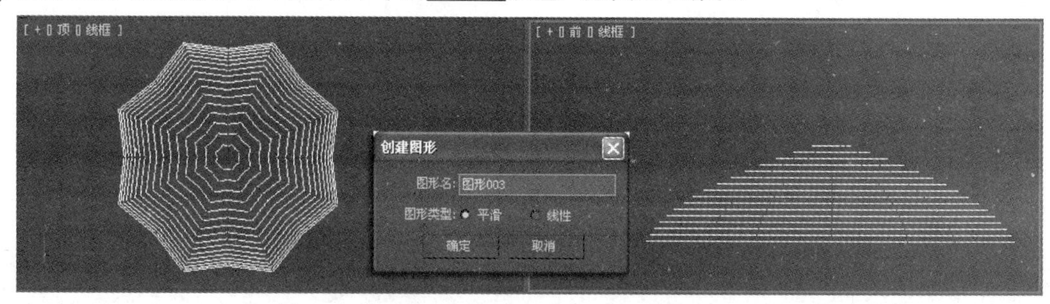

图6.90　【创建图形】对话框

13 在工具栏中激活【移动】工具，然后选中“图形003”，沿着Y轴向下移动，如图6.91所示。

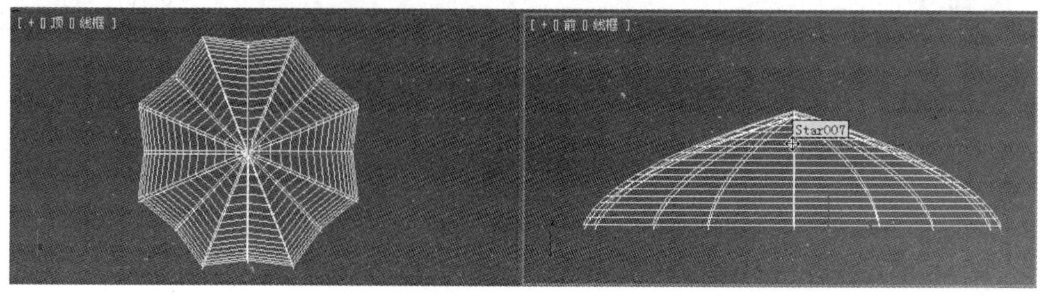

图6.91　移动

14 在【渲染】卷展栏下勾选【在渲染中启用】复选项和【在视口中启用】复选项，并设置【厚度】值为25mm，如图6.92所示。

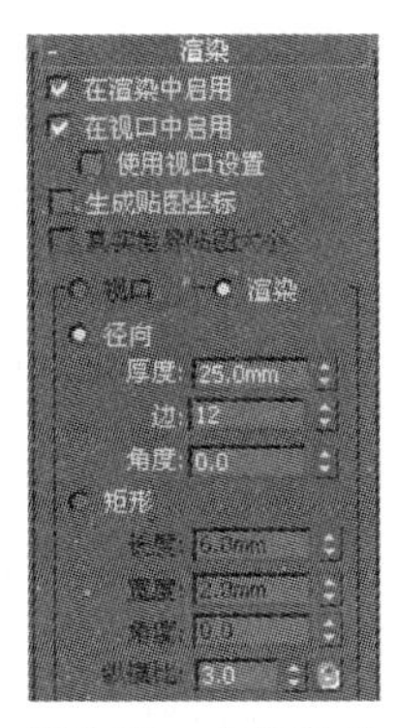

图6.92 参数设置

15 设置厚度后的效果如图6.93所示。

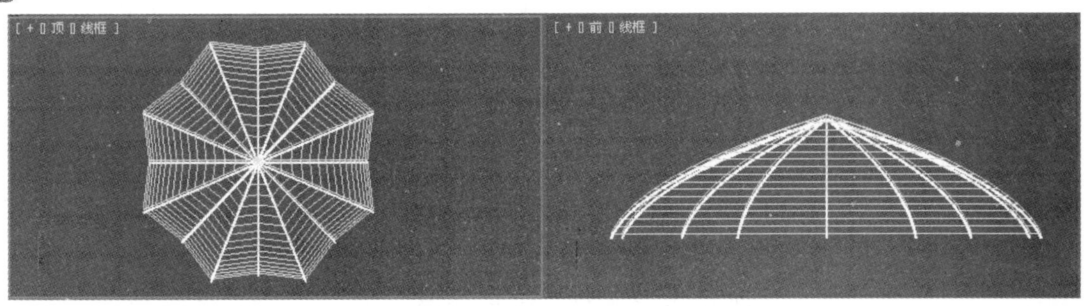

图6.93 设置厚度后的效果

16 单击 矩形 按钮，在左视图中绘制一个大小为1285mm×1935mm的参考矩形，然后单击 线 按钮，在前视图中绘制一条曲线，命名为“伞撑”，如图6.94所示。

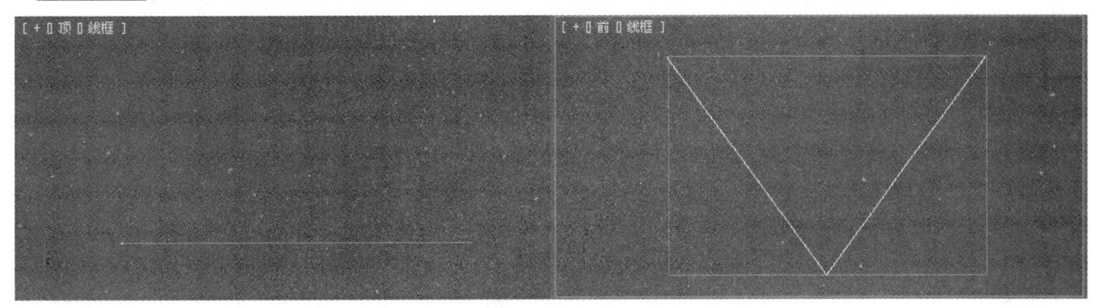

图6.94 绘制的曲线

17 确认“伞撑”还处于选中的状态，单击鼠标右键，将其转换为可编辑样条线。然后在【渲染】卷展栏中设置其参数，如图6.95所示。

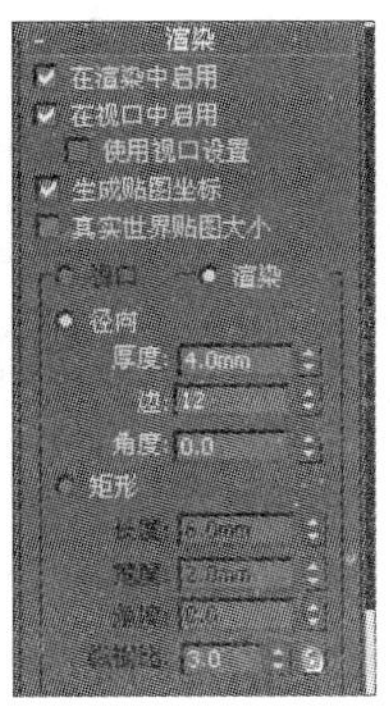

图6.95 参数设置

18 在工具栏中激活【角度捕捉切换】按钮，然后单击鼠标右键，在弹出的【栅格和捕捉设置】对话框中设置其参数，如图6.96所示。

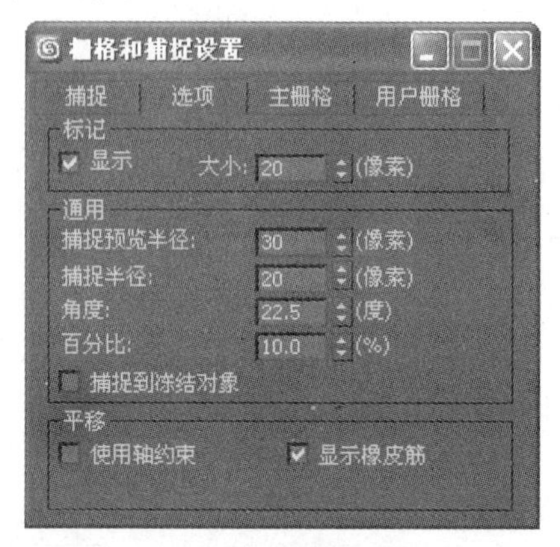

图6.96 参数设置

19 按住Shift键，同时用“旋转工具”在顶视图中旋转复制8个“伞撑”，如图6.97所示。

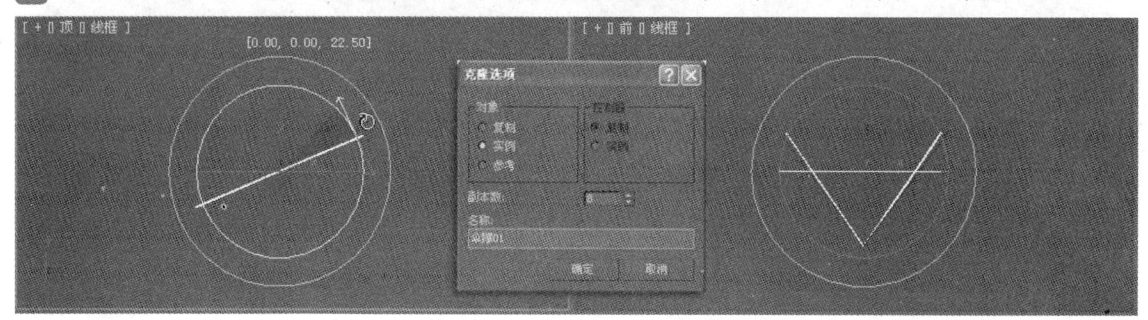

图6.97 复制

20 在视图中调整造型的位置，效果如图6.98所示。

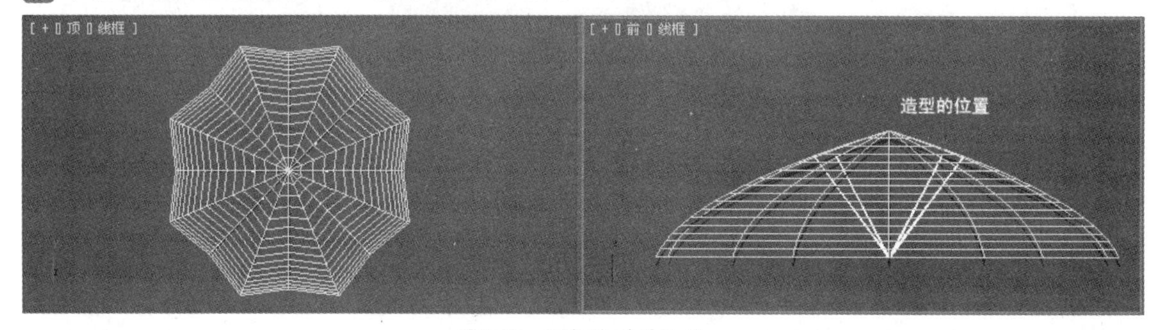

图6.98 调整造型的位置

21 单击 圆柱体 按钮，在顶视图中创建一个圆柱体，命名为“支架”，设置其参数，如图6.99所示。

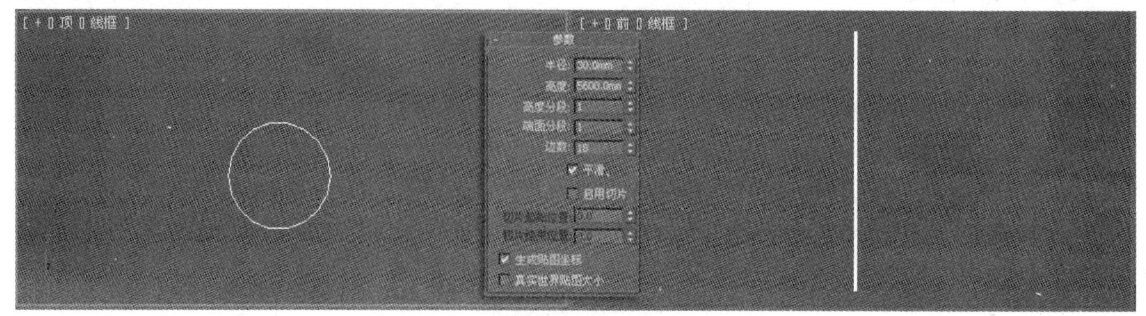

图6.99 创建圆柱体

22 至此，“遮阳伞”已经全部制作完成，最终效果如图6.100所示。

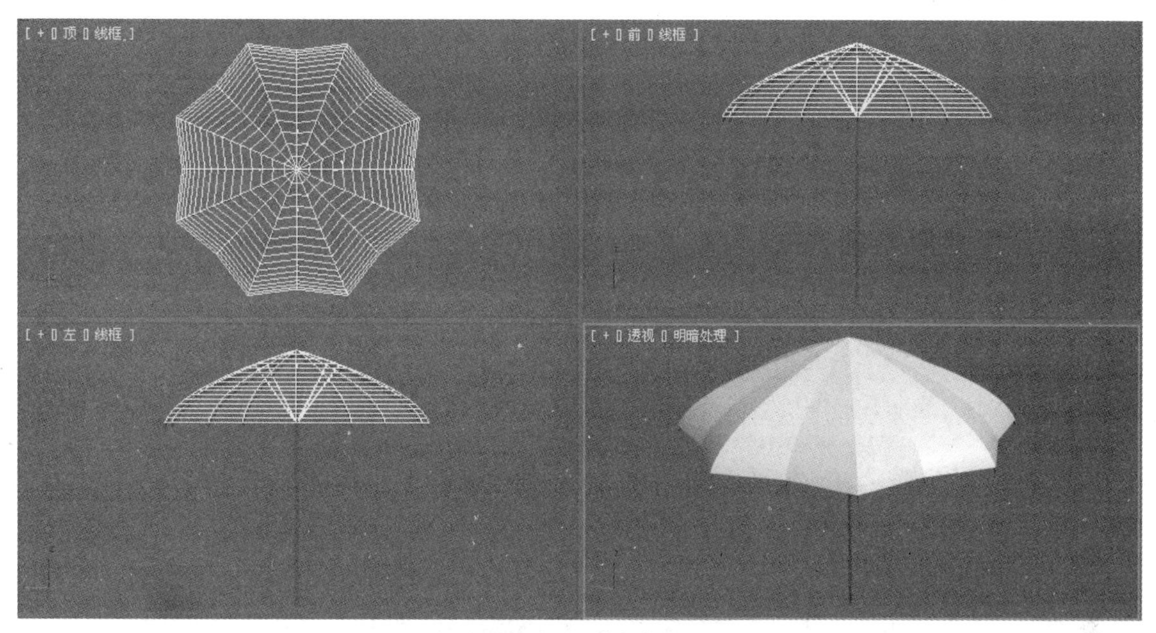

图6.100　最终效果

23 在快速访问工具栏中单击【保存】按钮，将文件进行保存。

6.6 花坛

本例通过【车削】和【锥化】等命令，学习花坛的制作。模型创建完成效果如图6.101所示。

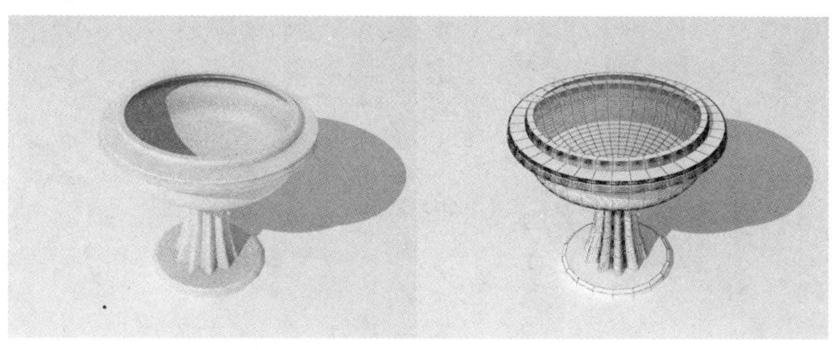

图6.101　花坛

01 在桌面上双击图标，打开3ds Max 2012中文版应用程序。

02 在菜单栏中选择【自定义】/【单位设置】命令，在弹出的【单位设置】对话框中将【单位】设置为【毫米】，如图6.102所示。

03 单击 圆柱体 按钮，在顶视图中创建一个圆柱体，命名为“底”，设置具体参数，如图6.103所示。

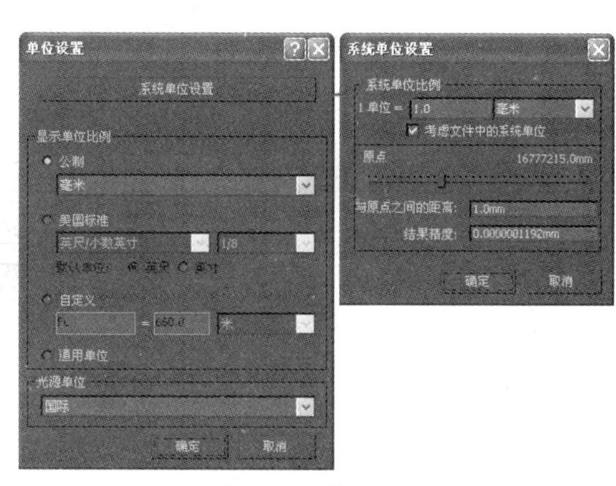

图6.102　单位设置

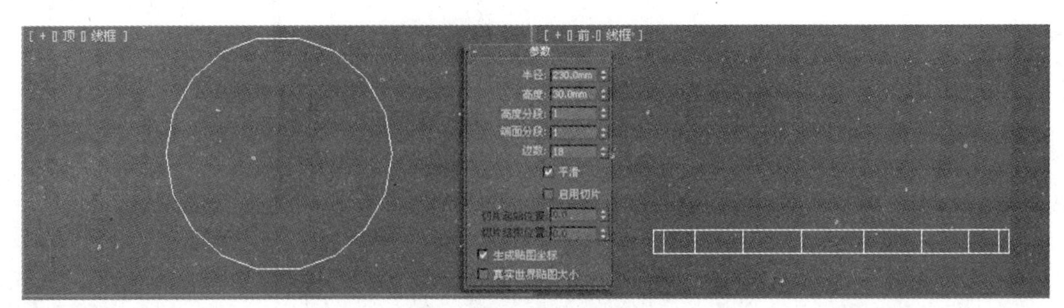

图6.103　创建圆柱体

04 在视图中选中“底”，单击鼠标右键，将其转换为可编辑多边形，然后激活【多边形】子对象，在视图中选中图6.104所示的多边形。

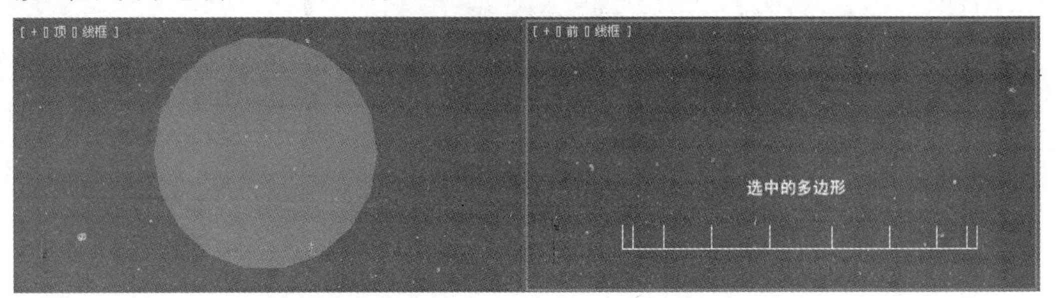

图6.104　选中多边形

05 在【编辑几何体】卷展栏中单击 倒角 按钮，设置其参数，如图6.105所示。

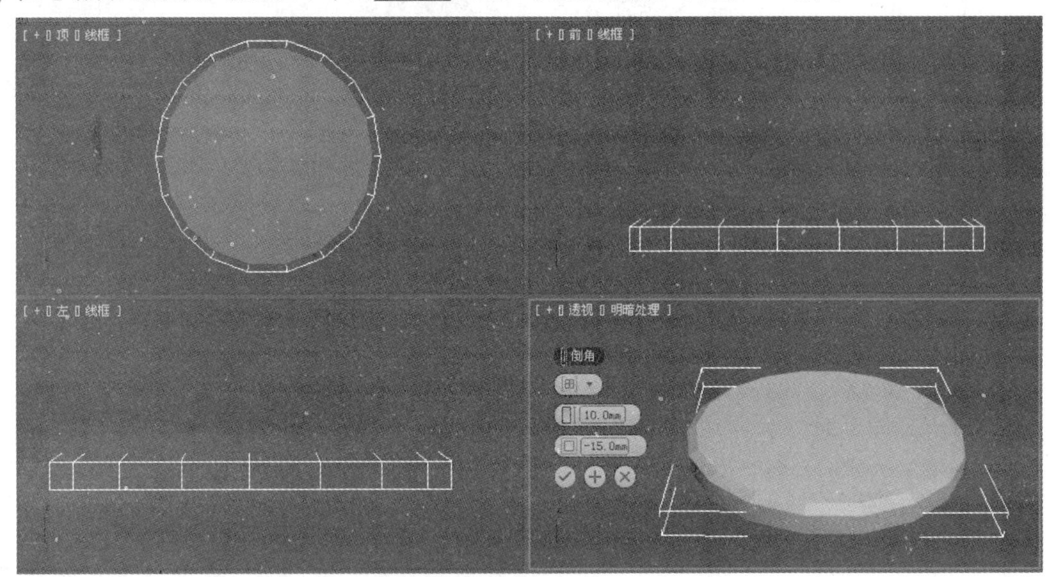

图6.105　倒角

06 单击 星形 按钮，在顶视图中绘制一个星形，命名为“花架”，设置其参数，如图6.106所示。

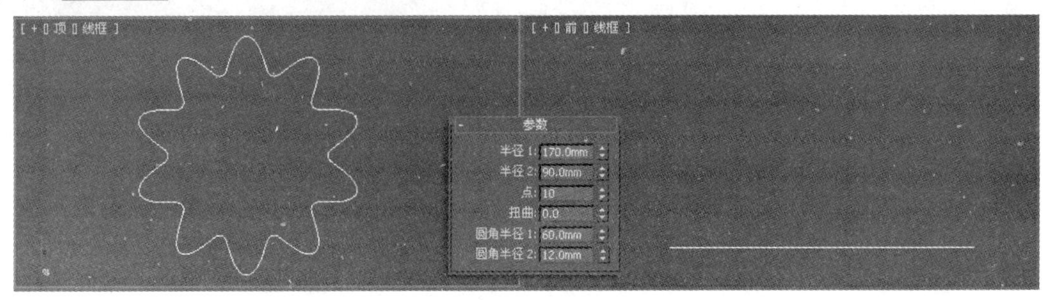

图6.106　绘制星形

07 确认“花架”还处于选中的状态，在修改器列表中选择【挤出】命令，设置其参数，如图6.107所示。

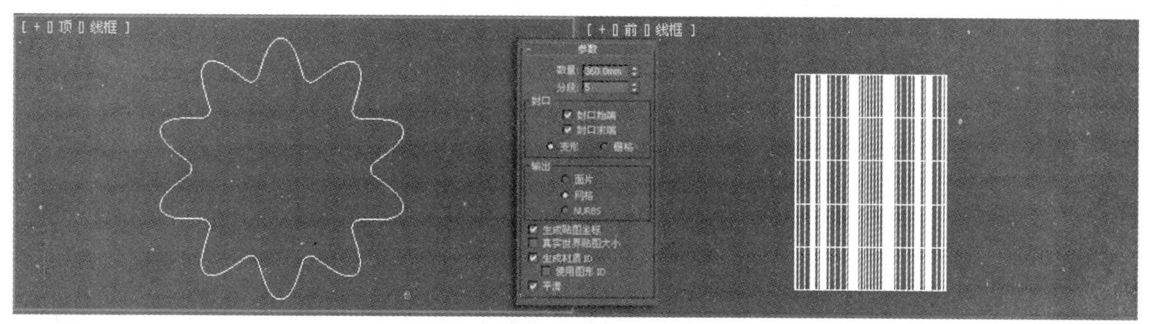

图6.107　挤出

08 确认“花架”还处于选中的状态，在修改器列表中选择【锥化】命令，设置其参数，如图6.108所示。

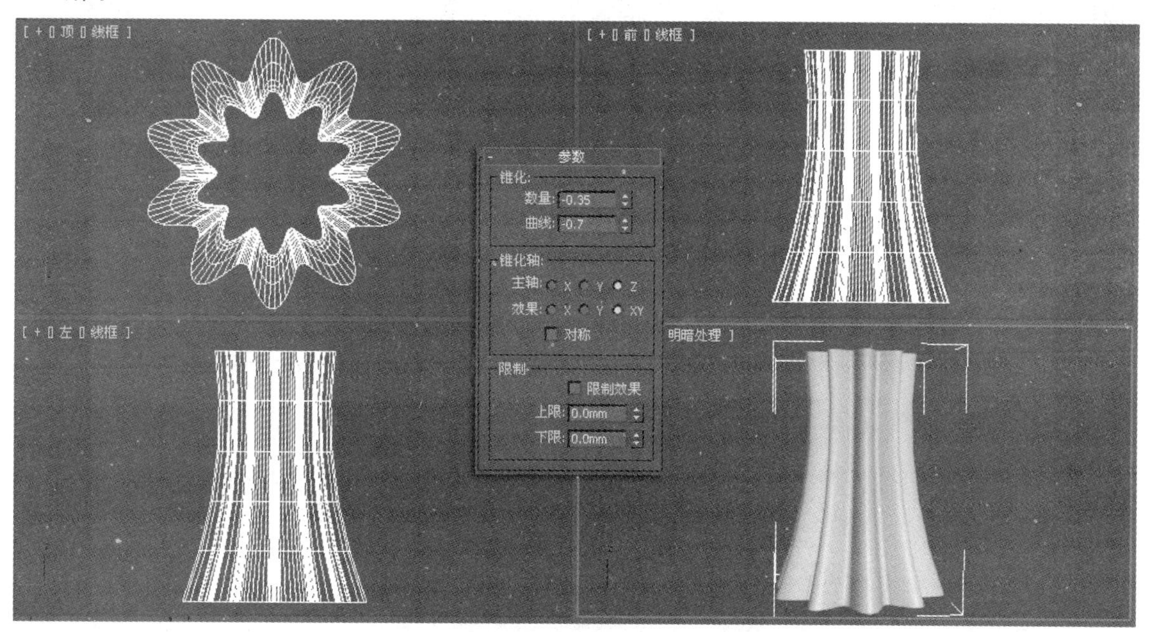

图6.108　锥化

09 单击 矩形 按钮，在前视图中创建一个大小为300mm×600mm的参考矩形，然后单击 线 按钮，在前视图中绘制一条曲线，命名为“花盆”，如图6.109所示。

图6.109　绘制曲线

10 将参考矩形删除。确认 “花盆”还处于选中的状态，然后在修改器列表中选择【车削】命令，设置其参数，如图6.110所示。

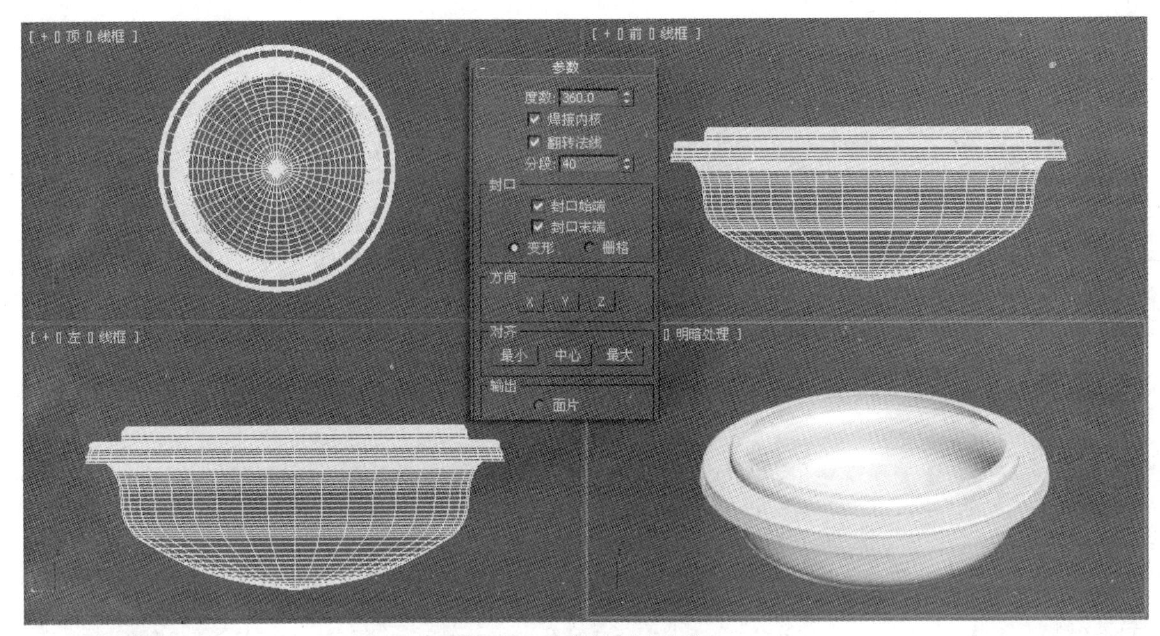

图6.110　车削后的效果

11 在视图中调整造型的位置，效果如图6.111所示。

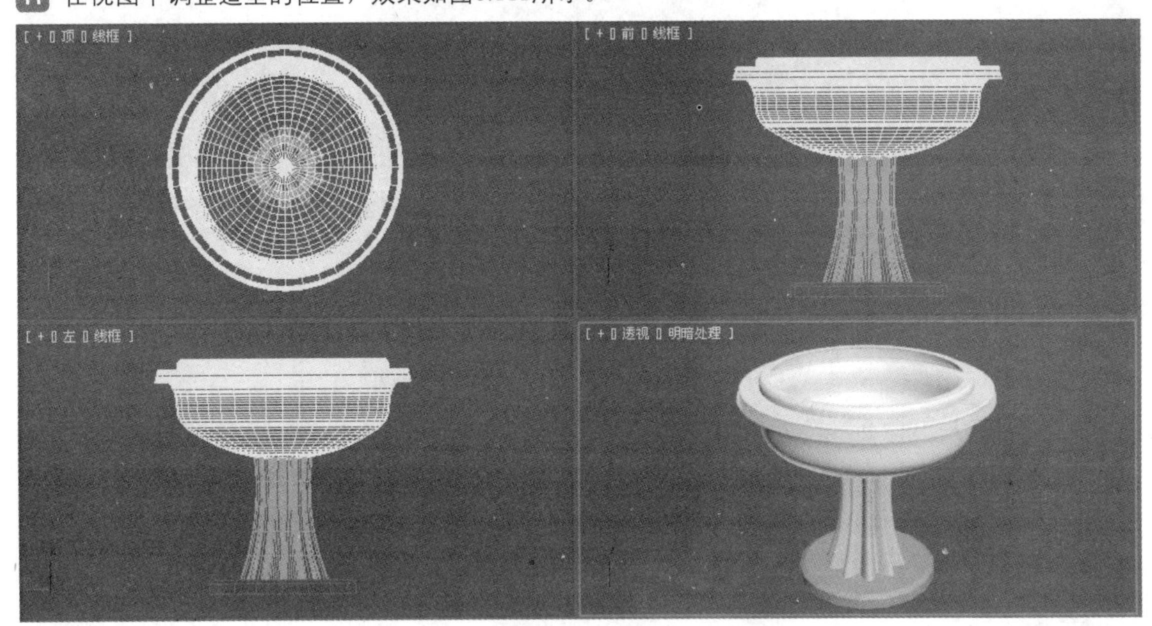

图6.111　最终效果

12 至此，“花坛”的模型已经全部制作完成。在快速访问工具栏中单击【保存】按钮，将文件进行保存。

6.7 喷泉池

本例通过【FFD4×4×4】及【车削】等命令创建喷泉池，其效果如图6.112所示。

01 在桌面上双击图标，打开3ds Max 2012中文版应用程序。

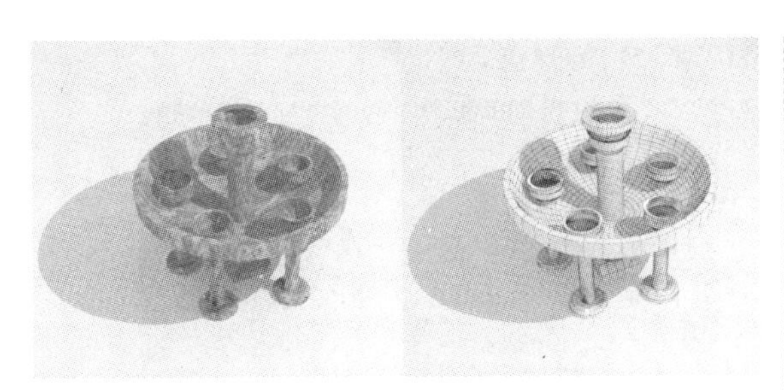

图6.112 喷泉池

02 在菜单栏中选择【自定义】/【单位设置】命令，在弹出的【单位设置】对话框中将单位设置为【毫米】，如图6.113所示。

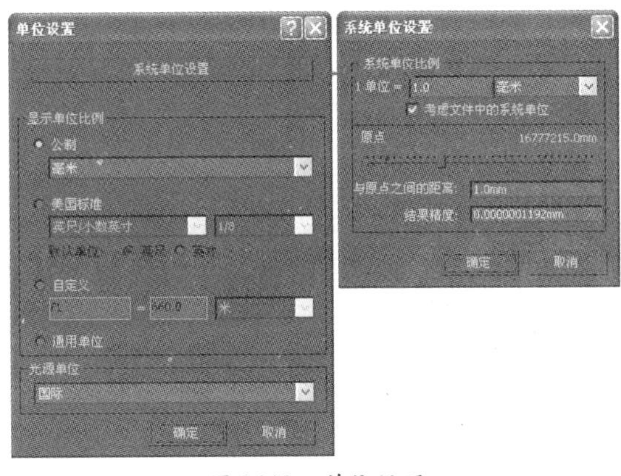

图6.113 单位设置

03 单击 长方体 按钮，在前视图中创建一个大小为47mm×180mm×180mm的长方体，命名为“底”，如图6.114所示。

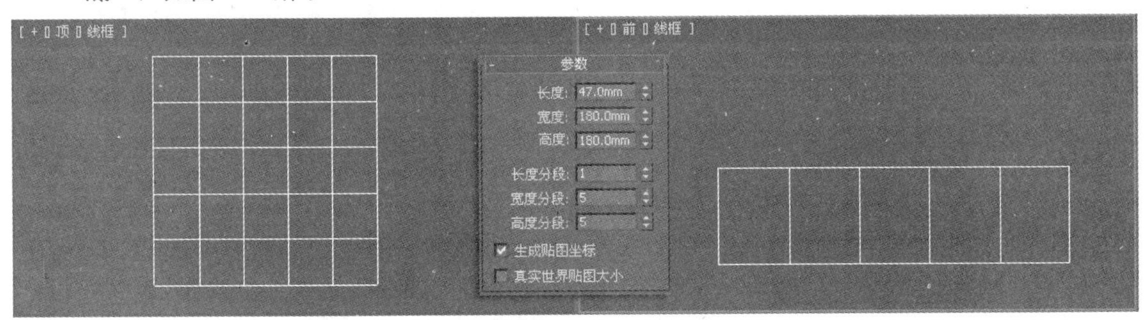

图6.114 创建长方体

04 确认“底”还处于选中的状态，在修改器列表中选择【FFD4×4×4】命令，激活【控制点】子对象，在视图中选中图6.115所示的控制点。

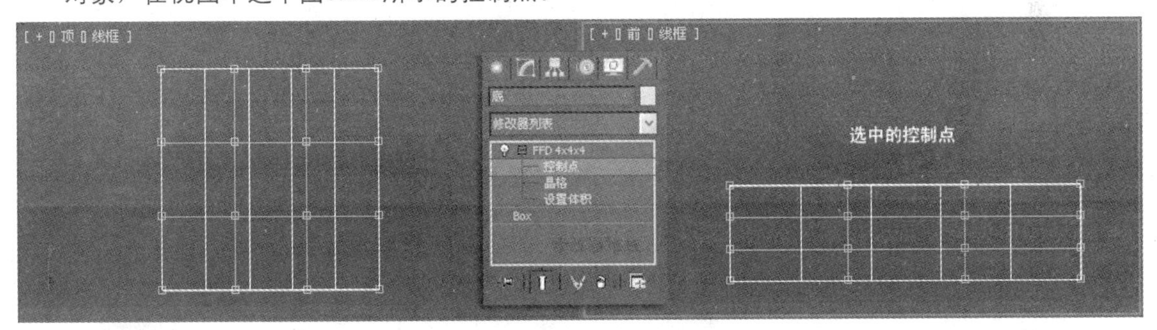

图6.115 选中的控制点

05 在工具栏中激活【移动】工具，沿着Y轴向上移动控制点并调整控制点的位置，效果如图6.116所示。

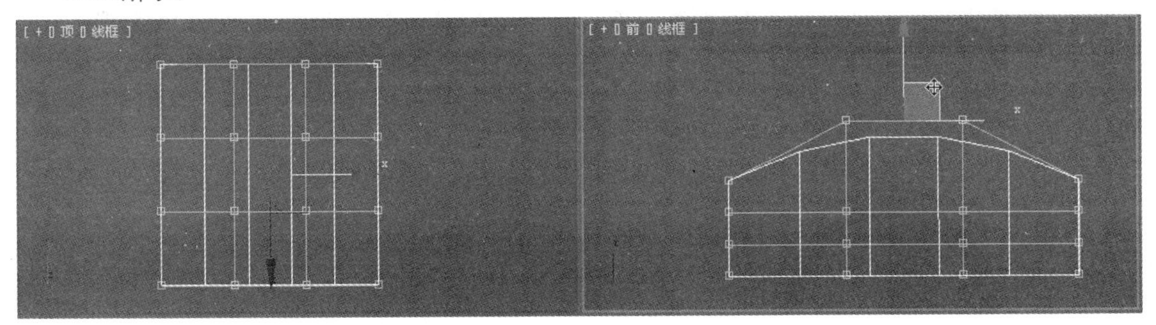

图6.116 移动控制点

06 激活【控制点】子对象，然后在视图中选中图6.117所示的控制点。

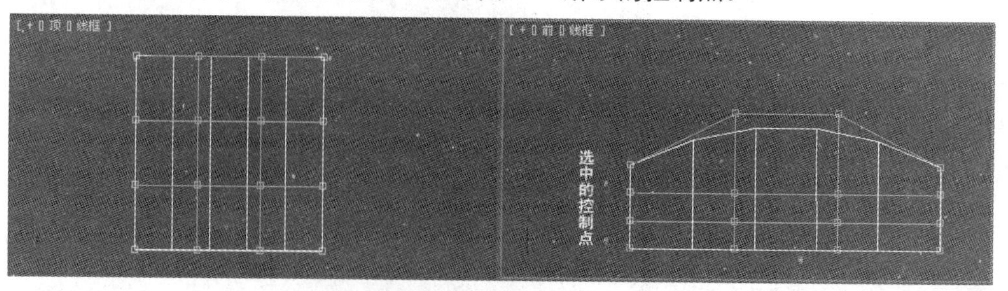

图6.117　选中的控制点

07 在工具栏中激活【移动】工具，沿着Y轴向下移动并调整控制点的位置，如图6.118所示。

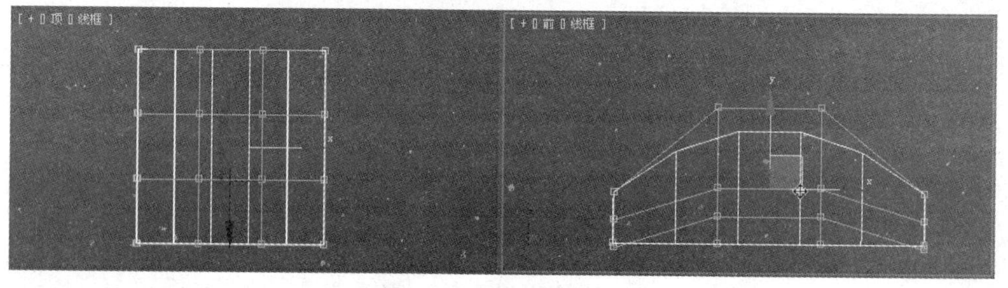

图6.118　移动控制点

08 单击 矩形 按钮，在前视图中绘制一个大小为63mm×820mm的参考矩形，然后单击 线 按钮，在前视图中绘制一条曲线，命名为“喷泉池”，如图6.119所示。

图6.119　绘制曲线

09 确认“喷泉池”还处于选中的状态，在修改器列表中选择【车削】命令，设置其参数，如图6.120所示。

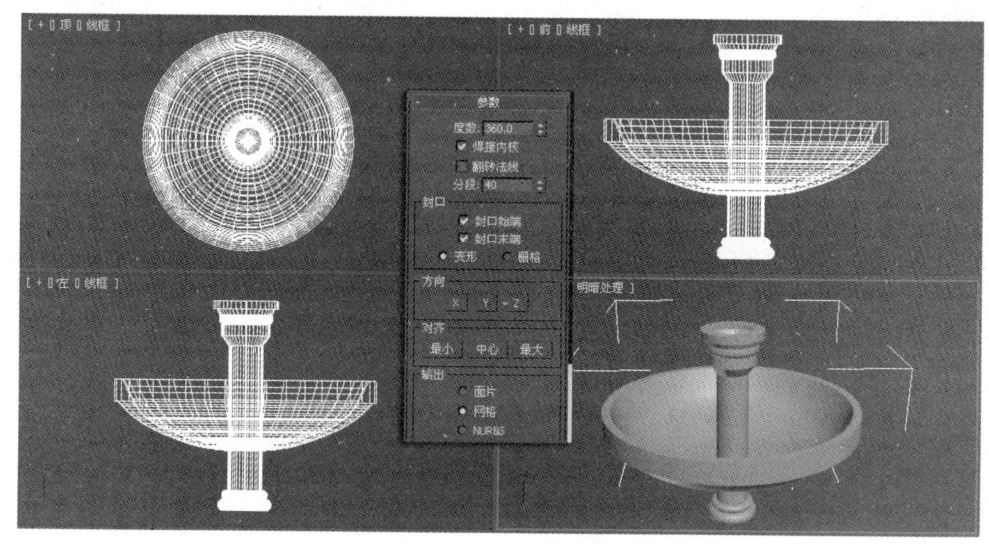

图6.120　车削

10 单击 矩形 按钮，在前视图中绘制一个大小为440mm×165mm的参考矩形，然后单击 线 按钮，在前视图中绘制一条曲线，命名为“支柱”，如图6.121所示。

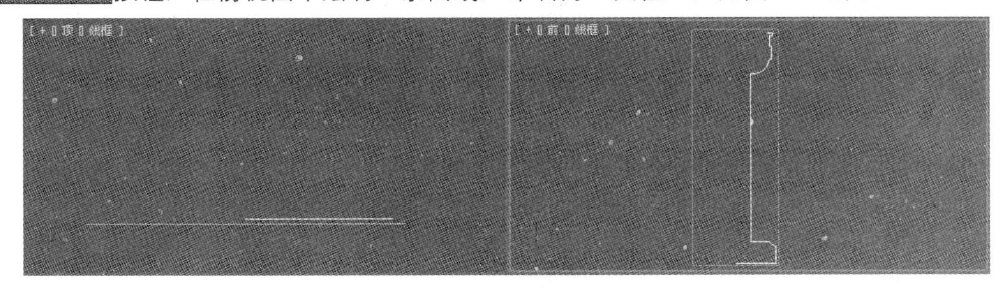

图6.121 绘制曲线

11 将参考矩形删除。确认“支柱”还处于选中的状态，在修改器列表下选择【车削】命令，设置其参数，如图6.122所示。

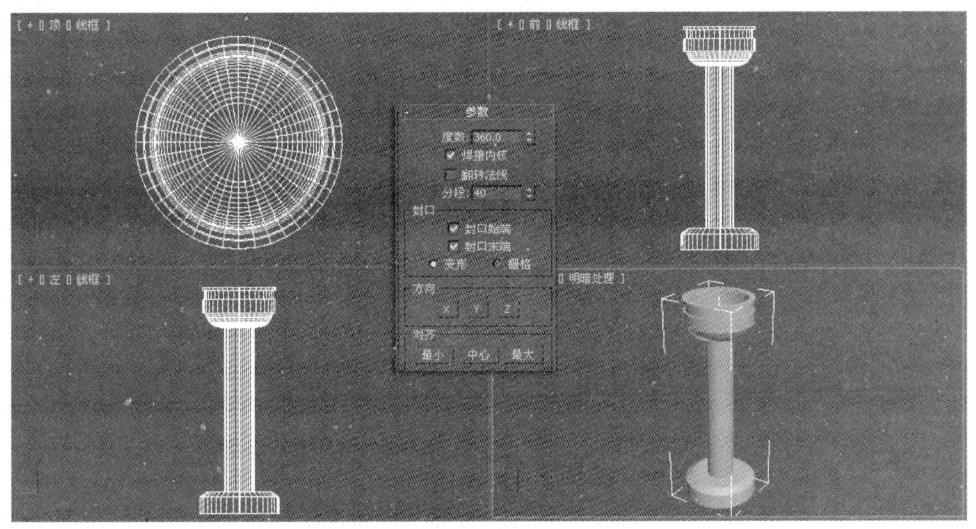

图6.122 车削

12 在视图中选中“支柱”，然后单击【层级】/ 轴 / 仅影响轴 按钮，如图6.123所示。

图6.123 调整轴

13 激活工具栏中【移动】工具，然后将轴移动到“喷泉池”的中间，如图6.124所示。

图6.124 调整轴的位置

14 在视图中选中“支柱”，然后选择菜单栏中的【工具】/【阵列】命令，在弹出的【阵列】对话框中设置其参数，如图6.125所示。

15 经过【阵列】命令处理后造型的效果如图6.126所示。

16 至此，“喷泉池”的模型已经全部制作完成。在快速访问工具栏中单击【保存】按钮，将文件进行保存。

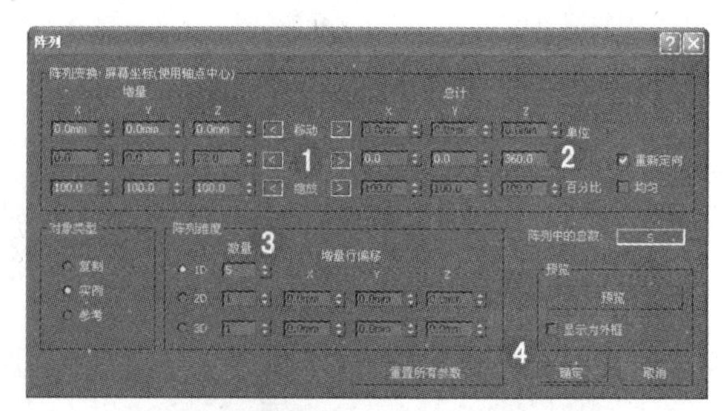

图6.125 参数设置

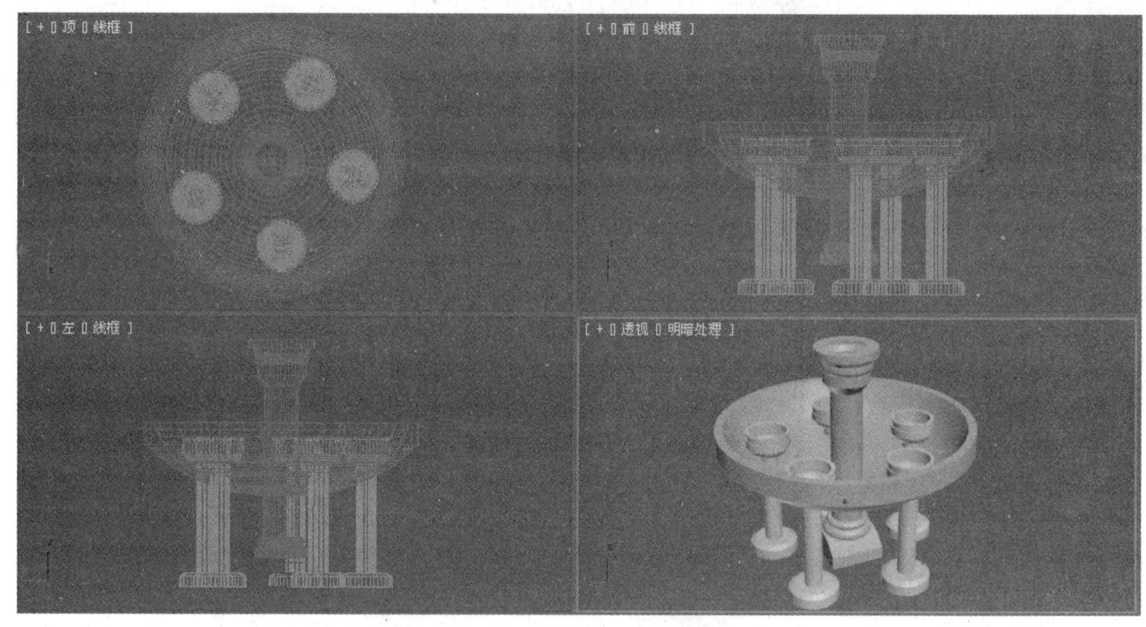

图6.126 【阵列】命令处理后的效果

6.8 课后练习

通过制作红绿灯造型来学习【放样】命令。首先在顶视图中绘制圆作为界面，然后在前视图中创建一条直线作为路径，接下来使用【放样】命令拾取截面，得到红绿灯“支柱”造型。接着创建长方体，然后执行【编辑多边形】命令将长方体进行调整，最后创建3个球体作为红绿灯的“灯泡”，其参考效果如图6.127所示。

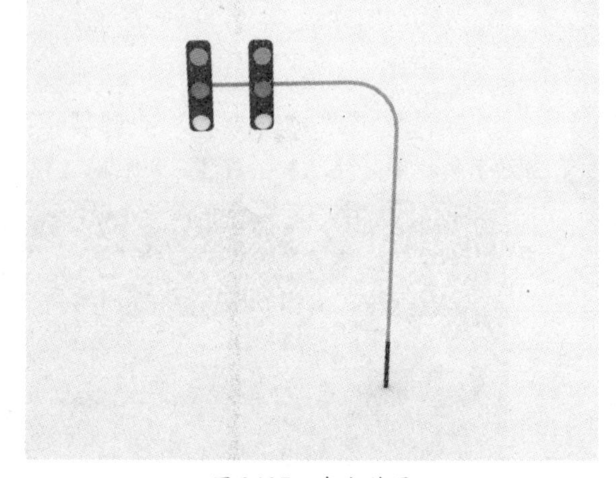

图6.127 参考效果

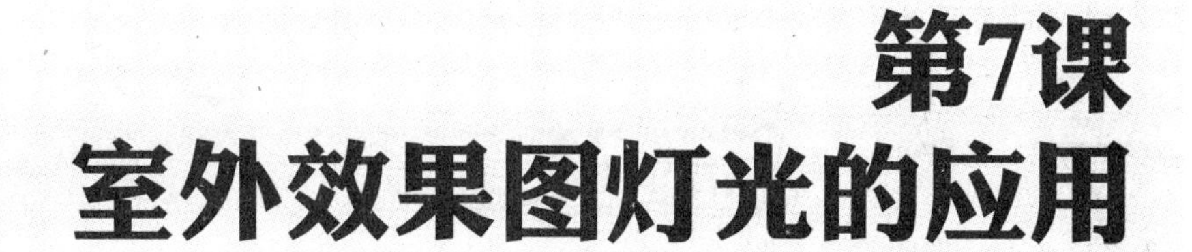

第7课 室外效果图灯光的应用

本课内容：

- 灯光的类型
- 灯光的使用原则
- 常见的灯光设置方法
- VRay灯光
- VRay阳光
- 目标聚光灯—筒灯效果
- 目标平行光—太阳光效果
- 泛光灯—台灯效果
- VRay渲染室外日景效果

在建筑效果图的制作过程中，灯光的设置是重要的一个环节，灯光可以模拟白天、夜间的照明效果，增强效果图的表现力。3ds Max拥有一套完整的灯光系统，可以模拟不同的光照效果，同时灯光的照明效果不是实时显示出来的，这需要进行渲染计算才能看到最终的灯光效果。本课重点在于介绍不同灯光的使用和效果图的渲染方法。

7.1 灯光的类型

灯光是模拟真实灯光的对象，如室内吊灯、台灯、筒灯，射灯和太阳自然光等，都可以通过不同类型的灯光对象表现出来。

在3ds Max中，灯光是作为一种物体类型出现的。在灯光创建命令面板中，系统提供了标准灯光和光度学灯光，如图7.1所示。

图7.1　灯光的类型

7.1.1 Standard（标准）灯光

标准灯光是基于计算机的模拟灯光对象，如家用或办公室灯、舞台和电影工作时使用的灯光设备和太阳光。不同类型的灯光对象可用不同的方法投射灯光，模拟不同种类的光源。与光度学灯光不同，标准灯光不具有基于物理的强度值。

1．目标聚光灯

目标聚光灯像闪光灯一样投射聚焦的光束，模拟剧院中聚光区。目标聚光灯使用目标对象指向摄影机，重命名目标聚光灯时，目标对象将自动重命名以与之匹配。

2．自由聚光灯

自由聚光灯像闪光灯一样投射聚焦的光束。与目标聚光灯不同的是，自由聚光灯没有目标对象。用户可以移动和旋转自由聚光灯，以使其指向任何方向。

当用户希望聚光灯跟随一个路径，但是却不希望干扰对象，将聚光灯和目标连接到虚拟对象或需要沿着路径倾斜时，自由聚光灯非常有用。目标聚光灯与自由聚光灯如图7.2所示。

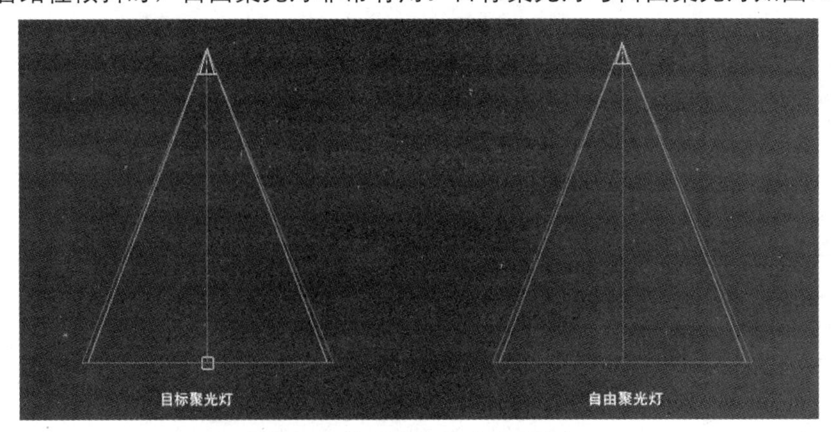

图7.2　目标聚光灯和自由聚光灯

3．目标平行光

当太阳光投射在地球表面上时，所有平行光以一个方向投射平行光线。平行光主要用于模拟太阳光。可以调整灯光的颜色及位置，并在视图中旋转调整灯光。

由于平行光线是平行的，所以平行光线呈圆形或矩形棱柱而不是圆锥体。

4．自由平行光

与目标平行光不同的是，自由平行光没有目标对象。当在日光系统中选择“标准”太阳时，使用自由平行光。目标平行光和自由平行光如图7.3所示。

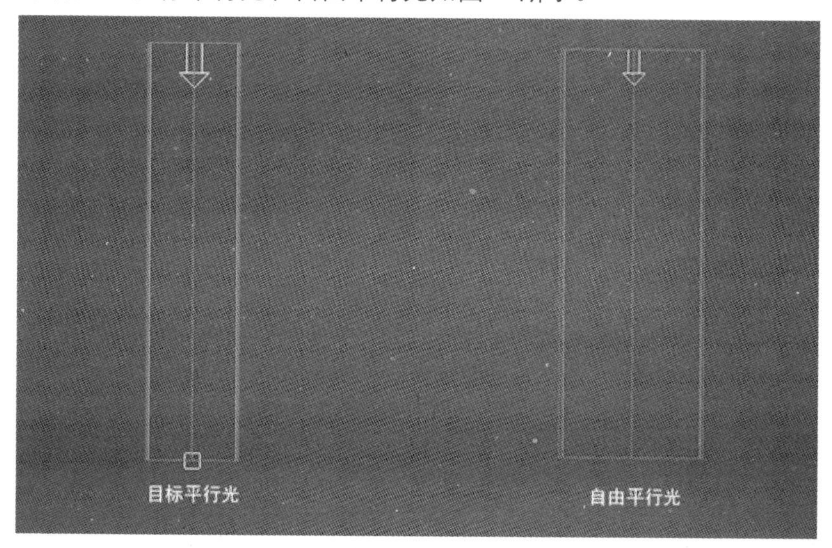

图7.3　目标平行光和自由平行光

5．泛光灯

“泛光灯”从单个光源向各个方向投射光线。泛光灯用于将“辅助照明”添加到场景中，模拟点光源，如图7.4所示。

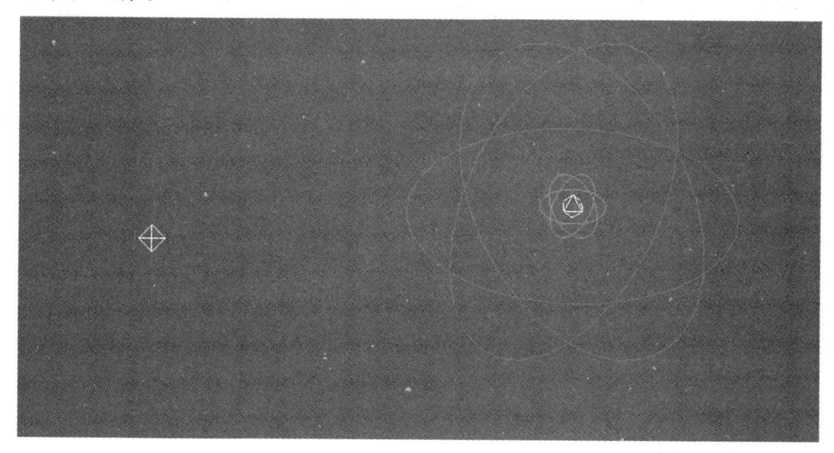

图7.4　泛光灯

泛光灯可以投射阴影和投影。单个投射阴影的泛光灯等同于6个投射阴影的聚光灯，从中心指向外侧。

当设置由泛光灯投射的贴图时，投射贴图的方法与映射到环境中的方法相同。当使用“屏幕环境”坐标或“显示贴图通道纹理”坐标时，将以放射状投射贴图的6个副本。泛光灯的参数设置比聚光灯和平行光简单。

6．天光

“天光”灯光用于建立日光的模型，要与光跟踪器一起使用。可以设置天空的颜色或将其指定为贴图；可以为天空建模，作为场景上方的圆屋顶。

为了在向场景中添加天光时正确处理光能传递，用户需要确保墙壁具有封闭的角落，并且地板和天花板的厚度要分别比墙壁薄和厚。在本质上，构建3D模型就应构建与真实世界一样的

结构，如果所构建模型的墙壁是通过单边相连的，或者底板和天花板均为简单的平面，则在添加天光处理光能传递时，将沿这些边缘以“灯光泄漏”结束。

7. 区域泛光灯和区域聚光灯

当使用Mental Ray渲染器渲染场景时，区域泛光灯从球体或圆柱体区域反射光线，而不是从点源反射光线。使用默认的扫描线渲染器，区域泛光灯像其他标准的泛光灯一样反射光线。

当使用Mental Ray渲染器渲染场景时，区域聚光灯从矩形或碟形区域反射光线，而不是从点源反射光线。使用默认的扫描线渲染器，区域聚光灯像其他标准的聚光灯一样发射光线。

7.1.2 光度学灯光

当使用光度学灯光时，3ds Max将基于物理模拟光线通过环境的传播。这样做的结果是不仅实现了非常逼真的渲染效果，而且也准确测量了场景中的光线分布，这种光线的测量称为光度学。

有多种理论用来描述自然光线。我们采用其中一种光线定义，即从人观察的角度生成可视感觉的辐射能。在设计发光系统时，重要地是评估其对人类视觉反应系统所产生的影响。因此，光度学是为测量光线而开发的，它考虑了人类眼睛及大脑系统的心理学效应。

光度学灯光使用光度学（光能）值，通过这些值可以更精确地定义灯光，就像在真实世界一样。用户可以创建具有各种分布和颜色特性的灯光，或导入照明制造商提供的特定光度学文件。

1. 目标灯光

目标灯光具有可指向灯光的目标子对象。目标灯光主要有3种类型的分布，如图7.5所示。

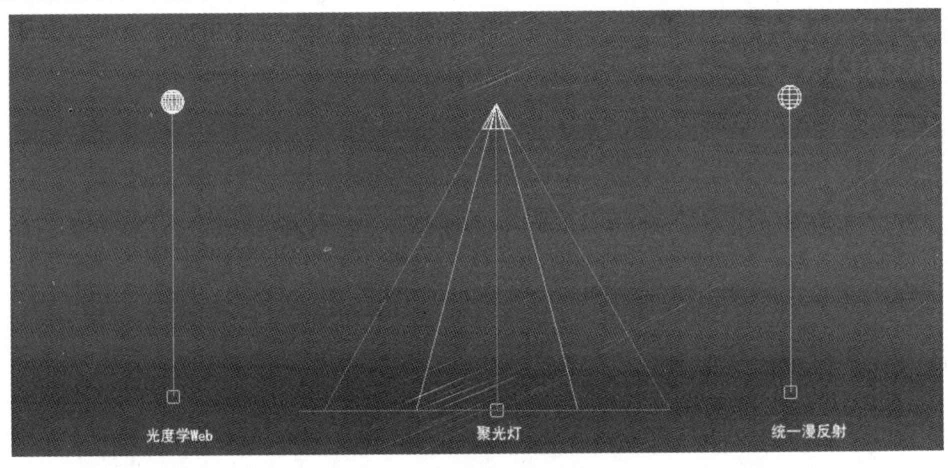

图7.5 灯光类型的分布

如果所选分布影响灯光在场景中的扩散方式时，灯光图形会影响对象投影阴影的方式。通常，较大区域的投影阴影较柔和。所提供的6个选项如下。

（1）点光源

对象投影阴影时，如同几何点（如裸灯泡）在发射灯光一样。

（2）线

对象投影阴影时，如同线形（如荧光灯）在发射灯光一样。

（3）矩形

对象投影阴影时，如同矩形区域（如天光）在发射灯光一样。

（4）圆形

对象投影阴影时，如同圆形（如圆形舷窗）在发射灯光一样。

（5）球体

对象投影阴影时，如同球体（如球形照明器材）在发射灯光一样。

（6）圆柱体

对象投影阴影时，如同圆柱体（如管形照明器材）在发射灯光一样。目标灯光光线发射显示如图7.6所示。

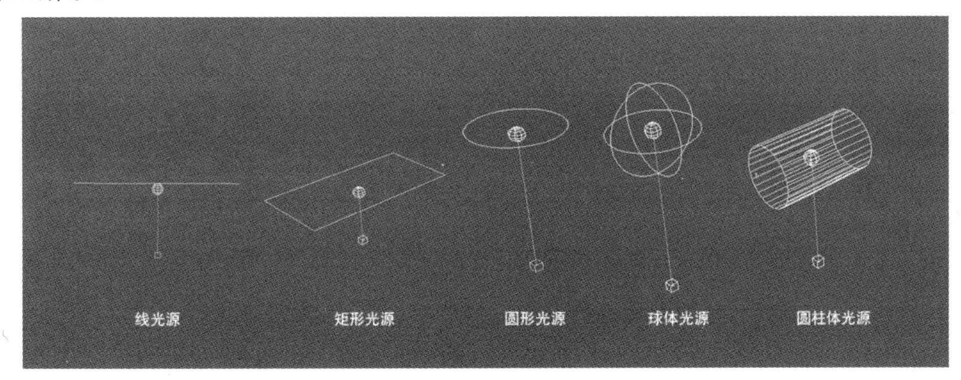

图7.6　目标灯光光线发射显示

2．自由灯光

自由灯光不具备目标子对象。用户可以通过变换来瞄准它。自由灯光的光照区域显示与目标灯光一样，只是没有目标点的，如图7.7所示。

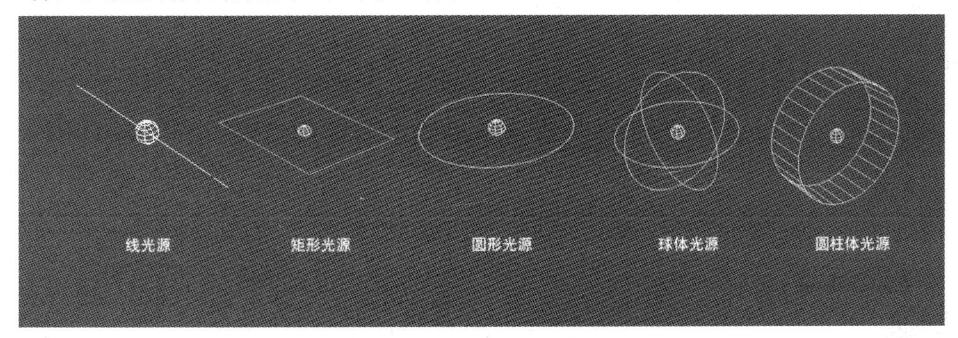

图7.7　自由灯光光线发射显示

3．Mr天空门户

Mr天空门户对象提供了一种“聚集”内部场景中的现有天空照明的有效方法，无需高度最终聚集或全局照明设置（这会使渲染时间过长）。实际上，门户就是一个区域灯光，可以从环境中导出其亮度和颜色。

7.2 灯光的使用原则

灯光的设置方法会根据每个人的布光习惯以及审美观点的不同而有很大的区别，因此灯光的设置没有一个固定的原则，这也是灯光布置难以掌握的原因之一。但是，根据光线传播的规律，在灯光的设置中应该注意一下几点。

（1）灯光设置之前明确光线的类型，是自然光、人工光还是漫反射光。

（2）明确光线及阴影的方向。

（3）明确光线的明暗透视关系。不要将灯光设置太多或太亮，使整个场景没有一点层次和变化，使其显得更加“生硬”，谨慎地使用黑色，可以产生微妙的光影变化。

（4）灯光的设置不要太过随意，随意地摆放灯光，会导致成功率非常低。明确每一盏灯光的控制对象是灯光布置中的首要因素，要使每盏灯尽量负担较少的光照任务。

（5）在布光时，不要滥用排除及衰减功能，这会增加对灯光控制的难度。

7.3 常见的灯光设置方法

在灯光的设置中，不论是对单个的模型还是对复杂的场景实施照明，灯光类型的选择及灯光参数的调整都不是随意的。在3ds Max中，用户的任务主要是模拟实际场景，因此灯光的设置也应该根据实际场景中光线的传播规律进行。

在设置灯光的时候，一个模型或者空间的照明往往需要多个灯光共同作用，这些灯光的作用也不是等同的，有的灯光起作用大一些，有的灯光起作用小一些。由于它们的作用不同，其设置的先后顺序也有区别。一般情况下，用户设置灯光总是按照主光源-辅助光源-背景光源的顺序进行。

1．主光源

主光源是指在照明中起主要作用的光源，主光源提供场景照明的主要光线，确定光线的方向，确定场景中模型的阴影，决定整个场景的明暗程度。因此，在灯光设置的过程中，主光源的设置是第一步。对于室外效果图来讲，主光源主要指太阳光，例如，黄昏阳光主光源效果如图7.8所示。

图7.8　主光源效果

2．辅助光源

辅助光源是指在照明中起次要辅助作用的光源，辅助光源改善局部照明情况，但是对场景中照明情况不起主要决定作用。辅助光源附属于主要光源，因此要在主要光源设置完成之后进行设置。辅助光源包括漫反射光、人工灯光等，人工光辅助光源效果如图7.9所示。

图7.9　辅助光源效果

3．背景光

背景光是指照亮背景、突出主体的光源，并不是所有的场景都需要设置背景光，如果没有背景，背景光也没有设置的必要了。

7.4 VRay灯光

VRay渲染器可兼容其他类型的灯光系统和摄影机系统在室内效果图的制作中，一个场景中往往有多个类型的灯光。VRay灯光在效果图制作中起到非常重要的作用，能够更完美地表现出默认灯光无法达到的光照效果。

7.4.1 VR-光源

VRay渲染器自带的VRay光源有体积的概念，这一点遵循了真实环境中，光线不仅有点的形式，还有面及体的形式，而3ds Max系统默认的灯光却没有这个特性，这就让灯光大打折扣。虽然使用3ds Max系统默认的灯光时可以选择VRayShadow（区域阴影）选项，但是最后的阴影效果还是没有VR-光源真实。

不过VR-光源也有不足之处，比如缺少光域网和阴影贴图的特性，而且在渲染场景时会增加很多杂点，尽管可以调高VR-光源与3ds Max自带的灯光。VR-光源的参数卷展栏如图7.10所示。

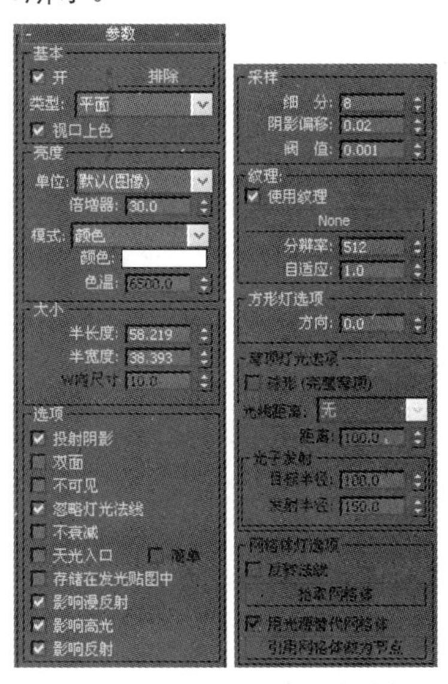

图7.10 VR-光源的参数卷展栏

【开】：打开或关闭VRay灯光。

【类型】：在其下拉列表中提供了4种灯光类型，如图7.11所示。

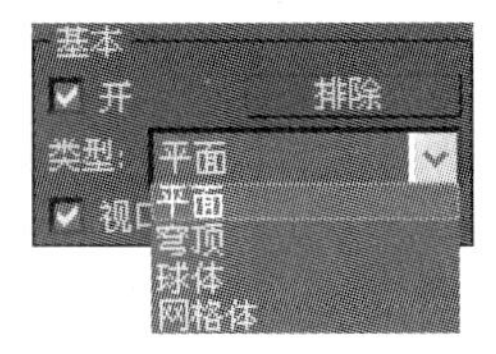

图7.11 灯光类型列表

【平面】：选中这种类型的光源时，VRay光源具有平面的形状。

【一半长度】：面光源长度的一半。

【一半宽度】：面光源宽度的一半。

【球体】：当选中这种类型的光源时，VRay光源是球形的。

【U、V、W尺寸】：光源的U、V、W尺寸。

【单位】：灯光亮度单位，法定计算单位为cd / m2，其下拉列表如图7.12所示。

图7.12 灯光【单位】下拉菜单

【默认 / 图像】：VRay默认亮度单位，通过灯光的颜色和亮度来控制灯光的强弱，如果忽略曝光类型的因素，灯光色彩将是物体表面受光的最终色彩。

【光通量（lm）】：当使用这种亮度单位时，灯光的亮度和它的大小有关系。

【发光强度 / lm / m2 / sr】：当选择这种亮度单位时，灯光的亮度和它的大小有关系。

【w / m2 / sr】：当选择这种亮度单位时，灯光的亮度和它的大小有关系。

【w】：选择这种亮度单位时，灯光的亮度和它的大小有关系。

【颜色】：由VRay光源发出的光线的颜色。

【倍增器】：光源颜色倍增器。

【双面】：当VRay灯光为平面光源时，该复选项控制光线是否从面光源的两个面发射出来。

【不可见】：该复选项控制VRay光源体的形状是否在最终渲染场景中显示出来。当选择该复选项时，发光体不可见，当取消选取该复选项时，VRay光源体会以当前光线的颜色渲染出来。

【忽略灯光法线】：当一个被追踪的光线照射到光源上时，该复选项让用户控制VRay计算发光的方法。模拟真实世界的光线时，该复选项应当禁用，但是启用该复选项时，渲染的结果会更加平滑。

【不衰减】：当选择该复选项时，VRay所产生的光将不会随距离而衰减。否则，光线将随着距离而衰减。

【天光入口】：该复选项把VRay灯光转换为天光，这时的VRay灯光就变成了GI灯光，失去了直接照明，当选择该复选项时，不可见、忽略灯光法线、不衰减、颜色及倍增器等选项将不可用，这些参数将被VRay的天光参数取代。

【存储在发光贴图中】：当选择该复选项并且全局照明设定为发光贴图时，VRay将再次计算VRay灯光的效果并且将其存储到光照贴图中。其结果是光照贴图的计算会变得更慢，但是渲染时间会减少。用户还可以将光照贴图保存下来，以后可再次使用。

【影响漫反射】：决定灯光是否影响物体材质属性的漫反射。

【影响高光】：决定灯光是否影响物体材质属性的高光。

【影响反射】：决定灯光是否影响物体的反射。

【阴影偏移】：此参数用于控制物体与阴影偏移距离，较高的值会使阴影向灯光的方向偏移。

【采样】：VRay灯光中新增加了采样的阈值，可缩短多个微弱灯光场景的渲染时间。当场景中有很多微弱而不重要的灯光时，可以使用VRay灯光中的采样参数来控制它们，以减少渲染时间。

【细分】：控制VRay用户计算照明的采样点的数量。

使用VRay灯光设置场景灯光在室内效果图的制作中较为常用，效果如图7.13所示。本书主要介绍室外效果图的制作，因此这部分不再做详细介绍。

图7.13　利用VRay灯光设置场景灯光的效果

7.4.2　VRay阳光

对于3ds Max来说，日光系统是模拟现实的物理光源，可真实再现太阳在真实世界里的位置，VRay内设的阳光VR-太阳正是为了更真实地表现日光而开发的，并且已经从1.5版本开始，能够整合在3ds Max辅助工具的日光系统中了，可以更方便地调整正确位置。作为辅助的VR-环境光贴图系统则可模拟天空环境颜色，它将依照日光位置、强度及大气等因素产生颜色亮度变化。

日光系统是依照上北下南、左西右东的坐标方向来定位太阳的，所以不论室外建筑还是室内场景，一定要先确定图纸上窗口南北朝向，在建立模型时保证方位一致，这样明暗关系才正确。

VR-太阳的参数非常简单，需要注意的是光照强度，默认值1是白天的光照强度，最好不要更改。而模拟傍晚光照则可以适度降低数值，在19:00～19:30以后，太阳就会完全没入地平线以下，日光将失去作用，此时要通过降低光照强度来实现所谓的月光。参数中比较重要的是浑浊度，它代表天空是否晴朗。区域大小则反映了太阳直射光照范围强度，数值越小表示直线光照阴影范围越小，反之阴影范围越大，它的数值单位依照场景尺寸设定单位，如场景单位是毫米，那么阴影范围越大，它的数值单位依照场景尺寸设定单位，如场景单位是毫米，那么阴影范围也是按毫米计算。【VR-太阳参数】卷展栏如图7.14所示。

VR_太阳参数
开启
不可见
影响漫反射
影响高光
投射大气阴影
混浊度 3.0
臭氧 0.35
强度 倍增 1.0
尺寸 倍增 1.0
阴影 细分 3
阴影 偏移 5.08mr
光子 发射 半径 1270.0
天空 模式 Preetham et
地平线间接照度 25000.
排除...

图7.14 【VR-太阳参数】卷展栏

【开启】：开启面光源。

【不可见】：启用此复选项后，VR-太阳不显示。

【浑浊度】：大气的浑浊度，该参数是VR-太阳比较重要的参数，它控制大气浑浊度。早晨和日落时阳光的颜色为红色，中午为很亮的白色，原因是太阳光在大气层中穿越的距离不同，即我们看太阳时，大气层的厚度不同而呈现出不同的颜色。早晨和黄昏太阳光在大气层中穿越的距离最远，大气的浑浊度也比较高，所以会呈现红色的光线，反之正午时浑浊度最小，光线也非常亮非常白。

【臭氧】：该参数控制臭氧层的厚度，随着臭氧层变薄，特别是南极和北极地区，达到地面的紫外光辐射越来越多，但臭氧减少和增多对太阳光线的影响甚微。臭氧值较大时，由于吸收了更多的紫外线所以颜色偏淡。反之，臭氧值较小，进入的紫外线越多，颜色会略微深一些。该参数对画面的影响不是很大。

【强度 倍增】：该参数是比较重要的，它控制着阳光的强度，数值越大，阳光越强。

【尺寸 倍增】：该参数可以控制太阳的尺寸，太阳越大，阴影越模糊，使用它可以灵活调节阳光阴影的模糊程度。

【阴影 细分】：即阴影的细分值，这个参数在每个VRay灯光中都有，细分值越高，产生阴影的质量就越高。

【阴影 偏移】：阴影的偏差值，该值为1.0时，阴影有偏移，该值大于1.0时，阴影远离投影对象，该值小于1.0时，阴影靠近投影对象。

7.5 VRay渲染室外日景效果

本例通过为一个别墅设置日景效果，学习用【目标平行光】、【目标聚光灯】和【泛光灯】来表现真实的日景效果。室外日景效果如图7.15所示。

图7.15 室外日景效果

01 在桌面上双击图标，打开3ds Max 2012中文版应用程序。单击快速访问工具栏中的按钮，打开随书光盘“模型”/“第7课”目录下“室外日景效果.max”文件，如图7.16所示。

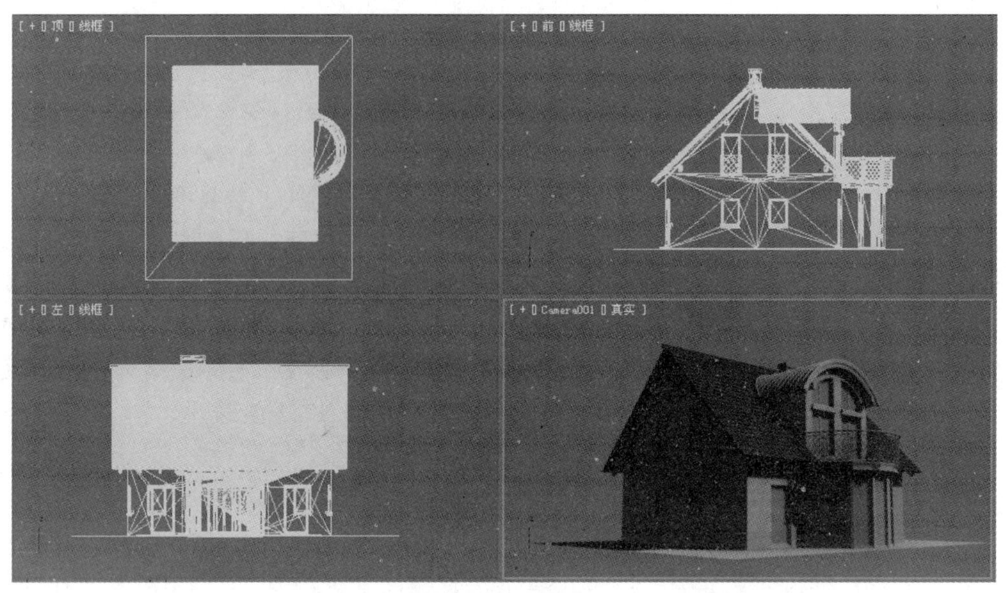

图7.16　打开场景文件

02 单击【创建】/ / 标准 / 目标平行光 按钮，在顶视图中创建一盏目标平行光，如图7.17所示。

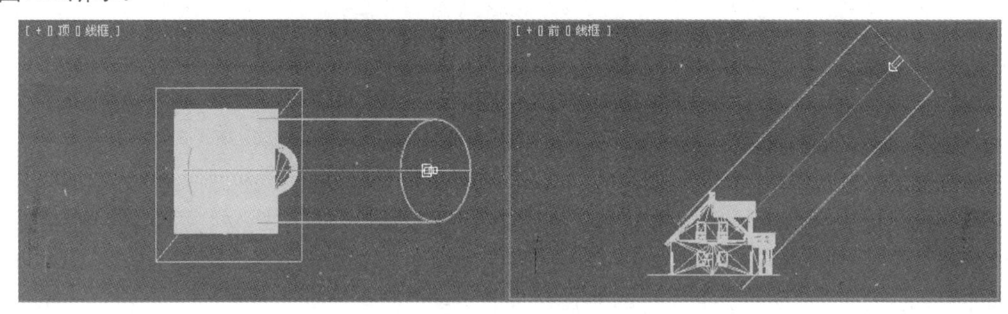

图7.17　创建目标平行光

03 在视图中调整灯光的位置，如图7.18所示。

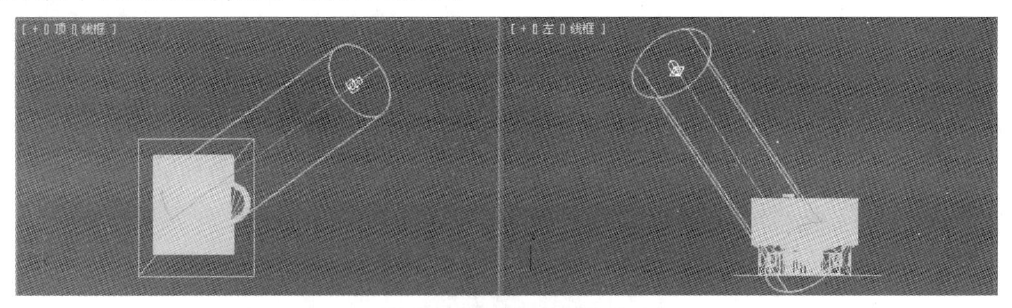

图7.18　调整灯光的位置

04 设置灯光的参数，如图7.19所示。

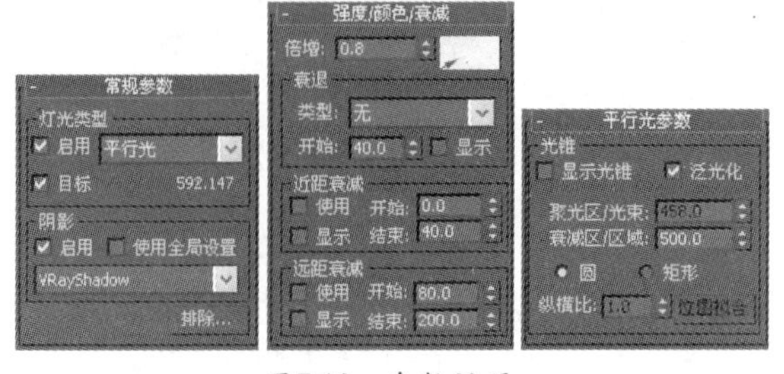

图7.19　参数设置

05 单击工具栏中【渲染设置】按钮，打开【渲染场景】窗口，然后将VRay指定为当前渲染器，如图7.20所示。

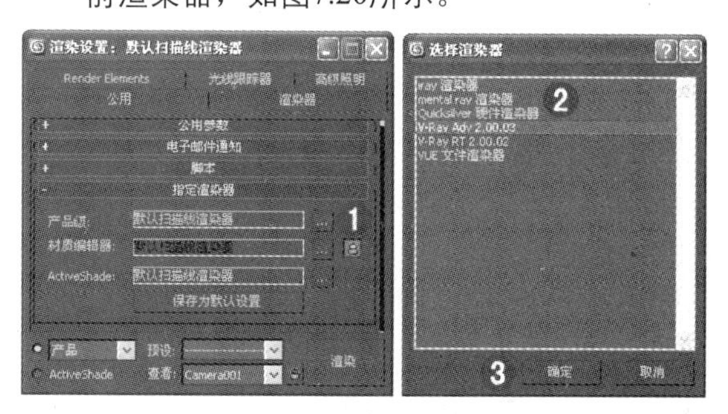

图7.20 参数设置

06 单击工具栏中的【渲染】按钮，测试渲染设置的灯光，如图7.21所示。

图7.21 渲染

07 单击【创建】/ / 标准 / 泛光灯 按钮，在顶视图中创建一盏泛光灯，如图7.22所示。

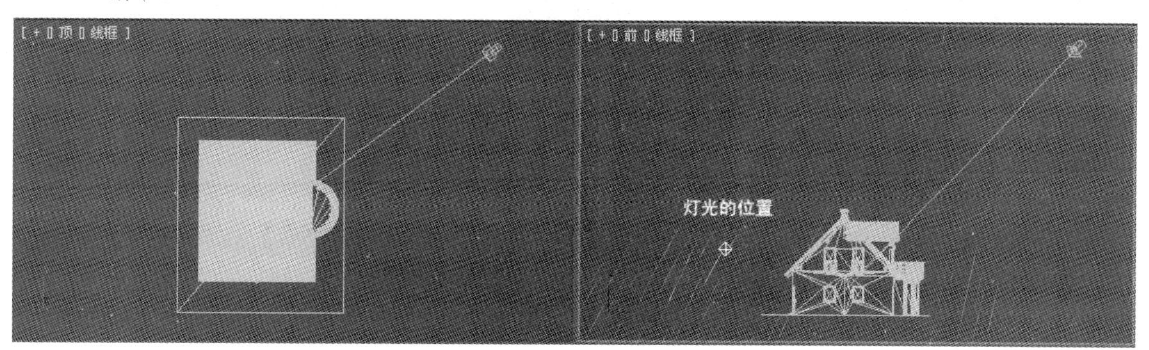

图7.22 创建泛光灯

08 设置灯光的参数，如图7.23所示。

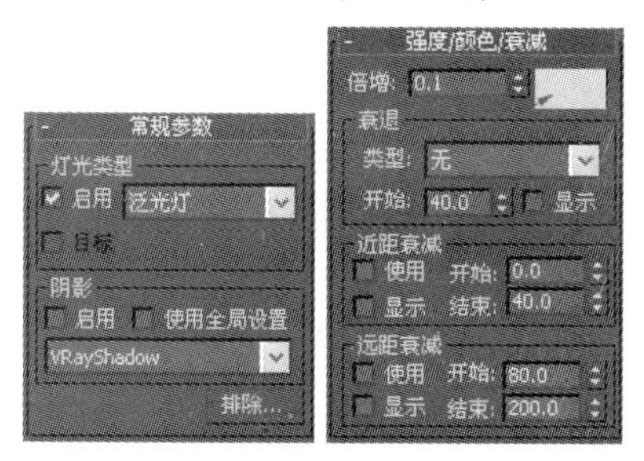

图7.23 参数设置

09 单击工具栏中的【渲染】按钮，测试渲染设置的灯光，如图7.24所示。

10 至此，"室外日景效果"已经全部制作完成，在快速访问工具栏中单击【保存】按钮，将文件进行保存。

图7.24 渲染效果

7.6 课后练习

通过为一个多层建筑添加阳光效果，学习VR-阳光及平面光的使用以及参数的修改，参考效果如图7.25所示。

图7.25 参考效果

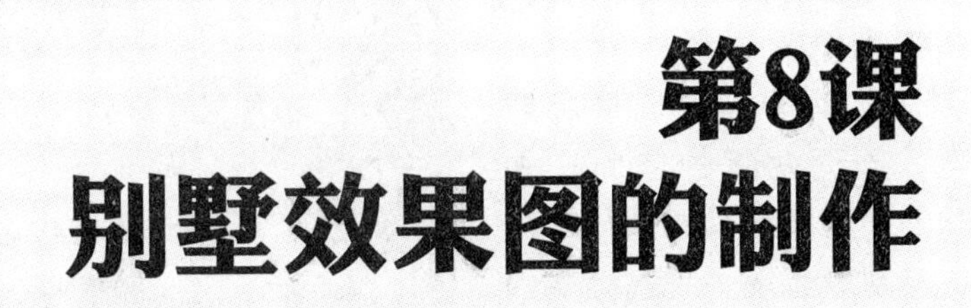

第8课 别墅效果图的制作

本课内容：

- 别墅模型的创建
- 别墅材质的制作
- 相机及灯光的设置
- 别墅效果图的渲染输出
- 后期处理

别墅是一种居住建筑，其结构和造型有着独特的魅力，与普通的民居楼相比，一幢别墅只居住一两户人家。别墅是一种低楼层建筑，不同功能的空间在外形上就能非常容易地分辨出来。别墅也是一种高档次的居住空间，往往与优美的环境结合在一起，别墅本身更是一种风景。本例别墅最终效果如图8.1所示。

图8.1 别墅效果图

8.1 别墅模型的创建

本例通过介绍别墅模型创建的过程，使读者了解别墅建筑模型创建方法。别墅的模型主要包括墙体、屋顶以及门窗等构件，如图8.2所示。

01 双击桌面上图标，打开3ds Max 2012中文版应用程序，将【单位】设置为【毫米】。

02 单击【创建】/ / 矩形 按钮，在顶视图中创建一个大小为8570mm×10610mm的参考矩形，然后单击 线 按钮，在顶视图中绘制墙体，命名为“一层墙体”，如图8.3所示。

图8.2 别墅模型

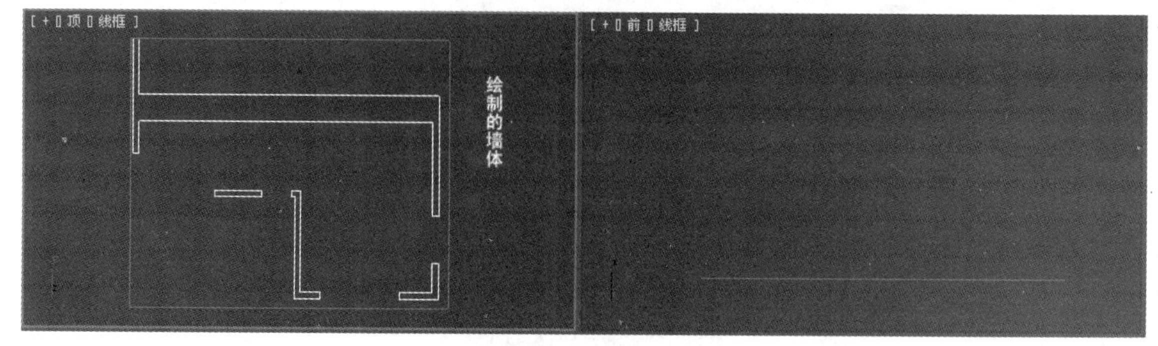

图8.3 创建墙体

03 将参考矩形删除，在视图中选中“墙体”，然后在修改器列表中选择【挤出】命令，设置挤出的【厚度】为3200。

04 在顶视图中创建一个大小为1500mm×200mm的矩形，命名为“一层墙体A”，然后在修改器列表中选择【挤出】命令，设置其参数，如图8.4所示。

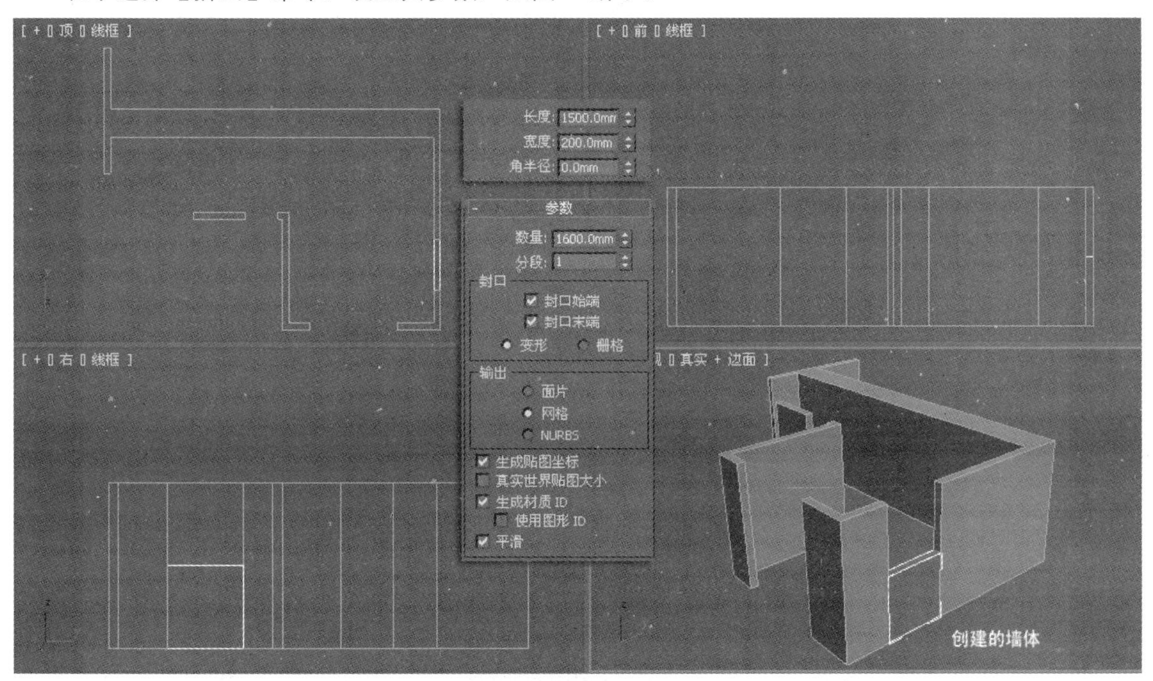

图8.4 挤出

05 按照同样的方法，在顶视图中绘制一个大小为200mm×2650mm的矩形，命名为“一层墙体B”，然后在修改器列表中选择【挤出】命令，设置其参数，如图8.5所示。

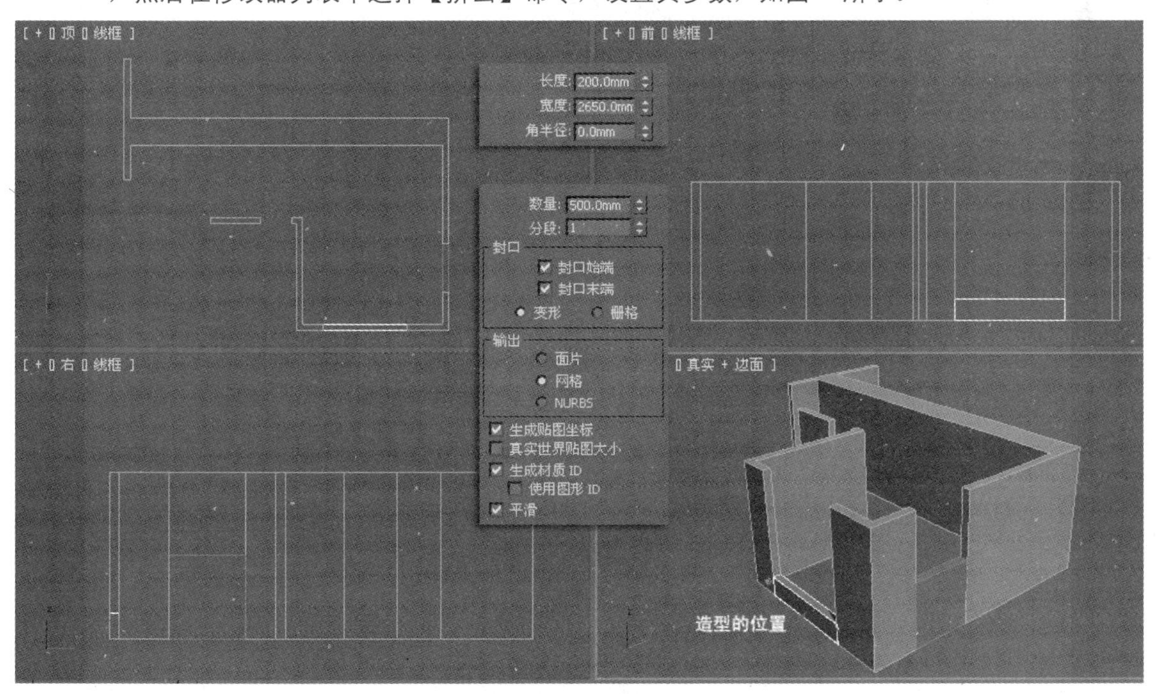

图8.5 挤出

06 按照上述的方法，在顶视图中绘制一个大小为1350mm×2700的参考矩形，然后单击 线 按钮，沿着参考矩形的边绘制一条闭合的曲线，命名为“一层墙体C”，如图8.6所示。

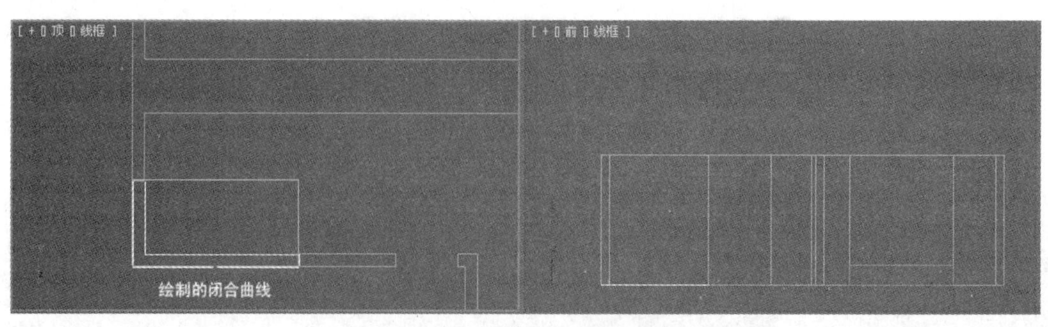

图8.6　绘制闭合的曲线

07 将参考矩形删除，然后在修改器列表中选择【挤出】命令，设置其参数，如图8.7所示。

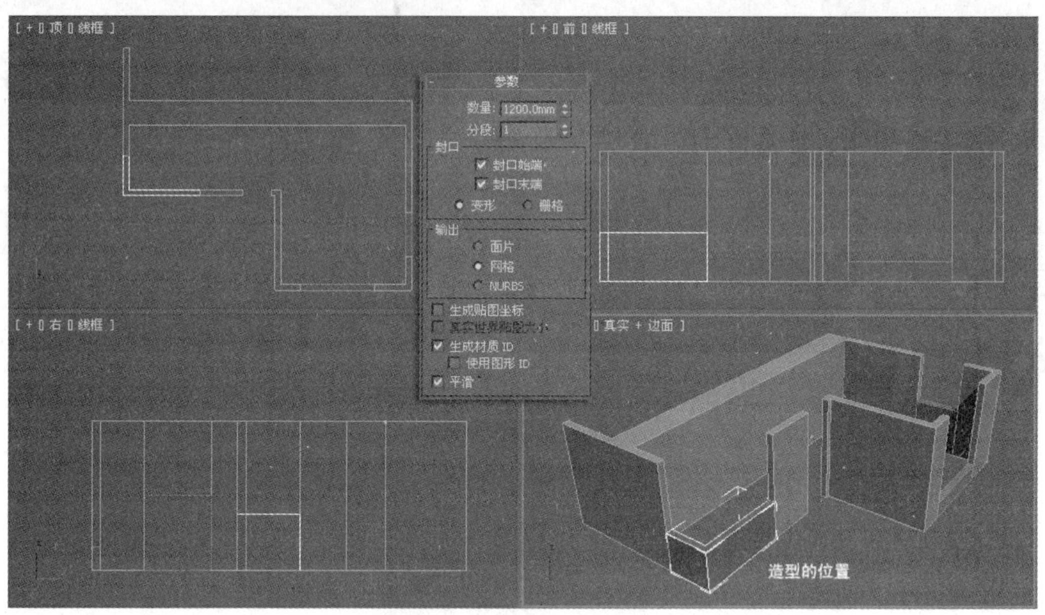

图8.7　挤出

08 按照上述的方法，在顶视图中绘制一个大小为1500mm×200mm的矩形，命名为“一层墙体D”，然后在修改器列表中选择【挤出】命令，设置其参数，如图8.8所示。

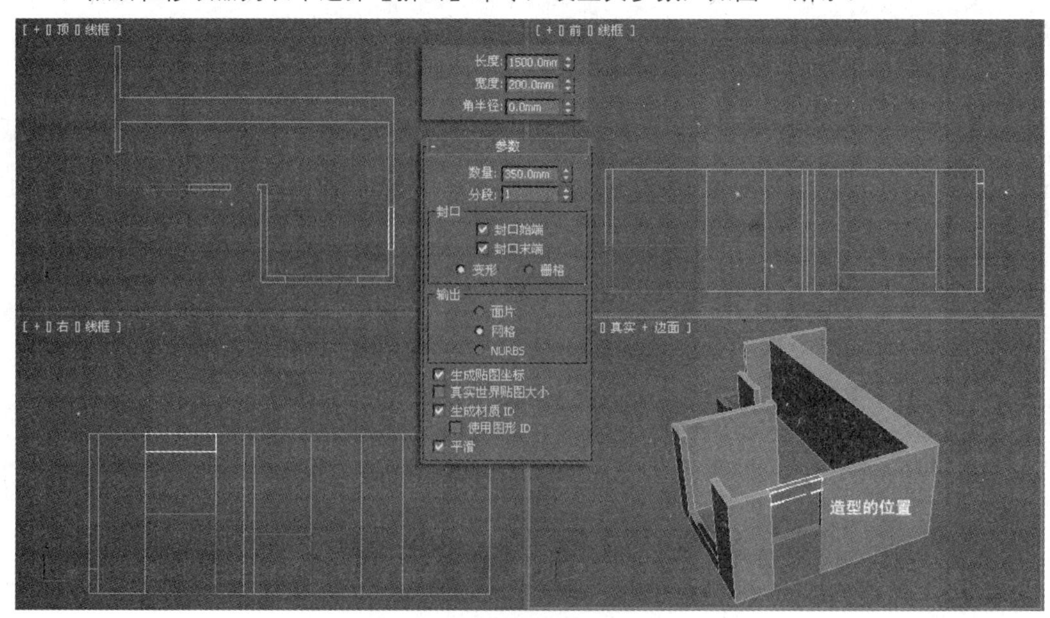

图8.8　挤出

09 在顶视图中绘制一个大小为200mm×2650mm的矩形，命名为“一层墙体E”，然后在修改器列表中选择【挤出】命令，设置其参数，如图8.9所示。

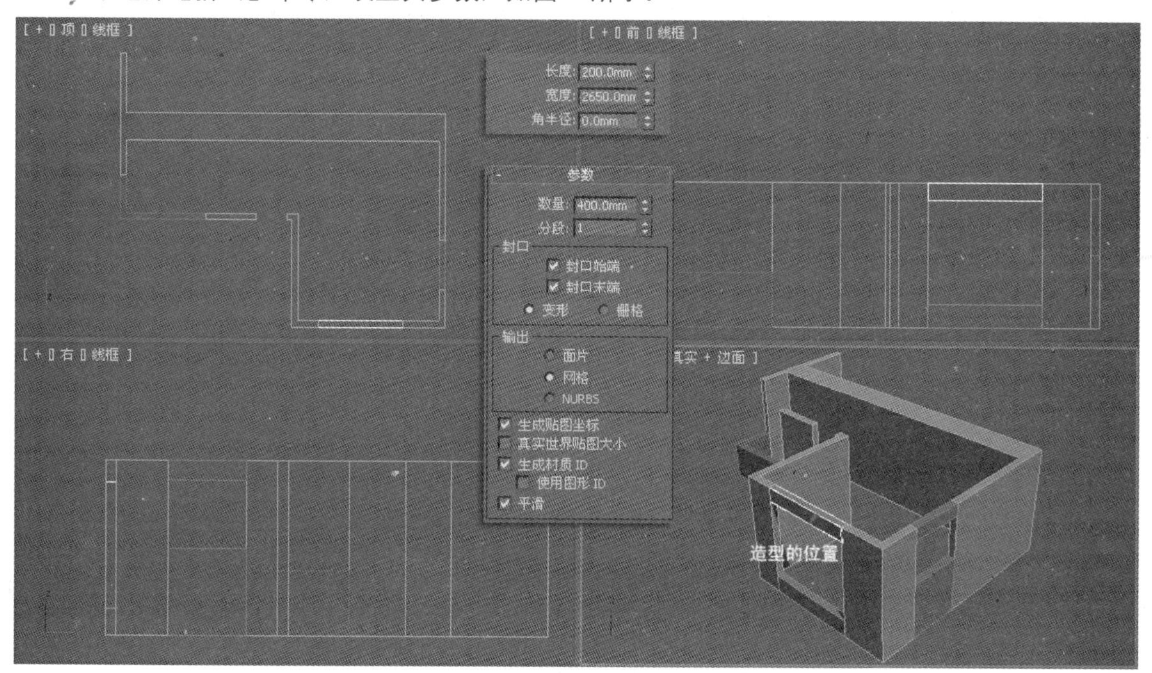

图8.9 挤出

10 单击 线 按钮，在顶视图中绘制一条闭合的曲线，命名为“一层墙体F”，然后在修改器列表中选择【挤出】命令，设置其参数，如图8.10所示。

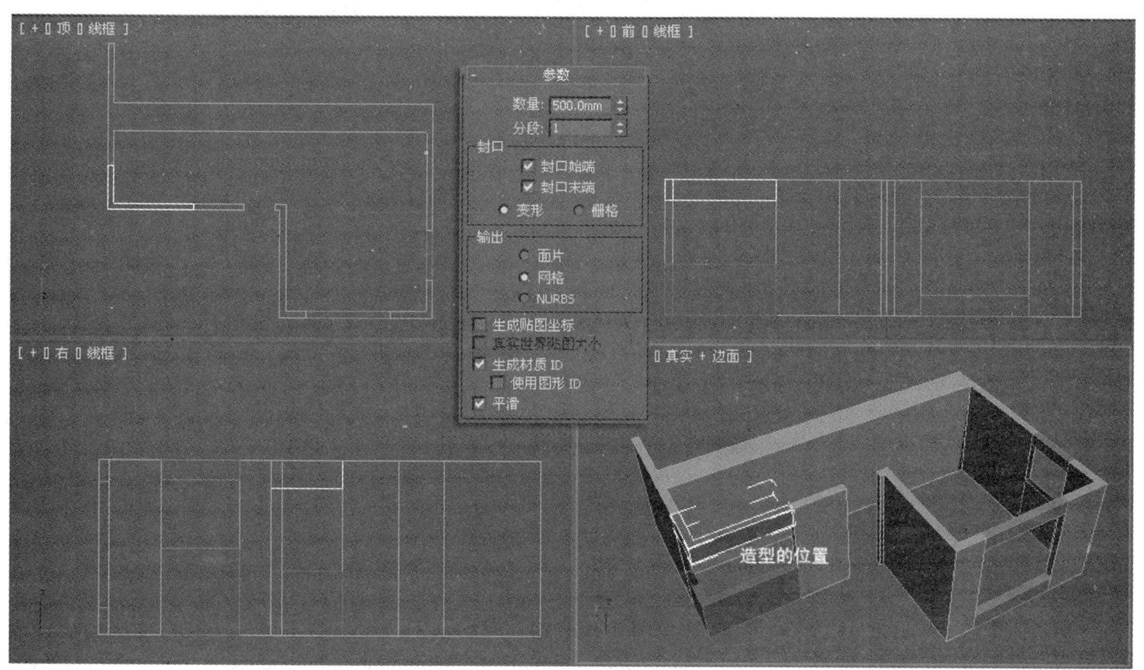

图8.10 挤出

11 按照上述的方法，在顶视图中绘制一个为200mm×1010mm的矩形，命名为“一层墙体G”，设置其参数，如图8.11所示。

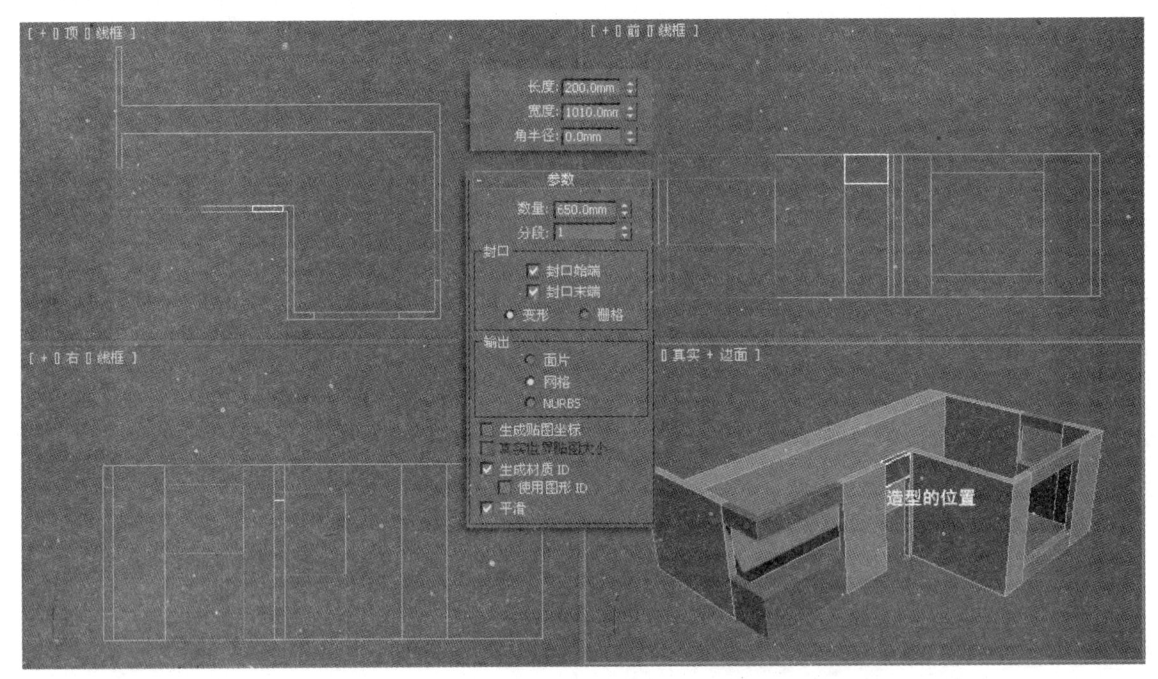

图8.11　挤出

12 至此，一层墙体已经全部制作完成了。接下来开始制作楼板。单击 矩形 按钮，在顶视图中绘制一个大小为17630mm×13980mm的参考矩形，然后单击 线 按钮，在顶视图中绘制一条闭合曲线，命名为“楼板”，如图8.12所示。

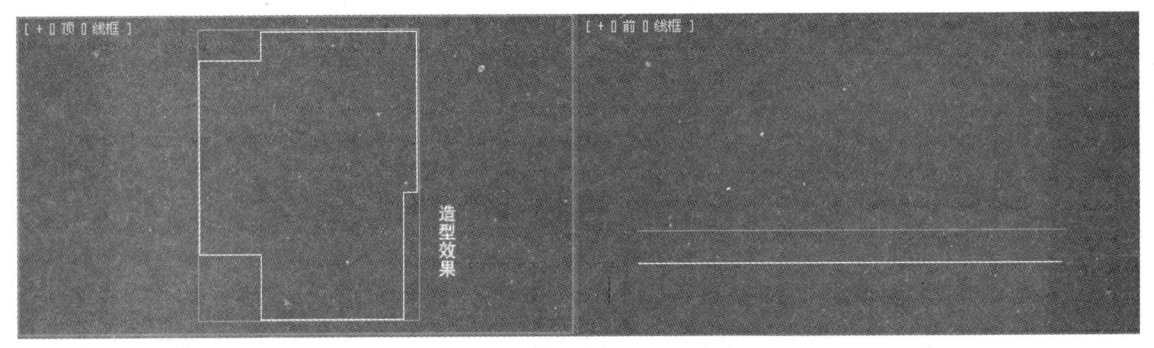

图8.12　绘制闭合的曲线

13 将参考矩形删除。在视图中选中“楼板”，然后在修改器列表下选择【挤出】命令，设置其参数，如图8.13所示。

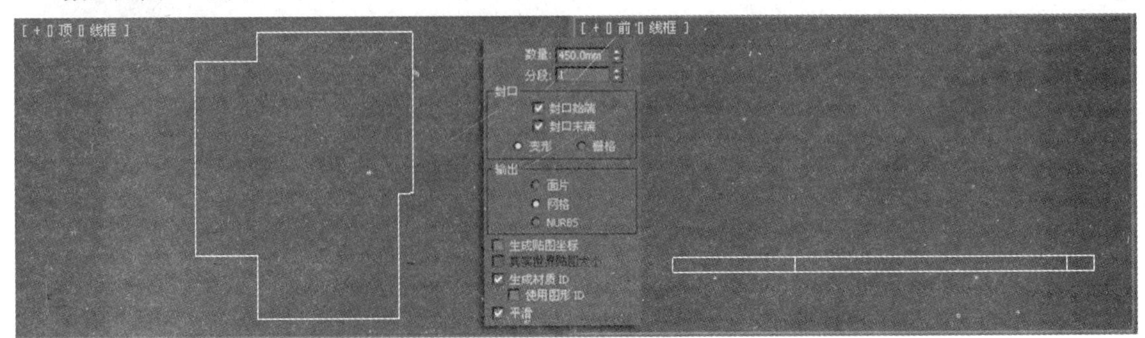

图8.13　挤出

14 在视图中调整造型的位置，如图8.14所示。

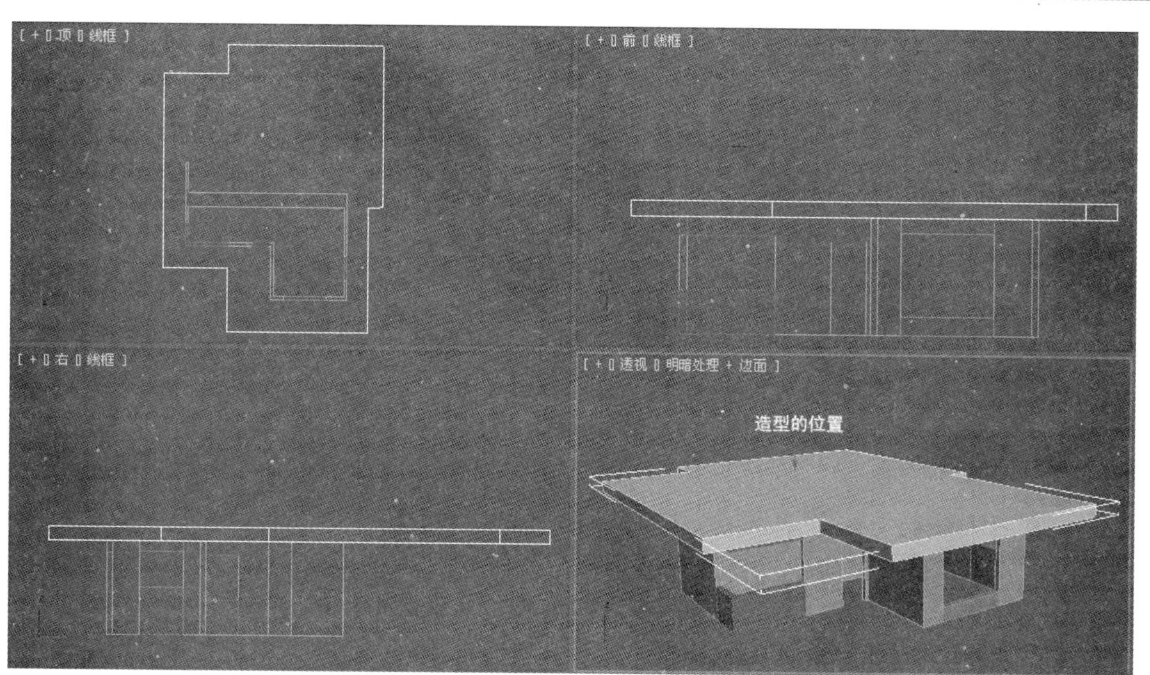

图8.14 创建楼板

15 接下来开始制作二层墙体。单击 矩形 按钮，在顶视图中绘制一个大小为9353mm×4448mm的参考矩形，然后单击 线 按钮，绘制一条闭合的曲线，命名为“二层墙体”，如图8.15所示。

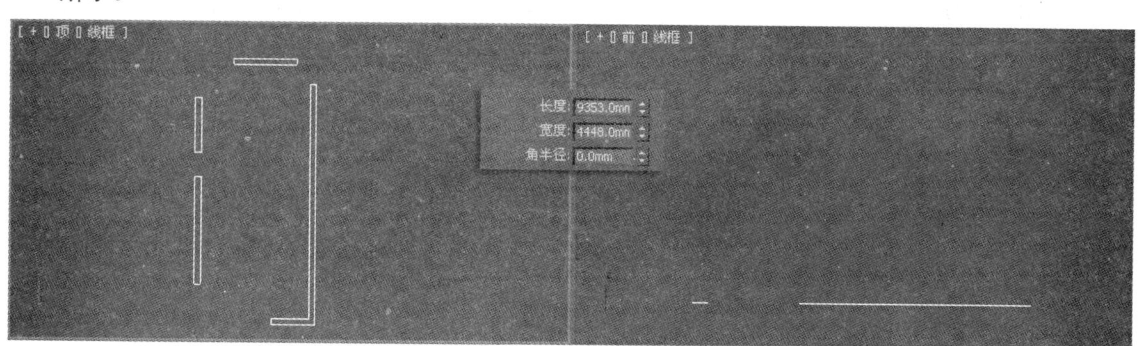

图8.15 绘制闭合曲线

16 将参考矩形删除，然后在修改器列表下选择【挤出】命令，设置其参数，如图8.16所示。

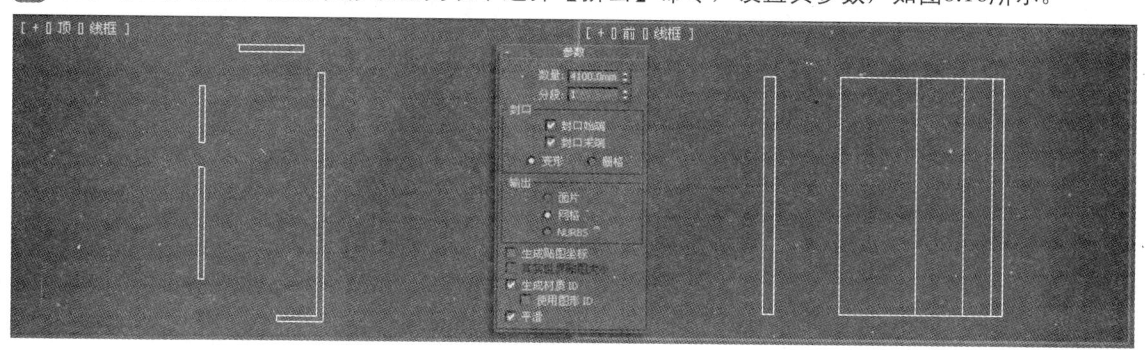

图8.16 挤出

17 单击 矩形 按钮，在顶视图中绘制一个大小为9235mm×4150mm的参考矩形，然后单击 线 按钮，在顶视图中绘制图8.17所示的图形，将其命名为“二楼墙体A”。

图8.17 绘制的图形

18 将参考矩形删除。然后在修改器列表中选择【挤出】命令，设置其参数，如图8.18所示。

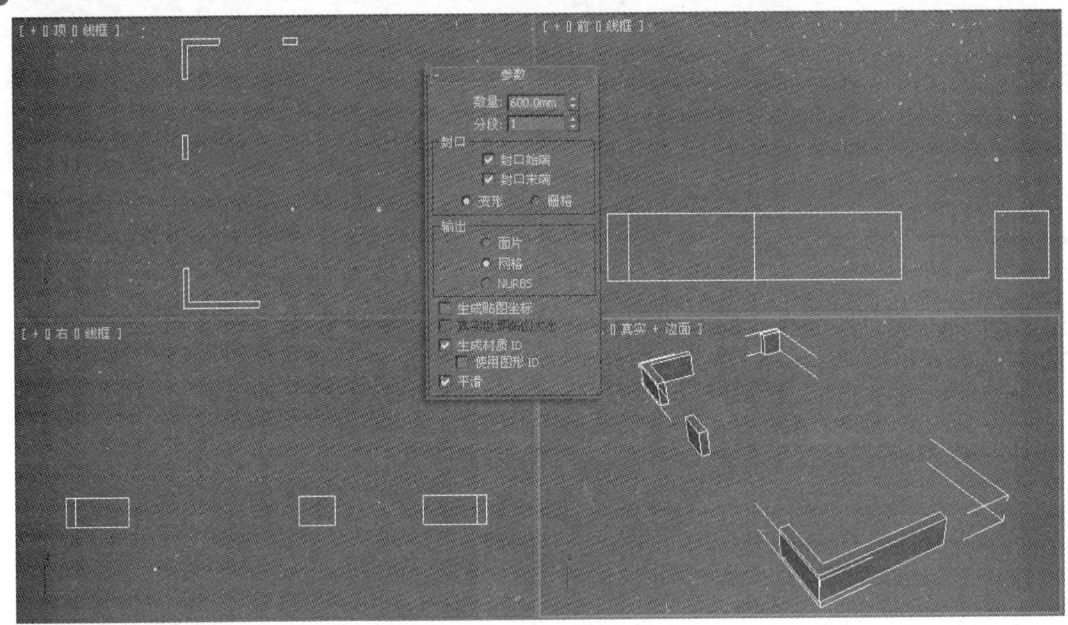

图8.18 挤出

19 在视图中调整造型的位置，效果如图8.19所示。

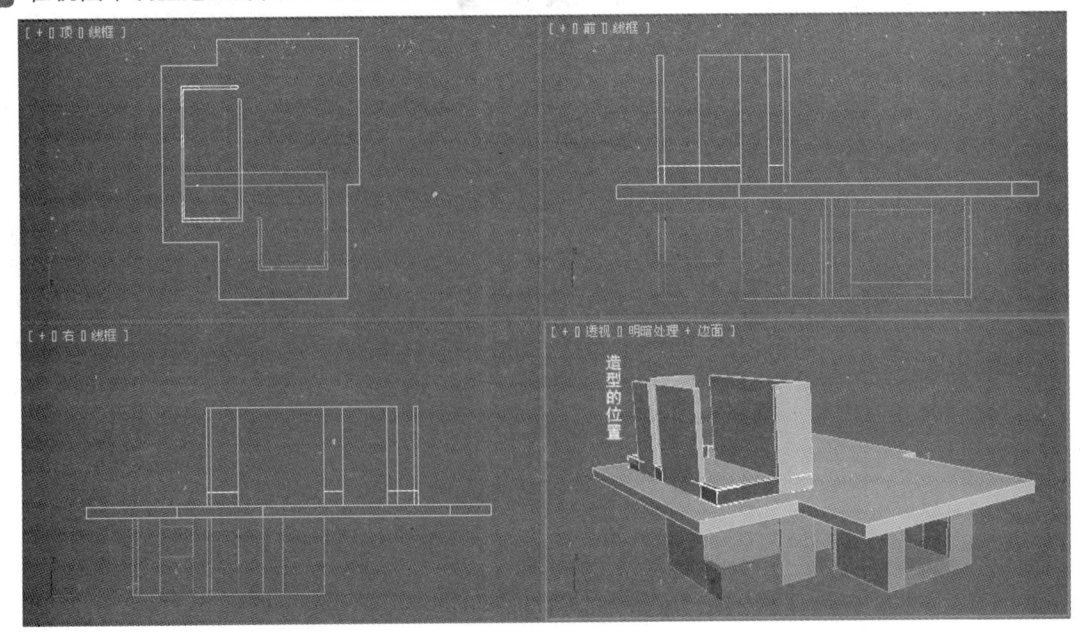

图8.19 造型的位置

20 单击 矩形 按钮，在顶视图中绘制一个大小为9140mm×4150mm的参考矩形，然后单击 线 按钮，绘制图8.20所示的图形，将其命名为“二层墙体B”。

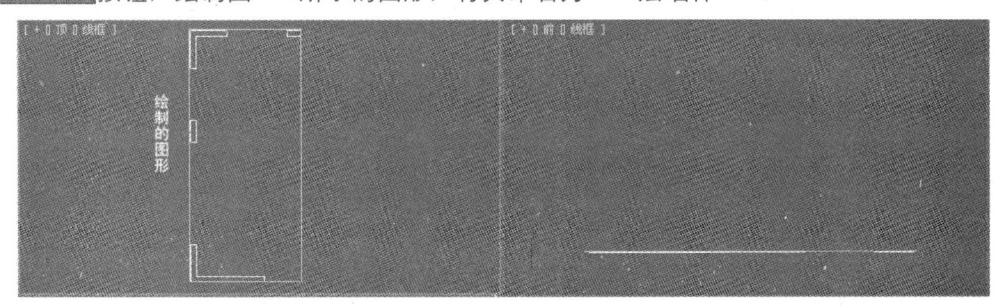

图8.20 绘制的图形

21 将参考矩形删除，然后在修改器列表中选择【挤出】命令，设置其参数，如图8.21所示。

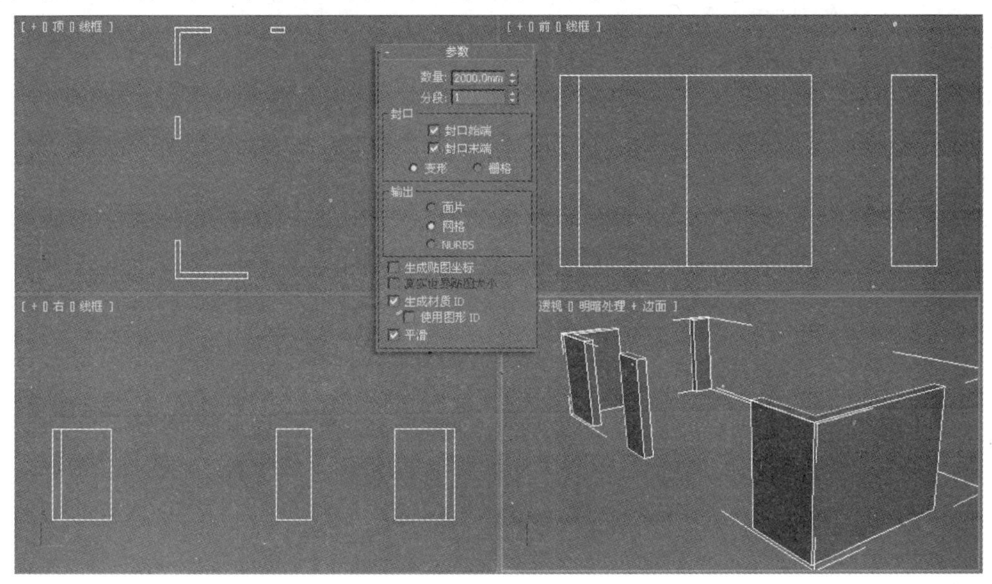

图8.21 挤出

22 在视图中选中“二层墙体”，然后将其转换为可编辑多边形。在【编辑几何体】卷展栏中单击 附加 按钮，然后单击【附加】按钮将“二层墙体A”和“二层墙体B”附加在一起，如图8.22所示。

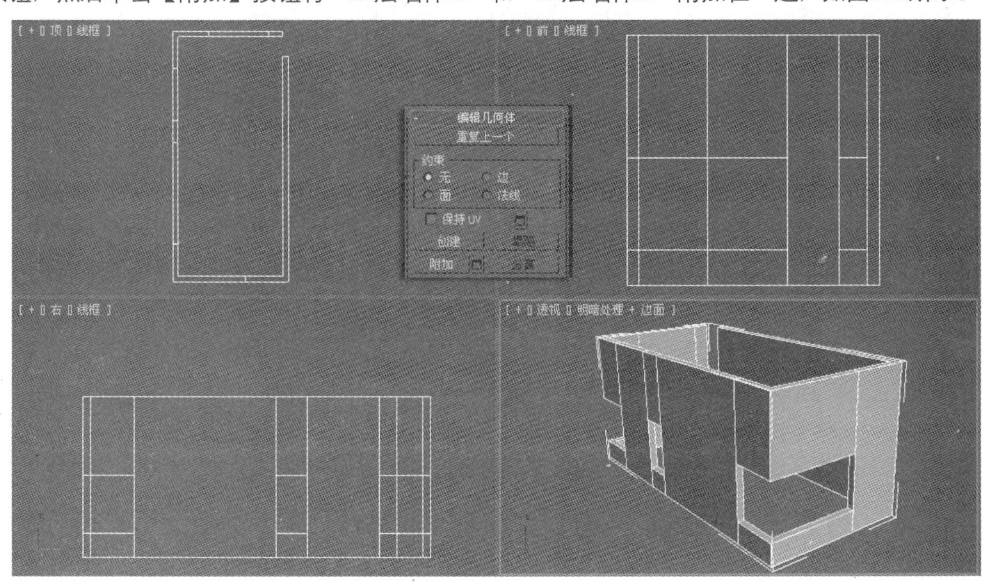

图8.22 附加

23 在视图中选中图8.23所示的顶点。

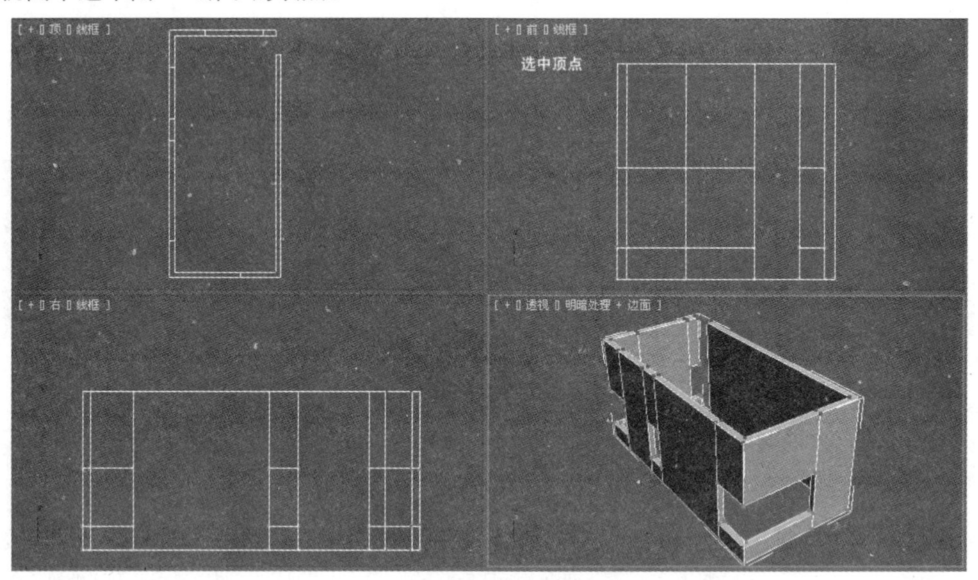

图8.23 选中顶点

24 在修改器列表中选择【FFD2×2×2】命令，然后激活【控制点】子对象，如图8.24所示。

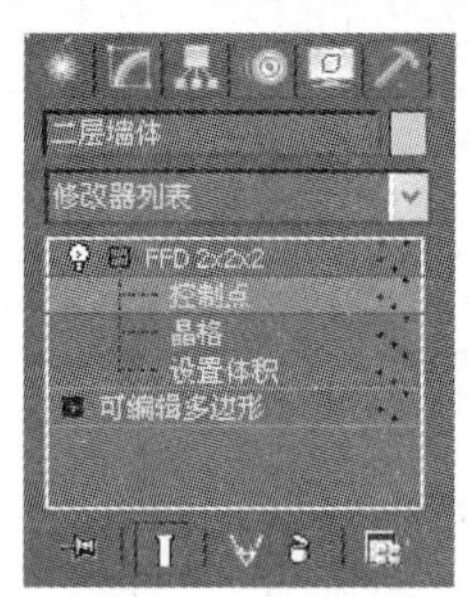

图8.24 激活控制点

25 在视图中选中图8.25所示的控制点。

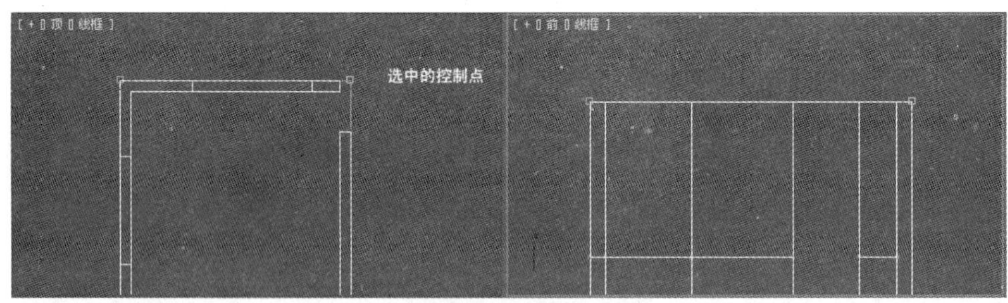

图8.25 选中的控制点

26 在视图中沿着Y轴向下移动，如图8.26所示。

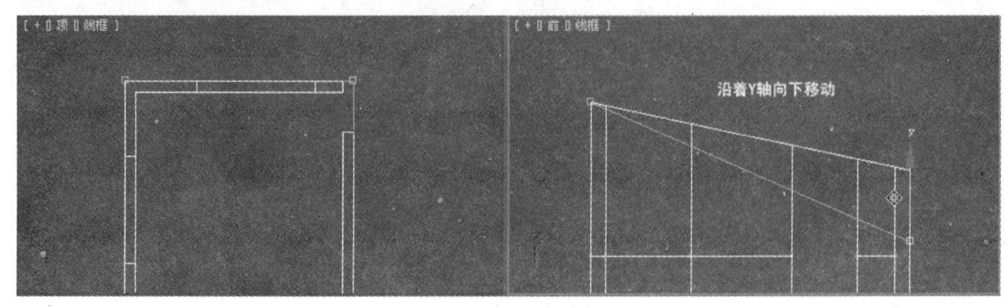

图8.26 调整控制点

27 按照同样的方法，制作另外一侧的墙体。单击 矩形 按钮，在顶视图中绘制一个大小为12600mm×5210mm的参考矩形，然后单击 线 按钮，在顶视图中绘制闭合的曲线，命名为“二层墙体C”，如图8.27所示。

图8.27　绘制的图形

28 将参考矩形删除，然后在修改器列表中选择【挤出】命令，设置其参数，如图8.28所示。

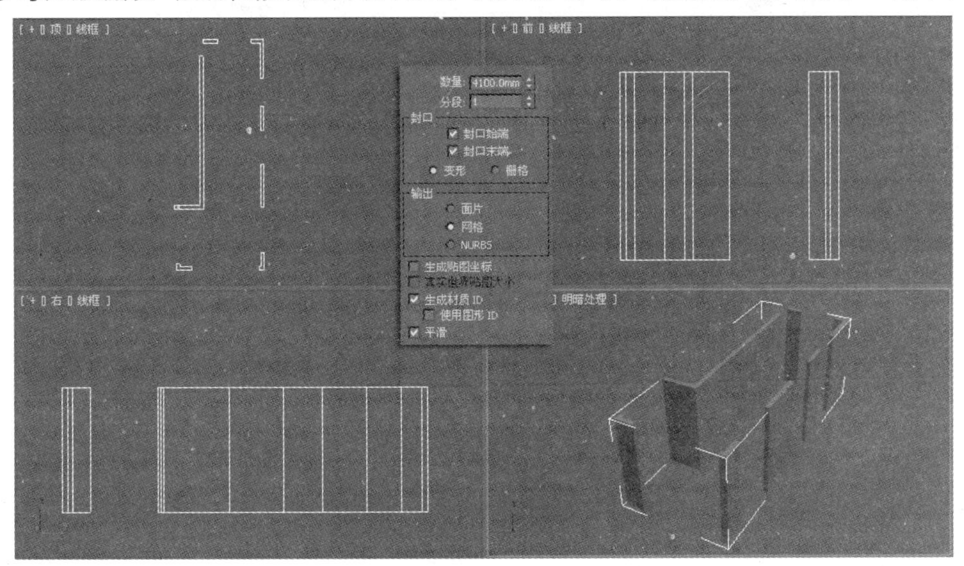

图8.28　挤出

29 单击 矩形 按钮，在顶视图中分别绘制两个大小分别为200mm×1815mm、1500mm×200mm的矩形，分别命名为“二楼墙体D”、“二楼墙体E”，设置【挤出】值为600mm，如图8.29所示。

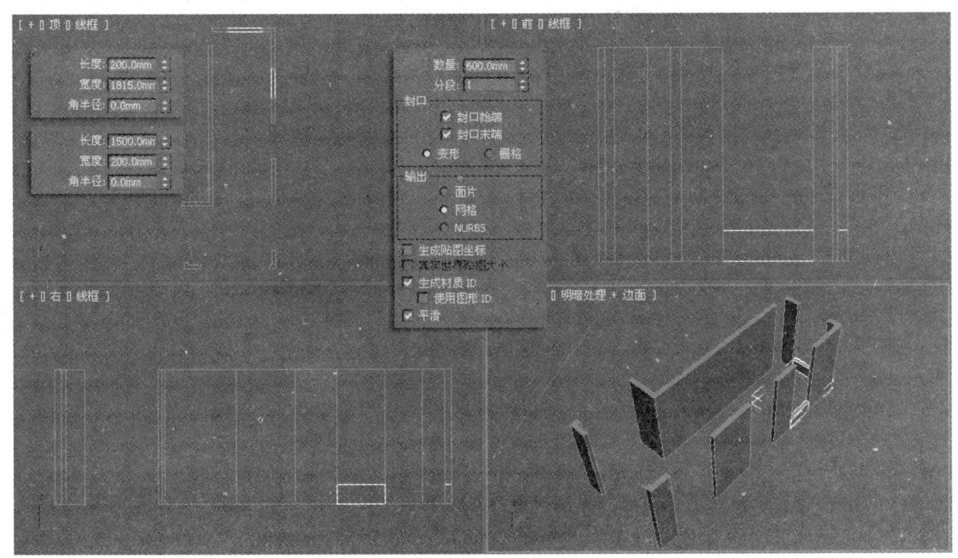

图8.29　挤出

30 在视图中调整造型的位置，如图8.30所示。

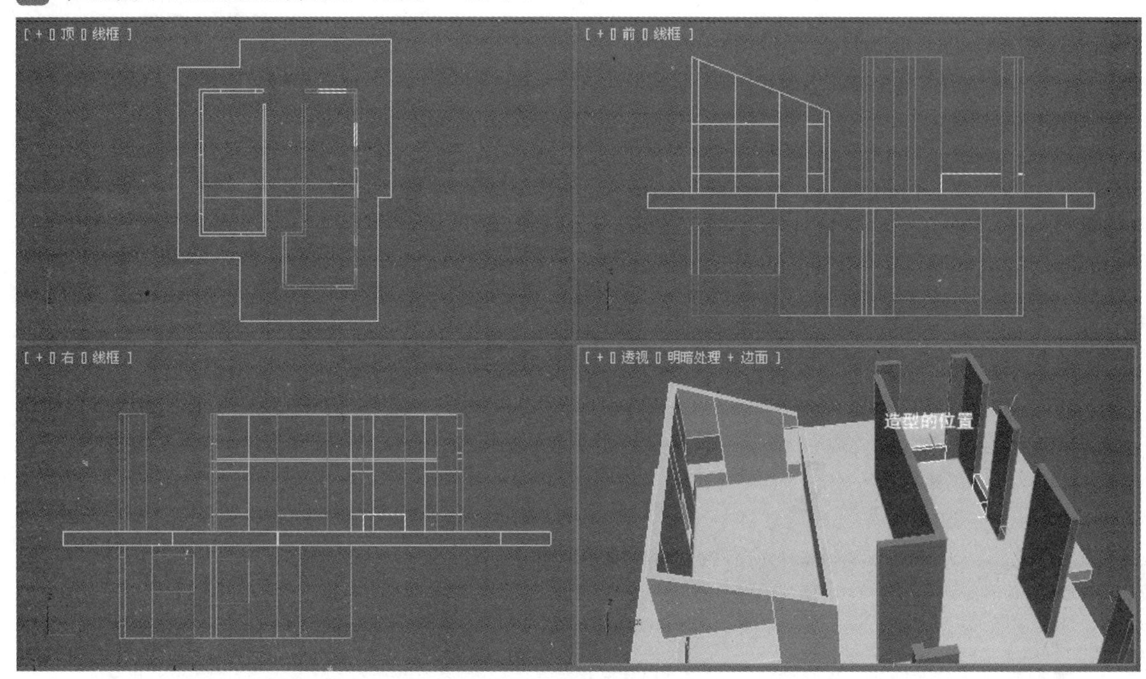

图8.30　调整造型的位置

31 按照上述的方法，单击 矩形 按钮，在顶视图中绘制3个大小分别为200mm×3650mm、2400mm×200mm、1800mm×200mm的矩形，分别命名为“二层墙体F”“二层墙体G”和“二层墙体H”，然后在修改器列表下选择【挤出】命令，设置其【挤出】值为1400mm，如图8.31所示。

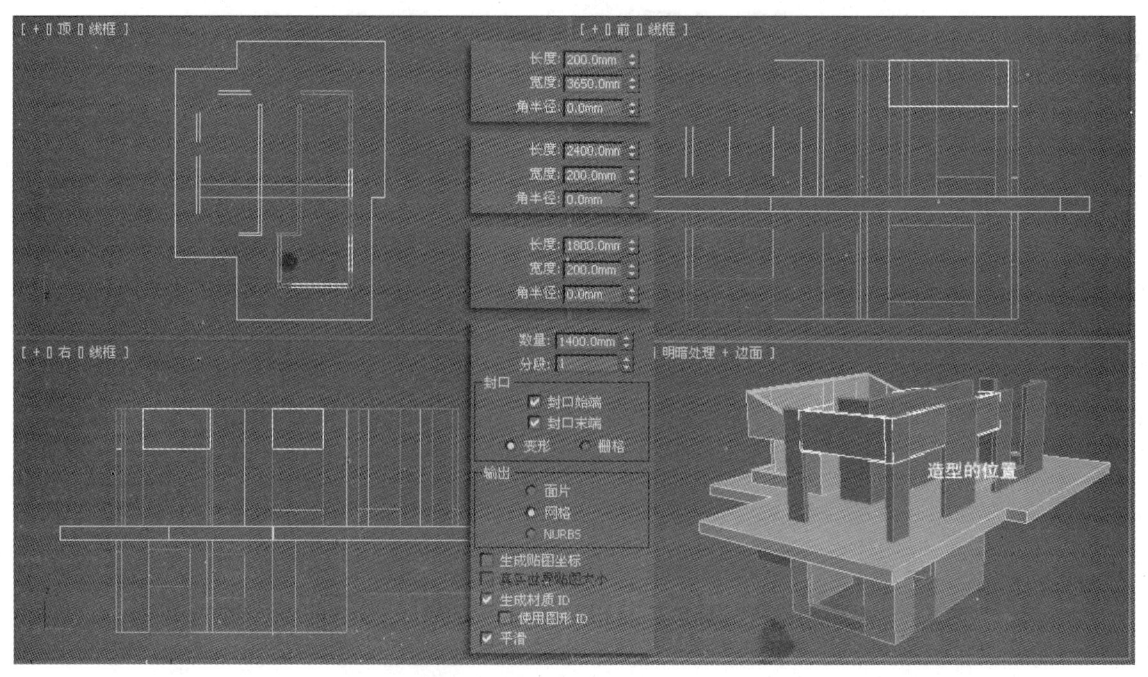

图8.31　挤出

32 单击 矩形 按钮，在顶视图中绘制3个大小分别为2900mm×200mm、1500mm×200mm、

200mm×1815mm的矩形，并分别命名为“二层墙体H”、“二层墙体I”和“二层墙体J”，然后在修改器列表中选择【挤出】命令，设置【挤出】值为2000mm，如图8.32所示。

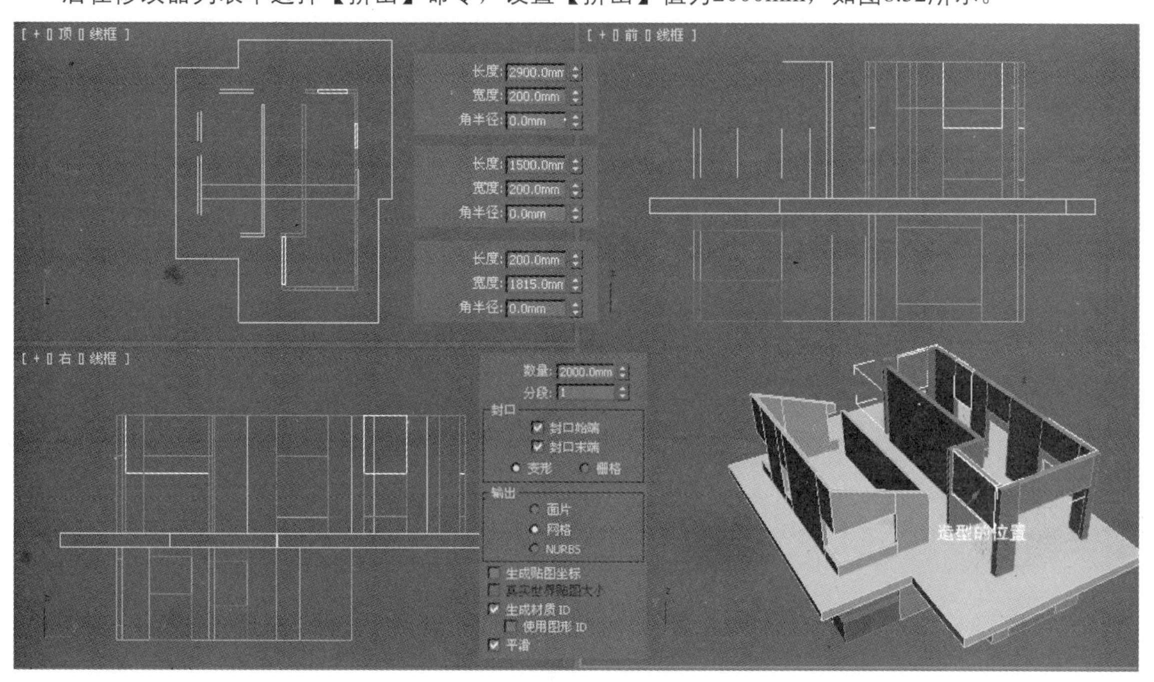

图8.32　挤出

33 在视图中选择“二层墙体C”，然后将其转换为可编辑多边形，然后在【编辑多边形】卷展栏中单击 附加 按钮，将二层墙体D、E、F、G、H、I这几个物体附加在一起，如图8.33所示。

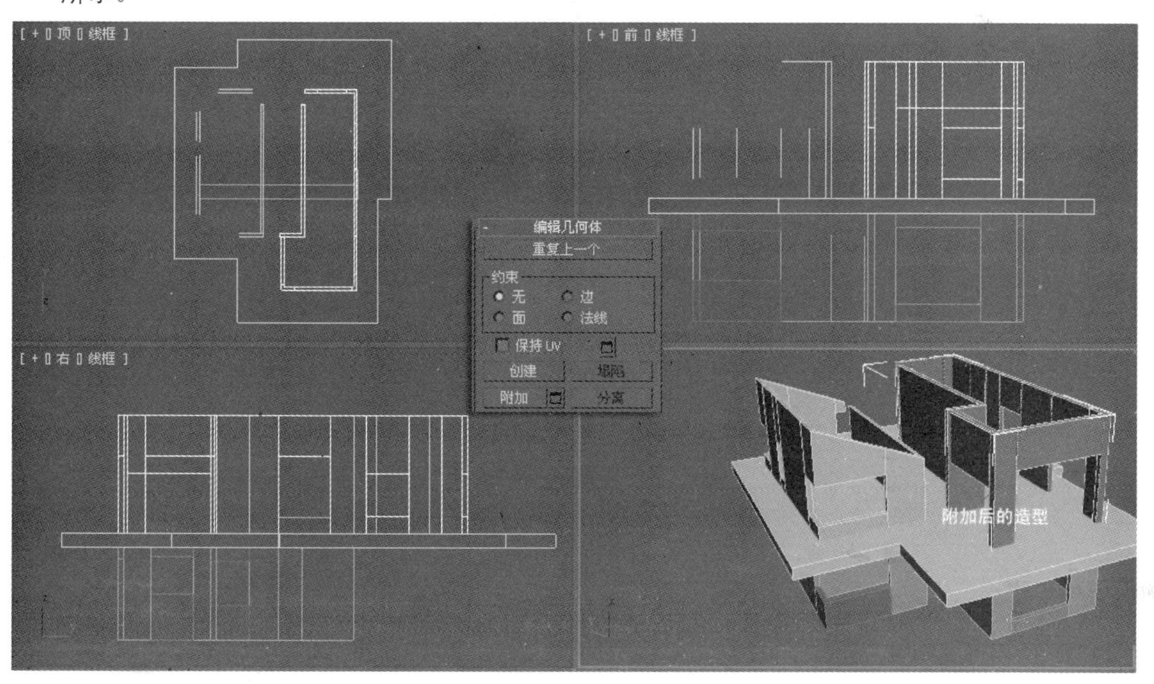

图8.33　附加

34 在修改器堆栈中激活【顶点】子对象，在视图中选中图8.34所示的顶点。

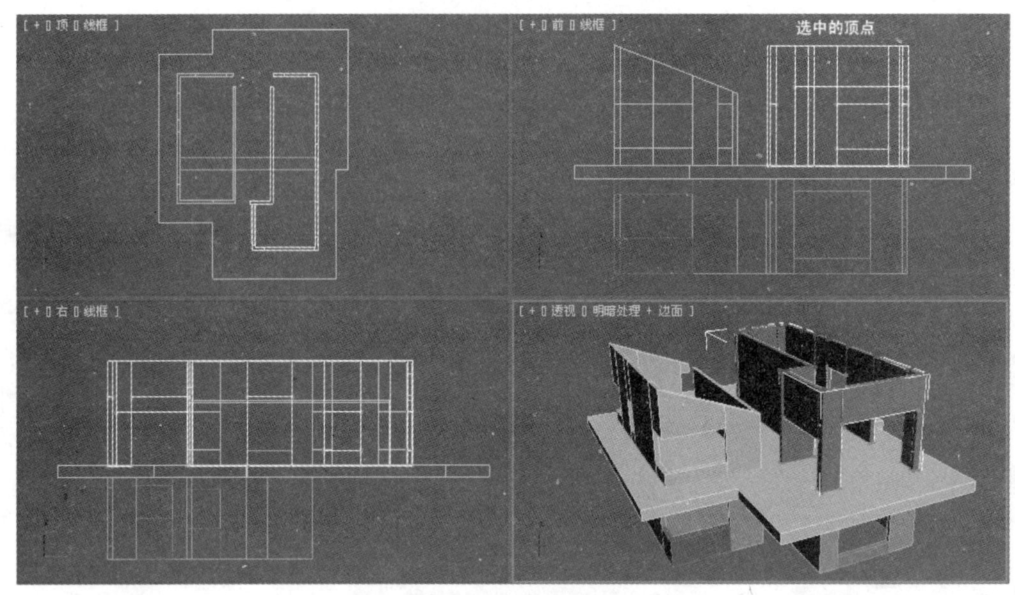

图8.34　选中的顶点

35 在修改器列表中选择【FFD2×2×2】命令，然后激活【控制点】子对象，如图8.35所示。

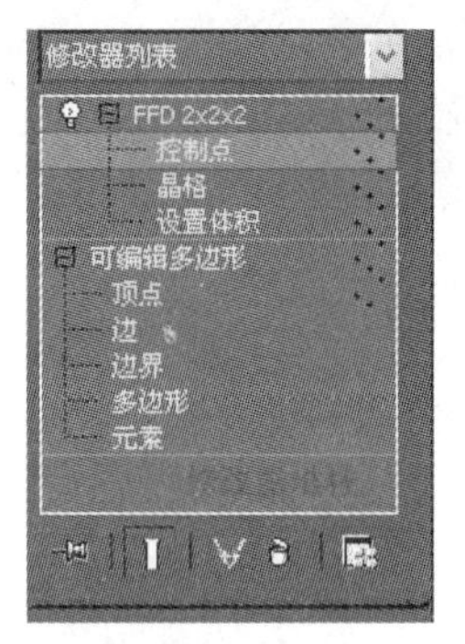

图8.35　激活控制点

36 确认“控制点”子对象还处于激活的状态，在视图中选中图8.36所示的控制点。

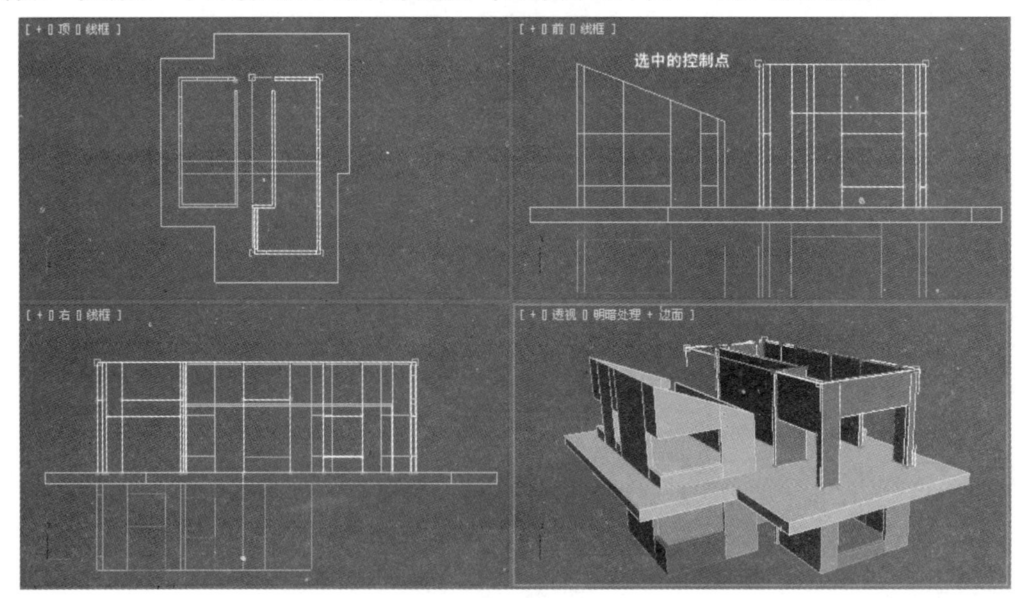

图8.36　选中的控制点

37 激活工具栏中【移动】工具，沿着Y轴向下移动，如图8.37所示。

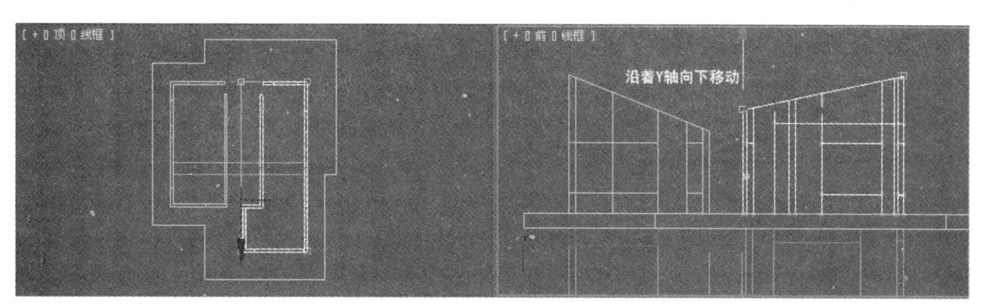

图8.37 移动控制点

38 将附加后的墙体分别命名为“二层墙体A”和“二层墙体B”。至此，别墅的墙体已经全部制作完成。接下来开始制作别墅的窗框等物体。

39 单击 矩形 按钮，在前视图中绘制3个大小分别为2300mm×2650mm、2180mm×810mm、2180mm×1660mm的矩形，然后将其转换为可编辑样条线，在【几何体】卷展栏中单击 附加 按钮，命名为“一层窗框”，如图8.38所示。

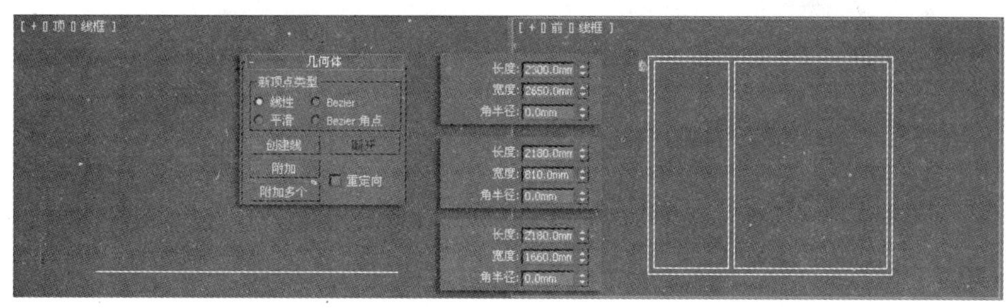
图8.38 附加

40 在视图中选中“一层窗框”，然后在修改器列表中选择【挤出】命令，设置其参数，如图8.39所示。

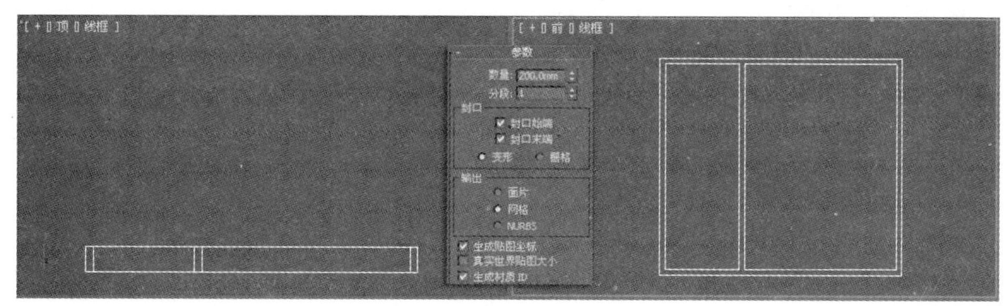
图8.39 挤出

41 单击 矩形 按钮，在前视图中绘制5个大小分别为2180mm×810mm、2080mm×710mm、2180mm×1660mm、2080mm×735mm、2080mm×775mm的矩形，然后将其转换为可编辑样条线，在【几何体】卷展栏中单击 附加 按钮，命名为“一层窗框A”，如图8.40所示。

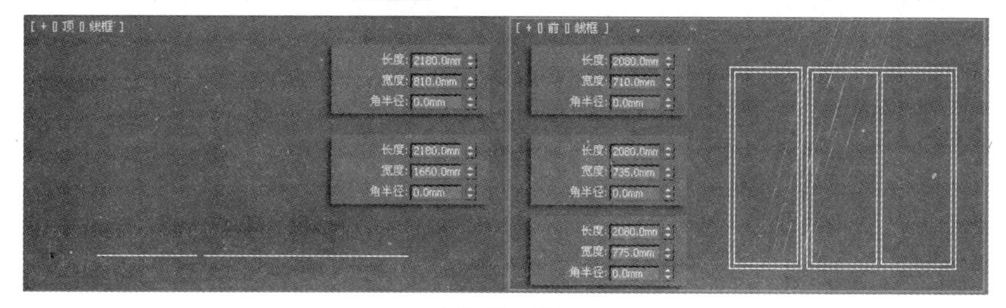
图8.40 附加

42 在视图中选中“一层框框A”，然后在修改器列表中选择【挤出】命令，设置【挤出】值为50mm，如图8.41所示。

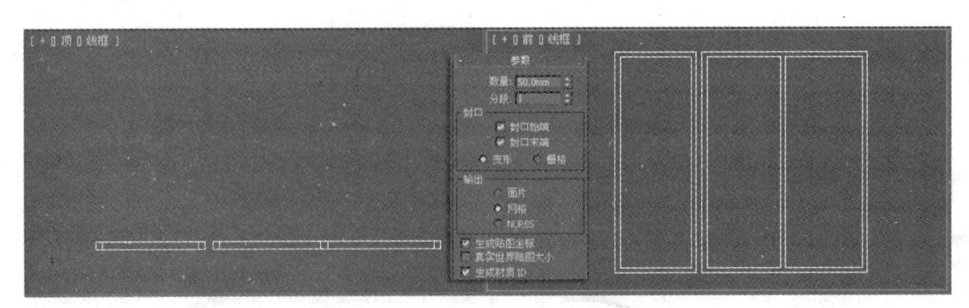

图8.41 挤出

43 单击 长方体 按钮，在前视图中创建一个大小为2180mm×1660mm×50mm的长方体，命名为“一层玻璃”，如图8.42所示。

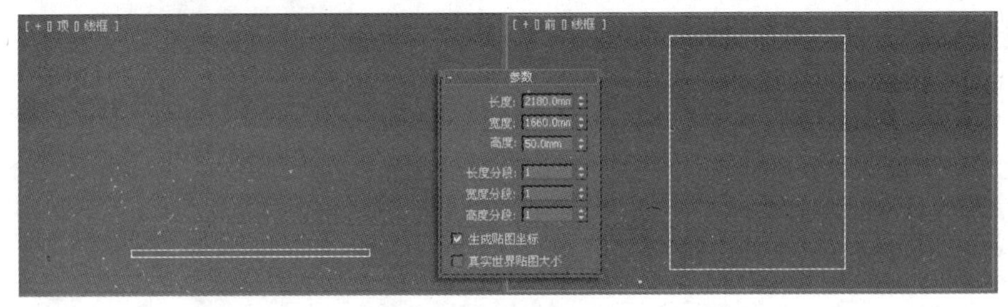

图8.42 创建玻璃

44 按照以上的方法，制作其他的窗框和玻璃，在这里就不详细叙述。

45 单击 矩形 按钮，在前视图中绘制一个大小为4850mm×2835mm的参考矩形，然后单击 线 按钮，在前视图中绘制图8.43所示的图形，命名为“门厅”。

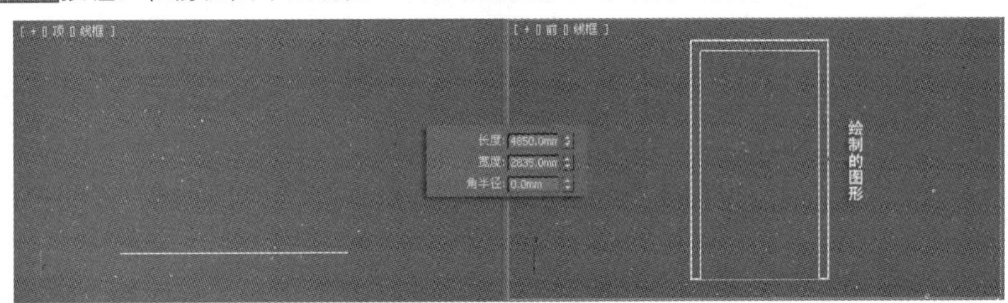

图8.43 绘制的图形

46 将参考矩形删除。确认“门厅”还处于选中的状态，在修改器列表中选择【挤出】命令，设置【挤出】值为2000mm。单击 矩形 按钮，在前视图中绘制一个大小为3340mm×890mm的矩形，命名为“二层墙体C”，然后设置【挤出】值为1800mm，如图8.44所示。

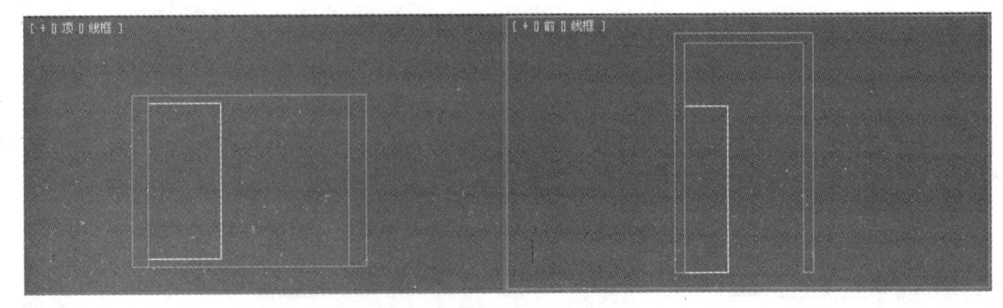

图8.44 挤出

47 单击 矩形 按钮，在前视图中绘制一个大小为2500mm×2420mm的参考矩形，然后单击 线 按钮，在前视图中绘制一条闭合的曲线，如图8.45所示。

48 将参考矩形删除。单击 矩形 按钮，在前视图中绘制一个大小为560mm×900mm的矩形，然后将其复制一个，单击 矩形 按钮，在前视图中绘制一个大小为520mm×680mm的矩形，然后将其复制7个，最终图形效果如图8.46所示。

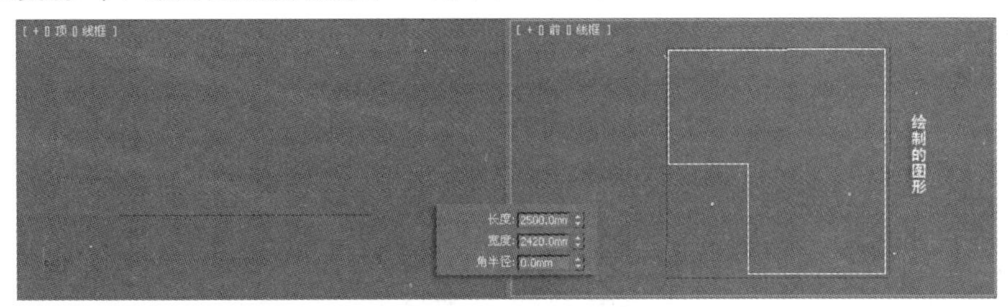

图8.45　绘制的图形

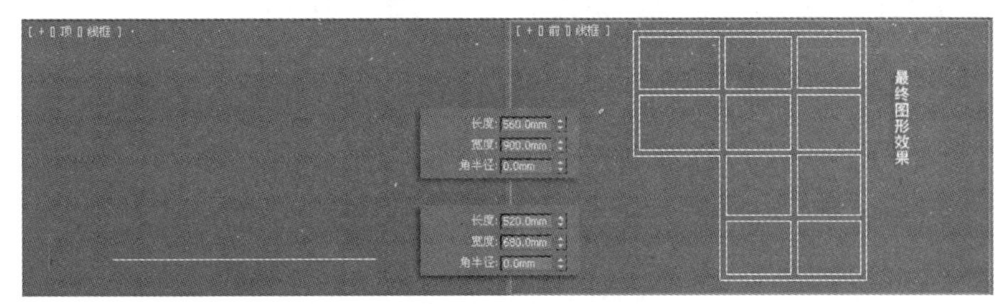

图8.46　最终图形效果

49 在视图中选中其中一个矩形，单击鼠标右键，在快捷菜单中选择【转换为】/【转换为可编辑样条线】命令。然后在【几何体】卷展栏中单击 附加 按钮，命名为“门厅A”。

50 在视图中选中“门厅A”，然后在修改器列表中选择【挤出】命令，设置【挤出】值为1800mm，如图8.47所示。

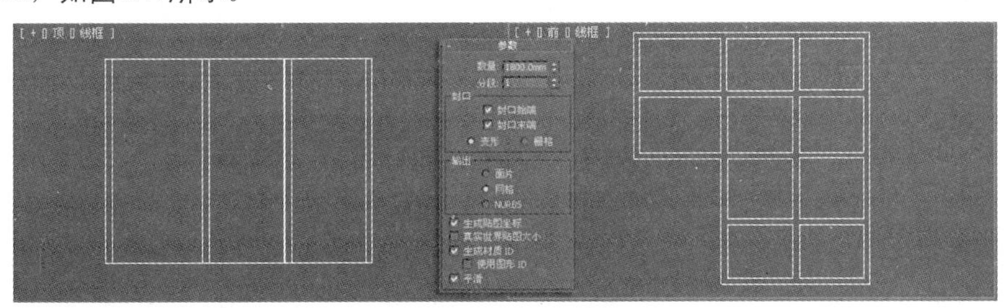

图8.47　挤出

51 单击 矩形 按钮，在前视图中沿着“门厅A”的轮廓绘制矩形，然后将所有绘制的矩形附加在一起，为其添加【挤出】命令，设置【挤出】值为1700mm，如图8.48所示。

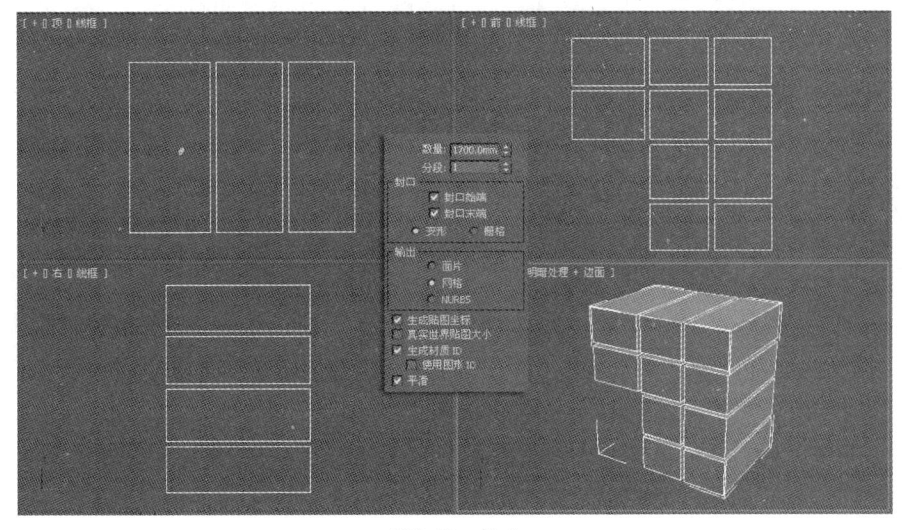

图8.48　挤出

52 单击 矩形 按钮，在顶视图中绘制一个大小为7995mm×2420mm的矩形，命名为“二层墙体D”，然后在修改器列表中选择【挤出】命令，设置【挤出】值为100mm，如图8.49所示。

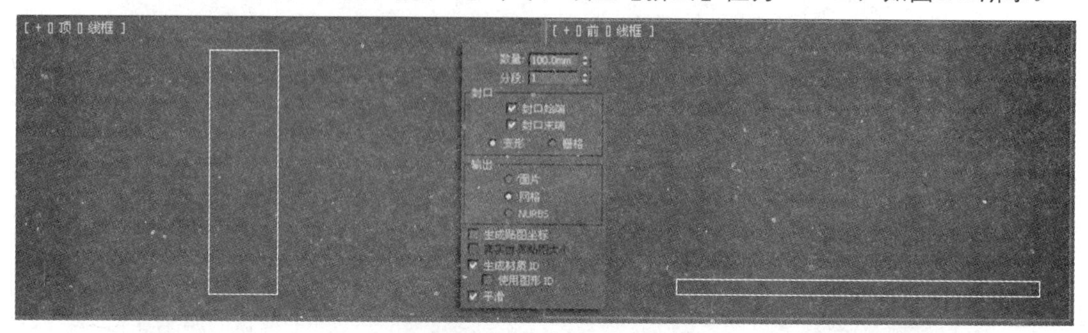

图8.49 挤出

53 单击 矩形 按钮，在前视图中绘制一个大小为1455mm×5023mm的参考矩形，然后单击 线 按钮，在前视图中绘制一条闭合的曲线，命名为“瓦顶A”，如图8.50所示。

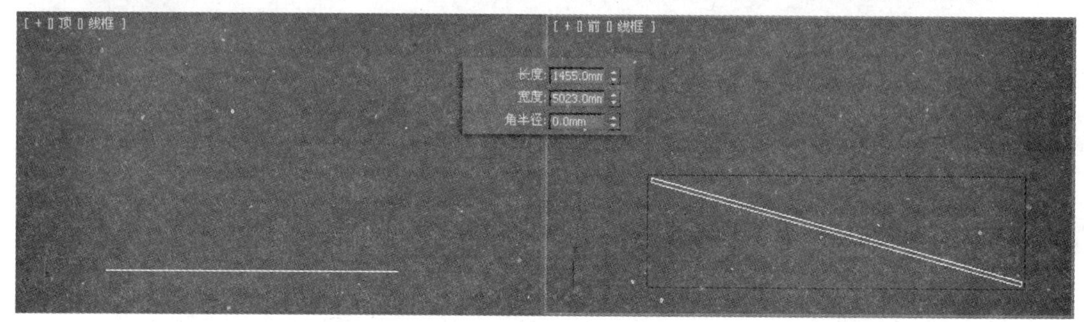

图8.50 绘制闭合的曲线

54 将参考矩形删除，然后在修改器列表中选择【挤出】命令，设置【挤出】值为9616mm，如图8.51所示。

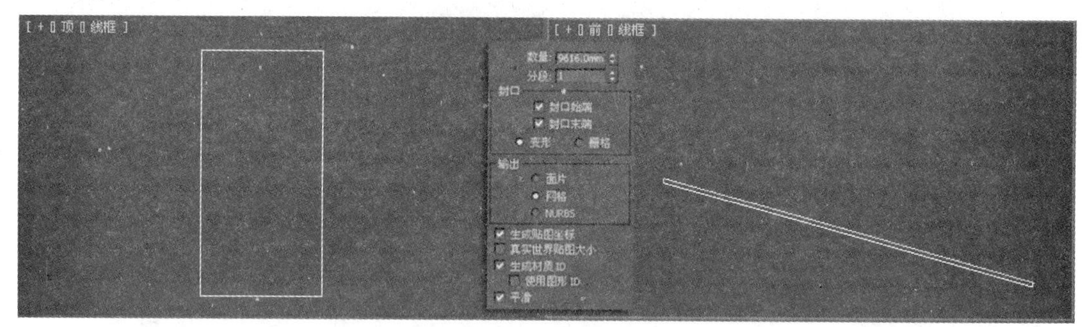

图8.51 挤出

55 单击 矩形 按钮，在前视图中绘制一个大小为199mm×5830mm的参考矩形，然后单击 线 按钮，在前视图中绘制一条闭合的曲线，命名为“瓦顶B”，如图8.52所示。

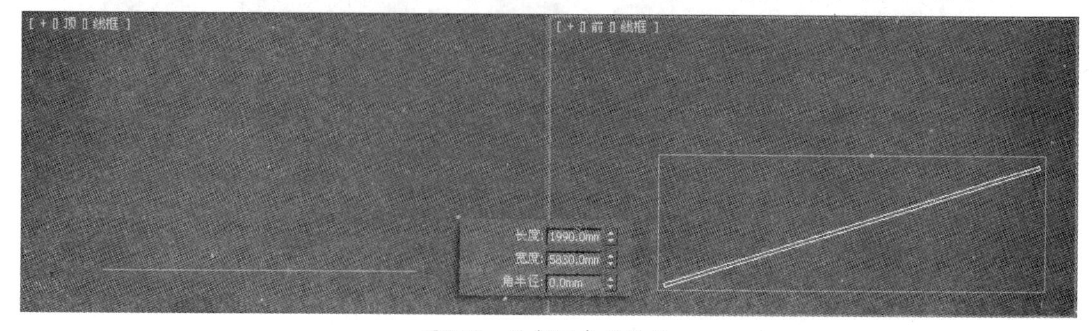

图8.52 绘制闭合的曲线

56 将参考矩形删除。然后在修改器列表中选择【挤出】命令，设置【挤出】值为12600mm，如图8.53所示。

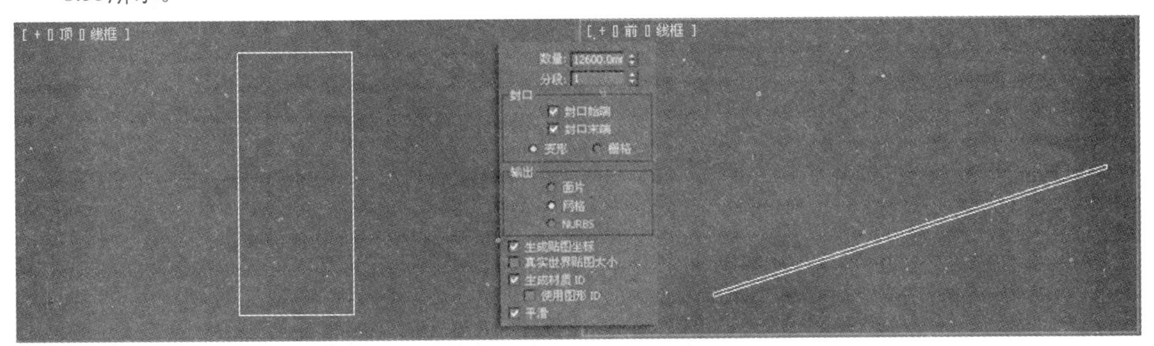

图8.53 挤出

57 单击 长方体 按钮，在顶视图中创建一个大小为8950mm×3615mm×3730mm的长方体，在视图中调整造型的位置，如图8.54所示。

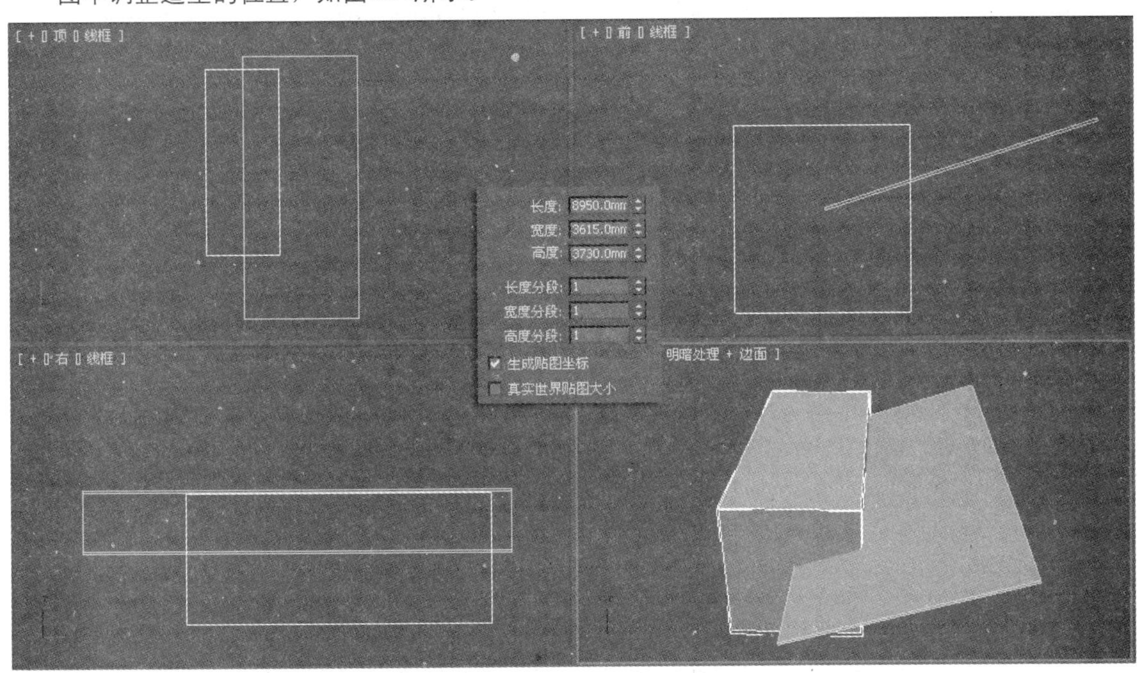

图8.54 创建长方体

58 在视图中选中“瓦顶B”，然后在几何体创建面板的【标准基本体】下拉列表中选择【复合对象】选项，单击 布尔 按钮。

59 在【拾取布尔】卷展栏中单击 拾取操作对象B 按钮，如图8.55所示。

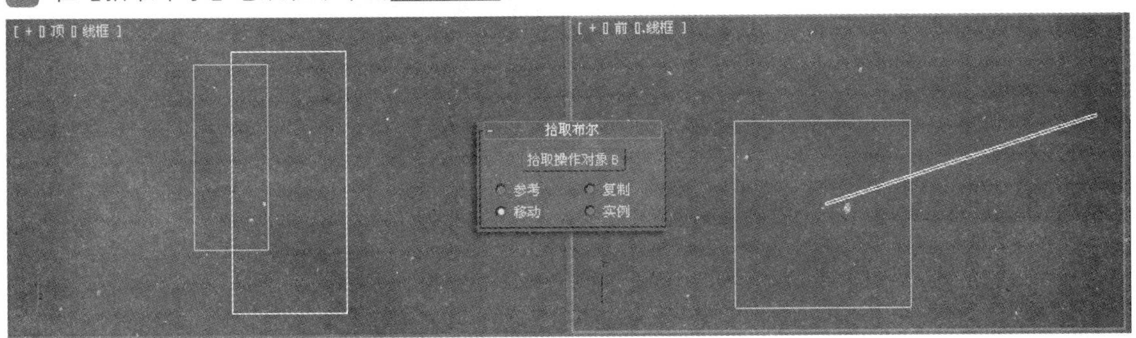

图8.55 拾取操作对象B

60 单击 拾取操作对象B 按钮后，在视图中单击拾取长方体，完成布尔运算的操作，最终效果如图8.56所示。

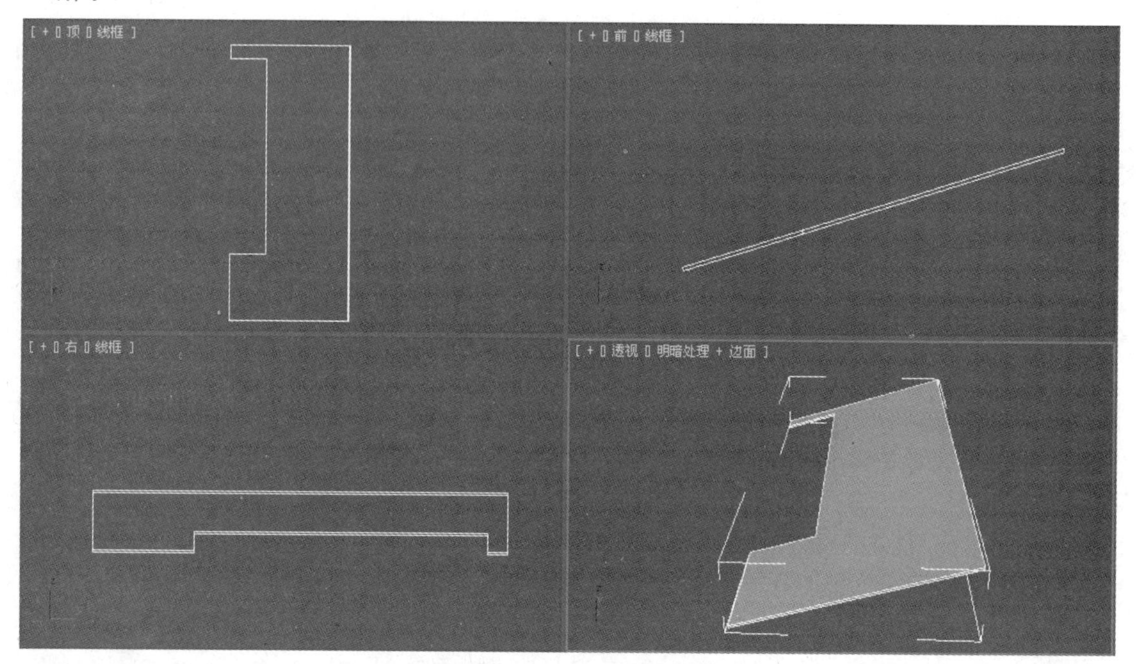

图8.56 完成布尔运算的操作

61 单击 矩形 按钮，在顶视图中绘制一个大小为305mm×305mm的参考矩形，然后单击 线 按钮，在顶视图中绘制一条闭合的曲线，命名为“柱子”，设置【挤出】值为6000mm，如图8.57所示。

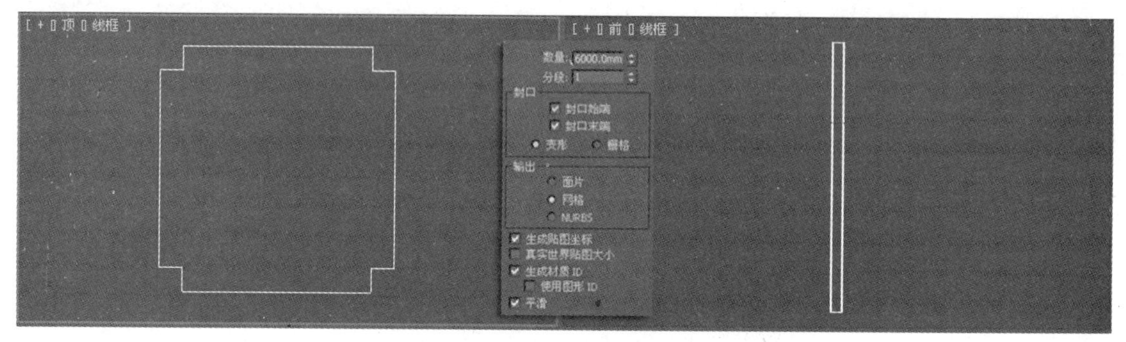

图8.57 挤出

62 单击 矩形 按钮，在顶视图中绘制一个大小为3310mm×1900mm的矩形，命名为“盖板”，然后在修改器列表中选择【倒角】命令，设置其参数，如图8.58所示。

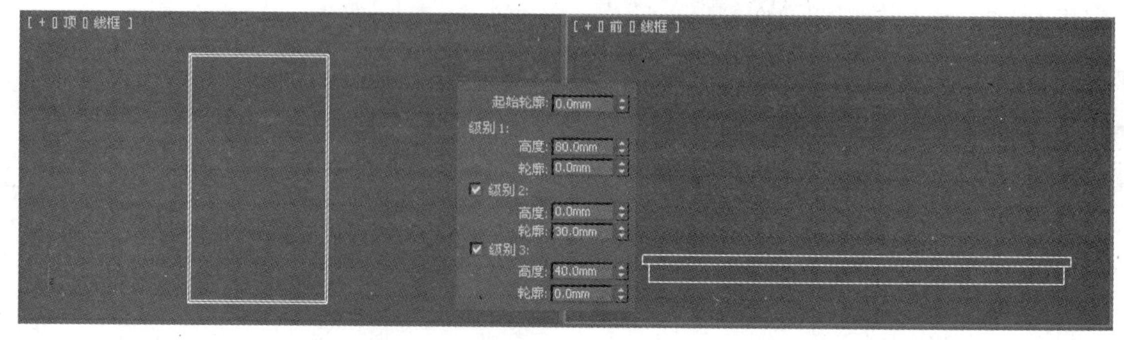

图8.58 倒角

63 在视图中调整造型的位置，如图8.59所示。

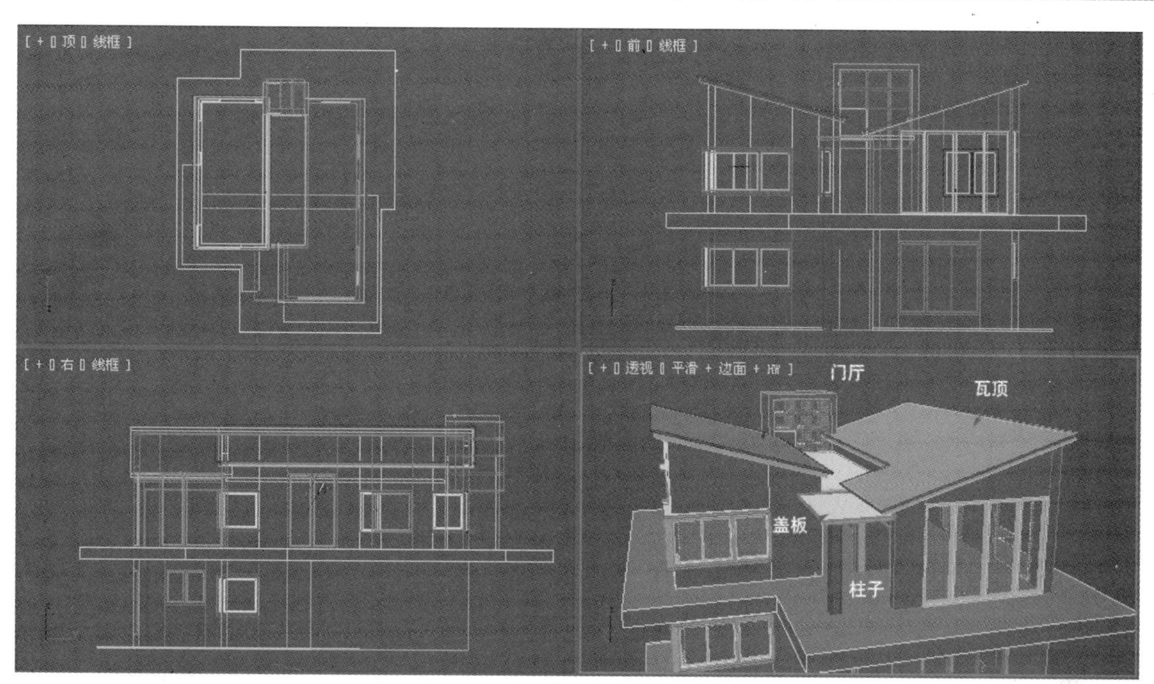

图8.59 调整造型的位置

64 单击 矩形 按钮，在左视图中绘制一个大小为805mm×230mm的参考矩形，然后单击 线 按钮，在左视图中绘制一条曲线，命名为“罗马柱”，如图8.60所示。

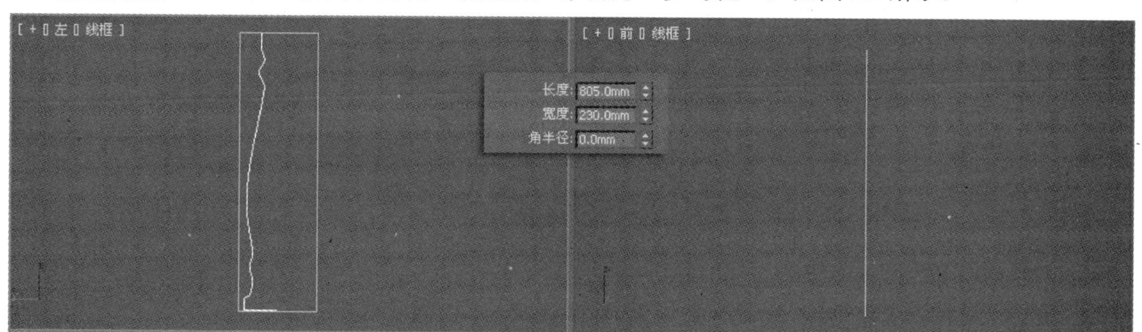

图8.60 绘制曲线

65 在视图中选中“罗马柱”，然后在修改器列表中选择【车削】命令，设置其参数，如图8.61所示。

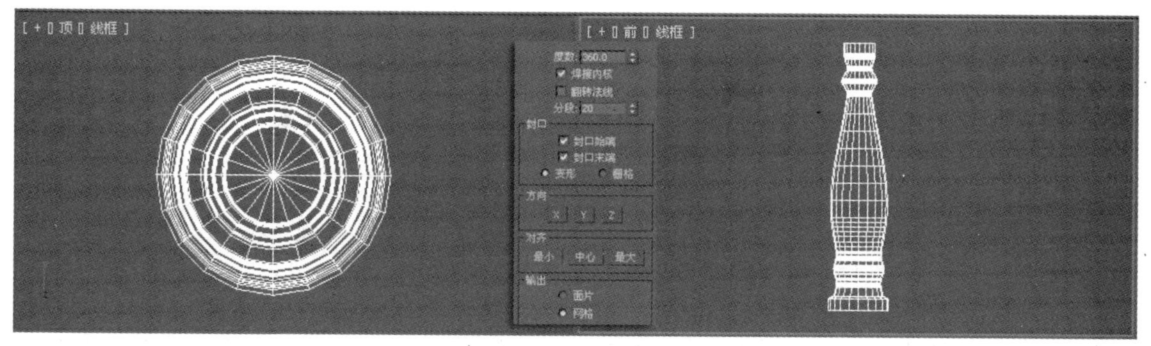

图8.61 车削

66 单击 矩形 按钮，在顶视图中绘制两条曲线，然后将其转换为可编辑样条线，在修改器堆栈中激活【样条线】子对象，然后在【几何体】卷展栏中设置【轮廓】值为180mm，命名为“栏杆A”，如图8.62所示。

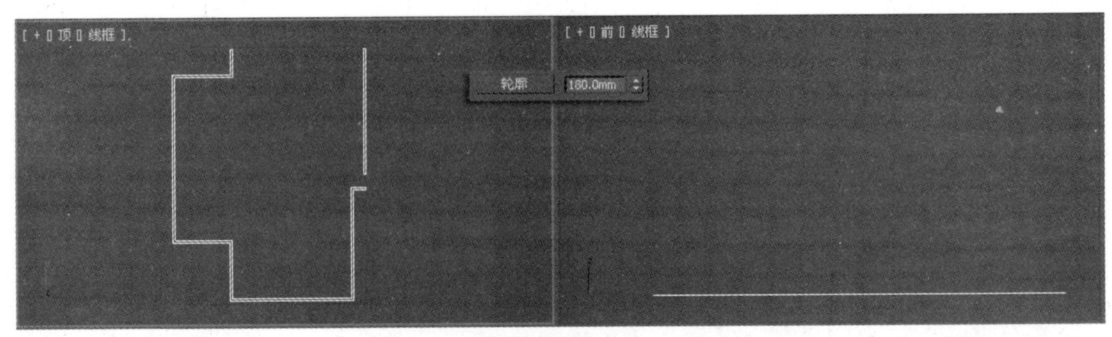

图8.62　轮廓

67 在视图中选中“栏杆A”，然后在修改器列表中选择【倒角】命令，设置其参数，如图8.63所示。

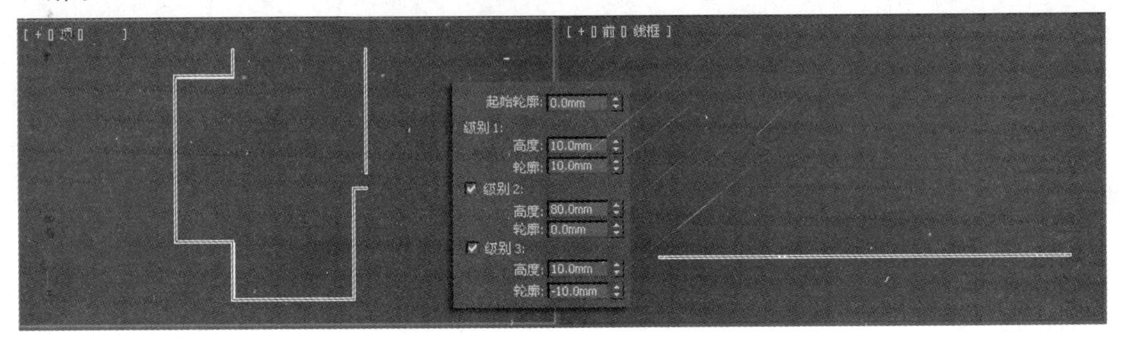

图8.63　倒角

68 单击 球体 按钮，在顶视图中创建一个半径为52mm的球体，命名为“罗马柱A”，如图8.64所示。

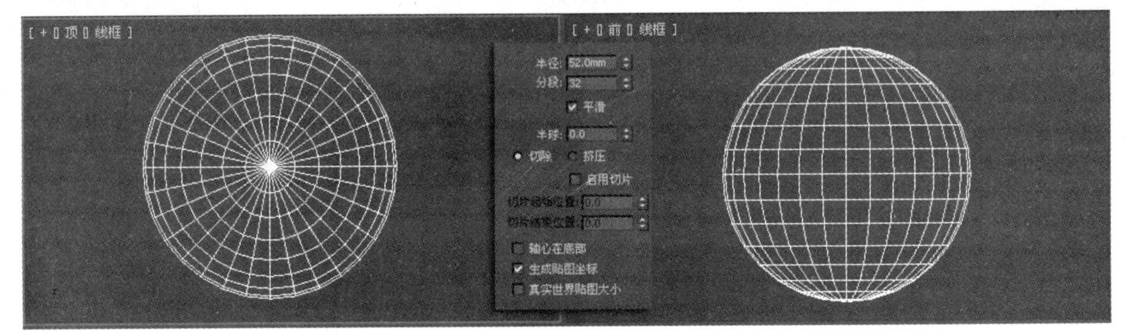

图8.64　半径

69 在视图中选中“罗马柱A”，然后将其转换为可编辑多边形。激活【边】子对象，选中图8.65所示的边。

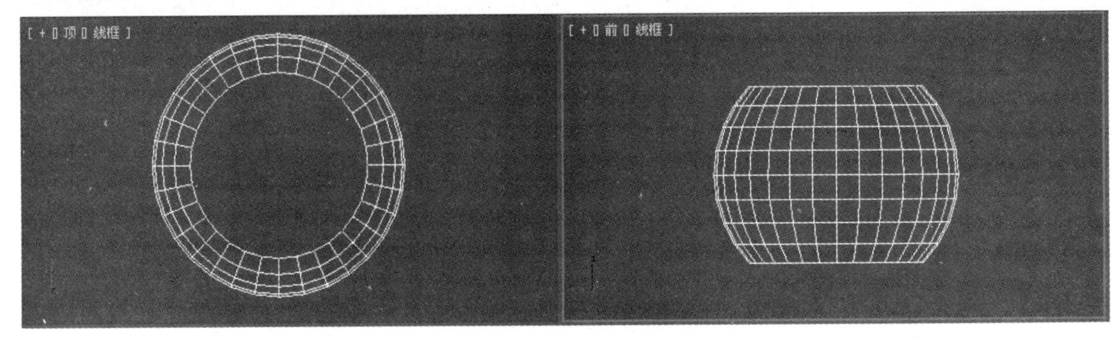

图8.65　选中边

70 按Delete键，将选中的部分删除。

71 激活工具栏中【缩放】工具，在视图中沿着Y轴进行缩放，调整造型大小后如图8.66所示。

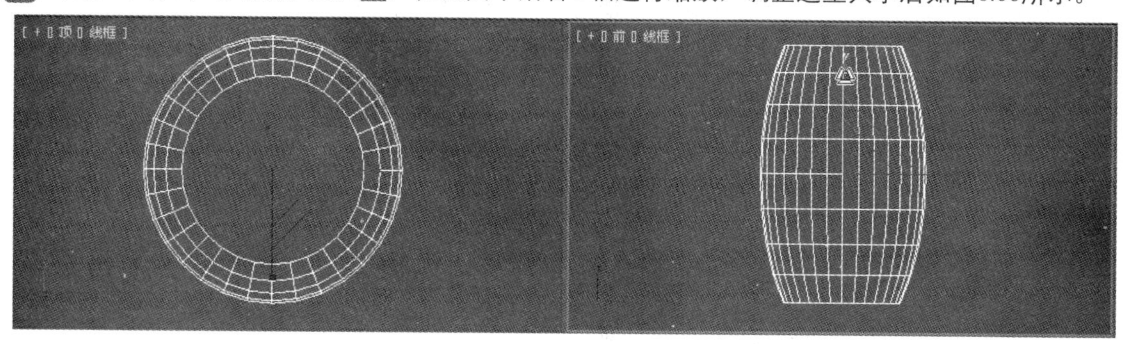

图8.66 缩放

72 在视图中选中“栏杆A”，然后按住Shift键，同时用“移动工具”将“栏杆A”复制一个，命名为“栏杆B”，然后在视图中选中“罗马柱”和“罗马柱A”，在视图中复制“罗马柱”和“罗马柱A”，最后调整整个栏杆的造型位置，如图8.67所示。

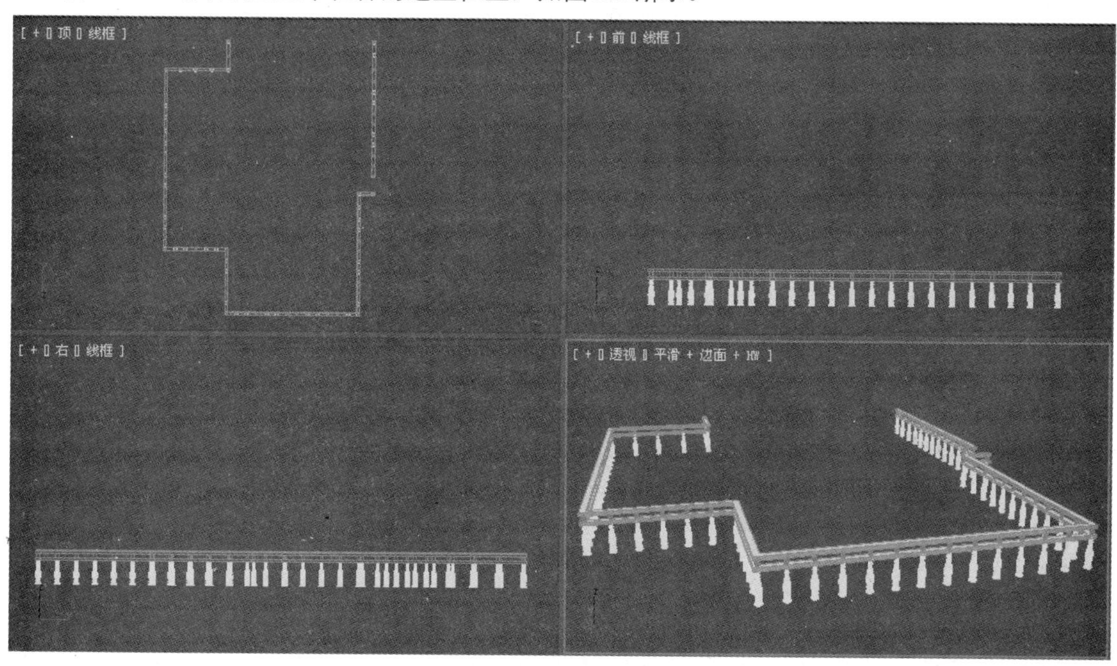

图8.67 调整造型的位置

73 单击 矩形 按钮，在左视图中绘制一个大小为445mm×3235mm的参考矩形，单击 线 按钮。在左视图中绘制一条闭合的曲线，命名为“一层楼梯”，如图8.68所示。

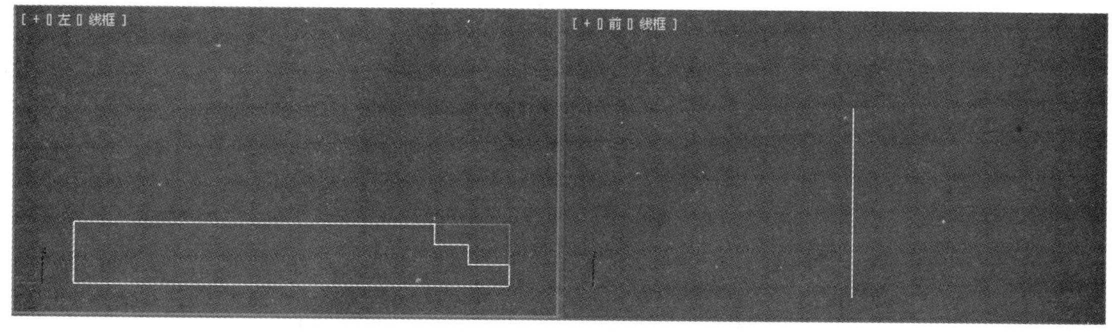

图8.68 绘制闭合的曲线

74 将参考矩形删除。然后在视图中选中“一层楼梯”，在修改器列表中选择【挤出】命令，设置其参数，如图8.69所示。

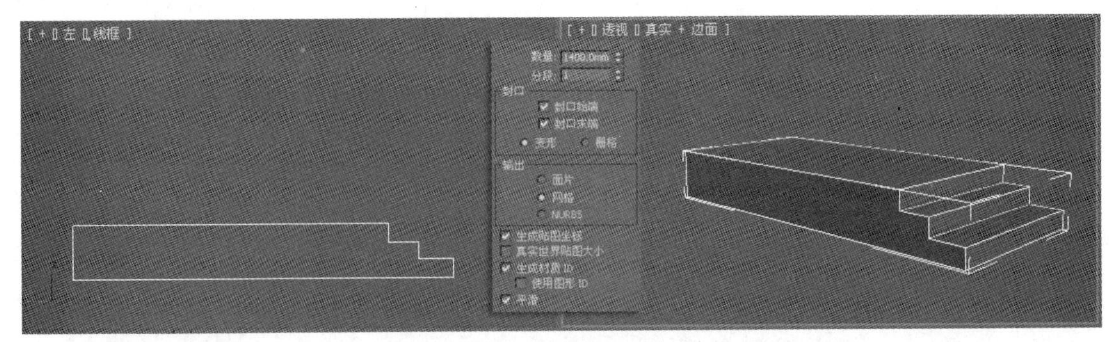

图8.69 挤出

75 单击 矩形 按钮，在前视图中绘制一个大小为800mm×200mm的矩形，然后在修改器列表中选择【挤出】修改器，设置【挤出】值为2950mm，单击 矩形 按钮，在前视图中绘制一个大小为100mm×250mm的矩形，然后设置【挤出】值为2950mm，分别命名为“护栏A”、“护栏B”，如图8.70所示。

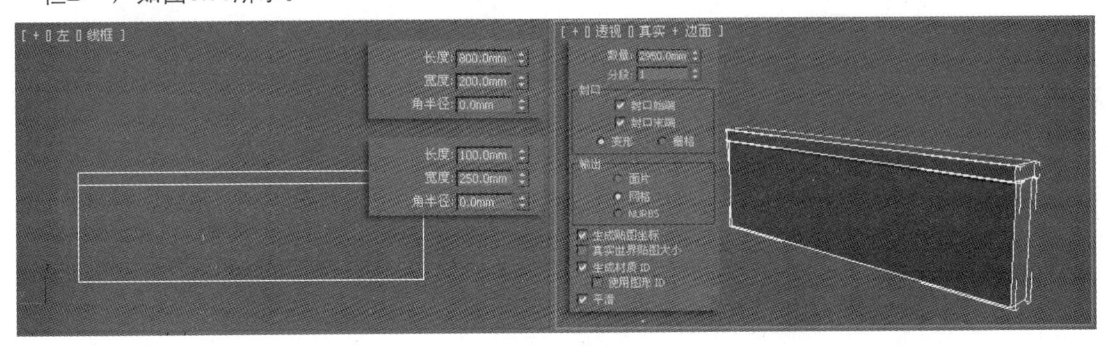

图8.70 挤出

76 在视图中调整各造型的位置，如图8.71所示。

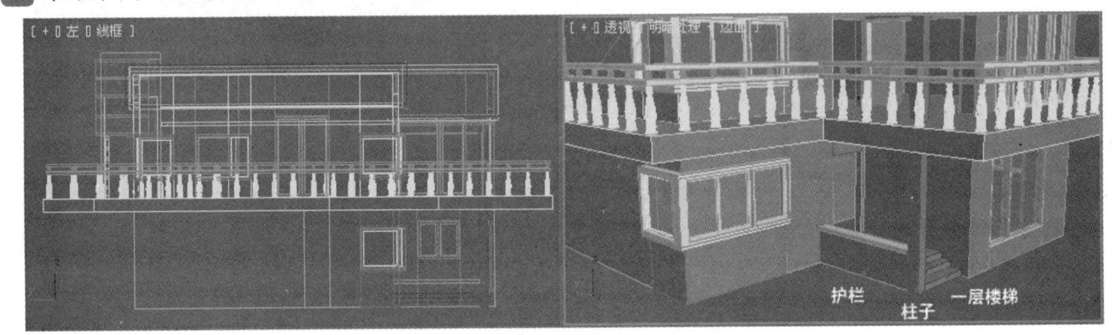

图8.71 调整造型的位置

77 在几何体创建面板中【标准基本体】下拉列表中选择【楼梯】选项，单击 L型楼梯 按钮，在顶视图中拖动鼠标创建一个楼梯，命名为“二层楼梯”，如图8.72所示。

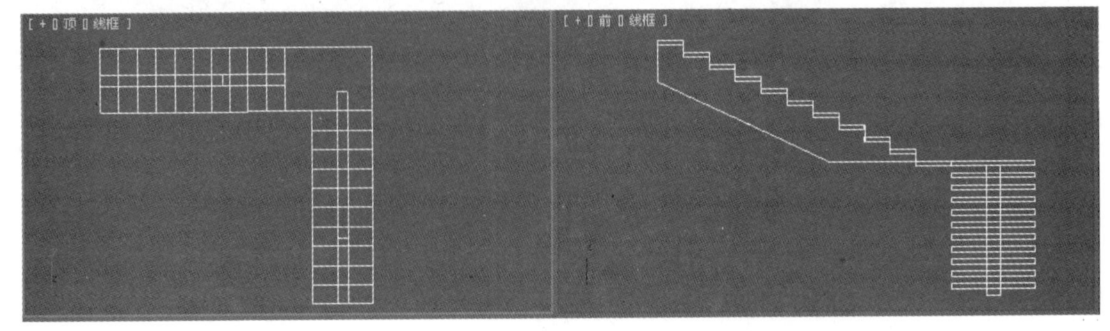

图8.72 创建楼梯

78 在视图中选中“二层楼梯”，然后在【参数】卷展栏中设置其参数，如图8.73所示。

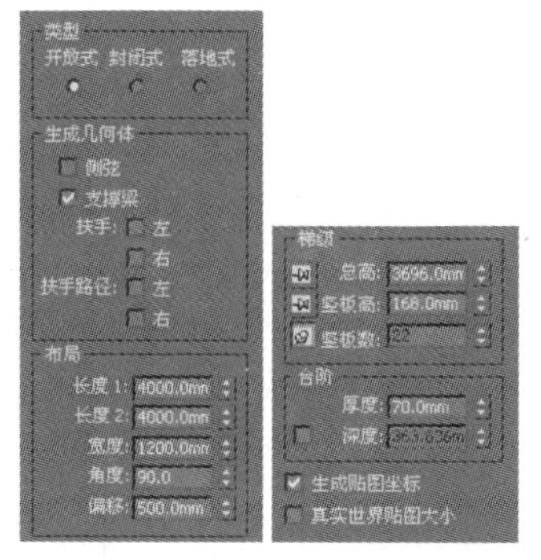

图8.73　参数设置

79 按照上述的方法，制作“二层楼梯”的扶手和罗马柱，“二层楼梯”的最终效果如图8.74所示。

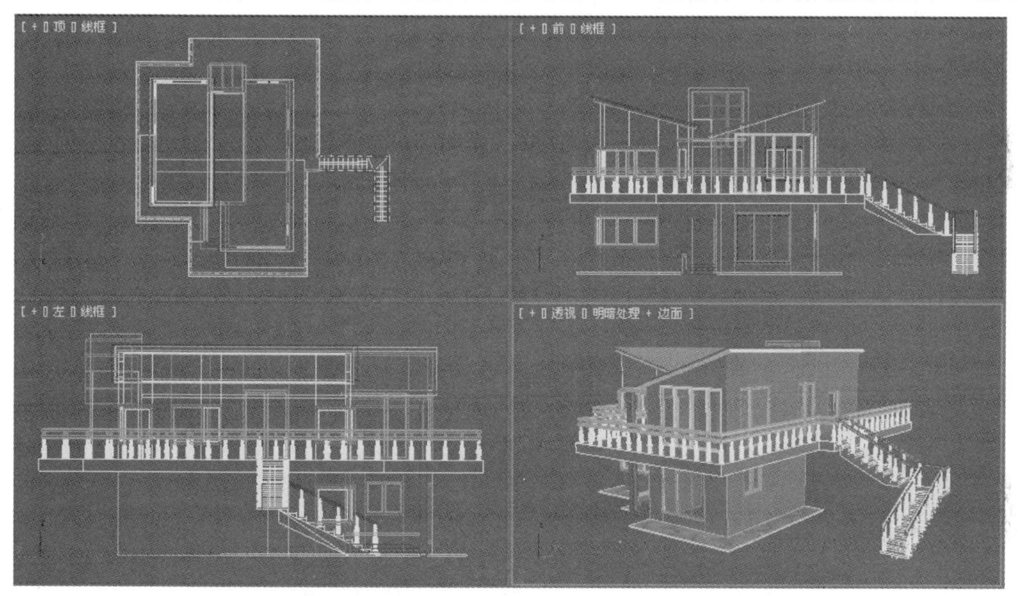

图8.74　二层楼梯效果

80 单击 平面 按钮，在顶视图中创建一个平面作为地面，并调整形状，如图8.75所示。

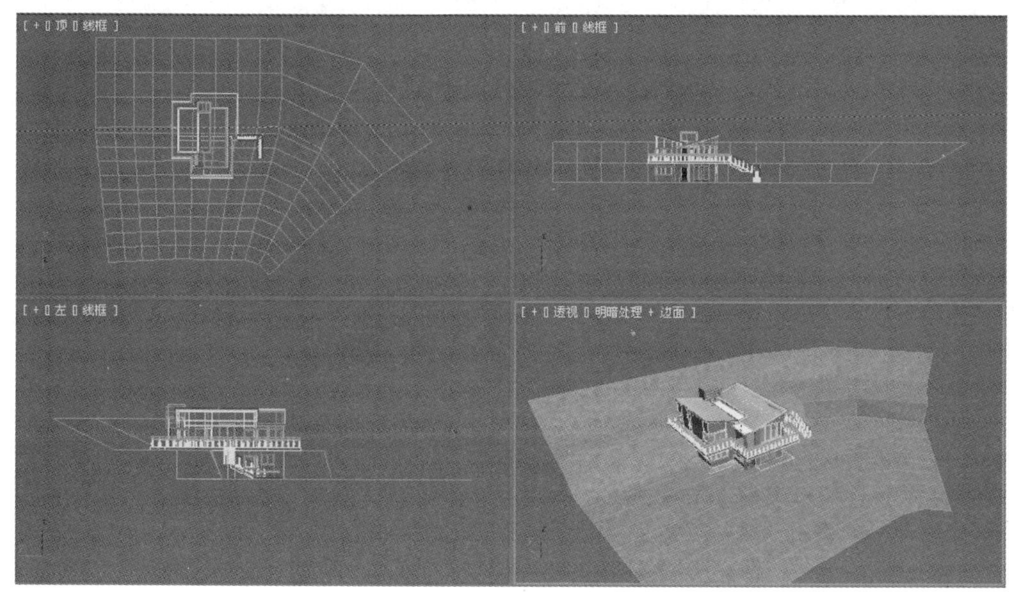

图8.75　创建地面

81 使用绘制截面并用【挤出】的方法制作小路，如图8.76所示。

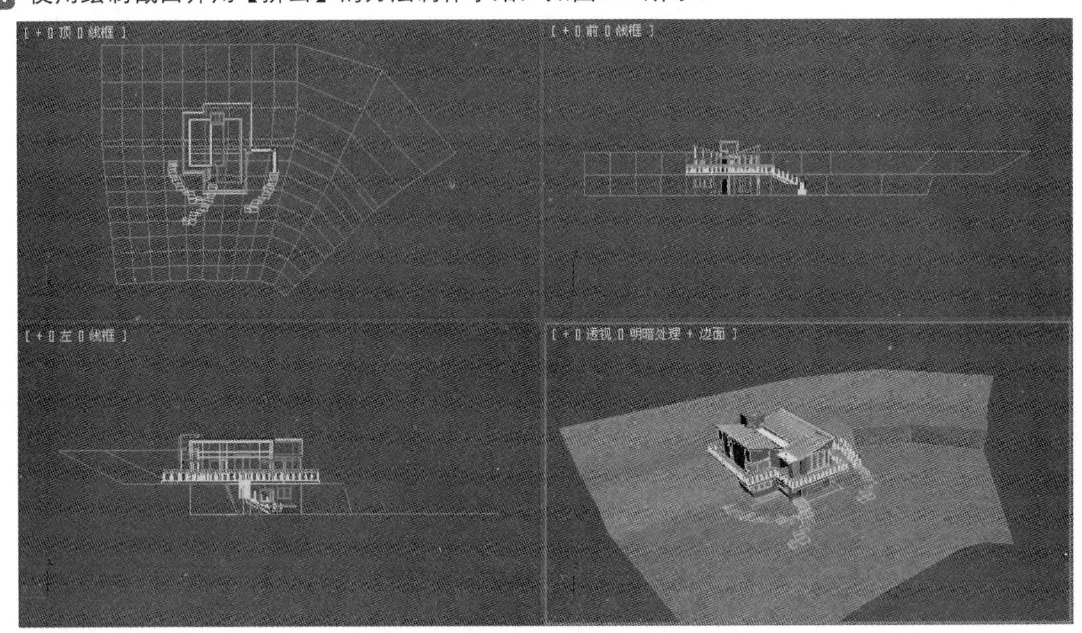

图8.76 制作小路

82 在快速访问工具栏中单击按钮，选择【导入】/【合并】命令，在弹出的【合并文件】对话框中选择随书光盘“模型”文件夹下“第8课”中的“门.max”文件，合并之后门的位置如图8.77所示。

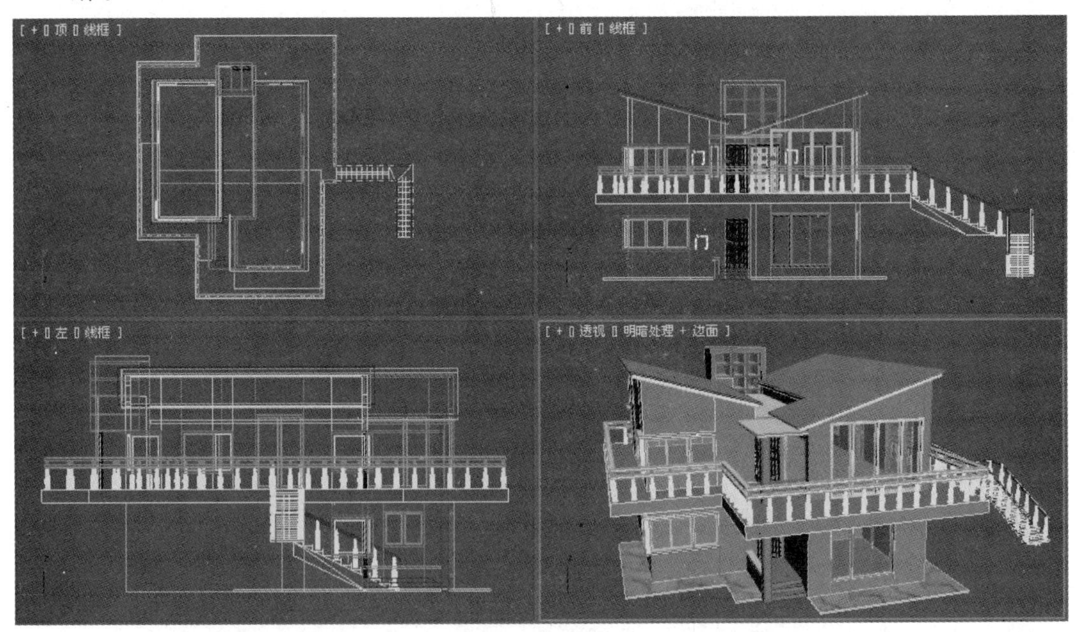

图8.77 合并“门”

83 至此，别墅的模型已经全部制作完成。

8.2 别墅材质的制作

通过对别墅模型材质制作的介绍，学习标准材质和VRay材质的制作方法，材质效果如图8.78所示。

图8.78 材质效果

01 单击【渲染设置】按钮，打开【渲染设置】对话框，在【指定渲染器】卷展栏中单击【选择渲染器】按钮，在弹出的【选择渲染器】对话框中指定VRay渲染器，如图8.79所示。

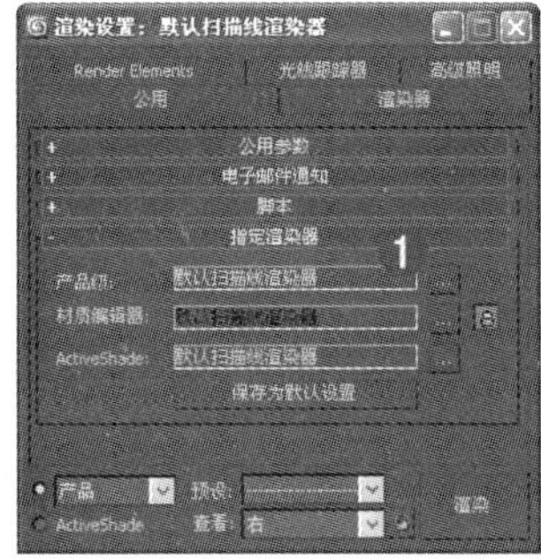

图8.79 指定渲染器

02 单击【材质编辑器】按钮，选择一个空白材质示例球，命名为“底层墙体”，然后单击 Standard 按钮，在弹出的【材质 / 贴图浏览器】对话框中选择【VRayMtl】材质，如图8.80所示。

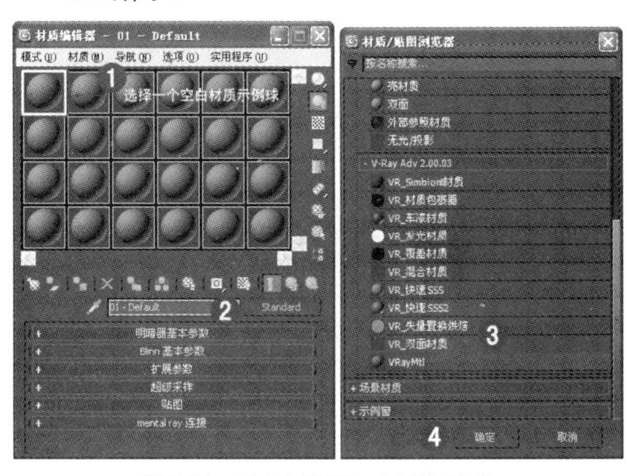

图8.80 选择【VRayMtl】材质

03 在【贴图】卷展栏下【漫反射】选项后单击 None 按钮，在弹出的【材质 / 贴图浏览器】对话框中选择【位图】，然后在弹出的【选择位图图像文件】对话框中选择“第8课” / “Maps”目录下“Coursed Ashlar 3_1024.jpg”位图文件，如图8.81所示。

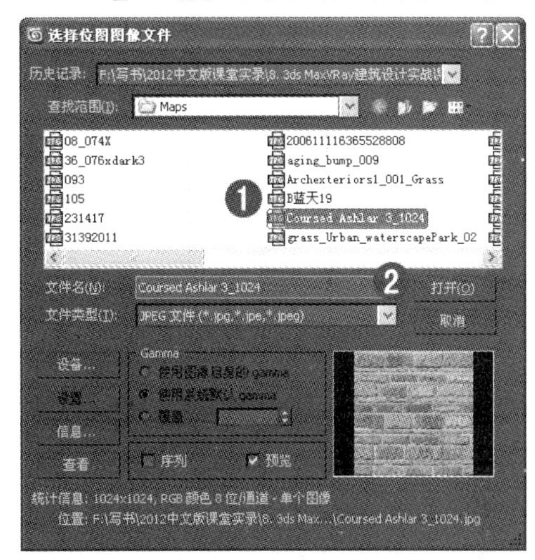

图8.81 选择位图图像文件

04 在视图中选中“一层墙体”和“护栏A”，然后在修改器列表中选择【UVW贴图】命令，设置其参数，如图8.82所示。

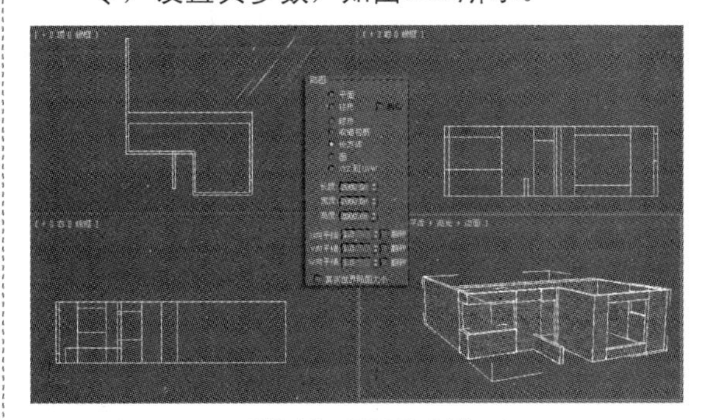

图8.82 UVW贴图

05 在材质工具行中单击【将材质指定给选定对象】按钮，将材质赋予选定对象。

06 选择一个空白材质示例球，命名为“白色乳胶漆”，然后将【漫反射】的RGB颜色值设置为（255，255，255），如图8.83所示。

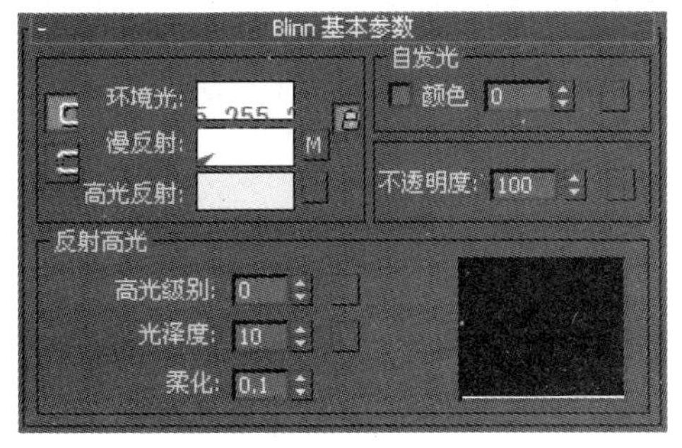

图8.83 参数设置

07 在【贴图】卷展栏下单击【漫反射颜色】选项后的 None 按钮，在弹出的【材质/贴图浏览器】对话框中选择【位图】选项，然后在弹出【选择位图图像文件】对话框中选择“第8课”/“Maps”目录下“31392011.jpg”位图文件，如图8.84所示。

图8.84 选择位图图像文件

08 在视图中选中“护栏B”、“窗台A”、“窗台B”、“窗台C”、“窗台D”、“窗台E”、“窗台F”、“盖板”、“二层窗框”、“二层墙体”、“屋顶A”和“屋顶B”，在材质工具行中单击【将材质指定给选定对象】按钮，将材质赋予选定对象。

09 选择一个空白材质示例球，将材质指定为【VRayMtl】，命名为“大理石”，然后在【基本参数】卷展栏中设置其参数，如图8.85所示。

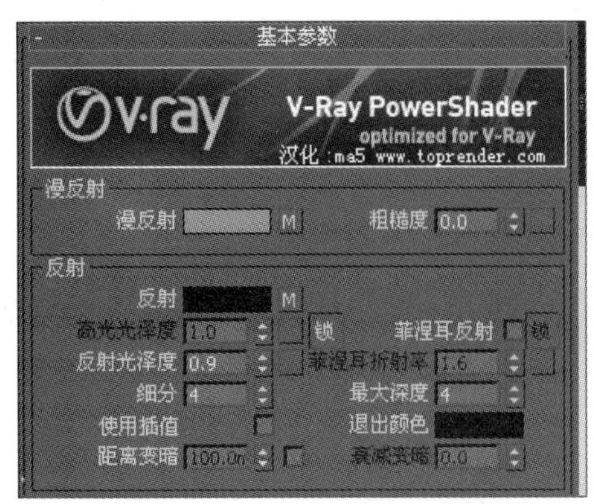

图8.85 参数设置

10 在【贴图】卷展栏下单击【漫反射】选项后的 None 按钮，在弹出的【材质/贴图浏览器】对话框中选择【位图】选项，然后在弹出【选择位图图像文件】对话框中选择“第8课”/“Maps”目录下“20061111636552880 8.jpg”位图文件，如图8.86所示。

图8.86 选择位图图像文件

11 在【贴图】卷展栏下单击【反射】选项后的 None 按钮，在弹出的【材质/贴图浏览器】对话框中选择【衰减】材质，如图8.87所示。

图8.87 衰减

12 在【衰减参数】卷展栏中设置其参数，如图8.88所示。

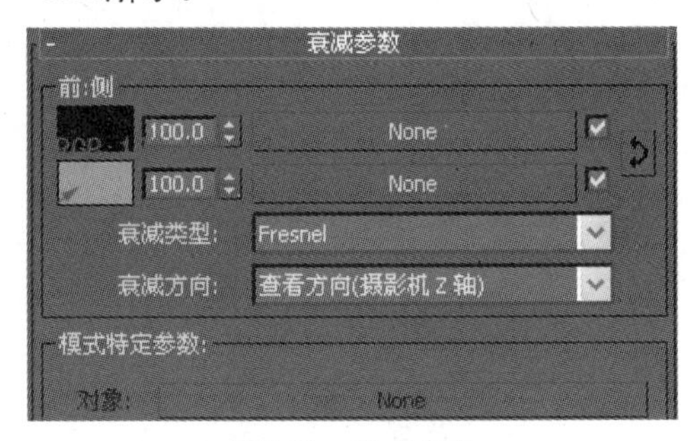

图8.88 衰减参数

13 在视图中选择“一层楼梯”、“柱子”、“楼板”、“二层楼梯”，然后在修改器列表中选择【UVW贴图】命令，设置其参数，如图8.89所示。

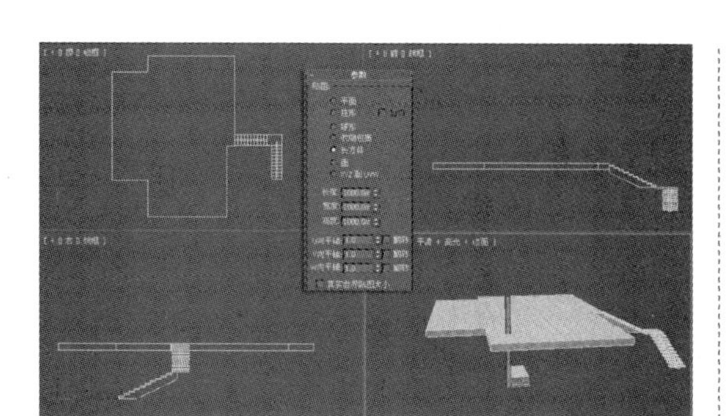

图8.89 UVW贴图

14 在材质工具行中单击【将材质指定给选定对象】按钮，将材质赋予选定对象。

15 选择一个空白材质示例球，将材质指定为【VRayMtl】，命名为“铝合金”，然后在【基本参数】卷展栏中设置参数，如图8.90所示。

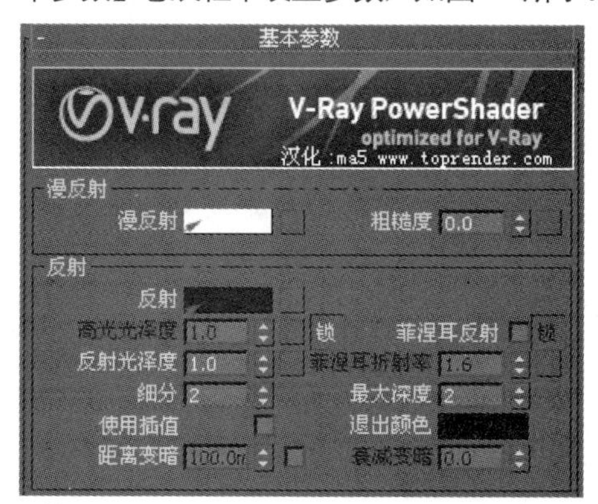

图8.90 参数设置

16 在视图中选中别墅中所有的“窗框”、“栏杆”、“罗马柱”、“罗马柱A”，在材质工具行中单击【将材质指定给选定对象】按钮，将材质赋予选定对象。

17 选择一个空白材质示例球，将材质指定为【VRayMtl】，命名为“二层墙体”，然后在【基本参数】卷展栏中设置其参数，如图8.91所示。

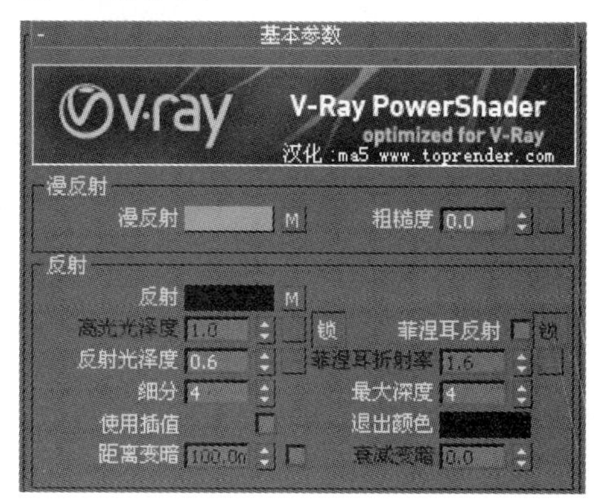

图8.91 参数设置

18 在【贴图】卷展栏下单击【漫反射】选项后的 None 按钮，在弹出的【材质/贴图浏览器】对话框中选择【位图】选项，然后在弹出【选择位图图像文件】对话框中选择“第8课”/“Maps”目录下“Travertine _1024.jpg”位图文件，如图8.92所示。

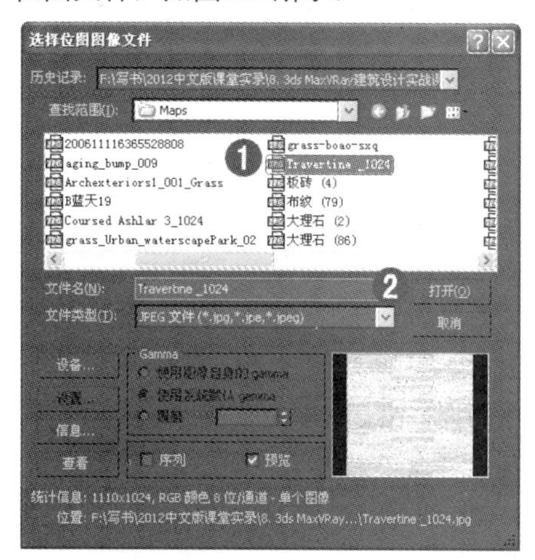

图8.92 选择位图图像文件

19 在【贴图】卷展栏下单击【反射】选项后的 None 按钮，在弹出的【材质/贴图浏览器】对话框中选择【衰减】材质，如图8.93所示。

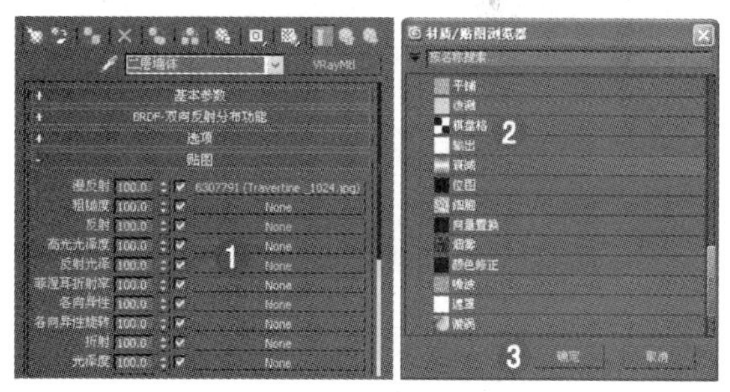

图8.93 衰减

20 在【衰减参数】卷展栏中设置其参数，如图8.94所示。

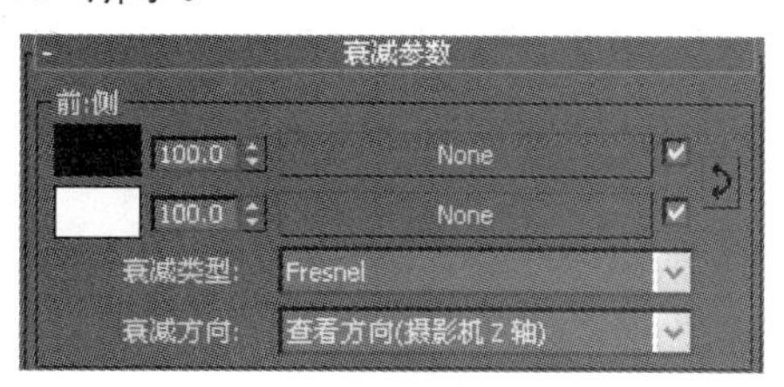

图8.94 衰减参数

21 在视图中选中“二层墙体A”、“二层墙体B”、“二层墙体C”、“二层墙体D”、“门厅”，然后在修改器列表中选择【UVW贴图】命令，设置其参数，如图8.95所示。

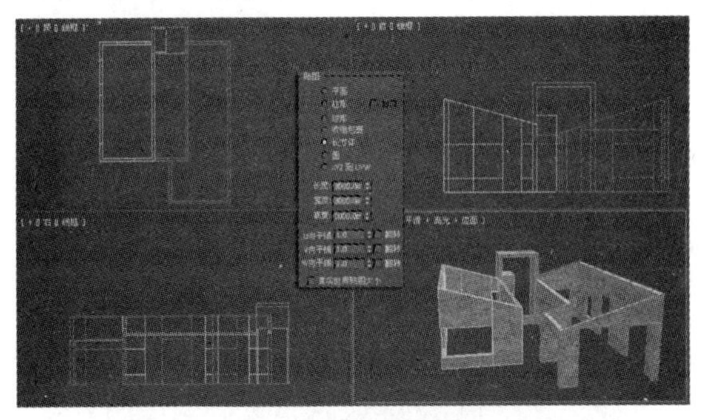

图8.95　UVW贴图

22 选择一个空白材质示例球，命名为“瓦片”，在【贴图】卷展栏下单击【漫反射颜色】选项后的 None 按钮，在弹出的【材质/贴图浏览器】对话框中选择【位图】，然后在弹出【选择位图图像文件】对话框中选择“第8课”/“Maps”目录下“015.bmp”位图文件，如图8.96所示。

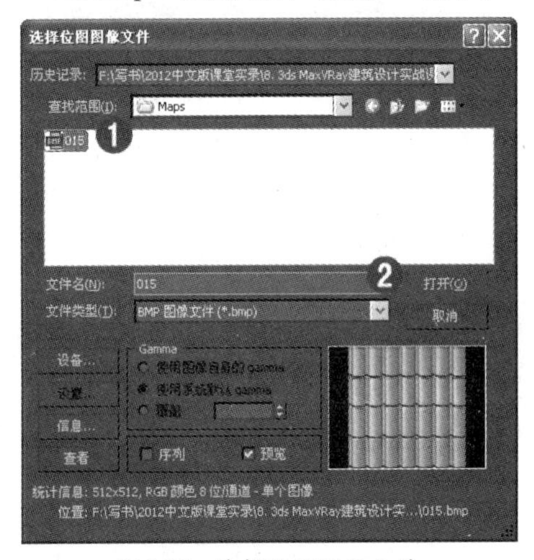

图8.96　选择位图图像文件

23 在视图中选中“瓦顶A”和“瓦顶B”，然后在修改器列表下选择【UVW贴图】命令，设置其参数，如图8.97所示。

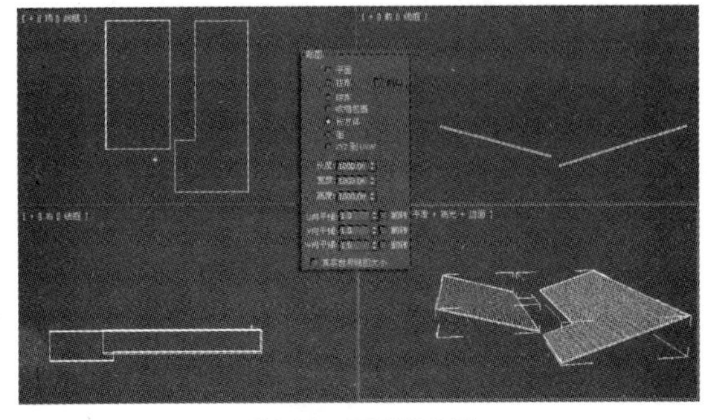

图8.97　UVW贴图

24 选择一个空白的材质示例球，将材质指定为【VRayMtl】，命名为“玻璃窗”，然后在【基本参数】卷展栏设置参数，如图8.98所示。

图8.98　参数设置

25 在【贴图】卷展栏下单击【反射】选项后的 None 按钮，在弹出的【材质/贴图浏览器】对话框中选择【衰减】材质，如图8.99所示。

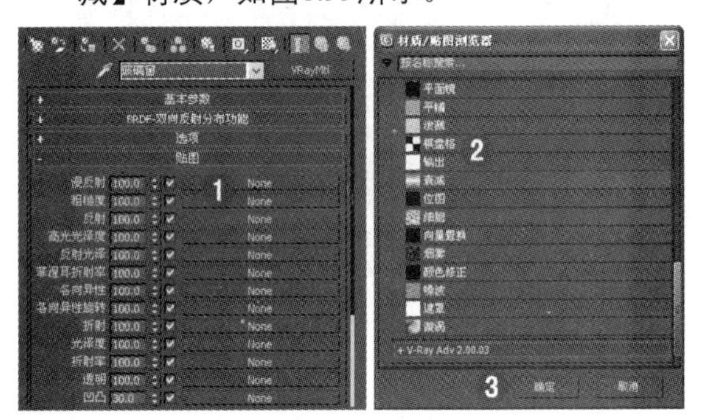

图8.99　衰减

26 在【衰减参数】卷展栏中设置其参数，如图8.100所示。

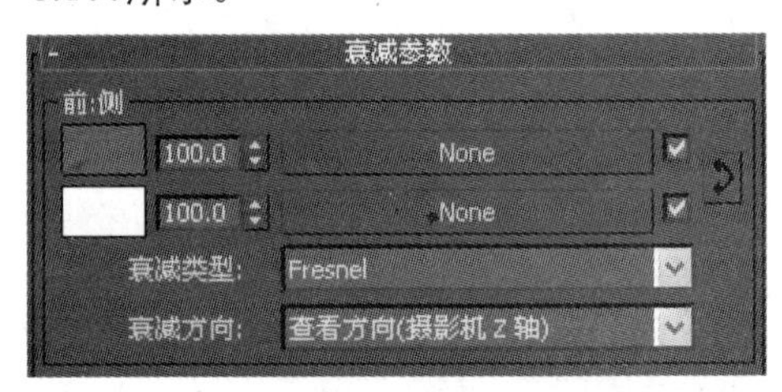

图8.100　衰减参数

27 在视图中选中所有的玻璃，在材质工具行中单击【将材质指定给选定对象】按钮，将材质赋予选定对象。

28 选择一个空白材质示例球，命名为“拼石”，然后在【贴图】卷展栏下单击【漫反射颜色】选项后的 None

按钮，在弹出的【材质/贴图浏览器】对话框中选择【位图】选项，然后在弹出【选择位图图像文件】对话框中选择随书光盘“第8课”/“Maps”目录下“青石板02.jpg”位图文件，如图8.101所示。

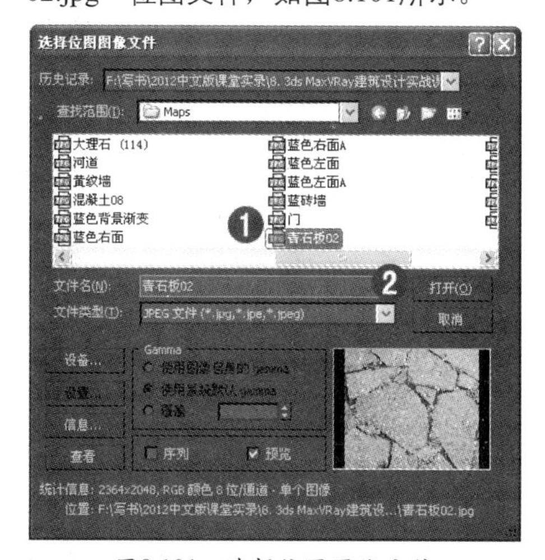

图8.101 选择位图图像文件

29 在视图中选中“小路”、“小路A”和“小路B”，然后在修改器列表中选择【UVW贴图】命令，设置其参数，如图8.102所示。

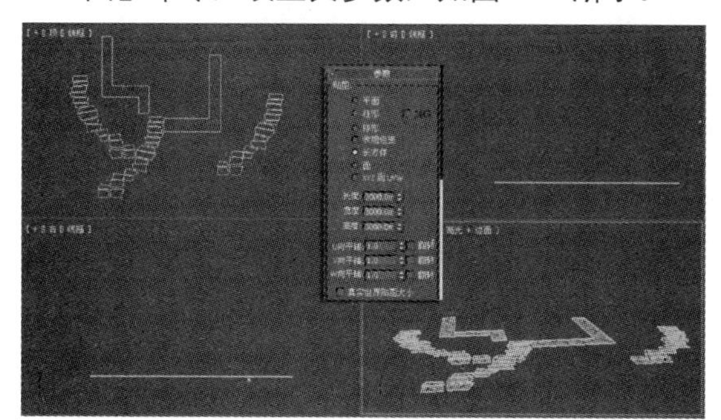

图8.102 UVW贴图

30 单击【贴图】卷展栏下【漫反射颜色】选项后的 None 按钮，在弹出的【材质/贴图浏览器】对话框中选择【混合】材质，如图8.103所示。

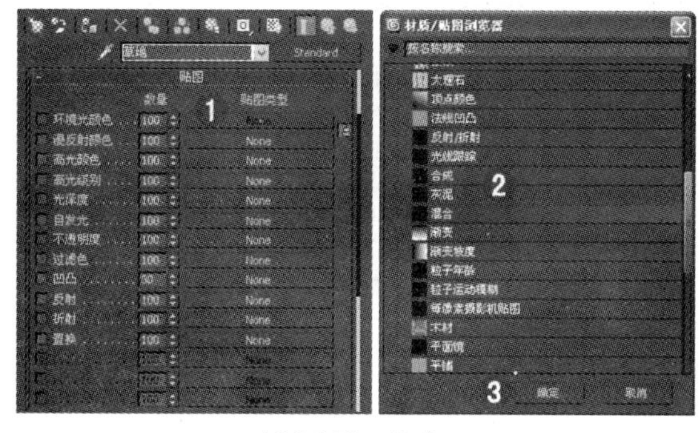

图8.103 混合

31 在【混合参数】卷展栏中单击 颜色 #1 选项后的 None 按钮，然后在弹出的【材质/贴图浏览器】对话框中选择【位图】材质，如图8.104所示。

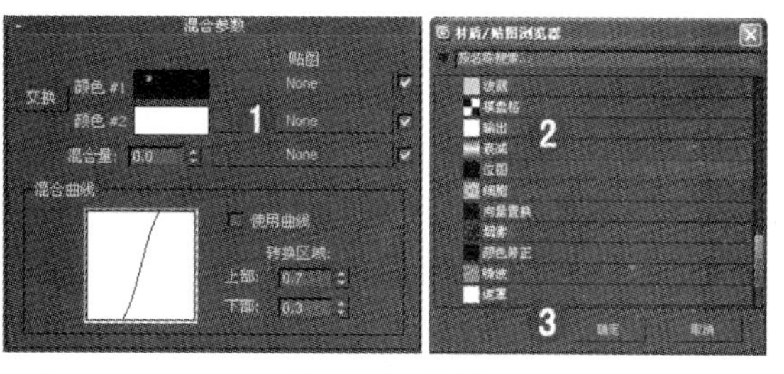

图8.104 位图

32 在弹出的【选择位图图像文件】对话框中选择随书光盘“第8课”/“Maps”目录下“Archexteriors1_001_Grass.jpg”位图文件，如图8.105所示。

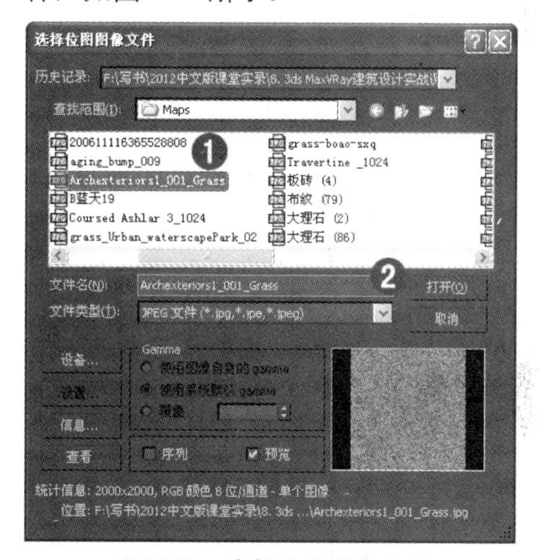

图8.105 选择位图图像文件

33 在【混合参数】卷展栏下单击 颜色 #2 选项后的 None 按钮，然后在弹出的【材质/贴图浏览器】对话框中选择【位图】材质，如图8.106所示。

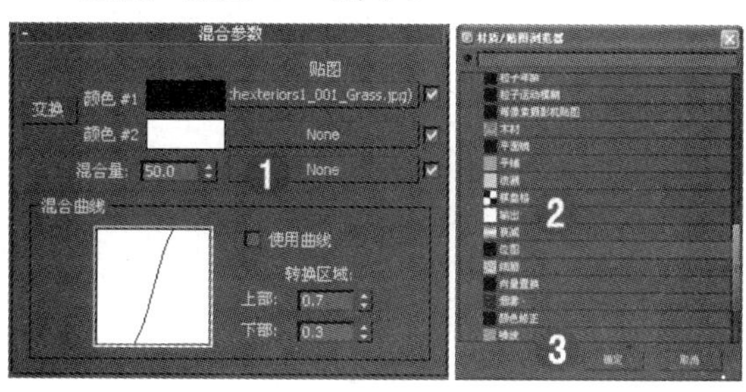

图8.106 选择位图

34 在弹出的【选择位图图像文件】对话框中选择随书光盘“第8课”/“Maps”目录下“grass-boao-sxq.jpg”位图文件，如图8.107

所示。

35 在视图中选中“草地”，在材质工具行中单击【将材质指定给选定对象】按钮，将材质赋予选定对象。

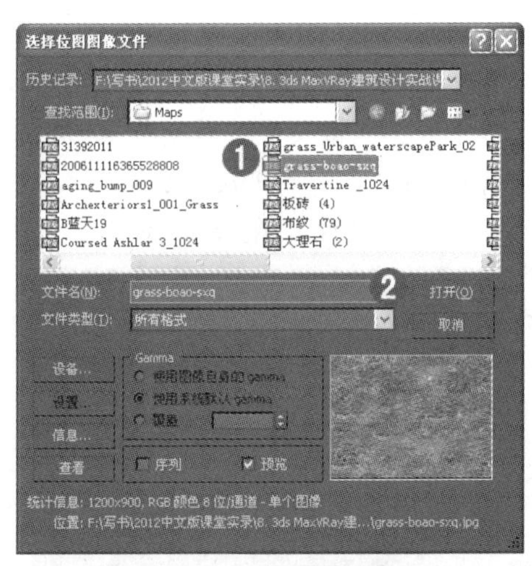

图8.107　选择位图图像文件

8.3 相机及灯光的设置

前面完成主要建筑模型和材质的制作。本节介绍如何为场景设置相机及灯光。

01 单击【创建】/【摄影机】/ 目标 按钮，在顶视图中创建一盏摄影机，如图8.108所示。

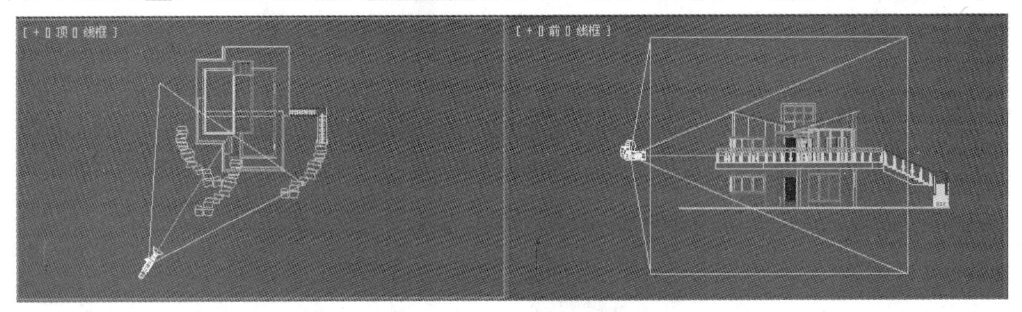

图8.108　创建摄影机

02 在视图中调整摄影机的位置，如图8.109所示。

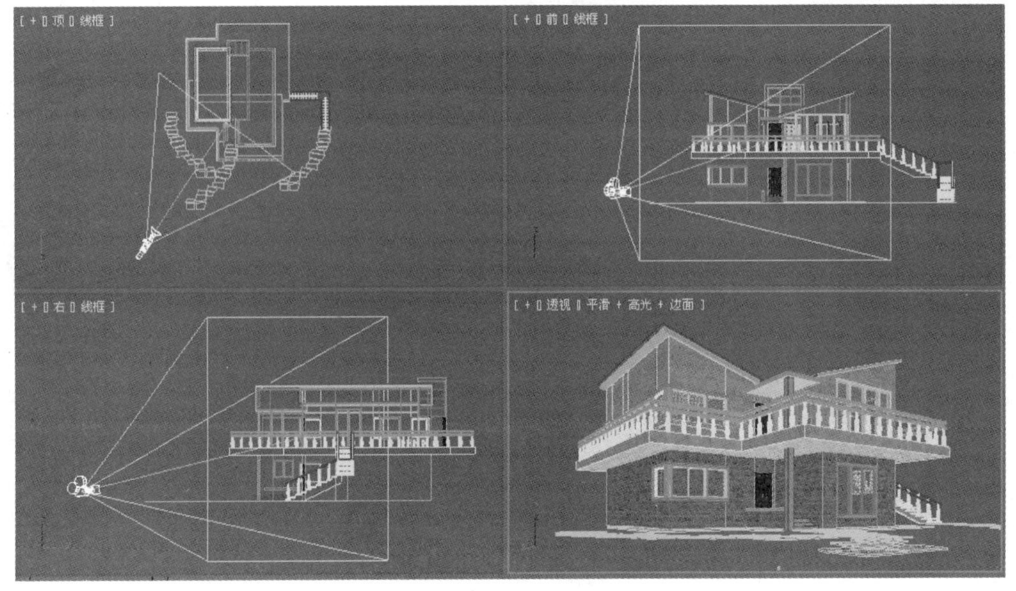

图8.109　调整摄影机

03 打开修改列表，在【参数】卷展栏中设置其参数，如图8.110所示。

图8.110　参数设置

04 在菜单栏中选择【修改器】/【摄影机】/【摄影机校正】命令，然后在【2点透视校正】卷展栏中设置其参数，如图8.111所示。

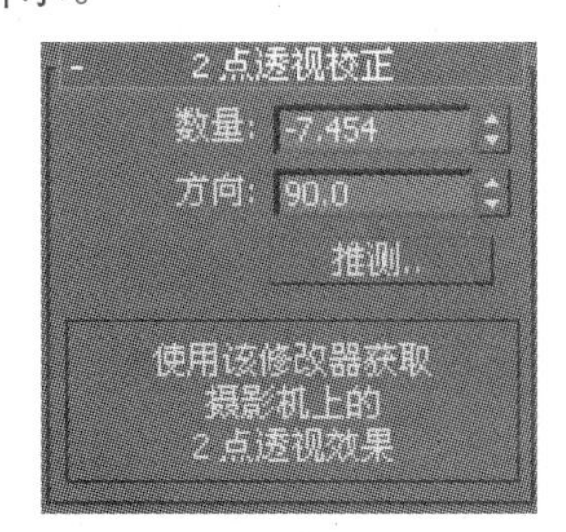

图8.111　参数设置

05 单击【创建】/【灯光】/标准/目标聚光灯按钮，在顶视图中创建一盏目标聚光灯，命名为“主光”，如图8.112所示。

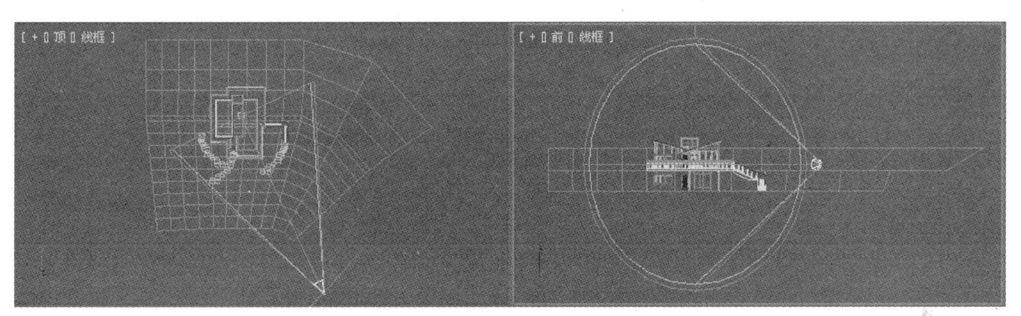

图8.112　创建目标聚光灯

06 在视图中调整灯光的位置，如图8.113所示。

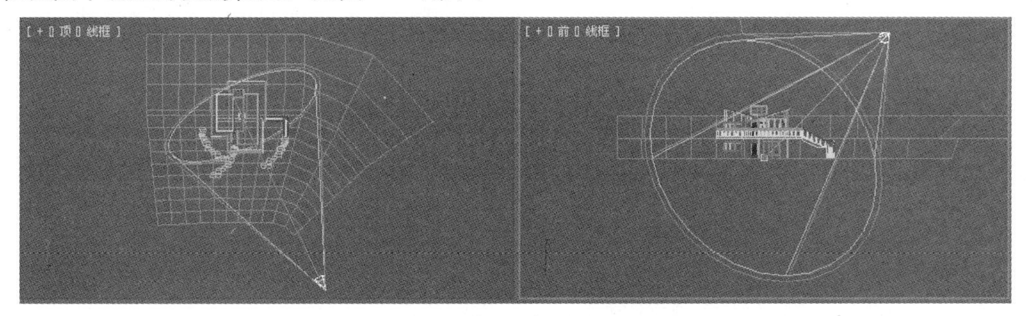

图8.113　调整灯光的位置

07 在视图中选中“主光”，打开修改器列表，在【常规参数】卷展栏设置其参数，如图8.114所示。

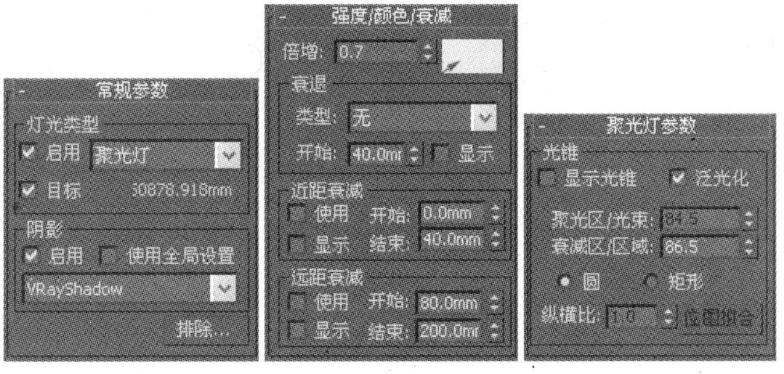

图8.114　参数设置

08 单击工具栏中的【渲染】按钮，渲染测试设置“主光”后的效果，如图8.115所示。

图8.115　渲染效果

09 单击【创建】/【灯光】/标准/泛光灯按钮，在顶视图中创建一盏泛光灯，命名为“补光A”，如图8.116所示。

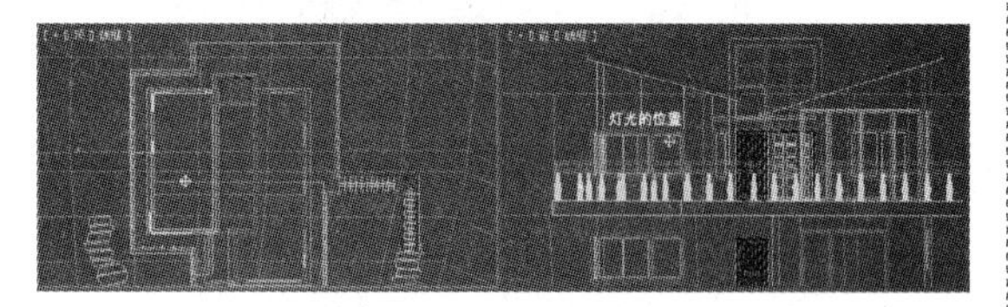

图8.116　灯光的位置

10 在视图中选中“补光A”，打开修改器列表，在【常规参数】卷展栏中设置其参数，如图8.117所示。

图8.117　参数设置

11 单击工具栏中【渲染】按钮，渲染测试设置“补光A”后的效果，如图8.118所示。

图8.118　渲染效果

12 按住Shift键，同时用“移动工具”复制一盏泛光灯，命名为“补光B”，并调整灯光的位置，如图8.119所示。

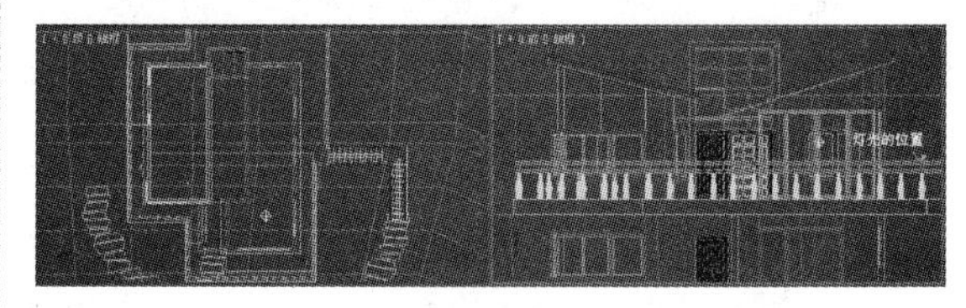

图8.119　灯光的位置

13 单击工具栏中【渲染】按钮，渲染测试设置“补光B”后的效果，如图8.120所示。

图8.120　渲染效果

14 至此，摄影机和灯光已经全部设置完成。

8.4 别墅效果图的渲染输出

通过对别墅效果图的渲染输出，学习VRay渲染器参数的设置方法。

01 继续上面的操作。在菜单栏中选择【渲染】/【环境】命令，打开【环境和效果】对话框，设置背景颜色，在【背景颜色】中设置颜色RGB值为（117，200，248），如图8.121所示。

图8.121　参数设置

02 在材质编辑器中选中“玻璃窗”材质，然后在【基本参数】卷展栏中将反射的【细分】设置为10，将【最大深度】设置为5，将折射中的【细分】设置为5，将【最大深度】设置为5，如图8.122所示。

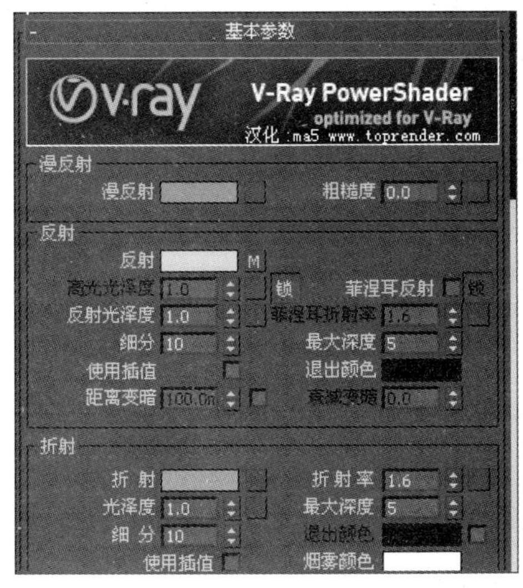

图8.122　参数设置

03 按照上述的方法，将“大理石”和“二层墙体”材质中反射的【细分】设置为10，【最大深度】设置为5，折射【细分】设置为10，【最大深度】设置为5。

设置灯光后的效果基本满意后，就要进行渲染输出，此时使用VRay渲染器渲染最终效果图需要在材质、灯光以及渲染器方面做相应的设置。

04 在工具栏中单击【渲染设置】按钮，打开【渲染设置】对话框中，选择【VR-基项】，设置【V-Ray：：图像采样器（抗锯齿）】的参数，如图8.123所示。

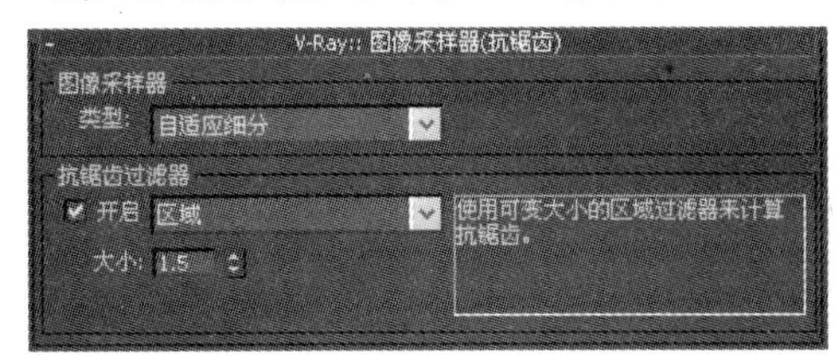

图8.123　参数设置

05 在【V-Ray：：环境】卷展栏中设置参数，如图8.124所示。

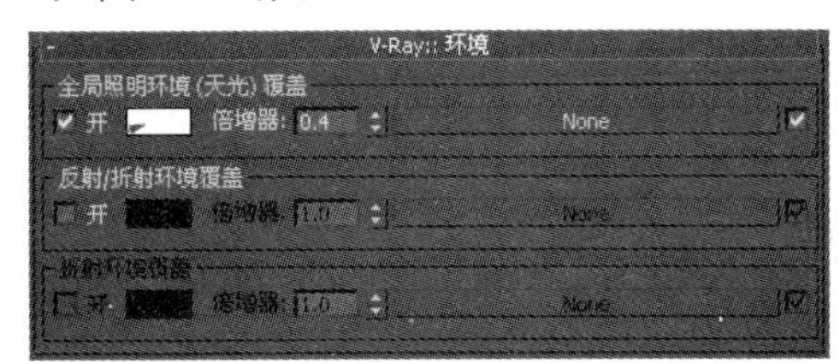

图8.124　参数设置

06 在【VR-间接照明】选项卡中打开GI，并设置【发光贴图】参数，此处的参数设置也是以速度为优先考虑的因素，然后在【V-Ray：：发光贴图】卷展栏中设置参数，如图8.125所示。

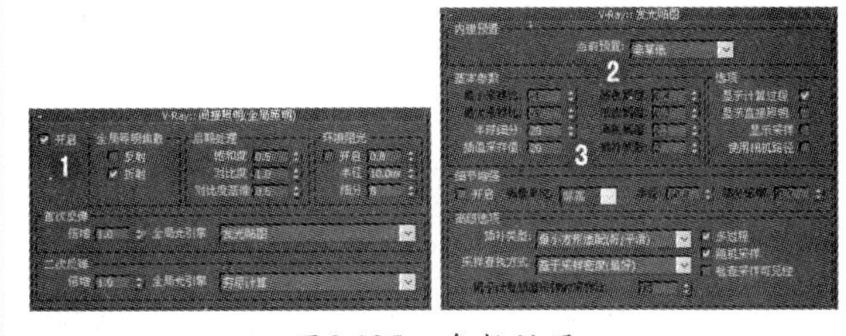

图8.125　参数设置

07 继续上面的操作，在【VR-间接照明】选项卡中的【V-Ray：：发光贴图】卷展栏下勾选【自动保存】复选项，然后单击浏览按钮，在弹出的对话框中设置参数，如图8.126所示。

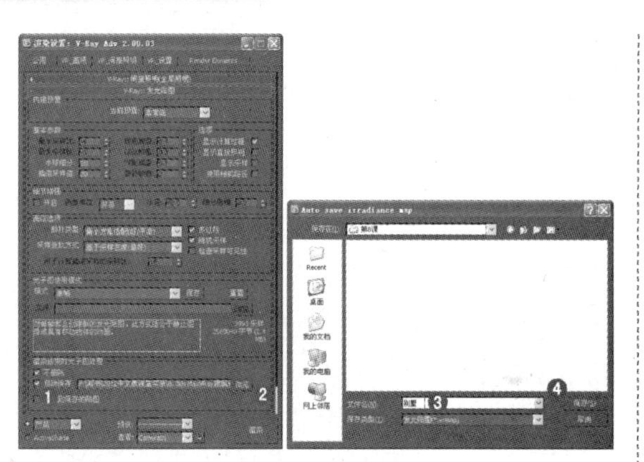

图8.126 参数设置

08 设置参数后，选中摄影机视图，以640×480为渲染尺寸，单击渲染按钮，进行光子图渲染，如图8.127所示。

图8.127 渲染光子图

09 在【V-Ray：：发光贴图】卷展栏下选择【模式】为【从文件】选项，然后在弹出的对话框中调用光子图文件，如图8.128所示。

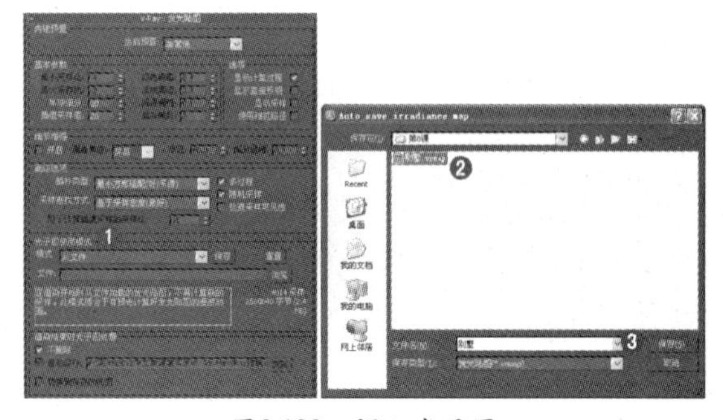

图8.128 调入光子图

10 在【公用】选项卡下设置一个较大的渲染尺寸，例如4000×2667，如图8.129所示。

11 设置完成参数后单击渲染按钮，开始渲染最终效果图，渲染效果如图8.130所示。

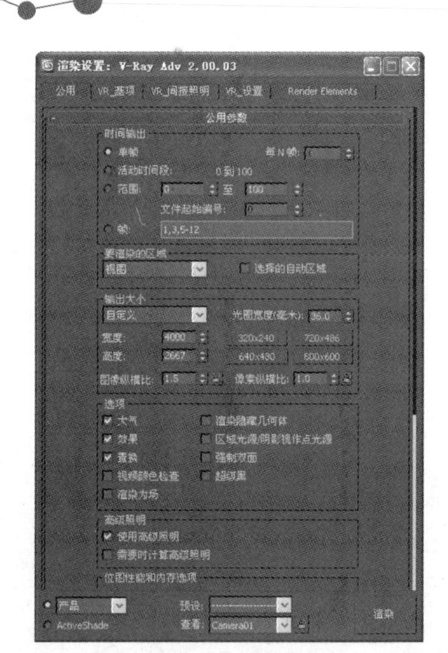

图8.129 参数设置

图8.130 渲染的最终效果

12 单击【保存位图】按钮，将渲染后的图继续保存，文件名为“别墅.tif”文件，单击保存(S)按钮，单击设置...按钮，在弹出的【TIF图像控制】对话框中勾选【存储Alpha通道】复选项，如图8.131所示。

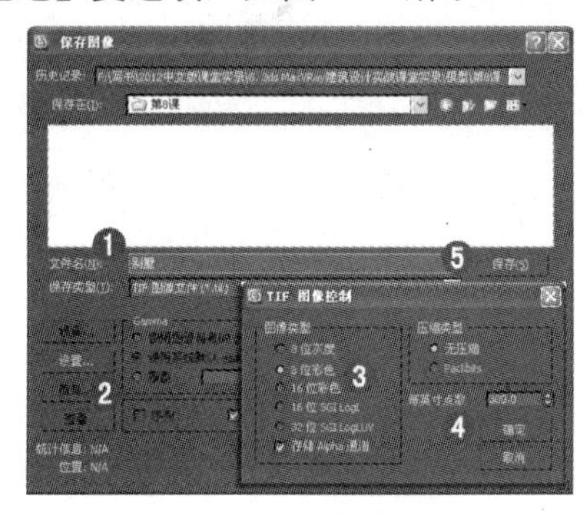

图8.131 保存效果图

8.5 后期处理

本课以别墅效果图为例，来向读者讲述室外效果图快速制作的技巧，并通过后期处理，使最终效果图更具美感。别墅效果图处理后效果如图8.132所示。

图8.132 别墅效果图后期处理

01 在桌面上双击Ps图标，启动Photoshop CS5应用程序。

02 在菜单栏选择【文件】/【打开】命令，打开前面渲染保存的“别墅.tif”文件，如图8.133所示。

图8.133 打开文件

03 在【图层】面板中双击【背景】图层，将其转换为【图层0】，如图8.134所示。

04 打开【通道】面板，按住键盘上的Ctrl键，用鼠标单击【Alpha1】通道，如图8.135所示。

05 选择菜单栏中的【选择】/【反向】命令，如图8.136所示。

图8.134 图层

图8.135 选中Alpha通道

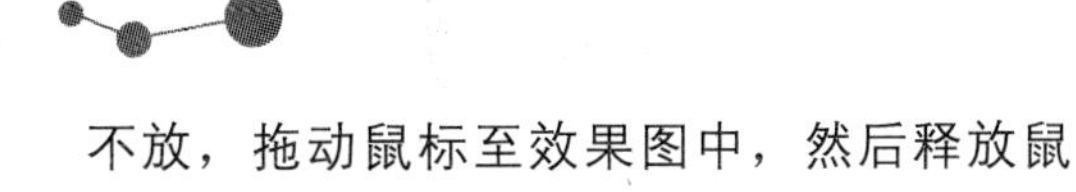

图8.136　反选

06 按Delete键，删除别墅中蓝色的部分。然后按住Ctrl+D快捷键取消选区，如图8.137所示。

图8.137　删除

07 在菜单栏中执行【文件】/【打开】命令，在【打开】对话框中选择随书光盘“Maps”目录下“背景.tif”位图文件，如图8.138所示。

图8.138　调用图片

08 将光标放在【背景】图片上，按住鼠标左键不放，拖动鼠标至效果图中，然后释放鼠标，将其复制到效果图中，并命名该图层为【天空】。然后在【图层】面板中，将【天空】图层拖动到【图层0】下方。

09 在菜单栏中执行【编辑】/【变换】/【缩放】命令，调整其大小，并在效果图中调整它的位置，调用【背景】图片后的效果如图8.139所示。

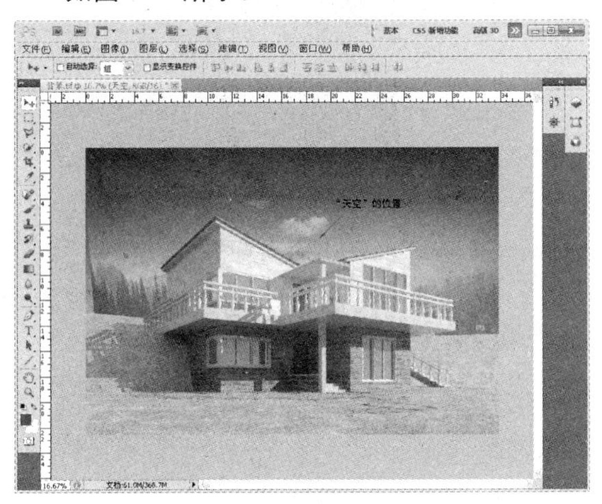

图8.139　图层顺序

10 在菜单栏中执行【文件】/【打开】命令，在【打开】对话框中选择随书光盘“Maps”目录下“背景树.tif”位图文件，如图8.140所示。

图8.140　调用图片

11 将“背景树”图片拖动复制到效果图中，命名该图层为【背景树】。然后在【图层】面板中将【背景树】图层选中，将【不透明度】设置为42%，如图8.141所示。

12 在菜单栏中执行【编辑】/【变换】/【缩放】命令，调整其大小，并在效果图中调整它的位置。

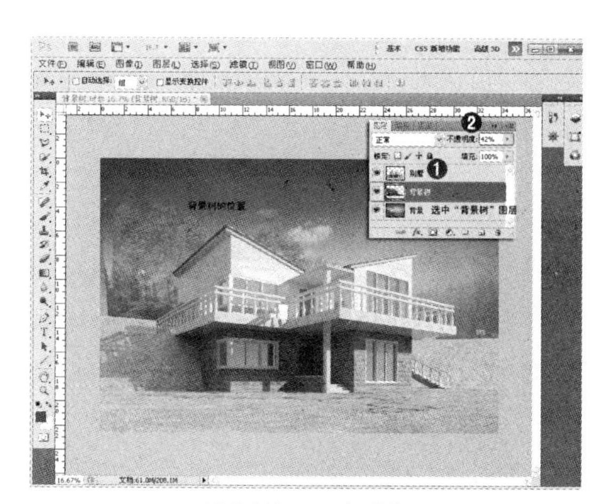

图8.141　不透明度

13 在菜单栏中执行【文件】/【打开】命令，在【打开】对话框中选择随书光盘"Maps"目录下"前景树01.tif"位图文件，如图8.142所示。

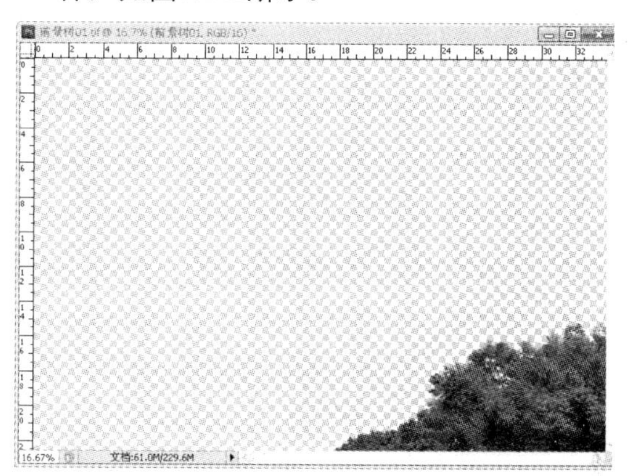

图8.142　调用图片

14 将光标放在"前景树01"图片上，按住鼠标左键不放，拖动鼠标至效果图中，然后释放鼠标，将其拖动到效果图中，并命名该图层为【前景树01】，然后在【图层】面板中将【背景树01】拖到【别墅】的下方。

15 在菜单栏中执行【编辑】/【变换】/【缩放】命令，调整其大小，并在效果图中调整它的位置，如图8.143所示。

16 在菜单栏中执行【文件】/【打开】命令，在【打开】对话框中选择随书光盘"Maps"目录下"前景树02.tif"位图文件，如图8.144所示。

17 将光标放在"前景树02"图片上，按住鼠标左键不放，拖动鼠标至效果图中，然后释放鼠标，将其复制到效果图中，并命名该图层为【前景树02】。然后在【图层】面板中将【前景树02】图层拖到【前景树01】的下方。

图8.143　"前景树01"的位置

图8.144　调用图片

18 在菜单栏中执行【编辑】/【变换】/【缩放】命令，调整其大小，并在效果图中调整它的位置，如图8.145所示。

图8.145　"前景树02"的位置

19 按照上述的方法，打开随书光盘"Maps"目录中的文件"灌木.tif"，并将"灌木"图片拖动复制到效果图中，调整其大小，并在效果图中调整图像的位置，如图8.146所示。

图8.146 "灌木"的位置

20 继续上面的操作，用同样的方法将"阳伞"和"地灯"调入到效果图中，调整其大小，并调整图像的位置，效果如图8.147所示。

图8.147 "阳伞"和"地灯"的位置

21 用同样的方法将"树干"和"配景树"调入到效果图中，调整其大小，并调整图像的位置，如图8.148所示。

图8.148 "配景树"和"树干"的位置

22 打开随身光盘"Maps"目录中的文件"树荫.tif"，将"树荫"图片调入到效果图中，调整其大小，并调整图像的位置，如图8.149所示。

图8.149 "树荫"的位置

23 打开随书光盘"Maps"目录中的文件"玻璃倒影.tif"，将"玻璃倒影"图片调入到效果图中，调整其大小，并调整图像的位置，如图8.150所示。

图8.150 "玻璃倒影"的位置

24 在【图层】面板中同时选中所有的图层，单击鼠标右键，在弹出的快捷菜单中选择【拼合图像】命令，如图8.151所示。

图8.151 拼合图像

25 在菜单栏中执行【图像】/【调整】/【曲线】命令，调整曲线，调整图像的亮度，如图8.152所示。

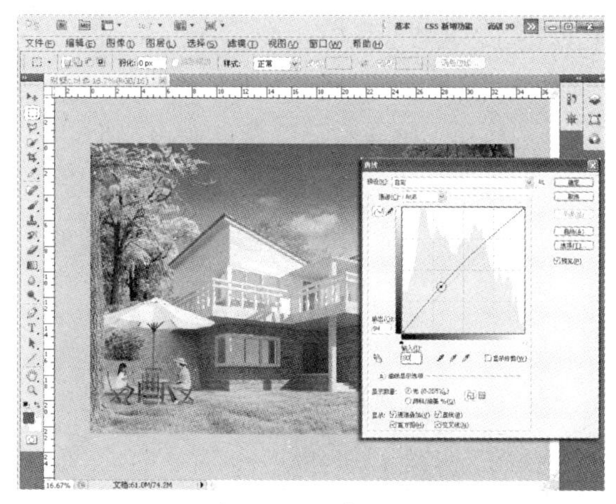

图8.152 调整曲线

26 在菜单栏中执行【图像】/【调整】/【色阶】命令，调整色阶，如图8.153所示。

图8.153 调整色阶

27 激活工具栏中的【椭圆选框工具】，选中效果图的中间部分，如图8.154所示。

图8.154 选择范围

28 在菜单栏中执行【选择】/【修改】/【羽化】命令，羽化选择区，如图8.155所示。

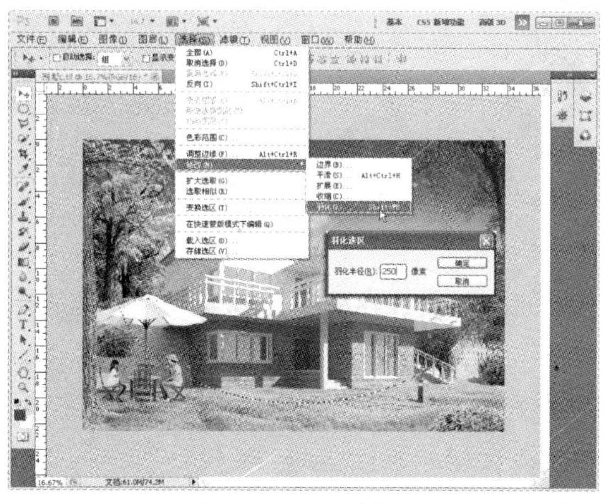

图8.155 羽化选择区

29 按Ctrl+Shift+I快捷组合键，反选选区，调整选区的曲线，如图8.156所示。

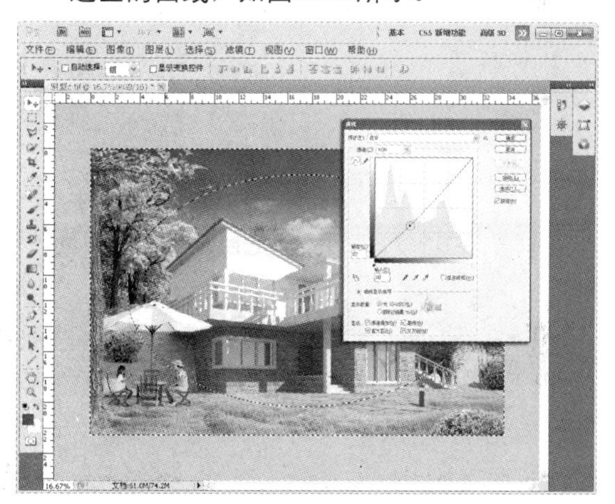

图8.156 调整曲线

30 按Ctrl+D快捷键取消选区的选择。

31 在菜单栏中选择【滤镜】/【锐化】/【锐化】命令，锐化图像，如图8.157所示。

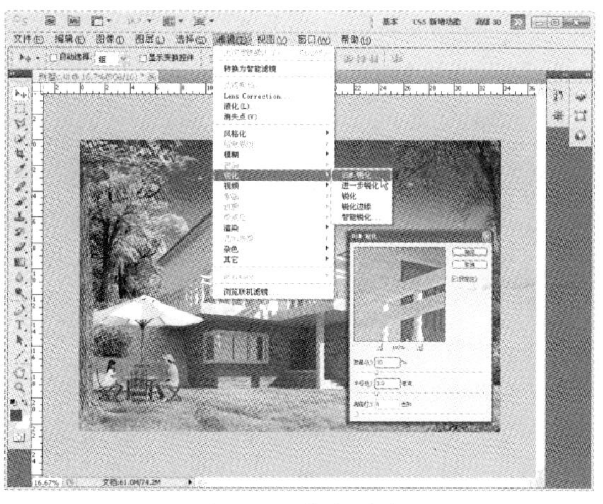

图8.157 锐化图像

32 至此，别墅效果图的后期处理已经全部完成。在快速访问工具栏中单击【保存】按钮，将文件进行保存。

8.6 课后练习

通过本课的学习，制作一个类似的别墅效果图，参考效果如图8.158所示。

图8.158　别墅参考效果

第9课 住宅小区效果图的制作

本课内容：

- 住宅小区模型的创建
- 住宅小区材质的制作
- 相机及灯光的设置
- 住宅小区效果图的渲染输出
- 后期处理

民居建筑是一种以住宅空间为主的，不同地域、不同时代的建筑，它有着不同的风格，在其设计与布局上却有着共同的特点，那就是以人为本。现代的民居建筑在设计上更为突出这个特点，其空间的分配是以实用为主，对它的设计要求主要是以舒适为重，这样会使人们感受到温馨、自然、轻松和自在。现代的民居建筑在色彩的搭配安排上，都要求具有合理性，以符合现代建筑的设计理念，本课小区效果图如图9.1所示。

图9.1 住宅小区效果图

9.1 住宅小区模型的创建

本例通过介绍住宅小区模型创建的过程，使读者了解住宅小区模型创建方法。

01 双击桌面上图标，打开3ds Max 2012中文版应用程序，将单位设置为【厘米】。

02 单击【创建】 / / 矩形 按钮，在顶视图中创建一个大小为1240cm×3255cm的参考矩形，然后单击 线 按钮，在顶视图中绘制墙体，命名为“墙体A”，如图9.2所示。

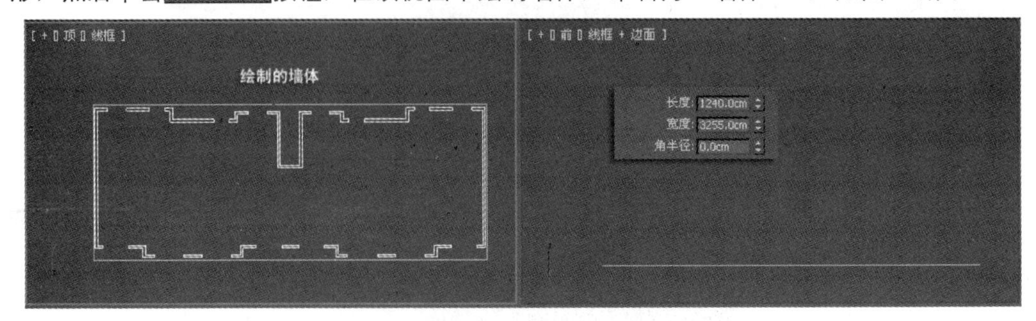

图9.2 创建墙体

03 将参考矩形删除，在视图中选中“墙体A”，然后在修改器列表中选择【挤出】命令，并设置参数，如图9.3所示。

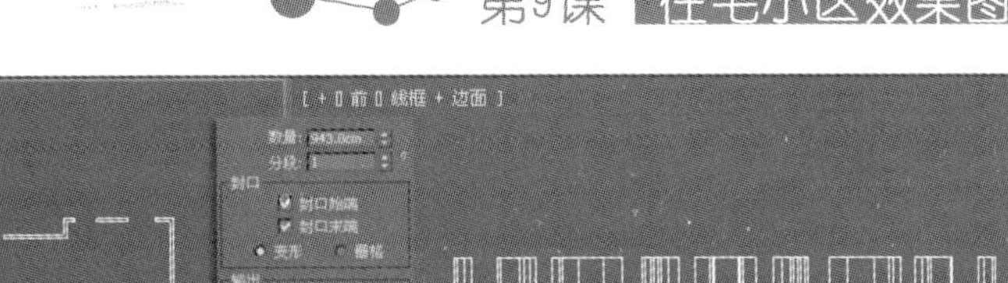

图9.3　挤出

04 在顶视图中创建一个大小为20cm×210cm的矩形，命名为“底墙A”，然后设置【挤出】值为110cm，最后将其复制3个，如图9.4所示。

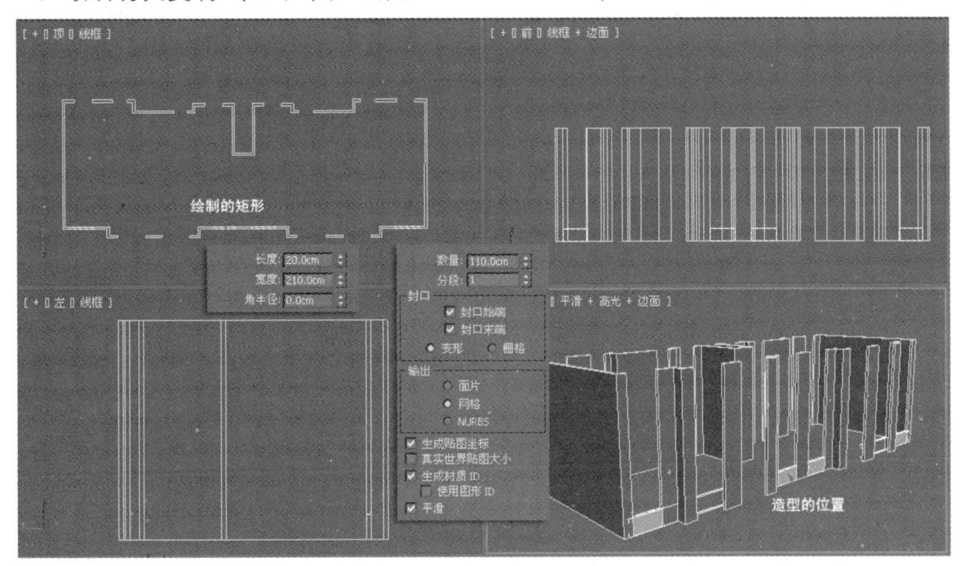

图9.4　挤出

05 在菜单栏中执行【组】/【成组】命令，命名为“底墙”，按住Shift键，并使用“移动工具”将其复制2个，如图9.5所示。

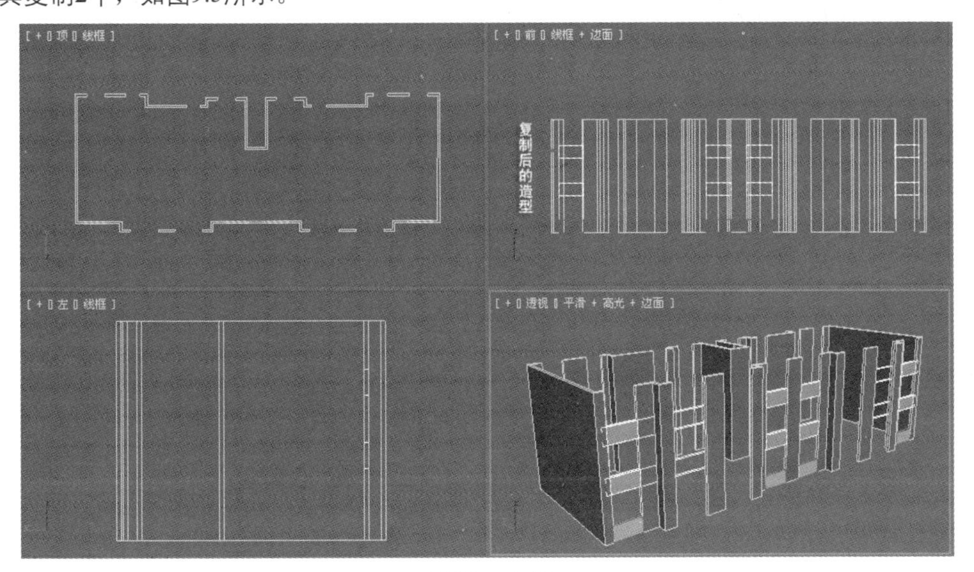

图9.5　复制

06 按照上述的方法，在顶视图中绘制2个大小分别为20cm×157cm和20cm×125cm的参考矩形，分别命名为“底墙B”和“底墙C”，然后在修改列表中选择【挤出】命令，设置【挤出】值为

158cm，然后将“底墙B”和“底墙C”复制3个，如图9.6所示。

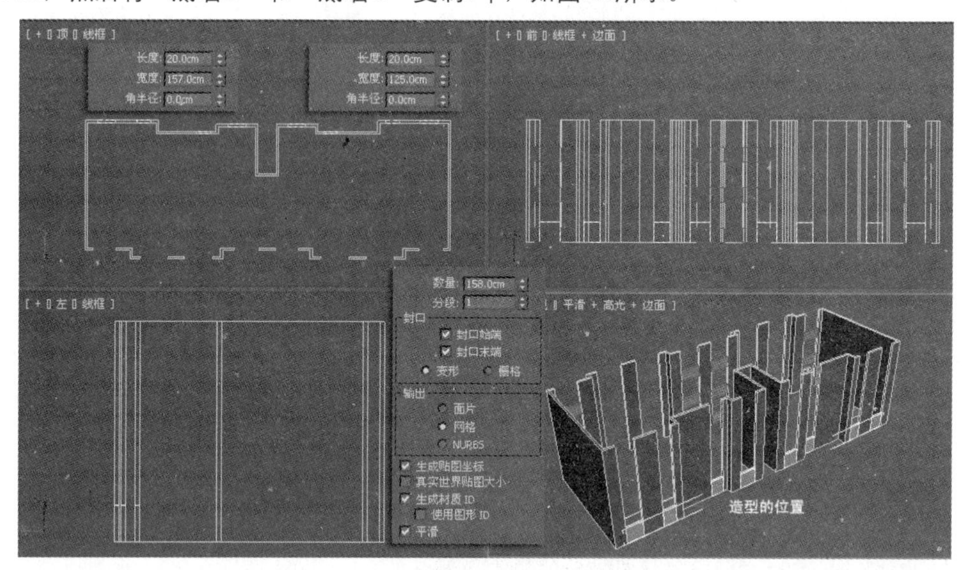

图9.6　挤出

07 将复制后的长方体群组选中，然后将其复制两个，并在视图中调整造型的位置，如图9.7所示。

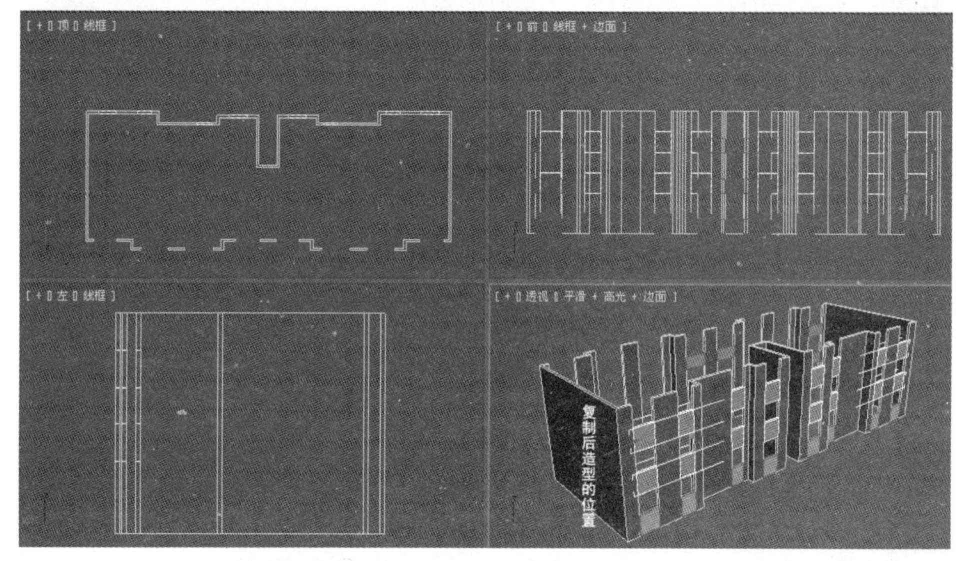

图9.7　复制

08 接下来开始制作悬窗。单击 矩形 按钮，在前视图中绘制一个大小为10cm×230cm的矩形，命名为“悬窗A”，然后在修改器列表中选择【挤出】命令，设置【挤出】值为10cm，如图9.8所示。

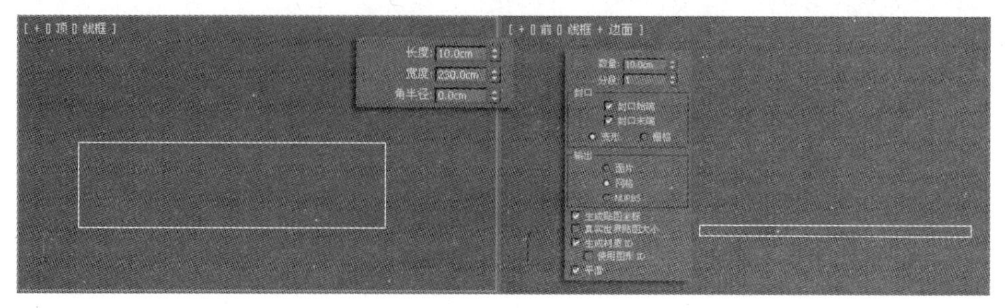

图9.8　挤出

09 单击 矩形 按钮，在前视图中绘制一个大小为190cm×215cm的矩形，再绘制一个大小为145cm×65cm的矩形，将其复制2个，然后分别绘制两个大小分别为35cm×65cm和

35cm×135cm的矩形，如图9.9所示。

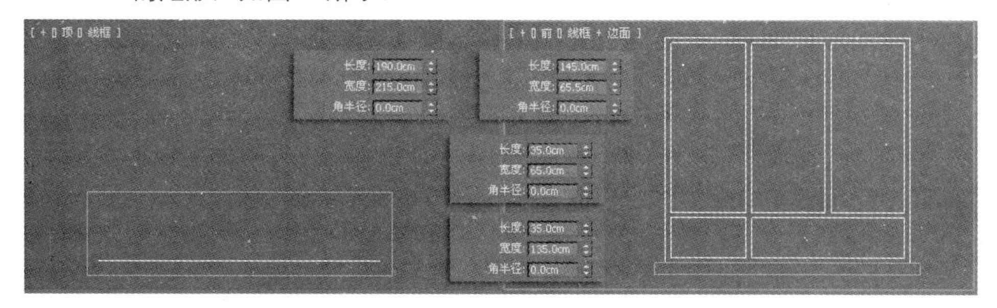

图9.9　绘制矩形

10 在视图中选中绘制的矩形，然后单击鼠标右键，在弹出的快捷菜单中选择【转换为】/【转换为可编辑样条线】命令。在【几何体】卷展栏中单击 附加 按钮。

11 在视图中选中附加后的窗框，命名为“悬窗窗框”，然后在修改器列表中选择【挤出】命令，设置【挤出】值为5cm，如图9.10所示。

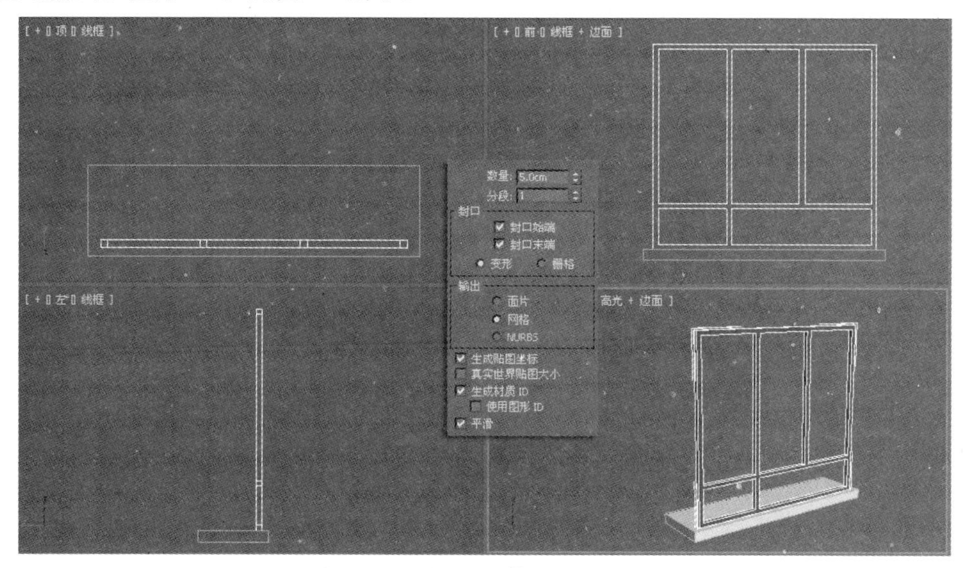

图9.10　挤出

12 在视图中选中“悬窗A”，然后将其复制一个，命名为“悬窗B”，如图9.11所示。

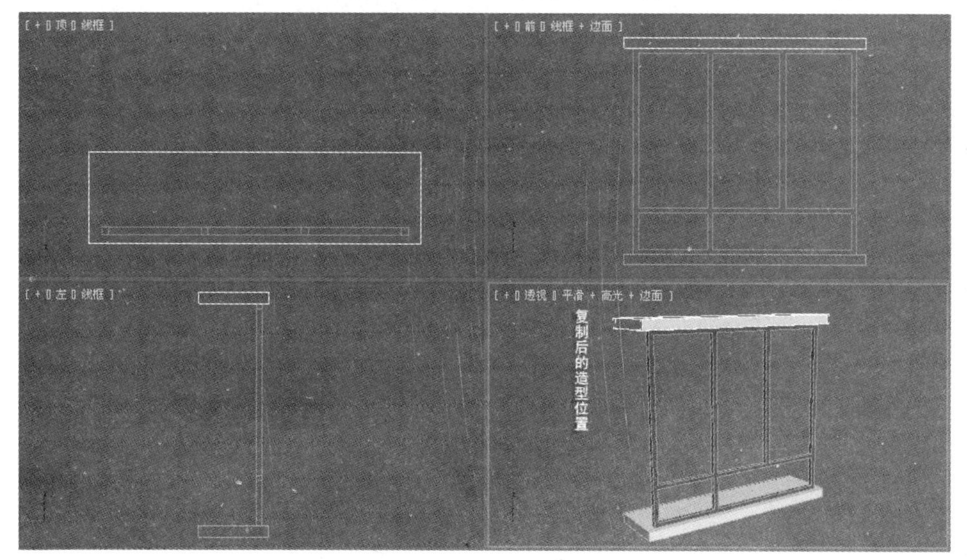

图9.11　复制

13 单击 矩形 按钮，在顶视图中绘制一个大小为50cm×205cm的矩形，命名为“悬窗C”，然后在修改器列表中选择【挤出】命令，设置【挤出】值为192cm，如图9.12所示。

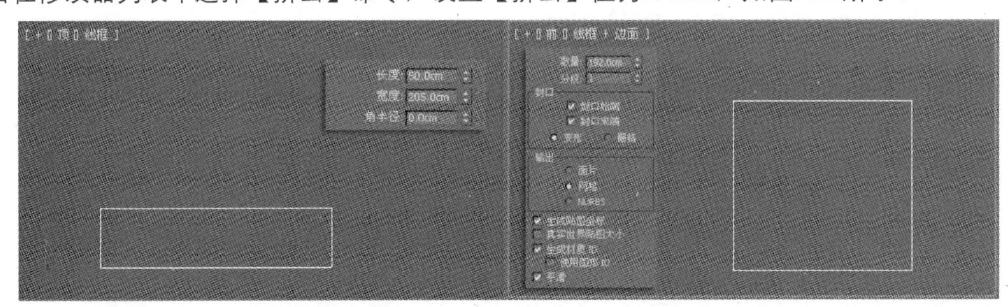

图9.12 挤出

14 确认“悬窗C”还处于选中的状态，单击鼠标右键，将其转换为可编辑多边形。激活【多边形】子对象，在视图中选中图9.13所示的多边形，按Delete键将其删除。

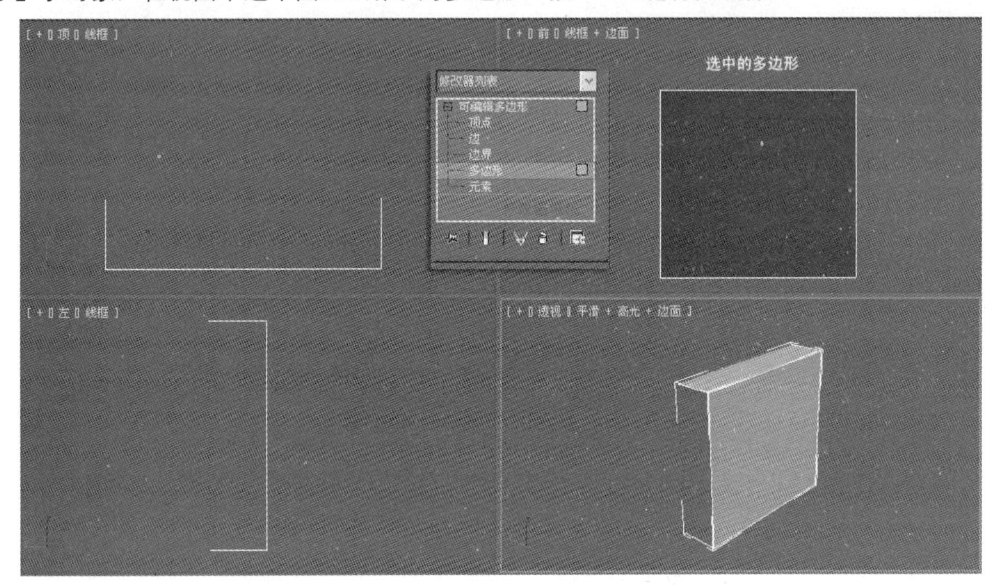

图9.13 选中的多边形

15 在视图中调整造型的位置，如图9.14所示。

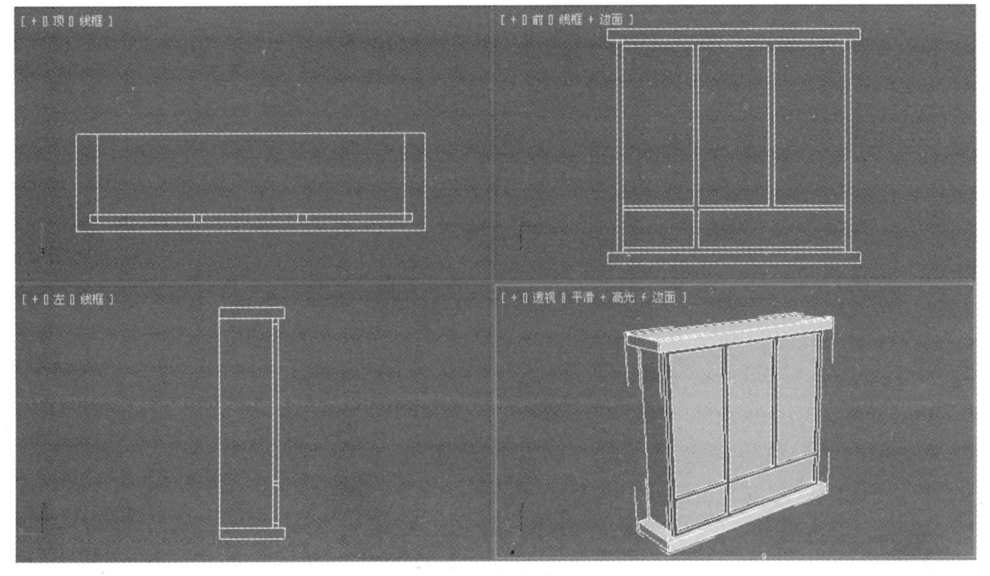

图9.14 悬窗

16 将“悬窗A”、“窗框”、“悬窗B”和“悬窗C”群组在一起。然后将其复制3个，如图9.15所示。

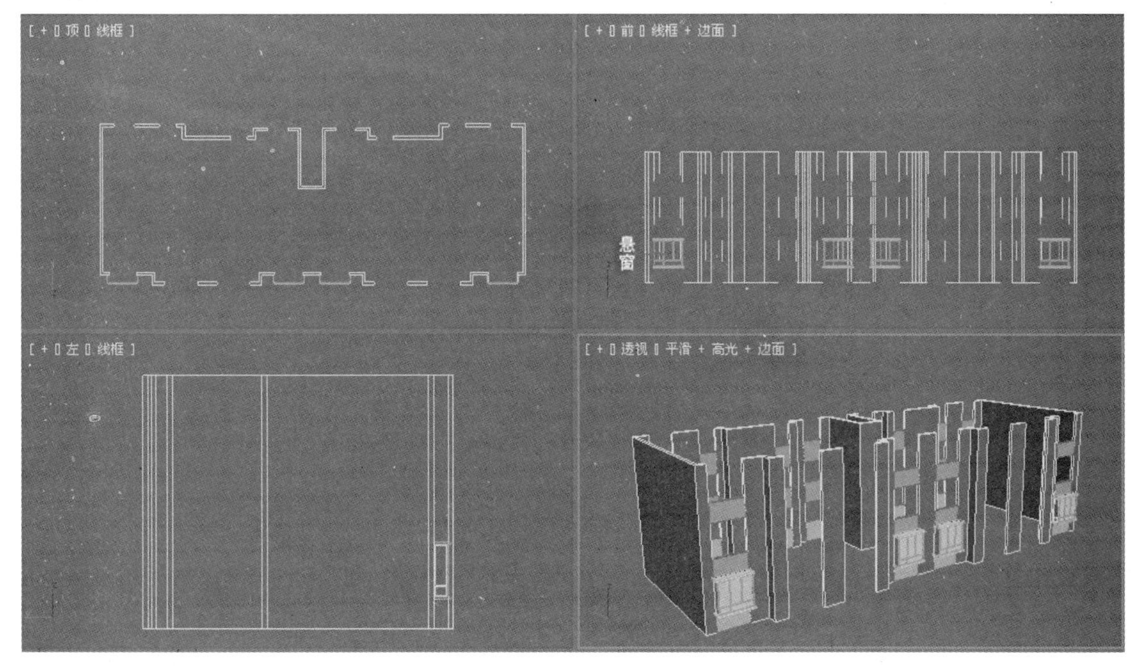

图9.15　复制

17 按照同样的方法复制8个悬窗，并调整造型的位置，如图9.16所示。

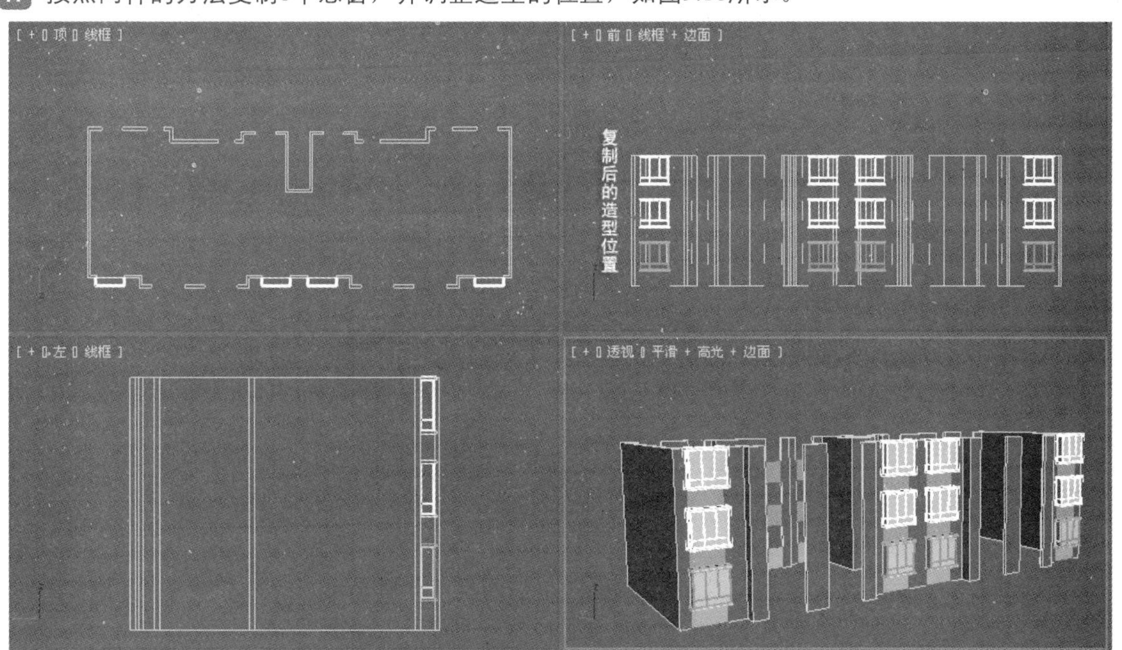

图9.16　复制

18 在视图中选中“墙体A”，然后将其复制一个，命名为“墙体B”，打开修改器列表，将【挤出】值设置为630cm，如图9.17所示。

19 将群组后的“底墙”和“悬窗”分别复制8个，并在视图中调整造型的位置，如图9.18所示。

20 单击 矩形 按钮，在前视图中绘制一个大小为155cm×155cm的矩形作为窗框，然后绘制一个大小为105cm×75cm的矩形，将其复制一个，接着绘制一个大小为35cm×75cm的矩形，将其复制一个。把所有绘制的矩形附加在一起，在修改器列表中选择【挤出】命令，设置【挤出】值

为5cm，如图9.19所示。

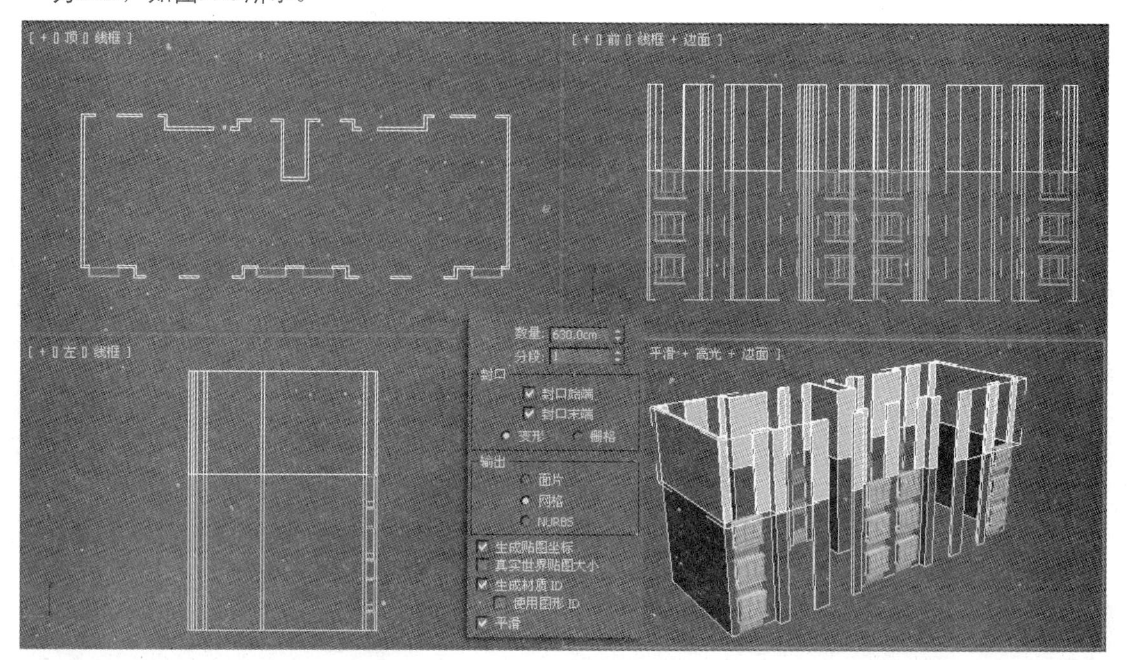

图9.17 挤出

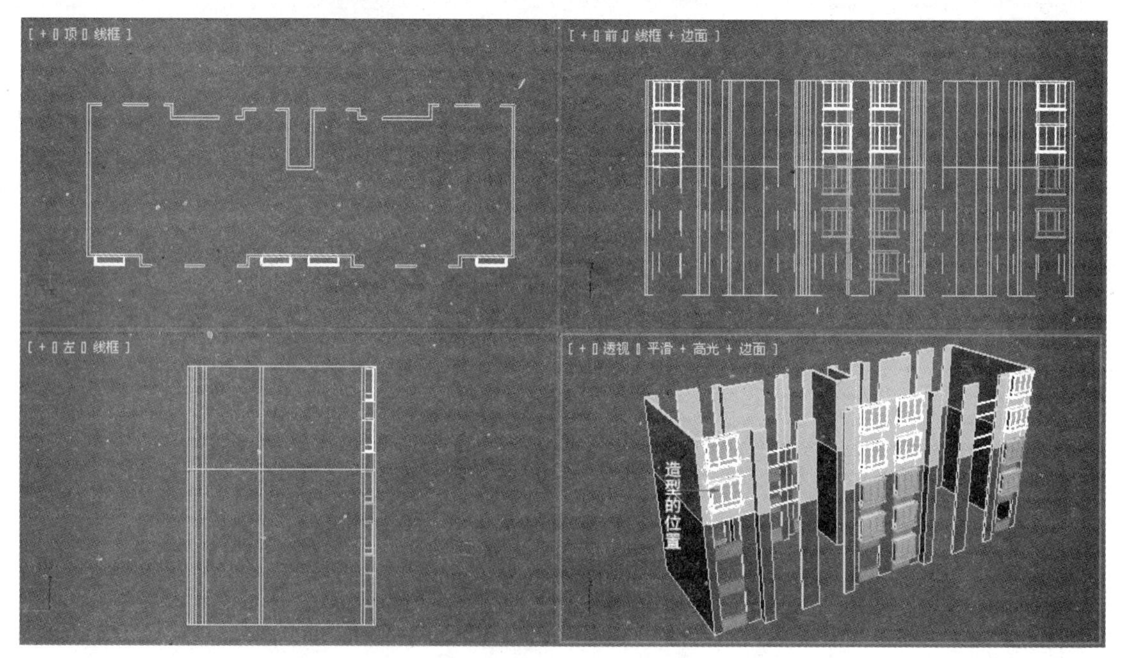

图9.18 复制

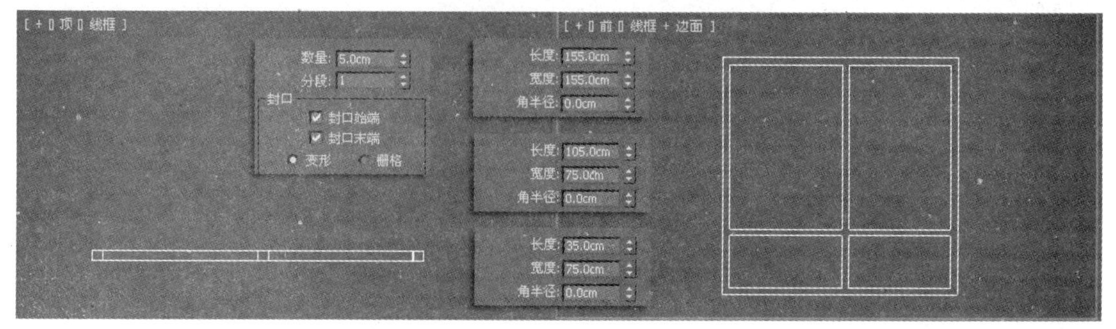

图9.19 挤出

21 将设置挤出值后的窗框命名为“背面窗框A”，然后将“背面窗框A”复制到其他的窗户位置上。

22 用同样的方法制作出“背面窗框B”，在视图中调整各造型的位置后，效果如图9.20所示。

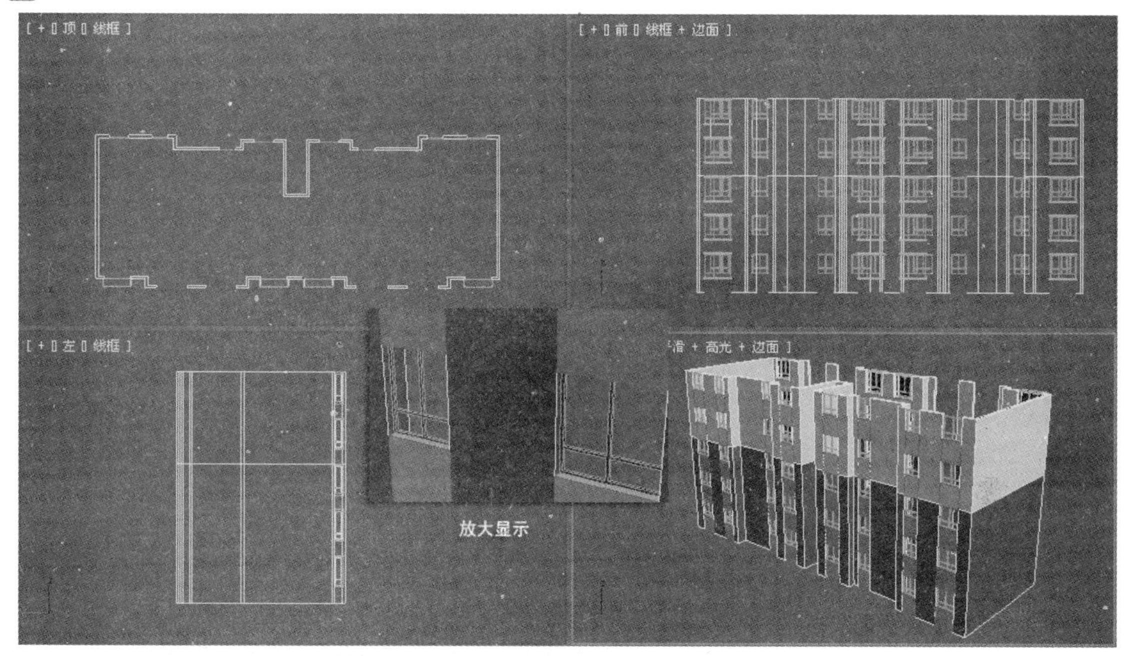

图9.20 复制窗框

23 单击 矩形 按钮，在顶视图中绘制一个大小为220cm×890cm的参考矩形，然后在视图中单击 线 按钮，在顶视图中绘制一条曲线，设置【轮廓】值为20cm，命名为“阳台A”，如图9.21所示。

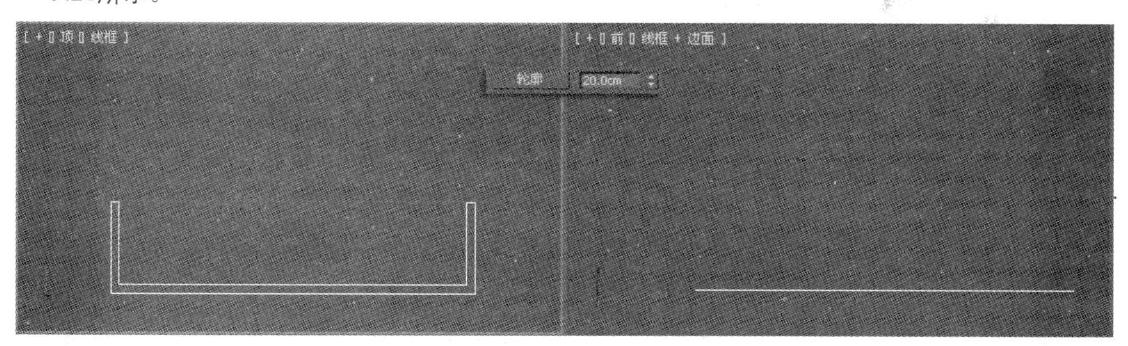

图9.21 绘制曲线

24 将参考矩形删除。然后在视图中选中“阳台A”，打开修改器列表，在修改器列表下选择【倒角】命令，设置其参数，如图9.22所示。

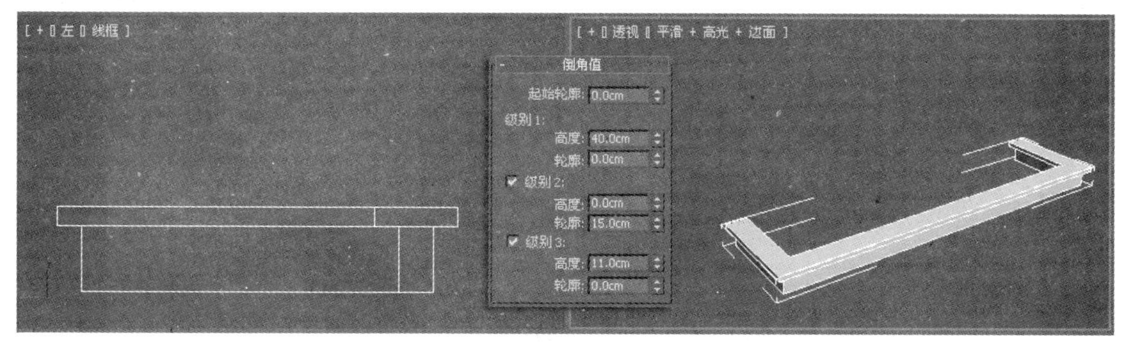

图9.22 倒角

25 单击 矩形 按钮，在顶视图中绘制一个大小为35cm×60cm的矩形，命名为“阳台柱子”，然后设置【挤出】值为625cm，将其复制2个，并在视图中调整造型的位置，如图9.23所示。

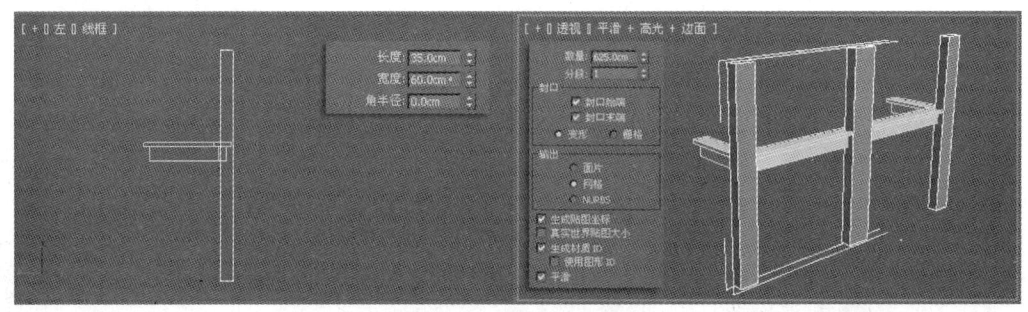

图9.23　绘制阳台柱子

26 单击 线 按钮，在顶视图中绘制一条开放的线，命名为“栏杆A”，进入【样条线】子物体层级，将其【轮廓】值设置为7cm，在修改器列表中选择【挤出】命令，设置【挤出】值为65cm，然后将“栏杆A”复制7个，如图9.24所示。

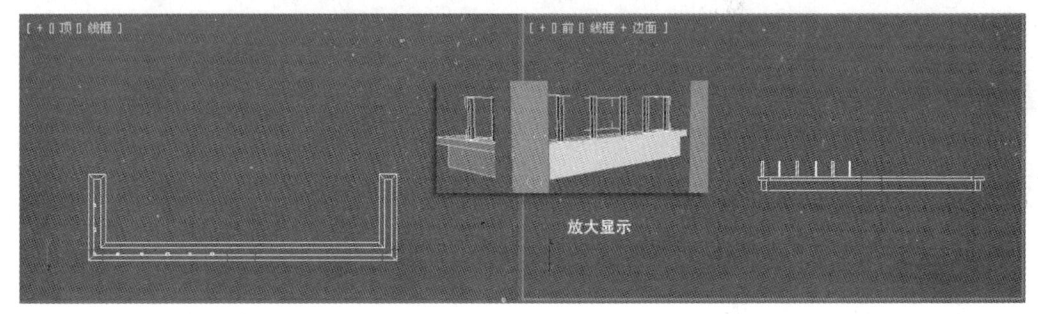

图9.24　挤出

27 在视图中绘制一个大小为218cm×432cm的参考矩形，然后绘制一条开放的曲线，命令为“栏杆B”，进入【样条线】子物体层级，将其【轮廓】值设置为7cm，如图9.25所示。

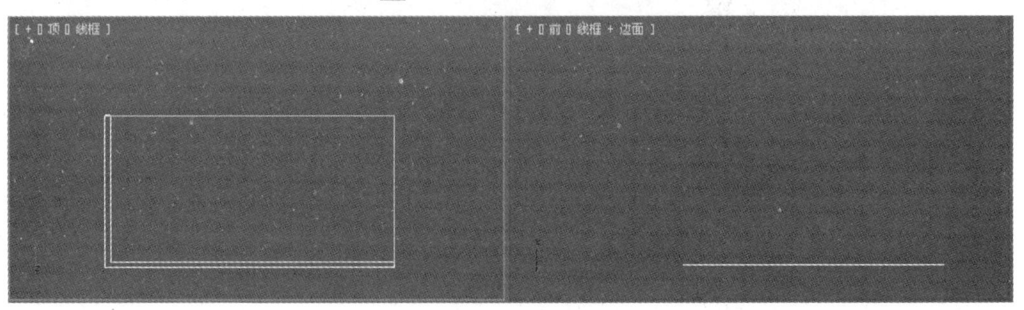

图9.25　附加

28 将参考矩形删除。然后在修改器列表中选择【挤出】命令，设置【挤出】值为5cm，将其复制1个，并调整造型的位置，如图9.26所示。

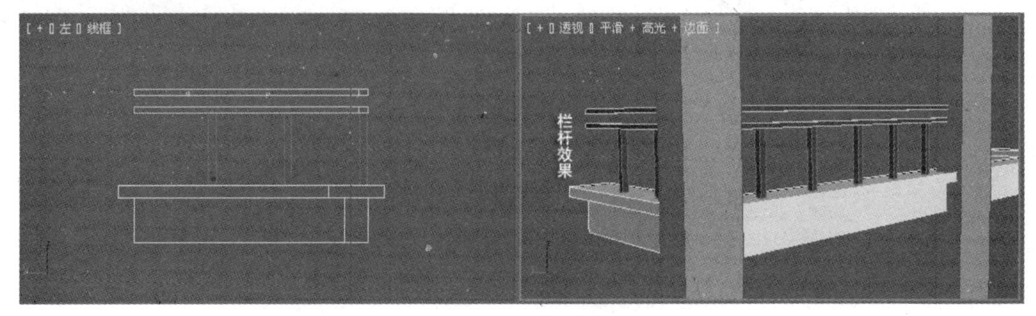

图9.26　栏杆效果

29 将所创建的"栏杆A"和"栏杆B"群组，命名为"栏杆"，将其复制1个，并调整造型的位置，如图9.27所示。

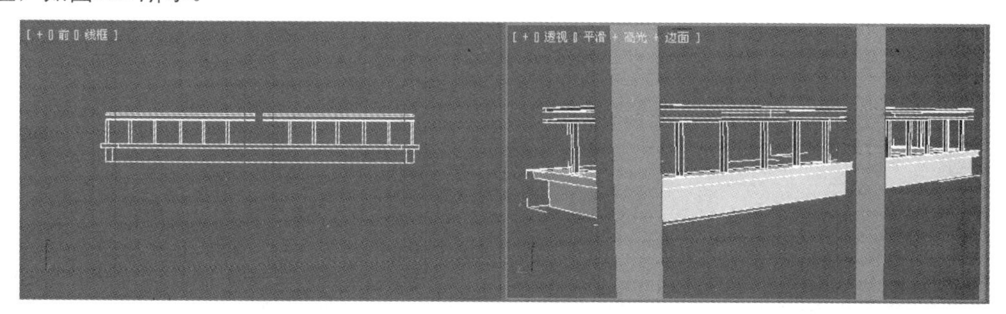

图9.27 复制

30 在顶视图中绘制一个大小为240cm×960cm的参考矩形，然后绘制一条开放的曲线，命令为"阳台B"，进入【样条线】子物体层级，将其【轮廓】值设置为40cm，然后设置【挤出】值为60cm，如图9.28所示。

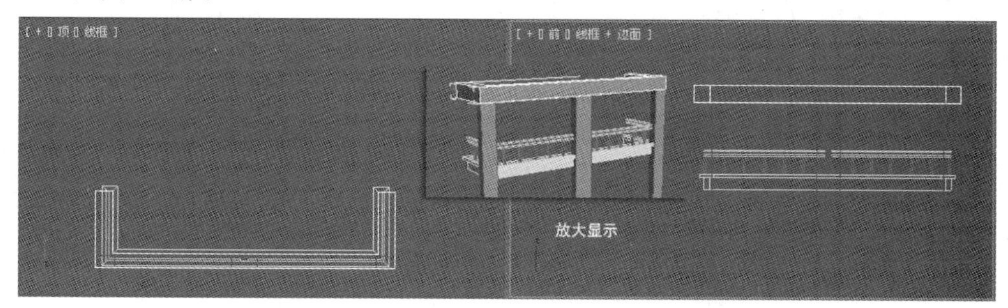

图9.28 挤出

31 在前视图中绘制一个大小为290cm×250cm的矩形，然后绘制2个大小分别为55cm×80cm和215cm×80cm的矩形，分别复制2个矩形，将其附加在一起，命名为"阳台窗框"，然后对其施加【挤出】命令，设置【挤出】值为5cm，如图9.29所示。

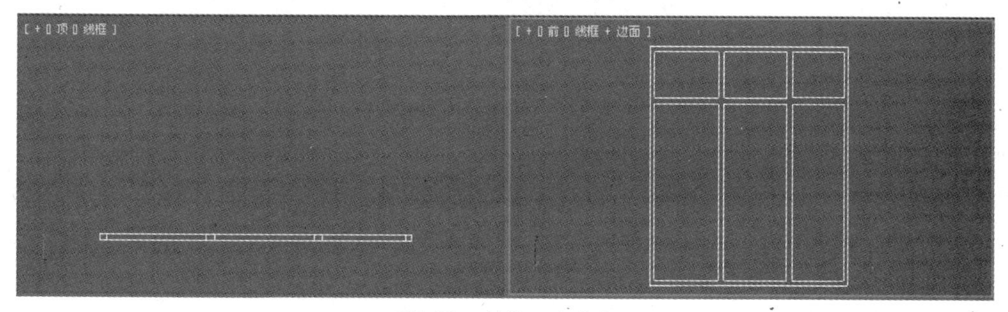

图9.29 制作阳台窗框

32 在视图中调整"阳台窗框"的位置，并将其群组，复制到其他的阳台上，最终阳台的效果如图9.30所示。

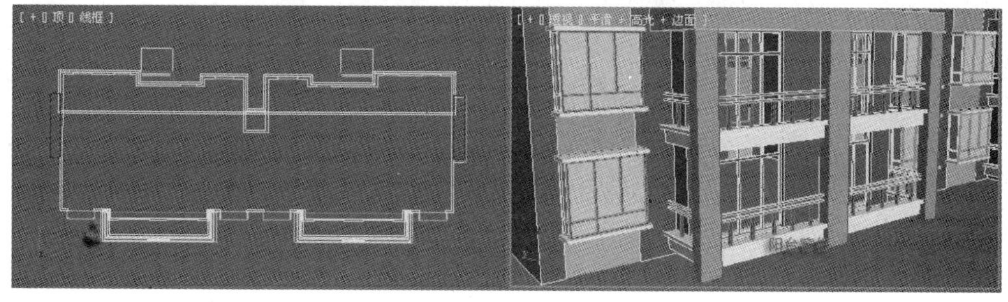

图9.30 阳台窗框

33 在顶视图中绘制一个大小为15cm×187cm的矩形，命名为“栏杆板”，为其施加【挤出】命令，设置【挤出】值为120cm，将“栏杆板”放置在住宅小区三层的阳台上，如图9.31所示。

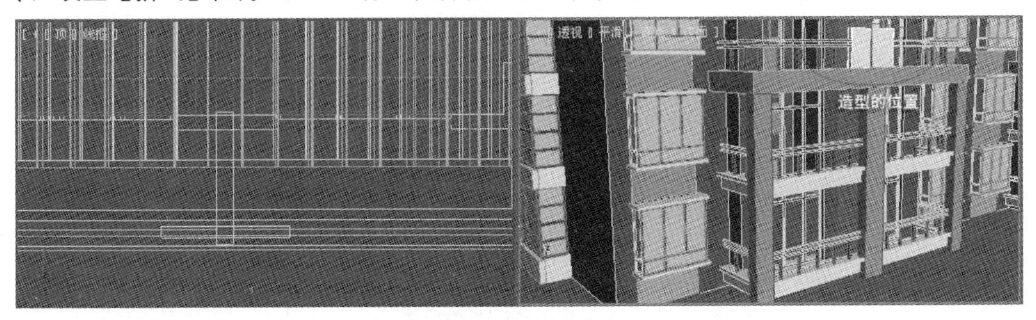

图9.31　调整造型的位置

34 将制作完成的阳台进行复制，复制后的效果如图9.32所示。

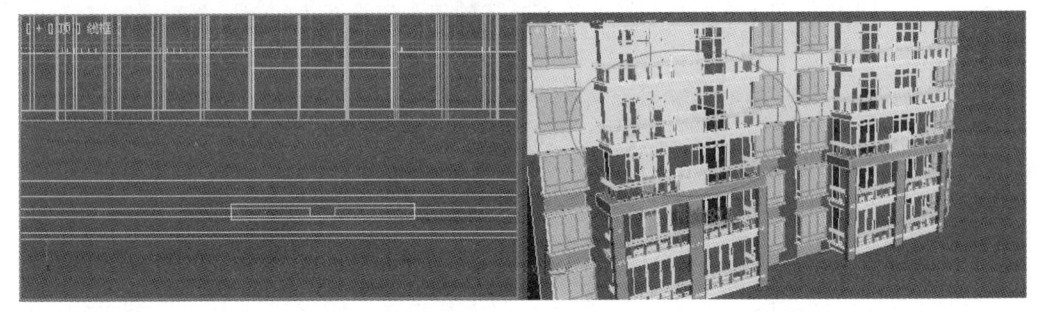

图9.32　阳台效果

35 在顶视图中绘制一个大小为185cm×25cm的矩形，命名为“竖板”，为其施加【挤出】命令，设置【挤出】值为1940cm，并在视图中调整造型的位置，如图9.33所示。

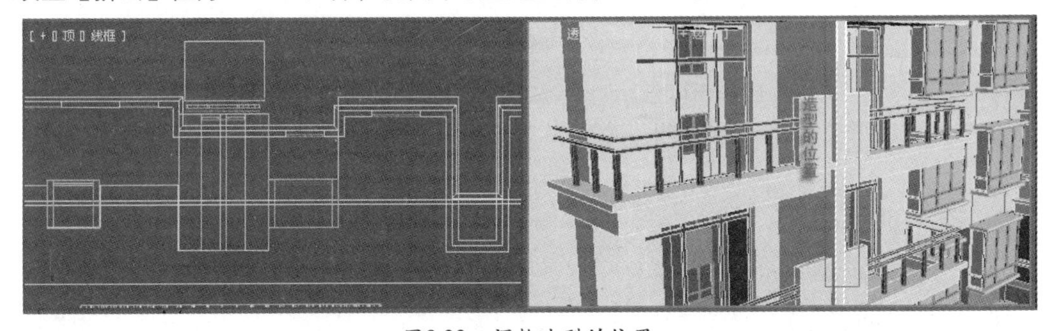

图9.33　调整造型的位置

36 在左视图中绘制一个大小为1650cm×570cm的参考矩形，然后绘制一条闭合的曲线，命名为“侧阳台”，为其施加【挤出】命令，设置【挤出】值为20cm，如图9.34所示。

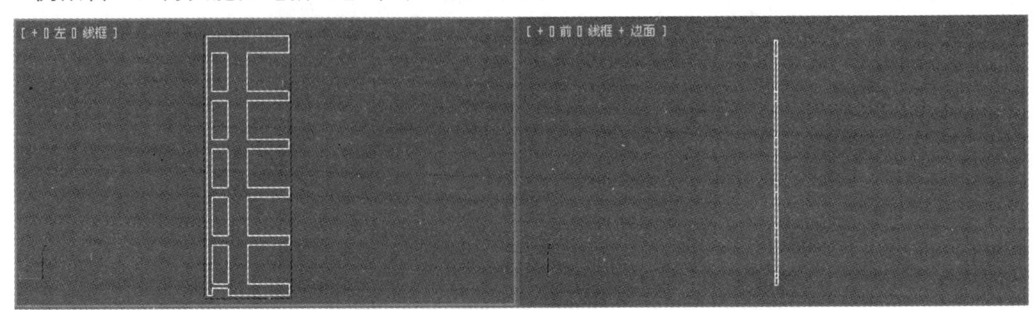

图9.34　挤出

37 在前视图中绘制两个大小分别为30cm×20cm和105cm×20cm的矩形，为其施加【挤出】命令，设置【挤出】值为20cm，并在视图中调整造型的位置，如图9.35所示。

图9.35 挤出

38 在左视图中绘制一个大小为240cm×255cm的矩形，将其【轮廓】值设置为7cm，然后绘制大小分别为55cm×80cm、110cm×80cm和50cm×80cm的矩形，最后绘制一个大小为55cm×153cm的矩形，将其复制3个，然后将所绘制的矩形全部附加在一起，命名为“侧阳台窗框”，为其施加【挤出】命令，设置【挤出】值为5cm，如图9.36所示。

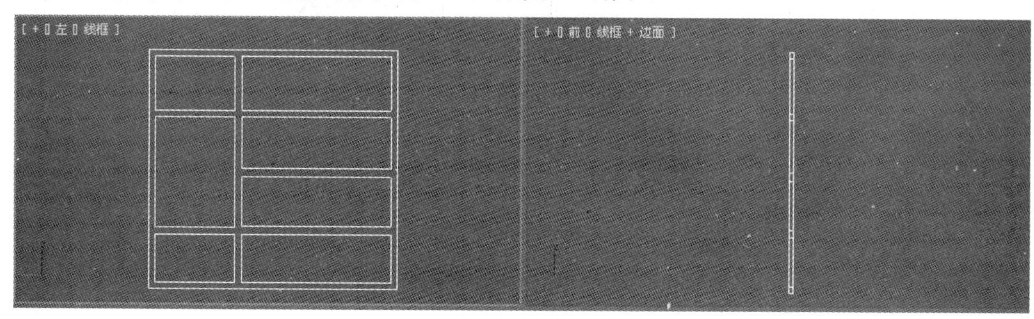

图9.36 挤出

39 在前视图中绘制一个大小为240cm×90cm的矩形，命名为“侧阳台窗框A”，然后绘制一个大小为55cm×80cm的矩形，将其复制3个，然后将所有的矩形附加在一起，为其施加【挤出】命令，设置【挤出】值为5cm，如图9.37所示。

图9.37 绘制窗框

40 在左视图中绘制一个大小为1525cm×255cm的矩形，命名为“侧阳台玻璃”，为其施加【挤出】命令，设置【挤出】值为1525cm，在视图中调整其造型的位置，如图9.38所示。

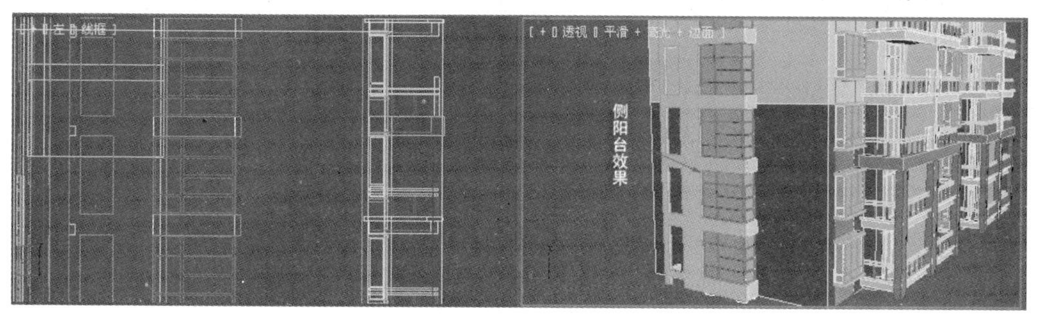

图9.38 侧阳台效果

41 将侧阳台群组，命名为“侧阳台”。单击工具栏中【镜像】按钮，将“侧阳台”镜像到另外一侧。

42 在前视图中绘制一个大小为1325cm×295cm的参考矩形，然后绘制一条闭合的曲线，接下来绘制窗框，单击 矩形 按钮，在前视图中绘制一个大小为200cm×60cm的矩形，将其复制7个，然后绘制一个大小为100cm×60cm的矩形，将其复制1个，将所有绘制的矩形全部附加在一起，命名为“楼梯墙体”，如图9.39所示。

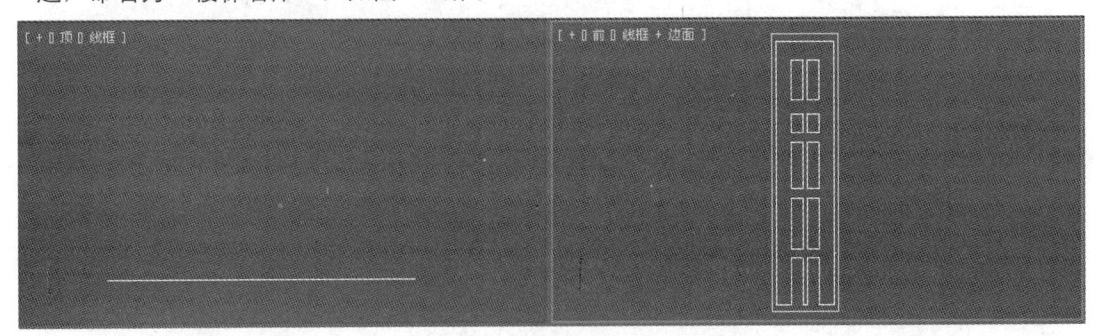

图9.39 绘制闭合曲线

43 打开修改器列表，为其施加【挤出】命令，设置【挤出】值为426cm，如图9.40所示。

图9.40 挤出

44 在前视图中绘制两个大小分别为200cm×60cm和100cm×60cm的矩形，分别命名为“楼梯窗框”“楼梯窗框A”，设置【轮廓】值5cm，然后在修改器列表中选择【挤出】命令，设置【挤出】值为5cm，如图9.41所示。

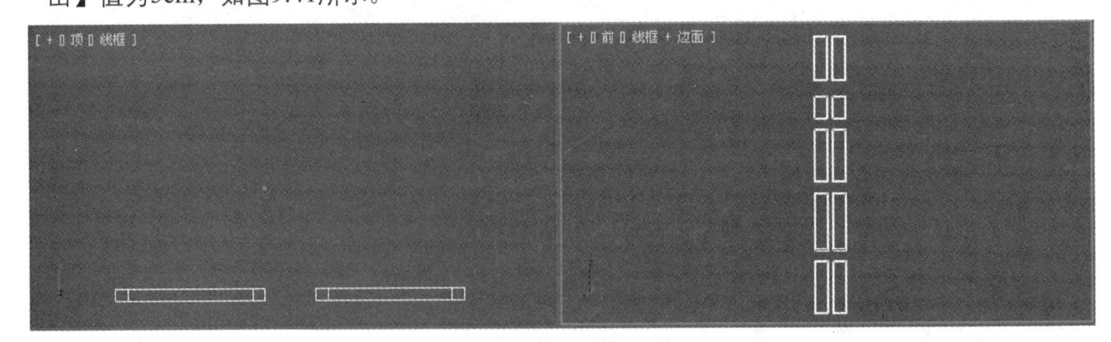

图9.41 制作楼梯窗框

45 接下来开始制作单元门。在前视图中绘制一个大小为555cm×295cm的参考矩形，然后在视图中绘制一条闭合的曲线，再在曲线里面绘制一个大小为220cm×245cm的矩形，将闭合的曲线和矩形附加在一起，为其施加【挤出】命令，设置【挤出】值为100cm，命名为“单元门墙体”，如图9.42所示。

46 接下来开始制作单元门的窗框。在前视图中绘制一个大小为220cm×245cm的矩形，然后绘制两个大小分别为40cm×65cm和40cm×90cm的矩形，将其复制3个，再次绘制一个大小为100cm×65cm的矩形，将其复制1个，将所有绘制的矩形全部附加在一起，命名为“单元门窗框”，对其施加【挤出】命令，设置【挤出】值为10cm，如图9.43所示。

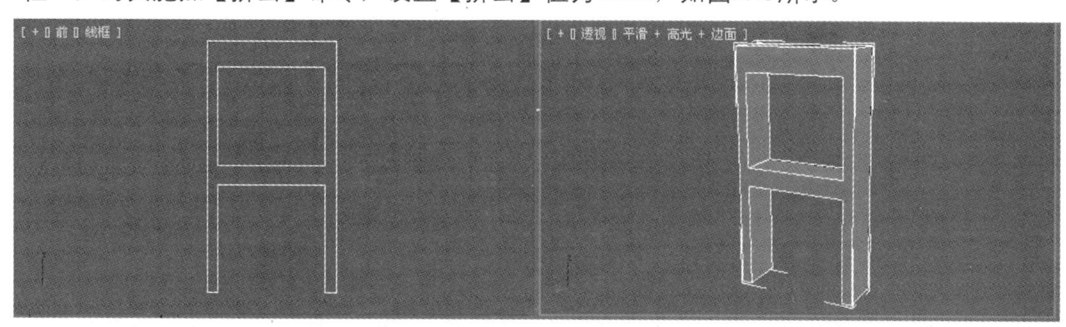

图9.42 挤出

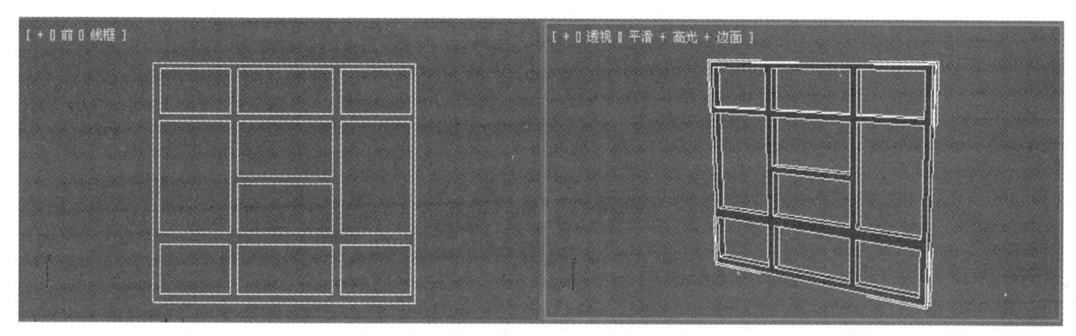

图9.43 挤出

47 在顶视图中绘制一个大小为200cm×260cm的矩形，命名为“单元门盖板”，为其施加【挤出】命令，设置【挤出】值为30cm，如图9.44所示。

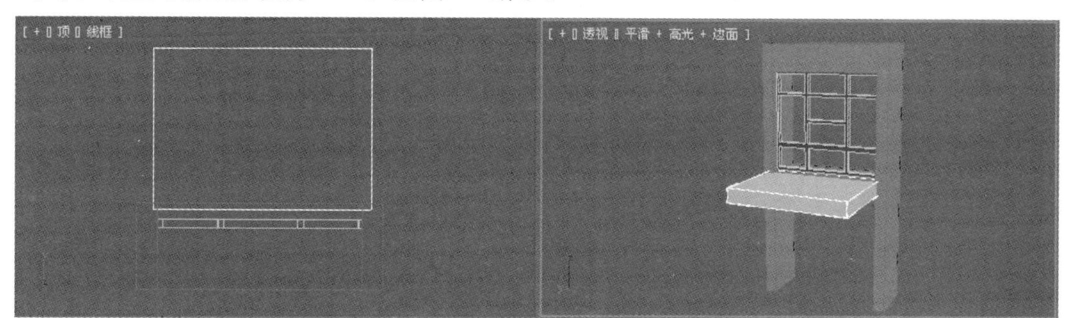

图9.44 挤出

48 在前视图中绘制一个大小为240cm×245cm的矩形，然后绘制一个大小为17cm×36cm的矩形，将其复制9个，接着绘制一个大小为17cm×18cm的矩形，将其复制11个，然后绘制一个大小为52cm×17cm的矩形，将其复制一个，接着绘制3个大小分别为7cm×17cm、87cm×87cm和22cm×86cm的矩形，最后绘制一个16cm×14cm的矩形，将其复制9个，将所有绘制就矩形附加在一起，设置【挤出】值为10cm，命名为“单元门”，如图9.45所示。

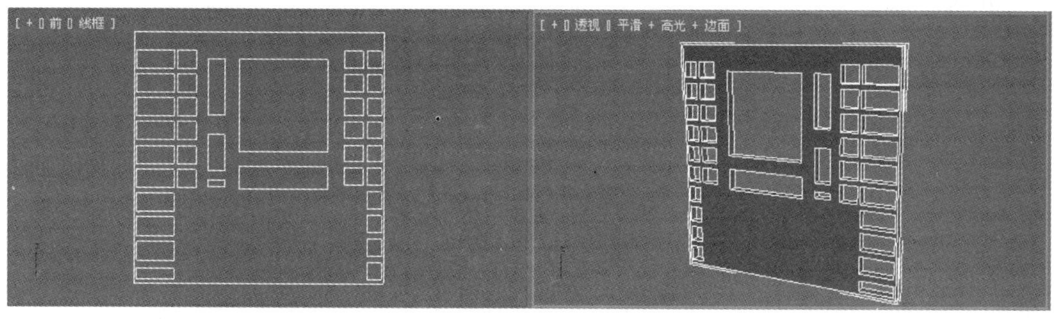

图9.45 挤出

49 将“单元门墙体”、“单元门门框”、“单元门盖板”和“单元门”群组在一起，命名为“单元门”，将其复制一个，并在视图中调整造型的位置，如图9.46所示。

图9.46 调整造型的位置

50 在左视图中绘制一个大小为380cm×855cm的矩形，然后绘制一条闭合的曲线，对其施加【挤出】命令，设置【挤出】值为20cm，命名为“屋顶A”，如图9.47所示。

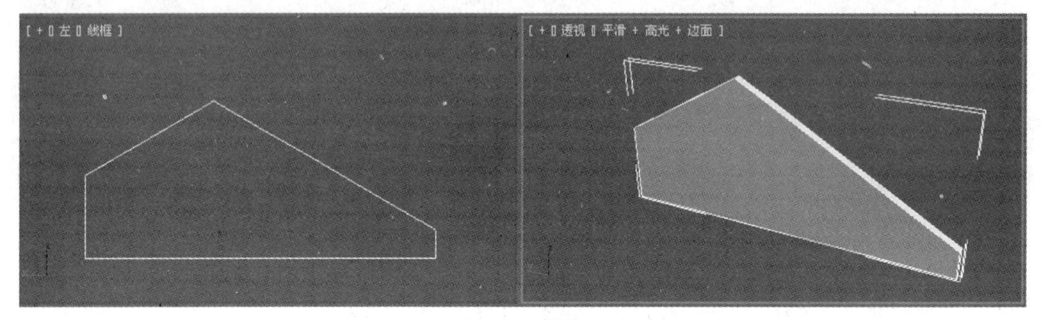

图9.47 挤出

51 在左视图中绘制一个大小为400cm×1070cm的矩形，然后绘制一条闭合的曲线，对其施加【挤出】命令，设置【挤出】值为40cm，命名为“屋顶B”，如图9.48所示。

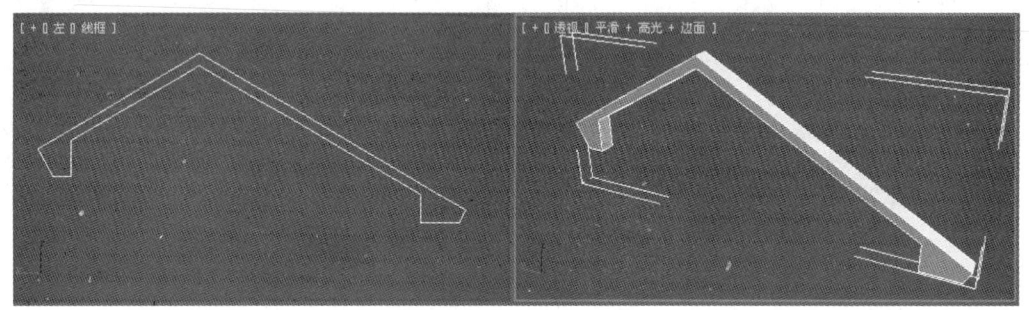

图9.48 绘制的图形

52 在左视图中绘制一个大小为360cm×1215cm的参考矩形，然后绘制一条开放的曲线，设置【轮廓】值为5cm，对其施加【挤出】命令，设置【挤出】值为3230cm，并命名为“屋顶”，如图9.49所示。

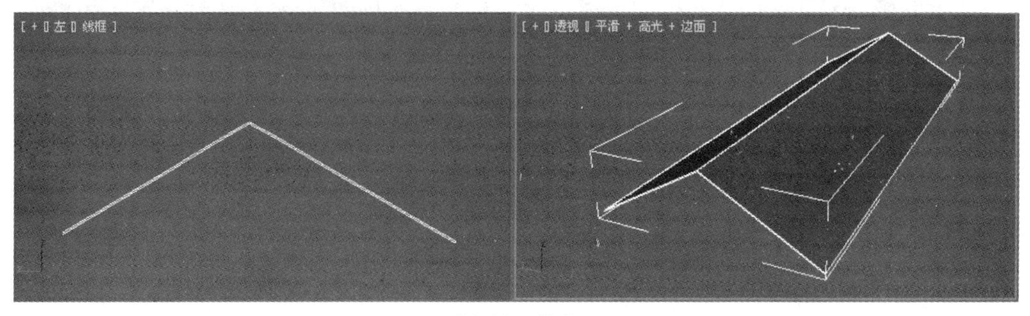

图9.49 挤出

53 在顶视图中绘制一个大小为800cm×3560cm的参考矩形，然后绘制一条闭合的曲线，对其施加【挤出】命令，设置【挤出】值为700cm，如图9.50所示。

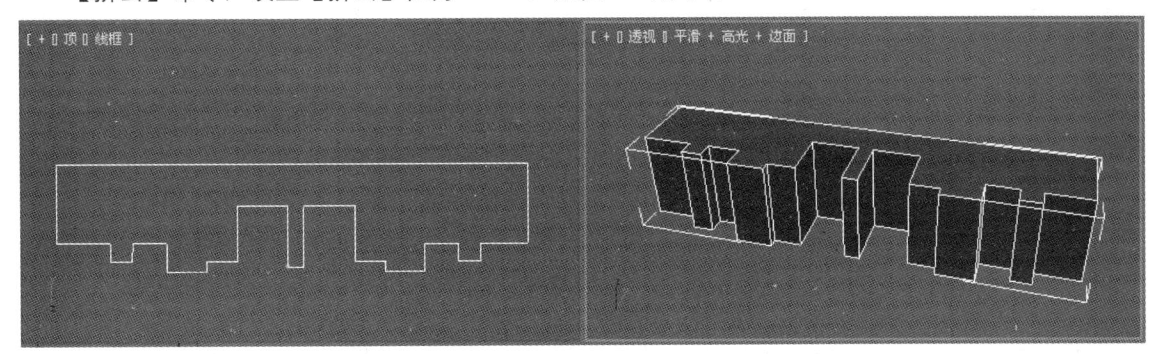

图9.50 挤出

54 在顶视图中绘制1个大小为105cm×130cm的矩形，将其复制3个，再绘制一个大小为590cm×830cm的矩形，将所绘制的矩形全部附加在一起，对其施加【挤出】命令，设置【挤出】值为700cm，如图9.51所示。

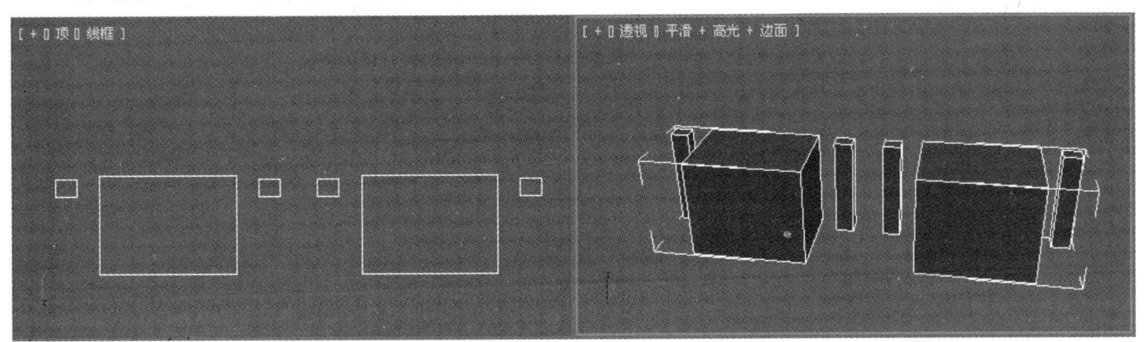

图9.51 挤出

55 将绘制的两个图形附加在一起，并命名为“方块”。

56 在视图中将“屋顶”放置到“屋顶”中，如图9.52所示。

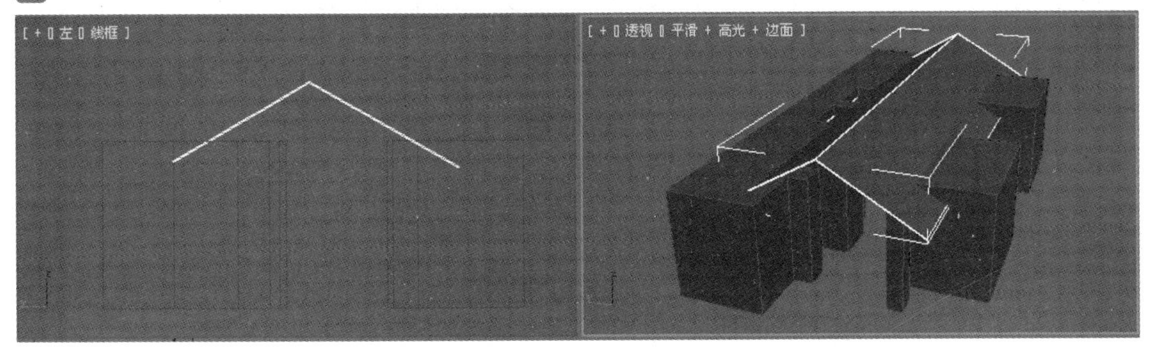

图9.52 调整造型的位置

57 在几何体创建面板中【标准基本体】下拉列表中，选择【复合对象】选项，在视图中选中“屋顶”，然后单击 布尔 按钮，在【拾取布尔】卷展栏中单击 拾取操作对象 B 按钮，如图9.53所示。

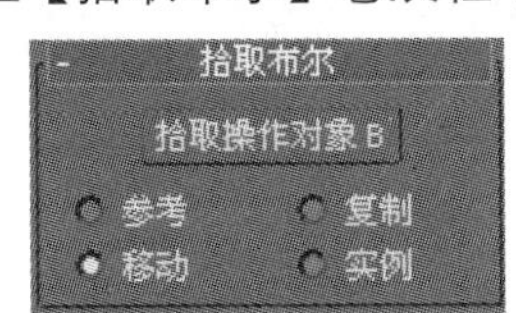

图9.53 拾取布尔

58 单击 拾取操作对象 B 按钮后，光标变成“+”时，单击【拾取】“方块”，拾取后效果如图9.54所示。

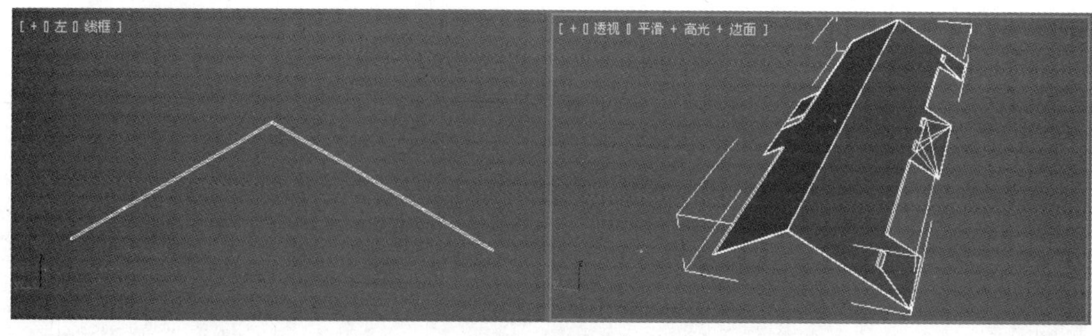

图9.54　拾取布尔

59 在视图中调整“屋顶”和“屋顶A”、“屋顶B”的位置，如图9.55所示。

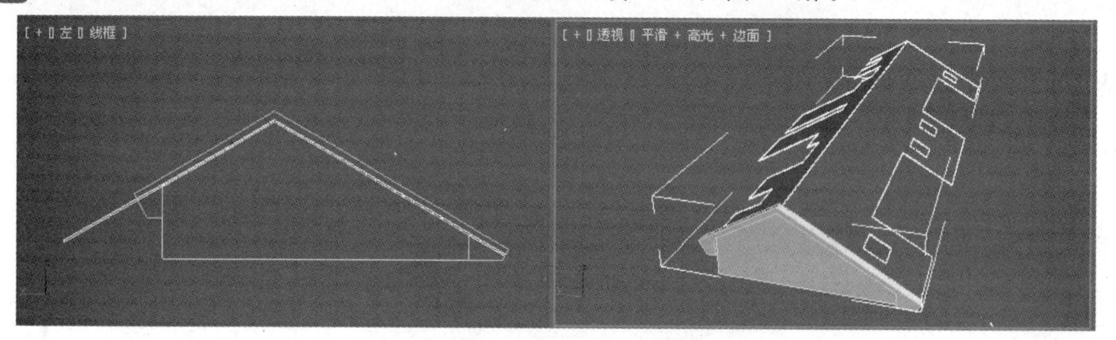

图9.55　调整造型的位置

60 将“屋顶A”和“屋顶B”镜像到另外一侧。然后在前视图中绘制一个大小为275cm×230cm的矩形，然后绘制一条闭合的曲线，命名为“后阁楼墙体”，对其施加【挤出】命令，设置【挤出】值为150cm，如图9.56所示。

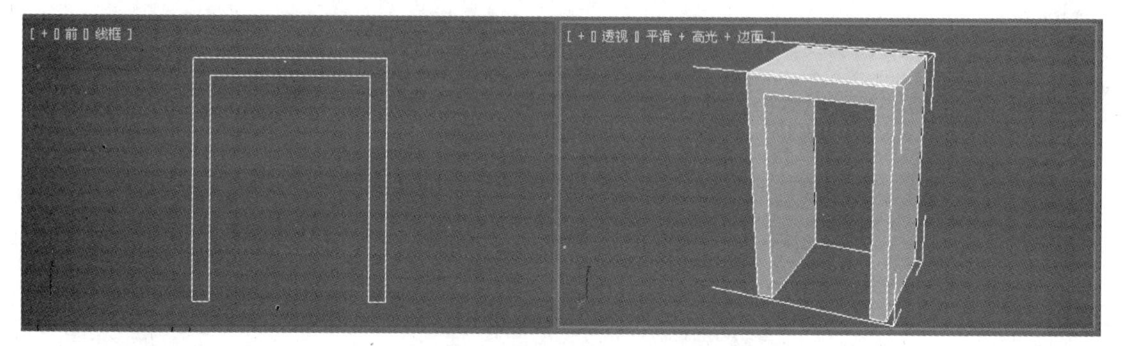

图9.56　挤出

61 在前视图中绘制一个大小为255cm×180cm的矩形，然后绘制一个245cm×83cm的矩形，将其复制一个，并把所有绘制的矩形全部附加在一起，命名为“后阁楼窗框”，对其施加【挤出】命令，设置【挤出】值为9.57所示。

图9.57　制作窗框

62 按照上述的方法，制作另外一侧的阁楼墙体，并在视图中调整造型的位置，如图9.58所示。

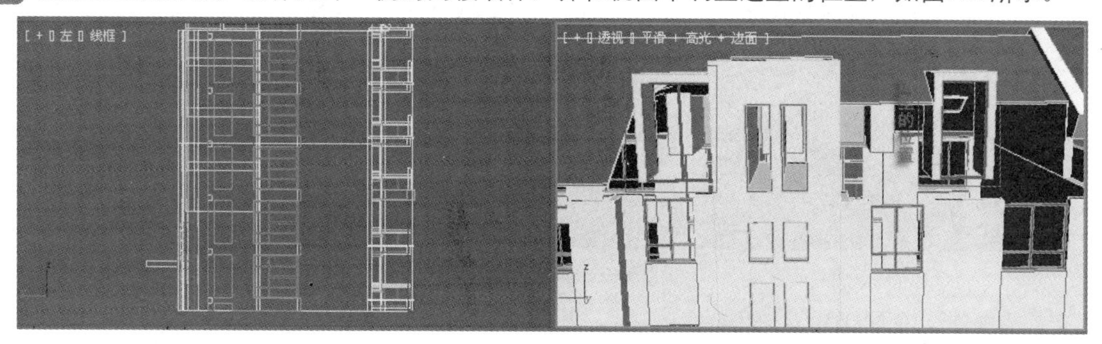

图9.58 调整造型的位置

63 在视图中选中“屋顶”，然后按住键盘上的Shift键并使用“移动工具”将“屋顶”复制一个，将其转换为可编辑多边形，并在视图中选中图9.59所示的多边形。

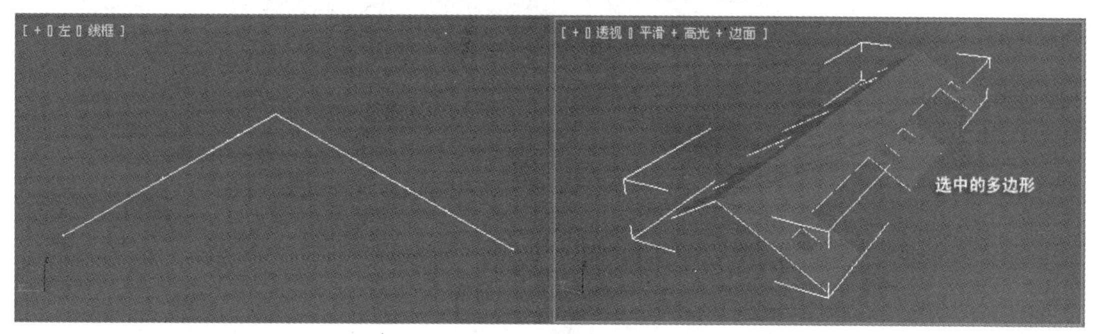

图9.59 选中多边形

64 选择菜单栏中【编辑】/【反选】命令，反选后效果如图9.60所示。

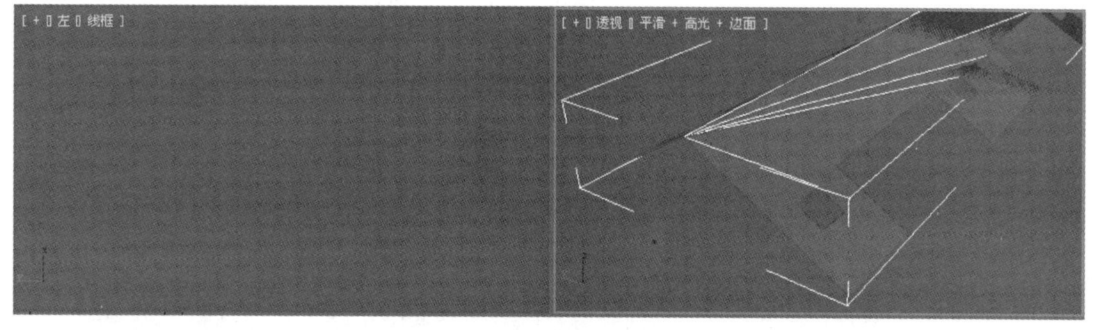

图9.60 反选

65 在修改器堆栈中激活【边】子对象，在视图中选中图9.61所示的边。

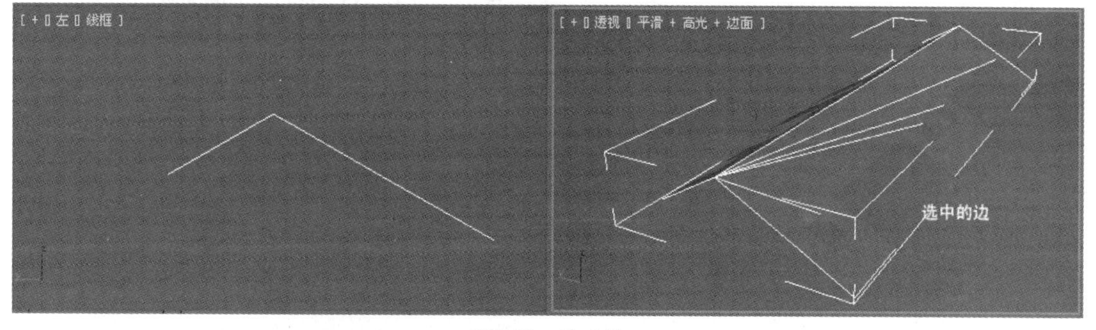

图9.61 选中边

66 按住键盘上的Shift键并使用“移动工具”沿着Y轴向下拖动鼠标，挤出多边形，命名为“阁楼墙体”，如图9.62所示。

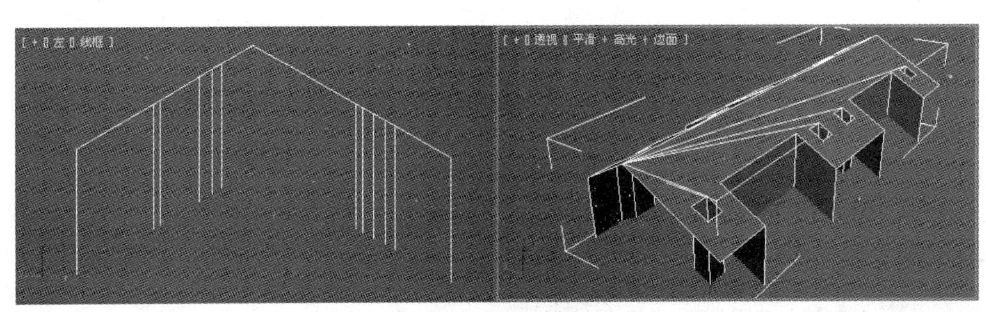

图9.62　挤出多边形

67 在前视图中选中图9.63所示的顶点。

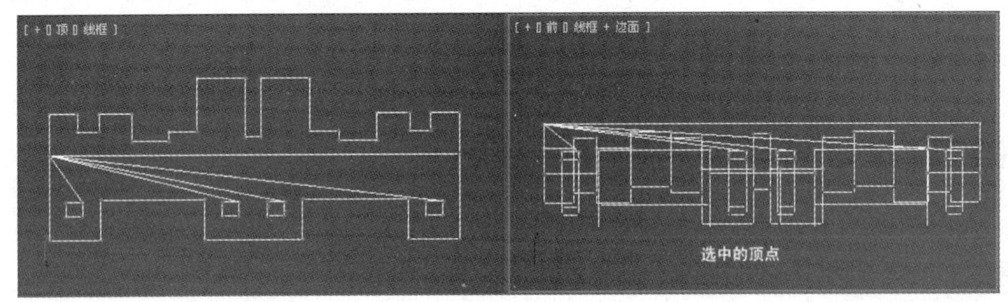

图9.63　选中的顶点

68 在工具栏中激活【缩放】工具，在前视图中沿着Y轴向下拖动鼠标。此时，选中的顶点都在同一条直线上，如图9.64所示。

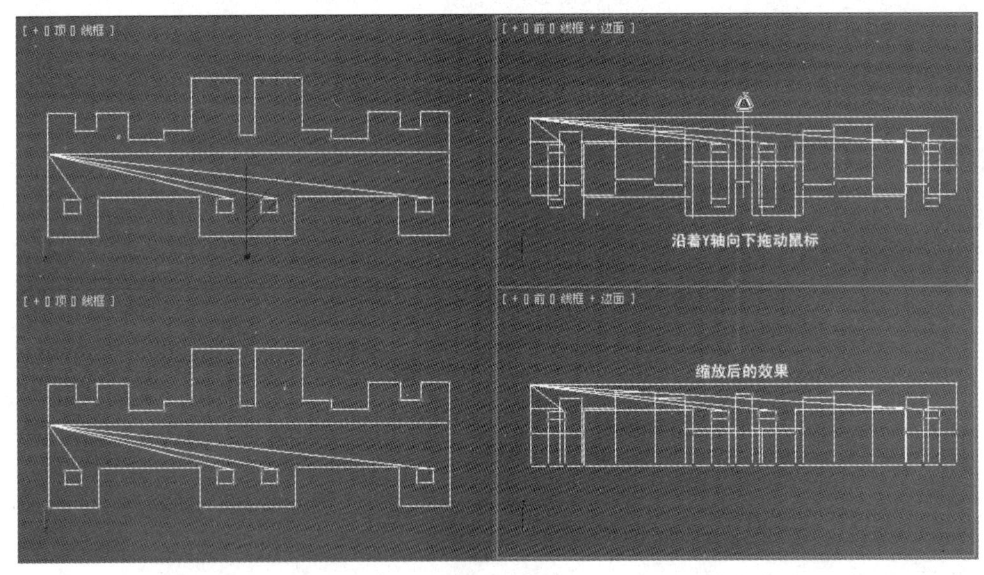

图9.64　缩放

69 缩放顶点后造型的效果如图9.65所示。

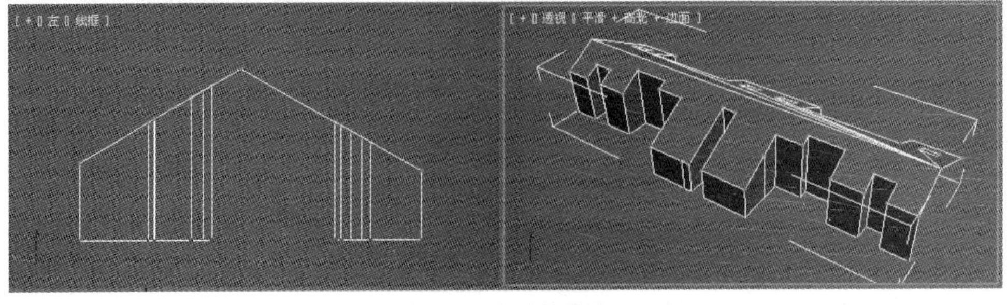

图9.65　造型的效果

70 在视图中调整“阁楼墙体”的位置，如图9.66所示。

图9.66　调整造型的位置

71 在顶视图中绘制一个大小为340cm×3255cm的参考矩形，然后绘制一条闭合的曲线，命名为“阁楼墙体A”，如图9.67所示。

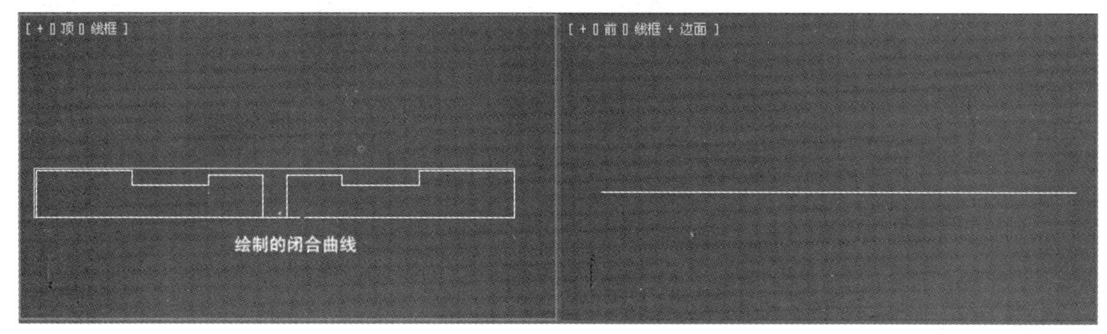

图9.67　绘制闭合曲线

72 在视图中选中“阁楼墙体A”，为其施加【倒角】命令，设置其参数，如图9.68所示。

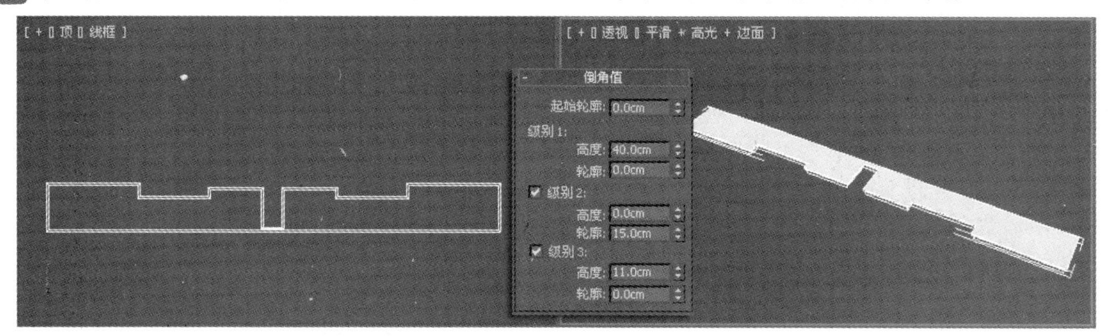

图9.68　倒角

73 在视图中调整“阁楼墙体A”的位置，如图9.69所示。

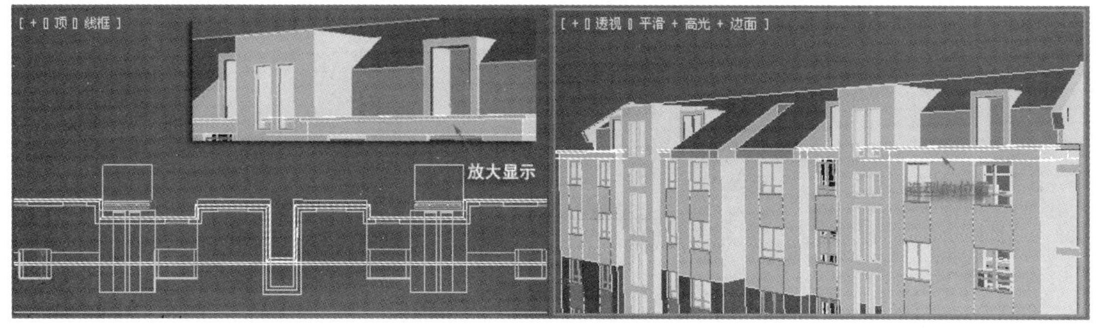

图9.69　调整造型的位置

74 在顶视图中绘制一个大小为517cm×85cm的矩形，命名为“阁楼墙体B”，对其施加【挤出】命令，设置【挤出】值为20cm，将“阁楼墙体B”复制一个至另外一侧，如图9.70所示。

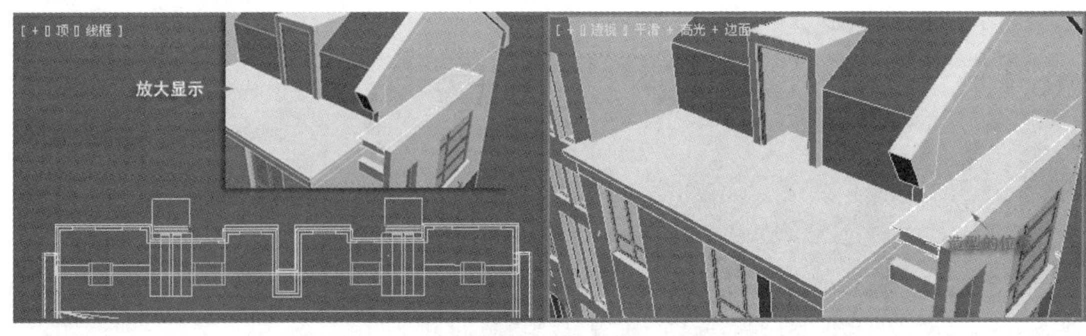

图9.70　创建墙体

75 在前视图中绘制一个大小为300cm×405cm的参考矩形，然后绘制一条闭合的曲线，命名为“前阁楼墙体A”，如图9.71所示。

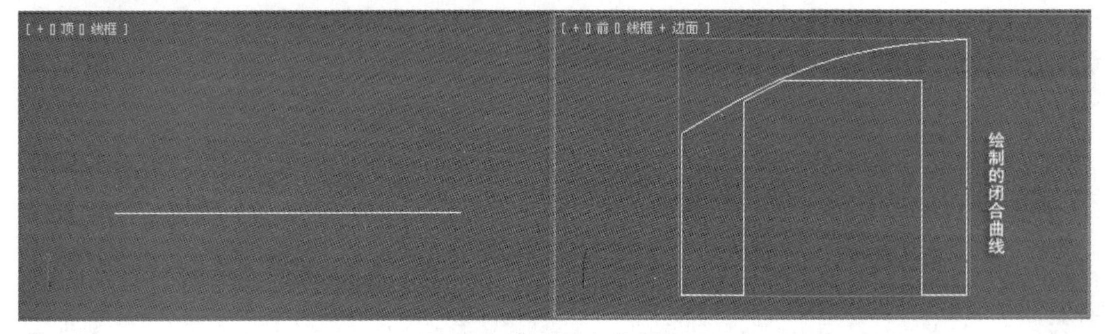

图9.71　绘制闭合的曲线

76 在视图中选中“前阁楼墙体A”，对其施加【挤出】命令，设置【挤出】值为286cm，将其复制一个，如图9.72所示。

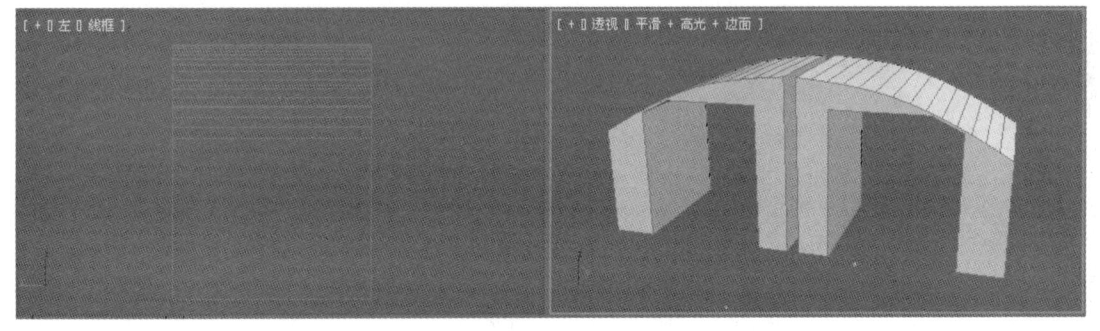

图9.72　挤出

77 单击 弧 按钮，在前视图中绘制一条弧，设置弧的参数，并设置【轮廓】值为-9cm，对其施加【挤出】命令，设置【挤出】值为600cm，命名为“弧顶”，如图9.73所示。

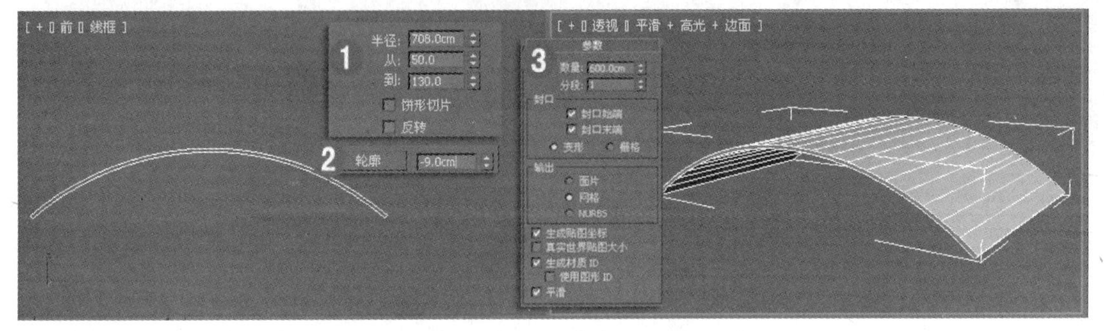

图9.73　挤出

78 按照上述的方法，制作另外两个“弧顶”，最终效果如图9.74所示。

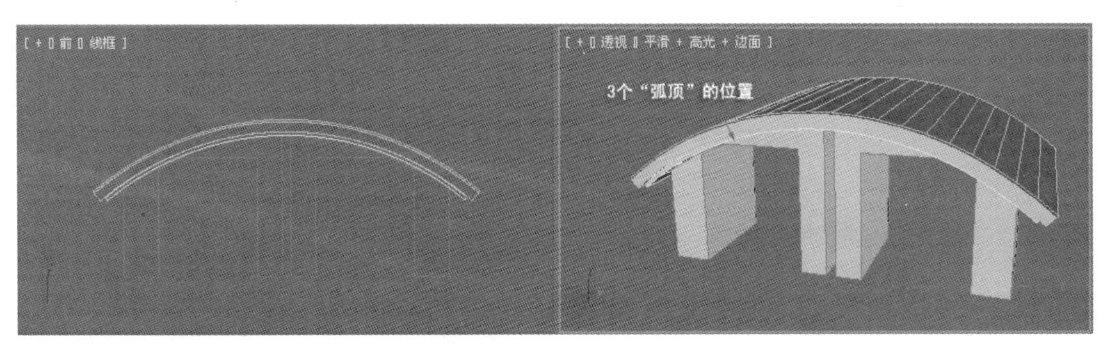

图9.74 制作“弧顶”

79 按照上述的方法制作阁楼的窗框，并把阳台复制到阁楼上，最后制作屋顶的窗框，命名为“顶窗”，如图9.75所示。

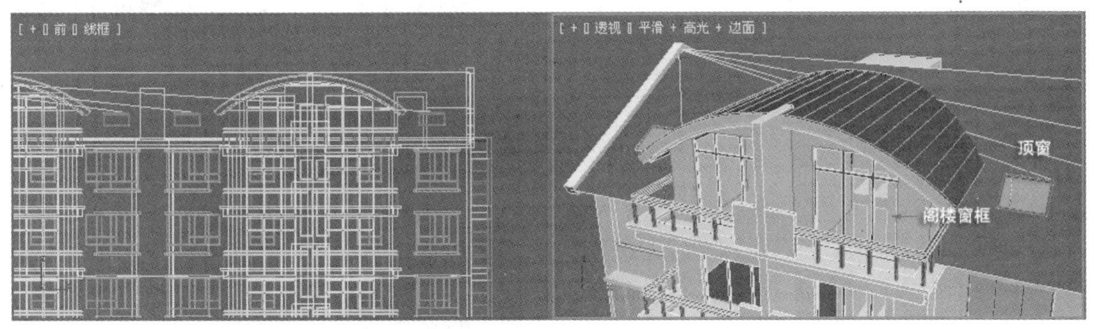

图9.75 调整造型的位置

80 最后制作住宅小区的玻璃，最终效果如图9.76所示。

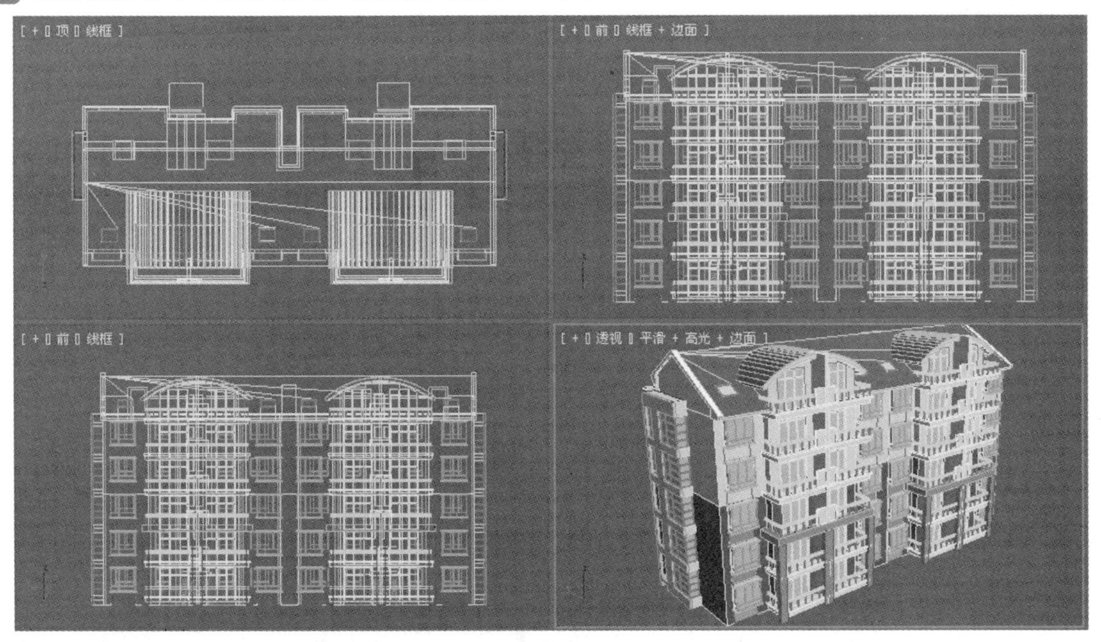

图9.76 模型效果

9.2 住宅小区材质的制作

通过对住宅小区材质制作的介绍，学习标准材质和VRay材质的制作方法，材质效果如图9.77所示。

图9.77 材质效果

01 单击【渲染设置】按钮，打开【渲染设置】对话框，在【指定渲染器】卷展栏中单击【选择渲染器】按钮，在弹出的【选择渲染器】对话框中指定VRay渲染器，如图9.78所示。

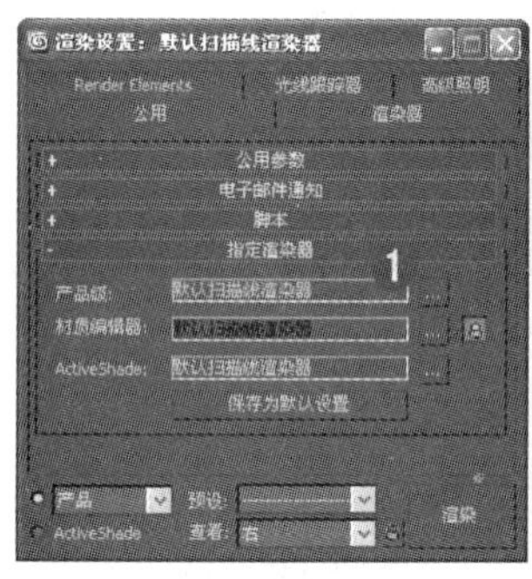

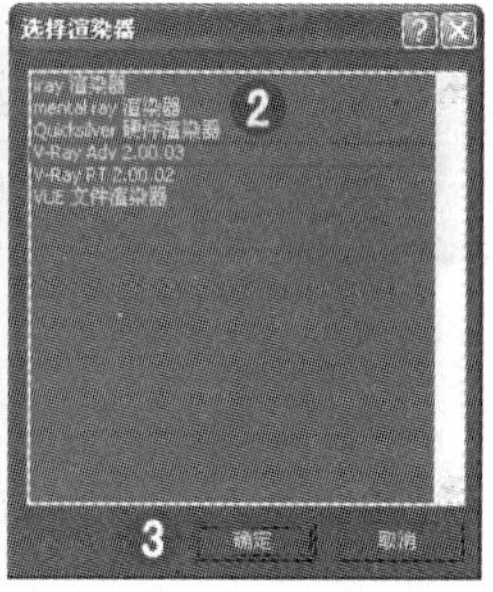

图9.78 指定渲染器

提示

【VRayMtl】材质只有在当前渲染器为VRay渲染器时才能使用，如果当前渲染器不是VRay渲染器，在【材质】中就找不到【VRayMtl】材质。

02 单击【材质编辑器】按钮，选择一个空白材质示例球，命名为“防水涂料”，在【Blinn基本参数】卷展栏中设置【漫反射】RGB颜色值为（255，255，255），如图9.79所示。

03 在【贴图】卷展栏下【漫反射】后单击 None 按钮，在弹出的【材质/贴图浏览器】对话框中选择【位图】，然后在弹出的【选择位图图像文件】对话框中选择“第9课”/“Maps”/“finish.2.stucco-00.jpg”位图文件，如图9.80所示。

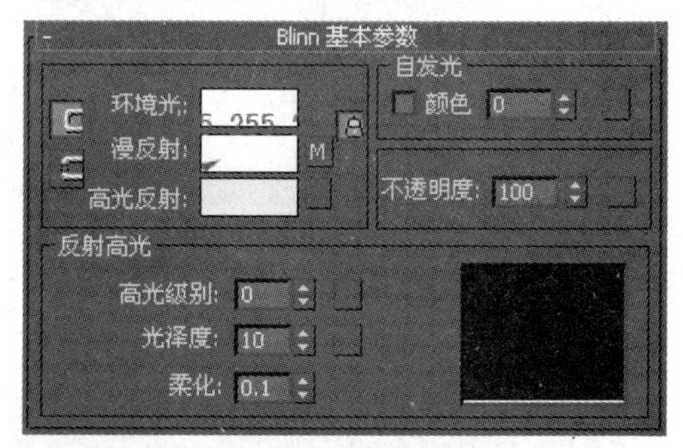

图9.79 参数设置

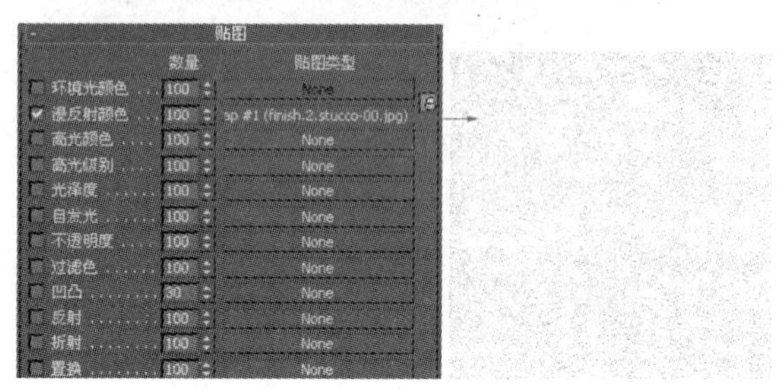

图9.80 选择位图图像文件

04 在视图中选中“悬窗A”、“悬窗B”、“阳台A”、“底墙A03”、“底墙A04”、“栏杆板”、“弧顶01”、“弧顶02”、“侧阳台”、“屋顶A”、“屋顶B”、“后阁楼墙体”、“阁楼墙体”、“阁楼墙体A”、“阁楼墙体B”和“楼梯墙体”，并对赋予材质的造型施加【UVW Map】命令，设置其参数，如图9.81所示。

图9.81 UVW贴图

05 选择一个空白材质示例球，将材质指定为【VRayMtl】材质，命名为“板砖”，然后在【基本参数】卷展栏中设置【反射光泽度】为0.65，如图9.82所示。

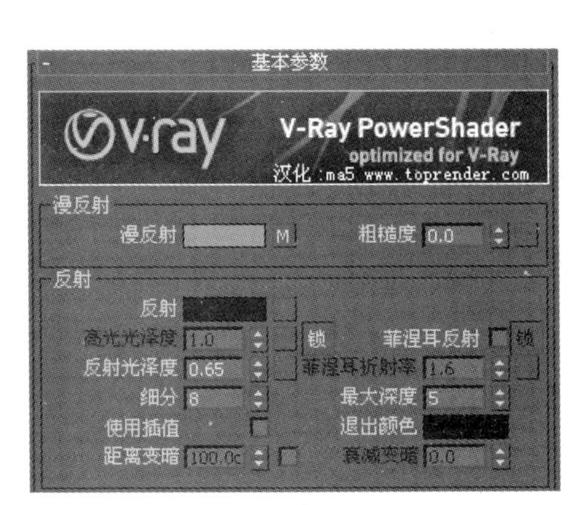

图9.82 参数设置

06 在【贴图】卷展栏下单击【漫反射】后 None 按钮，在弹出的【材质/贴图浏览器】对话框中选择【位图】，然后在弹出【选择位图图像文件】对话框中选择“第9课”/“Maps”/“RSJZ0001.jpg”位图文件，如图9.83所示。

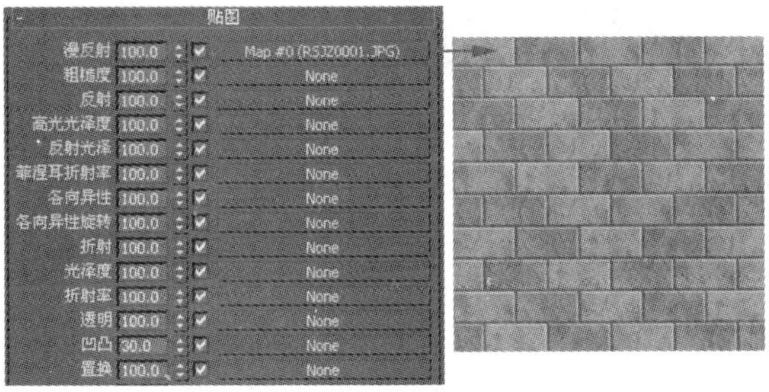

图9.83 选择位图图像文件

07 将调制好的“板砖”材质赋予给所有的“墙体A”、“底墙A01”、“底墙A02”、“阳台柱子”和“阳台B”，并对赋予材质的造型施加【UVW Map】命令，设置其参数，制作材质后的效果如图9.84所示。

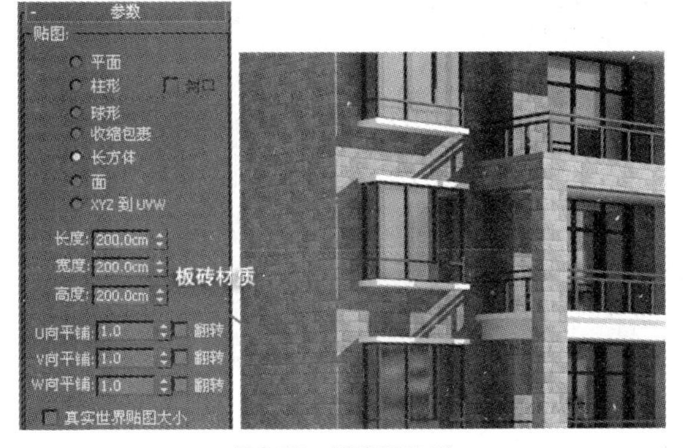

图9.84 UVW贴图

08 选择一个空白材质示例球，命名为“窗框”，然后在【Blinn基本参数】卷展栏中设置参数，如图9.85所示。

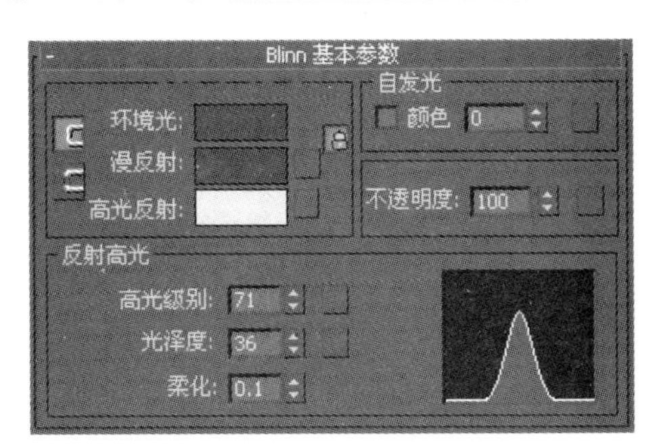

图9.85 参数设置

09 在视图中选中所有的“窗框”和“阳台栏杆”，在材质工具栏中单击【将材质指定给选定对象】按钮，将材质赋予选定对象，材质效果如图9.86所示。

图9.86 材质效果

10 选择一个空白材质示例球，将材质指定为【VRayMtl】材质，命名为“瓦片”，然后在【基本参数】卷展栏中设置其参数，如图9.87所示。

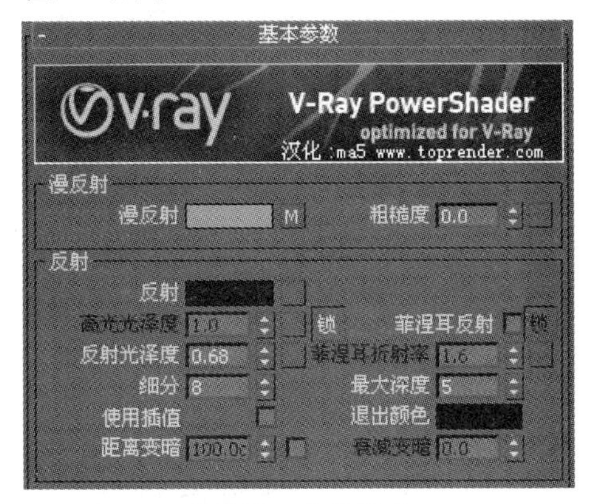

图9.87 参数设置

11 在【贴图】卷展栏下单击【漫反射】后 None 按钮，在弹出的

【材质/贴图浏览器】对话框中选择【位图】，然后在弹出【选择位图图像文件】对话框中选择“第9课”/“Maps”/“011.bmp”位图文件，如图9.88所示。

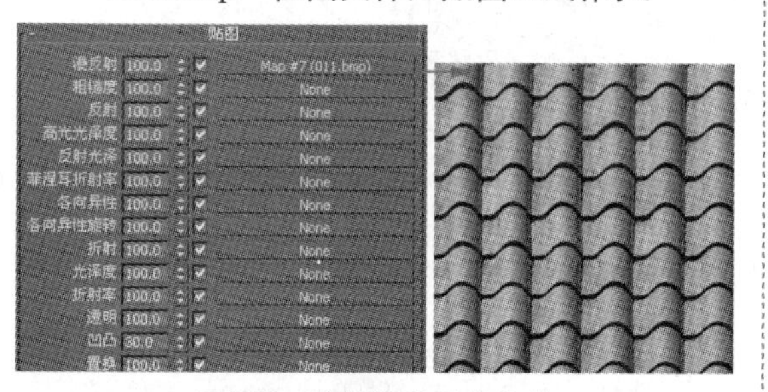

图9.88　选择位图图像文件

12 在视图中选中“屋顶”，然后在修改器列表中选择【UVW贴图】命令，并设置其参数，瓦片材质效果如图9.89所示。

图9.89　UVW贴图命令

13 选择一个空白的材质示例球，将材质指定为【VRayMtl】，命名为“玻璃”，然后在【基本参数】卷展栏设置参数，如图9.90所示。

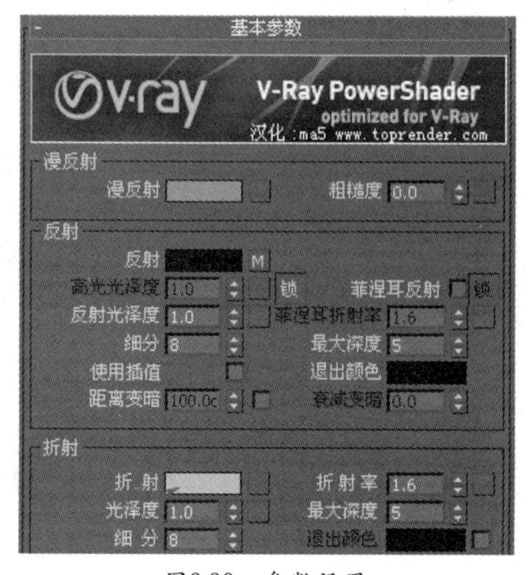

图9.90　参数设置

14 在【贴图】卷展栏下单击【反射】后 None 按钮，在弹出的【材质/贴图浏览器】对话框中选择【衰减】材质，如图9.91所示。

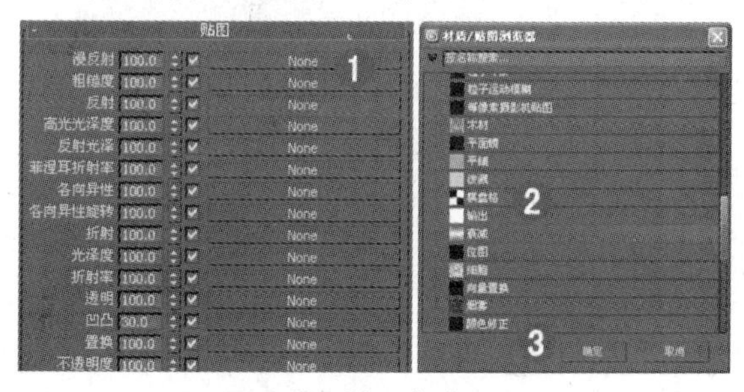

图9.91　衰减

15 在【衰减参数】卷展栏中设置其参数，如图9.92所示。

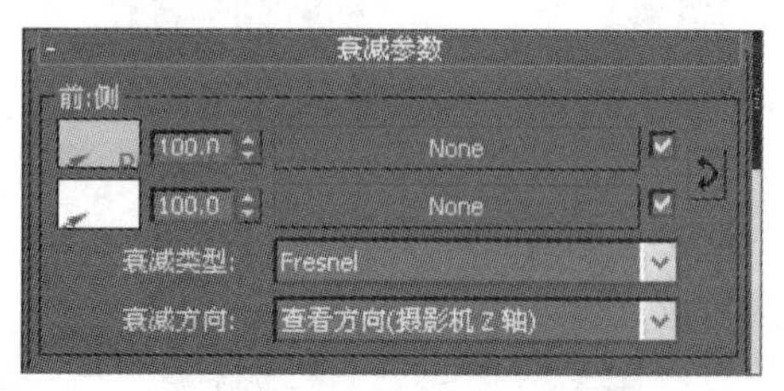

图9.92　衰减参数

16 在【贴图】卷展栏下单击【环境】后的 None 按钮，在弹出的【材质/贴图浏览器】对话框中选择【VR-HDRI】材质，如图9.93所示。

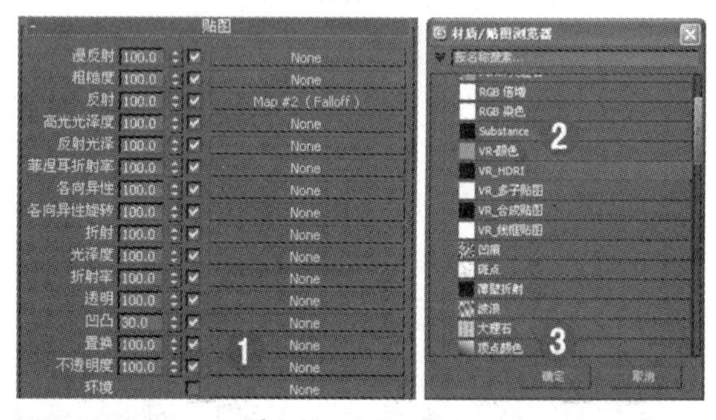

图9.93　VR-HDRI

17 在【参数】卷展栏中单击 浏览 按钮，在弹出的【Choose HDRI image】对话框中选择“第9课”/“Maps”/“294517-021-embed.hdr”文件，如图9.94所示。

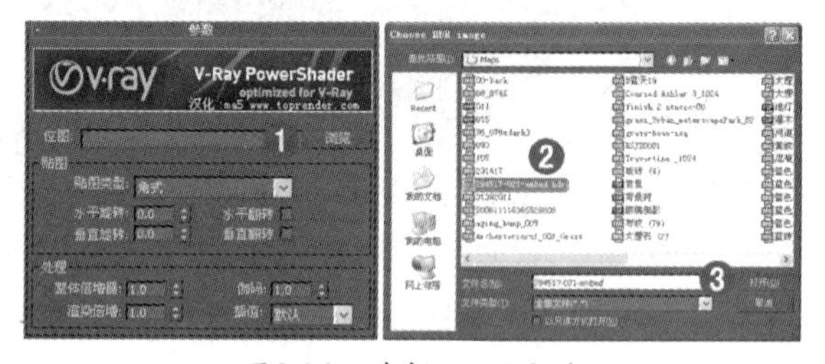

图9.94　选择HDRI文件

18 在视图中选中所有的“玻璃”，在材质工具栏中单击【将材质指定给选定对象】按钮，将材质赋予选定对象。

19 至此，住宅小区材质的制作已经全部完成。

9.3 相机及灯光的设置

前面创建完成主要建筑模型和材质的制作。本例介绍如何为场景设置相机和灯光，住宅小区效果如图9.95所示。

图9.95 住宅小区场景效果

01 继续上面的操作。单击创建面板中的【摄影机】/ 目标 按钮，在顶视图中创建一盏摄影机，如图9.96所示。

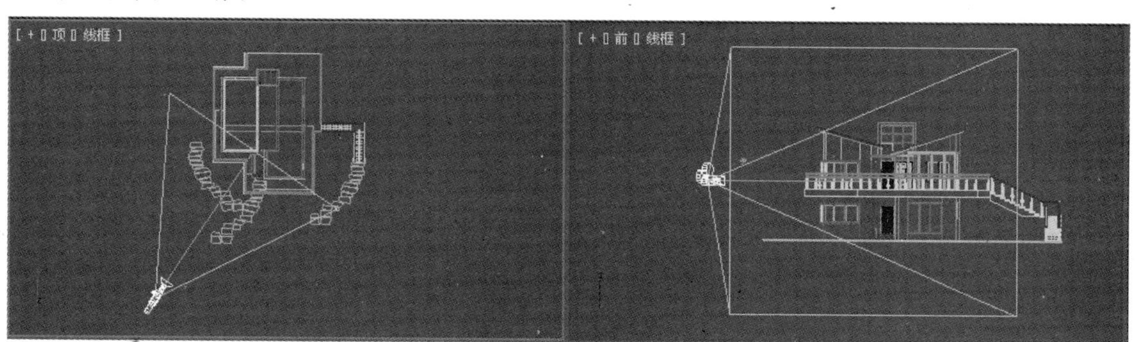

图9.96 创建摄影机

02 在视图中调整摄影机的位置，如图9.97所示。

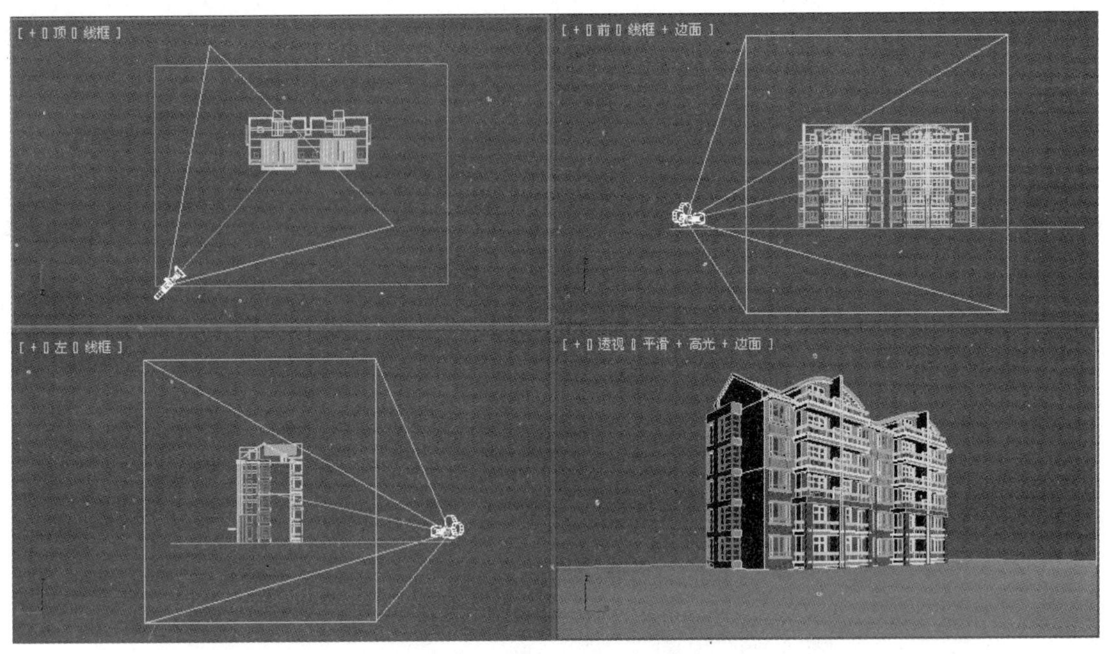

图9.97　调整摄影机的位置

03 打开修改列表，在【参数】卷展栏中设置其参数，如图9.98所示。

04 在菜单栏中选择【修改器】/【摄影机】/【摄影机校正】命令，然后在【2点透视校正】卷展栏中设置其参数，如图9.99所示。

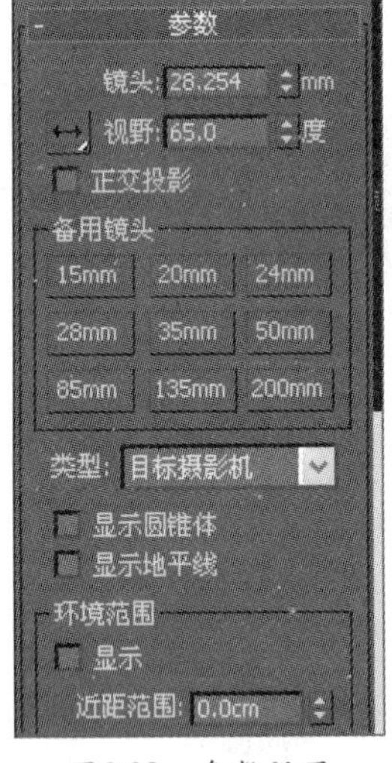

图9.98　参数设置

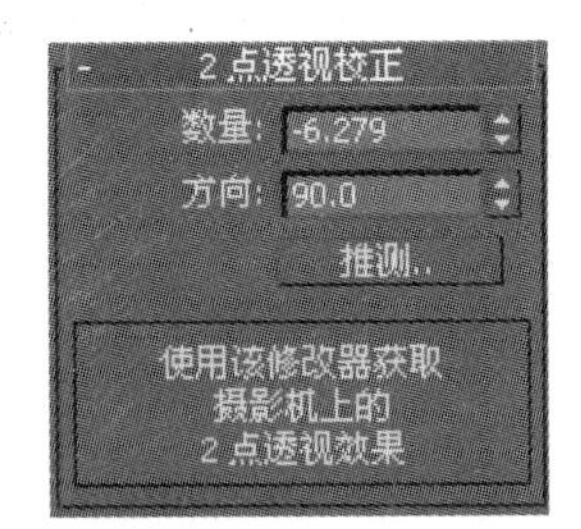

图9.99　参数设置

05 激活透视视图，按C键，将透视视图转换为摄影机视图，如图9.100所示。

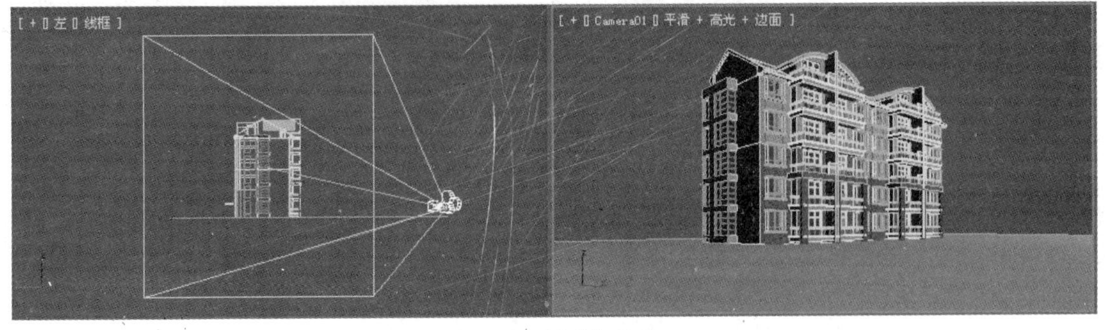

图9.100　摄影机视图

06 单击按钮打开【显示命令】面板，在【按类别隐藏】卷展栏下勾选【摄影机】复选项，将其隐藏，如图9.101所示。

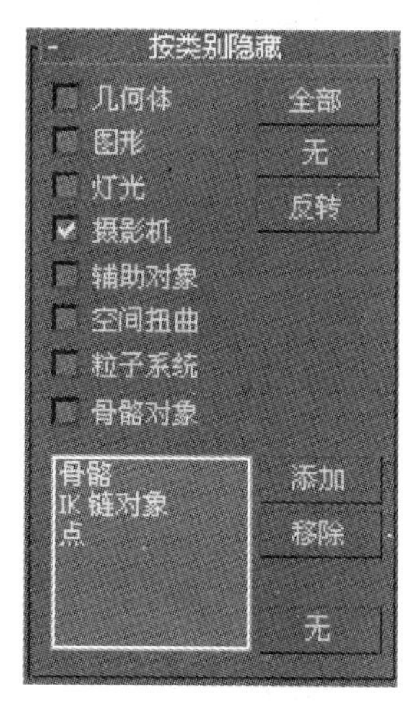

图9.101 隐藏摄影机

提示

将透视图转换为摄影机视图，按C键即可；如果需要切换到透视图可以再按P键。为了操作方便，可以将摄影机隐藏，需要的时候再取消隐藏。

07 单击【创建】/【灯光】/ 标准 / 目标聚光灯 按钮，在顶视图中创建一盏目标聚光灯，命名为“主光”，如图9.102所示。

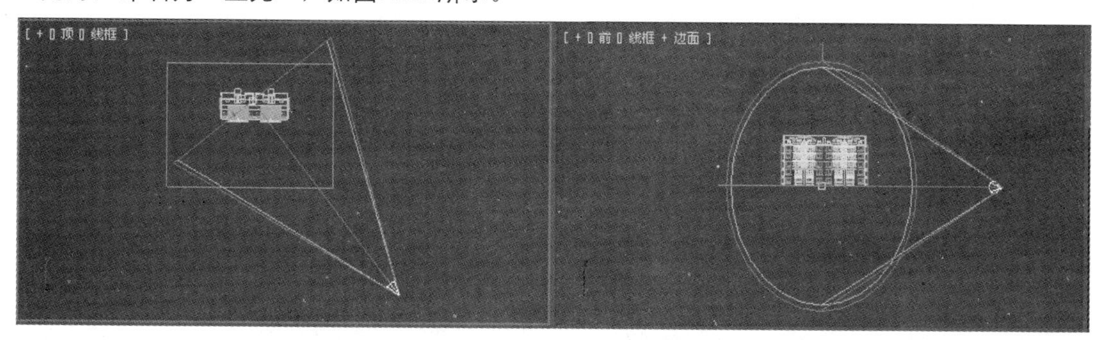

图9.102 创建目标聚光灯

08 在视图中调整灯光的位置，如图9.103所示。

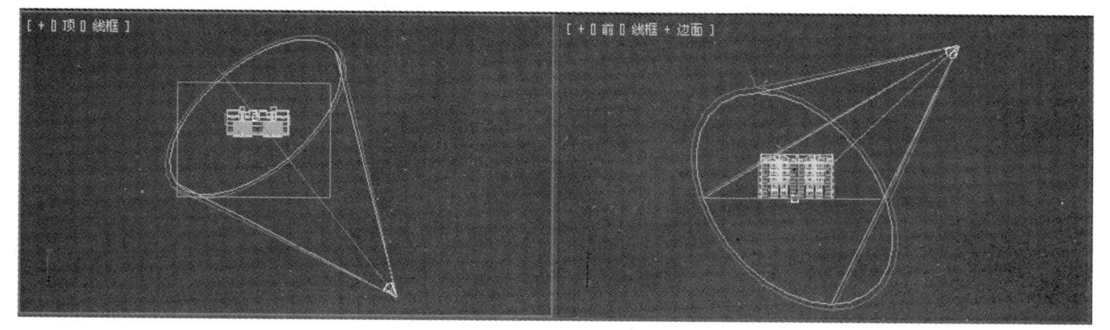

图9.103 调整灯光的位置

09 在视图中选中“主光”，打开修改器列表，在【常规参数】卷展栏设置其参数，如图9.104所示。

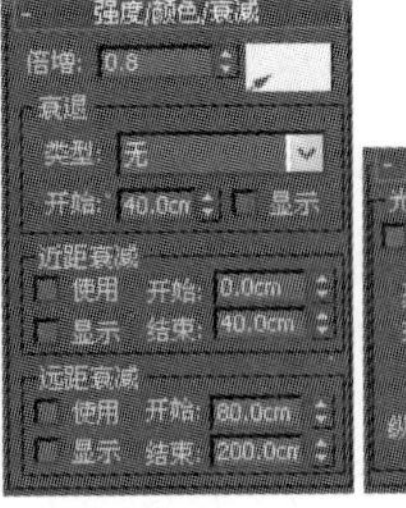

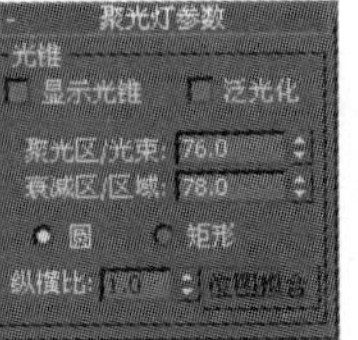

图9.104 参数设置

10 单击工具栏中【渲染】按钮，渲染测试设置“主光”后的效果，如图9.105所示。

场景中的灯光已经设置完成，下面需要设置一个简单的渲染参数来快速地渲染，进行观看效果。

图9.105 渲染效果

9.4 住宅小区效果图的渲染输出

通过对住宅小区效果图的渲染输出，学习VRay渲染器参数的设置方法。

01 继续上面的操作。在菜单栏中选择【渲染】/【环境】命令，打开【环境和效果】对话框，设置背景颜色，在【背景颜色】中设置RGB颜色值为（123，207，255），如图9.106所示。

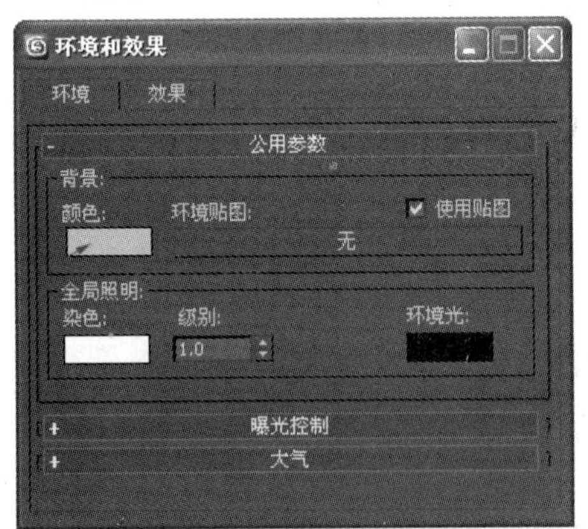

图9.106 参数设置

02 在材质编辑器中选中“玻璃”材质，然后在【基本参数】卷展栏中将【反射】的【细分】设置为10，【最大深度】设置为10，【折射】中的【细分】设置为10，【最大深度】设置为10，如图9.107所示。

03 按照上述的方法，将“瓦片”和“板砖”材质中【反射】细分值设置为10，【最大深度】设置为10，【折射】细分值设置为10，【最大深度】设置为10。

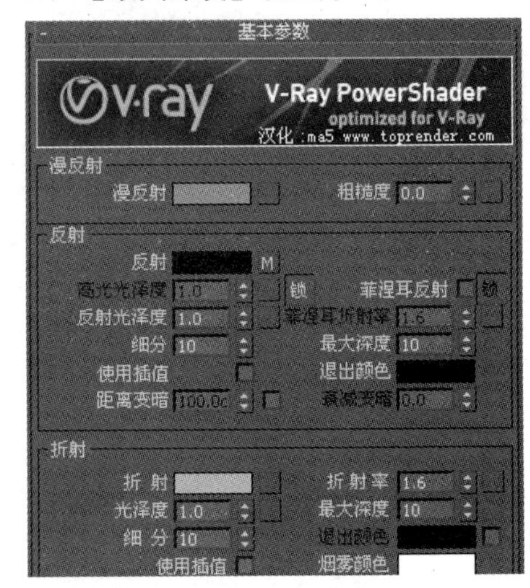

图9.107 参数设置

设置灯光后的效果基本满意后，就要进行渲染输出，此时使用VRay渲染器渲染最终效果图需要在材质、灯光以及渲染器方面做相应的设置。

04 在工具栏中单击【渲染设置】按钮，打开【渲染设置】对话框中，选择【VR-基项】，设置【V-Ray：：图像采样器（抗锯齿）】的参数，如图9.108所示。

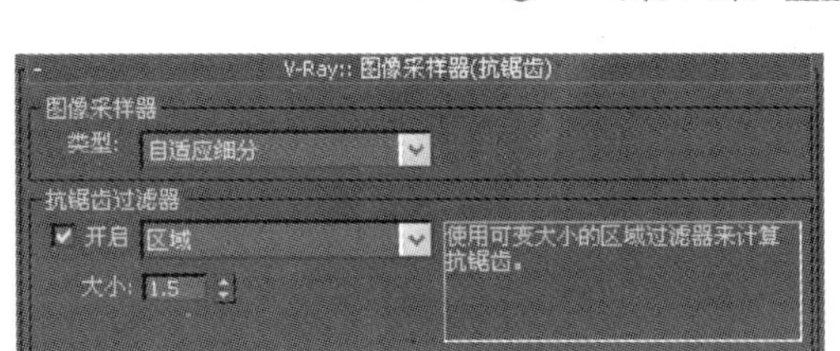

图9.108 参数设置

05 在【V-Ray：：环境】卷展栏中设置参数，如图9.109所示。

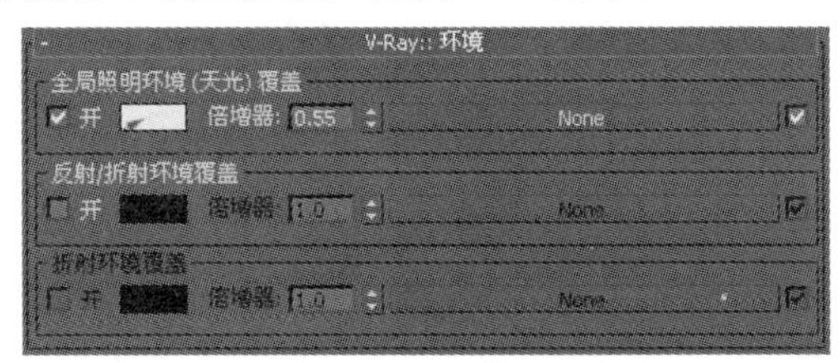

图9.109 参数设置

06 单击【VR-间接照明】标签页中打开GI，并设置【发光贴图】参数，此处的参数设置页是以速度为优先考虑的因素，然后在【V-Ray：：发光贴图】卷展栏中设置参数，如图9.110所示。

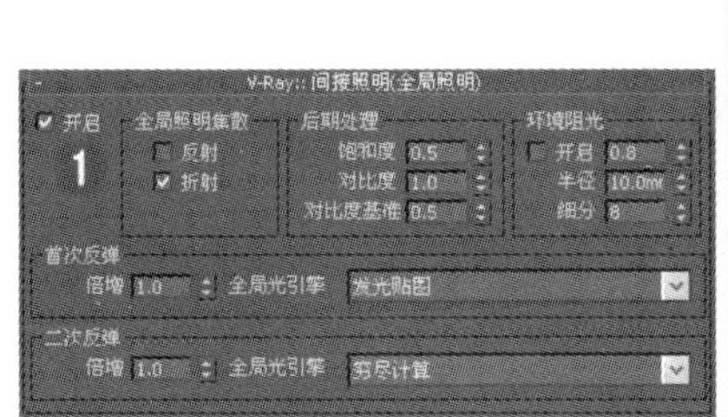

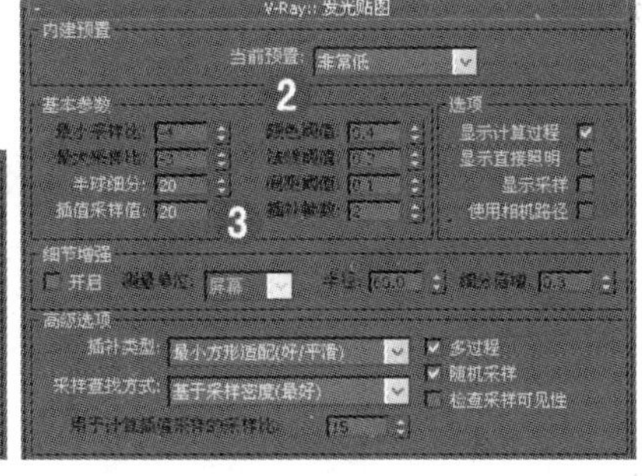

图9.110 参数设置

07 继续上面的操作，在【VR-间接照明】标签页中的【V-Ray：：发光贴图】卷展栏下勾选【自动保存】复选项，然后单击浏览按钮，在弹出的对话框中，设置参数，如图9.111所示。

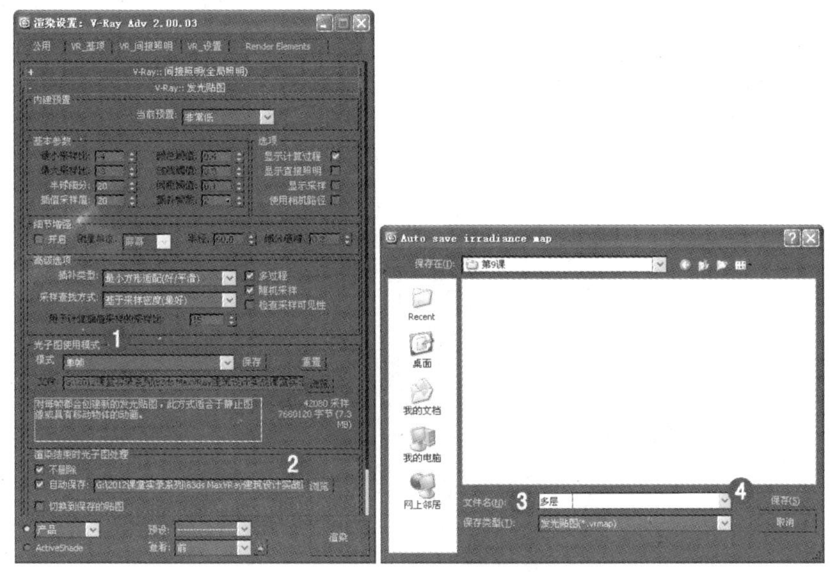

图9.111 参数设置

08 设置参数后，选中摄影机视图，以640×480为渲染尺寸，单击渲染按钮，进行光子图渲染，如图9.112所示。

图9.112　渲染光子图

09 在【V-Ray：：发光贴图】卷展栏下选择【模式】为【从文件】，然后在弹出的对话框中调用光子图文件，如图9.113所示。

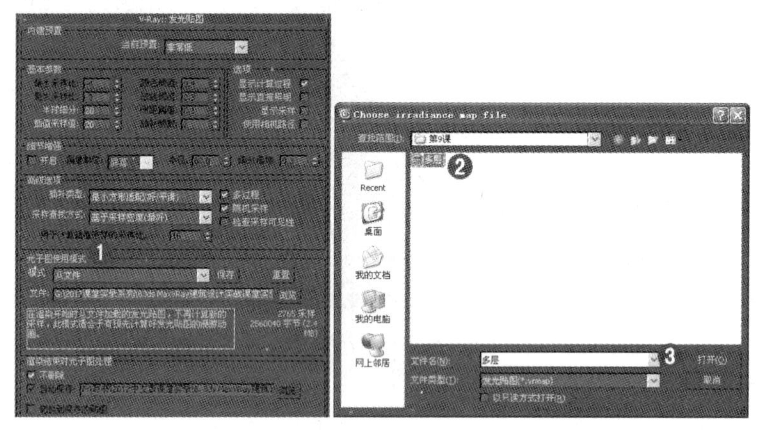

图9.113　调入光子图

10 在【公用参数】标签页下设置一个较大的渲染尺寸，例如3000×2250，如图9.114所示。

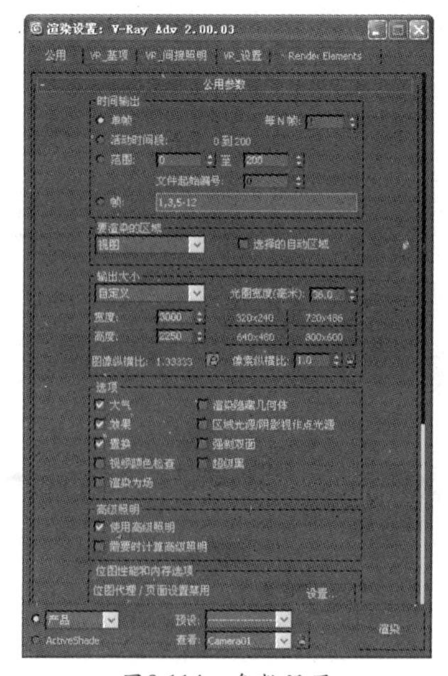

图9.114　参数设置

11 设置完成参数后单击 按钮，开始渲染最终效果图，渲染效果如图9.115所示。

图9.115 渲染的最终效果

12 单击【保存位图】按钮，将渲染后的图继续保存，文件名为“住宅小区.tif”文件，单击保存(S)按钮，单击设置...按钮，在弹出的【TIF图像控制】对话框中勾选【存储Alpha通道】复选项并确认，如图9.116所示。

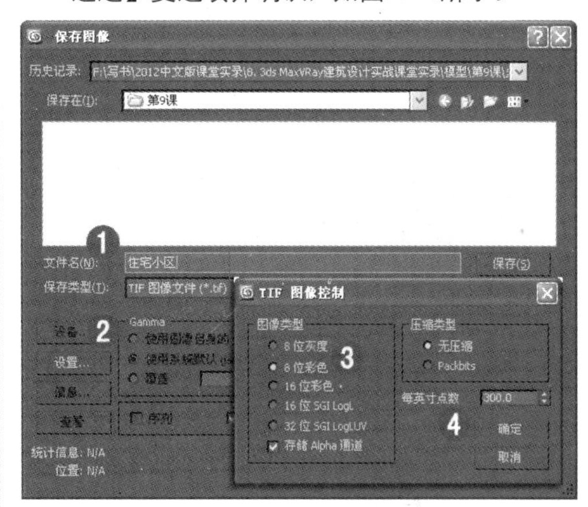

图9.116 保存效果图

9.5 后期处理

本例将处理住宅楼渲染输出后的效果图片，重点学习整个住宅结构的后期处理，把握住整个图片的构图、意境和表现意图，结合整体的构思来添加合适的配景和植物等住宅周围的环境，从而使该效果图更加饱满，住宅效果图的处理后效果如图9.117所示。

图9.117 别墅效果图后期处理

01 在桌面上双击Ps图标，启动Photoshop CS5应用程序。

02 在菜单栏中选择【文件】/【打开】命令，打开前面渲染保存的“住宅小区.tif”文件，如图9.118所示。

图9.118 打开文件

03 在【图层】面板中双击【背景】图层，将其转换为【图层0】，如图9.119所示。

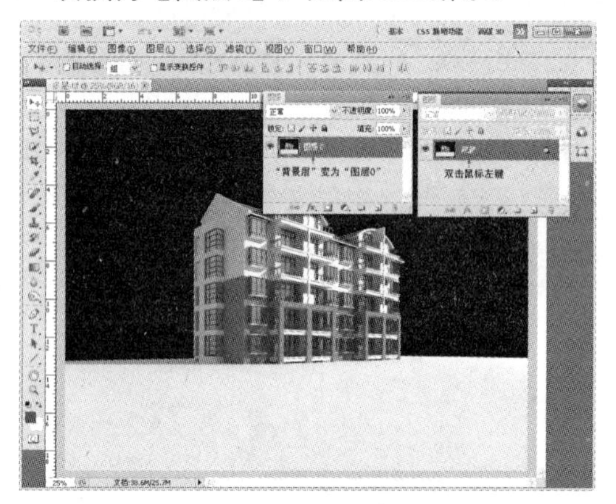

图9.119 图层

04 打开【通道】面板，按住键盘上的Ctrl键，用鼠标单击【Alpha1】通道，如图9.120所示。

图9.120 选中【Alpha】通道

05 在菜单栏中选择【选择】/【反向】命令，如图9.121所示。

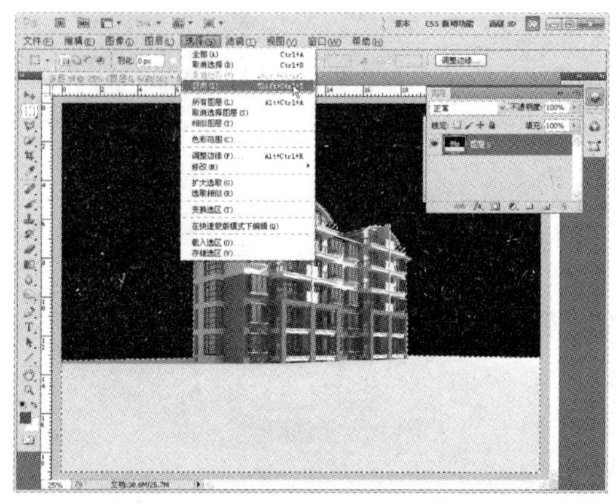

图9.121 反选

06 按键盘上的Delete键删除别墅中蓝色部分，然后按快捷键Ctrl+D取消选区，如图9.122所示。

图9.122 删除

07 在菜单栏中执行【文件】/【打开】命令，在【打开】对话框中选择随书光盘“Maps”目录下“住宅小区背景.tif”位图文件，如图9.123所示。

图9.123 调用图片

08 将光标放在"背景"图片上，按住鼠标左键不放，拖动鼠标至效果图中，然后释放鼠标，将其复制到效果图中，并命名该图层为"天空"。

09 在菜单栏中执行【编辑】/【变换】/【缩放】命令，调整其大小，并在效果图中调整它的位置，调用"背景"图片后的效果如图9.124所示。

图9.124　调整背景图片

10 选中【住宅小区】图层，按住Ctrl+J快捷键，将"住宅小区"复制一个，调整图像大小及位置，如图9.125所示。

图9.125　复制

11 选中【住宅小区】图层，再次复制一个，并调整【不透明度】为61%，如图9.126所示。

12 在菜单栏中执行【文件】/【打开】命令，在【打开】对话框中选择随书光盘"Maps"目录下"植草.jpg"位图文件，单击工具箱中【矩形选框工具】，在图像中拖动鼠标拉出一个矩形选框，如图9.127所示。

图9.126　调整透明度

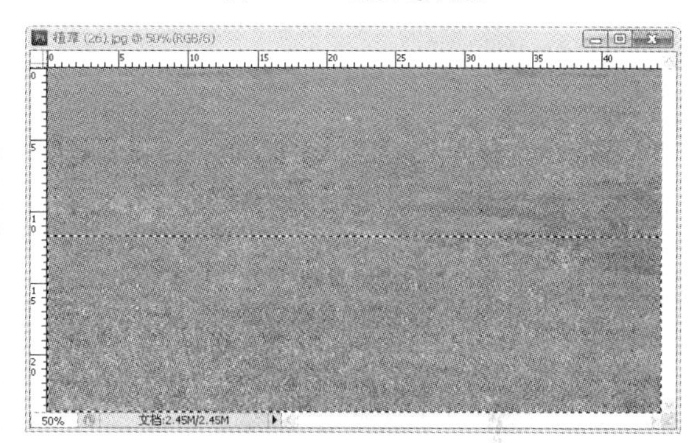

图9.127　矩形选框工具

13 单击工具箱中【移动工具】，将选区内图像拖至"住宅小区"效果图中，将图层命名为【草地】，如图9.128所示。

图9.128　拖动草地图片

14 按Ctrl+T快捷键，调整图像大小，效果如图9.129所示。

图9.129 调整“草地”的位置

15 单击【图层】面板中【添加矢量蒙版】按钮，在【草地】图层中添加一个蒙版，如图9.130所示。

图9.130 添加蒙版

16 单击工具箱中【渐变工具】，在图像中由上至下拖拽鼠标，制作渐变效果，如图9.131所示。

图9.131 渐变

17 在菜单栏中执行【文件】/【打开】命令，在【打开】对话框中选择随书光盘“Maps”目录下“前景树A.tif”位图文件，如图9.132所示。

图9.132 调用图片

18 将“前景树A”图片拖动复制到效果图中，命名该图层为【前景树】，调整图像的位置及大小，如图9.133所示。

图9.133 调整图片

19 在菜单栏中执行【文件】/【打开】命令，在【打开】对话框中选择随书光盘“Maps”目录下“前景树B.tif”位图文件，如图9.134所示。

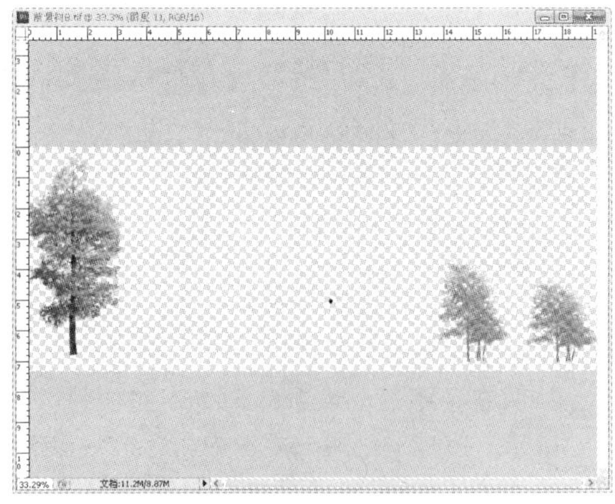

图9.134 调用图片

20 将光标放在“前景树B”图片上，按住鼠标左键不放，拖动鼠标至效果图中，然后释放鼠标，将其拖动到效果图中，并命名该图层为【前景树B】。

21 在菜单栏中执行【编辑】/【变换】/【缩放】命令，调整其大小，并在效果图中调整它的位置，如图9.135所示。

图9.135 “前景树A”的位置

22 在菜单栏中执行【文件】/【打开】命令，在【打开】对话框中选择随书光盘“Maps”目录下“草地A.tif”位图文件，如图9.136所示。

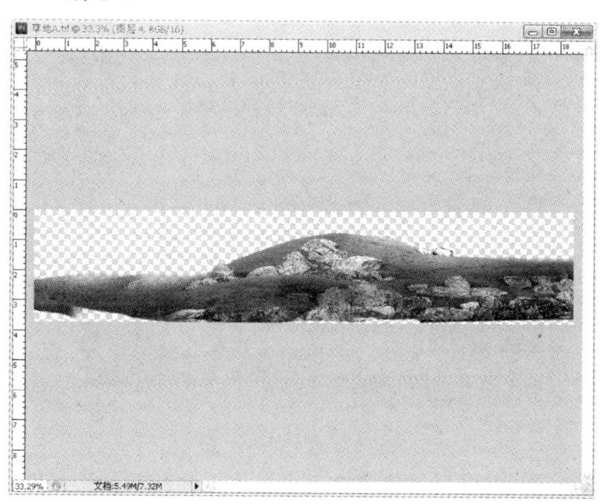

图9.136 调用图片

23 将光标放在“草地A”图片上，按住鼠标左键不放，拖动鼠标至效果图中，然后释放鼠标，将其复制到效果图中，并命名该图层为【草地A】。

24 在菜单栏中执行【编辑】/【变换】/【缩放】命令，调整其大小，并在效果图中调整它的位置，如图9.137所示。

图9.137 “草地A”的位置

25 按照上述的方法，打开随书光盘“Maps”目录中的“草地B.tif”文件，如图9.138所示。

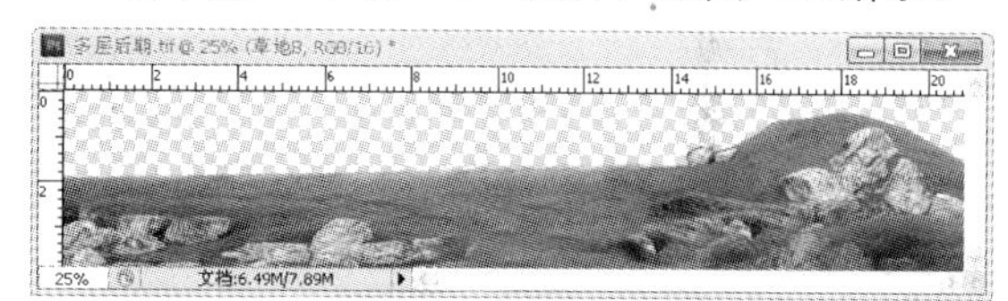

图9.138 打开图片

26 将“草地B”图片拖动复制到效果图中，调整其大小，并在效果图中调整图像的位置，如图9.139所示。

图9.139 “草地B”的位置

27 参照上述的方法，打开随书光盘“Maps”目录中的文件“假山.tif”，如图9.140所示。

图9.140 调入图片

28 将“假山”图片拖动复制到效果图中，调整其大小，并在效果图中调整图像的位置，如图9.141所示。

图9.141 “假山”的位置

29 继续上面的操作，用同样的方法将“人”调入到效果图中，调整其大小，并在效果图中调整图像的位置，效果如图9.142所示。

图9.142 “人”的位置

30 用同样的方法将“灌木A”调入到效果图中，调整其大小，并在效果图中调整图像的位置，如图9.143所示。

图9.143 “灌木A”的位置

31 打开随身光盘“Maps”目录中的文件“装饰树.tif”，将“装饰树”图片调入到效果图中，调整其大小，并在效果图中调整图像的位置，如图9.144所示。

图9.144 “装饰树”的位置

32 在【图层】面板中单击【创建新图层】按钮，创建一个【颜色】图层，将该图层命名为“黄色”，然后在拾色器中将前景色设置为黄色，按住Alt+Delete快捷键，填充前景色，如图9.145所示。

图9.145 填充颜色

33 确认选中“黄色”图层，在【图层】面板中设置【不透明度】为10%，并将图层模式设置为【叠加】，如图9.146所示。

34 在菜单栏中执行【图像】/【调整】/【亮度/对比度】命令，将【对比度】设置为12，如图9.147所示。

35 在【图层】面板中同时选中所有的图层，单击鼠标右键，在弹出的快捷菜单中选择【拼合图像】命令，如图9.148所示。

图9.146 叠加

图9.147 亮度与对比度

图9.148 拼合图像

36 激活工具栏中的【椭圆选框工具】，选中效果图的中间部分，然后在菜单栏中执行【选择】/【修改】/【羽化】命令，并设置【羽化半径】值为250像素，如图9.149所示。

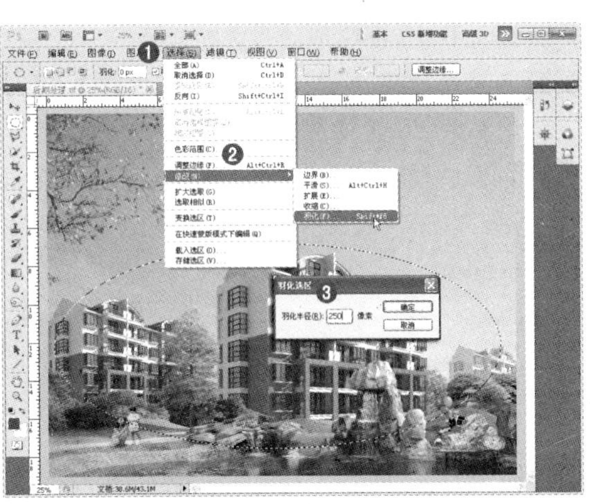

图9.149 羽化

37 按Ctrl+Shift+I快捷键，反选选区，调整选区的曲线，如图9.150所示。

图9.150 反选

38 在菜单栏中执行【图像】/【调整】/【曲线】命令，调整曲线，调整图像的亮度，如图9.151所示。

图9.151 调整曲线

39 按Ctrl+D快捷键取消选区的选择。

40 在菜单栏中选择【滤镜】/【锐化】/【锐化】命令，锐化图像，如图9.152所示。

41 至此，住宅小区效果图的后期处理已经全部完成。在快速访问工具栏中单击【保存】按钮，将文件进行保存。

图9.152　锐化图像

9.6 课后练习

通过本课的学习，制作一个类似的多层民居效果图，参考效果如图9.153所示。

图9.153　多层民居参考效果

第10课 夜景高层效果图的制作

本课内容：

- 夜景高层模型的创建
- 夜景高层材质的制作
- 相机及灯光的设置
- 夜景高层效果图的渲染输出
- 后期处理

本课主要介绍夜景高层效果图的前期制作过程。夜景效果图的制作重点是材质的表现和灯光的设置，本课将对夜景表现方法做详细讲解，本课效果图如图10.1所示。

图10.1　夜景高层

10.1 夜景高层模型的创建

通过介绍夜景高层模型创建的过程，使读者了解夜景高层模型创建方法，模型创建完成效果如图10.1所示。

01 双击桌面上图标，打开3ds Max 2012中文版应用程序，将单位设置为【毫米】。

02 单击菜单栏中按钮，导入随书光盘“模型”／“第10课”，在窗口中选择“墙体.dwg”文件，如图10.2所示，然后单击 打开(O) 按钮。

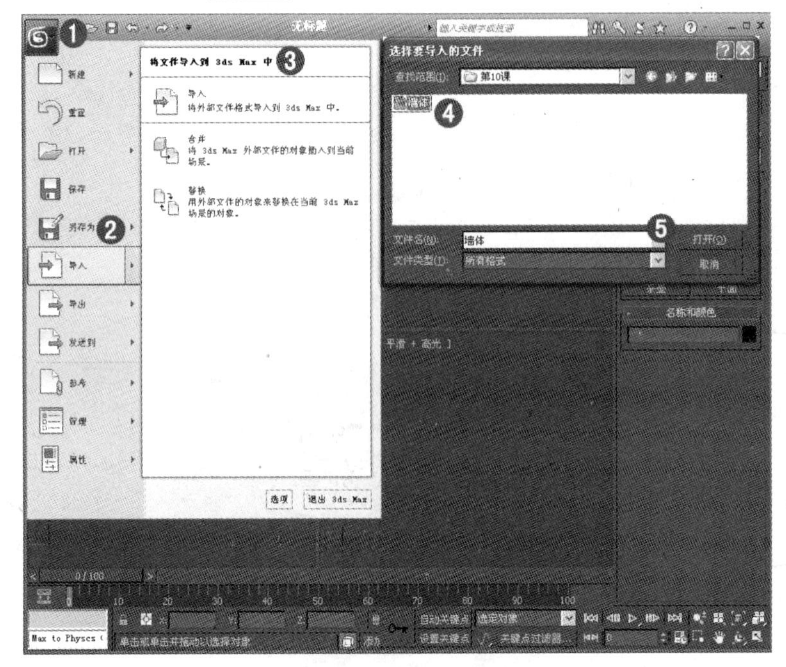

图10.2　导入文件

03 在弹出的【AutoCAD DWG/DXF 导入选项】对话框中，在【几何体选项】选项勾选【焊接附加顶点】和【封闭闭合样条线】复选项，单击 确定 按钮，如图10.3所示。

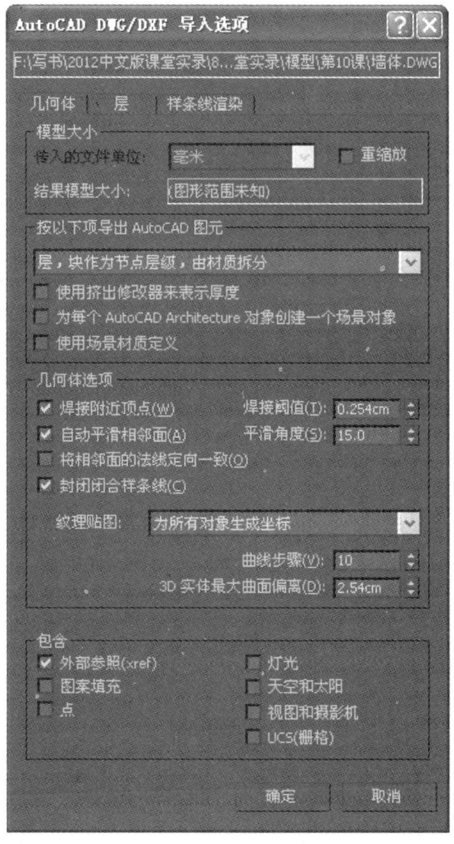

图10.3 选择复选项

04 此时“墙体”文件就导入到3ds Max中，效果如图10.4所示。

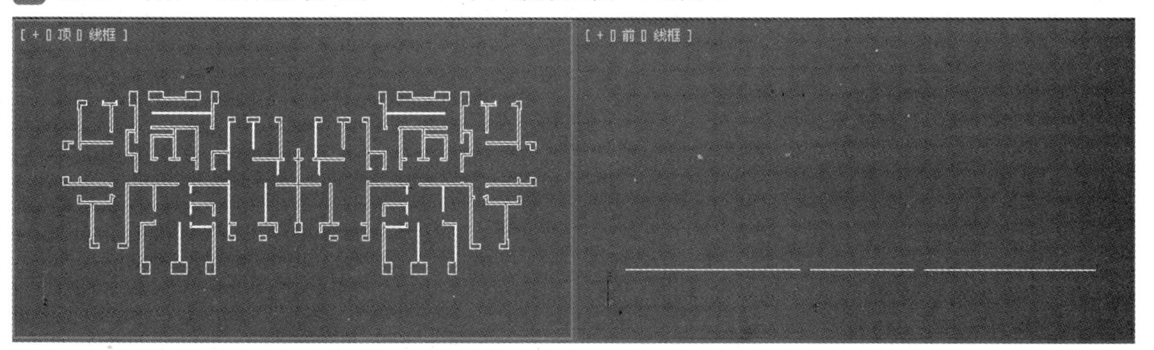

图10.4 导入图纸后的效果

提示

在AutoCAD中可以将绘制的图纸提前进行修改，将在建模的时候用不到的线形全部删除，并且移动到坐标（0，0）点上，便于建模中控制模型的位置。

之前导入的平面图已经在AutoCAD中修改好了，其目的是起到一个参照的作用，主要是参照生成三维模型。

05 按Ctrl+A快捷键选择所有线形，为线形指定一个便于观察的颜色，如图10.5所示。

06 单击 线 按钮，在顶视图中按照CAD图纸的形状绘制墙体，命名为“墙体A”，并施加【挤出】命令，设置【挤出】值为892mm，如图10.6所示。

07 在视图中选中“墙体A”，按住Shift键并使用移动工具，将其复制一个，对其施加【挤出】命令，并设置【挤出】值为44852mm，命名为“墙体B”，如图10.7所示。

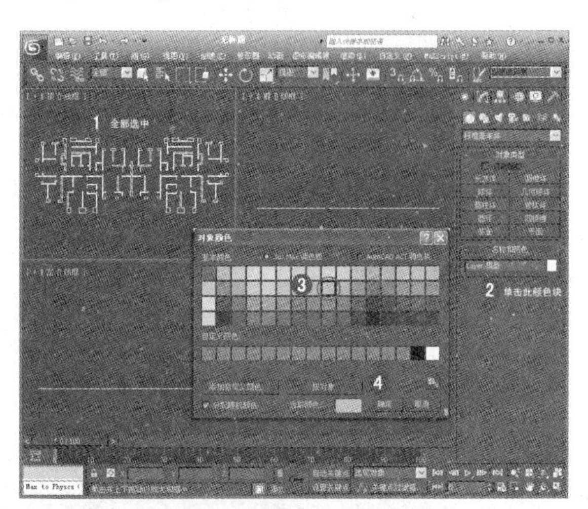

图10.5　为图纸指定颜色

图10.6　挤出

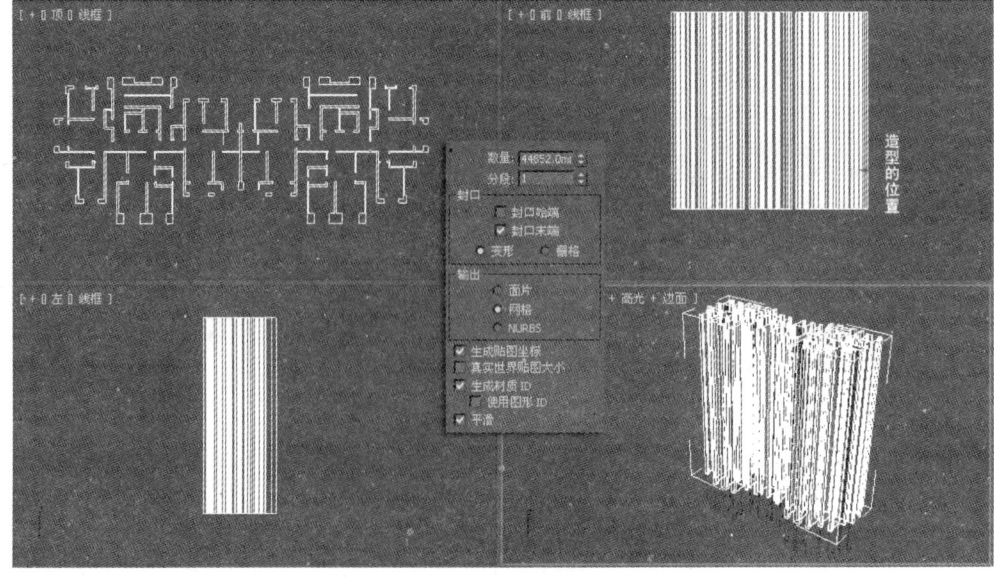

图10.7　创建“墙体B”

08 使用同样的方法绘制闭合的曲线，命名为“墙体C”，对其施加【挤出】命令，设置【挤出】值为10100mm，如图10.8所示。

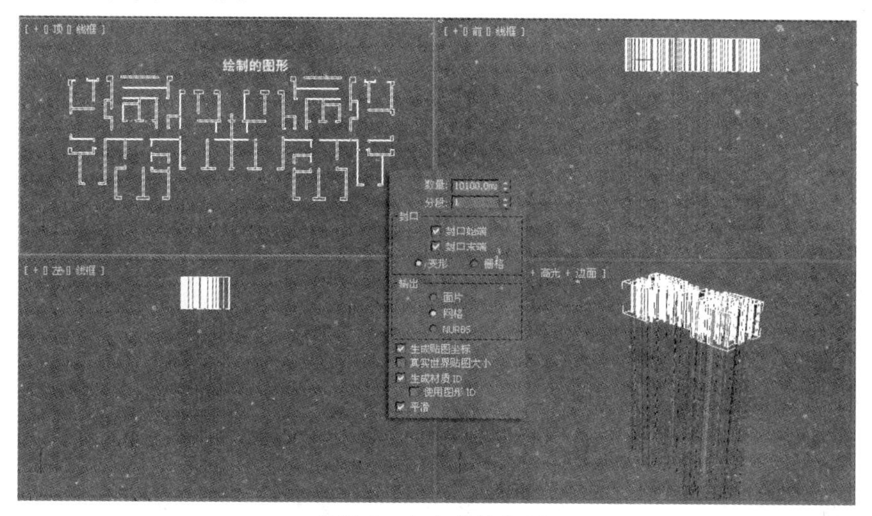

图10.8 创建“墙体C”

提示

分别创建3个墙体，为了方便后面材质的制作，便于选择。

09 在顶视图中绘制一个大小为15900mm×45000mm的参考矩形，然后在顶视图绘制一条闭合的曲线，命名为“楼板”，设置【挤出】值为150mm，如图10.9所示。

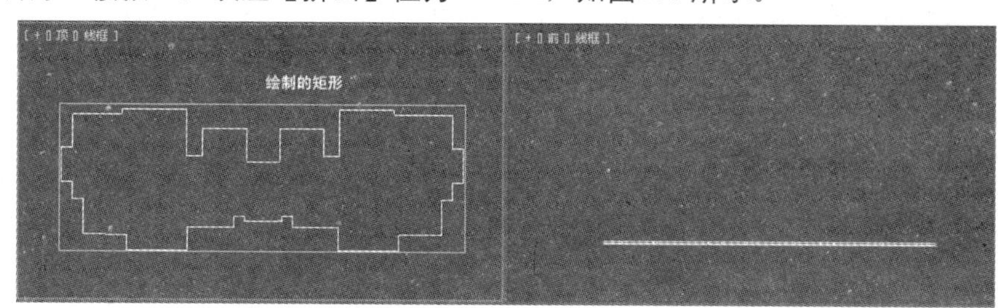

图10.9 绘制“楼板”

10 在前视图中复制21个“楼板”，并把最顶端的“楼板”进行修改，使“墙体”与“楼板”的长度相符合，如图10.10所示。

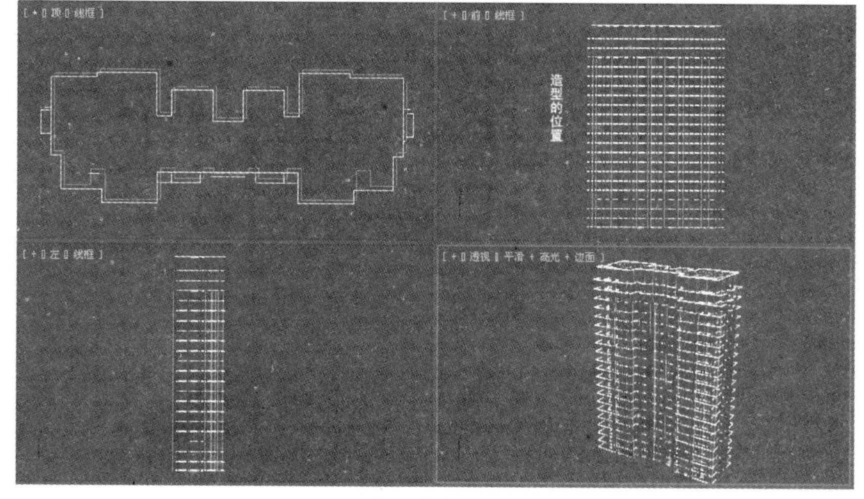

图10.10 复制“楼板”

11 在顶视图中绘制一个大小为100mm×1800mm的矩形，然后设置其【挤出】值为900mm，命名为“窗台底墙”，将其复制到其他墙体上，如图10.11所示。

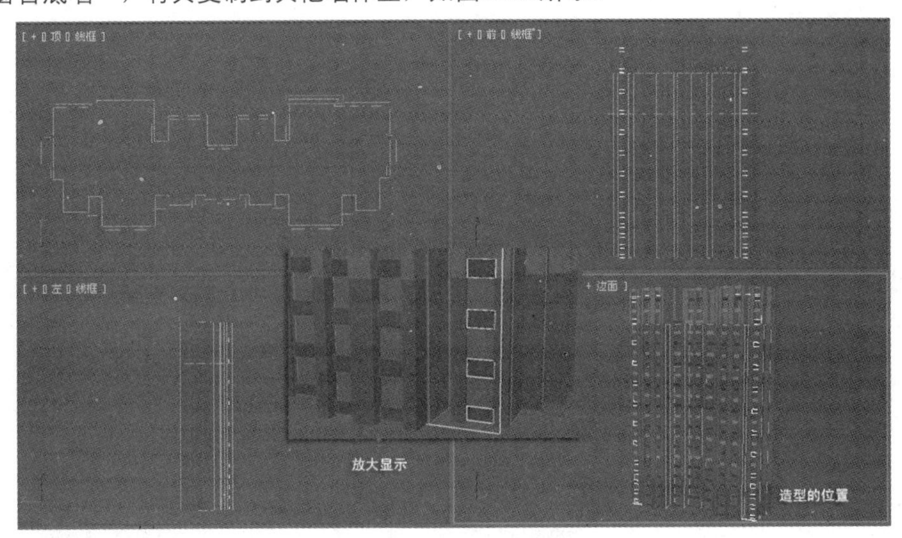

图10.11　制作“底墙”

12 使用同样的方法制作阳台的“窗台底墙”，并将其复制到其他的阳台上。

13 在顶视图中绘制一个大小为200mm×1800mm的矩形，设置【挤出】值为200mm，命名为“底墙”，并将其复制到其他“窗台底墙”下方，如图10.12所示。

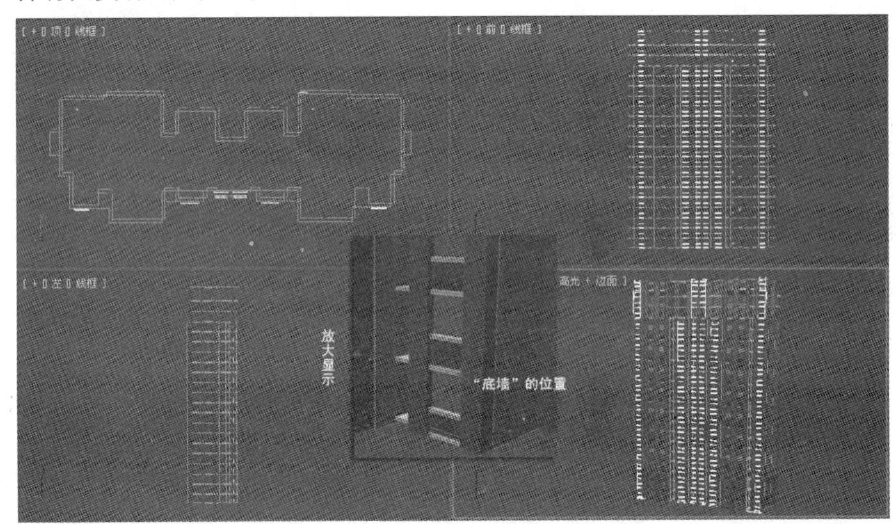

图10.12　制作“底墙”

14 接下来开始制作“悬窗”。在顶视图中绘制一个大小为200mm×1800mm的矩形，设置【挤出】值为200mm，命名为“悬窗A”，在视图中选中“悬窗A”，然后将其复制一个，命名为“悬窗B”，并将悬窗复制到其他窗台底墙上，如图10.13所示。

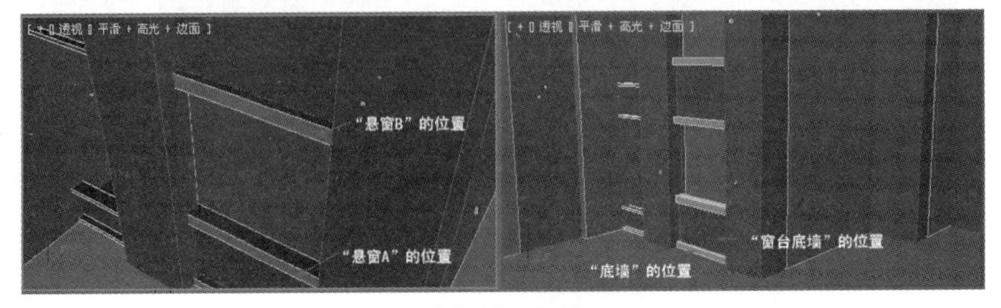

图10.13　复制

15 在前视图中绘制一个大小为1600mm×1800mm的矩形，再绘制一个大小为295mm×495mm的矩形，将其复制2个，然后绘制一个大小为1095mm×495mm的矩形，将其复制2个，选中任一绘制的矩形，将其转换为可编辑样条线，并将其附加在一起，附加后效果如图10.14所示。

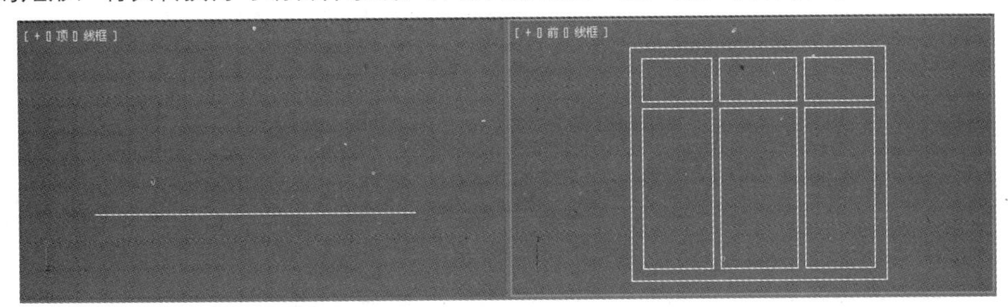

图10.14 附加

16 将附加后的窗框命名为“悬窗窗框”，并设置【挤出】值为50mm，将其复制到其他的悬窗上，如图10.15所示。

图10.15 复制“悬窗窗框”

17 按照同样的方法制作阳台的悬窗与窗框，并将其复制到其他的阳台位置上，如图10.16所示。

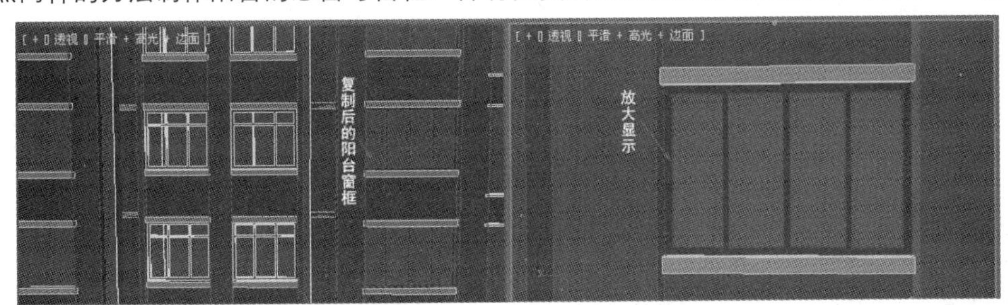

图10.16 制作阳台窗框

提示

前面小节中已经详细介绍窗框的制作，在这里就不详细叙述。

18 按照上述的方法制作“左阳台”，并将制作完成的“左阳台”复制到其他的阳台位置上，效果如图10.17所示。

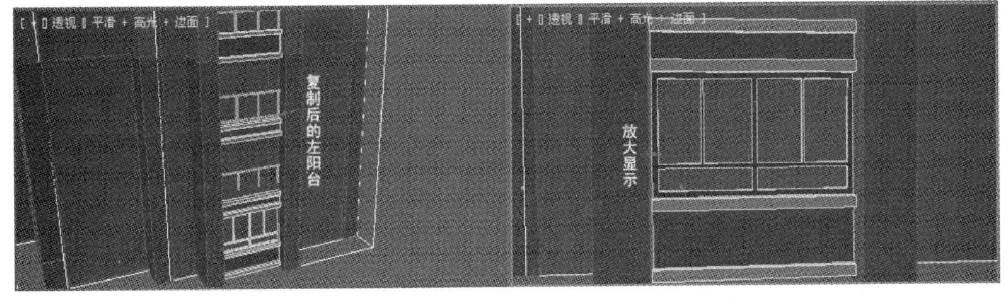

图10.17 复制“左阳台”

19 在前视图中绘制一个大小为575mm×850mm的矩形，命名为“装饰柱”，然后设置【挤出】值为7597mm，并将其转换为可编辑多边形。激活【边】子对象，选中上下两条边，如图10.18所示。

图10.18　选中上下两条边

20 在【编辑边】卷展栏中单击 连接 按钮，并设置其参数，如图10.19所示。

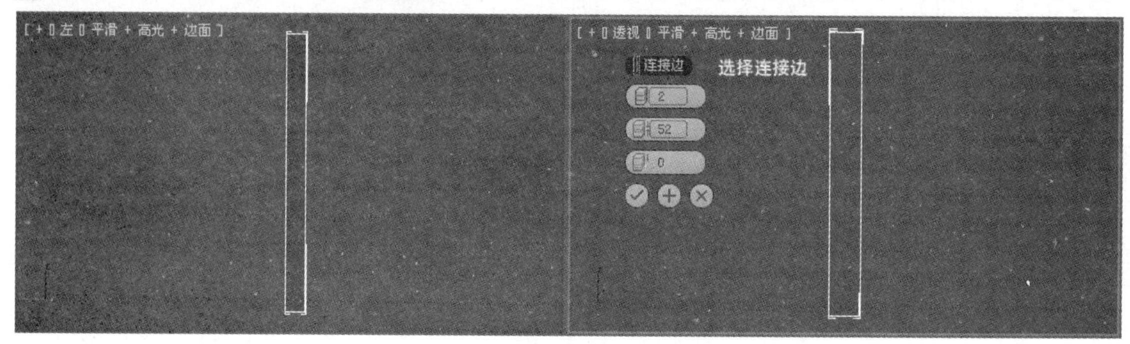

图10.19　连接边

21 再次单击 连接 按钮，连接一条边，并设置其参数，如图10.20所示。

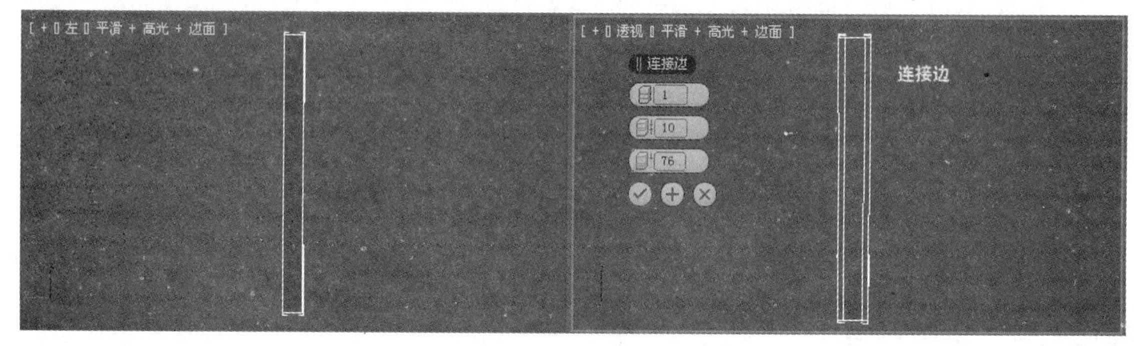

图10.20　连接边

22 在视图中选中图10.21所示的多边形，然后在【编辑边】卷展栏中单击 挤出 按钮，并设置其参数。

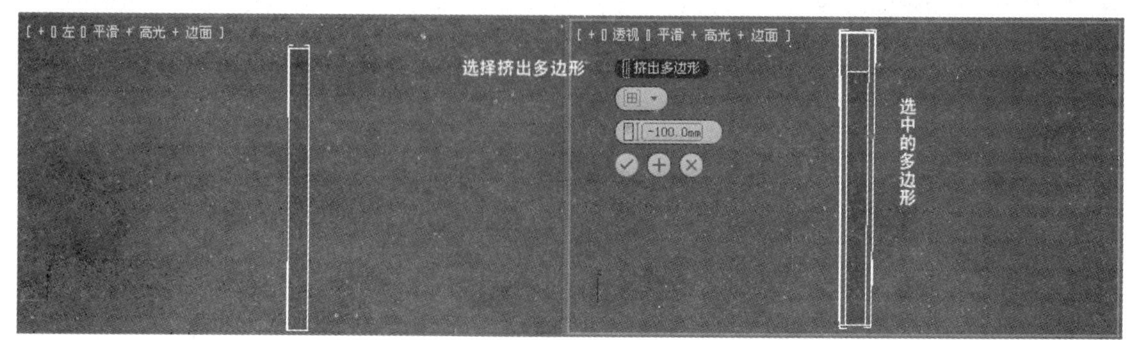

图10.21　挤出

23 在【编辑几何体】卷展栏中单击 切割 按钮，在“装饰柱”最顶端切割4条边。当光标变成“+”字时，单击鼠标左键进行切割边，如图10.22所示。

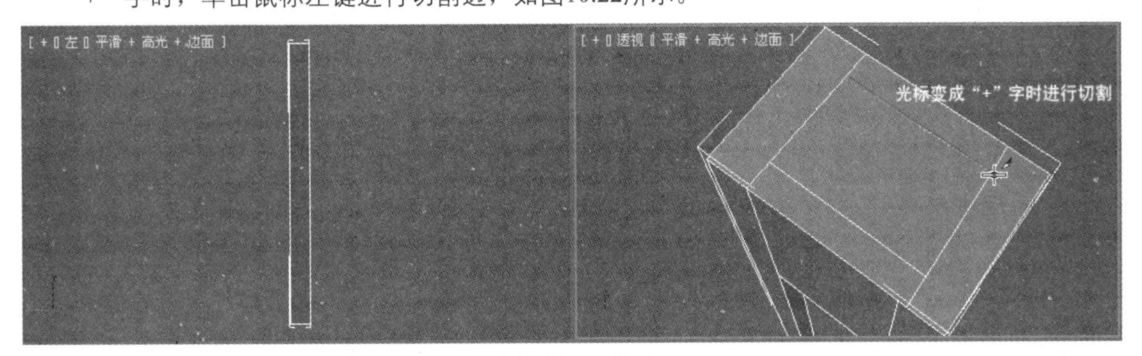

图10.22 切割边

24 再次单击 切割 按钮，取消选择【切割】命令。切割完成后，其效果如图10.23所示。

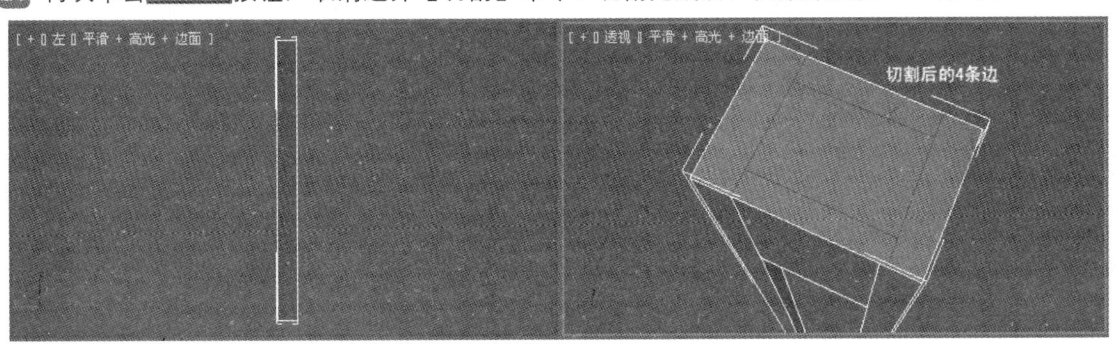

图10.23 切割后的边

25 激活【多边形】子对象，并在视图中选中如图10.24所示的多边形。

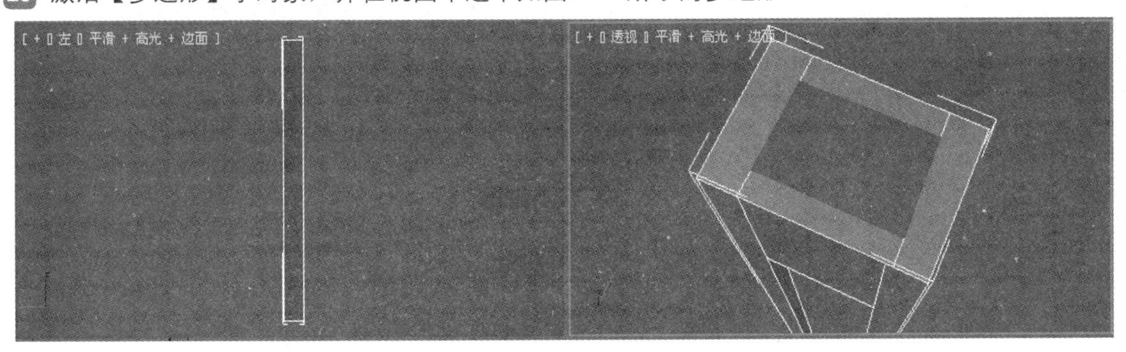

图10.24 选中的多边形

26 在【编辑多边形】卷展栏中单击 挤出 按钮，并设置【挤出】值为200mm，如图10.25所示。

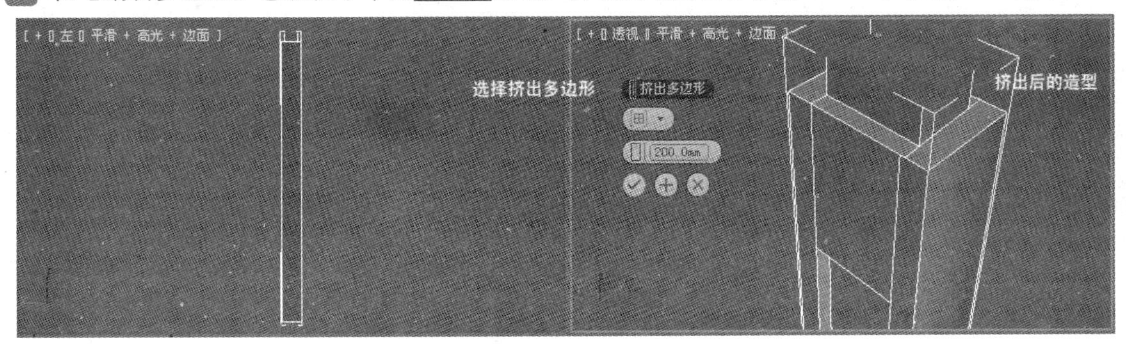

图10.25 挤出后的造型

27 将“装饰柱”复制3个，并调整造型的位置，如图10.26所示。

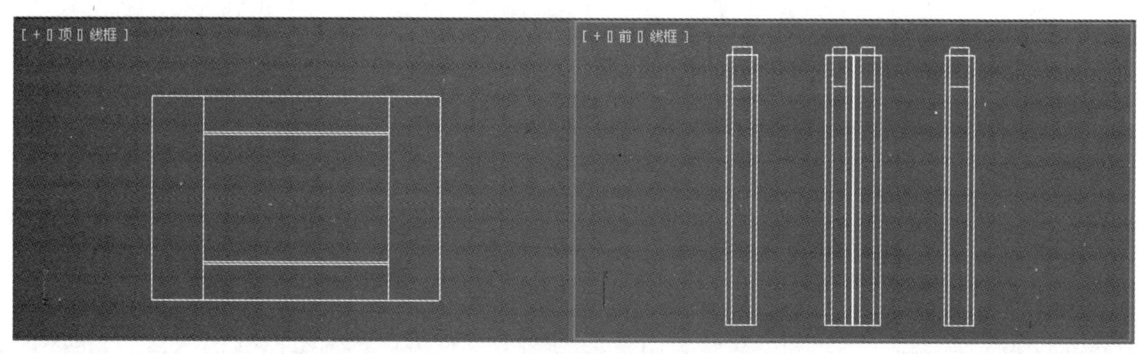

图10.26　复制

28 在前视图中绘制一个大小为1400mm×2000mm的矩形，命名为“底层装饰墙A”，设置【挤出】值为400mm，将其复制一个，然后绘制一个大小为1800mm×2000mm的矩形，设置【挤出】值为400mm，最后绘制一条闭合的曲线，并设置【挤出】值为400mm，如图10.27所示。

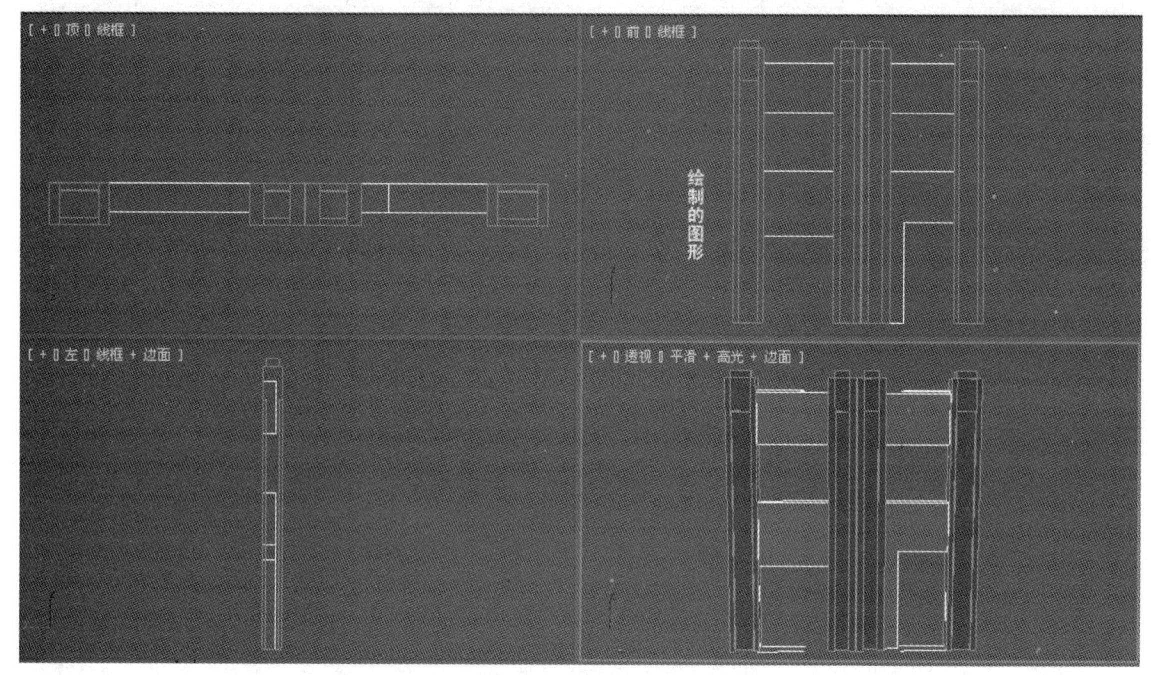

图10.27　绘制的图形

29 按照上述的方法制作底层装饰墙的窗框，最终效果如图10.28所示。

图10.28　绘制窗框

30 在顶视图中绘制一个大小为570mm×765mm的参考矩形，命名为“高层装饰柱”，然后绘制一条闭合曲线，并设置【挤出】值为1940mm，如图10.29所示。

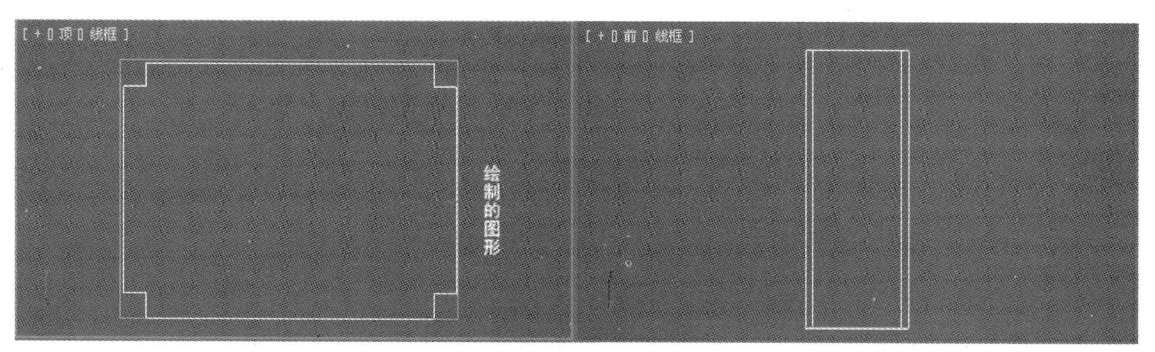

图10.29 挤出

31 在顶视图中绘制一个大小为100mm×100mm的矩形，命名为“高层装饰柱A”，设置【挤出】值为1620mm，并在视图中调整造型的位置，如图10.30所示。

图10.30 挤出

32 按照同样的方法制作其他的高层装饰柱，最终效果如图10.31所示。

图10.31 制作高层装饰柱

33 在前视图中绘制一个大小为1597mm×1597mm的参考矩形，然后绘制一条闭合曲线，命名为“高层装饰墙A”，设置【挤出】值为600mm，如图10.32所示。

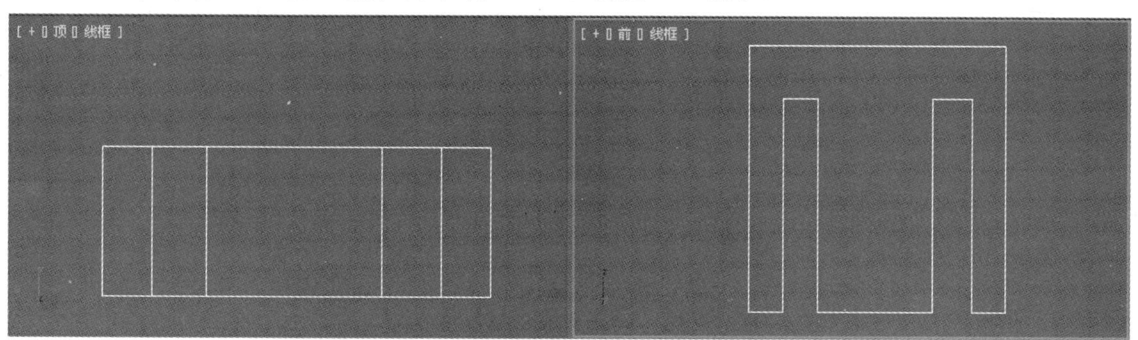

图10.32 绘制“高层装饰墙A”

34 在前视图中绘制一个大小为230mm×460mm的参考矩形，然后绘制一条闭合的曲线，命名为“高层装饰墙B”，设置【挤出】值为3355mm，将其镜像复制一个，命名为“高层装饰墙C”，将其复制38个，并修改最顶端的8个高层装饰墙，如图10.33所示。

图10.33　绘制的图形

35 使用画线挤出的方法，制作出高层装饰墙体，效果如图10.34所示。

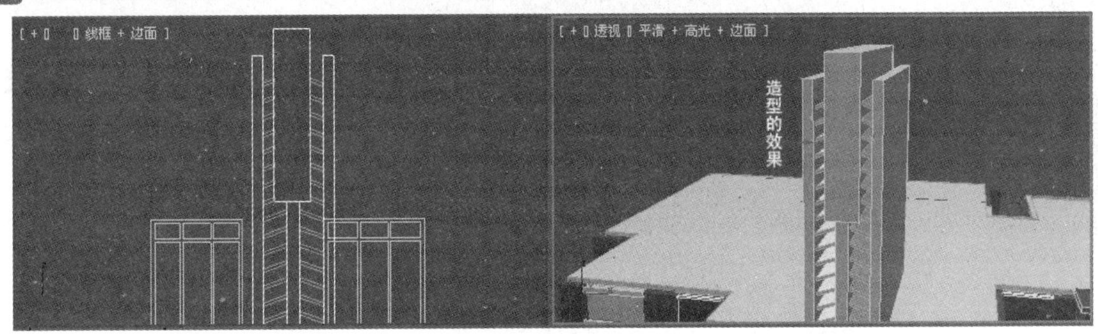

图10.34　造型效果

36 将窗框复制到“高层装饰墙B”的左右两边，并使用画线挤出的方法制作出顶层的墙体，设置【挤出】值为2650mm，如图10.35所示。

图10.35　绘制墙体

37 按上述的方法制作楼顶的墙体，命名为“楼顶墙体A”，效果如图10.36所示。

图10.36　制作楼顶墙体

38 将前面所制作的高层装饰柱复制到“楼顶墙体A”中间。然后绘制一个大小为3480mm×6700mm的矩形，命名为“顶层楼板A”，设置【挤出】值为150mm，如图10.37所示。

图10.37 制作顶层楼板

39 将制作完成的顶层装饰墙体复制3个，并制作出楼顶的栏杆与装饰柱，效果如图10.38所示。

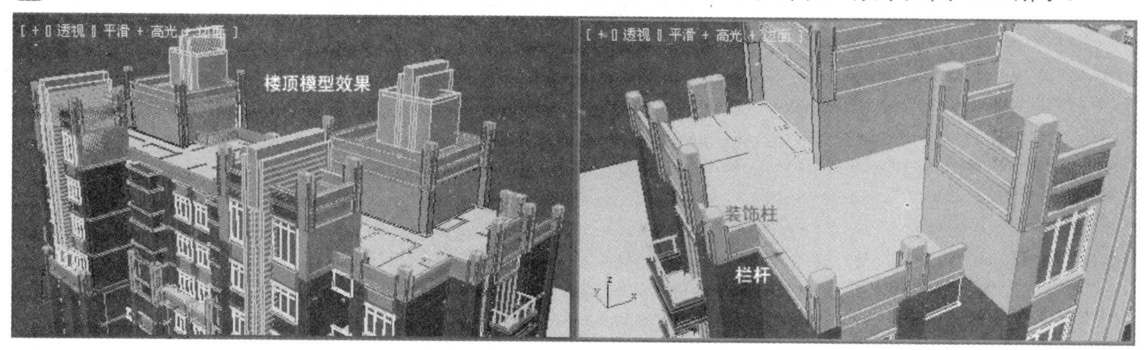

图10.38 楼顶模型效果

40 按上述的方法制作夜景高层的玻璃。

41 至此，夜景高层的模型已经全部制作完成，最终效果如图10.39所示。

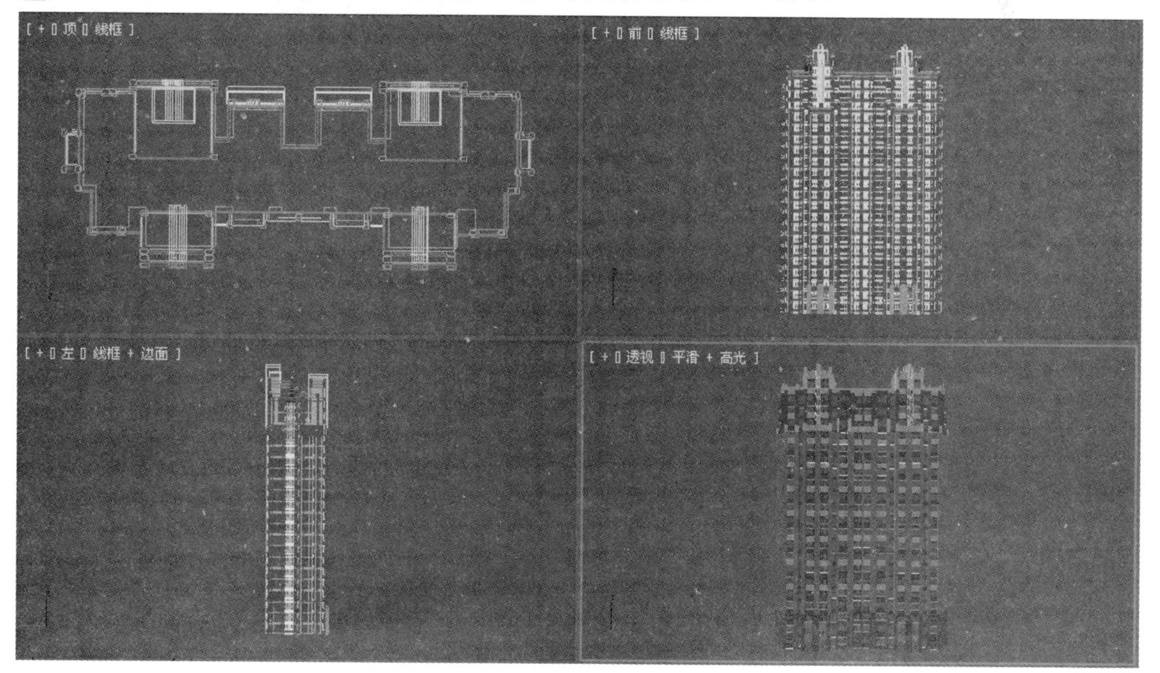

图10.39 模型效果

10.2 夜景高层材质的制作

通过对夜景高层材质制作的介绍，学习标准材质和VRay材质的制作方法，材质效果如图10.40所示。

图10.40　材质效果

01 单击【渲染设置】按钮，打开【渲染设置】对话框，在【指定渲染器】卷展栏中单击【选择渲染器】按钮，在弹出的【选择渲染器】对话框中指定VRay渲染器，如图10.41所示。

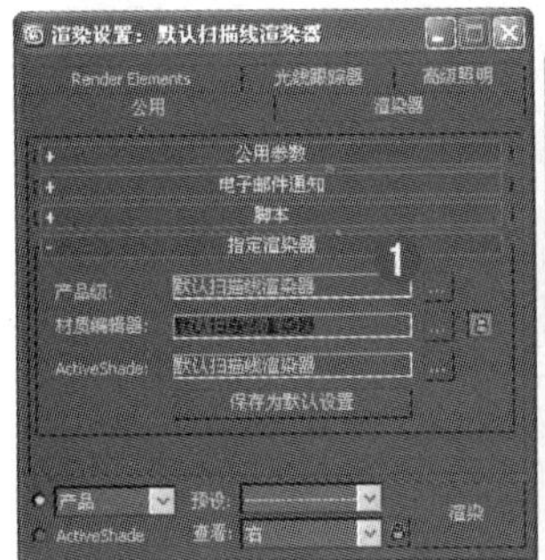

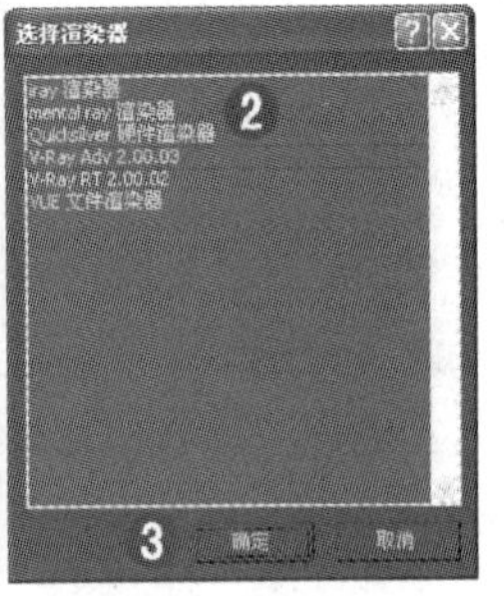

图10.41　指定渲染器

02 单击【材质编辑器】按钮，选择一个空白材质示例球，命名为“分割墙”，在【Blinn基本参数】卷展栏中设置【漫反射】选项的RGB颜色值为（255，255，255），如图10.42所示。

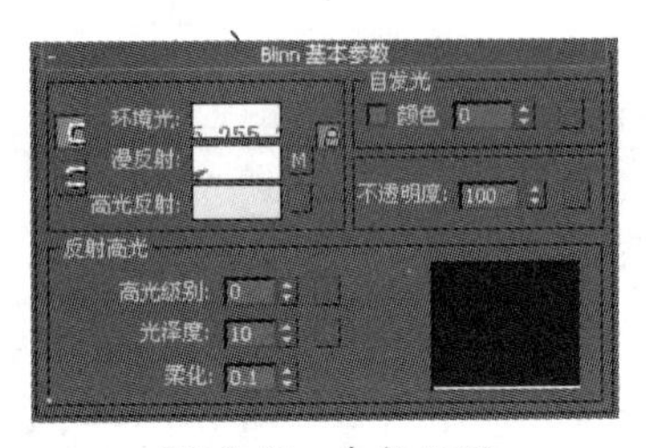

图10.42　参数设置

03 在【贴图】卷展栏下【漫反射】后单击 None 按钮，在弹出的【材质/贴图浏览器】对话框中选择【位图】，然后在弹出的【选择位图图像文件】对话框中选择“第10课”/“Maps”/“6.jpg”位图文件，如图10.43所示。

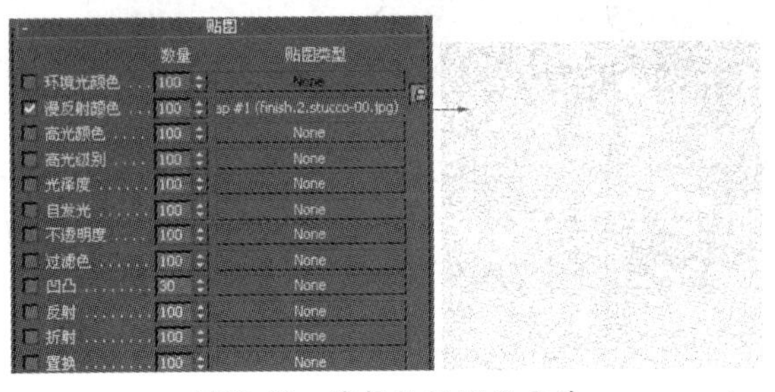

图10.43　选择位图图像文件

04 在视图中选中“墙体B”和“墙体C”，并对赋予材质的造型施加【UVW Map】命令，设置其参数，如图10.44所示。

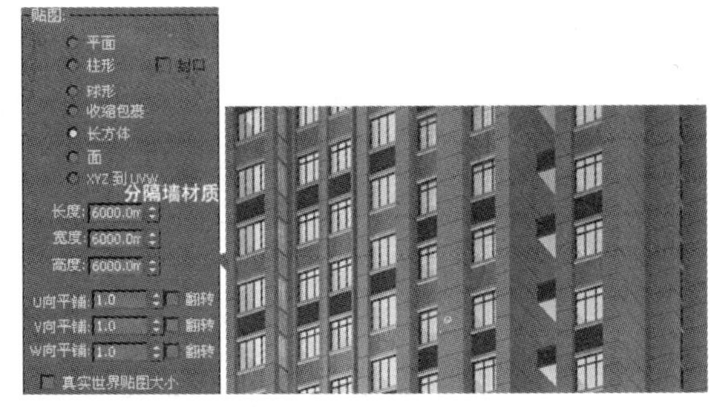

图10.44　UVW贴图

05 选择一个空白材质示例球，命名为“黄色墙”，然后在【Blinn基本参数】卷展栏中设置【漫反射】RGB颜色值为（255，255，255），如图10.45所示。

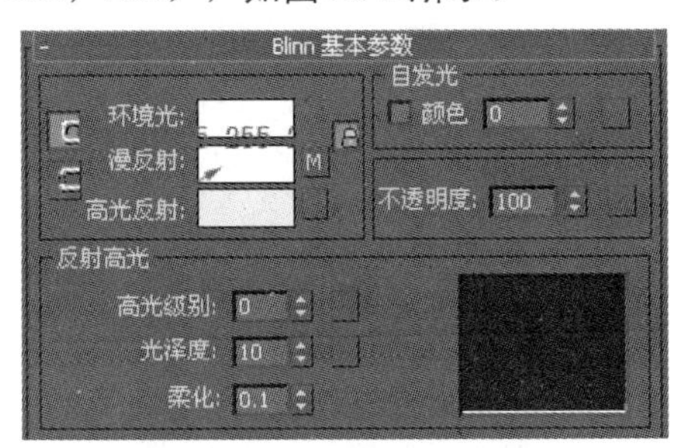

图10.45　参数设置

06 在【贴图】卷展栏下单击【漫反射】后 None 按钮，在弹出的【材质/贴图浏览器】对话框中选择【位图】，然后在弹出【选择位图图像文件】对话框中选择“第10课”/“Maps”/“MS_054-.jpg”位图文件，如图10.46所示。

贴图

	数量	贴图类型
环境光颜色	100	None
✔ 漫反射颜色	100	Map #2 (MS_054-.jpg)
高光颜色	100	None
高光级别	100	None
光泽度	100	None
自发光	100	None
不透明度	100	None
过滤色	100	None
凹凸	30	None
反射	100	None
折射	100	None
置换	100	None

图10.46　选择位图图像文件

07 将调制好的“黄色墙”材质赋予给“墙体B”和“墙体C”的“底墙”，并对赋予材质的造型施加【UVW Map】命令，设置其参数，制作材质后的效果如图10.47所示。

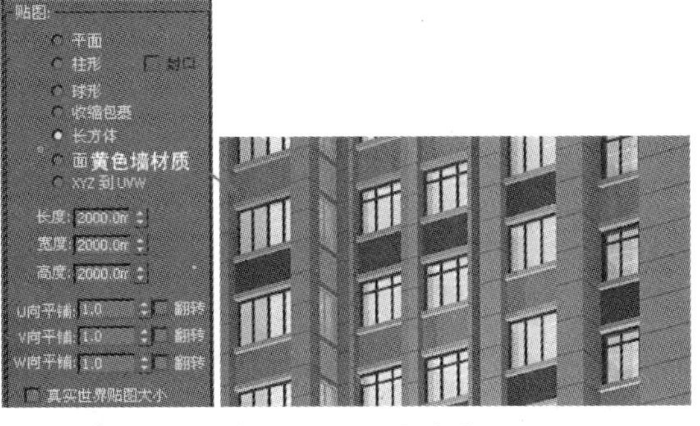

图10.47　UVW贴图

08 选择一个空白材质示例球，命名为“浅色装饰条”，然后在【Blinn基本参数】卷展栏中设置参数，如图10.48所示。

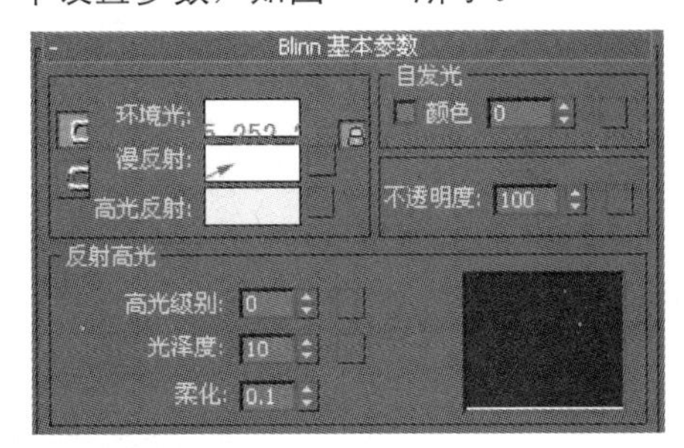

图10.48　参数设置

09 在视图中选中“悬窗A”、“悬窗B”和所有的“高层装饰柱”，在材质工具栏中单击【将材质指定给选定对象】按钮，将材质赋予选定对象，材质效果如图10.49所示。

图10.49　材质效果

10 选择一个空白材质示例球，命名为“窗户”，然后在【Blinn基本参数】卷展栏中设置其参数，如图10.50所示。

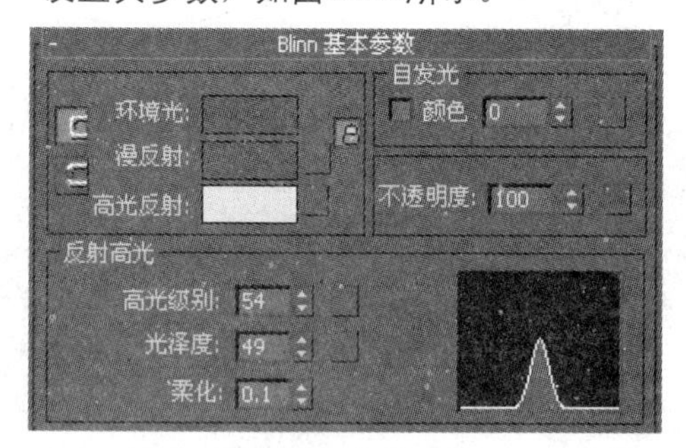

图10.50 参数设置

11 在视图中选中所有的“窗框”，在材质工具栏中单击【将材质指定给选定对象】按钮，将材质赋予选定对象。

12 选择一个空白材质示例球，命名为“深灰”，然后在【Blinn基本参数】卷展栏中设置其参数，如图10.51所示。

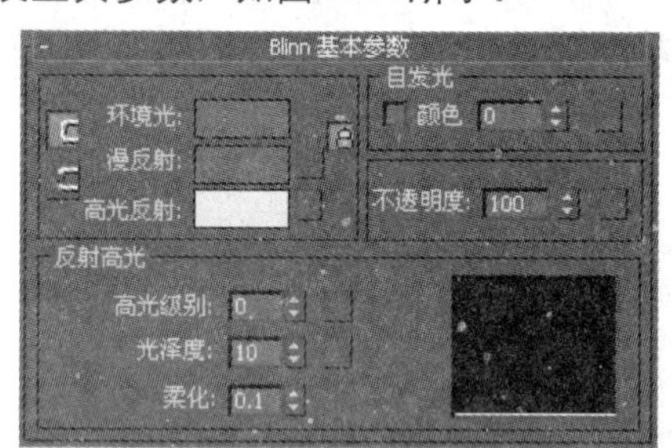

图10.51 参数设置

13 在视图中选中“底墙”，在材质工具栏中单击【将材质指定给选定对象】按钮，将材质赋予选定对象，“深灰”材质效果如图10.52所示。

图10.52 “深灰”材质效果

14 选择一个空白的材质示例球，命名为“楼顶”，在【贴图】卷展栏下单击【漫反射】后 None 按钮，在弹出的【材质/贴图浏览器】对话框中选择【位图】，然后在弹出【选择位图图像文件】对话框中选择“第10课”/“Maps”/“brick024.jpg”位图文件，如图10.53所示。

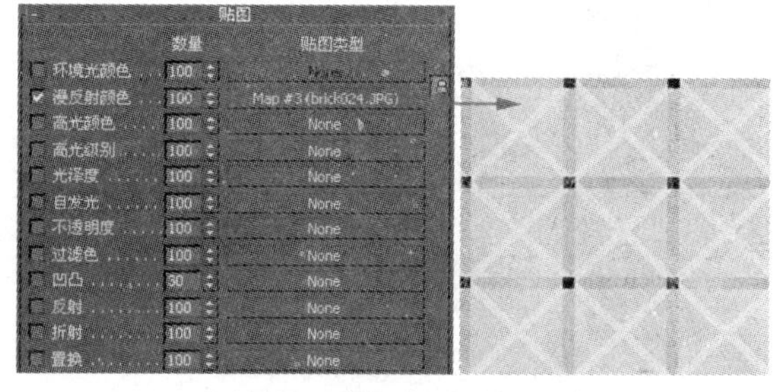

图10.53 选择位图图像文件

15 在视图中选中楼顶中的“楼板”，并对赋予材质的造型施加【UVW Map】命令，设置其参数，如图10.54所示。

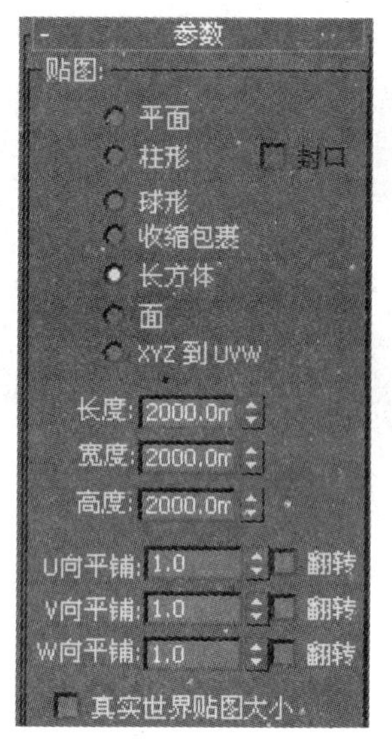

图10.54 UVW贴图

16 选择一个空白的材质示例球，将材质指定为【VRayMtl】，命名为“glass”，在【基本参数】卷展栏中设置其参数，如图10.55所示。

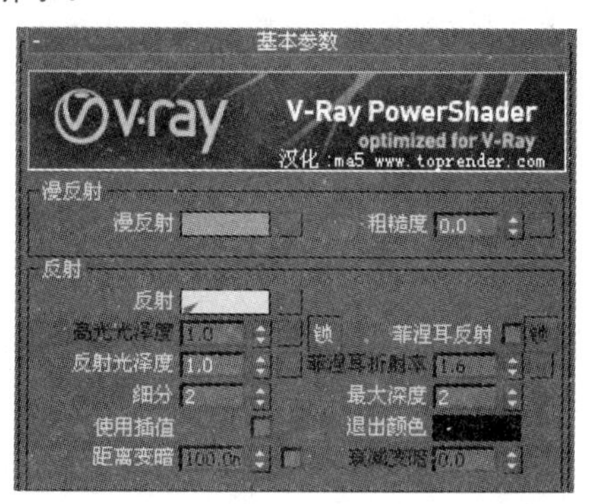

图10.55 参数设置

17 在【贴图】卷展栏下单击【环境】选项后的 None 按钮，在弹出的【材质/贴图浏览器】对话框中选择【VR-HDRI】材质，如图10.56所示。

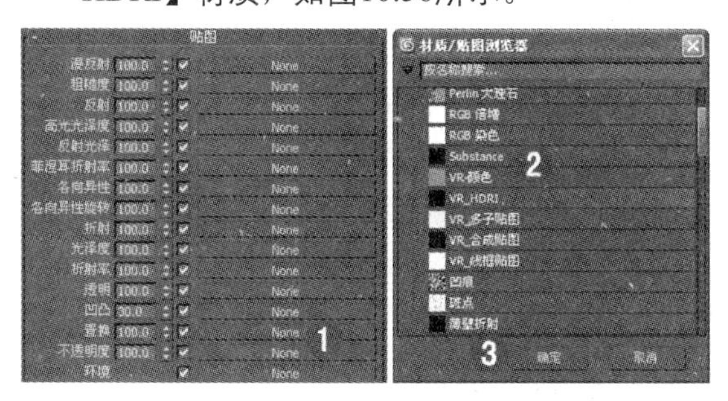

图10.56 VR-HDRI

18 在【参数】卷展栏中单击 浏览 按钮，在弹出的【Choose HDR image】对话框中选择“第10课”/“Maps”/“4-HEM15-embed.hdr”文件，如图10.57所示。

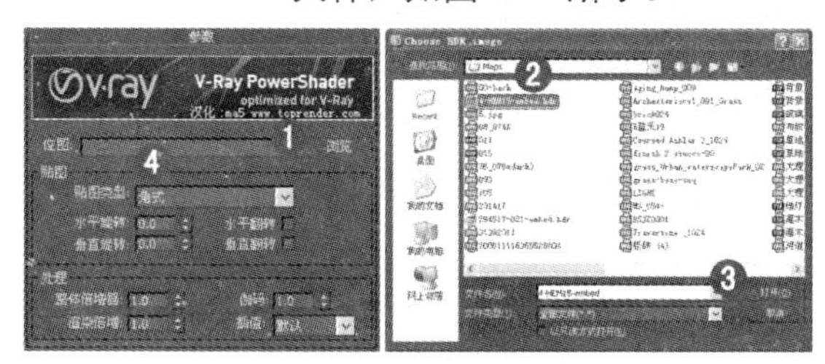

图10.57 选择HDR文件

19 在视图中选中所有的“玻璃”，在材质工具栏中单击【将材质指定给选定对象】按钮，将材质赋予选定对象。

20 选择一个空白的材质示例球，命名为“深色面砖”，在【贴图】卷展栏下单击【漫反射】选项后的 None 按钮，在弹出的【材质/贴图浏览器】对话框中选择【位图】，然后在弹出【选择位图图像文件】对话框中选择“第10课”/“Maps”/“20100717222237x3m_m.jpg”位图文件，如图10.58所示。

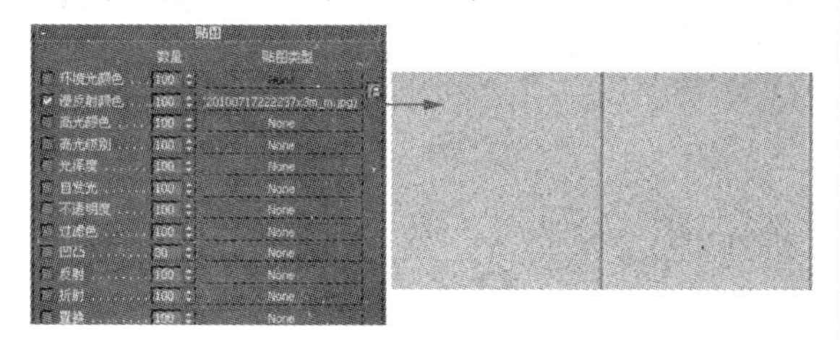

图10.58 选择位图文件

21 在视图中选中“底层装饰墙”，在材质工具栏中单击【将材质指定给选定对象】按钮，将材质赋予选定对象，并对赋予材质的造型施加【UVW Map】命令，设置其参数，“深色面砖”材质效果如图10.59所示。

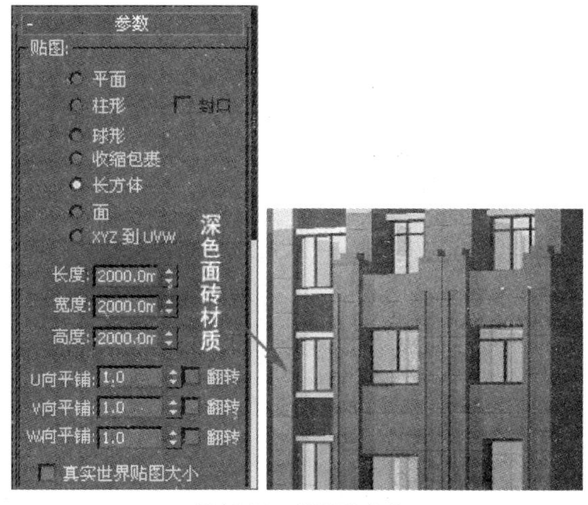

图10.59 UVW贴图

22 选择一个空白的材质示例球，命名为“台阶”，在【贴图】卷展栏下单击【漫反射】选项后的 None 按钮，在弹出的【材质/贴图浏览器】对话框中选择【位图】，然后在弹出【选择位图图像文件】对话框中选择“第10课”/“Maps”/“塞纳时光（DAINO CREMA）.jpg”位图文件，如图10.60所示。

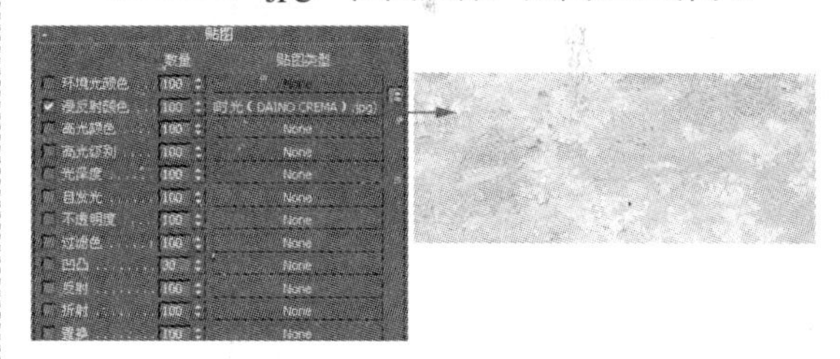

图10.60 选择位图图像文件

23 选择一个空白的材质示例球，命名为“楼板”，在【Blinn基本参数】卷展栏中设置其参数，如图10.61所示。

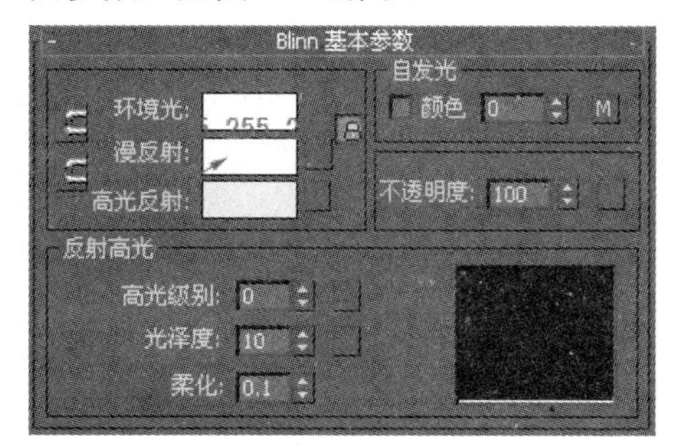

图10.61 参数设置

24 在【贴图】卷展栏下单击【漫反射】选项后的 None 按钮，在弹出的

【材质 / 贴图浏览器】对话框中选择【位图】，然后在弹出【选择位图图像文件】对话框中选择“第10课”/“Maps”/“LIGHT.jpg”位图文件，如图10.62所示。

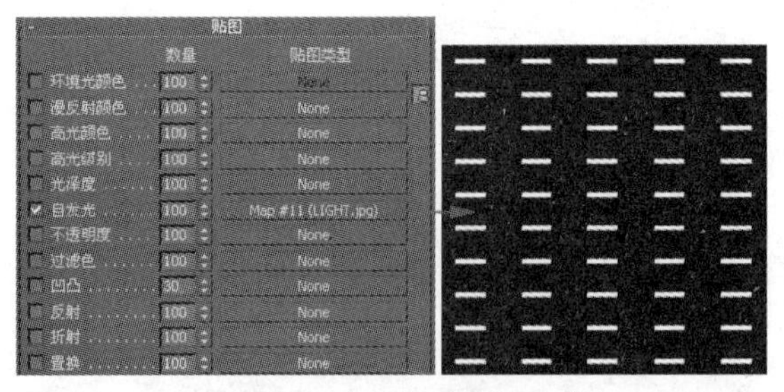

图10.62 选择位图图像文件

25 在视图中选中“楼板”，在材质工具栏中单击【将材质指定给选定对象】按钮，将材质赋予选定对象，并对赋予材质的造型施加【UVW Map】命令，如图10.63所示。

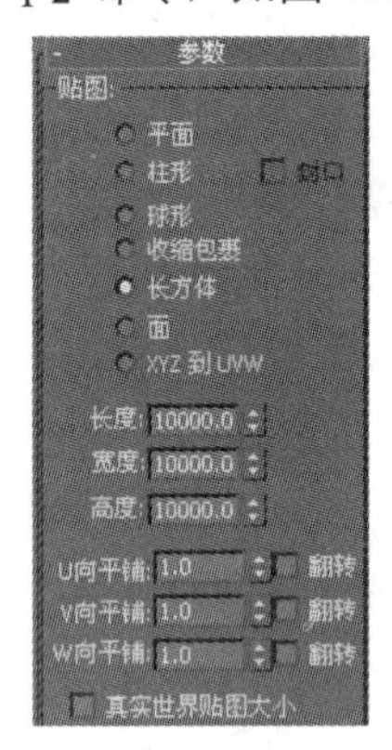

图10.63 UVW贴图

26 选择一个空白的材质示例球，将其指定为【VRayMtl】，命名为“玻璃”，在【贴图】卷展栏下单击【漫反射】选项后的 None 按钮，在弹出的【材质 / 贴图浏览器】对话框中选择【渐变】材质，如图10.64所示。

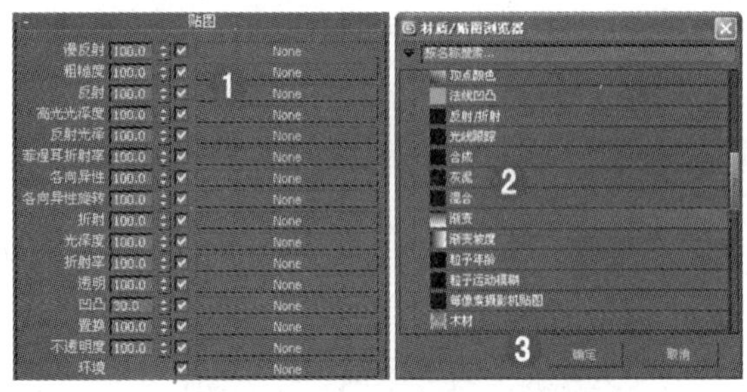

图10.64 渐变

27 在【渐变参数】卷展栏中设置颜色值，如图10.65所示。

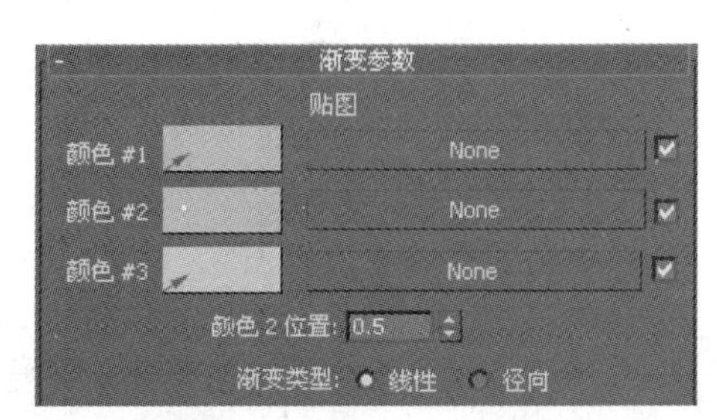

图10.65 【渐变参数】卷展栏

28 在【贴图】卷展栏下单击【反射】选项后的 None 按钮，在弹出的【材质 / 贴图浏览器】对话框中选择【衰减】材质，如图10.66所示。

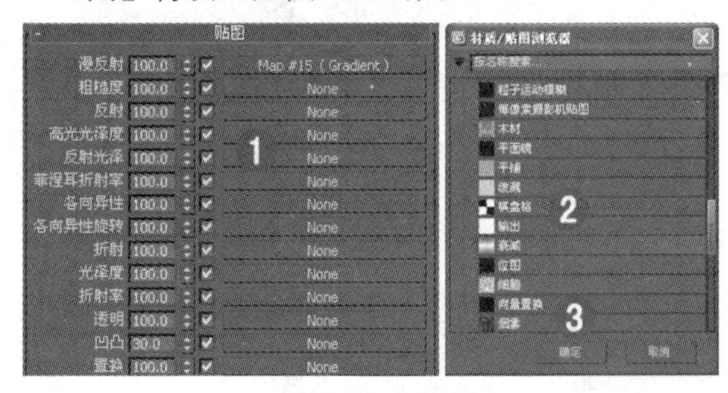

图10.66 衰减

29 在【衰减参数】卷展栏中设置其参数，如图10.67所示。

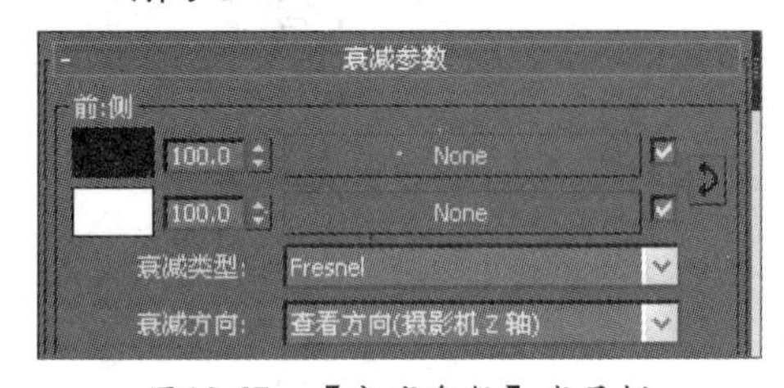

图10.67 【衰减参数】卷展栏

30 在【贴图】卷展栏下单击【折射】选项后的 None 按钮，在弹出的【材质 / 贴图浏览器】对话框中选择【渐变】材质，如图10.68所示。

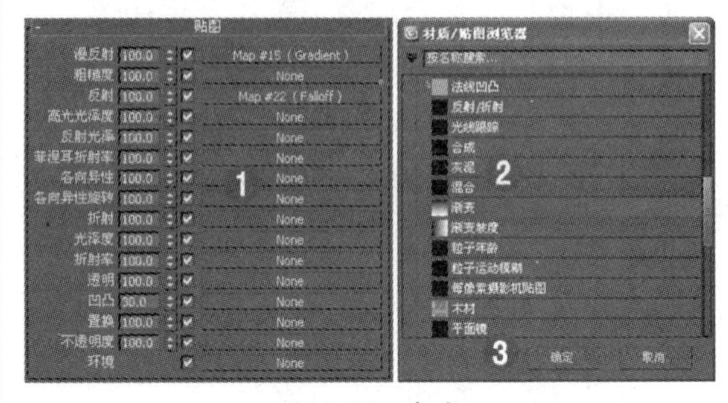

图10.68 渐变

31 在【渐变参数】卷展栏中设置颜色值，如图10.69所示。

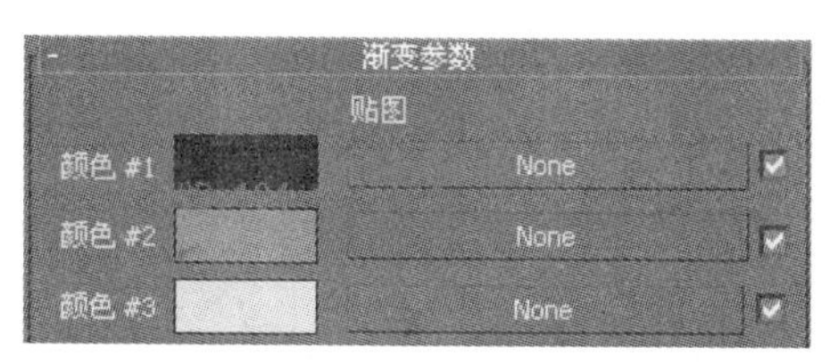

图10.69 【渐变参数】卷展栏

32 在【贴图】卷展栏下单击【环境】选项后的 None 按钮，在弹出的【材质/贴图浏览器】对话框中选择【VR-HDRI】材质，如图10.70所示。

33 在【参数】卷展栏中单击 浏览 按钮，在弹出的【Choose HDR image】对话框中选择"第10课"/"Maps"/"sky0036.hdr"文件，如图10.71所示。

34 至此，夜景高层材质的制作已经全部完成。

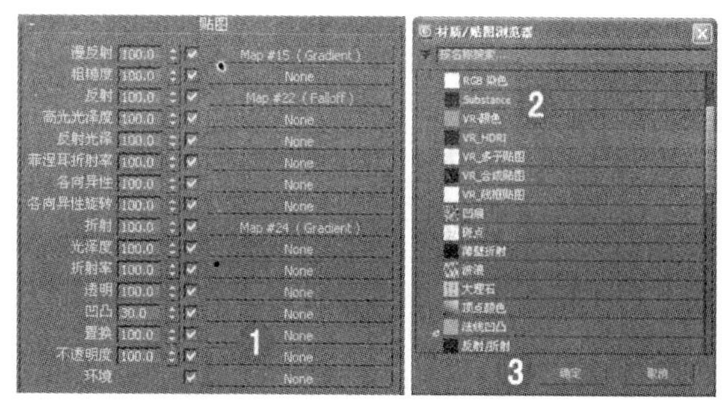

图10.70 VR-HDRI

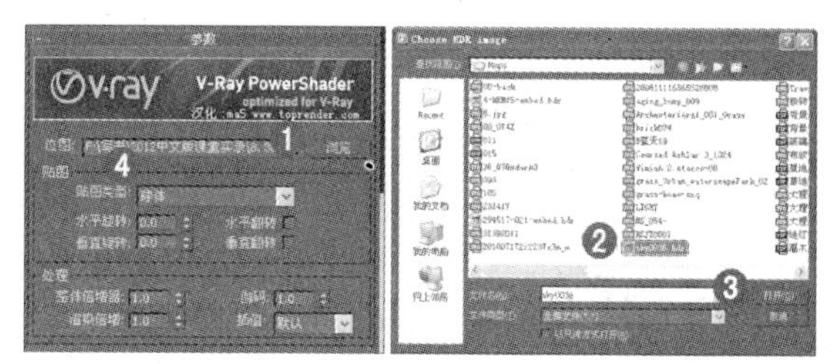

图10.71 选择HDRI文件

10.3 相机及灯光的设置

前面创建工作完成主要建筑模型和材质的制作。本例介绍如何为场景设置相机和灯光，夜景高层效果如图10.72所示。

图10.72 夜景高层场景效果

01 继续上面的操作。单击创建面板中的【摄影机】/ 目标 按钮，在顶视图中创建一盏摄影机，如图10.73所示。

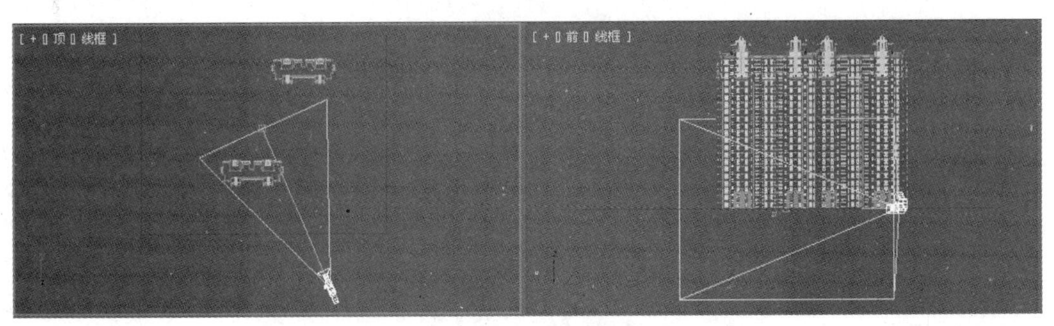

图10.73　创建摄影机

02 在视图中调整摄影机的位置，如图10.74所示。

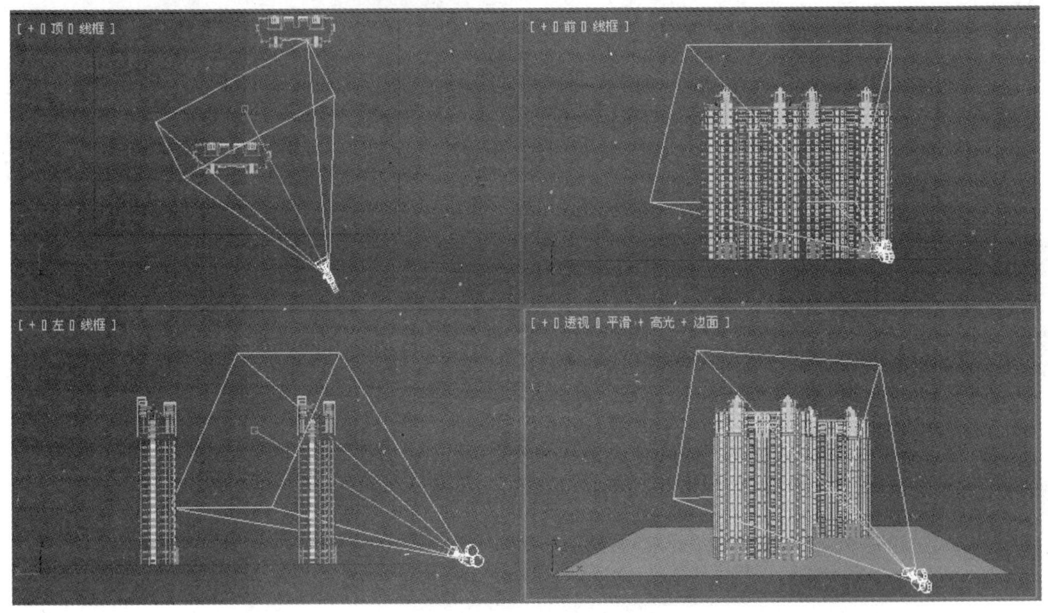

图10.74　调整摄影机

03 打开修改列表，在【参数】卷展栏中设置其参数，如图10.75所示。

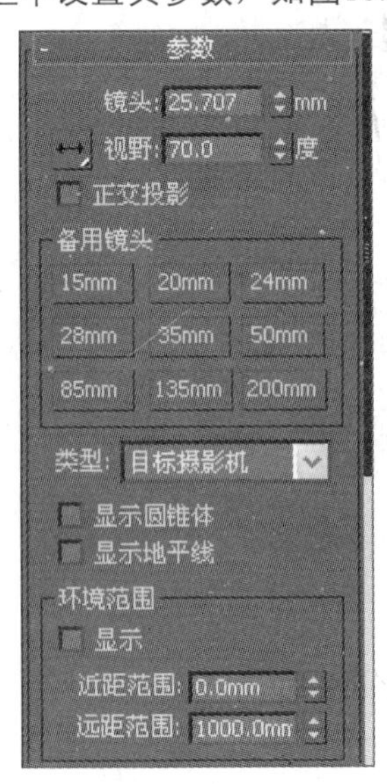

图10.75　参数设置

04 在菜单栏中选择【修改器】/【摄影机】/【摄影机校正】命令，然后在【2点透视校正】卷展栏中设置其参数，如图10.76所示。

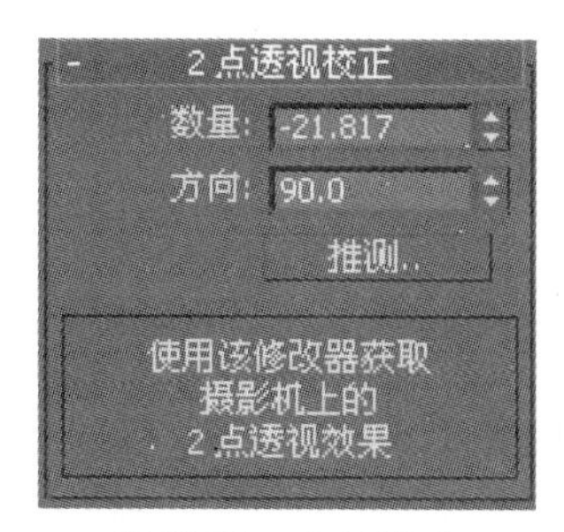

图10.76 参数设置

05 激活透视视图，按C键，将透视视图转换为摄影机视图，如图10.77所示。

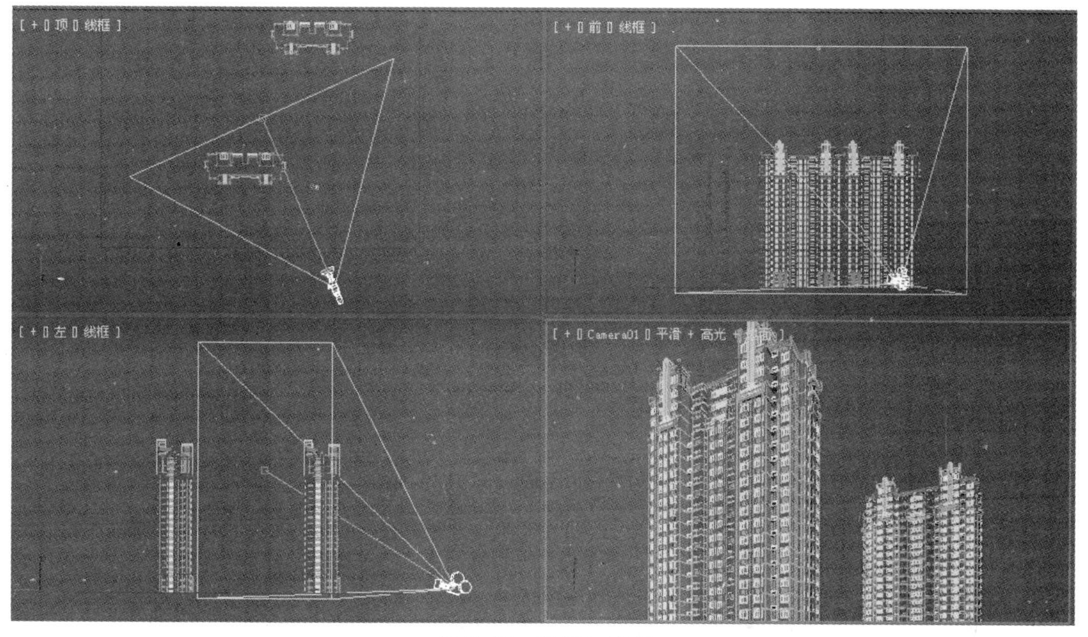

图10.77 摄影机视图

06 单击按钮打开显示命令面板，在【按类别隐藏】卷展栏下勾选【摄影机】复选项，将其隐藏，如图10.78所示。

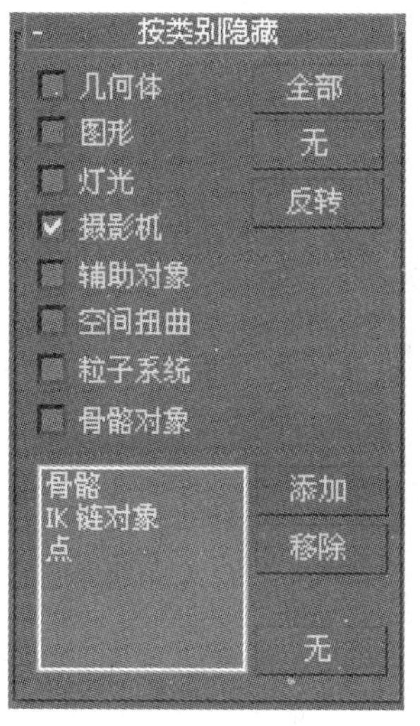

图10.78 隐藏摄影机

07 单击【创建】/【灯光】/ 标准 / 目标聚光灯 按钮，在顶视图中创建一盏目标聚光灯，命名为“主光”，如图10.79所示。

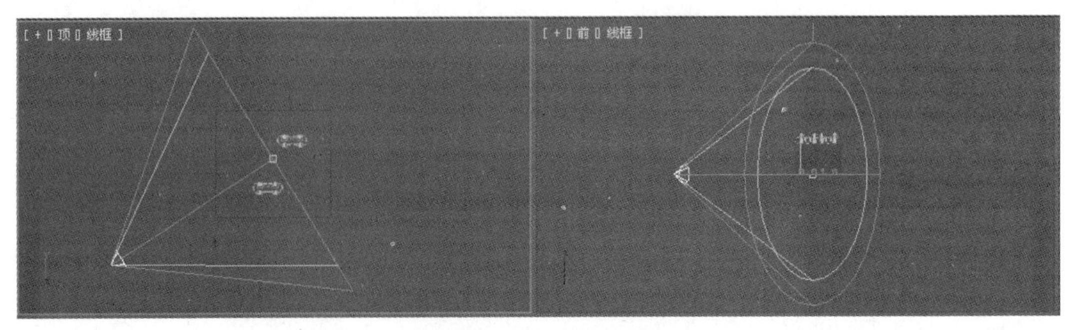

图10.79　创建目标聚光灯

08 在视图中调整灯光的位置，如图10.80所示。

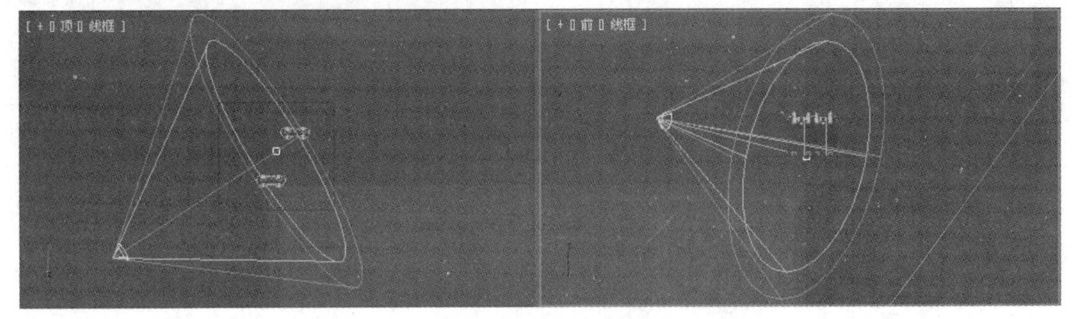

图10.80　调整灯光的位置

09 在视图中选中“主光”，打开修改器列表，在【常规参数】卷展栏设置其参数，如图10.81所示。

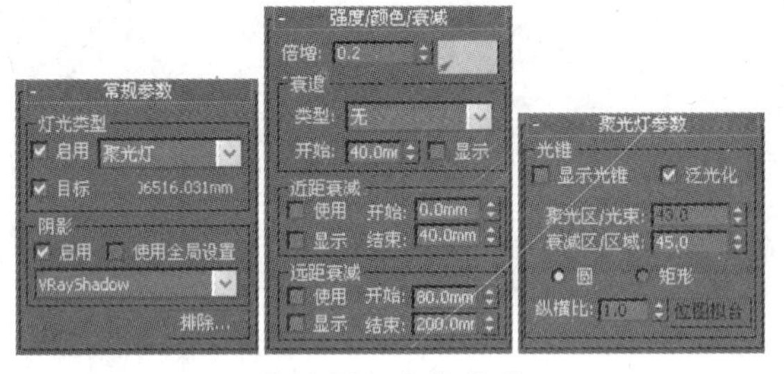

图10.81　参数设置

10 单击工具栏中【渲染】按钮，渲染测试设置“主光”后的效果，如图10.82所示。

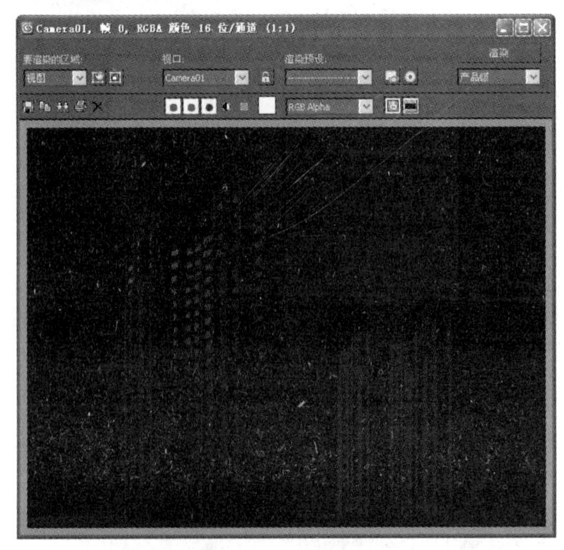

图10.82　渲染效果

11 单击【创建】/【灯光】/ 标准 / 目标聚光灯 按钮，在顶视图中创建一盏目标聚光灯，命名为“装饰光1”，如图10.83所示。

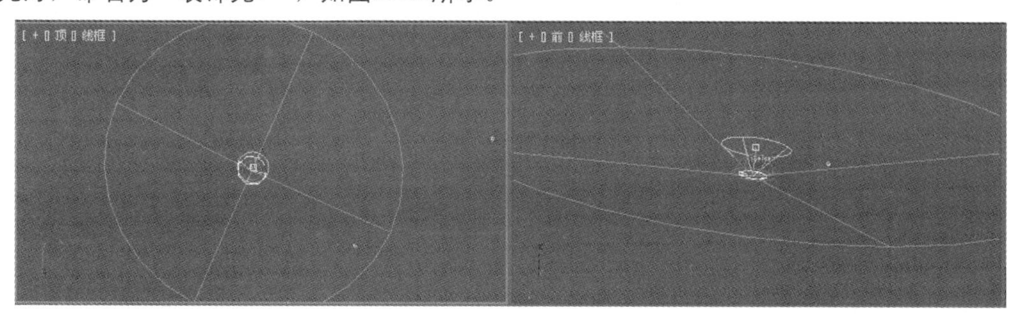

图10.83　创建“装饰光1”

12 打开修改器列表，设置“装饰光1”的灯光参数，如图10.84所示。

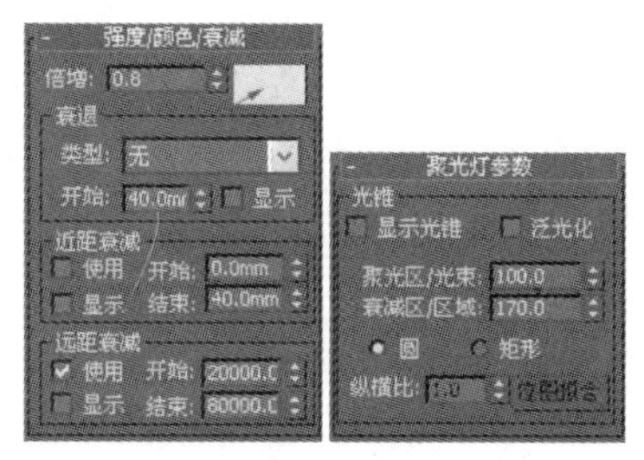

图10.84　参数设置

13 单击工具栏中【渲染】按钮，渲染测试设置“装饰光1”灯光后的效果，如图10.85所示。

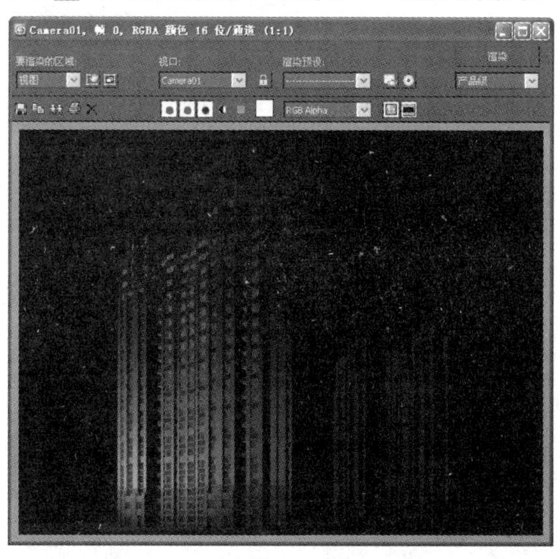

图10.85　渲染

14 将“装饰光1”复制一个，命名为“装饰光2”，并在视图中调整灯光的位置，如图10.86所示。

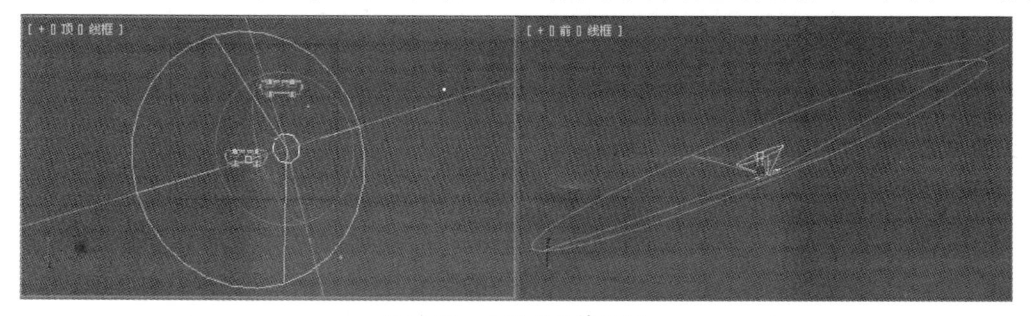

图10.86　设置“装饰光2”

15 在视图中选中“装饰光2”，打开修改列表，设置灯光的参数，如图10.87所示。

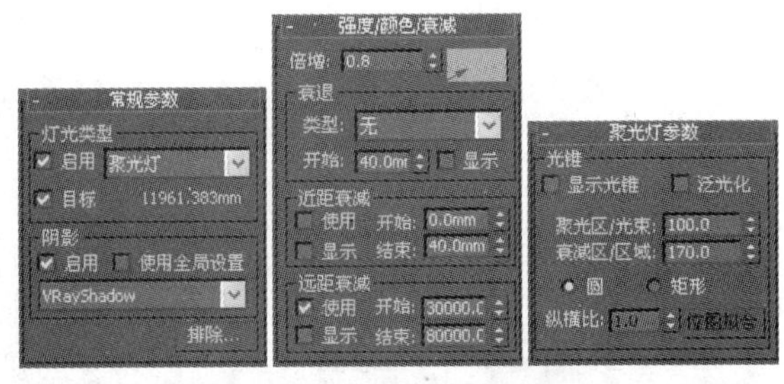

图10.87 参数设置

16 单击工具栏中【渲染】按钮，渲染测试设置“装饰光2”灯光后的效果，如图10.88所示。

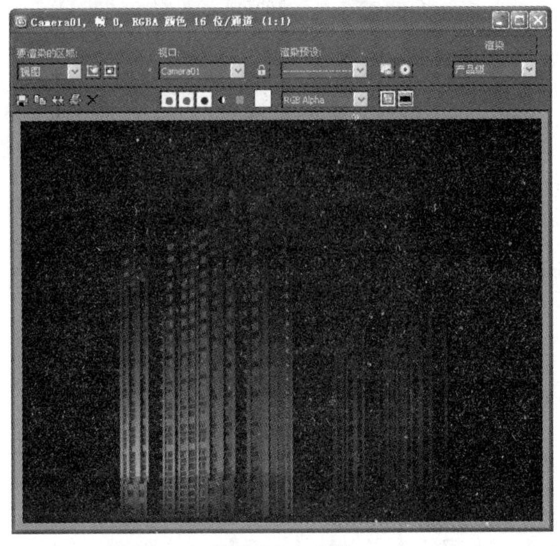

图10.88 渲染

17 单击【创建】/【灯光】/标准/目标聚光灯按钮，在顶视图中创建一盏目标聚光灯，命名为“照亮楼板”，如图10.89所示。

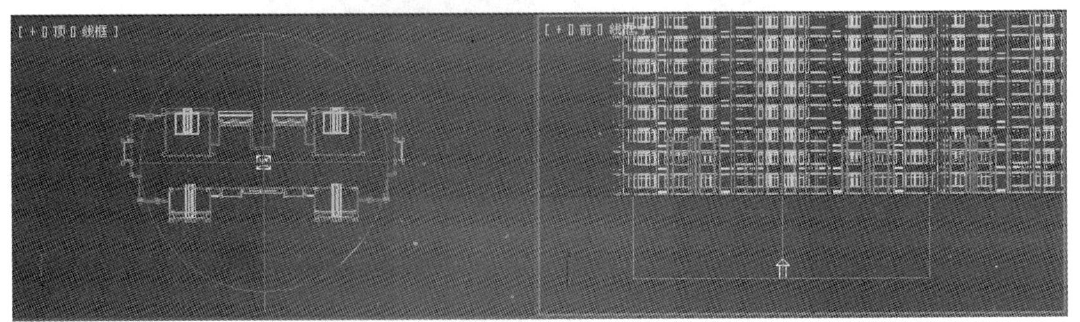

图10.89 创建“照亮楼板”灯光

18 在视图中选中“照亮楼板”灯光，打开修改列表，设置灯光的参数，如图10.90所示。

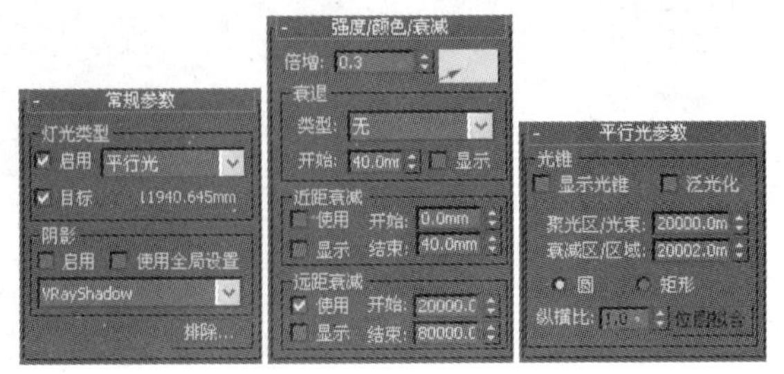

图10.90 参数设置

19 单击工具栏中【渲染】按钮，渲染测试设置“照亮楼板”灯光后的效果，如图10.91所示。

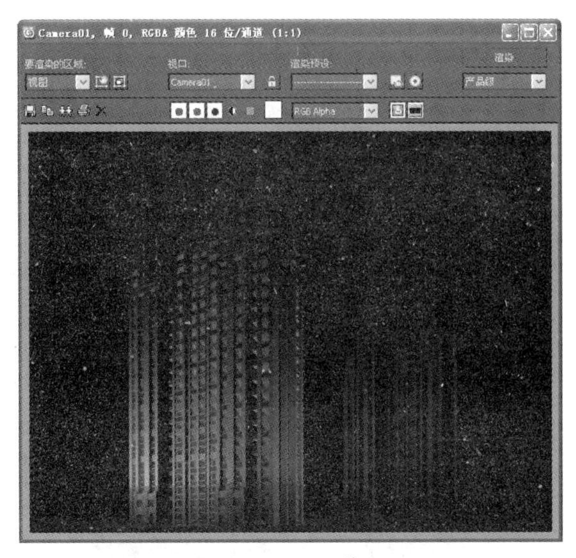

图10.91 渲染

20 在视图中选中“装饰光1”和“照亮楼板”灯光，将其复制一个，把复制后的灯光放置在夜景高层1后面，如图10.92所示。

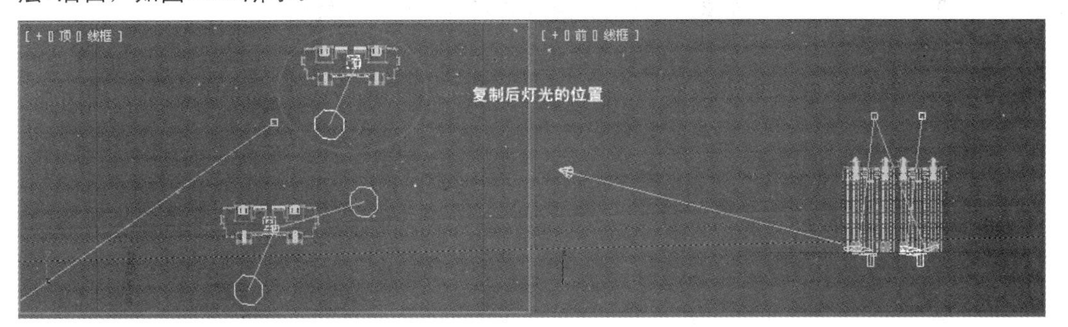

图10.92 复制灯光

21 单击工具栏中【渲染】按钮，渲染测试复制“装饰光1”和“照亮楼板”灯光后的效果，如图10.93所示。

图10.93 渲染

至此，场景中的灯光已经设置完成，下面需要设置一个简单的渲染参数来快速地渲染，进行观看效果。

10.4 夜景高层效果图的渲染输出

通过对夜景高层效果图的渲染输出，学习VRay渲染器参数的设置方法。

01 继续前面的操作。在材质编辑器中选中“glass”材质，然后在【基本参数】卷展栏中将反射的【细分】设置为5，【最大深度】设置为5，如图10.94所示。

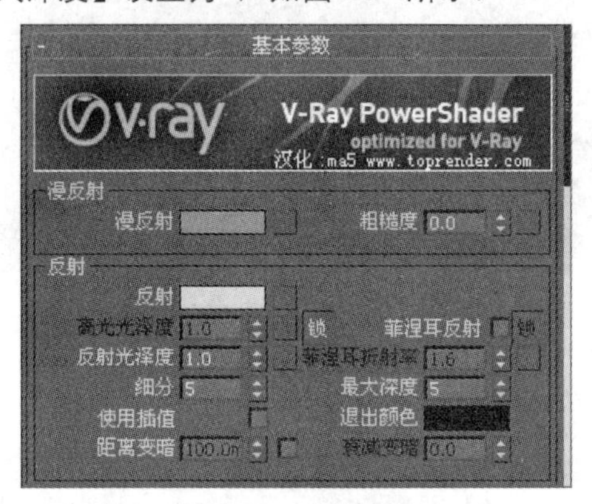

图10.94 参数设置

02 按照上述的方法，将“窗户”和“玻璃”材质中反射【细分】值设置为5，【最大深度】设置为5。

设置灯光后的效果基本满意后，就要进行渲染输出，此时使用VRay渲染器渲染最终效果图需要在材质、灯光以及渲染器方面做相应的设置。

03 在工具栏中单击【渲染设置】按钮，打开【渲染设置】对话框中，选择【VR-基项】，设置【V-Ray：：图像采样器（抗锯齿）】的参数，如图10.95所示。

04 在【V-Ray：：环境】卷展栏中设置参数，如图10.96所示。

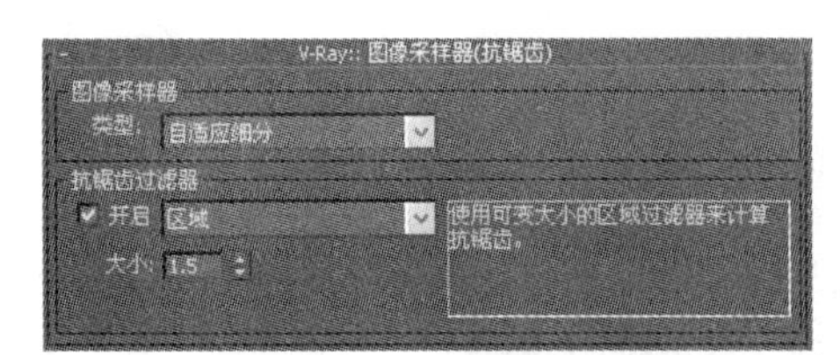

图10.95 参数设置

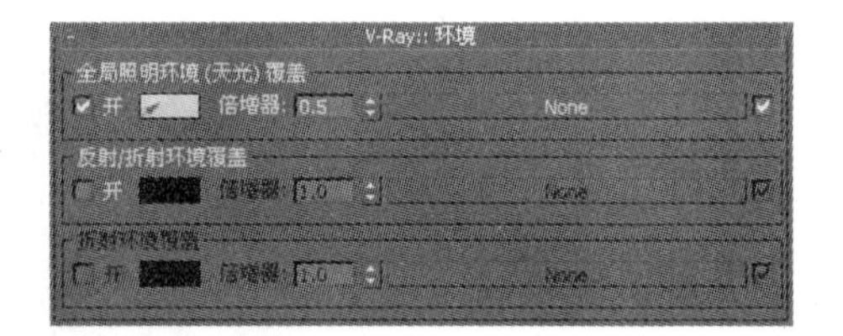

图10.96 参数设置

05 在【VR-间接照明】标签页中打开GI，并设置【发光贴图】参数，此处的参数设置页是以速度为优先考虑的因素，然后在【V-Ray：：发光贴图】卷展栏中设置参数，如图10.97所示。

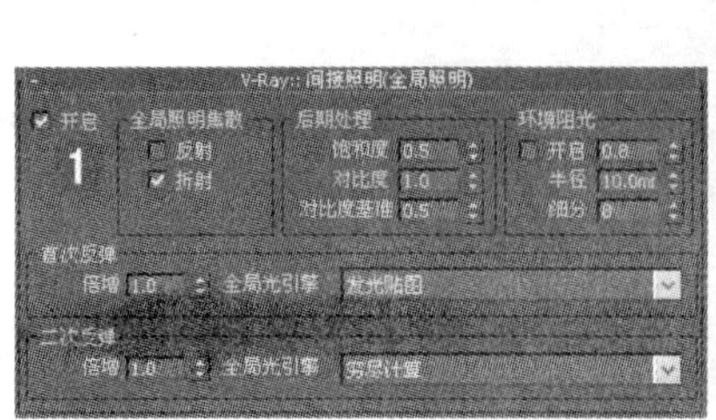

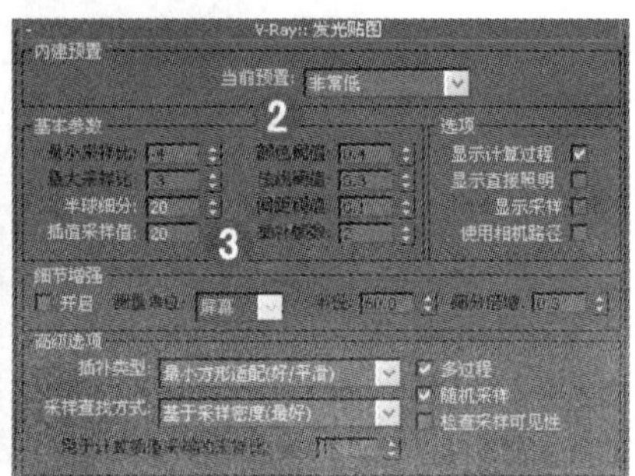

图10.97 参数设置

06 继续上面的操作，在【VR-间接照明】选项卡中的【V-Ray：：发光贴图】卷展栏下勾选【自动保存】复选项，然后单击浏览按钮，在弹出的对话框中，设置参数，如图10.98所示。

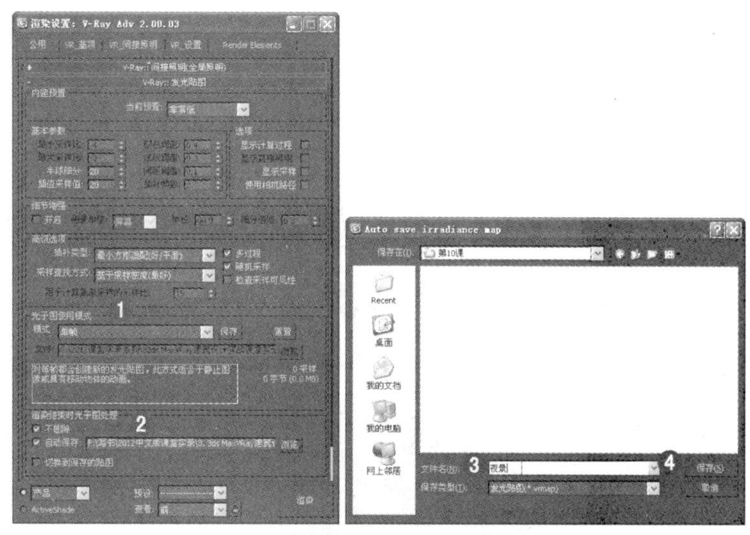

图10.98 参数设置

07 设置参数后，选中摄影机视图，以640×480为渲染尺寸，单击渲染按钮，进行光子图渲染，如图10.99所示。

图10.99 渲染光子图

08 在【V-Ray：：发光贴图】卷展栏下选择【模式】为【从文件】，然后在弹出的对话框中调用光子图文件，如图10.100所示。

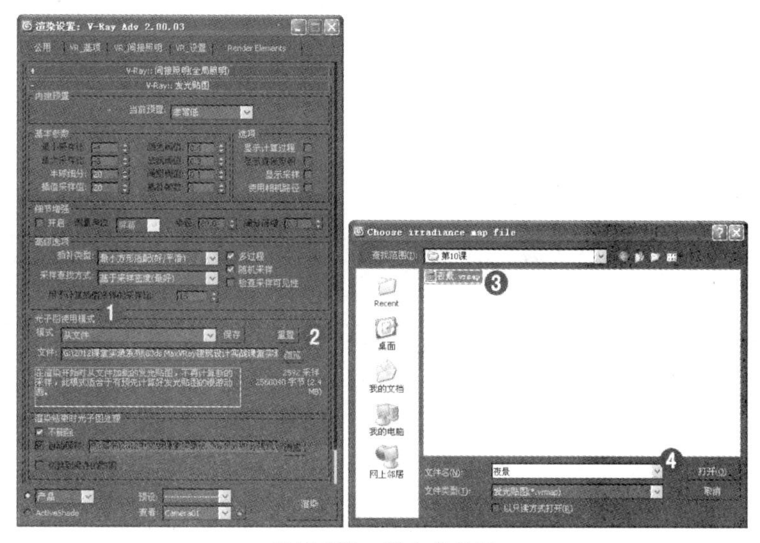

图10.100 调入光子图

09 在【公用】标签页下设置一个较大的渲染尺寸，例如4000×3000，如图10.101所示。

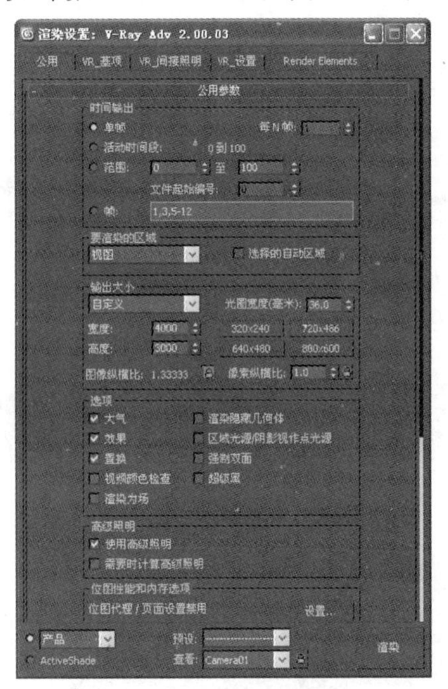

图10.101 参数设置

10 设置完成参数后单击 按钮，开始渲染最终效果图，渲染效果如图10.102所示。

11 单击【保存位图】按钮，将渲染后的图继续保存，文件名为“夜景高层.tif”文件，单击 保存(S) 按钮，然后单击 设置... 按钮，在弹出的【TIF图像控制】对话框中勾选【存储Alpha通道】复选项，如图10.103所示。

图10.102 渲染的最终效果

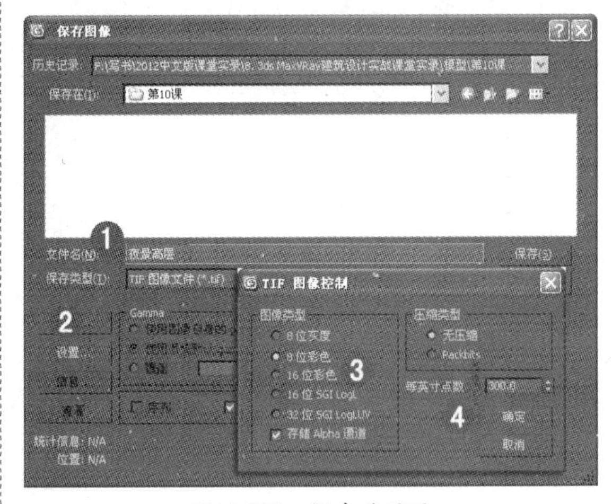

图10.103 保存效果图

10.5 后期处理

本例将处理夜景高层渲染输出后的效果图片，重点学习整个高层结构的后期处理，把握住整个图片的构图、意境和表现意图，结合整体的构思来添加合适的配景、植物等住宅周围的环境，从而使该效果图更加饱满，夜景高层效果图处理后的效果如图10.104所示。

01 在桌面上双击 图标，启动Photoshop CS5应用程序。

02 选择菜单栏中的【文件】/【打开】命令，打开前面渲染保存的“夜景高层.tif”文件，如图10.105所示。

图10.104 夜景高层效果图后期处理

图10.105 打开文件

03 在【图层】面板中双击【背景】图层，将其转换为【图层0】，如图10.106所示。

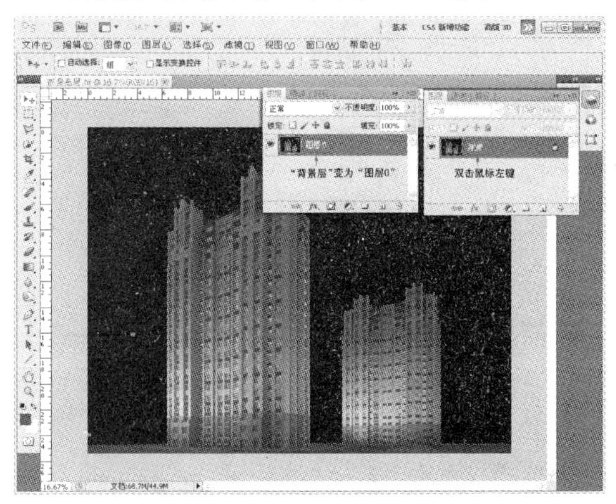

图10.106 图层

04 打开【通道】面板，按住键盘上的Ctrl键，用鼠标单击【Alpha1】通道，如图10.107所示。

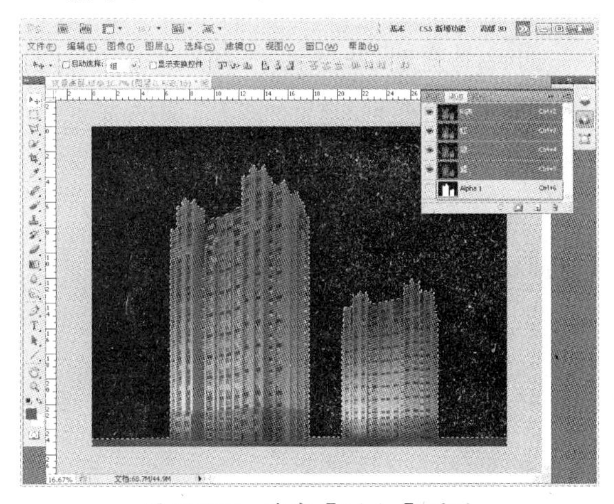

图10.107 选中【Alpha】通道

05 选择菜单栏中的【选择】/【反向】命令，如图10.108所示。

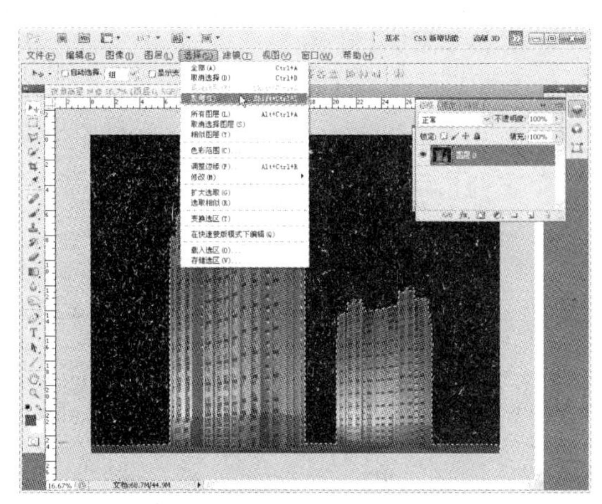

图10.108 反选

06 按Delete键删除别墅中黑色部分。然后按Ctrl+D快捷键取消选区，如图10.109所示。

图10.109 删除

07 在菜单栏中执行【文件】/【打开】命令，在【打开】对话框中选择随书光盘“Maps”目录下“夜景天空.tif”位图文件，如图10.110所示。

图10.110 调用图片

08 将光标放在“夜景天空”图片上，按住鼠标左键不放，拖动鼠标至效果图中，然后释放鼠标，将其复制到效果图中，并命名该

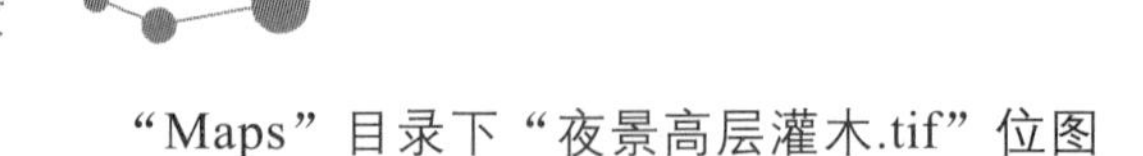

图层为【天空】。

09 在菜单栏中执行【编辑】/【变换】/【缩放】命令，调整其大小，并在效果图中调整它的位置，调用“夜景天空”图片后的效果如图10.111所示。

图10.111　调整夜景天空图片

10 菜单栏中执行【文件】/【打开】命令，在【打开】对话框中选择随书光盘“Maps”目录下“夜景高层背景楼.tif”位图文件，如图10.112所示。

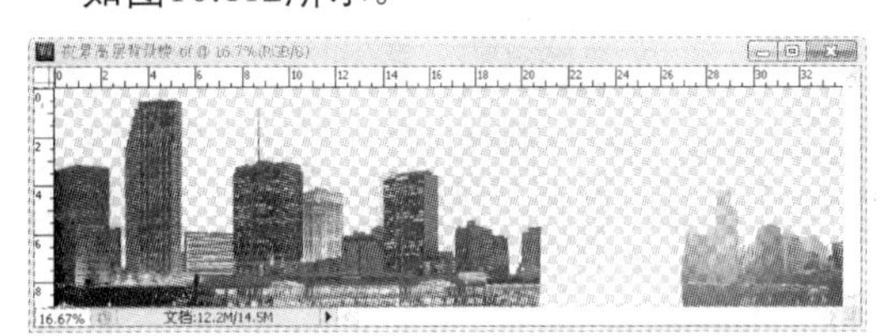

图10.112　夜景高层背景楼图片

11 单击工具箱中【移动工具】，将选区内图像拖至“夜景高层”效果图中，并调整其大小，将图层命名为“背景楼”，如图10.113所示。

图10.113　拖动夜景背景楼图片

12 在菜单栏中执行【文件】/【打开】命令，在【打开】对话框中选择随书光盘“Maps”目录下“夜景高层灌木.tif”位图文件，如图10.114所示。

图10.114　夜景高层灌木图片

13 按Ctrl+T快捷键，调整图像大小，效果如图10.115所示。

图10.115　调整图像大小

14 在菜单栏中执行【文件】/【打开】命令，在【打开】对话框中选择随书光盘“Maps”目录下“夜景高层玻璃.tif”位图文件，并将图像拖至“夜景高层”效果图中，调整其大小，将图层命名为“夜景玻璃”，如图10.116所示。

图10.116　调整夜景玻璃的位置

15 按照上述的方法，打开“夜景高层前景树1.tif”位图文件，并将图像拖至“夜景高层”效果图中，调整其大小，将图层命名为“前景树1”，如图10.117所示。

图10.117 调用“前景树1”

16 继续前面的操作。按上述的方法，打开“夜景高层前景树2.tif”位图文件，并调整其位置，效果如图10.118所示。

图10.118 调入“前景树2”

17 依次调入“路灯”、“路灯灯光”、“路人”和“地灯”，并调整其位置，如图 10.119 所示。

图10.119 调入图片

18 依次将“夜景高层配景树”调入到效果图中，并调整其大小，如图10.120所示。

图10.120 调入配景树

19 在菜单栏中执行【图像】/【调整】/【亮度/对比度】命令，将【亮度】设置为10，【对比度】设置为40，如图10.121所示。

图10.121 亮度与对比度

20 在菜单栏中执行【图像】/【调整】/【色相/饱和度】命令，将【饱和度】设置为+20，如图10.122所示。

图10.122 调整色相/饱和度

21 在【图层】面板中同时选中所有的图层，单击鼠标右键，在弹出的快捷菜单中选择【拼合图像】命令，如图10.123所示。

图10.123　拼合图像

22 在菜单栏中选择【滤镜】/【锐化】/【USM锐化】命令，锐化图像，如图10.124所示。

图10.124　锐化图像

23 至此，夜景高层效果图的后期处理已经全部完成。在快速访问工具栏中单击【保存】按钮，将文件进行保存。

10.6 课后练习

通过本课的学习，制作一个夜景建筑的效果图，参考效果如图10.125所示。

图10.125　夜景效果图